TECNOLOGIA DE ALIMENTOS

T255 Tecnologia de alimentos / Juan A. Ordoñez Pereda (organizador) ; tradução Fátima Murad. – Porto Alegre : Artmed, 2005.
294 p. ; 25 cm. – (Componentes dos alimentos e processos ; v. 1)

ISBN 978-85-363-0436-6

1. Tecnologia de Alimentos – Componentes – Processos. I. Ordoñez Pereda, Juan A.

CDU 664.9

Catalogação na publicação: Mônica Ballejo Canto – CRB 10/1023

Juan A. Ordóñez Pereda
María Isabel Cambero Rodríguez
Leónides Fernández Álvarez
María Luisa García Sanz
Gonzalo D. García de Fernando Minguillón
Lorenzo de la Hoz Perales
María Dolores Selgas Cortecero

TECNOLOGIA DE ALIMENTOS

Vol. 1

Componentes dos Alimentos e Processos

Tradução:
FÁTIMA MURAD

Consultoria, supervisão e revisão técnica desta edição:
ERNA VOGT DE JONG
Doutora em Nutrição Experimental.
Professora do Instituto de Ciência e Tecnologia de Alimentos (ICTA)
da Universidade Federal do Rio Grande do Sul (UFRGS).

Reimpressão 2007

artmed®

2005

Obra originalmente publicada sob o título
Tecnología de los alimentos – volumen I: componentes de los alimentos y procesos
ISBN 84-7738-575-0
Juan A. Ordóñez Pereda (editor), María Isabel Cambero Rodríguez, Leónides Fernández Álvarez, María Luisa García Sanz, Gonzalo D. García de Fernando Minguillón, Lorenzo de la Hoz Perales, María Dolores Selgas Cortecero.

Capa:
MÁRIO RÖHNELT

Preparação de original:
CRISTIANE MARQUES MACHADO

Leitura final:
PRISCILA MICHEL PORCHER

Supervisão editorial:
CLÁUDIA BITTENCOURT

Editoração e filmes:
WWW.GRAFLINE.COM.BR

A presente edição foi traduzida mediante avaliação da Direção Geral do Livro, Arquivos e Bibliotecas do Ministério de Educação, Cultura e Desporto da Espanha.

Av. Jerônimo de Ornelas, 670 - Santana
90040-340 Porto Alegre RS
Fone (51) 3027-7000 Fax (51) 3027-7070

SÃO PAULO
Av. Angélica, 1091 - Higienópolis
01227-100 São Paulo SP
Fone (11) 3665-1100 Fax (11) 3667-1333

SAC 0800 703-3444

IMPRESSO NO BRASIL
PRINTED IN BRAZIL
Impresso sob demanda na Meta Brasil a pedido de Grupo A Educação.

Prefácio

O presente livro se dirige a todos os alunos das diversas áreas em que se contempla o estudo dos alimentos, como Farmácia, Veterinária, Engenharia Agronômica e Ciência e Tecnologia de Alimentos, e, de maneira geral, a qualquer licenciado com conhecimentos gerais de Química, Física, Microbiologia e Bioquímica que esteja interessado em aprofundar-se no conhecimento dos alimentos. Entretanto, os mais beneficiados serão os estudantes de Veterinária, uma vez que, neste livro, se estudam fundamentalmente os alimentos de origem animal. Além disso, todos os técnicos que trabalham na indústria alimentícia encontram nestas páginas boa fonte de informação relacionada com suas atividades.

A obra foi dividida em dois volumes: o primeiro trata dos aspectos bioquímicos dos alimentos, de seus componentes e dos tratamentos tecnológicos que lhes são aplicados habitualmente para a comercialização, e o segundo trata, especificamente, da tecnologia de alimentos de origem animal.

Dado que o estudo do processamento de alimentos requer conhecimentos prévios sobre seus diversos aspectos bioquímicos e microbiológicos específicos, o Volume I, após um primeiro capítulo dedicado à história, ao conceito e aos objetivos da tecnologia de alimentos, inicia-se com uma série de temas em que se estudam a água, os princípios imediatos, os oligoelementos e as enzimas. A estrutura desses componentes não foi analisada de forma profunda por se considerar que os alunos já devam dispor desses conhecimentos; descrevem-se as propriedades físicas e químicas de interesse e, sobretudo, as propriedades funcionais de todos os componentes mencionados que apresentam relevância quanto à conservação e à elaboração dos alimentos. Além disso, como um dos objetivos da tecnologia de alimentos é prover o consumidor de alimentos nutritivos e apetitosos, incluíram-se as reações desfavoráveis em que esses componentes estão envolvidos e a sensibilidade de alguns deles, sobretudo das vitaminas, diante dos processos tecnológicos.

Outro objetivo da tecnologia de alimentos é a ampliação da vida útil dos alimentos (conservação) e o abastecimento (transformação dos alimentos), de que se ocupa o bloco seguinte, encerrando o Volume I. Examinam-se os processos aplicados na indústria alimentícia, com descrição das operações que podem ser utilizadas para a conservação e a transformação dos alimentos. Os conteúdos desses capítulos são válidos, em sua maior parte, tanto para os alimentos de origem animal como vegetal, embora nos mais relevantes se dê maior ênfase aos primeiros.

No Volume II, específico sobre alimentos de origem animal, descrevem-se os tratamentos aplicados para sua conservação e/ou transformação. Em primeiro lugar, aborda-se o estudo do leite e dos produtos lácteos, com análise pormenorizada de seus componentes e dos microrganismos mais importantes em laticínios; em seguida, descrevem-se os processos de elaboração dos diferentes produtos lácteos, fazendo referência especial aos aspectos tecnológicos particulares de cada um. Prossegue-se com as características gerais e sensoriais da carne, sua tecnologia e a de seus produtos derivados. Com o mesmo esquema, estudam-se o pescado e os produtos derivados da pesca. Finalmente, o último capítulo é dedicado ao ovo e aos seus produtos.

O conjunto da obra inclui a análise mais profunda dos aspectos, processos ou operações desenvolvidos recentemente. Assim, por exemplo, no Volume I, foram descritos sucintamente os tratamentos térmicos, os processos de evaporação e desidratação ou a aplicação de frio, operações bem conhecidas, ao passo que foram analisados com profundidade, entre outros, os fornos de microondas e suas aplicações; os tratamentos de irradiação, como um método físico de conservação menos difundido que a aplicação de calor; a extrusão, ainda em desenvolvimento, mas que já encontrou numerosas aplicações (massas, aperitivos, alcaçuz, gomas de mascar, proteína texturizada, etc.); a separação por membranas, que evoluiu muito nos últimos anos a partir da preparação de membranas com tamanho de poro uniforme, etc. Todavia, em relação aos processos clássicos, incorporaram-se os últimos avanços, por exemplo, a transição vítrea (um conceito físico-químico básico aplicado recentemente aos alimentos, que pode ser de grande utilidade para explicar a estabilidade dos congelados ou a dos produtos desidratados, extrusados, etc.), e introduziram-se as inovações dos equipamentos utilizados em operações clássicas, como o sistema Urschel Comitrol para a redução de tamanho.

Do mesmo modo, no Volume II, foram analisadas, embora com menos profundidade, a refrigeração da carne e a fabricação de leite condensado e em pó, e houve maior avanço no estudo de carnes reestruturadas e similares de carne (impulsionados a partir da década de 1970), no surimi e nos concentrados protéicos de pescado (que há pouco alcançaram grande aceitação no mercado ocidental), nos fenômenos bioquímicos da maturação do queijo (cujo conhecimento científico detalhado foi se revelando nos últimos anos) e no uso de atmosferas modificadas para a ampliação da vida útil da carne (cuja implantação foi possível graças ao desenvolvimento do material plástico, aplicando-se comercialmente às carnes desde a década de 1980).

Esta obra reúne, ao mesmo tempo, os aspectos bioquímicos, microbiológicos, tecnológicos, etc., que permitem o estudo global dos alimentos de origem animal. Com ela, os autores esperam que o leitor compreenda não apenas os fundamentos, mas também os processos tecnológicos utilizados na indústria alimentícia.

Sumário

Capítulo 1 Conceito e objetivos da Tecnologia de Alimentos

Desenvolvimento histórico ... 13
Alimentos e nutrientes ... 16
Conceito de Ciência e Tecnologia de Alimentos ... 17
Objetivos da Tecnologia de Alimentos ... 17

Capítulo 2 Água

Introdução ... 21
Constantes físicas da água e do gelo ... 21
A molécula de água ... 22
Estrutura do gelo e da água ... 23
Propriedades solventes da água ... 23
Interações da água com substâncias apolares ... 24
Efeito dos solutos na estrutura da água ... 25
Efeito dos solutos na estrutura do gelo ... 25
Atividade de água ... 25
Isotermas de sorção de água ... 27
Aplicação das isotermas de sorção em Tecnologia de Alimentos ... 30

Capítulo 3 Lipídeos

Introdução ... 33
Ácidos graxos dos alimentos ... 34
  Ácidos graxos saturados de cadeia linear ... 34
  Ácidos graxos insaturados de cadeia linear ... 34
Características dos glicerídeos ... 36
Características dos fosfolipídeos ... 36
Fração insaponificável ... 37
Propriedades físicas ... 37
  Polimorfismo ... 37
  Ponto de fusão ... 38
  Viscosidade ... 39
  Calor específico ... 39
  Calor latente de fusão ... 39
  Índice de refração ... 39
  Densidade ... 39

Solubilidade 40
Plasticidade 40
Tratamento de modificação das gorduras 40
Hidrogenação 40
Transesterificação (interesterificação) 42
Fracionamento 42
Rancificação auto-oxidativa 43
Reações de oxidação dos lipídeos 43
Fatores que intervêm na oxidação dos lipídeos dos alimentos 45
Reversão do sabor 46
Antioxidantes 46
Antioxidantes tipo I 46
Antioxidantes tipo II 47
Antioxidantes tipo III 48
Rancificação lipolítica 48

Capítulo 4 Proteínas

Introdução 51
Propriedades funcionais das proteínas 51
Propriedades de hidratação 52
Solubilidade 53
Viscosidade 54
Geleificação 55
Formação de massas protéicas 56
Texturização 56
Processo de fiação ou formação de fibras 56
Extrusão termoplástica 57
Propriedades surfactantes das proteínas 57
Propriedades emulsificantes 58
Propriedades espumantes 59
Fixação de aromas 61
Modificações nas propriedades funcionais das proteínas submetidas a processos tecnológicos 61

Capítulo 5 Carboidratos

Introdução 63
Classificação dos carboidratos 63
Monossacarídeos 63
Oligossacarídeos 64
Polissacarídeos 64
Propriedades físico-químicas e sensoriais dos monossacarídeos 64
Higroscopicidade 64
Mutarrotação 64
Estado vítreo 65
Cristalização 65
Inversão dos açúcares 65
Poder edulcorante 65
Propriedades funcionais dos polissacarídeos 66
Solubilidade 66

Hidrólise dos polissacarídeos ... 67
Viscosidade ... 67
Capacidade de formar géis ... 68
Transformações dos carboidratos por ação do calor ... 69
Caramelização ... 69
Escurecimento não-enzimático ... 70
Principais polissacarídeos ... 74
Amido ... 74
Glicogênio ... 75
Celulose ... 76
Hemiceluloses ... 76
Ciclodextrinas ... 76
Substâncias pécticas ... 77
Gomas ... 77
Fibra ... 79

Capítulo 6 Vitaminas, minerais e enzimas

Vitaminas e minerais ... 81
Perda de vitaminas e minerais nos alimentos processados ... 81
A manipulação prévia aos processos ... 82
Interação com substâncias químicas utilizadas nos tratamentos tecnológicos ... 83
Reações degradantes ... 83
Processos tecnológicos propriamente ditos ... 83
Vitaminas hidrossolúveis ... 84
Vitaminas lipossolúveis ... 89
Minerais ... 91
Perda de vitaminas durante o armazenamento ... 92
Adição de nutrientes aos alimentos ... 92
Enzimas ... 92
Enzimas endógenas nos alimentos ... 93
Utilidade das enzimas na Tecnologia de Alimentos ... 94
Aplicação de enzimas exógenas na elaboração de alimentos ... 94
Enzimas imobilizadas ... 96
Enzimas livres ou imobilizadas? ... 100

Capítulo 7 Alimentos frescos

Alteração dos alimentos frescos ... 103
Estratégias de conservação dos alimentos ... 104
Estratégias de transformação dos alimentos ... 105

Capítulo 8 Conservação pelo calor

Introdução ... 109
Comportamento de microrganismos e enzimas diante da temperatura ... 109
Cinética da destruição dos microrganismos pelo calor ... 110
Termorresistência dos microrganismos ... 112
Valor *F* ... 112
Aplicação prática de tratamentos térmicos ... 115

Tipos de tratamentos térmicos ... 115
Esterilização ... 115
Pasteurização ... 121
Termização ... 122

Capítulo 9 **Utilização de radiações eletromagnéticas na indústria alimentícia. Irradiação de alimentos**

Radiações eletromagnéticas na indústria alimentícia ... 125
Radiações eletromagnéticas não-ionizantes ... 125
Radiação infravermelha ... 126
Radiação microonda ... 129
Aquecimento dielétrico ... 139
Aquecimento ôhmico ... 140
Aquecimento por indução ... 142
Irradiação de alimentos ... 142
Efeito químico e biológico da irradiação ... 142
Efeito na qualidade nutricional e nas características organolépticas dos alimentos ... 146
Aplicação na indústria alimentícia ... 147
Fontes e planta de radiação ... 151

Capítulo 10 **Conservação pelo frio**

Introdução ... 155
Conceitos de refrigeração e congelamento ... 155
Refrigeração e armazenamento em refrigeração ... 156
Efeito da refrigeração na velocidade das reações químicas e enzimáticas e no crescimento dos microrganismos ... 156
Importância das características do alimento ... 157
Fatores que é preciso controlar durante o armazenamento em refrigeração ... 158
Características dos alimentos refrigerados ... 160
Outras aplicações da refrigeração ... 160
Congelamento e armazenamento em congelamento ... 161
Teoria da cristalização ... 161
Curvas de congelamento ... 162
Modificações que se produzem nos alimentos durante seu congelamento. Efeito sobre as reações químicas e enzimáticas ... 165
Efeito do congelamento nos microrganismos ... 168
Modificação dos alimentos durante o armazenamento em congelamento ... 169
Importância do estado vítreo na estabilidade dos alimentos congelados ... 173
Outras aplicações do congelamento ... 177
Produção industrial de frio ... 177
Sistemas mecânicos ... 177
Sistemas criogênicos ... 179
Necessidades de refrigeração ... 180
Métodos e equipamentos ... 182
Ar ... 182

Superfícies frias ... 183
Líquidos ... 183
Equipamentos empregados para a refrigeração ... 183
Equipamentos empregados para o congelamento ... 185
Escolha do método e do equipamento de congelamento ... 190
Descongelamento ... 192
Métodos de descongelamento ... 193

Capítulo 11 Conservação de alimentos com base na modificação do pH, da atmosfera e da atividade de água. Evaporação e desidratação

pH ... 197
O pH e os microrganismos alterantes ... 198
O pH e os microrganismos patogênicos ... 198
Atmosferas ... 199
Atividade de água (a_w) ... 200
A a_w e os microrganismos alterantes e patogênicos ... 202
A a_w e as reações químicas e bioquímicas ... 203
Concentração dos alimentos por evaporação ... 203
Fundamentos da evaporação ... 203
Fatores que modificam o ponto de ebulição e a transferência de energia ... 205
Efeito nas propriedades dos alimentos ... 206
Equipamentos e aplicações ... 207
Desidratação ... 219
Fundamentos da desidratação ... 220
Velocidade da secagem. Fases e curvas da secagem ... 223
Efeito nas características dos alimentos ... 227
Equipamentos e aplicações ... 229
Liofilização ... 239
Desidratação osmótica ... 244
Conservação dos alimentos desidratados ... 245
Reconstituição dos alimentos desidratados ... 245

Capítulo 12 Operações de transformação

Introdução ... 249
Redução de tamanho ... 249
Redução de tamanho de alimentos sólidos ... 250
Redução de tamanho de alimentos líquidos ... 253
Aumento de tamanho ... 256
Mistura ... 258
Equipamento e aplicações na indústria alimentícia ... 258
Efeito nos alimentos ... 259
Moldagem ... 260
Modificação da textura ... 260
Geleificação ... 260
Texturização ... 261
Extrusão ... 261
Equipamento e aplicações na indústria alimentícia ... 262
Efeito nos alimentos ... 265

Operações de separação 265
  Seleção e classificação 266
  Sedimentação 266
  Centrifugação 267
  Filtração 270
  Prensagem ou espremedura 272
  Separação por membranas 272
  Extração 281
  Cristalização 287
Transformações químicas 288
  Por tratamento térmico 288
  Por tratamento químico e enzimático 290
  Fermentações 290

CAPÍTULO 1

Conceito e objetivos da Tecnologia de Alimentos

Neste capítulo, apresenta-se uma breve história das mudanças sofridas na alimentação do homem ao longo dos tempos, desde a pré-história até a atualidade, e analisa-se o progresso dos diferentes métodos de conservação. Além disso, definem-se os conceitos de alimento e de nutriente e, por último, descrevem-se os objetivos da Tecnologia de Alimentos.

DESENVOLVIMENTO HISTÓRICO

Há pelo menos quatro milhões de anos, os pré-hominídeos, por razões desconhecidas, deslocaram-se das árvores das florestas para as savanas e trocaram sua dieta vegetariana pela forma onívora, causando profundo impacto na evolução, tanto do ponto de vista biológico como cultural. Após longo período evolutivo, as extremidades inferiores foram sofrendo mais e melhores adaptações para uma posição ereta e, muito lentamente, as extremidades superiores foram sendo liberadas de sua aptidão para caminhar; finalmente, a mão, ao ficar livre, converteu-se em um fator-chave na evolução do homem. Que animais dispõem de mãos capazes de elaborar utensílios? Os restos fósseis (crânios, mandíbulas, dentes soltos) indicam que há aproximadamente três milhões de anos já existiam alguns pré-hominídeos, os *Australopithecus* (*A. afarensis*, *A. robustus* e *A. boisei*), com alguns caracteres que lembram remotamente o homem moderno.

O salto para o *Homo* começou com a transformação do *A. afarensis* em *Homo habilis* (há uns dois milhões de anos) e deste em *Homo erectus* (há cerca de um milhão e meio de anos), que inclui os chamados *Pitecantropus*. Esta denominação engloba o homem de Java, o de Pequim, o de Yuanmou, etc. (500 a 200 mil anos). Os utensílios encontrados junto aos restos desses indivíduos indicam certo grau de evolução mental. Mais evoluídos são, sem dúvida, o homem de Neanderthal (100 a 35 mil anos), capaz de talhar a pedra com muita perfeição, e o de Cromagnon (há uns 40 mil anos), autores das pinturas rupestres de Altamira, Lascaux, etc., que já pertencem à espécie *Homo sapiens*.

É provável que os primeiros pré-hominídeos tenham vivido em grupos pouco numerosos e se deslocado pela savana em busca de alimentos e pontos de água. A morfologia dentária evoca um regime alimentar baseado em herbáceas e gramíneas. Contudo, os *Australopithecus* devem ter tido dieta mais variada de tipo onívoro; a alimentação cárnea consistia, provavelmente, em pequenos animais (répteis, roedores) e cadáveres de grandes mamíferos abandonados pelos animais carnívoros. Os Pitecantropos da espécie *Homo erectus*, cujos utensílios foram descobertos em acampamentos ao ar livre ou em covas, eram caçadores hábeis, capazes de abater grandes animais.

Há certa de 500 mil anos, as glaciações forçaram o homem a adaptar-se rapidamente; o uso de covas por grupos de 50 a 100 indivíduos criou um ambiente propício para uma ação social mais ampla. É então que o homem descobre o fogo, o que contribui para aumentar a vida social em torno da fogueira, onde o fogo aquece e ilumina. Ao redor da fogueira, os caçadores contam suas façanhas e projetam a caça do dia seguinte, o que reforçará os laços que unem a família e a tribo. As tradições culturais comuns unirão esses homens, que vão transmitir suas técnicas e sua sabedoria. Foi assim que as civilizações nasceram, se desenvolveram e evoluíram de forma independente, mas sem perder sua identidade própria.

O controle do fogo constitui um marco na evolução do homem pré-histórico. O fogo não apenas mantém o homem aquecido, como também ilumina sua habitação, protege-o contra os animais selvagens, proporciona-lhe um centro comunitário e modifica profundamente seus alimentos. As carnes assadas têm a textura e o sabor muito diferentes das cruas; além disso, alteram-se mais lentamente, sua digestibilidade aumenta e eliminam-se microrganismos potencialmente perigosos. Quando o homem aprendeu a controlar o fogo e o utilizou para livrar-se do frio e iluminar sua habitação, inconscientemente já estava praticando a defumação. Mais tarde, movido pela necessidade de abastecer-se nas épocas de escassez, o homem provavelmente utilizou a defumação e a dessecação como forma de prolongar a vida útil de seus alimentos.

Passada essa primeira longa etapa, a humanidade evoluiu rapidamente. No Paleolítico e no Mesolítico (30.000 a 8.000 anos), o homem ainda não se tornara agricultor, mas utilizava como alimentos grande variedade de produtos: ovos, frutas, sementes, raízes, insetos, pescado, mel e animais pequenos e grandes. É no Neolítico (9.000 a 3.500 anos) que aparece uma agricultura rudimentar, consistindo sobretudo de cultivos sazonais. Nesse período, o homem também domestica os animais, os quais utiliza para auxiliá-lo no trabalho e como alimento. Não se conhece a ordem em que isso ocorreu, mas sabe-se que domesticou a cabra, o iaque, o búfalo e o suíno na primeira etapa do Neolítico, e o cavalo, o camelo, o asno, o elefante e a galinha no final desse mesmo período. Com esses novos avanços, o homem aumentou a diversidade de seus alimentos, em especial o leite e os produtos lácteos (leites fermentados e queijo), que se formavam por fermentação espontânea.

Na Idade do Bronze (3500 anos a.C.), começou a regar seus cultivos, o que se acredita tenha sido uma das causas do enorme crescimento da população na Mesopotâmia. Utilizou também o cavalo e os bovinos para arar os campos, praticou o comércio local e de mais longa distância e cultivou as frutas. Ampliou seus alimentos, em especial os de origem vegetal, incluindo na dieta figos, arroz, azeite de oliva, cebola, tâmaras, uvas, etc.

Na Idade do Ferro (1500 anos a.C.), surge o comércio em grande escala, tanto por mar como por terra, e melhoram-se as ferramentas da lavoura. Novos alimentos são incluídos na dieta, como especiarias, molhos e diversas frutas. Mais tarde, no período dos gregos e, sobretudo, no dos romanos, finalmente chega-se à plenitude da agricultura, com o uso de fertilizantes, a rotação de cultivos, etc.

Nas bacias dos grandes rios (Amarelo, Tigre-Eufrates, Indo-Ganges e Nilo), desenvolveram-se grandes civilizações. Sabe-se pelas escritas cuneiformes dos sumérios, algumas das quais remontam a cerca de seis mil anos a.C., que esse povo já elaborava diversos produtos lácteos, e é provável que a origem destes seja muito mais antiga, do primeiro período do Neolítico, quando o homem aprendeu a domesticar os animais. Além disso, os sumérios eram muito dependentes da cerveja, como demonstram os registros históricos que chegaram até nós: um trabalhador recebia um litro de cerveja por dia, os oficiais de baixa graduação, dois, os mais graduados, três, e a nobreza, cinco. No código de Hamurabi (1728 a 1638 a.C.), também se dá atenção especial à cerveja, e proíbe-se a venda do produto com baixo conteúdo alcoólico a preço elevado; com isso, previne-se a diluição em água. É um claro exemplo da intervenção do governo na indústria alimentícia.

Os hieróglifos e as tumbas, onde se descrevem e representam cenas cotidianas do antigo Egito, proporcionaram dados valiosos acerca dos alimentos e dos meios de conservação utilizados pelos egípcios. A dieta era muito variada para a classe dirigente, mas ainda é desconhecida a dieta do elevado número de escravos e soldados que serviam os faraós. Por exemplo, Ramsés II tinha cerca de 50 mil cavalos para os seus carros de guerra, o que dá uma idéia da população que era preciso alimentar naquela época. Contudo, sabe-se que os egípcios dessecavam e salgavam o peixe que capturavam no Mediterrâneo e no Nilo; já nas primeiras dinastias, produziam cerveja e vinho e sabiam distinguir entre a primeira fermentação alcoólica e a secundária acética, que permitia obter o vinagre. Também fabricavam pão e sabiam a forma de preparar o malte, que, no início, foi usado como adoçante e, mais tarde, na produção de cerveja. Os egípcios ainda sabiam fazer queijo, como indicam os restos desse alimento encontrados em jarros de alabastro da primeira dinastia.

Os gregos utilizavam ampla variedade de alimentos (carnes de todos os tipos, principalmente de suíno e aves, peixes e grande variedade de produtos vegetais) que era consumida pelas populações do leste e do sul, das quais herdaram muitos de seus hábitos alimentares. Acrescentaram à dieta novos produtos, como o azeite de oliva (cuja técnica de fabricação trouxeram de Creta ou da Ásia Menor, onde já era produzido por volta de 1500 a.C.), crustáceos e moluscos. O azeite de oliva, além de ser utilizado como alimento, em ritos religiosos e como cosmético, foi usado como agente conservante, com a finalidade de eliminar o ar. Os gregos também conheciam a forma de arrefecer líquidos por evaporação em recipientes de barro. Aristóteles (século IV a.C.) falava do queijo de Frigia, feito com leite de asna e égua, e tinha consciência de seu grande valor nutritivo.

O período romano caracterizou-se pelo comércio em grande escala, tanto a curtas como a longas distâncias. Uma das razões da expansão do Império Romano foi a necessidade de obter mais alimentos para Roma. Assim, o trigo produzido no Egito, na Espanha e no norte da África assegurava o abastecimento da capital do império, enquanto os romanos difundiam por todas as suas províncias as melhorias que faziam na agricultura, como o descanso da terra, a fertilização, a rotação dos cultivos, o trilho, etc.

A prensagem, uma das operações tecnológicas, foi bastante aperfeiçoada pelos romanos. Columela (século I) descreve uma prensa para obter azeite de oliva, e Plínio (século

I) descreve outro tipo, em que se combinam a alavanca e a rosca. Columela, em seu *De Re Rustica*, também descreve a fabricação de queijo e informa que houve evolução gradual desde a formação da coalhada por fermentação natural até a produção controlada, com o ajuste da temperatura para regular a ação do coalho e a compressão cuidadosa da coalhada para evitar desandos durante o processo maturativo. Graças aos escritos desses e de outros autores, como Catão (século II a.C.) e Varrão (século I a.C.), sabe-se que os romanos utilizavam recipientes de barro para proteger os alimentos, que praticavam de forma regular a salga e a acidificação com vinagre procedente da oxidação do álcool, que utilizavam o mel como meio de conservação e que dessecavam diversos alimentos ao sol. Foram excelentes padeiros e viticultores e propagaram as melhorias do cultivo da videira por todo o império. Embora a dieta dos plebeus, fundamentalmente à base de cereais, fosse muito mais pobre que a dos patrícios, sabe-se, pelos escritos de Catão e Columela, que eles salgavam e curavam a carne de seus animais domésticos, sobretudo a do suíno, e elaboravam com o peixe, por salga e adição de especiarias, diversos tipos de molhos, entre os quais o *garum*, sobre o qual Plínio escreveu que "nenhum outro líquido, com exceção dos ungüentos, era mais apreciado". Curiosamente, já conheciam, embora de forma empírica, os efeitos desfavoráveis dos metais na auto-oxidação das gorduras, visto que recomendavam não utilizar recipientes metálicos para o armazenamento do azeite de oliva. Existem ainda dados que revelam que os imperadores mandavam resfriar o vinho e outros alimentos com gelo trazido das montanhas. Nesse sentido, parece que utilizavam bebidas geladas no verão.

A Idade Média constituiu um longo parêntese no estudo de novos procedimentos de conservação e elaboração. Contudo, outros alimentos foram introduzidos na Europa, procedentes principalmente do leste. Os mongóis introduziram no continente europeu o fagópiro, chamado vulgarmente de trigo negro ou sarraceno. As cruzadas possibilitaram a entrada, na Europa, de frutas e verduras desconhecidas. Na Itália, desenvolveram-se as massas, possivelmente introduzidas por Marco Pólo como resultado das viagens que fez à China. Ele também levou de Pequim para Veneza, em 1292, uma receita de leite gelado. A destilação começou a ser utilizada na Itália por volta do ano 1100 de nossa era, e sua prática era normal na Europa do século XIV. O açúcar da cana foi outro produto surgido no Egito e no Oriente Médio no último período da Idade Média.

A partir do século XV, a dieta do homem europeu sofreu importante mudança com a descoberta da América. O tomate, o milho e a batata, em particular, causaram uma revolução no velho mundo, embora a batata, provavelmente originária do Peru ou da Bolívia, só tenha sido realmente aceita em larga escala como alimento por volta do século XVIII. Também as viagens à Índia, cada vez mais freqüentes, representaram aumento do comércio e, conseqüentemente, o uso massivo de suas especiarias.

No plano tecnológico, o maior impacto ocorreu em 1795, quando o fabricante de cerveja e depois confeiteiro francês Nicolas Appert conseguiu conservar diversos alimentos ao acondicioná-los em recipientes lacrados e depois aquecê-los em água fervente. Graças a isso, foi contemplado, em 1810, com um prêmio estabelecido por Napoleão para quem fosse capaz de inventar um procedimento para conservar alimentos que permitisse abastecer suas tropas, posicionadas a grande distância de suas bases de aprovisionamento. Tinha-se inventado um dos procedimentos mais eficazes para destruir os microrganismos dos alimentos. O sistema idealizado por Appert foi um dos avanços científicos mais importantes da indústria alimentícia, que mais tarde daria lugar à indústria do enlatado. O procedimento primitivo de Durand de fabricar latas proporcionava o rendimento de cerca de 10 recipientes diários, enquanto os atuais podem produzir mais de mil por minuto. Inicialmente, em 1860, a esterilização das latas era feita durante cinco ou seis horas a 100°C, em água fervente. Mais tarde, conseguiu-se aumentar a temperatura para 115,5°C, fazendo o aquecimento em água acrescida de cloreto de cálcio, reduzindo-se o tempo de esterilização; em 1874, introduziu-se a autoclave, procedimento utilizado atualmente, embora de forma mais automatizada. Hoje, com o desenvolvimento das técnicas de acondicionamento asséptico, é possível esterilizar os alimentos líquidos a temperaturas muito elevadas, conseguindo-se aumentar o poder esporicida e diminuir os efeitos prejudiciais do aquecimento sobre as propriedades sensoriais e nutritivas dos alimentos.

A utilização do frio industrial é um dos avanços mais espetaculares. O uso de gelo para transportar peixe fresco era habitual na Grã-Bretanha desde 1786, mas somente em 1838 teve início a utilização industrial de frio para a conservação de peixe nos barcos, o que permitiu fazer as capturas em águas mais distantes. Em 1867, Reece inventou a primeira unidade de resfriamento, baseada no ciclo compressão/expansão de amoníaco, que foi aperfeiçoada entre os anos de 1874 e 1876 por Von Linde, Boyle e Pictet. Em 1877, o barco *Frigorifique* transportou com êxito carne fresca de Buenos Aires a Rouen em 110 dias, e, em 1886, 30 mil carcaças de cordeiros chegaram a Londres procedentes das Ilhas Malvinas. Não há dúvida de que a aplicação de temperaturas de congelamento significou mais um avanço. Hoje em dia, é um procedimento comum.

No século XIX, desenvolveram-se outros processos de interesse. Cabe citar, por exemplo, o que produziu a margarina. Napoleão III ofereceu um prêmio a quem encontrasse um substituto para a manteiga; o vencedor foi Mege-Mouries, que patenteou seu procedimento em 1869. Os cultivos puros para a fabricação de cerveja foram introduzidos nos últimos anos do século XIX, o que levou à melhoria da qualidade e à obtenção de cervejas normalizadas. A centrífuga de Laval para a separação da nata do leite foi introduzida em 1877, com o que se poupou espaço e mão-de-obra, aumentando a eficácia da separação. Em 1835, patenteou-se um aparelho para a evaporação do leite, e, em 1860, desenvolveu-se o leite condensado, que logo foi aceito como um alimento de excelente qualidade microbiológica. Um procedimento de desidratação do leite foi patenteado na Grã-Bretanha em 1855, mas só foi possível alcançar a boa qualidade do produto cerca de um século depois.

Pode-se dizer, portanto, que todos os procedimentos de conservação de alimentos se beneficiaram com o desenvolvimento da ciência a partir da revolução industrial. O progresso dos métodos de conservação prosseguiu no século XX, com enorme melhoria das antigas técnicas (defumação, desidratação, emprego do frio, tratamentos térmicos, uso de conservantes, acondicionamento, transporte, etc.) e a criação de outras (radiações ionizantes, aquecimento dielétrico, concentração por osmose inversa, ultrafiltração, etc.) que culminaram com tecnologias recentes; destas algumas impuseram-se rapidamente (atmosferas modificadas ou extração de certas substâncias com fluidos supercríticos, como a cafeína) e outras ainda estão em fase de experimentação (altas pressões, aquecimento ôhmico, impulsos elétricos ou termomanosonicação). Além disso, deram-se passos gigantescos no que diz respeito ao conhecimento da composição química dos alimentos, ao estabelecimento das necessidades nutritivas do homem, ao conhecimento e à forma de controlar os agentes causadores de alteração, tanto biológicos como químicos, à compreensão dos princípios físicos que regem os métodos de conservação, ao controle de muitos e, em alguns casos, de todos os fatores que intervêm nos processos de fabricação dos diferentes alimentos. Enfim, é possível dizer que se passou do empirismo ao controle científico, ou seja, o processo de conservação e de transformação dos alimentos deixou de ser uma arte para converter-se em uma ciência.

Considera-se que o nascimento oficial dessa ciência ocorreu simultaneamente nos Estados Unidos e na Grã-Bretanha em 1931. De um lado, a Universidade de Oregon cunhou, nesse ano, o termo Tecnologia de Alimentos a propósito da introdução de um novo curso sobre o tema. De outro lado, no mesmo ano, MacLellan propôs ao conselho da Society of Chemical Industries (SCI) da Inglaterra a criação, com o nome de Society of Food Industry, de um novo grupo, ao qual seriam incorporados os membros da sociedade original interessados no problema dos alimentos; sua proposta foi aceita, e, no dia 11 de dezembro de 1931, constituiu-se a nova associação, como uma subdivisão da SCI. A nova sociedade ganhou tanta importância que, em 1937, começou a editar suas publicações em forma de *proceedings*, independentemente do SCI, e, no verão de 1948, realizou na Low Temperature Research Station (Cambridge) o primeiro curso sobre Ciência e Tecnologia de Alimentos.

Essa iniciativa logo foi imitada em outros países. A seção canadense da SCI criou, em novembro de 1937, uma subdivisão dedicada ao estudo dos alimentos, que foi chamada de Food and Nutrition Group. Movimentos similares surgiram nos Estados Unidos, onde, também em 1937, realizou-se a primeira reunião sobre problemas relacionados com a conservação de alimentos; na segunda, ocorrida em 1939, no Massachussets Institute of Technology, fundou-se o Institute of Food Technologists. Há cerca de cinco décadas, os cientistas britânicos passaram a utilizar o termo *Food Science* e, em 1950, um comitê designado entre professores da Universidade definiu a Ciência dos Alimentos como *a ciência que se ocupa do conhecimento das propriedades físicas, químicas e biológicas dos alimentos e dos princípios nutritivos* e a Tecnologia de Alimentos como *a exploração industrial desses princípios básicos*.

Atualmente, existem sociedades similares a essas a que nos referimos em muitos países, e, na maioria deles, o ensino de Ciência e Tecnologia de Alimentos é oferecido em nível superior.

ALIMENTOS E NUTRIENTES

Não é raro utilizar os termos alimentos e nutrientes como sinônimos, quando, na realidade, são conceitos que, embora intimamente ligados, diferem em muitos aspectos. Pode-se definir *alimentos* como produtos de composição complexa que, em estado natural, processados ou cozidos, são consumidos pelo homem para satisfazer suas necessidades nutritivas e saciar as sensoriais. Os *nutrientes* são certas substâncias contidas nos alimentos que o organismo utiliza, transforma e incorpora a seus próprios tecidos para cumprir três finalidades básicas: proporcionar energia necessária para que se mantenham a integridade e o perfeito funcionamento das estruturas corporais, prover materiais necessários para a formação dessas estruturas e, por último, suprir as substâncias necessárias para regular o metabolismo.

Nos alimentos, encontram-se os seguintes nutrientes:

a) *Carboidratos*: sua principal função é prover energia ao organismo, e podem converter-se em gordura corporal.
b) *Gorduras*: proporcionam maior aporte energético que os carboidratos e também podem formar gordura corporal.
c) *Proteínas*: são compostas por aminoácidos que constituem os materiais necessários para o crescimento e a reparação dos tecidos. O organismo pode utilizá-las também como fonte energética.

d) *Minerais*: são utilizados para o crescimento e a reparação dos tecidos, participando da regulação de certos processos biológicos do organismo.
e) *Vitaminas*: também intervêm na regulação de processos biológicos do organismo.

Embora a água e o oxigênio do ar sejam essenciais para a vida, normalmente não são considerados nutrientes.

Quase nenhum alimento é constituído por um único nutriente. A maioria dos alimentos consiste em misturas complexas, compostas majoritariamente por carboidratos, gordura e proteínas. As vitaminas e os minerais estão presentes em pequenas quantidades.

A definição de alimento compreende, além do termo nutriente, outro de grande importância: o *sensorial*. O valor sensorial de um alimento é mais difícil de conceituar, porque sua definição deve levar em conta todas as propriedades dos alimentos (atrativo visual, odor, sabor e textura) que interagem com os sentidos. Essas propriedades são moduladas por grande número de compostos que, em parte, ainda não foram identificados e dependem estreitamente das peculiaridades físico-químicas e psíquicas do organismo.

CONCEITO DE CIÊNCIA E TECNOLOGIA DE ALIMENTOS

São muitas as definições para Ciência e Tecnologia de Alimentos. Algumas são muito simples, como *a ciência que se ocupa do estudo dos alimentos*; embora por si mesma possa delimitar seu objeto, ou seja, os alimentos, não oferece um conceito claro da riqueza dessa ciência e tampouco é suficiente para que se possa compreender o significado dessa disciplina ou das disciplinas que existem dentro dela. Outras definições procuraram abranger de forma ampla todas as atividades relacionadas com os alimentos, chegando-se mesmo a afirmar (Hawthorn, 1983) que, "em seu sentido mais autêntico, começa no campo e termina na mesa do consumidor" e que "os progressos tecnológicos dos alimentos penetraram no campo para exercer sua influência sobre a própria agricultura". Essa opinião é justificada mediante um exemplo acerca de como é necessário, para que as ervilhas congeladas mantenham seu viço, cor e textura, escolher a variedade, preparar a terra para esse fim, colhê-las e transportá-las em condições ótimas. Finalmente, outras definições foram sugeridas por diversas instituições dedicadas ao estudo dos alimentos e alteradas à medida que avançavam as pesquisas científicas e tecnológicas. Entre elas, apresenta-se a definição mais moderna, de 1992, partindo do Institute of Food Technologists dos Estados Unidos, talvez a instituição de maior prestígio internacional entre aquelas que se dedicam ao estudo e à difusão de todas as atividades relacionadas com os alimentos. Diz o seguinte: *a Ciência dos Alimentos é a disciplina que utiliza as ciências biológicas, físicas, químicas e a engenharia para o estudo da natureza dos alimentos, das causas de sua alteração e dos princípios em que repousa o processamento dos alimentos*, enquanto *a Tecnologia de Alimentos é a aplicação da Ciência de Alimentos para seleção, conservação, transformação, acondicionamento, distribuição e uso de alimentos nutritivos e seguros*.

OBJETIVOS DA TECNOLOGIA DE ALIMENTOS

O primeiro objetivo da Tecnologia de Alimentos, que se destaca sobre os demais, é *garantir o abastecimento de alimentos nutritivos e saudáveis para o homem*, que, como animal heterótrofo, necessita suprir suas necessidades energéticas e plásticas mediante o consumo de diversos produtos procedentes dos reinos animal, vegetal e mineral. A grande maioria dos produtos procedentes dos dois primeiros reinos é altamente perecível, em particular os de origem animal, e, por isso, sua vida útil é extremamente curta. Porém, o homem precisa alimentar-se diariamente, e vários dos alimentos que consome são produzidos sazonalmente e, com freqüência, em pontos muito distantes dos locais de consumo. Assim, o abastecimento regular dos alimentos requer seu armazenamento e transporte, operações que demandam um certo tempo, durante o qual os alimentos ficam expostos à ação deletéria de todo tipo de agentes alterantes. É preciso evitar a ação desses agentes. Esse é o objetivo primordial da Tecnologia de Alimentos, ou seja, controlar os agentes alterantes para atingir aumento suficiente da vida útil dos alimentos que permita seu armazenamento e transporte aos locais de consumo em estado nutritivo e saudável. A Tecnologia de Alimentos é, portanto, antes de tudo, *uma tecnologia da conservação dos alimentos*.

Além desse objetivo principal, existem outros não menos importantes. O homem é um animal caprichoso em seus costumes e, conseqüentemente, também quanto à sua alimentação. Para que aceite um alimento, não basta que ele supra suas necessidades, é preciso também que o aprecie, que o ache agradável; por outro lado, o consumo permanente de um mesmo alimento por muito tempo acaba levando-o a rejeitá-lo por cansaço. Assim, o homem não se conforma em consumir número reduzido de alimentos, mas deseja dispor de grande variedade, para que possa escolher. Este é outro objetivo da Tecnologia de Alimentos, *a diversificação dos alimentos* para satisfazer essa necessidade psicológica que o homem herdou, provavelmente, da época em que só utilizava seus sentidos para distinguir entre os alimentos benéficos e os nocivos e para prover-se de dieta completa mediante alimentação variada. Essa é uma finalidade que a indústria alimentícia moderna leva muito em conta, de tal forma que alguns processos aplicados aos alimentos são projetados apenas para alcançar esse objetivo, como é o caso da ampla variedade de leites fermentados, em particular o iogurte, que se encontra no mercado (iogurte de frutas, com adoçantes, aromatizantes, iogurte líquido, etc.).

Um terceiro objetivo da Tecnologia de Alimentos, que possivelmente terá grande importância no futuro, dada a escassez cada vez maior de alimentos de que padece a humanidade, é o de *obter o máximo de aproveitamento dos recursos nutritivos existentes atualmente na terra e buscar outros*, a partir de fontes até agora não exploradas. Vale mencionar, por exemplo, a produção de alimentos a partir de espécies marinhas que nos dias de hoje são subutilizadas.

Finalmente, é também função da Tecnologia de Alimentos *o preparo de produtos para indivíduos com necessidades nutritivas especiais*, como crianças, idosos, diabéticos, etc.

Os diferentes processos aplicados requerem conhecimento profundo da composição química dos alimentos, assim como das propriedades físicas, químicas e funcionais das substâncias que os compõem. Não se pode elaborar um novo produto sem conhecer a resposta de seus componentes face ao processo a que deve ser submetido; não é possível aplicar um tratamento sem saber em que medida ele reduzirá a ação de certos princípios nutritivos; não se pode tratar um alimento sem saber que modificações sensórias serão produzidas. Enfim, o controle de todos esses fenômenos requer profundo conhecimento de seus aspectos básicos. Esses conhecimentos são anteriores aos processos tecnológicos. É a Bioquímica (ou Química) dos Alimentos, incluída entre as Ciências dos Alimentos, que se ocupa desses aspectos.

As mesmas considerações poderiam ser feitas acerca da Microbiologia dos Alimentos. Essa disciplina constitui a outra base da Tecnologia de Alimentos; os microrganismos são os principais agentes de alteração, e destruí-los ou desativá-los é a meta de muitos processos que se aplicam aos alimentos para aumentar sua vida útil. Entretanto, nem todas as ações dos microrganismos são deletérias; o homem aproveita as atividades de alguns deles para elaborar certos produtos que, às vezes, são muito diferentes da matéria-prima de que se partiu, como o pão, o vinho, a cerveja, diversos produtos lácteos e embutidos maturados.

Estima-se que, nos países desenvolvidos, mais da metade dos alimentos que o homem consome são processados de alguma forma. Uma indústria dessa natureza não pode se basear em métodos inspirados na arte e no empirismo, mas requer métodos seguros que proporcionem alimentos estáveis, agradáveis e de qualidade uniforme. Desses métodos, ocupa-se a Engenharia dos Alimentos, que é o estudo dos princípios em que se fundamentam as operações a que são submetidos os alimentos desde sua chegada à indústria até serem entregues no mercado.

Por último, uma das missões da Tecnologia de Alimentos é fazer chegar ao consumidor alimentos seguros, isentos de agentes nocivos, tanto bióticos como abióticos, e com composição e valor nutritivo determinado. Para atingir essa meta, é necessário que os alimentos sejam produzidos com a máxima higiene e limpeza, que se utilizem boas práticas de fabricação e que se façam ajustes a certas normas. A responsabilidade por todas essas questões, sua inspeção e toda legislação referente cabem à disciplina Higiene e Inspeção dos Alimentos.

REFERÊNCIA BIBLIOGRÁFICA

HAWTHORN, J. (1983): *Fundamentos de la Ciencia de los Alimentos*. Acribia. Zaragoza.

RESUMO

1 Os registros arqueológicos mostram que o homem pré-histórico (Mesolítico/Neolítico) já praticava a defumação (com o controle do fogo), as fermentações (elaborava pão, cerveja, vinho, queijo, leites fermentados, etc.), a salga e a dessecação. Mais tarde, introduziu-se a prensagem (p. ex., fabricava-se azeite de oliva) e, já na época dos gregos e dos romanos, havia verdadeiros tratados de fabricação de alguns alimentos, como a do queijo, descrita em *De Re Rustica* (Columela). Portanto, desde o início da humanidade, foram se aplicando de modo empírico inúmeros métodos de conservação, até o século atual, quando o empirismo já se transformou em ciência e tecnologia.

2 Os alimentos são produtos de composição complexa que, em estado natural, processados ou cozidos, são consumidos pelo homem como fonte de nutrientes para sua satisfação sensorial.

3 Os nutrientes são certas substâncias contidas nos alimentos que o organismo utiliza, transforma e incorpora aos seus próprios tecidos para cumprir três finalidades básicas: o aporte da energia necessária para que se mantenham sua integridade e o perfeito funcionamento das estruturas corporais, a provisão dos materiais necessários para a formação dessas estruturas e, por último, o suprimento das substâncias necessárias para regular o metabolismo.

4 A *Ciência dos Alimentos* é, de acordo com o Institute of Food Technologists, *a disciplina que utiliza as ciências biológicas, físicas, químicas e a engenharia para o estudo da natureza dos alimentos, das causas de sua alteração e dos princípios em que se assenta o processamento dos alimentos*, enquanto a *Tecnologia de Alimentos é a aplicação da ciência dos alimentos para seleção, conservação, transformação, acondicionamento, distribuição e uso de alimentos nutritivos e seguros.*

5 Os objetivos da Tecnologia de Alimentos são: *a)* garantir o abastecimento de alimentos nutritivos e saudáveis para o homem, *b)* diversificar os alimentos para que o consumidor possa dispor de ampla variedade, *c)* obter o máximo de aproveitamento dos recursos nutritivos do planeta e buscar novas fontes de alimentos e *d)* preparar alimentos para indivíduos com necessidades nutritivas especiais.

CAPÍTULO 2

Água

Neste capítulo, estudam-se as constantes físicas, a estrutura da água e do gelo e as propriedades solventes da água, a fim de compreender as funções que desempenham nos alimentos. Por outro lado, define-se o conceito de atividade de água e analisam-se as isotermas de sorção de água e sua importância na Tecnologia de Alimentos.

INTRODUÇÃO

Em nosso planeta, a água é a única substância que existe em abundância nos três estados físicos. Além disso, é o componente majoritário dos seres vivos e, portanto, dos alimentos, variando seu conteúdo de 60 a 70% na carne até 90 a 95% na verdura. A água é essencial para a vida por ser:

- portadora de substâncias nutritivas e de produtos de descarte;
- altamente reativa e, ao mesmo tempo, um meio onde as reações se realizam;
- um estabilizador das configurações biopolímeras; e
- um determinante nas reações com outras moléculas.

A presença de água em quantidades adequadas e com localização definida é imprescindível nos alimentos para que tenham qualidade aceitável para o consumidor. Entretanto, o conteúdo de água nos alimentos faz com que eles sejam altamente perecíveis; por isso, são requeridos métodos efetivos de conservação quando se pretende armazená-los por longos períodos. Sabe-se que a extração da água por desidratação e a transformação ao estado sólido (congelamento) são métodos muito eficazes para a conservação dos alimentos, mas alteram suas propriedades.

Para entender o papel que a água desempenha nos alimentos ou em qualquer tipo de material biológico, é necessário um estudo prévio da estrutura e das propriedades da água e do gelo.

CONSTANTES FÍSICAS DA ÁGUA E DO GELO

Ao comparar as propriedades físicas da água e do gelo com outras substâncias com massas moleculares semelhantes (CH_4, NH_3, SH_2, etc.) e com outros líquidos (metanol, etanol, acetona, etc.), observa-se que a água se comporta de um modo totalmente anormal, já que possui valores muitos altos, não usuais, de ponto de fusão (0°C a 101,3 kPa), de ponto de ebulição (100°C a 101,3 kPa), de tensão superficial (0,0756 N m^{-1} a 0°C), de capacidade calorífica (4,2177 kJ kg^{-1} K^{-1} a 0°C) e calores de fusão (6,012 kJ mol^{-1}), de vaporização (40,63 kJ mol^{-1}) e sublimação (50,91 kJ mol^{-1}). Em compensação, tem densidade moderadamente baixa (0,999841 g cm^{-3} a 0°C a da água; a do gelo a 0°C é de 0,9168 g cm^{-3}) e densidade máxima, totalmente anormal, a 3,98°C, assim como dilatação, também anormal, ao passar ao estado sólido. Sua viscosidade, por outro lado, e em vista das propriedades anteriores, é extremamente normal.

É de grande interesse o fato de que a condutividade térmica do gelo a 0°C (2,24 W m^{-1} K^{-1}) é quatro vezes maior do que a da água na mesma temperatura (0,57 W m^{-1} K^{-1}), indicando que o gelo conduz a energia calorífica em velocidade maior do que a água imobilizada (p. ex., nos tecidos). É importante também a difusividade térmica, já que indica a que velocidade os alimentos sofrem mudanças de temperatura. A do gelo ($11,7 \times 10^{-7}$ m^2 s^{-1}) é, a 0°C, cerca de nove vezes maior que a da água ($1,3 \times 10^{-7}$ m^2 s^{-1}). As diferenças existentes entre os valores de condutividade e difusividade térmica de água e gelo explicam por que os tecidos congelam mais rápido do que descongelam.

A MOLÉCULA DE ÁGUA

As constantes físicas anormais da água sugerem a existência de forças de atração muito fortes entre as moléculas e estrutura pouco comum, tanto da água como do gelo.

Na molécula de água (Figura 2.1), o átomo de oxigênio compartilha um par de elétrons com cada um dos átomos de hidrogênio, por superposição dos orbitais híbridos sp^3 do átomo de oxigênio. Formam-se, assim, duas ligações covalentes (2/3 de caráter covalente e 1/3 de caráter iônico).

Mediante análises espectroscópicas e de raios X, determinaram-se com precisão os ângulos de valência e as longitudes. O ângulo de valência médio para a ligação H-O-H na água é de 104,5°, que lhe proporciona configuração tetraédrica quase perfeita (o ângulo do tetraedro é de 109°28') dos quatro orbitais sp^3 possíveis do átomo de oxigênio. A explicação para esse ligeiro desvio é que os elétrons não-compartilhados do átomo de oxigênio tendem a repelir os elétrons pareados. A distância média entre H-O é de 0,096 nm. Essa disposição dos elétrons na molécula de água lhe confere assimetria elétrica. O átomo de oxigênio eletronegativo tende a atrair os elétrons não-compartilhados do átomo de hidrogênio. O resultado é que cada um dos dois átomos de hidrogênio possui carga local parcial positiva; o átomo de oxigênio, por sua vez, possui carga local parcial negativa. Desse modo, a molécula de água é um dipolo elétrico. O grau de separação das cargas positivas e negativas nas moléculas dipolares expressa-se pelo *momento dipolar*, que constitui uma medida da tendência da molécula a orientar-se em um campo elétrico.

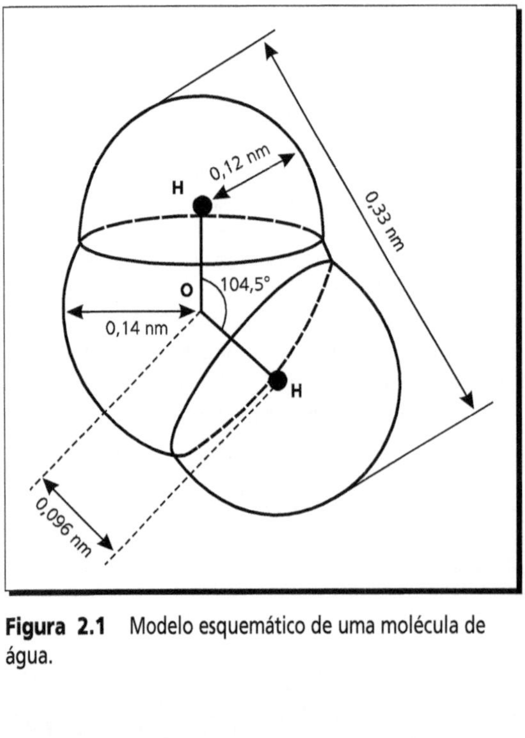

Figura 2.1 Modelo esquemático de uma molécula de água.

A natureza dipolar da molécula de água isolada faz com que se produza forte atração eletrostática entre a carga parcial negativa, situada sobre o átomo de oxigênio de uma molécula de água, e a carga parcial positiva, situada sobre o átomo de hidrogênio de outra molécula de água adjacente, dando lugar a ligações de hidrogênio. Dada a ordenação aproximadamente tetraédrica dos elétrons no átomo de oxigênio, cada molécula de água tende a estabelecer ligações de hidrogênio com outras quatro moléculas de água vizinhas. Em comparação com as ligações covalentes, com energia de ligação (energia necessária para dissociar a ligação) de 335 kJ mol^{-1}, as ligações de hidrogênio têm energia de ligação muito mais débil (2-40 kJ mol^{-1}).

Como as ligações covalentes da molécula de água estão localizadas sobre dois dos eixos do tetraedro imaginário, esses dois eixos representam linhas positivas de força (sítios doadores). Mas, no átomo de oxigênio, permanece outro par de orbitais sobre outros dois eixos do tetraedro, que representam linhas negativas de força (sítios receptores de ligações de hidrogênio). Em virtude dessas quatro linhas de força, cada molécula de água pode estabelecer quatro pontes de hidrogênio com outras quatro moléculas, obtendo-se como resultado uma estrutura também tetraédrica (Figura 2.2).

O fato de a molécula de água possuir número igual de sítios receptores e de sítios doadores de pontes de hidrogênio, que permitem uma disposição tridimensional, faz com que existam forças de atração muito grandes entre as moléculas de água, sobretudo se comparadas com as forças de atração de outras moléculas pequenas de configuração tetraédrica, como o NH^3, que tem três hidrogênios e apenas um sítio receptor, ou o FH, com um hidrogênio e, portanto, três sítios receptores. Nenhum deles tem número igual de receptores e doadores e, por isso, só podem formar ligações de hidrogênio em sentido bidimensional e, conseqüentemente, menor número de ligações de hidrogênio entre suas moléculas do que a água.

A disposição tridimensional das moléculas da água explica muitas de suas propriedades anormais: sua grande capacidade calorífica, seu alto ponto de fusão e de ebulição, sua tensão artificial, os altos valores dos calores de fusão, evaporação e sublimação; todas elas relacionadas com a grande quantidade de energia de que se necessita para romper as ligações de hidrogênio intermoleculares.

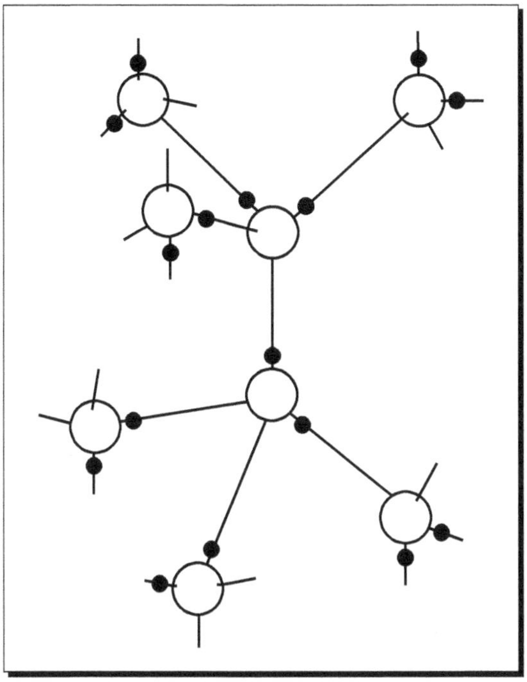

Figura 2.2 Configuração tetraédrica de moléculas de água unidas por ligações de hidrogênio. ○: Oxigênio; ●: hidrogênio. *Fonte:* Fennema (1996).

ESTRUTURA DO GELO E DA ÁGUA

A água, com suas forças dirigidas nas três direções do espaço e no sentido dos quatro eixos do tetraedro, cristaliza em uma estrutura aberta de baixa densidade. A distância entre os dois átomos de oxigênio mais próximos é de 0,276 nm, e o ângulo formado por três átomos de oxigênio é ligeiramente superior a 109° (muito próximo ao ângulo do tetraedro perfeito, 109°20'). No gelo, cada molécula de água está unida por ligações de hidrogênio a exatamente outras quatro moléculas de água, que se associam de forma a se obter um estrutura hexagonal, que é a combinação de dois planos paralelos muito próximos com os átomos de oxigênio distribuídos de forma regular. Essa disposição constitui uma *estrutura basal*. Quando várias estruturas basais se unem, obtém-se a estrutura habitual do gelo.

O gelo puro não é um sistema estático constituído apenas por moléculas de água dispostas em ordem precisa, mas sim um sistema dinâmico, porque, além de conter em quantidades residuais certos isótopos (deutério, trítio, ^{1}H, ^{17}O, ^{18}O, etc.), que, na maioria dos casos, podem ser ignorados, os cristais de gelo nunca são exatamente perfeitos; há falhas de tipo direcional (causadas por deslocamentos de prótons) ou iônico (formação de H_3O^+ e OH^-), que explicam a maior mobilidade dos prótons no gelo do que na água; acredita-se que estejam em vibração contínua, o que diminui a temperatura, sendo necessário alcançar temperaturas na ordem de –183°C para fixar os átomos de hidrogênio e conseguir um sistema estático. Esse estado dinâmico do gelo foi relacionado com a atividade de certas reações que, embora lentamente, continuam ocorrendo nos alimentos sob congelamento.

No gelo, cada molécula de água está unida a outras quatro moléculas próximas. Na água líquida a 0°C, cada molécula de água está unida, a qualquer momento, a outras 3 ou 4 moléculas; entretanto, a distância entre dois átomos de oxigênio é superior à que se encontra no gelo: 0,29 nm a 15°C e 0,305 nm a 83°C. A partir do calor de fusão do gelo, calculou-se que, quando este se funde a 0°C, rompem-se apenas 15% das ligações de hidrogênio existentes no gelo. Assim, pode-se considerar a água líquida como *gelo quebrado*. Entre as moléculas de água a 100°C, existem ainda fortes atrações, como parece indicar o elevado calor de evaporação. Na realidade, as ligações de hidrogênio não se dissociam totalmente até que o vapor de água aqueça acima de 600°C.

Entre a água e o gelo há, portanto, pequena diferença na quantidade de ligações de hidrogênio estabelecidas, o que pode parecer surpreendente quando se compara a rigidez do gelo com a fluidez da água. A teoria mais difundida para dar uma explicação aceitável reside na velocidade com que se estabelecem e rompem as ligações de hidrogênio. Embora em determinado momento a maior parte das moléculas na água líquida esteja unida por pontes de hidrogênio, a vida média de cada ligação de hidrogênio é de apenas 10^{-10} a 10^{-11} segundos. A estrutura da água é, portanto, apenas estatística, já que é o resultado de uma média obtida no espaço e no tempo. Por conseguinte, é, ao mesmo tempo, fluida e estável. Empregou-se o termo *agrupamentos flutuantes* para designar os grupos de moléculas de água, de vida curta e estrutura similar à do gelo, existentes na água líquida.

A velocidade com que se formam e se cindem as ligações de hidrogênio em sistemas aquosos supera em muito a velocidade de formação e destruição da maioria das ligações covalentes. Essa característica confere às ligações de hidrogênio uma grande vantagem biológica no que se refere às reações biomoleculares.

PROPRIEDADES SOLVENTES DA ÁGUA

A água, por sua natureza dipolar, dissolve ou dispersa muitas substâncias; é um solvente muito melhor que a maior parte dos líquidos correntes. Muitos sais cristalizados e outros componentes iônicos dissolvem-se com facilidade na água, mas são quase insolúveis nos líquidos apolares, como o clorofórmio ou o benzeno. Visto que a rede cristalina dos sais, por exemplo, o cloreto de sódio, mantém-se unida mediante fortes atrações eletrostáticas entre íons positivos e íons negativos alternantes, é necessária uma energia considerável para separar esses íons uns dos outros. Entretanto, a água dissolve o NaCl cristalizado graças às fortes atrações eletrostáticas entre os dipolos da água e os íons Na^+ e Cl^-, que formam os íons hidratados correspondentes, muito estáveis, e, com isso, superam a tendência dos íons Na^+ e Cl^- a atrair-se mutuamente.

A solvatação iônica é favorecida também pela tendência do solvente a opor-se à atração eletrostática entre os íons positivos e negativos, que é expressa pela *constante dielétrica D*, definida pela fórmula

$$F = e_1 e_2 / Dr^2$$

onde:

F = força de atração entre dois íons de carga oposta
$e_1 e_2$ = cargas dos íons
r = distância entre os íons

A água possui uma constante dielétrica muito elevada, comparada com a de solventes orgânicos (água 80; metanol 33; etanol 24; acetona 21,4; benzeno, 2,3; hexano, 1,9). As forças de atração existentes na água entre os íons Na^+ e Cl^-, por exemplo, a determinada distância, são apenas quatorze avos das que apresentariam no benzeno; é um fator que favorece a hidratação dos íons e a desorganização da rede cristalina.

Outro tipo de substâncias que se dissolvem com facilidade na água são os compostos não-iônicos, mas com caráter polar, como os açúcares, álcoois simples, aldeídos e cetonas. A solubilidade desses compostos se deve à tendência que as moléculas de água apresentam a estabelecer ligações de hidrogênio com os açúcares, os álcoois e o átomo de oxigênio do grupo carbonila dos aldeídos e das cetonas.

INTERAÇÕES DA ÁGUA COM SUBSTÂNCIAS APOLARES

A água ainda dispersa muitos compostos que contêm grupos apolares ou hidrófobos formando micelas, desde que esses compostos também possuam grupos fortemente polares. Esse tipo de interação é possível pelo estabelecimento de ligações de hidrogênio, nesse caso, não entre as moléculas do soluto e do solvente, mas entre as moléculas do solvente. Os compostos que contêm simultaneamente grupos muito hidrófobos e grupos fortemente polares são chamados de *anfipáticos*.

As biomoléculas *anfipáticas* mais comuns que tendem a formar micelas são ácidos graxos e lipídeos polares. Na maior parte das proteínas, em torno de 40% do total de aminoácidos, há cadeias laterais apolares, como o grupo metila da alanina, a isopropila da valina, a mercaptometila da cisteína, a metila e a isobulita das leucinas, etc.

Um exemplo simples de interação hidrófoba é o sal sódico do ácido oléico (Figura 2.3).

O oleato sódico tem pouca tendência a dissolver-se na água em forma de uma solução molecular verdadeira, já que sua longa cadeira hidrocarbonada é intrinsecamente insolúvel em água. Contudo, dispersa-se com facilidade na água, formando-se micelas, nas quais os grupos carboxila negativamente carregados estão expostos à fase aquosa, e os grupos apolares permanecem ocultos dentro da estrutura micelar. Essas micelas possuem carga negativa nítida e permanecem em suspensão devido à sua mútua repulsão.

As micelas podem conter centenas e até milhares de moléculas da substância anfipática. A localização interna característica dos grupos apolares nas micelas é o resultado da tendência das moléculas de água a adotar o estado de máxima liberdade (entropia). Nesse estado, a água possui coesão interna enorme devido às ligações de hidrogênio. A inserção de uma estrutura não-polar na água, como uma cadeia hidrocarbonada, requer energia, visto que as moléculas de água que a circundam serão forçadas a adotar uma ordenação mais regular, que tenha menos entropia ou liberdade que a água pura. Ou seja, as micelas se formam porque a água tem mais afinidade com suas próprias estruturas do que com as não-polares.

No interior das micelas, há forças de atração adicionais entre as estruturas hidrocarbonadas adjacentes, manifestadas pelas interações de *Van de Waals*. Por não existir uma

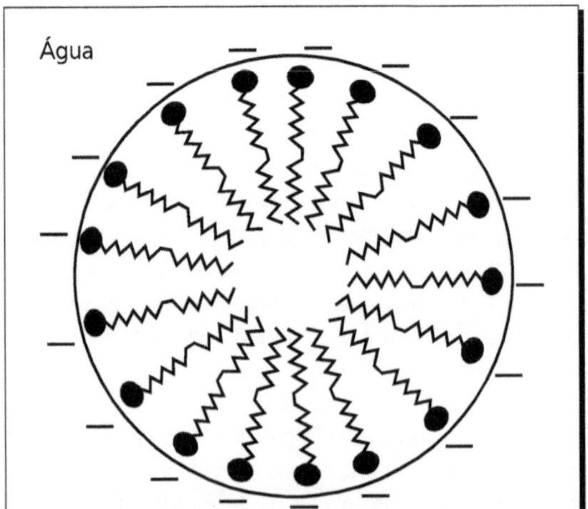

Figura 2.3 Micela de oleato sódico. ●: grupos carboxila. ≈: grupos apolares.

verdadeira ligação estequiométrica entre os grupos não-polares de uma micela, é mais apropriado empregar o termo interação hidrófoba do que ligação hidrófoba para referir-se à associação das porções hidrófobas das moléculas anfipáticas. Em comparação com as ligações de hidrogênio, as interações hidrófobas têm pouco caráter direcional, mas tendem a produzir sistemas de elevada estabilidade.

EFEITO DOS SOLUTOS NA ESTRUTURA DA ÁGUA

A presença de um soluto iônico, como o NaCl, produz mudança na água líquida, visto que cada um dos íons Na^+ e Cl^- é circundado por uma camada de dipolos de água. Esses íons hidratados têm a geometria um pouco diferente da dos agrupamentos de moléculas de água pura unidas por ligações de hidrogênio. As distâncias interiônicas médias em soluções aquosas de um soluto diminuem à medida que aumenta a concentração do soluto. No NaCl, por exemplo, quando sua concentração é de 0,15 M (concentração aproximada no plasma sangüíneo), os íons Na^+ e Cl^- estão separados por 1,9 nm. Dado que cada íon Na^+ e Cl^- hidratado tem diâmetro de 0,5 a 0,7 nm e um agrupamento tetraédrico de cinco moléculas de água com diâmetro de aproximadamente 0,5 nm, está claro que deve haver uma mudança considerável na estrutura tridimensional e nas propriedades da água líquida quando nela se dissolve NaCl. Os sais *rompem* a estrutura da água.

O efeito de um soluto no solvente manifesta-se também nas propriedades coligativas (pressão osmótica, ponto de ebulição, ponto de congelamento, pressão de vapor, etc.) das soluções, que dependem do número de partículas do soluto por unidade de volume do solvente. Os solutos produzem efeitos característicos no solvente, como a queda do ponto de congelamento, a elevação do ponto de ebulição e a diminuição da pressão do vapor. Também conferem à solução a propriedade da pressão osmótica.

EFEITO DOS SOLUTOS NA ESTRUTURA DO GELO

A quantidade e a classe de soluto influem no tamanho, na estrutura, na localização e na orientação dos cristais do gelo. Vários estudos foram realizados sobre a natureza dos cristais de gelo em presença de diferentes solutos (glicerol, gelatina, albumina, miosina, etc.). Com esses solutos, formam-se principalmente quatro tipos de estrutura: formas hexagonais, dendritos irregulares, esférulas toscas e esférulas evanescentes. Contudo, também pode-se formar grande variedade de tipos intermediários.

A forma hexagonal é a normal, com a ordenação mais perfeita; parece que ocorre nas amostras que se congelam em temperatura moderadamente baixa (não no congelamento rápido). Essa forma é reproduzível com todos os solutos mencionados anteriormente, exceto com a gelatina. Com esse soluto, a estrutura do gelo apresenta desordem maior do que na forma hexagonal. As soluções de gelatina formam cristais de gelo cúbicos ou vítreos que são mais abundantes à medida que se incrementa a velocidade de congelamento ou a concentração de gelatina. Aparentemente, a gelatina, uma molécula de tamanho grande, complexa e hidrófila, pode restringir o movimento das moléculas de água e a facilidade que elas têm para formar estruturas hexagonais.

Em geral, pode-se dizer que, embora se possam formar estruturas diferentes da hexagonal, nos alimentos e no material biológico, elas não são usuais.

ATIVIDADE DE ÁGUA

A água é, provavelmente, o fator individual que mais influi na alteração dos alimentos. Por outro lado, está perfeitamente demonstrado que alimentos com o mesmo conteúdo em água alteram-se de forma distinta, do que se deduz claramente que a quantidade de água por si só não é um indício fiel da deterioração dos alimentos. Como conseqüência desse fato, surgiu o conceito de atividade de água (a_w), que foi muito valorizado em estudos sobre alterações de alimentos, por estar diretamente relacionado com o crescimento e a atividade metabólica dos microrganismos e com as reações hidrolíticas.

A utilidade da a_w foi depreciada, algumas vezes, porque nem sempre se pode prever totalmente o crescimento microbiano, já que a resposta dos microrganismos é diferente, dependendo do soluto responsável pelo valor de a_w. Contudo, em termos gerais, pode-se dizer que, graças a esse conceito, é possível calcular a estabilidade de muitos alimentos, melhorar o processo de conservação e desidratação e planejar novos produtos mais estáveis.

O termo a_w indica a intensidade das forças que unem a água com outros componentes não-aquosos e, conseqüentemente, a água disponível para o crescimento de microrganismos e para que se possam realizar diferentes reações químicas e bioquímicas.

Quando se adiciona um soluto à água pura, as moléculas de água orientam-se na superfície do soluto e inter-relacionam-se com ele. Como conseqüência, diminui o ponto de congelamento, aumenta o ponto de ebulição e reduz a pressão de vapor, segundo a lei de Raoult, que diz: "a diminuição relativa da pressão de vapor de um líquido ao dissolver-se em um soluto é igual à fração molar do solvente".

A expressão matemática da lei de Raoult é:

$$P/Po = n_2/n_1 + n_2$$

onde:

P = pressão de vapor da solução
Po = pressão de vapor da água pura
n_1 = mols de soluto
n_2 = mols de solvente

A atividade da água define-se como a relação existente entre a pressão de vapor de uma solução ou de um alimento (P) com relação à pressão de vapor da água pura (Po) à mesma temperatura.

$$a_w = P/Po$$

Portanto, a água presente nos alimentos exerce uma pressão de vapor que depende da quantidade de água, da concentração de solutos na água e da temperatura.

Evidentemente, se não há solutos, como é o caso da água pura, a relação entre as pressões é a unidade; conseqüentemente, a a_w de todos os alimentos é sempre inferior a um. Esse decréscimo é explicado pelo fato de que os constituintes químicos presentes imobilizam parcialmente a água, diminuindo sua capacidade de evaporação e sua reatividade química.

Na realidade, a a_w é a relação entre a fugacidade do solvente na solução (f) e a fugacidade do solvente puro (f_o), entendendo por fugacidade a tendência que um solvente apresenta de escapar de uma solução. Contudo, a baixas pressões, como a pressão ambiental, a diferença entre a fugacidade e a pressão de vapor é tão pequena (inferior a 1%) que normalmente se fala de pressões. Seria mais correto, portanto, expressá-la como:

$$a_w = f/fo \approx P/Po$$

Visto que o que se mede realmente são as pressões, o que nem sempre coincide totalmente com as a_w, alguns autores consideraram mais razoável usar o termo *pressão de vapor relativa* (P/Po). Contudo, devido à difusão do termo a_w na comunidade científica e à pouca diferença que representa, neste livro optou-se pela utilização desse termo.

A a_w de um alimento e a umidade relativa do ambiente no qual se encontra tendem sempre a equilibrar-se, e, por isso, é comum expressar-se como umidade relativa de equilíbrio (%) (HRE):

$$a_w = HRE/100$$

A relação entre a_w e o conteúdo em umidade de um alimento é determinada pela equação BET (Brunauer, Emmett, Teller):

$$a_w/M\,(1 - a_w) = 1/M_1\,C + a_w\,(C - 1)/M_1C$$

onde:

M = umidade do produto (g/100 g de matéria seca)

M_1 = conteúdo em água correspondente à camada monomolecular (g/100 g de matéria seca)

C = constante relacionada com o calor de adsorção da água retida

O valor da camada monomolecular, chamada de *monocamada BET*, representa o conteúdo de umidade em que o alimento é mais estável. Em conteúdos mais baixos, pode haver oxidação lipídica, enquanto em conteúdos maiores podem ocorrer atividades enzimáticas, não-enzimáticas e microbianas.

De fato, a equação BET não permite oferecer resultados precisos em todo o intervalo de atividade de água de um alimento, devido fundamentalmente ao fato de que os tratamentos aplicados aos alimentos durante sua elaboração podem alterar as propriedades de sorção de água de seus constituintes. Além disso, durante a adsorção de água, os componentes dos alimentos podem experimentar mudanças em sua estrutura, constituição, etc. A equação BET só se confirma experimentalmente em valores de a_w compreendidos entre 0,05 e 0,40.

Existem outras equações que também relacionam esses dois parâmetros; todas elas podem reproduzir com certo êxito os dados de umidade em equilíbrio, mas nenhuma proporciona resultados para um alimento em todo o intervalo de a_w.

Como se afirmou, quando se define a atividade de água, é necessário especificar a temperatura, já que os valores dependem desta. À medida que ela aumenta, o mesmo ocorre com a_w, porque cresce a pressão de vapor. Se representamos a a_w de um alimento com conteúdo de água constante, obtém-se uma linha reta com relação à temperatura (Figura 2.4), mas apenas em um intervalo de temperatura.

Quando o alimento se aproxima do ponto de congelamento, aumenta a pendente da reta, indicando claramente que a influência da temperatura na a_w é muito maior a temperaturas inferiores de congelamento. Quando um alimento se congela, vão se formando cristais de gelo praticamente puros, enquanto os solutos migram à fase líquida, na qual se concentram cada vez mais. Portanto, a a_w dos alimentos congelados, isto é, em presença de gelo, depende fundamentalmente da temperatura, não importando o tipo de solutos que estejam presentes. Ao contrário, nos alimentos não-congelados, ela depende, sobretudo, da composição e, em menor medida, da temperatura. Conseqüentemente, a informação que esse valor proporciona nos alimentos a temperaturas subcrioscópicas é muito menor, visto que não está relacionada com a presença de solutos. Além disso, é preciso acrescentar que o valor da a_w dos alimentos congelados é menos indicativo de alteração, já que as temperaturas de congelamento interferem por si só na viabilidade dos microrganismos e nas reações químicas e bioquímicas.

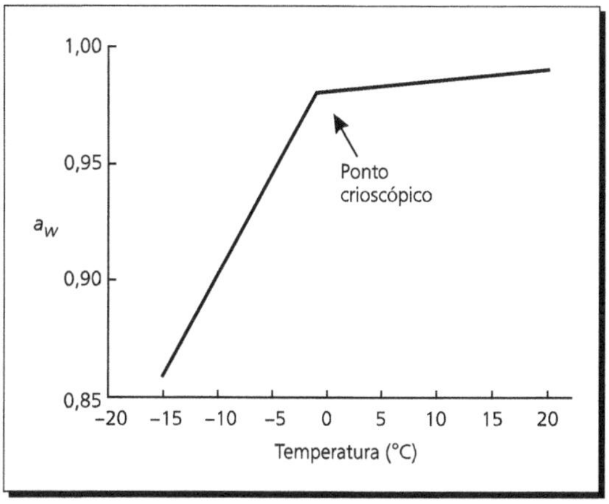

Figura 2.4 Representação esquemática da relação entre a atividade de água e a temperatura de uma determinada amostra.

ISOTERMAS DE SORÇÃO DE ÁGUA

As isotermas de sorção de água são gráficos que relacionam a quantidade de água de um alimento com sua atividade de água, o que é o mesmo, em função da umidade relativa da atmosfera que circunda o alimento, uma vez alcançado o equilíbrio e a uma temperatura constante (Figura 2.5).

O gráfico prevê claramente que ligeiras variações na umidade de um alimento com alta quantidade de água influem muito pouco em sua a_w. Entretanto, baixas quantidades de água influem de forma significativa. Aumentando a escala (Figura 2.6), pode-se ver o que ocorre em alimentos muito secos: pequenas variações na umidade provocam grandes mudanças na a_w.

A maioria das isotermas de sorção de água dos alimentos apresenta forma sigmóide, com pequenas variações conforme a estrutura física, a composição química, a temperatura e a capacidade de retenção de água do alimento. Contudo, há alimentos que apresentam uma zona mais plana na primeira parte da curva; essas curvas, em forma de J, são típicas de alimentos com grande quantidade de açúcar e solutos e que apresentam pouca adsorção por capilaridade, como as frutas e os doces de frutas.

Nas isotermas de sorção de água, podem-se distinguir três zonas pouco delimitadas que indicam a forma como a água está ligada aos alimentos (Figura 2.6); são elas:

- *Zona a)*. É a água mais fortemente ligada e menos móvel. Corresponde à água da camada monomolecular fixa aos grupos polares de certos compostos, especialmente NH^{3+} e COO^- das proteínas e grupos OH^- dos amidos, assim como água de cristalização de açúcares e sais. É muito difícil de extrair, não é congelável e não se encontra disponível para atuar como solvente ou reativo. Constitui quantidade muito pequena da água total no alimento e corresponde à uma a_w inferior a 0,2 até 0,3. O limite entre as zonas A e B é chamado de monocamada BET.
- *Zona b)*. Compreende a água correspondente às camadas de hidratação dos constituintes solúveis, isto é, proteínas, sais, açúcares, etc. Está ligada por pontes de hidrogênio e interações dipolo-dipolo ou retida fisica-

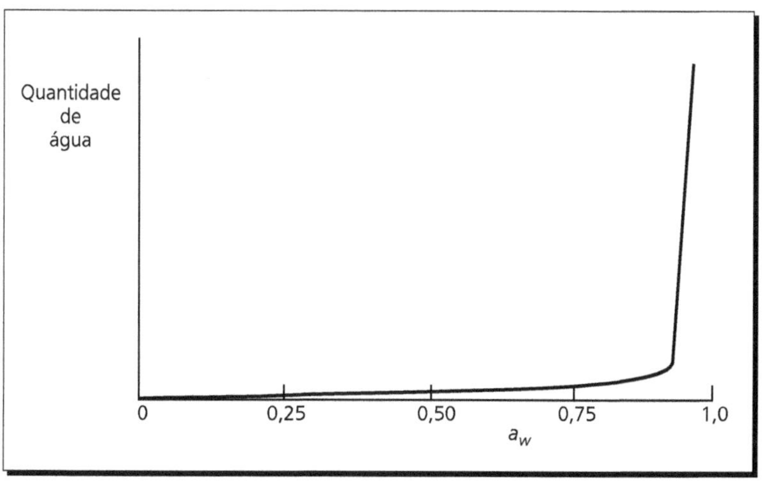

Figura 2.5 Isoterma geral de sorção de água de um alimento.

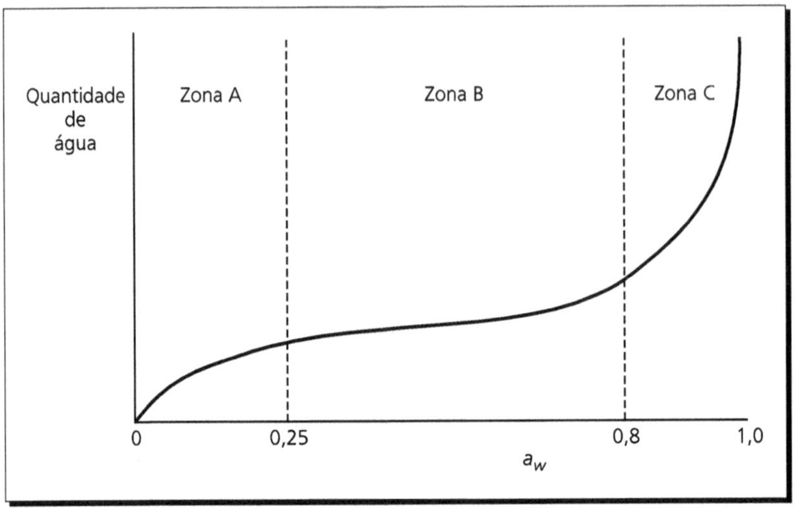

Figura 2.6 Isoterma de sorção de água de alimento com baixa quantidade de água.

mente em microcapilares de diâmetro inferior a 1 μm. O ponto de congelamento e a capacidade solvente encontram-se muito reduzidos. A a_w está entre 0,20–0,30 e 0,80, aproximadamente.

- *Zona c)*. Representa a maior parte da água dos tecidos frescos. É a água menos ligada e a mais móvel dos alimentos, embora o ponto de congelamento esteja um pouco reduzido. Encontra-se retida fisicamente em membranas, capilares (diâmetro superior a 1 μm), géis, etc., e, por isso, pode ser facilmente eliminada por diversos procedimentos. Sua retenção é determinada pelo pH e pelas forças iônicas. É a responsável pela alteração dos alimentos, já que está disponível para o desenvolvimento de microrganismos e para as reações químicas. Equivale a a_w de 0,80 a 0,99.

Ao representar as isotermas de sorção de água de um alimento, é necessário indicar a que temperatura foram construídas. Logicamente, se a a_w é dependente da temperatura, esta também influirá nas isotermas de sorção (Figura 2.7). Essa dependência é importante apenas para valores de a_w inferiores a 0,4 até 0,5. Na figura, observa-se que, para o mesmo conteúdo em água, a a_w aumenta à medida que a temperatura se eleva.

Quando se coloca o alimento em ambiente com umidade relativa (HR) superior à umidade relativa de seu equilíbrio (HRE), ele fixa o vapor de água, tendendo a alcançar o equilíbrio, isto é, absorve água. Se, ao contrário, o alimento é colocado em um ambiente cuja HR é inferior à HRE correspondente ao conteúdo de água do produto, este cede água mediante o processo chamado de dessorção. Em geral, a isoterma de adsorção para um produto determinado não é equivalente à isoterma de dessorção. Essa falta de coincidência dos dois gráficos é conhecida como *histerese* das isotermas de sorção de água e é detectada, sobretudo, na zona intermediária dos gráficos (Figura 2.8). A magnitude da histerese é variável e depende de diversos fatores, como a natureza do alimento, as mudanças físicas ocorridas quando se adiciona ou se elimina água, o grau de dessorção, a quantidade de água eliminada durante a dessorção e a temperatura (à medida que diminui, torna-se mais evidente).

Os alimentos com uma a_w determinada, a uma temperatura constante, sempre apresentam maior conteúdo de água durante a dessorção do que na adsorção.

Os principais argumentos apresentados para explicar esse fenômeno não totalmente esclarecido são:

a) Durante a dessorção, o alimento desprende a água que estava mais ou menos ligada, isto é, a água que não estava totalmente livre. Contudo, na adsorção, a água captada não tem ou tem menos pontos aos quais se unir devido às interações dos constituintes não-aquosos durante a dessorção, e, por isso, ela se encontra mais livre. Com a mesma quantidade de água, há mais água livre na adsorção, ou, o que dá no mesmo, a atividade de água é maior na adsorção.
b) O alimento retém água dentro dos capilares; durante a adsorção, a água captada tem mais dificuldade para entrar, já que a pressão de vapor de água de que se necessita para penetrar nos capilares é maior do que para sair;

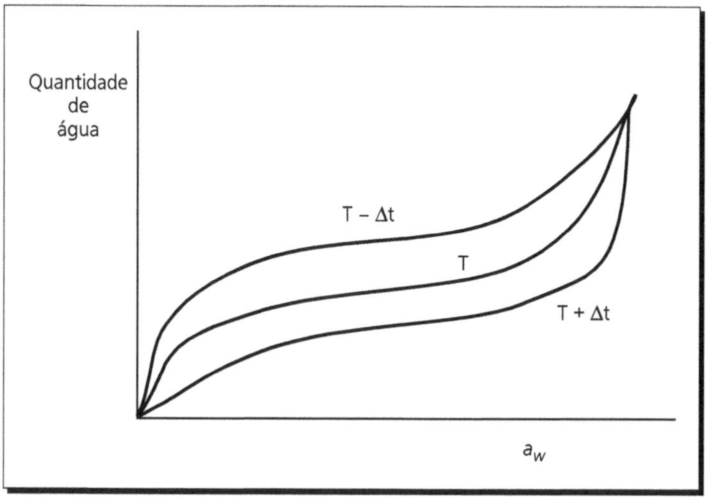

Figura 2.7 Efeito da temperatura na isoterma de sorção de água.

por isso, com a mesma quantidade de umidade há mais quantidade de água fora dos capilares, na adsorção e dentro deles na dessorção. Além disso, durante a dessecação, os capilares podem se obstruir e diminuir o diâmetro interior. Também influi a viscosidade do produto, que é maior na adsorção do que durante a dessorção, devido à menor quantidade de água.

Esse fenômeno é particularmente importante nos produtos desidratados que precisam ser reidratados para sua comercialização. Eles apresentam atividade de água ligeiramente superior à esperada, com o conseqüente perigo de deterioração. Isso também deve ser levado em conta quando se lida com alimentos acondicionados muito higroscópicos.

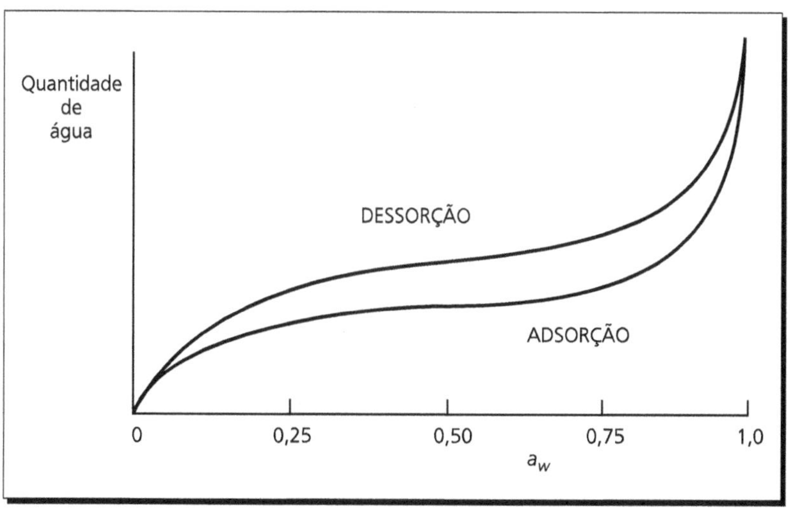

Figura 2.8 Histerese das isotermas de sorção de água.

APLICAÇÃO DAS ISOTERMAS DE SORÇÃO EM TECNOLOGIA DE ALIMENTOS

As isotermas de sorção de água dos alimentos são de grande utilidade em diferentes aspectos:

1. Permitem avaliar a estabilidade dos alimentos. A diminuição da a_W freia o crescimento dos microrganismos (nesta ordem: bactérias, leveduras e mofos), de tal forma que se detém totalmente a valores de 0,6 ou inferiores. Igualmente, a velocidade das reações químicas que ocorrem em um alimento, tanto enzimáticas como não-enzimáticas, depende da quantidade de água disponível. À medida que diminui a a_W, a velocidade de reação vai se tornando mais lenta. A valores compreendidos entre 0,2 e 0,3, cessam completamente. A exceção é constituída pela oxidação lipídica, que é mínima nesses valores, mas aumenta à medida que a a_W continua diminuindo. Portanto, a máxima estabilidade dos alimentos ocorre nesses valores. O efeito da a_W na viabilidade dos microrganismos e nas reações de deterioração é explicado detalhadamente no Capítulo 11.
2. Permitem prever a a_W de misturas de diversos ingredientes. Sempre há intercâmbio de água de um componente a outro do alimento para chegar ao equilíbrio. As isotermas permitem conhecer a a_W dos componentes da mistura e, conseqüentemente, a estabilidade de cada um deles e da mistura.
3. Permitem estimar o tempo máximo de armazenamento do produto em embalagem, com uma permeabilidade ao vapor de água conhecida, em função da quantidade de água adsorvida. Igualmente, pode-se estabelecer o comportamento de um alimento em diferentes condições de armazenamento.
4. Permitem melhorar os processos de conservação fundamentados na redução da quantidade de água, já que, mediante as isotermas de sorção, podemos determinar qual é a quantidade de umidade residual ideal para determinado alimento. Se a umidade é elevada demais, o produto apresenta menor estabilidade, ao passo que, se a umidade final é muito baixa, representa um gasto adicional na operação. A facilidade ou dificuldade para eliminar água está relacionada com a a_W.
5. Permitem determinar a temperatura ideal de armazenamento de produtos congelados, estabelecendo uma relação entre esta e a a_W. A imobilização da água em forma de gelo e o conseqüente aumento da concentração de solutos na água não-congelada diminui a atividade de água do alimento.

REFERÊNCIAS BIBLIOGRÁFICAS

BELITZ, H. D. y GROSCH, W. (1997): *Química de los Alimentos.* 2.ª ed. Acribia. Zaragoza.

CHEFTEL, J. C. y CHEFTEL, H. (1980): *Introducción a la Bioquímica y Tecnología de los Alimentos.* Vol. 1. Acribia. Zaragoza.

FENNEMA, O. R. (1996): *Food Chemistry. 3.ª* ed. Marcel Dekker, Inc. Nueva York.

MAN, J. M. de (1990): *Principles of Food Chemistry.* Van Nostrand Reinhold. Nueva York.

RESUMO

1 A água é a substância mais abundante nos seres vivos e, portanto, nos alimentos. As propriedades físicas da água e do gelo são muito anômalas em comparação com as de outras substâncias de peso molecular similar e decorrem das fortes interações moleculares entre as moléculas de água.

2 Em estado líquido, as moléculas de água produzem tetraedros unidos por ligações de hidrogênio que se formam e se destroem com muita velocidade. A diferença entre a estrutura da água e a do gelo deve-se à velocidade de formação e destruição dessas ligações, mais do que à quantidade das que se estabelecem.

3 A capacidade de estabelecer ligações de hidrogênio e a polaridade da molécula de água fazem dela um grande solvente, tanto para compostos iônicos como não-iônicos de caráter polar. A água também dispersa moléculas anfipáticas, formando micelas, que são agrupamentos de moléculas nos quais os grupos hidrófobos permanecem ocultos na estrutura micelar; já os grupos polares encontram-se expostos à fase aquosa.

4 O conteúdo de água dos alimentos é um dos fatores individuais que mais influem em sua alteração, embora alimentos com o mesmo conteúdo em água possam sofrer processo de alteração diferente.

5 A atividade de água é definida como a relação entre a pressão de vapor de um produto e a pressão de vapor da água pura à mesma temperatura. A atividade de água determina a água que se encontra disponível para o crescimento microbiano em um determinado alimento e o avanço de diferentes reações químicas e bioquímicas.

6 As isotermas de sorção de água são gráficos que relacionam, a uma temperatura constante, a quantidade de água de um alimento com sua atividade de água uma vez alcançado o equilíbrio; são próprias de cada grupo de alimentos e permitem estimar a estabilidade de um produto diante dos diversos agentes alterantes.

CAPÍTULO 3

Lipídeos

No presente capítulo, analisam-se as principais propriedades dos lipídeos dos alimentos, sobretudo as físicas, por terem mais importância na utilização e na industrialização das gorduras. Além disso, estudam-se os tratamentos empregados para sua transformação. Finalmente, descrevem-se as principais alterações dos lipídeos que afetam os alimentos, especificamente a rancificação auto-oxidativa e a hidrólise enzimática.

INTRODUÇÃO

Os lipídeos são um dos princípios imediatos mais importantes dos alimentos, devido aos seguintes aspectos:

a) Sua abundância em grande número de alimentos, muitos deles de grande interesse econômico, como leite, manteiga, margarina e embutidos.
b) Sua importância nutritiva, já que constituem o principal aporte energético da dieta, provendo 37,7 kJ, ou seja, aproximadamente o dobro da energia proporcionada pelas proteínas e pelos carboidratos; no mundo ocidental, considera-se que eles suprem pelo menos 45% das necessidades energéticas. Além disso, são veículo de vitaminas lipossolúveis (A, E, D e K) e de ácidos graxos insaturados essenciais; contribuem para melhorar o paladar e a sensação de saciedade depois de comer.
c) Exercem uma importante função na estrutura, na composição e na permeabilidade das membranas e das paredes celulares. São os componentes majoritários do tecido adiposo, que serve de isolamento para o organismo e como proteção para os órgãos internos, contribuindo, ao mesmo tempo, para a configuração do corpo.
d) Por razões tecnológicas:
   - Em determinados alimentos, são encontrados formando emulsões. Em alguns processos, é preciso mantê-los; em outros, eliminá-los e, às vezes, é preciso modificá-los e estabilizá-los.
   - Entre os componentes desse grupo de princípios imediatos, há alguns compostos que, por sua natureza anfifílica, constituem excelentes estabilizantes.
   - São suscetíveis a fenômenos de deterioração (rancificação e lipólise), que provocam alterações nas características sensoriais dos alimentos.
   - São suscetíveis a processos de transformação estrutural que, ao mudar suas propriedades físico-químicas, os tornam mais aptos para determinadas aplicações.
   - Desempenham importantes papéis tecnológicos: emulsificantes, texturizantes, aromatizantes, umectantes, transmissão de calor a alta temperatura, etc.

O conteúdo de gordura dos alimentos varia de valores muito baixos a muito altos, tanto em alimentos de origem animal como vegetal (Tabela 3.1).

A primeira dificuldade encontrada em seu estudo é a *definição*; a mais simples considera-os como substâncias solúveis em éter, clorofórmio e demais solventes das gorduras, mas pouco solúveis em água; junto com as proteínas e os carboidratos, constituem as estruturas celulares.

Se sua definição é difícil, a classificação é mais ainda, devido ao amplo grupo de substâncias heterogêneas que são abrangidas por essa definição. A classificação mais generalizada distingue dois grandes grupos:

a) Lipídeos apolares ou neutros.
b) Lipídeos polares.

Os *lipídeos apolares ou neutros* são ésteres de ácidos graxos com álcoois, e incluem-se nesse grupo os glicerídeos, ceras, carotenóides, terpenóides e esteróides.

Os *lipídeos polares* são substâncias que, além da ligação éster da união do ácido graxo e do álcool, têm outras funções

Tabela 3.1 Conteúdo de gordura aproximado de alguns alimentos

Produto	Gordura (%)
Aspargos	0,25
Arroz	1,4
Nozes	58
Coco	34
Amendoim	49
Girassol	28
Leite	3,5
Manteiga	80
Queijo fresco	11,8
Queijo parmesão	26
Carne bovina	6
Carne de frango	2,2
Carne suína	7
Presunto serrano	13
Presunto cozido	6
Merluza	1,5
Sardinha	13
Lagostim	2
Mexilhão	1,3

químicas. Pertencem a esse grupo os fosfolipídeos, cerebrosídeos e outros lipídeos complexos, como os esfingolipídeos.

ÁCIDOS GRAXOS DOS ALIMENTOS

Salvo raríssimas exceções, os lipídeos dos alimentos apresentam majoritariamente ácidos graxos de cadeia linear e número par de átomos de carbono. Contudo, tanto em gorduras naturais como em gorduras processadas, podem apresentar-se em pequenas quantidades ácidos graxos de cadeia ramificada, de número ímpar de átomos de carbono, ácidos graxos com ligações triplas e hidroxiácidos.

É comum dividir os ácidos graxos em dois tipos, saturados e insaturados; essa divisão é muito utilizada em Tecnologia de Alimentos, já que a diferença existente no ponto de fusão de uns e outros condiciona de maneira significativa as propriedades físicas de uma gordura ou de um óleo. Nos ácidos graxos insaturados, a dupla ligação apresenta-se normalmente em posição *cis*. Outra divisão muito freqüente é a que se refere ao comprimento da cadeia: curta, média ou longa, embora essa classificação não seja tão universalmente aceita como a anterior. Em geral, considera-se cadeia curta um número de átomos de carbono entre 4 e 10, cadeia média entre 12 e 14 e cadeia longa mais de 16 carbonos.

Ácidos graxos saturados de cadeia linear

Nos alimentos, aparecem ácidos graxos saturados com menos de 24 átomos de carbono, sendo mais freqüentes os que possuem entre 12 e 24 carbonos (Tabela 3.2).

Os ácidos graxos saturados mais freqüentes são o láurico (C–12:0), o mirístico (C–14:0), o palmítico (C–16:0) e o esteárico (C–18:0). O ácido láurico constitui 45 a 50% da gordura de coco e 45 a 50% do óleo de palma; o ácido mirístico participa em 15 a 18% em ambos. O ácido palmítico encontra-se no óleo de algodão (22 a 28%), de palma (35 a 40%) e em quantidades variáveis em outras gorduras; assim, nas gorduras de origem animal, oscila entre 25 e 30% e, nos óleos de peixe, chega até 15 a 20%. Devido à intensa hidrogenação no trato intestinal dos ruminantes, os ácidos insaturados de 18 átomos de carbono transformam-se em ácido esteárico, que chega a constituir 30% dos ácidos graxos dos depósitos de gordura desses mamíferos.

Os ácidos graxos com número ímpar de átomos de carbono aparecem em pequenas quantidades em gorduras animais (C–1 a C–23), em óleos de peixe (C–13 a C–19) ou em gorduras vegetais (C–9 a C–23), não superando em nenhum caso 1 a 2% do total da gordura.

Ácidos graxos insaturados de cadeia linear

Além do número de átomos de carbono, os ácidos graxos insaturados diferenciam-se pelo número, pela localização, pela configuração e pela conjugação de suas ligações duplas. Nos alimentos, o número de insaturações não vai além de seis, e normalmente elas não estão conjugadas, isto é, entre duas ligações duplas existe pelo menos um grupo metileno ($-CH_2$). A localização da ligação dupla no carbono 9 na forma *cis* é a mais freqüente. Os ácidos linoléico, linolênico e araquidônico são exemplos de componentes habituais das gorduras dos alimentos (Tabela 3.3).

Os ácidos graxos insaturados podem ter as ligações duplas localizadas em diferentes posições e, por isso, é preciso uma descrição que especifique sua posição e configuração.

Tabela 3.2 Principais ácidos graxos saturados nos alimentos

Nome sistemático	Nome comum	Átomos de carbono	Ponto de fusão (°C)	Ponto de ebulição (°C)
n-Butanóico	Butírico	4	-5,3	164
n-Pentanóico	Valérico	5	-34,5	186
n-Hexanóico	Capróico	6	-3,2	206
n-Heptanóico	Enântico	7	-7,5	223
n-Octanóico	Caprílico	8	16,5	240
n-Nonanóico	Pelargônico	9	12,5	256
n-Decanóico	Cáprico	10	31,6	271
n-Dodecanóico	Láurico	12	44,8	130
n-Tetradecanóico	Mirístico	14	54,4	149
n-Hexadecanóico	Palmítico	16	62,9	167
n-Heptadecanóico	Margárico	17	61,8	175
n-Octadecanóico	Esteárico	18	70,1	184
n-Eicosanóico	Araquídico	20	76,1	204
n-Docosanóico	Beênico	22	80	
n-Tetracosanóico	Lignocérico	24	84,2	

Por exemplo, o ácido *cis*-9, 12, 15-octadecatrienóico é chamado comumente de ácido linolênico e, na nomenclatura curta, C–18:3. A posição da ligação dupla é determinada com a expressão ($n - x$), na qual x é o número de átomos de carbono que há desde a última ligação dupla ao grupo metila terminal: C–18:3 (n – 3).

Tabela 3.3 Principais ácidos graxos insaturados nos alimentos

Nome sistemático	Nome comum	Nome abreviado	Ponto de fusão (°C)	Ponto de ebulição (°C)
9-Tetradecenóico	Miristoléico	14:1 (n - 5)		
9-Hexadecenóico	Palmitoléico	16:1 (n - 7)	0	
9-Octadecenóico	Oléico	18:1 (n - 9)	16,3	153 a 0,1 mmHg
11-Octadecenóico	Vacênico	18:1 (n - 7)	39,5	
9-Eicosenóico	Gadoléico	20:1 (n - 11)	23,5	
9,12-Octadecadienóico	Linoléico	18:2 (n - 6)	-5	202 a 1,4 mmHg
9,12,15-Octadecatrienóico	Linolênico	18:3 (n - 3)	-11	157 a 0,001 mmHg
5,8,11,14-Eicosatetraenóico	Araquidônico	20:4 (n - 6)	-49,5	130
5,8,11,14,17-Eicosapentenóico	EPA	20:5 (n - 3)		
4,7,10,13,16,19-Docosahexenóico	DHA	22:6 (n - 3)		

n - 3

$CH_3 - CH_2 - CH = CH - CH_2 - CH = CH - CH_2 - CH = CH - (CH_2)_7 - COOH$

A nomenclatura (*n* – *x*) é utilizada apenas para os ácidos graxos que contenham ligações duplas na posição *cis*.

O ácido oléico (C–18:1, *n* – 9) encontra-se na maioria das gorduras; é o componente majoritário do azeite de oliva (72%), constitui 40% da manteiga de cacau e de 35 a 40% das gorduras de origem bovina e ovina.

São freqüentes também outros ácidos monoinsaturados, como o palmitoléico (C–16:1, *n* – 7) (óleo de peixe e de sementes) e o erúcico (C-22:1, *n* – 9) (mostarda e óleo de colza).

Entre os ácidos graxos poliinsaturados (PUFA), o ácido linoléico (C–18:2, *n* – 6) é o que apresenta maior interesse, por tratar-se de um ácido graxo essencial e estar envolvido nas reações de oxidação, polimerização e nas interações lipídeo-proteína; é o ácido graxo predominante nos óleos de girassol (30 a 70%), algodão (45 a 50%) e milho (40 a 60%). O ácido linolênico (C–18:3, *n* – 3) constitui de 50 a 60% dos ácidos graxos do óleo de linhaça e de 8 a 10% do óleo de soja; o ácido araquidônico (C-20:4, *n* – 6) é muito freqüente no reino animal e faz parte dos lipídeos constituintes das membranas celulares e do tecido nervoso.

CARACTERÍSTICAS DOS GLICERÍDEOS

Os glicerídeos ou gorduras neutras são os componentes básicos das gorduras naturais. Estruturalmente, são constituídos por uma molécula de glicerol (G), na qual estão esterificadas uma (monoglicerídeo), duas (diglicerídeo) ou três (triglicerídeo) moléculas de ácidos graxos. Os triglicerídeos são os mais abundantes na natureza, ao passo que os mono e os diglicerídeos encontram-se em pequenas quantidades tanto nas gorduras comestíveis como nos lipídeos dos alimentos; contudo, sua concentração pode aumentar por ação de hidrolases sobre os triglicerídeos durante a elaboração e a conservação dos alimentos. Tanto os mono- como os diglicerídeos são agentes surfactantes e, por isso, são muito utilizados em Tecnologia de Alimentos como emulsificantes.

A distribuição dos ácidos graxos nas diferentes posições dos glicerídeos é, mais do que aleatória, seletiva. Por esse motivo, lançaram-se várias teorias para explicar a distribuição dos ácidos graxos nos triglicerídeos.

A teoria da *distribuição uniforme* sustenta que os ácidos graxos similares distribuem-se no maior número possível de moléculas de glicerídeos. Assim, se um ácido graxo (A) constitui 35% do total de ácidos graxos, estará pelo menos uma vez em todos os triglicerídeos presentes (GAX_2); se estiver em 35 a 70%, aparecerá duas vezes (GA_2X) e, se estiver em quantidade superior a 70%, serão formados triglicerídeos simples (GA_3).

A teoria da *distribuição ao acaso* sugere que os ácidos graxos distribuem-se nos glicerídeos de forma aleatória, mas o conteúdo em glicerídeos saturados deve ser compatível com a fluidez dos lipídeos *in vivo*. Depois dessa teoria, lançou-se a hipótese da distribuição ao acaso tipo *1-3,2*, na qual se supõe que as posições 1 e 3 são equivalentes e ocupadas pelo mesmo ácido graxo situado ao acaso nessa posição, sendo a posição 2 ocupada por ácidos graxos também dispostos ao acaso; essa teoria é a que mais se ajusta aos dados obtidos experimentalmente.

Finalmente, para gorduras animais, foi proposta a teoria da *distribuição ao acaso restringido*, que se baseia em três suposições:

a) Todas as moléculas de glicerol são igualmente reativas.
b) Os ácidos graxos encontram-se em equilíbrio dinâmico.
c) É necessário manter a gordura em estado fluido no organismo.

Segundo essa teoria, os ácidos graxos saturados distribuem-se nos glicerídeos de forma aleatória, mas, freqüentemente, tendem a diminuir por um intercâmbio entre ácidos graxos saturados (S) e insaturados (I). O resultado dessas substituições é o aumento de GS_2I e a diminuição de GS_3, GSI_2 e GI_3 em porcentagens superiores às esperadas em uma distribuição ao acaso. Assim, basta conhecer a quantidade total de ácidos saturados e a quantidade de GS_3 para calcular as porcentagens dos outros três tipos de glicerídeos.

CARACTERÍSTICAS DOS FOSFOLIPÍDEOS

São lipídeos complexos que contêm fósforo e possuem, como núcleo, uma molécula de glicerol (fosfoglicerídeo) ou esfingosina (esfingolipídeos); estes últimos têm pouca importância nos alimentos. Nos fosfolipídeos, é muito freqüente a presença de ácidos graxos insaturados, e sua distribuição na molécula não é aleatória, já que os ácidos graxos insaturados ocupam preferencialmente a posição 2, e os saturados e monoenóicos, a posição 1.

Os fosfoglicerídeos são elementos importantes da membrana celular, dos tecidos e órgãos do sistema nervoso e dos componentes do sangue. Normalmente, encontram-se unidos a proteínas formando lipoproteínas, o que obriga a desnaturação destas no caso de ser preciso extraí-los. É muito freqüente a oxidação dos ácidos graxos insaturados dos fosfolipídeos, particularmente em carnes e peixes, sendo essa oxidação anterior à dos triglicerídeos. Os fosfolipídeos com grupos amina livres podem participar dos processos de escurecimento não-enzimático ao reagir com aldeídos, dando lugar a polímeros, bases de Schiff e produtos de cisão que, em geral, apresentam fluorescência ao ser excitados por reações ultravioleta.

Em termos gerais, os fosfolipídeos encontram-se em todas as gorduras e óleos, aparecendo em menor quantidade nas gorduras animais de depósito. São moléculas anfifílicas e, por isso, podem unir-se à água e separar-se dos demais componentes da gordura.

Os fosfolipídeos mais importantes nos alimentos são a fosfatidilcolina (lecitina), a fosfatidilserina, a fosfotidiletanolamina (cefalina), o fosfatidilinositol e o difosfatidilglicerol (cardiolipina).

FRAÇÃO INSAPONIFICÁVEL

Essa fração é constituída basicamente por esteróis, terpenos, álcoois alifáticos, esqualeno e hidrocarbonetos (Tabela 3.4). Na maioria das gorduras, o componente majoritário dessa fração são os esteróis. As gorduras animais contêm colesterol e, em alguns casos, pequenas quantidades de outros esteróis, como o lanosterol. Os esteróis são compostos que contêm um núcleo ciclopentano-peridrofenantreno, que é comum a muitos outros compostos naturais, como os ácidos biliares, os hormônios e a vitamina D; têm elevado ponto de fusão e possuem estrutura plana com configuração *trans*. Nas gorduras naturais, parte dos esteróis apresenta-se como ésteres de ácidos graxos; por exemplo, no leite, cerca de 10% do colesterol apresenta-se esterificado.

Os hidrocarbonetos presentes nas gorduras são membros das n-parafinas, assim como das parafinas de cadeia ramificada de configuração *iso* e *anteíso*.

PROPRIEDADES FÍSICAS

Muitas das propriedades funcionais das gorduras que se utilizam na elaboração de margarinas, gorduras emulsificáveis ou emulsões dependem da estrutura e das propriedades físicas dos lipídeos, que, por sua vez, dependem da composição química de suas moléculas.

Polimorfismo

As gorduras diferenciam-se dos óleos no grau de solidificação a temperatura ambiente, já que os óleos são líquidos nessas condições. O estado sólido de uma gordura não é senão a conseqüência do aparecimento de cristais, e a proporção destes é de grande importância na determinação das propriedades físicas de um produto. As gorduras são consideradas sólidas quando possuem 10% de seus componentes em estado sólido (cristalino).

O tamanho dos cristais de gordura oscila entre 0,1 e 5 μm e, eventualmente, pode superar 50 a 100 μm; esses cristais grandes são perfeitamente apreciáveis ao paladar e visíveis à primeira vista. Os cristais mantêm-se unidos por forças de Van der Waals e, em seu crescimento, formam uma rede tridimensional que confere rigidez ao produto, podendo reter em seu interior gordura líquida ainda sem cristalizar (cristais mistos).

Uma das características mais importantes da gordura é seu *polimorfismo cristalino*, já que tanto os triglicerídeos como os di e monoglicerídeos têm a propriedade de solidificação em diferentes formas cristalinas. Admitem-se pelo menos três formas distintas designadas como α, β e β'. O aparecimento de

Tabela 3.4 Componentes majoritários da fração insaponificável de algumas gorduras e óleos (%)

Gordura	Hidrocarbonetos	Esqualeno	Álcoois alifáticos	Terpenos	Esteróis
Oliva	2,8-3,5	32-50	0,5	20-26	20-30
Linhaça	3,7-14	3	2,5-6	29,3	34,5-52
Soja	3,8	2,5	4,9	23,2	58,4
Colza	8,7	4,3	7,2	9,2	63,6
Milho	1,4	2,2	5	6,7	81,3
Toucinho	23,8	4,6	2,1	7,1	47
Banha	11,8	1,2	2,4	5,5	64

Fonte: De Man (1990).

um tipo de cristal ou outro depende do método de formação. Se a gordura solidifica por um método rápido (imersão em nitrogênio líquido ou acetona com neve carbônica), produz-se a forma α; a forma β aparece quando o resfriamento é lento ou se o restabelecimento realiza-se a temperaturas justamente abaixo de ponto de fusão; a forma β' pode ser obtida a partir do restabelecimento acima do ponto de fusão da forma α ou a partir do triglicerídeo fundido, mantendo sua temperatura justamente acima do ponto de fusão da forma α. Cada uma dessas formas apresenta seu ponto de fusão, seu padrão de difusão de raios X e um espectro infravermelho típico.

Na forma α, os cristais são de tipo hexagonal e orientam-se aleatoriamente no espaço. A forma β' apresenta cristais ortorrômbicos orientados em direções opostas. Na forma β, a mais estável, os cristais são orientados no mesmo sentido, e o tipo de cristal é tricíclico.

Existem algumas formas relacionadas com as anteriores que, em geral, são menos estáveis; são as formas sub-α, vítrea e γ, produzidas em temperaturas muito baixas.

O estudo dos triglicerídeos por difração de raios X demonstrou a existência dos chamados espaços curtos e espaços longos. Os espaços curtos correspondem à largura das células da rede; são independentes do comprimento da cadeia, mas dependem da densidade das moléculas e, por isso, proporcionam informação sobre a distribuição e orientação molecular das formas polimorfas. A medida dos espaços curtos foi utilizada para caracterizar as forma polimórficas; assim, os espaços curtos na forma α medem 0,415 nm, 0,42 nm e 0,38 nm na β' e 0,46, 0,385 e 0,37 nm na forma β. Os espaços longos dependem do comprimento da cadeia, isto é, do número de átomos do grupo acila.

Ao determinar a estrutura molecular dos cristais β dos triglicerídeos mediante estudos de densidade eletrônica, observa-se que essas moléculas adotam a forma denominada *cadeira*, na qual as cadeias dos ácidos graxos situados nas posições 1 e 3 são opostas à situada na posição 2. Ao contrário, os cristais de tipo β' adotam a posição conhecida como *diapasão* (Figura 3.1).

A forma α, com ponto de fusão inferior às outras duas, apresenta aspecto vítreo, mas os estudos realizados com microscopia de luz polarizada revelam a existência de certa estrutura cristalizada.

A forma β é a mais estável, e nela se transformam as outras formas mais instáveis quando deixadas em repouso; é típica dos azeites de oliva, dos óleos de girassol, milho, coco, palma e amendoim e da banha. A forma β' é característica das gorduras, das banhas modificadas, dos sebos e do óleo de algodão parcialmente modificado.

Os diglicerídeos mais freqüentes são os que apresentam polimorfismo de tipo β e β'. Os 2-monoglicerídeos não apresentam polimorfismo; já os 1-monoglicerídeos podem ser encontrados em três ou quatro formas.

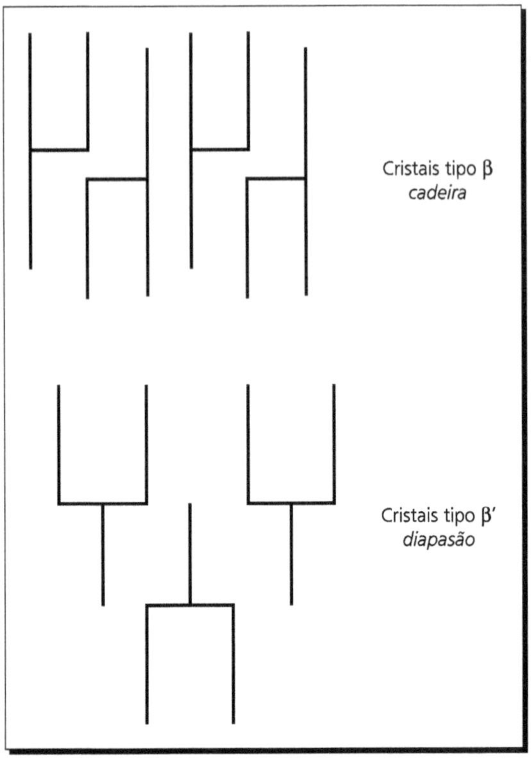

Figura 3.1 Ordenamento das moléculas em cristal de triglicerídeo.

Ponto de fusão

Considera-se como ponto de fusão de uma gordura o ponto de fusão da forma polimórfica mais estável (β) em capilar aberto, correspondendo à temperatura na qual todos os sólidos se fundem. A presença de ácidos graxos de cadeia curta ou insaturados tende a baixar o ponto de fusão e, por isso, os óleos vegetais, ricos em ácidos graxos insaturados, são líquidos em temperatura ambiente, enquanto a gordura animal, mais saturada, apresenta-se como sólida na mesma temperatura. Portanto, o conhecimento do ponto de fusão é muito importante no processamento de gorduras animais, mas de pouco valor no de óleos vegetais, já que são líquidos em temperatura ambiente.

Os pontos de fusão das gorduras puras são muito concretos; porém, visto que uma gordura ou um óleo se constitui da mistura de lipídeos com diferentes pontos de fusão, não se fala de ponto de fusão nítido, mas sim de *zona de fusão*, e, em geral, admite-se como ponto de fusão o do componente da gordura que se funde em temperatura mais elevada.

Viscosidade

É uma propriedade de grande interesse no processamento e na manipulação das gorduras e deve ser levada em conta quando se determinam sistemas de manejo para elas. A viscosidade de uma gordura deve-se à fricção interna entre os lipídeos que a constituem. Devido ao elevado número de moléculas que formam uma gordura, geralmente a viscosidade é alta. Varia de acordo com as características dos ácidos graxos. Assim, aumenta quando cresce o comprimento da cadeia dos ácidos graxos componentes e diminui ao aumentar o grau de insaturação. Por exemplo, a tricaprina (C–6) apresenta viscosidade de 50 cP, enquanto a da triestearina (C–18) é de 24, 31 cP.

Calor específico

Considera-se calor específico a quantidade de calor que deve ser subministrado à unidade de massa de determinada substância para elevar sua temperatura em um grau centígrado; expressa-se em kJ/kg °C. As propriedades térmicas das gorduras têm grande importância em sua manipulação e em seu processamento, assim como no estudo das mudanças de fase. Essas propriedades variam de uma gordura a outra devido à sua composição distinta. As propriedades térmicas de uma gordura também variam dependendo das formas polimórficas e das quantidades relativas de sólido e líquido presentes. A variação do calor específico de diferentes gorduras é muito pequena porque os triglicerídeos mais comuns têm calor específico muito similar.

O calor específico aumenta em função do grau de insaturação dos ácidos graxos tanto em estado sólido como líquido; é importante destacar que o calor específico das gorduras líquidas é duas vezes maior que o das gorduras sólidas, e também que as formas α apresentam valor superior ao das β.

Calor latente de fusão

É o calor absorvido pela amostra de gordura natural a temperaturas inferiores ao ponto de fusão, mas superiores ao de solidificação completa; depende, portanto, dos calores específicos da fase sólida e líquida, sendo expresso em kJ/kg °C. Esses dados calorimétricos são utilizados para estimar as quantidades relativas de sólido e líquido nas gorduras comerciais.

O calor latente de fusão aumenta quando cresce o comprimento da cadeia. O da forma α instável é muito menor que o da forma β estável. Quando se mantém em repouso por tempo suficiente uma amostra de gordura em forma α ou se eleva lentamente sua temperatura, converte-se na forma estável β, liberando calor.

Índice de refração

O índice de refração de determinada substância (n) é obtido pela relação entre a velocidade da luz no ar (v) e no material analisado, neste caso, uma gordura ou um óleo (v').

$$n = v / v'$$

O índice de refração da gordura aumenta quando aumenta o comprimento da cadeia, bem como com a insaturação; por isso, correlaciona-se com o índice de iodo, sendo utilizado para controlar o processo de hidrogenação. O índice de refração diminui conforme aumenta a temperatura; assim, em temperaturas próximas a 40°C, costuma diminuir 0,00038 para cada °C de aumento.

Densidade

Uma das propriedades físicas de maior interesse, sobretudo para a elaboração de técnicas e aparelhos para o processamento de uma gordura, é, sem dúvida nenhuma, a densidade. Atualmente, sua aplicação mais importante é para determinar a relação sólido/líquido das gorduras comerciais.

A densidade das gorduras sólidas ou líquidas é bastante constante para os diferentes tipos de triglicerídeos, mas a diferença é grande entre os estados sólido e líquido; assim, o volume da banha aumenta 13% ao passar do estado sólido ao líquido. Essa mudança de volume é utilizada para determinar o conteúdo de sólidos nas gorduras parcialmente fundidas.

Para essa determinação, utiliza-se um *dilatômetro*: representando o volume específico (volume que ocupa a unidade de massa de uma gordura em determinadas condições) diante da temperatura, pode-se obter uma curva como a que aparece na Figura 3.2. O conteúdo sólido em qualquer ponto da curva pode ser medido graficamente, admitindo que tanto o sólido como o líquido dilatam a velocidade constante e igual, ou seja, que as linhas do gráfico correspondentes ao produto sólido e ao líquido são retas paralelas.

É preciso dizer também que todas as gorduras expandem-se na mesma magnitude ao passar de sólidas a líquidas. Se todas essas suposições são válidas, todo aumento de volume que exceda o que corresponde aos sólidos (o indicado na linha de sólidos) deve decorrer da transformação de sólidos em líquidos e será diretamente proporcional a essa mudança. Portanto, em qualquer ponto da curva (X), temos que:

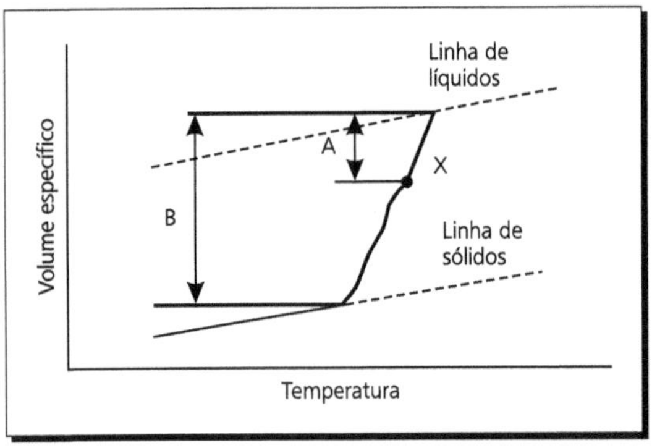

Figura 3.2 Curva dilatométrica da fusão de uma mistura de glicerídeos.

$$\% \text{ líquido} = \frac{B - A}{B} \times 100$$

$$\% \text{ sólido} = \frac{A}{B} \times 100$$

Essas porcentagens não são totalmente exatas, mas quando se fazem várias determinações e se segue um processo normalizado, obtém-se um valor repetitivo denominado *índice de conteúdo em sólidos*, muito útil para efeitos de controle.

Solubilidade

A solubilidade das gorduras é muito importante para efeitos do processamento. Em geral, as gorduras são totalmente miscíveis em solventes apolares, tais como o éter de petróleo, o benzeno e o éter etílico; são totalmente insolúveis em solventes polares, como a água, e parcialmente solúveis em solventes de polaridade intermediária, como o álcool e a acetona. Estes últimos solventes são úteis para separar os componentes de uma mescla de gorduras. A solubilidade das gorduras em solventes orgânicos diminui à medida que aumentam o comprimento da cadeia e o grau de saturação. Essa diferença na solubilidade é utilizada como base para o fracionamento das gorduras e, conseqüentemente, para a separação da gordura sólida.

Os fosfolipídeos podem interagir com a água em certa parte de sua molécula, já que o ácido fosfórico e os álcoois que os formam têm grupos hidrófilos, e, por isso, os fosfolipídeos tendem a colocar-se na interface.

Em geral, a tensão superficial aumenta com o comprimento da cadeia e diminui com a temperatura. Tanto a tensão superficial como a interfacial se reduzem facilmente com o emprego de agentes surfactantes, como os monoglicerídeos e os fosfolipídeos.

Plasticidade

É a propriedade que tem o corpo de manter sua forma resistindo a uma pressão que não alcança um valor determinado. Dependendo diretamente da plasticidade, encontra-se a extensibilidade. A plasticidade de uma grande massa deve-se à presença da rede tridimensional de cristais, em cujo interior há gordura líquida imobilizada. O caráter plástico depende da relação sólido/líquido e do grau em que as redes cristalinas formadas pela porção de gordura que se encontra em estado sólido estão compactadas ou inteiras. Para que a gordura seja plástica e extensível, deve haver relação ou proporção entre a parte sólida e a líquida (20 a 40% de gordura em estado sólido), seus cristais devem estar em forma α e as redes não podem estar compactadas demais. As gorduras plásticas comportam-se como sólido até que as forças deformantes aplicadas rompam a rede cristalina. Nesse momento, a gordura se comporta como líquido viscoso e, conseqüentemente, pode-se *untar*.

TRATAMENTO DE MODIFICAÇÃO DAS GORDURAS

Os principais tratamentos aplicados às gorduras a fim de modificar sua composição e estrutura são: hidrogenação, transesterificação e fracionamento.

Hidrogenação

A hidrogenação das gorduras é reação química que consiste na incorporação de hidrogênio à ligação dupla dos ácidos graxos insaturados. Essa reação é de grande importância na indústria porque permite a conversão de óleos em gorduras plásticas utilizáveis na indústria de elaboração de margarinas e gorduras emulsificantes (*shortenings*). Após a hidrogenação, as gorduras melhoram a cor e são menos suscetíveis à oxidação, sendo, por isso, mais estáveis. Na prática comercial, a hidrogenação é realizada mediante forte agitação do óleo líquido em presença de determinada quantidade de hidrogênio gasoso e de um catalisador sólido, em tanques fechados a determinada pressão (3 a 7 kg/cm^2) e com a temperatura oscilando entre 100°C e 200°C. Embora a maioria dos processos industriais utilize níquel como catalisador, também é possível usar cobre, platina e paládio, assim como cromo, carbonilas e pentacarbonila de ferro; as doses utilizadas oscilam entre 0,05 e 0,2%. O óleo de partida deve ser refinado, branqueado, seco e sem sabões; o hidrogênio também deve ser seco e não conter amoníaco, enxofre e CO_2; o catalisador deve estar ativo durante determinado tempo, apresentar a seletividade requerida e ser facilmente eliminado por filtração.

O mecanismo envolvido na hidrogenação de uma gordura consiste na reação de um ácido graxo insaturado com o hidrogênio atômico adsorvido no catalisador metálico. O esquema da reação é apresentado na Figura 3.3, em que S representa o substrato graxo, M, o catalisador metálico e H, o hidrogênio. Os compostos intermediários 1, 2 e 3 são instáveis, de vida curta, sendo muito difícil seu isolamento. O rendimento da reação depende da natureza da substância submetida ao tratamento, da natureza e da concentração do catalisador, da concentração de hidrogênio, bem como da temperatura, da pressão e do grau de agitação (Tabela 3.5). Em geral, a gordura não se hidrogena por completo, apenas parcialmente.

A reação de hidrogenação normalmente é controlada medindo-se o índice de refração relacionado com o grau de saturação (ver "Índice de refração").

Na hidrogenação, além da saturação das ligações duplas, ocorre uma isomerização, isto é, uma reorganização da estrutura molecular dos ácidos graxos iniciais, nos quais se modifica a configuração *cis* (instável) para *trans*. Essa mudança tem repercussão nutricional, já que, entre outras coisas, produz-se perda dos ácidos graxos essenciais e, portanto, será necessário repô-los para que o valor nutritivo seja o adequado. Por outro lado, é preciso levar em conta que os ácidos graxos insaturados são utilizados pelo organismo humano como material biológico indispensável para a formação das membranas celulares; ao estarem em configuração diferente da que se encontra na natureza, obviamente não são de utilidade biológica e, mais ainda, podem ser considerados moléculas estranhas, capazes de interferir no organismo com determinados processos metabólicos. Além disso, os isômeros *trans* são metabolizados de forma mais lenta e fixam-se preferencialmente no tecido adiposo, provocando aumento de 50% dos níveis de colesterol sérico (aumento do colesterol LDL) em comparação com o aumento sofrido com uma dieta com gordura saturada; conseqüentemente, são responsáveis por sobrecargas lipídicas no miocárdio e nas paredes dos vasos, nas doenças cardiovasculares. Atualmente, tende-se a limitar o conteúdo desses isômeros em alguns produtos, como nos alimentos infantis, óleos de consumo e chocolates.

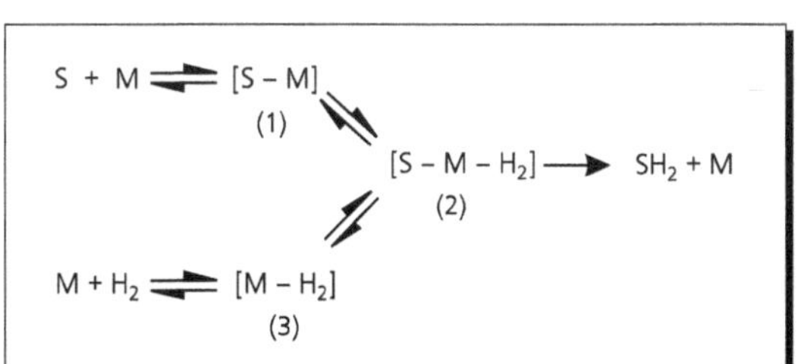

Figura 3.3 Esquema das reações que ocorrem durante a hidrogenação das gorduras. S: Substrato graxo. M: Metal catalisador. H: Hidrogênio.

Tabela 3.5 Efeito dos parâmetros do processamento na seletividade e na velocidade de hidrogenação

Parâmetro	Seletividade	Ácidos graxos *trans*	Velocidade
Alta temperatura	Alta	Alta	Alta
Alta pressão	Baixa	Baixa	Alta
Alta concentração de catalisador	Alta	Alta	Alta
Agitação intensa	Baixa	Baixa	Alta

Fonte: Fennema (1996).

Existem dois tipos de hidrogenações, dependendo do destino da gordura resultante:

a) Hidrogenação *seletiva*. O termo *seletivo* refere-se ao fato de que o hidrogênio incorpora-se primeiro aos ácidos graxos mais insaturados. O processo é tanto mais seletivo quanto maior for a temperatura e menores forem a pressão aplicada e a agitação do sistema. Os óleos hidrogenados são mais resistentes à oxidação pelo fato de hidrogenar-se preferencialmente o ácido linolênico. Portanto, esse processo é realizado principalmente para reduzir o conteúdo de ácido linolênico e assim aumentar a estabilidade da gordura. Os catalisadores existentes não permitem a transformação apenas do ácido linolênico em linoléico, e, por isso, sempre aparecem certas quantidades de ácido oléico. Um importante fator que deve ser levado em conta nesse tipo de hidrogenação é a presença de isômeros *trans*, que aparecem em alta concentração, já que são os de configuração mais estável. Quanto mais seletiva for a reação, maior é a formação de isômeros *trans*, preocupantes do ponto de vista nutricional. Em qualquer caso, os diferentes catalisadores resultam em distintas seletividades, embora as condições de temperatura, pressão e agitação também interfiram de maneira importante no processo.

b) Hidrogenação *parcial* ou *total*. Tem como finalidade a obtenção de gorduras sólidas, base de fabricação de margarinas, minarinas e gorduras emulsificantes; busca-se, portanto, aumentar o ponto de fusão a fim de obter lipídeos de determinada consistência em temperatura ambiente. Quando a hidrogenação não é seletiva, os ácidos poliinsaturados reduzem-se rapidamente, e os níveis de isômeros *trans* aumentam em até 40%, no caso das margarinas comuns.

A hidrogenação seletiva, de modo geral, realiza-se a 195°C durante 30 minutos e sob pressão próxima a 810 kPa, enquanto a hidrogenação parcial realiza-se a temperaturas e pressões inferiores, mas durante mais tempo e com a concentração do catalisador 10 vezes superior.

Transesterificação (interesterificação)

As características físicas de uma gordura dependem, em grande parte, não apenas dos ácidos graxos constituintes (comprimento de cadeia e grau de saturação), mas sim de sua distribuição na molécula do triglicerídeo. Portanto, o padrão de distribuição original dos ácidos graxos de algumas gorduras naturais limita sua utilização industrial.

Com o processo de transesterificação, consegue-se modificar a posição dos ácidos graxos entre diferentes posições na hidroxila, seja no mesmo triglicerídeo (transesterificação intramolecular) ou em triglicerídeos diferentes (transesterificação intermolecular). Trata-se, portanto, de uma redistribuição aleatória que melhora a consistência e a utilidade dessas gorduras. Por isso, tal reação é usada na indústria para modificar o comportamento cristalino de uma gordura e suas propriedades físicas.

A transesterificação é produzida em presença de vários catalisadores, como estanho, chumbo, zinco, cádmio ou, ainda, com metais alcalinos ou alcalinotérreos, sendo muito efetivos os alcoolatos, amidas e hidretos em concentração de 0,1 a 0,3%. O uso de catalisadores permite completar a reação em pouco tempo (30 minutos) e a temperaturas tão baixas como 50°C. Sem eles, trabalha-se a temperaturas entre 100°C e 160°C durante mais tempo.

Quando realizada nas condições mais adequadas, a distribuição dos ácidos graxos nos triglicerídeos se faz de forma totalmente aleatória e, nesse caso, formam-se seis possíveis triglicerídeos, cuja proporção pode ser calculada matematicamente (combinações de *n* elementos *m* a *m*):

S-S-S + I-I-I

S-S-S	S-I-S	I-S-S	S-I-I	I-S-I	I-I-I
(12,5%)	(12,5%)	(25,0%)	(25,0%)	(12,5%)	(12,5%)

A transesterificação *aleatória* ou *não-dirigida* é utilizada basicamente para:

a) modificar o conteúdo em triglicerídeos sólidos de algumas gorduras e, portanto, de sua consistência em diferentes temperaturas; e
b) preparar gorduras sólidas ricas em ácido linoléico para a fabricação de margarinas.

A transesterificação *dirigida* realiza-se mantendo a gordura abaixo de seu ponto de fusão, resultando na cristalização dos triglicerídeos saturados; desse modo, a separação da mistura é facilitadora. Os novos triglicerídeos saturados que vão se formando cristalizam-se e precipitam-se, continuando o processo até que eles sejam totalmente precipitados. Se a gordura original é um óleo que contém quantidade considerável de ácidos graxos saturados, esse método facilita sua conversão em um óleo com a consistência de uma gordura emulsificante (*shortening*), sem necessidade de recorrer à hidrogenação ou à mistura com gorduras duras.

O processo de transesterificação é utilizado amplamente na elaboração de *shortenings* a partir da banha. Esta, devido ao seu alto conteúdo em glicerídeos saturados, forma grandes cristais, e, por isso, os *shortenings* feitos com banha natural possuem estrutura granulosa e são de difícil manejo na elaboração de bolos e sorvetes. A transesterificação consegue melhorar suas características plásticas e suas qualidades emulsificantes, tornando-os adequados para utilização.

A transesterificação também permite preparar mono e diglicerídeos; para isso, trabalha-se em presença de excesso de glicerol a 200°C sob vácuo ou com um gás inerte. Os monoglicerídeos assim obtidos são utilizados amplamente nos alimentos como agentes emulsificantes.

O tratamento de transesterificação não modifica os ácidos graxos, isto é, não aparecem isômeros *trans*; logo, apresenta-se como bom substituto do tratamento de hidrogenação. Contudo, a mudança de posição dos ácidos graxos sobre o glicerol pode alterar a digestibilidade do triglicerídeo e, portanto, a absorção de cada um dos ácidos graxos.

Fracionamento

O fracionamento permite separar uma gordura em frações de propriedades físicas diferentes. Essas frações são chamadas de *oleínas* quando líquidas e de *estearinas* quando sólidas. Com esse tratamento, modifica-se a relação sólido/líquido da gordura; assim, pode-se conseguir determinada plasticidade. O fracionamento consiste em cristalizar uma gordura a baixa temperatura e eliminar posteriormente, por filtração ou centrifugação, os triglicerídeos com ponto de fusão relativamente elevado, que poderiam, por exemplo, alterar os óleos durante seu armazenamento. A velocidade de resfriamento é importante porque condiciona o tamanho dos cristais, dos quais depende a relação sólido/líquido da gordura.

Pode-se acelerar o fracionamento mediante a utilização de detergentes ou solventes orgânicos. Esse processo não tem nenhum efeito sobre a qualidade nutricional das gorduras desde que se elimine corretamente o solvente do produto final.

Com essa técnica, tratam-se os óleos comestíveis (girassol, milho), sobretudo aqueles utilizados na elaboração de maioneses, nos quais a cristalização poderia romper a emulsão.

RANCIFICAÇÃO AUTO-OXIDATIVA

A rancificação auto-oxidativa é uma das principais reações de deterioração dos alimentos, já que implica o aparecimento de sabores e odores anômalos, conhecidos genericamente como *ranço*. Além disso, essa reação de deterioração provoca redução do valor nutritivo do alimento se estiver envolvido, entre outros, o ácido linoléico (essencial), sendo que alguns dos produtos resultantes da reação são potencialmente tóxicos. A rancificação limita o tempo de conservação de muitos alimentos, já que pode desenvolver-se mesmo com conteúdo de gordura de apenas 1%. A oxidação da gordura é conhecida também como *auto-oxidação* ou *rancificação auto-oxidativa* devido ao caráter autolítico do processo.

Os principais substratos dessa reação são os ácidos graxos insaturados, já que as ligações duplas são centros ativos que podem reagir com o oxigênio. Os ácidos graxos insaturados oxidam-se em velocidade maior estando livres do que fazendo parte de triglicerídeos ou fosfolipídeos. Além disso, o grau de insaturação também influi na velocidade da reação.

Outros substratos, como o esqualeno, os carotenóides e as vitaminas A e E, também podem sofrer reações análogas de oxidação. Por essa razão, tal processo costuma estar associado à perda da cor e do valor nutritivo, como conseqüência da perda de ácidos graxos essenciais.

O efeito nocivo das reações de oxidação dos lipídeos pode ser minimizado basicamente com refrigeração, acondicionamento e armazenamento corretos, embora as reações não cheguem a deter-se por completo já que a auto-oxidação requer energia de ativação reduzida (16 a 20 kJ/mol).

Reações de oxidação dos lipídeos

As reações de auto-oxidação podem ser divididas em três etapas: iniciação, propagação e terminação. Salvo o começo da reação, as três etapas mencionadas desenvolvem-se *simultaneamente*. Nas reações de *iniciação*, formam-se radicais livres a partir dos ácidos graxos insaturados, que se combinam com o oxigênio, produzindo peróxidos lipídicos; nas reações de *propagação*, acumulam-se os peróxidos, e é nessa etapa que se oxida a maioria dos lipídeos insaturados; nas reações de *terminação*, os radicais livres procedentes da decomposição dos peróxidos lipídicos associam-se, formando compostos não-radicais de peso molecular baixo (aldeídos, cetonas, lactonas, ácidos graxos de cadeia curta, etc.), responsáveis pelo odor de *ranço*.

Fase de iniciação

A absorção de oxigênio por parte dos ácidos graxos insaturados exige a intervenção de radicais livres; isso explica o fato de que, no início da oxidação, há um período prévio de *indução*, em que se atinge determinado nível na concentração de radicais livres. Nessa primeira fase ou *iniciação primária*, o ácido graxo insaturado (RH) cede um próton ao carbono α-metilênico e converte-se em radical livre.

$$RH \rightarrow \underset{\text{radical alquila}}{R^\bullet} + H^\bullet$$

$$RH + O_2 \rightarrow \underset{\text{radical peroxi}}{ROO^\bullet} + H^\bullet$$

Essas reações têm elevada energia de ativação (145 a 270 kJ/mol), o que explica sua dificuldade em iniciar de forma espontânea. Para o seu desenvolvimento, são necessários temperaturas elevadas e catalisadores, sobretudo luz e a presença de certos metais (cobre, ferro, níquel, cobalto e manganês) ou metaloproteínas como um grupo heme.

Quando a reação avança e aumenta a quantidade de peróxidos, surge a *iniciação secundária*, na qual começa a decomposição destes, que pode ser *mono* e *bimolecular*, dependendo de sua concentração:

Monomolecular (Ea ≈ 85 kJ / mol)

$$ROOH \rightarrow \underset{\text{radical alcoxi}}{RO^\bullet} + H^\bullet$$

$$ROOH \rightarrow R^\bullet + H_2O$$

Bimolecular (Ea ≈ 105 kJ / mol)

$$ROOH + ROOH \rightarrow RO^\bullet + ROO^\bullet + H_2O$$

De todo esse processo de iniciação, resultam dois radicais livres, que participarão posteriormente da reação em cadeia.

Fase de propagação

Uma vez formados os radicais livres, eles se combinam com o oxigênio, dando lugar a mais radicais peróxido; estes podem subtrair hidrogênio de outra molécula insaturada, produzindo peróxido e um novo radical livre; começa assim a fase de propagação. Essa reação pode ocorrer centenas de vezes, e sua natureza é de *reação em cadeia*.

$$R^{\bullet} + O_2 \rightarrow ROO^{\bullet}$$
$$ROO^{\bullet} + RH \rightarrow ROOH + R^{\bullet}$$

A energia de ativação situa-se em torno de 12 a 20 kJ/mol. A propagação se traduz, portanto, em oxidação de lipídeos insaturados, dando lugar a peróxidos de forma paralela ao consumo de oxigênio gasoso. No início, acumulam-se os peróxidos, mas, dada sua natureza instável, vão se decompondo, e, por isso, seu conteúdo final acaba por diminuir; como conseqüência, o *índice de peróxidos*, prova utilizada para determinar o grau de rancificação de uma gordura, não constitui medida efetiva do grau de oxidação, exceto no início da reação. Como resultado da decomposição dos peróxidos, obtêm-se hidrocarbonetos e ácidos graxos de cadeia curta, radicais livres e compostos voláteis, como carbonilas (aldeídos e cetonas), responsáveis pelo odor de *ranço*; alguns (hexano) são detectados em concentrações muito baixas, enquanto outros (malonaldeído) são freqüentemente considerados, junto com o ácido tiobarbitúrico (prova do TBA), como índice do grau de rancificação de uma gordura.

As reações de propagação são reações muito rápidas, já que os radicais livres formados são muito reativos; em média, cada radical livre provoca a formação de 10 a 100 moléculas de peróxidos, no caso dos lipídeos puros. É importante levar em conta o elevado consumo de oxigênio que ocorre durante essa fase, visto que, se o aporte de oxigênio não for limitado, se pode chegar à oxidação da totalidade dos ácidos graxos insaturados.

Fase de terminação

Simultaneamente às reações de iniciação e propagação, podem-se produzir as de terminação, que consistem na reação entre compostos radicais, dando lugar a produtos não-reativos. As reações que podem ocorrer são basicamente as seguintes:

$$R^{\bullet} + R^{\bullet} \rightarrow R-R$$
$$R^{\bullet} + ROO^{\bullet} \rightarrow ROOR$$
$$R^{\bullet} + RO^{\bullet} \rightarrow ROR$$
$$n\,ROO^{\bullet} \rightarrow (ROO)_n$$

A partir desse momento, e se não houver mais radicais livres para reagir com o oxigênio, o processo se dá por concluído, sendo necessária a produção de nova reação de iniciação para que a oxidação prossiga.

O processo pode ser resumido como aparece na Figura 3.4, na qual se representa o consumo de oxigênio em função do tempo nos lipídios puros (p. ex., óleo ou sistema teórico) e se observa como todas as ações são simultâneas no tempo.

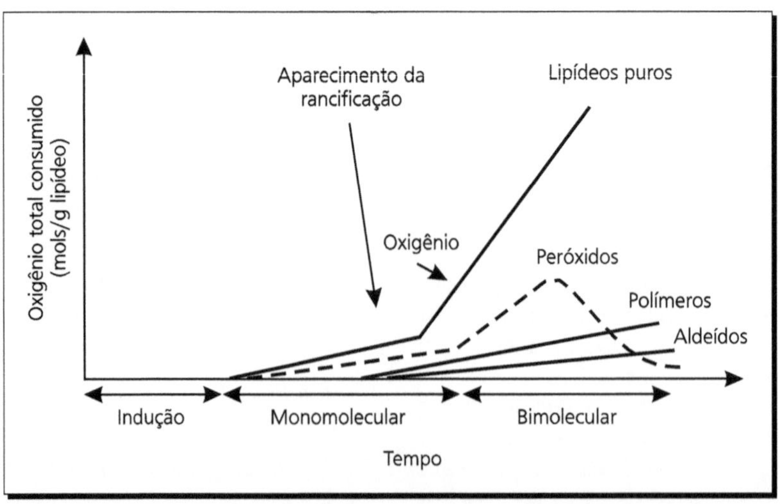

Figura 3.4 Curva de consumo de oxigênio durante o processo de rancificação dos lipídeos puros.

Fatores que intervêm na oxidação dos lipídeos dos alimentos

Em primeiro lugar, é importante saber que, ao comparar-se a velocidade de oxidação dos lipídeos puros com a dos lipídeos presentes nos alimentos, constata-se que, nestes, a *fase de indução* é muito mais curta e até mesmo inexistente, já que nos alimentos sempre se detecta conteúdo inicial de peróxidos, assim como traços de metais (p. ex., em moléculas com grupos heme), que podem agir como catalisadores da oxidação. Também é importante levar em conta que a *velocidade de consumo de oxigênio* nos alimentos é constante durante longo período, fazendo com que a rancificação apareça mais tarde nos lipídeos puros (Figura 3.5).

O comportamento dos lipídeos dos alimentos ante a oxidação apresenta grande variabilidade, devido à influência de uma série de fatores detalhados a seguir:

a) Quantidade de oxigênio presente: é evidente que a oxidação da gordura não ocorre na ausência de oxigênio (ou ar). Portanto, qualquer processo aplicado com o objetivo de diminuir ou eliminar o oxigênio nos alimentos será efetivo para prevenir a oxidação.
b) Composição da gordura: o grau de insaturação e o tipo de ácido graxo insaturado têm influência significativa na reação. Assim, os ácidos linoléico e linolênico oxidam-se 64 e 100 vezes mais rápido, respectivamente, que o ácido oléico.
c) Exposição à luz: a luz, mediante a atuação do oxigênio em singlete e as radiações de comprimento de onda curta ou de alta densidade, é um potente acelerador das reações de oxidação; por isso, na medida do possível, deve-se evitar sua incidência direta nos alimentos suscetíveis à oxidação, por exemplo, com a utilização de plásticos transparentes.
d) Temperatura de armazenamento: a temperatura influi de modo considerável no processo de auto-oxidação. Assim, quanto mais alta for a temperatura, maior será a velocidade em que se desenvolve a reação. A cada 10°C, observa-se como duplica a velocidade de reação do oxigênio com a gordura. Contudo, pode desenvolver-se também em temperaturas de refrigeração e congelamento.
e) Grau de dispersão dos lipídeos: comprovou-se que a superfície protéica retarda a oxidação, enquanto a glicídica a acelera.
f) Natureza do material utilizado no acondicionamento dos alimentos.
g) A atividade da água, da qual depende a atividade catalítica dos metais. Assim, o risco de oxidação aumenta à medida que cresce a a_w, sendo mínimo em valores próximos a 0,2.
h) Presença de *agentes pró e antioxidantes* de forma natural: entre os prooxidantes encontram-se, além dos metais, os grupos heme das moléculas de mioglobina e enzimas como as lipooxidases. O cobre e o ferro são catalisadores metálicos muito ativos, podendo atuar de forma importante em concentrações de 0,002 ppm (Cu) ou de 0,5 a 1 (Fe). Traços de gordura oxidada atuam também como catalisadores e, portanto, a limpeza das zonas de processamento é de extrema importância para minimizar a oxidação. As lipooxidases encontram-se apenas em tecidos vegetais e catalisam exclusivamente a oxida-

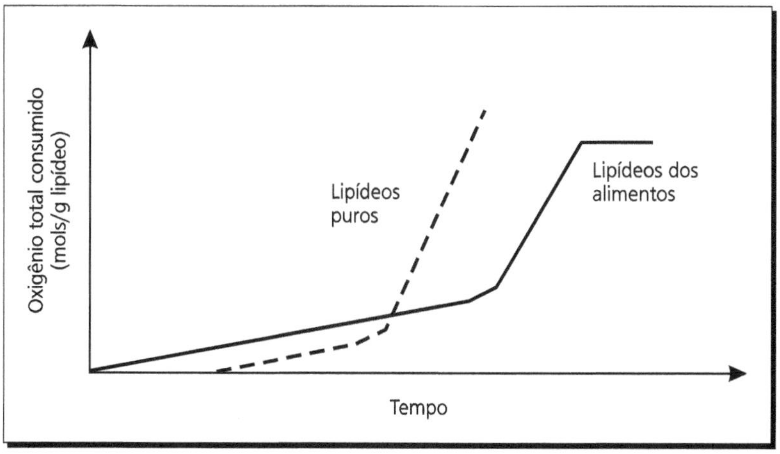

Figura 3.5 Comparação entre o consumo de oxigênio durante a oxidação de lipídeos puros e de lipídeos dos alimentos.

ção dos ácidos graxos não-esterificados portadores de um *cis, cis* penta 1-4 dieno, com a particularidade de que podem atuar em temperatura muito baixa. As lipases também podem acelerar a oxidação, dando ao alimento o gosto de sabão: atuam liberando os ácidos graxos dos triglicerídeos, sendo, nesse estado, mais suscetíveis à oxidação.

Sob a denominação *antioxidantes naturais*, engloba-se grande variedade de substâncias que se encontram nas plantas e que podem inibir ou, no mínimo, controlar a oxidação das gorduras. Dentre os mais interessantes estão os tocoferóis, encontrados na maioria dos óleos vegetais e bastante utilizados para a estabilização de gorduras animais. Os mais usados são sintetizados artificialmente como equivalentes do D-α-tocoferol; outros provêm da destilação de óleos vegetais e normalmente são misturas de α, β e δ-tocoferóis. Esses antioxidantes protegem os óleos da oxidação, prolongando a fase de iniciação, diminuindo a formação de peróxidos e oxidando-se eles próprios durante o processo auto-oxidativo.

Os antioxidantes naturais também aparecem nas especiarias, sendo as mais importantes a sálvia, a pimenta, a noz moscada e o alecrim, e seus extratos poderiam ser utilizados para controlar a oxidação. A espécie mais empregada na indústria alimentícia é o alecrim (*Rosmarinus officinalis*); os demais são utilizados como especiarias, e seu efeito antioxidante é uma propriedade adicional ao sabor e ao aroma característicos que proporcionam ao alimento.

Das folhas do alecrim retiram-se os extratos alcoólicos, que são utilizados depois que o álcool evapora. São constituídos por pelo menos 45 compostos diferentes, dos quais os mais importantes são o carnosol e o ácido rosmarínico, compostos fenólicos com propriedades antioxidantes.

Alguns aminoácidos também podem atuar como antioxidantes naturais ao reagir com metais e impedir, assim, sua ação catalítica.

REVERSÃO DO SABOR

A reversão do sabor é um tipo particular de oxidação que ocorre principalmente nos óleos ricos em ácido linoléico (óleo de soja e de colza) quando expostos ao ar; é acompanhada do aparecimento de sabores e odores anômalos descritos como *de erva, peixe* ou *tinta*. Esses sabores desenvolvem-se inclusive com níveis baixos de peróxidos. Os compostos responsáveis parecem ser substâncias voláteis resultantes da oxidação do grupo penteno terminal do ácido linolênico e são, fundamentalmente, compostos de carbonila, álcoois, ésteres e ácidos. Conseguiu-se isolar 70 compostos voláteis diferentes. Os polímeros originados na oxidação desses óleos não têm o odor característico em temperatura ambiente, mas este se desenvolve quando eles são aquecidos. Situação semelhante ocorre em outros óleos poliinsaturados, como os de peixe.

ANTIOXIDANTES

Consideram-se como antioxidantes certas substâncias presentes de forma natural ou adicionadas intencionalmente às gorduras ou aos alimentos para retardar o aparecimento dos fenômenos de oxidação, mantendo intactas suas características sensoriais.

Os antioxidantes que se adicionam aos alimentos devem cumprir uma série de requisitos: não causar efeitos fisiológicos negativos; não produzir cores, odores nem sabores anômalos; ser eficazes em baixas temperaturas, lipossolúveis e resistentes aos tratamentos a que seja submetido o alimento; além disso, devem ser de fácil obtenção, ativos em baixas concentrações e econômicos.

Os antioxidantes podem ser classificados em três categorias:

Antioxidantes tipo I

Incluem-se nesse grupo as substâncias capazes de interromper a cadeia de radicais, cedendo um hidrogênio a um radical lipídico livre e assumindo a forma de radical. Como conseqüência, diminui o número de radicais livres, reduz-se a velocidade da oxidação, e prolonga-se o período de indução. Os antioxidantes em forma de radical são estáveis e não reagem com os lipídeos, mas sim com outras moléculas similares, dando lugar a produtos não-radicais, ou então sofrem oxidação posterior, produzindo quinonas. Apenas os compostos fenólicos que produzem quinonas podem ser facilmente considerados antioxidantes desse tipo.

No esquema, as reações que ocorrem são as seguintes:

$$AH + R^\bullet \rightarrow RH + A^\bullet$$
$$AH + ROO^\bullet \rightarrow ROOH + A^\bullet$$
$$AH + RO^\bullet \rightarrow ROH + A^\bullet$$
$$A^\bullet + A^\bullet \rightarrow$$
Compostos não-radicais
$$A^\bullet + X^\bullet \rightarrow$$

A concentração de antioxidantes no alimento é de grande interesse, já que alguns exercem proteção tanto maior quanto maior for sua concentração no produto. Outros, porém, têm uma concentração ótima, acima da qual comportam-se como agentes prooxidantes. A quantidade de antioxidantes adicionada situa-se em torno de 0,01% com relação à gordura do alimento e de 0,025% quando se utiliza uma mistura de antioxidantes, na qual nenhum dos componentes deve ultrapassar 0,01%.

A incorporação do antioxidante deve ser feita no início da oxidação, pois, se a quantidade de peróxidos for relativamente elevada, o efeito protetor se anula. Tal efeito também é limitado quando o alimento é rico em catalisadores metálicos.

Os antioxidantes tipo I mais utilizados são os derivados *orto* e *para* dos compostos fenólicos, já que, devido à localização do elétron entre duas formas de ressonância, constituem radicais livres relativamente estáveis. Os que se utilizam com mais freqüência são ésteres do ácido gálico (galato de propila), ter-butil-hidroquinona (TBHQ), butil-hidroxianisol (BHA) e butil-hidroxitolueno (BHT) (Figura 3.6).

O *galato de propila* é mais solúvel em água do que nas gorduras, é pouco resistente ao calor, não suportando tratamentos de cocção. Junto com o ferro, dá origem a sais de cor azul-escura que podem provocar efeitos adversos durante o armazenamento dos óleos.

A *TBHQ* é um antioxidante recentemente aprovado; é tão eficaz ou mais que o galato de propila, pois é mais estável a altas temperaturas, mais solúvel em gordura e não apresenta nenhum risco de surgimento de cores anômalas; mostrou-se muito eficaz no armazenamento de óleos refinados e desodorizados; por isso, seu uso é muito difundido nos países produtores e exportadores de óleos vegetais.

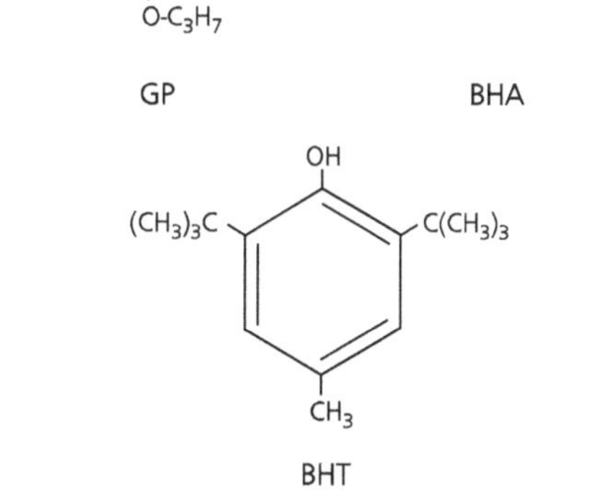

Figura 3.6 Estrutura dos principais antioxidantes de tipo I. GP: Galato de propila. BHA: Butil-hidroxianisol. BHT: Butil-hidroxitolueno.

O *BHA* é muito solúvel em gorduras animais e em óleos vegetais, sendo um dos antioxidantes mais eficazes. É bastante estável aos tratamentos aplicados aos alimentos e muito eficaz em gorduras animais e óleos vegetais. Apresenta, porém, o inconveniente de ser ligeiramente volátil e, por isso, pode evaporar e perder-se parcialmente nos processos de desidratação e destilação; ainda assim, o BHA residual pode revelar-se como um ativo antioxidante.

O *BHT*, assim como o BHA, é solúvel em gorduras e resiste bem ao calor. É mais volátil que o BHA e, por essa razão, no caso do preparo de alimentos desidratados, é utilizado em combinação com ele. Esse antioxidante é mais eficaz em gorduras animais do que em óleos vegetais. Seu odor é um pouco desagradável. Apresenta ação sinérgica com o BHA.

A escolha de uns ou de outros depende de sua atividade nos alimentos; é comum serem utilizados misturados com ácido cítrico, visto que este é particularmente eficaz por seqüestrar ferro; além disso, sua incorporação ao alimento não apresenta nenhum inconveniente.

Certos compostos presentes nos alimentos de forma natural têm ação antioxidante; é o caso dos tocoferóis (α, β, δ, γ), compostos que possuem atividade vitamínica (vitamina E). O mais eficaz é o δ, que, além disso, resiste ao calor. Encontram-se em quantidades significativas em todos os óleos vegetais, ao passo que as gorduras animais não costumam conter tocoferóis. São pouco resistentes aos tratamentos que se aplicam aos alimentos; basta observar a diferença de estabilidade que apresenta um óleo antes e depois de um processo de fritura.

O *palmitato de ascorbila* é um produto de síntese cujo componente básico é o ácido ascórbico (vitamina C); é solúvel em gordura, porém menos do que outros antioxidantes; por isso, para sua utilização, é necessário combiná-lo com agentes solubilizantes, como os monoglicerídeos. Sua qualificação como antioxidante ainda não foi definida, e alguns autores acreditam que sua atividade se deve ao fato de agir como agente seqüestrante.

As *lecitinas* e as *misturas de fosfolipídeos* também têm capacidade antioxidante, assim como flavonas, esteróis e compostos com grupos sulfidrilas.

Antioxidantes tipo II

São compostos que atuam impedindo ou diminuindo a formação de radicais livres; os mais utilizados são agentes quelantes dos metais, como o EDTA (ácido etilenodiaminotetracético), pouco utilizado, ou o ácido cítrico. Sua ação depende do pH e da temperatura, parâmetros que regem a estabilidade dos complexos formados.

Incluem-se nesse grupo outras substâncias, como transformadores de íons, aminoácidos e fosfatos. A ação antioxidante da histidina não está completamente esclarecida, mas lembra um mecanismo de tipo I.

O emprego de agentes quelantes de metais deve ser acompanhado de esforços voltados a limitar o máximo possível a contaminação dos alimentos por estes metais: aparelhos e tubos de vidro, aço inoxidável e outros materiais inertes.

Antioxidantes tipo III

Incluem-se nesse grupo os procedimentos físicos que protegem os alimentos da oxidação; baseiam-se no controle do conteúdo em oxigênio, da umidade relativa e da temperatura.

Para evitar o contato do alimento com o oxigênio, utiliza-se o acondicionamento a vácuo ou em atmosferas de nitrogênio, CO_2 ou misturas de gases inertes em material impermeável ao oxigênio, embora sempre se deva ter presente o oxigênio que fica obstruído no alimento e que vai sendo liberado aos poucos, ainda que em quantidade muito pequena. Um meio econômico para reduzir a quantidade de oxigênio é a utilização de sacos plásticos com traços de paládio, já que esse metal catalisa a formação de água a partir do oxigênio residual e do hidrogênio que se introduz na hora do fechamento.

É importante evitar a ausência de água nos alimentos desidratados ou, pelo menos, mantê-los em valores de a_w próximos a 0,2, uma vez que, nessa zona, a velocidade de oxidação é a mais baixa.

A temperatura afeta negativamente a ação dos antioxidantes, sobretudo a dos de tipo I; contudo, as reações de escurecimento que venham a ocorrer com o aumento da temperatura podem dar origem a compostos antioxidantes.

Finalmente, aconselha-se a proteger os alimentos oxidáveis da luz, porque esta catalisa as reações de iniciação.

Na prática, é mais comum utilizar misturas de antioxidantes tipos I e II, como também aplicar um procedimento físico que impeça a rancificação do alimento.

RANCIFICAÇÃO LIPOLÍTICA

A ação de determinadas enzimas e as reações químicas rompem a ligação éster dos lipídeos e constituem o fenômeno conhecido como *lipólise* ou rancificação lipolítica ou hidrolítica. Independentemente da causa, a lipólise diminui de forma considerável a qualidade das gorduras destinadas principalmente a condimentos e frituras, visto que, como conseqüência da mesma, além do sabor que podem dar, reduz-se o ponto de fumaça; os alimentos preparados com elas apresentam superfícies estriadas, maior tendência ao escurecimento e aumento do conteúdo de gordura devido à absorção.

Quando as gorduras ficam emulsificadas na água, os ácidos graxos insaturados que se liberam com a lipólise podem modificar o sabor de alguns alimentos, adquirindo leve sabor picante em baixas concentrações; além disso, podem oxidar-se, produzindo substâncias com sabor e odor intensos. Os ácidos graxos livres que aparecem são eliminados mediante técnicas de refinamento e desodorização, a fim de obter gorduras e óleos de qualidade aceitável, ainda que o rendimento e o custo do processo tenham importância econômica inquestionável.

As enzimas lipoliticamente ativas pertencem ao grupo das hidrolases.

As *lipases* hidrolisam unicamente os lipídeos emulsificados, atuando nas interfaces; diferenciam-se das esterases na medida em que estas separam apenas ésteres solúveis em água. As lipases existem naturalmente no leite, nas sementes, nas oleaginosas, nos cereais, nas frutas e nas hortaliças, entre outros alimentos. Do ponto de vista de sua especificidade, distinguem-se dois grupos: as que hidrolisam na mesma velocidade as três ligações éster dos triglicerídeos e as que hidrolisam determinada ligação concreta. A lipase mais conhecida é a pancreática.

A reação das lipases é acelerado pela presença de íons cálcio, que precipitam os ácidos graxos liberados em forma de sais de cálcio insolúveis.

Outras lipases de interesse são as fosfolipases e as glicolipases, enzimas altamente específicas que hidrolisam os fosfolipídeos e os mono e digalactosil-diacilgliceróis, respectivamente.

Nos alimentos, pode haver também lipases de origem exógena, procedentes dos microrganismos que neles se multiplicam; quando muito ativos ou em taxas elevadas, contribuem para a rancificação hidrolítica das gorduras. Algumas delas adquirem grande importância em certos alimentos, como ocorre no leite com as lipases produzidas pelas pseudomonas; outras elaboram lipases muito termoestáveis, que não se desativam nem mesmo com os tratamentos UHT, produzindo efeitos adversos importantes (ver Volume II, Capítulo 3).

REFERÊNCIAS BIBLIOGRÁFICAS

ALLEN, J. C. y HAMILTON, R. J. (1989): *Rancidity in foods*. Elsevier Applied Science. Nueva York.

BELITZ, H. D. y GROSCH, W. (1997): *Química de los alimentos*. 2.ª ed. Acribia. Zaragoza.

CHEFTEL, J. C. y CHEFTEL, H. (1980): *Introducción a la Bioquímica y Tecnología de los Alimentos*. Acribia. Zaragoza.

CHOW, K. CH. (1992): *Fatty Acids in Foods and Their Health Implications*. Marcel Dekker Inc. Nueva York.

FENNEMA, O. R. (1993): *Química de los Alimentos*. 2.ª ed. Marcel Dekker Inc. Nueva York.

FENNEMA, O. R. (1996): *Food Chemistry*. 3.ª ed. Marcel Dekker Inc. Nueva York.

MAN, J. M. de (1990): *Principles of Food Chemistry*. Van Nostrand Reinhold. Nueva York.

PADLEY, F. B.; GUNSTONE, F. D. y HARWOOD, J. L. (1992): *The Lipid Handbook*. Chapman & Hall. Londres.

RESUMO

1 Os lipídeos constituem um dos componentes majoritários dos alimentos; adquirem importância ao fazer parte das membranas e paredes celulares, por seu valor nutritivo e pelo relevante papel tecnológico (emulsificante, de transmissão de calor, etc.) que desempenham. Em termos gerais, os lipídeos dos alimentos apresentam ácidos graxos de cadeia linear e número par de átomos de carbono, normalmente entre 12 e 24.

2 De sua composição e estrutura decorrem as propriedades físicas das gorduras e dos óleos; algumas delas, como o ponto de fusão e a cristalização, condicionam sua aplicação na indústria alimentícia.

3 A estrutura dos lipídeos pode ser modificada mediante a aplicação de certos tratamentos (hidrogenação, transesterificação e fracionamento), que implicam mudança nas características físicas de uma gordura ou de um óleo.

4 Os lipídeos são o substrato de uma das alterações mais importantes dos alimentos, a rancificação auto-oxidativa. Trata-se de um conjunto de complexas reações que afetam essencialmente os ácidos graxos insaturados e levam à formação de compostos de baixo peso molecular (aldeídos, cetonas, ácidos graxos de cadeia curta, lactonas, etc.), que são os responsáveis pelo aparecimento de cores e odores anômalos, conhecidos como *ranço*. O processo de oxidação desenvolve-se em qualquer alimento que tenha conteúdo de gordura, mesmo que tão baixo como 1%.

5 Para retardar o desenvolvimento da rancificação, podem ser acrescentadas aos alimentos substâncias antioxidantes que bloqueiam a sucessão de reações, retardando, desse modo, a formação de substâncias com sabores anômalos; também podem ser aplicadas procedimentos físicos fundamentados principalmente no controle dos níveis de oxigênio.

CAPÍTULO 4

Proteínas

Neste capítulo, estudam-se as principais propriedades funcionais das proteínas. Entre elas, capacidade de absorção e retenção de água, solubilidade, viscosidade, geleificação, texturização e formação de emulsões e espumas alimentares.

INTRODUÇÃO

As proteínas são moléculas complexas constituídas por carbono, hidrogênio, oxigênio, nitrogênio e, às vezes, também por outros elementos, como enxofre, ferro, cobre, fósforo e zinco. São formadas por aminoácidos unidos entre si por ligações peptídicas.

As propriedades e a funcionalidade da proteína dependem de sua composição aminoacídica e da disposição das ligações que estabilizam sua estrutura. Conforme as funções que desempenham, podem ser agrupadas em três grandes categorias: proteínas estruturais, proteínas com atividade biológica e proteínas com valor nutritivo, embora se deva assinalar que elas podem pertencer a vários grupos, visto que existem proteínas estruturais ou biologicamente ativas que também são nutritivas. As proteínas com valor nutritivo poderiam ser definidas como aquelas que são digeríveis, não-tóxicas e aproveitáveis pelo organismo, encontrando-se presentes em quantidades significativas tanto em produtos de origem animal como vegetal. As proteínas com atividade biológica compreendem as enzimas, que serão estudadas no Capítulo 6.

As funções que as várias proteínas desempenham nos alimentos poderiam ser melhoradas se houvesse maior conhecimento acerca dos mecanismos que condicionam e regem seu comportamento. É fundamental que haja o entendimento profundo de todos os componentes dos alimentos e das relações entre eles para a otimização dos processos tecnológicos.

PROPRIEDADES FUNCIONAIS DAS PROTEÍNAS

O termo propriedade funcional é definido como toda propriedade não-nutricional que influi no comportamento de certos componentes de um alimento. A maior parte das propriedades funcionais influencia as características sensoriais, mas igualmente pode desempenhar importante papel nas propriedades físicas dos alimentos e de seus ingredientes durante o processamento, armazenamento, preparo e consumo.

As propriedades físicas e químicas que repercutem na funcionalidade das proteínas são inúmeras; entre elas, podemos mencionar tamanho, composição e seqüência de aminoácidos, conformação (estruturas secundária, terciária e quaternária), carga líquida e distribuição das proteínas, capacidade de reação com outros componentes, etc. São tantos os fatores interferentes que não é fácil estabelecer relação entre essas propriedades e sua funcionalidade no alimento. Outro inconveniente reside no fato de a estrutura inicial da proteína se modificar quando ela se transforma no complexo alimentício final; essas modificações, por sua vez, são influenciadas por outros fatores extrínsecos, como o pH, a temperatura e as condições do processo, e por outros componentes do alimento, como lipídeos, carboidratos, etc.

Apesar das pesquisas que se realizam atualmente para explicar o comportamento funcional das proteínas, é tamanha a complexidade dos sistemas alimentícios que, até o momento, não se chegou a conclusões gerais totalmente satisfatórias.

Como se pode observar na Tabela 4.1, as propriedades funcionais das proteínas que intervêm em um alimento são muito variadas. Do ponto de vista didático, poderiam ser classificadas em dois grandes grupos:

a) Propriedades hidrodinâmicas: são aquelas que dependem das interações das proteínas com a água. Incluem-se propriedades nas quais essas interações são majoritárias, como absorção e retenção de água, inchamento, adesão, dispersividade, solubilidade e viscosidade, além de outras, como geleificação, precipitação e formação de diferentes estruturas, como *fibras* e *massas* protéicas, nas quais a relação proteína-proteína é dominante, em detrimento das interações proteína-água.
b) Propriedades ligadas a características de superfície. Incluem-se neste item a capacidade de formação de espumas, as emulsões e todos os fenômenos relacionados com a tensão superficial.

PROPRIEDADES DE HIDRATAÇÃO

A textura e as propriedades reológicas dos alimentos dependem da interação da água com outros componentes alimentares, especialmente com macromoléculas, como as proteínas e os polissacarídeos. Por isso, é importante conhecer o comportamento das proteínas em presença de água. Esta pode modificar as propriedades físico-químicas dos produtos alimentícios e influir de forma crítica na aceitabilidade final do alimento, como ocorre nos produtos com baixo teor de umidade, nos quais o fator determinante de sua aceitabilidade é a capacidade de retenção de água das proteínas.

As propriedades de hidratação das proteínas estão diretamente relacionadas com fatores intrínsecos da própria molécula, isto é, com sua composição aminoacídica e sua conformação. As proteínas interagem com a água mediante pontes de hidrogênio, ligações dipolo-dipolo ou cadeias laterais dos aminoácidos (interação com os grupos ionizados). Assim, quando há proporção maior de aminoácidos com cadeias laterais hidrófobas, a proteína apresenta capacidade menor de hidratação do que quando é composta por aminoácidos com cadeias laterais hidrófilas, que podem estabelecer mais facilmente pontes de hidrogênio com a água. Também influi nas propriedades de hidratação a conformação das proteínas, isto é, a ordenação no espaço ao longo das cadeias polipeptídicas unidas por pontes de hidrogênio (estrutura secundária) e a organização tridimensional dessas cadeias ordenadas, estabilizadas mediante uniões hidrofóbicas, interações eletrostáticas, ligações de hidrogênio e ligações covalentes (estrutura terciária). O tipo e a proporção das forças envolvidas na conformação, assim como na composição e na ordenação dos aminoácidos, afetam a funcionalidade das proteínas. As mudanças de temperatura, de pH e a presença de solventes orgânicos e outros agentes desnaturadores também podem alterar a conformação das proteínas, já que modificam as diferentes ligações envolvidas. Essas mudanças influenciam a capacidade de captação de água devido, fundamentalmente, aos desmascaramento de grupos hidrófobos. A estrutura tam-

Tabela 4.1 Propriedades funcionais das proteínas que influem em diferentes sistemas alimentícios

Propriedade funcional	Alimento
Solubilidade, viscosidade	Bebidas
Viscosidade, capacidade de absorção de água, emulsificação	Cremes, sopas, molhos
Formação de massa	Massas alimentícias, pães
Formação de espuma, emulsificação, capacidade de absorção de água	Pães, bolos, biscoitos
Geleificação, formação de espuma	Sobremesas lácteas, merengue
Emulsificação, viscosidade, geleificação	Queijos
Geleificação, capacidade de absorção de água, emulsificação	Produtos de carne cozidos
Texturização, fixação de aromas, absorção e retenção de água	Similares de carne
Emulsificação	Maionese, manteiga
Geleificação, formação de espumas	Produtos do ovo

bém influi, como no caso das micelas de caseína, que podem reter água fisicamente em seu interior quando esta penetra por capilaridade.

Por outro lado, as propriedades de hidratação também são afetadas por diversos fatores extrínsecos, sendo os mais importantes a concentração de proteínas, o pH, a temperatura e a força iônica.

A concentração de proteínas está diretamente relacionada com a quantidade total de água que elas podem absorver.

A influência do pH é muito importante, pois, quando se modifica a ionização de uma solução protéica, alteram-se as forças de atração e de repulsão entre proteínas, assim como sua capacidade para unir-se a moléculas de água. Quando determinada proteína é encontrada em valores de pH distantes do ponto isoelétrico, está carregada positiva ou negativamente; assim, as moléculas de água reagem com ela facilmente, contribuindo, desse modo, para sua hidratação. Além disso, as cargas com o mesmo sinal se repelem, e, portanto, as proteínas tendem a desprender-se, o que favorece sua interação com a água. Se o pH da solução protéica coincide com o ponto isoelétrico, as interações entre as proteínas são máximas, elas estão muito juntas, e, portanto, o grau de hidratação é mínimo, chegando, às vezes, a formar agregados que podem provocar precipitação protéica. A máxima capacidade de ligar água apresenta-se na maioria das proteínas em valores de pH entre 9 e 10 devido à ionização dos grupos sulfidrila.

A capacidade de fixar água pelas proteínas vai diminuindo à medida que aumenta a temperatura, devido à ruptura das lábeis pontes de hidrogênio. Além disso, durante o aquecimento, há desnaturação seguida de agregação, o que implica uma redução da superfície protéica exposta à água; conseqüentemente, limita-se a disponibilidade de grupos polares para fixar água. Essa redução é de cerca de 10% com relação à proteína nativa. No caso de proteínas globulares, que têm estrutura muito compacta, ao produzir-se a dissociação e o desdobramento, é possível que ligações peptídicas do interior consigam posicionar-se na superfície, podendo reagir com a água e, nesse caso, aumentar a capacidade de absorção de água.

A concentração e a natureza dos íons presentes em uma solução protéica têm efeito muito importante nas propriedades de hidratação das proteínas. Estabelece-se uma relação entre a água, os sais e as cadeias laterais dos aminoácidos das proteínas. Se a concentração iônica é baixa, a hidratação das proteínas pode aumentar, já que os íons fixam-se a elas, diminuindo a atração eletrostática entre as mesmas. Como conseqüência, abre-se a rede protéica, que estará mais em contato com a água. É o efeito *salting-in*. Contudo, com concentrações salinas elevadas, cria-se uma concorrência entre as proteínas para captar água, diminuindo as interações água-proteína, o que poderia provocar sua precipitação. É o fenômeno *salting-out*. Nesse caso, não há moléculas de água suficientes para unir-se às proteínas, porque elas estão ligadas aos sais.

A capacidade de captação de água pelas proteínas pode ser determinada medindo-se, por diferentes métodos, a água ligada, a não-congelável e também a água capilar retida fisicamente entre as moléculas protéicas.

Não se estabeleceu uma relação clara entre as propriedades de hidratação das proteínas e outras propriedades funcionais, como a solubilidade e a viscosidade; por isso, não é fácil prever seu comportamento em diferentes condições.

SOLUBILIDADE

A solubilidade de uma proteína é definida como a porcentagem de proteína que se mantém em solução ou dispersão coloidal sob condições específicas e que não sedimenta com forças centrífugas moderadas. Para que uma proteína seja solúvel, ela deve interagir com o solvente (pontes de hidrogênio, dipolo-dipolo e interações iônicas); por isso, pode-se definir também como o equilíbrio entre as interações proteína-proteína e proteína-solvente.

A principal vantagem da boa solubilidade é que permite a dispersão rápida e completa das moléculas protéicas, o que conduz a um sistema coloidal disperso e com estrutura homogênea; tudo isso é essencial na elaboração de molhos, sopas desidratadas, bebidas, purês, etc. A solubilidade em pH neutro ou no ponto isoelétrico costuma ser a primeira propriedade funcional que se mede de um ingrediente protéico, já que as proteínas insolúveis têm pouca aplicação na indústria alimentícia. Também é interessante conhecer a solubilidade quando se pretende determinar o grau de extração e purificação de proteínas.

As proteínas podem ser classificadas em quatro grupos conforme o grau de solubilidade:

- Albuminas: solúveis em água a pH 6,6.
- Globulinas: solúveis em soluções salinas diluídas a pH 7.
- Prolaminas: solúveis em etanol a 70%.
- Gluteninas: solúveis unicamente em soluções muito ácidas ou muito alcalinas.

A solubilidade das proteínas depende não apenas das propriedades físico-químicas da molécula, mas também do pH, da força iônica, da temperatura e do tipo de solvente.

Em pH distinto do ponto isoelétrico, as proteínas possuem cargas líquidas e repelem-se entre si, podendo interagir com as moléculas de água; portanto, são mais solúveis. À medida que o ponto isoelétrico está mais próximo, a diferença de cargas entre as moléculas das proteínas diminui; quando chega a ser suficientemente pequena, elas podem contatar, formar agregados e precipitar. Quando se representa a solubilidade de determinada proteína em função do pH, obtêm-se normalmente curvas em forma de U, em que a solubilidade mínima corresponde a pH coincidente com o ponto isoelétrico (Figura 4.1). As proteínas são mais solúveis em água quanto mais distante o pH encontra-se de seu ponto isoelétrico e, portanto, mais pontes de hidrogênio podem estabelecer-se entre as moléculas de água e as das proteínas.

A presença de íons de sais neutros aumenta a solubilidade das proteínas, já que eles podem reagir com as cargas destas, diminuindo a atração eletrostática entre as cargas de sinal diferente das moléculas protéicas vizinhas. Esse efeito está relacionado com o número de cargas das espécies iônicas em dissolução e da concentração de sal. Os sais que contêm íons divalentes, como $MgCl_2$ e $MgSO_4$, são muito mais adequados para aumentar a solubilidade que o NaCl ou o KCl. Quando a concentração de sais aumenta, as proteínas podem precipitar-se devido ao excesso de íons (os que não estão ligados às proteínas), uma vez que concorrem com elas pela água. A neutralização das cargas diminui as forças repulsoras, e as proteínas formam agregados e se precipitam.

Normalmente, a solubilidade das proteínas aumenta com a temperatura de 0°C a 40°C. Acima disso, a maioria delas tende a se desnaturar, o que implica uma perda de solubilidade. A desnaturação térmica muda a solubilidade das proteínas, porque há aumento dos grupos hidrófobos em sua superfície (em estado nativo, estão voltados para o interior da molécula). O desdobramento altera o equilíbrio entre proteína-proteína e proteína-solvente.

Durante a armazenagem em congelamento, a solubilidade das proteínas diminui, devido às uniões protéicas que se estabelecem quando a água que estabiliza certos grupos funcionais se separa em forma de gelo.

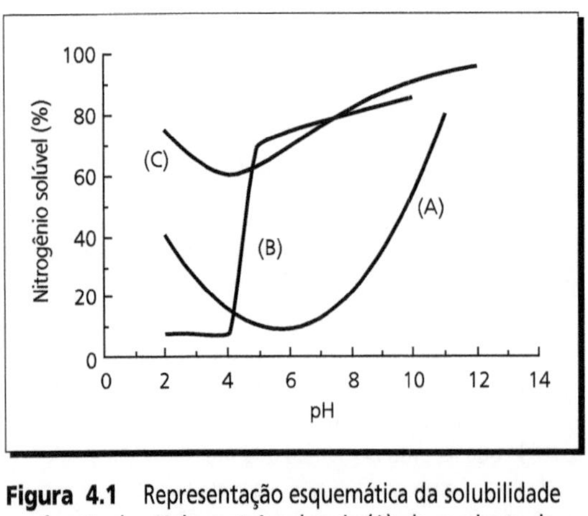

Figura 4.1 Representação esquemática da solubilidade em função do pH da proteína de soja (A), do caseinato de Na (B) e de proteínas do soro do leite (C) em NaCl 0,2 M.

A presença de certos solventes diminui as forças eletrostáticas de repulsão entre as moléculas protéicas, o que favorece a agregação e posterior precipitação. Além disso, os solventes competem pelas moléculas de água e, portanto, também reduzem a solubilidade das proteínas.

Para avaliar a solubilidade de uma proteína, utiliza-se o índice de solubilidade do nitrogênio e o perfil de solubilidade em função do pH (Figura 4.1), do tratamento térmico e da força iônica.

VISCOSIDADE

A viscosidade de um fluido é a medida de sua resistência a fluir ou a romper-se. Expressa-se mediante o coeficiente de viscosidade (μ), que depende diretamente da força de fluxo (τ) e inversamente da velocidade relativa do fluxo (γ):

$$\mu = \tau/\gamma$$

O coeficiente de viscosidade independe da força ou da velocidade de fluxo nos fluidos newtonianos; contudo, a maioria das macromoléculas em solução, entre as quais incluem-se as proteínas, não se comporta desse modo, pois o coeficiente de viscosidade decresce à medida que aumenta a velocidade de fluxo; ou seja, segue um comportamento *pseudoplástico*.

A viscosidade dos fluidos protéicos está diretamente relacionada com o diâmetro aparente das moléculas dispersas, que, por sua vez, depende das características próprias de cada proteína (massa, volume, estrutura, cargas elétricas, etc.), das interações proteína-água (determinam o inchamento das moléculas) e das interações proteína-proteína (influem no tamanho dos agregados). Portanto, a perda de viscosidade dos fluidos protéicos é sempre determinada pela diminuição do diâmetro aparente das moléculas.

Do mesmo modo que todas as propriedades funcionais influenciadas pela interação entre moléculas protéicas e água, a viscosidade é afetada pelo pH, pela temperatura, pela concentração protéica e salina, pois todos esses fatores implicam a ruptura de pontes de hidrogênio ou dissulfeto, modificando o diâmetro aparente.

Quando são agitadas determinadas soluções protéicas, sua viscosidade diminui; contudo, após permanecerem por algum tempo em repouso, a viscosidade se recupera até seu estado inicial. Esse fenômeno, chamado de *tixotropia*, consiste na ruptura das pontes de hidrogênio entre as cadeias laterais quando o fluido é agitado; elas se restabelecem após repouso. O tempo pode influir na viscosidade dos fluidos protéicos, não apenas pela *tixotropia*, mas também pelas mudanças que podem ocorrer quando os grupos tiol e dissulfeto estão em contato com o ar e porque os fenômenos de equilíbrio não se estabelecem instantaneamente.

A viscosidade dos sistemas protéicos é uma propriedade muito importante nos alimentos líquidos como cremes, sopas, molhos, etc. O maior conhecimento acerca da viscosidade permitirá melhorar as operações que envolvem transferência de massa e/ou calor, como refrigeração, atomização, operações de mistura, etc.

Até agora, não foi possível estabelecer relação estrita entre solubilidade e viscosidade, pois há proteínas, como as do soro do leite, que são muito solúveis, apresentam pouca capacidade de absorção de água e pouca viscosidade, enquanto outras, como os caseinatos, têm grande capacidade de absorção de água e apresentam viscosidade elevada. Também é certo que se observou uma correlação positiva ente absorção de água e viscosidade em numerosas proteínas.

GELEIFICAÇÃO

A geleificação protéica consiste na formação de uma rede protéica ordenada a partir de proteínas previamente desnaturadas. A geleificação desempenha papel fundamental em determinados alimentos, como produtos lácteos, produtos de carne cozidos, gelatinas, massa de pão, etc., influindo ainda em outras propriedades funcionais, como a absorção de água, a formação e a estabilização de espumas e emulsões. Para que se forme o gel protéico, é necessário que haja desnaturação e agregação posterior de forma ordenada, em que predominem as interações proteína-proteína. Os passos para a obtenção do gel protéico são os seguintes:

a) Desnaturação protéica: pode-se conseguir por tratamento térmico, hidrólise enzimática, acidificação ou alcalinização.
b) Separação das moléculas protéicas: na proteína nativa, os grupos hidrófobos estão voltados para o interior da molécula e ficam a descoberto durante a separação, fato que potencializa as interações entre proteínas.
c) Interação proteína-proteína.
d) Agregação posterior.

Na formação das redes protéicas que constituem o gel, deve haver equilíbrio entre as forças atrativas e repulsivas das cadeias polipeptídicas. As forças atrativas entre as cadeias são as seguintes:

a) Interações hidrofóbicas: são potencializadas pelas altas temperaturas.
b) Interações eletrostáticas: pontes de cátions divalentes, como, por exemplo, pontes de Ca^{2+}.
c) Pontes de hidrogênio: potencializadas pelo resfriamento; quando dominantes, produzem géis que se fundem por calor e geleificam no frio. São, portanto, géis reversíveis.
d) Pontes dissulfeto: dão lugar à formação de géis termicamente irreversíveis.

As forças repulsivas das cadeias são representadas pelas interações proteína-água e pelas cargas eletrostáticas com o mesmo sinal, que aparecem em valores de pH distantes de seu ponto isoelétrico.

Na formação do gel protéico, assim como em outras propriedades funcionais, influem diversos fatores, como pH, concentração protéica, concentração salina e temperatura, pois, como dito anteriormente, todos eles afetam as interações proteína-água ou proteína-proteína.

Qualquer fator que potencialize o contato entre proteínas favorecerá a geleificação, como ocorre com a concentração protéica. Se há concentração de proteínas muito elevada, pode haver geleificação mesmo em condições pouco favoráveis.

A grande capacidade de retenção de água que apresentam os géis está diretamente relacionada com o tempo que se inverte na etapa de agregação no que se refere à desnaturação. Quando se formam rapidamente, os géis são desordenados, pouco elásticos, opacos e com capacidade de retenção de água reduzida, pois a cadeia polipeptídica não pode ser agrupada de forma ordenada. Quando, ao contrário, a agregação é feita lentamente, os polipeptídeos parcialmente separados orientam-se mais facilmente antes da agregação final, e o resultado é um gel ordenado, elástico, transparente e estável à sinérese e à exsudação. Na desnaturação prévia, as ligações peptídicas que ficam a descoberto transformam-se em pontos carregados positiva e negativamente (CO^- e NH^+) e poderão reagir com as moléculas de água, que, por sua vez, mediante novas pontes de hidrogênio, gerarão a estrutura necessária para que haja água imobilizada. Além disso, a capacidade de retenção de água é potencializada por fenômenos de capilaridade, devido aos poros que se formam na geleificação.

Nos géis em que a desnaturação é obtida por um tratamento térmico, observa-se que, quanto maior é a temperatura, maior é a firmeza do gel e menor a capacidade de retenção de água, pois o gel formado é heterogêneo e os agregados protéicos apresentam *poros* cheios de fase aquosa, fácil de extrair. O aumento da temperatura favorece as interações proteína-proteína (ao serem separadas as moléculas protéicas, a exposição dos grupos hidrófobos aumenta) e, portanto, diminuem as interações proteína-água (são inversas às interações protéicas). Além disso, favorece-se a formação de pontes dissulfeto, reforçando a rede intermolecular; a geleificação tende a ser reversível.

Os géis obtidos por aquecimento podem ser classificados em dois grandes grupos, segundo a composição em aminoácidos das proteínas:

a) Géis formados por proteínas com elevada proporção de aminoácidos hidrofóbicos (tipo ovalbumina). Quando se encontram em baixa concentração, podem precipitar-se e formar agregados. Quando a concentração de proteína é elevada, dão lugar à formação de um gel opaco, por se formar rapidamente; as moléculas não se orientam adequadamente.

b) Géis formados por proteínas com baixa proporção de aminoácidos hidrofóbicos (tipo gelatina). Quando estão em pequena quantidade, permanecem solúveis durante o aquecimento, enquanto, em concentrações elevadas, dão lugar a géis claros, reversíveis e elásticos por se formarem mais lentamente.

Para avaliar a qualidade dos diferentes géis, é preciso considerar:

a) condições que permitem a formação de um gel (concentração de proteína, pH e temperatura);
b) transparência do gel.;
c) resistência do gel; e
d) grau de desestabilização (fusão, sinérese, exsudação).

A geleificação protéica é uma propriedade funcional com grandes aplicações em Tecnologia de Alimentos, já que se aplica não apenas à formação de géis viscoelásticos, mas também para melhorar a absorção de água, a viscosidade, a adesão entre partículas e para estabilizar emulsões e espumas. As proteínas alimentares que apresentam melhores propriedades geleificantes são:

a) Proteínas miofibrilares: a geleificação térmica dessas proteínas é fundamental na textura de numerosos produtos cárneos. Assim, por exemplo, influi na textura da carnes reestruturadas e ajuda a estabilizar a emulsão das salsichas e de outros produtos cozidos.
b) As micelas da caseína, por sua capacidade de geleificar e provocar coagulação, são utilizadas para a preparação de coalhadas e a elaboração de queijos, leites fermentados e sobremesas lácteas.
c) As proteínas do soro do leite apresentam boas propriedades geleificantes a temperaturas de 70°C a 80°C. São utilizadas na elaboração de sobremesas lácteas, iogurtes e requeijão.
d) As proteínas da clara do ovo apresentam as melhores propriedades geleificantes e, por isso, são utilizadas habitualmente como agente ligante na fabricação de derivados cárneos, na elaboração de doces, etc.

FORMAÇÃO DE MASSAS PROTÉICAS

As proteínas do glúten caracterizam-se pelo fato de, ao serem amassadas em contato com água e em temperatura ambiente, formarem uma massa viscoelástica com propriedades especiais que são a base da panificação. O comportamento particular dessas proteínas reside nas características que elas têm de se orientarem e se separarem parcialmente ao serem amassadas. Dessa forma, potencializam-se as interações interprotéicas e as pontes dissulfeto, formando-se uma rede estrutural tridimensional e viscoelástica.

A grande capacidade de absorção de água e a pouca solubilidade que apresentam explicam-se pela composição característica dessas proteínas, já que possuem grande quantidade de aminoácidos com tendência a formar pontes de hidrogênio e poucos aminoácidos ionizáveis, o que diminui a solubilidade em soluções aquosas. As diferenças entre os diversos tipos de farinha residem na proporção distinta das proteínas do glúten: gluteninas e gliadinas. As gluteninas proporcionam elasticidade e coesão à massa, enquanto as gliadinas são as responsáveis por sua fluidez, extensibilidade e expansão. É preciso o equilíbrio entre os dois tipos de proteínas para se obter uma boa massa de pão.

TEXTURIZAÇÃO

Pode-se dizer que as proteínas são as responsáveis pela estrutura física de muitos alimentos. Por isso, sua texturização é de grande importância, visto que dá *corpo* a novos produtos elaborados fundamentalmente à base de proteínas (p. ex., surimi). O processo de texturização ocorre pela separação de cadeias polipeptídicas das proteínas globulares (por ruptura das ligações intramoleculares) e posterior estabilização dessas cadeias estiradas mediante a criação de ligações intermoleculares. O produto final apresenta boa capacidade de retenção de água, que se mantém mesmo que o produto seja submetido a diferentes tratamentos térmicos. A texturização é, portanto, um processo em que as proteínas globulares transformam-se em fibrilares. Com isso, aumentam as aplicações em Tecnologia de Alimentos.

A modificação da estrutura pode ser conseguida por diferentes vias. As duas mais importantes são:

Processo de fiação ou formação de fibras

Os concentrados protéicos devem conter pelo menos 90% de proteínas.

Em primeiro lugar, há separação das moléculas, conseguida por repulsão eletrostática (aumentando o pH). Assim, obtêm-se o total desdobramento das cadeias polipeptídicas e uma viscosidade elevada. Em seguida, passa-se à solução protéica através de orifícios sob pressão para obter o alinhamento das fibras. Posteriormente, favorece-se a coagulação das proteínas, potencializando a interação proteína-proteína mediante o aumento da concentração salina e ajustando o pH ao ponto isoelétrico. Estiram-se as proteínas coaguladas por meio de um sistema de cilindros, como se fossem fibras, favorecendo assim a formação de ligações intermoleculares. Essa *cristalização* parcial permite aumentar a firmeza mecânica e o caráter mastigável, mas pode diminuir ligeiramente a capacidade de retenção de água. Essas fibras são comprimidas para eliminar parcialmente a água e favorecer a adesão; em seguida, são aquecidas e cortadas. Antes do aquecimento, podem-se incorporar agentes ligantes e outros aditivos alimentares, como condimentos, aromatizantes, etc.

Extrusão termoplástica

Neste caso, pode-se partir de soluções protéicas com menor quantidade de proteína (50 a 70%). A solução protéica hidratada é submetida a pressões e temperaturas elevadas durante um curto período até transformar-se em uma massa viscosa. Em seguida, submete-se à extrusão rápida por meio de uma *fileira* (placa perfurada), voltando à pressão atmosférica, o que permite a evaporação instantânea da água. Nesse momento, as moléculas protéicas estão desdobradas e orientadas na direção do fluxo ao passar pela fileira. Quando a massa protéica está fria, adquire a estrutura fibrosa e elástica, com mastigabilidade parecida com a da carne. Com esse método, não se formam fibras bem-definidas, mas unicamente partículas de natureza fibrosa que, depois de reidratadas, têm estrutura mastigável.

Embora atualmente sejam obtidos produtos de boa qualidade a partir de proteínas texturizadas, não há dúvida nenhuma de que é preciso aprofundar-se no conhecimento das modificações físicas e químicas que ocorrem durante esse processo, a fim de que alimentos com melhores propriedades sejam produzidos.

PROPRIEDADES SURFACTANTES DAS PROTEÍNAS

As emulsões e as espumas alimentícias são sistemas de duas fases imiscíveis entre si e instáveis, a menos que haja substâncias anfifílicas na interface que diminuam a tensão interfacial e evitem a coalescência das gotas dispersas. As proteínas possuem essas características, pois migram à interface estabilizando o sistema e diminuindo a tensão superficial; isto é, atuam como agentes tensoativos.

Para que uma proteína tenha boas características espumantes e/ou emulsificantes, deve apresentar duas características:

a) boa hidrofobicidade de superfície e
b) alto grau de flexibilidade.

Tudo isso permite a boa difusão da proteína até a interface ar/água ou óleo/água, onde deve desdobrar-se, concentrar-se e estender-se rapidamente para poder diminuir a tensão superficial. Quando uma molécula protéica entra em contato com a interface, os restos dos aminoácidos não-polares orientam-se para a fase não-aquosa, e a proteína é adsorvida espontaneamente. Durante a adsorção, as proteínas se separam e, se houver espaço suficiente, colocam-se em uma camada monomolecular resistente, coesiva e elástica (Figura 4.2).

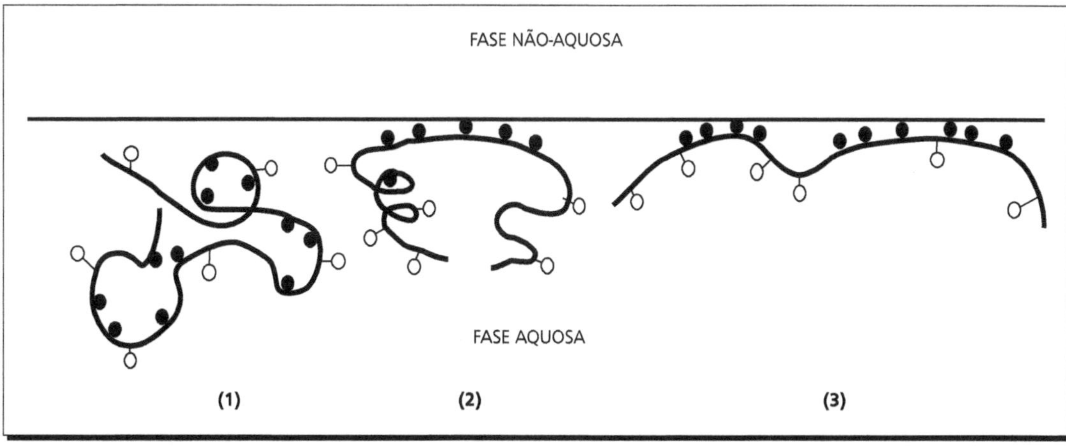

Figura 4.2 Representação esquemática da conformação de uma proteína na interface. (1) Proteína em solução aquosa. (2) Proteína próxima à interface. (3) Molécula protéica separada e adsorvida na interface formando uma monocamada. (•): Grupos hidrófobos, (O): grupos polares.

Embora as formações de espuma e de emulsão sejam muito parecidas, não há correlação estrita entre as propriedades emulsificantes e espumantes das proteínas, de tal forma que uma proteína com boas propriedades emulsificantes não é necessariamente um bom agente espumante. Isso se deve aparentemente ao fato de que a estabilização de espumas requer uma estrutura protéica mais complexa que a estabilização de emulsões.

Propriedades emulsificantes

As emulsões são sistemas dispersos de dois líquidos pouco solúveis ou insolúveis entre si. Algumas podem apresentar borbulhas de gás ou sólidos dispersos. Há muitos exemplos de emulsões alimentícias em que as proteínas atuam como emulsificantes, entre os quais estão o leite, a manteiga, a margarina, a maionese, as salsichas, os sorvetes, os molhos, etc. (Tabela 4.1).

Normalmente, a fase dispersante é água, e a dispersa, óleo; nesse caso, falaríamos de emulsões O/W, por exemplo, leite e maionese. Também pode ocorrer a situação contrária, água dispersa em óleo (emulsão W/O), cujos exemplos mais claros são a manteiga e a margarina.

As emulsões alimentares tendem a desestabilizar-se mediante três mecanismos (Figura 4.3):

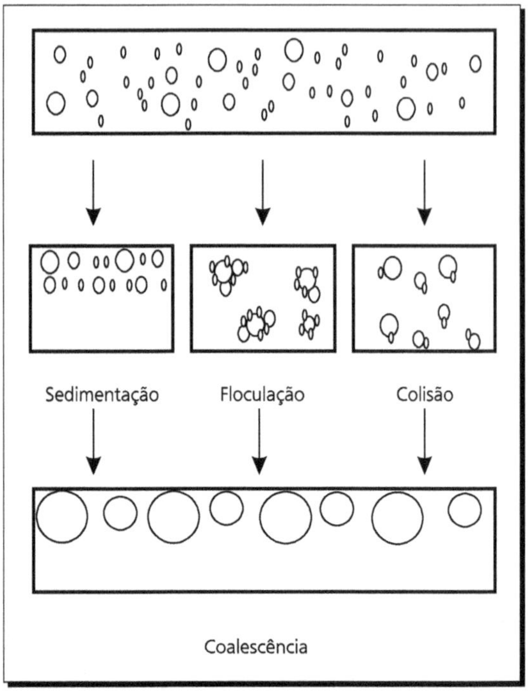

Figura 4.3 Esquema dos possíveis mecanismos de desestabilização da emulsão alimentícia.

a) Separação das fases por sedimentação. As gotas dispersas têm densidade diferente da fase dispersante, e, por isso, pode haver sedimentação e separação das fases devido à força da gravidade. A velocidade com que se produz é diretamente proporcional ao tamanho das gotas da fase dispersa e inversamente proporcional à viscosidade da fase contínua ou dispersante. Cumpre a Lei de Stokes, cuja expressão matemática é:

$$v = 2r^2\, g\, \Delta\rho / 9\, \mu$$

onde:

v = velocidade de sedimentação das gotas da fase dispersa

r = raio da gota da fase dispersa

g = aceleração da gravidade

$\Delta\rho$ = diferença de densidade entre a fase dispersante e a dispersa

μ = coeficiente de viscosidade da fase dispersante

b) Floculação das gotas devido à supressão das cargas elétricas, com a conseqüente inibição das repulsões eletrostáticas. As gotas se unem umas às outras, ficando separadas por uma camada finíssima da fase contínua. Mediante a floculação, aumenta-se o tamanho aparente das gotas e, portanto, a velocidade de sedimentação. Os glóbulos movem-se como um conjunto, em vez de individualmente. A floculação não implica ruptura da película interfacial que envolve o glóbulo e, portanto, não se deve esperar mudança no tamanho dos glóbulos originais.

c) Coalescência das gotas. Aumenta-se seu tamanho real, podendo-se chegar à separação das duas fases em duas camadas por uma interface de superfície mínima. Implica, portanto, a ruptura da película interfacial. Normalmente, é motivada por choques durante agitação mecânica.

Para evitar a desestabilização rápida das emulsões, é comum a utilização de agentes emulsificantes que permitem ampliar de forma significativa a vida útil das emulsões. Entre eles, vale mencionar:

a) Eletrólitos minerais, que proporcionam cargas eletrostáticas às gotas dispersas para aumentar a repulsão. Esse mecanismo é mais importante nas emulsões de óleo em água.

b) Matérias insolúveis muito divididas, adsorvidas na interface formando uma barreira física contra a coalescência; por exemplo, argilas, pó de silício, sais básicos de metais. Nesse caso, a estabilidade da emulsão depende da capacidade das duas fases de contatar com as partículas sólidas.

c) Moléculas tensoativas, como as proteínas, que se orientam de tal forma que seus extremos hidrófobo e hidrófilo se colocam nas superfícies da interface óleo/água, respectivamente. O acúmulo dessas moléculas na interface diminui a tensão superficial.
d) Estabilização mediante cristais líquidos: as interações que se criam entre o emulsificante, o óleo e a água dão lugar à formação de uma multicamada com estrutura de cristal líquido em torno das gotinhas. Essa barreira possibilita a maior estabilidade da emulsão.
e) Macromoléculas dissolvidas na fase contínua, aumentando a viscosidade dessa fase (polissacarídeos espessantes) ou se adsorvendo na interface (proteínas solúveis em água), formando uma barreira na fase da coalescência.

A qualidade das emulsões alimentícias é determinada pelo diâmetro das gotas dispersas e por sua distribuição homogênea. Pode ser medida por diferentes métodos, como microscopia, difusão de luz, sedimento por centrifugação ou pelo contador Coulter (mede a passagem das gotas por meio de diâmetros conhecidos).

Para estabelecer as propriedades emulsificantes das proteínas, costumam-se fazer duas determinações:

a) Capacidade emulsificante (CE): são os mL de óleo que podem emulsificar-se por grama de proteína, antes que se inverta a fase. Agita-se uma dispersão protéica, acrescentando-se óleo continuamente a uma velocidade constante. Observa-se a inversão da fase pela queda de viscosidade ou mudança de cor (quando há corante lipossolúvel). Cada emulgente pode emulsificar quantidade limitada de líquido, isto é, tem uma determinada capacidade que, se ultrapassada, rompe a emulsão.
b) Estabilidade de uma emulsão (ES) depois de centrifugação a pouca velocidade ou decantação durante várias horas. A estabilidade se expressa como porcentagem de diminuição do volume da emulsão inicial.

$$ES = (\text{volume emulsão final}/\text{volume emulsão inicial}) \times 100$$

Entre essas duas propriedades, não há correlação estrita.

Nas emulsões estabilizadas por proteínas, ocorre a influência de fatores extrínsecos, como o equipamento utilizado para formar a emulsão, o aporte energético e a velocidade de adição da fase hidrófoba, entre outros. Também influem fatores intrínsecos próprios de cada proteína:

a) Solubilidade da proteína: as proteínas mais solúveis apresentam melhor capacidade emulsificante e são boas estabilizadoras de uma emulsão, visto que têm de dissolver-se e emigrar à interface para que suas propriedades específicas atuem.
b) pH: a influência do pH depende do tipo de proteína. Assim, enquanto certas proteínas apresentam a capacidade emulsificante ótima no ponto isoelétrico (proteína da clara do ovo), outras se comportam melhor à medida que o pH se distancia dele (caseínas, proteína do soro do leite).
c) Temperatura: quando aumenta a temperatura, reduz-se a estabilidade da emulsão, já que diminuem a viscosidade e a rigidez da película protéica adsorvida na interface.
d) Concentração de proteínas: conforme aumenta a concentração protéica, cresce a estabilidade da emulsão, porque a película que separa as gotinhas da fase dispersa apresenta maior espessura.

Como demonstrado, são muitos os fatores que intervêm na formação e na estabilização das emulsões, e, por isso, é muito difícil generalizar. Contudo, pode-se dizer que as proteínas com melhores propriedades emulsificantes são aquelas que apresentam grande solubilidade, estrutura dissociada e separada e boa hidrofobicidade. Entre as proteínas com melhores propriedades emulsificantes estão os caseinatos. As proteínas globulares que possuem estrutura estável e grande hidrofobicidade de superfície (proteínas do soro do leite, lisozima, ovalbumina) são emulsificantes medíocres, a menos que possam separar-se mediante algum tratamento sem perder a solubilidade.

Propriedades espumantes

As espumas alimentícias são dispersões de gotas de gás (ar ou CO_2) em fase contínua líquida ou semi-sólida, formada pelas chamadas *lamínulas*. Do mesmo modo que nas emulsões, é preciso proporcionar energia mecânica para criar uma interface e, além disso, requer-se a presença de agentes de superfície que diminuam a tensão superficial para evitar a coalescência das bolhas de gás.

Eis alguns exemplos de espuma alimentícia: merengue, nata batida, pão e outros produtos (Tabela 4.1). Na maioria dos casos, as proteínas são os agentes que ajudam na formação e estabilização da fase gasosa dispersa, formando a barreira protetora elástica entre as bolhas de gás capturadas. Distribuição uniforme e tamanho reduzido das bolhas de gás produzem um alimento suave e leve e com maior intensidade de aroma. O tamanho dessas bolhas é variável e depende de diversos fatores, como a viscosidade da fase líquida, o aporte de energia, a tensão superficial, etc.

As espumas alimentícias são bastante instáveis porque apresentam grande superfície na interface. A desestabilização deve-se fundamentalmente a:

a) Perda do líquido da lâmina por gravidade, diferença de pressão ou evaporação. Essa perda é tanto menor quanto maiores são a viscosidade da fase líquida e a espessura das proteínas adsorvidas à interface.
b) Difusão do gás das bolhas pequenas para as grandes, que se produz sempre que há dissolução do gás na fase aquosa.
c) Ruptura da lamínula líquida que separa a fase gasosa, o que provoca um aumento do tamanho das bolhas por perda da coalescência, resultando na perda da estrutura da espuma.

A estabilidade das espumas é potencializada pela baixa tensão entre as duas fases, pela grande viscosidade da fase líquida e pelas películas de proteína adsorvidas, resistentes e elásticas.

Para poder avaliar as propriedades espumantes das proteínas, é necessário levar em conta três parâmetros:

a) Capacidade de formação de espumas: é a área interfacial que uma proteína pode criar. Pode-se medir essa capacidade determinando o volume da espuma em repouso (relação entre o volume da espuma e o volume da fase líquida inicial) e o poder espumante (relação entre o volume de gás e o volume de líquido na espuma).
b) Estabilidade da espuma: é a capacidade de determinada proteína de estabilizar uma espuma diante de fenômenos gravitacionais ou mecânicos. Expressa-se como o tempo necessário para eliminar 50% do líquido da espuma.
c) Firmeza da espuma: é a capacidade que tem a coluna de espuma de suportar uma determinada massa. Medindo a viscosidade da espuma, pode-se determiná-la.

As propriedades espumantes das diferentes proteínas são comparadas com as de uma proteína-padrão, que costuma ser a clara do ovo.

Do mesmo modo que outras propriedades funcionais, a capacidade de formar espumas alimentícias é afetada por diversos fatores. Assim, à medida que aumenta a concentração de proteínas, aumenta também a estabilidade da espuma formada, visto que crescem a viscosidade da fase líquida e, portanto, a espessura da película absorvida; contudo, a capacidade de formação de espuma não é afetada.

O pH é outro fator que influi na capacidade espumante. Em termos gerais, admite-se que uma proteína solúvel deve apresentar boa capacidade espumante e boa estabilidade. Entretanto, as espumas estabilizadas por proteínas apresentam maior estabilidade no ponto isoelétrico, o que se deve ao fato de que as atrações eletrostáticas intermoleculares produzidas nesses valores de pH são máximas e aumentam a espessura e a rigidez das proteínas adsorvidas na interface ar/água, resultando em maior estabilidade. As proteínas são pouco solúveis no ponto isoelétrico, e apenas a fração solúvel influi na formação da espuma. Como sua concentração é muito baixa, a quantidade de espuma que se forma é pequena, mas a estabilidade é alta. A fração insolúvel não contribui para a formação de espuma, mas a adsorção de uma proteína insolúvel pode estabilizá-la devido ao incremento das forças de coesão na película de proteína. Em pH diferente do ponto isoelétrico, a capacidade de formação de espuma é boa, mas a estabilidade é menor. Contudo, há proteínas que apresentam boa estabilidade em qualquer valor de pH.

A presença de sais na solução protéica influi na solubilidade, na viscosidade, no desdobramento e na agregação de proteínas, afetando, por isso, as propriedades espumantes destas. Esse efeito depende do tipo de sais e da solubilidade das proteínas nessa solução salina. Assim, o NaCl reduz a estabilidade das espumas por provocar diminuição de viscosidade. A presença de íons Ca^{2+} melhora a estabilidade ao interagir com os grupos carboxila das proteínas.

A adição de açúcares à espuma protéica melhora sua estabilidade, visto que aumenta a viscosidade e, portanto, reduz a perda do líquido das lamínulas.

A presença de lipídeos, embora em quantidades muito pequenas, modifica as propriedades espumantes das proteínas, já que eles se colocam na interface ar/água e impedem a adsorção das proteínas durante a formação de espuma.

Ao estudar as propriedades espumantes das proteínas, é necessário distinguir entre as características requeridas para a formação de espumas e as necessárias para que a proteína proporcione boa estabilidade. Essas duas características se devem a diferentes propriedades das proteínas que, muitas vezes, podem ser antagônicas.

Uma determinada proteína pode ter boa capacidade espumante se sua molécula é flexível e, portanto, estende-se rapidamente na interface, e se apresenta alto grau de hidrofobicidade, já que, desse modo, melhora sua orientação. Contudo, para que a espuma seja estável, é necessário que, em torno de cada bolha de gás, se forme uma película protéica espessa, contínua, elástica, impermeável ao ar. Tudo isso está relacionado com a concentração de proteínas, as interações intermoleculares e a capacidade de hidratação. Assim, a β-caseína, que apresenta estrutura pouco ordenada, faz diminuir rapidamente a tensão superficial e facilita a formação rápida de espuma, embora a película protéica que se forma na interface seja fina, e a estabilidade, medíocre. Inversamente, κ-caseína estende-se pouco na interface porque apresenta uma estrutura mais rígida, fazendo com que a formação de espuma seja mais lenta, embora a película formada seja compacta e resistente, e a espuma resultante, mais estável.

As proteínas alimentícias que apresentam boas propriedades espumantes são a clara de ovo, a hemoglobina, a gelatina, as proteínas do soro de leite e as proteínas do trigo, entre outras.

FIXAÇÃO DE AROMAS

Ainda que as proteínas sejam compostos inodoros, são muito suscetíveis a captar aromas, e, por isso, esse fenômeno incide em suas propriedades sensoriais.

A capacidade de fixar aromas tem duas vertentes; por um lado, pode não ser desejável quando se acrescentam proteínas a um novo produto para melhorar sua textura e não se pretende modificar o sabor original. Por outro lado, pode ser benéfica nos casos em que se queira modificar o sabor, por exemplo, nos produtos similares de carne elaborados à base de proteínas vegetais texturizadas, nos quais é fundamental simular o sabor de carne.

Assim, é de grande interesse descobrir exatamente o mecanismo pelo qual esses compostos se unem às proteínas para poder facilitar sua eliminação ou, ao contrário, para favorecer sua fixação e posterior liberação durante a mastigação.

A fixação de compostos voláteis às proteínas ocorre apenas quando há lugares disponíveis, isto é, quando não estão bloqueados por interações protéicas ou de outra natureza. Entretanto, os compostos apolares podem reagir com o interior hidrófobo da proteína, substituindo a interação proteína-proteína, o que pode dar lugar à desestabilização ou à modificação da solubilidade.

Qualquer fator que modifique a conformação protéica influi na fixação dos compostos voláteis. São eles:

a) A presença de água aumenta a fixação de substâncias voláteis polares, mas quase não afeta os compostos apolares. Isso ocorre porque a água favorece a mobilidade dos compostos voláteis polares para encontrar lugares de fixação.
b) Os compostos que tendem a dissociar as proteínas ou a reduzir as uniões dissulfeto melhoram a fixação de substâncias voláteis porque diminuem as interações hidrófobas.
c) A forte proteólise diminui a fixação de compostos voláteis. Assim, a proteólise da proteína de soja é a operação habitual para eliminar seu sabor característico.
d) A desnaturação protéica pelo calor aumenta a fixação de compostos voláteis ao ampliar o número de ligações hidrófobas disponíveis.
e) Os processos de desidratação, como a liofilização, liberam os aromas ligados às proteínas. A retenção de compostos voláteis melhora quando as pressões de vapor são baixas e estão em pequena concentração.

MODIFICAÇÕES NAS PROPRIEDADES FUNCIONAIS DAS PROTEÍNAS SUBMETIDAS A PROCESSOS TECNOLÓGICOS

Os diferentes processos a que se submetem os alimentos durante sua elaboração podem modificar a funcionalidade das proteínas. As mudanças produzidas estão diretamente relacionadas com o tipo e a intensidade do tratamento aplicado. Quando moderados, afetam apenas a conformação da proteína, ao passo que os tratamentos muito intensos também podem alterar a estrutura primária.

Os tratamentos térmicos podem provocar nas proteínas alterações nas cadeias laterais dos aminoácidos, hidrólise das ligações peptídicas e mudanças estruturais. As modificações causadas dependem, além disso, da intensidade do tratamento aplicado, das condições ambientais (pH, concentração iônica e conteúdo em água) e da natureza da proteína; assim, por exemplo, quando o colágeno é aquecido a temperaturas superiores a 65°C em presença de água, sofre separação e aumenta sua solubilidade. Ao contrário, as proteínas miofibrilares, nas mesmas condições, contraem-se, perdem a capacidade de retenção de água e podem formar agregados.

As temperaturas de congelamento também podem afetar as propriedades funcionais das proteínas, já que a capacidade de formação de pontes de hidrogênio entre proteínas e água está reduzida, ao passo que se potencializam as interações proteína-proteína. Como resultado, observa-se redução da capacidade de retenção de água e maior precipitação e geleificação de certas proteínas.

Os tratamentos mecânicos de redução de tamanho, especificamente a moagem de cereais ou concentrados protéicos, favorecem a absorção de água ou gordura, a solubilidade e as propriedades espumantes, visto que a superfície protéica exposta aumenta. Do mesmo modo, durante a homogeneização do leite, há a fragmentação parcial das micelas em subunidades e, conseqüentemente, a melhora de sua capacidade emulsificante. Se as forças de cisalhamento são aplicadas de forma intensa a uma espuma alimentícia, pode haver sobrebatimento e desnaturação parcial das proteínas, com a conseqüente perda da capacidade espumante. As forças de cisalhamento que se aplicam na texturização resultam no alinhamento das moléculas protéicas, favorecendo a formação de ligações dissulfeto e redes protéicas.

Nos processos de desidratação, aumenta a concentração dos componentes não-aquosos, e, por isso, podem-se potencializar as interações proteína-proteína, sobretudo se a eliminação da água é feita mediante a aplicação de temperaturas elevadas. O resultado é a perda de solubilidade e a redução das propriedades surfactantes.

REFERÊNCIAS BIBLIOGRÁFICAS

BELITZ, H. D. y GROSCH, W. (1997): *Química de los alimentos*. 2.ª ed. Acribia. Zaragoza.

CHEFTEL, J. C.; CUQ, J. L. y LORIENT, D. (1989): *Proteínas alimentarias*. Acribia. Zaragoza.

FENNEMA, O. R. (1996): *Food chemistry*. *3.ª* ed. Marcel Dekker, Inc. Nueva York.

KINSELLA, J. E. y SOUCIE, W. G. (1989): *Food proteins*. The American Oil Chemists' Society. Champaign, IL.

MAN, J. M. de (1990): *Principles of Food Chemistry*. Van Nostrand Reinhold. Nueva York.

POMERANZ, Y. (1991): *Functional properties of food components*. Academic Press. San Diego.

RESUMO

1 As proteínas são componentes majoritários dos alimentos que influem diretamente em suas características sensoriais e, portanto, em sua aceitabilidade. Os alimentos de origem animal possuem grande conteúdo em proteínas, o que lhes confere alto valor nutritivo. As propriedades funcionais das proteínas dependem de sua composição aminoacídica e da disposição das ligações que estabilizam sua estrutura. Essas propriedades são muito diversas, mas podem ser classificadas em dois grandes grupos: propriedades hidrodinâmicas e propriedades ligadas aos fenômenos de superfície.

2 A solubilidade das proteínas depende das propriedades físico-químicas da molécula, do pH, da força iônica, da temperatura e do tipo de solvente. Boa solubilidade permite dispersão rápida e completa das moléculas protéicas, o que é essencial na elaboração de diversos alimentos (bebidas, molhos, purês, etc.)

3 A viscosidade dos sistemas protéicos é determinada pelo diâmetro aparente das moléculas, que, por sua vez, está relacionado com as características próprias de cada proteína e com as interações proteína-água e proteína-proteína.

4 A geleificação protéica consiste na formação de uma rede protéica ordenada a partir de proteínas previamente desnaturadas. Desempenha papel fundamental em alimentos como produtos lácteos diversos, produtos cárneos cozidos, pão, etc.

5 A texturização é um processo mediante o qual as proteínas globulares se transformam em fibrilares, proporcionando assim nova textura aos produtos elaborados à base de proteínas.

6 Muitos alimentos (leite, sorvetes, manteiga, maionese) são misturas imiscíveis, em cuja estabilização os componentes protéicos desempenham papel preponderante.

7 As espumas alimentícias (merengue, pão, etc.) são dispersões de gás em fase contínua líquida ou semi-sólida. O gás é ar (às vezes é dióxido de carbono), e a fase contínua, a solução aquosa que contém proteínas, responsáveis por sua estabilidade.

8 As proteínas são compostos inodoros, mas suscetíveis a captar aromas, o que pode ser benéfico nos alimentos em que se pretende modificar o sabor. Contudo, pode ser prejudicial quando se quer alterar a textura mediante a adição de proteínas mantendo o sabor original.

9 Os diferentes processos a que são submetidos os alimentos durante sua elaboração podem modificar a funcionalidade das proteínas. As mudanças produzidas estão diretamente relacionadas com o tipo e a intensidade do tratamento aplicado.

CAPÍTULO 5

Carboidratos

O presente capítulo trata dos carboidratos e de suas propriedades físico-químicas e funcionais de maior interesse na indústria alimentícia. Estudam-se ainda as transformações que sofrem por ação do calor, fundamentalmente o escurecimento não-enzimático. Na última parte do capítulo, descrevem-se as características mais interessantes dos principais polissacarídeos, com menção especial ao de maior interesse na indústria alimentícia.

INTRODUÇÃO

Os carboidratos são os primeiros compostos orgânicos produzidos nas células fotossintéticas das plantas a partir do dióxido de carbono e da água, graças à radiação solar. De todas as substâncias orgânicas existentes, os carboidratos são os mais amplamente distribuídos e os mais abundantes, estando presentes nos tecidos animais e vegetais, assim como nos microrganismos. Nos animais, o principal açúcar é a glicose, e o carboidrato de reserva, o glicogênio; nas plantas, há grande variedade de carboidratos, e o amido é, por excelência, o de reserva.

Os carboidratos fazem parte do grupo de nutrientes básicos e sempre tiveram muita importância na alimentação; mesmo os não-digeríveis são considerados de grande interesse para uma alimentação equilibrada. Constituem a principal fonte de energia nas dietas da maioria dos povos do mundo. Embora as proteínas proporcionem a mesma energia por grama que os carboidratos, e as gorduras bem mais, os carboidratos digeríveis favorecem a mobilização das gorduras e reduzem o gasto de proteínas. Além de seu valor nutritivo, ajudam a tornar os alimentos mais saborosos e de aspecto mais agradável.

Os carboidratos mais utilizados pelo homem são o amido e a sacarose, e, por isso, as plantas que os contêm são as mais cultivadas e consumidas; é importante levar em conta que os polissacarídeos não-digeríveis (fibra) devem ser ingeridos diariamente para se conseguir correta atividade intestinal fisiológica.

CLASSIFICAÇÃO DOS CARBOIDRATOS

A classificação mais simples divide-os em três grupos: monossacarídeos, oligossacarídeos e polissacarídeos.

Monossacarídeos

São poliidroxialdeídos (aldoses) ou poliidroxicetonas (cetoses) de cadeia linear. Na natureza, os monossacarídeos mais abundantes são as hexoses (6 carbonos), embora também estejam muito presentes nas plantas aqueles constituídos por outro número de carbonos (3 carbonos, trioses; 4 carbonos, tetroses; 5 carbonos, pentoses), assim como compostos derivados. Os representantes típicos são a glicose, a frutose e a galactose.

Os monossacarídeos apresentam-se sob duas formas isoméricas denominadas α e β. A forma α é aquela em que o grupo hidroxila do carbono na posição 1 da projeção de Fischer está voltado para a direita; se está voltado para a esquerda, é chamado de isômero β. Quando estão em solução, as formas isoméricas encontram-se em equilíbrio e provocam mudanças na rotação específica da solução. A isomerização dos monossacarídeos, catalisada por base ou por enzima, envolve o grupo carbonila e o grupo hidroxila mais próximo, obtendo-se com isso a transformação de cetoses em aldoses e vive-versa. Assim, por isomerização, a glicose transforma-se em manose e frutose (Figura 5.1).

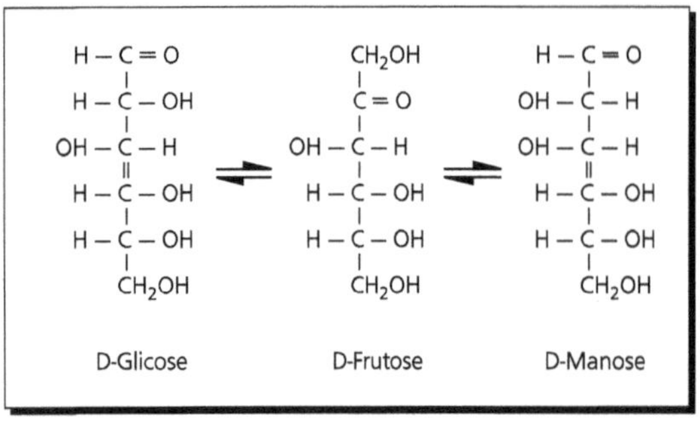

Figura 5.1 Isomerização da glicose.

Oligossacarídeos

São polímeros constituídos por número variável de monossacarídeos (de 2 a 20). Portanto, o número dos possíveis oligossacarídeos é muito grande, e sua natureza, diversa; porém, são poucos os que se encontram em grandes quantidades nos alimentos, sendo que vários deles são o resultado da hidrólise dos polissacarídeos; são compostos normalmente por glicose, galactose e frutose. Os mais comuns são: sacarose, lactose, maltose, trealose (dissacarídeo), rafinose (trissacarídeo) e estaquiose (tetrassacarídeo).

Polissacarídeos

São polímeros formados por mais de 20 monossacarídeos dispostos de forma linear ou ramificada. Se todos os monômeros constituintes são do mesmo açúcar, os polissacarídeos denominam-se *homoglicanas* (celulose, amilose, amilopectina). Quando são de diferentes açúcares, denominam-se *heteroglicanas* (gomas). A conseqüente diversidade de polissacarídeos quanto à sua composição faz com que as propriedades dessas moléculas de alto peso molecular sejam muito distintas daquelas dos monossacarídeos que as constituem; assim, dissolvem-se com mais dificuldade, têm pouco sabor doce e suas reações são muito mais lentas. Os que mais se encontram distribuídos na natureza são: no reino vegetal, o amido, a celulose e as pectinas; e, no reino animal, o glicogênio.

PROPRIEDADES FÍSICO-QUÍMICAS E SENSORIAIS DOS MONOSSACARÍDEOS

A seguir, será feita uma breve descrição das propriedades dos carboidratos de maior interesse para a Tecnologia de Alimentos.

Higroscopicidade

A capacidade de adsorção de água é uma das propriedades físico-químicas mais importantes dos carboidratos e depende, entre outros fatores, de sua estrutura, da mistura de isômeros e de sua pureza. A higroscopicidade está relacionada diretamente com a presença de grupos hidroxila, que são capazes de ligar água mediante o estabelecimento de pontes de hidrogênio. Os açúcares impuros e os xaropes absorvem mais água em velocidade maior do que os açúcares puros, já que as impurezas dificultam o estabelecimento de reações entre os açúcares e deixam livres os grupos hidroxila que podem unir-se com facilidade às moléculas de água. Essa propriedade dos carboidratos pode ser favorável em alguns casos e desfavorável em outros. É favorável quando contribui para a manutenção da umidade de alguns alimentos, como no caso dos produtos de padaria e confeitaria, visto que podem formar uma camada superficial que limita a perda de água do alimento. É desfavorável, por exemplo, no caso dos produtos granulados ou em pó, nos quais a entrada de água leva à formação de aglomerados que limitam a posterior solubilidade dos açúcares.

Mutarrotação

Quando se prepara uma solução aquosa de açúcar, observa-se a transformação de uns isômeros em outros. Essa transformação se manifesta mediante a mudança na rotação específica até se atingir o valor final que corresponda ao momento em que as formas isométricas encontram-se em equilíbrio. Em condições normais, pode demorar muitas horas para se alcançar o equilíbrio e, conseqüentemente, a rotação específica característica da solução.

A mudança de umas formas isoméricas em outras transcorre com facilidade por polarimetria, e os valores atingidos são característicos para cada açúcar em condições determinadas, pois são vários os fatores que influenciam a mutarrotação; assim, os ácidos e as bases atuam como catalisadores, sendo as bases as mais eficazes, já que aumentam consideravelmente a velocidade de reação. A temperatura também influi de forma significativa no processo, ampliando a mutarrotação de 1,5 a 3 vezes para cada 10°C de aumento. Dependendo do número de isômeros, fala-se de mutarrotação simples (dois isômeros) ou complexa (mais de dois).

Um exemplo característico de mutarrotação é o da α-lactose, cuja rotação específica a 15°C varia de +89° no início a +55° ao final, isto é, quando se alcança o equilíbrio com a forma β, cujo poder rotatório é mais baixo (+35°). No momento do equilíbrio, as proporções são de 62% de β e 35% de α-lactose.

Estado vítreo

O estado vítreo é o estado amorfo no qual a viscosidade é tão elevada que impede a cristalização do açúcar. Trata-se de estado pouco estável que pode ser alcançado por congelamento, concentração rápida ou desidratação de determinada solução, como também por fusão térmica de certos açúcares cristalinos seguida de resfriamento brusco, impedindo que as moléculas se reorganizem e formem cristal.

Os açúcares em estado vítreo são higroscópicos, o que contribui para sua instabilidade, já que, ao reter a água, aumentam sua mobilidade e, conseqüentemente, a velocidade de cristalização.

O exemplo mais característico da presença de açúcares em estado vítreo em um alimento é o dos caramelos duros, que nada mais são do que soluções sobressaturadas de sacarose, cuja cristalização é impedida pela elevada viscosidade e rigidez na massa e pela presença de outros açúcares, como glicose e *xaropes de glicose*.

Cristalização

Uma das principais características dos açúcares é sua capacidade de formar cristais. Em geral, obtém-se a cristalização resfriando soluções saturadas dos açúcares, com o que se provoca a imobilização e a reorganização das moléculas, formando-se um cristal. Os fatores que mais influem no crescimento dos cristais são os seguintes: grau de saturação da solução original, temperatura, natureza da superfície do cristal e natureza e concentração das impurezas presentes na solução, que podem ser adsorvidas à superfície do cristal, reduzindo assim sua velocidade de crescimento. O tempo de cristalização também influi bastante no tamanho dos cristais, pois, quanto mais lento é o resfriamento, maior é o tamanho destes. Isso tem atenção particular, já que, em certos alimentos, não é desejável a presença de cristais que possam ser detectados pelo paladar; é o caso, por exemplo, dos grandes cristais de lactose que podem aparecer no leite condensado e que conferem ao produto textura arenosa, tornando-o praticamente inutilizável.

Inversão dos açúcares

A inversão dos açúcares, fundamentalmente a da sacarose, consiste na hidrólise de sua molécula, seja por via enzimática (invertase), seja por procedimentos físico-químicos, como a hidrólise com ácido clorídrico a temperatura elevada ou a utilização de resinas sulfônicas. O produto obtido é conhecido como *açúcar invertido* e encontra-se de forma natural no mel. O termo *inversão* refere-se à mudança que se observa no poder rotatório da solução quando ocorre a hidrólise; por exemplo, a rotação específica de uma solução de sacarose é de +66,5°, enquanto a do açúcar invertido é de –20°. O fenômeno da inversão provoca o aumento do sabor doce e, sobretudo, da solubilidade do açúcar, visto que a frutose livre é mais solúvel que a sacarose. Esse fator é interessante porque aumenta a possibilidade de incrementar a concentração de açúcares em uma solução.

Poder edulcorante

Uma das propriedades mais reconhecidas dos carboidratos é o seu poder edulcorante. Salvo raríssimas exceções, os mono- e oligossacarídeos possuem sabor doce e diferenciam-se, entre outras coisas, por seu poder edulcorante. Os mais importantes são a sacarose, a frutose e os xaropes de amido.

Normalmente, o poder edulcorante do açúcar não se deve à sua concentração, e, por isso, é muito difícil assegurar que um açúcar é *n* vezes mais doce que outro. Mensura-se a intensidade do sabor doce mediante a determinação do patamar de percepção do sabor ou por comparação com uma substância de referência, geralmente a sacarose, já que esta se destaca sobre as demais por seu sabor particularmente agradável inclusive em altas concentrações (Tabelas 5.1 e 5.2).

A intensidade e qualidade do sabor dependem não apenas da estrutura do açúcar (a intensidade do sabor diminui nos oligossacarídeos com o aumento da extensão da cadeia), mas também da temperatura, do pH e da presença de outras substâncias que possam interferir nos receptores de sabor. Além disso, há uma relação muito estreita entre a quantidade de açúcar e a apreciação de substâncias aromáticas presentes de forma simultânea; também a cor do alimento pode influir na apreciação do sabor.

A percepção do sabor doce baseia-se, segundo a hipótese formulada por Schallenberger e Acree (1967) (Figura 5.2), na existência de um sistema doador/receptor de prótons (sistema AH_S/B_S) no alimento que pode entrar em contato com algum sistema complementar (sistema AH_r/B_r) do receptor (papilas gustativas), mediante o estabelecimento de pontes de hidrogênio.

A distância entre o H unido a A mediante ligação covalente e o orbital eletronegativo (B) deve ser de pelo menos 3 Å para que se estabeleça a ponte de hidrogênio intermolecular AH/B. Recentemente, ampliou-se esse modelo incluindo a presença de grupos hidrófobos (X) nos açúcares (grupo metileno, metila e fenila), que são atraídos por grupos similares dispostos no receptor gustativo. As unidades ativas (AH, B e X) devem estar situadas de tal maneira que as três entrem em

Tabela 5.1 Poder edulcorante relativo (PE) de diversos açúcares (%, p/p)

Açúcar	PE em solução	PE em forma cristalina
β-D-Frutose	100-175	180
Sacarose[a]	100	100
α-D-Glicose	40-79	74
β-D-Glicose	< α-anômero	82
α-D-Galactose	27	32
β-D-Galactose	–	21
α-D-Manose	59	32
β-D-Manose	Amargo	Amargo
α-D-Lactose	16-38	16
β-D-Lactose	48	32
β-D-Maltose	46-32	–
Rafinose	23	1
Estaquiose	–	10

[a]Açúcar de referência, valor arbitrário de 100.
Fonte: Fennema (1992).

Tabela 5.2 Poder edulcorante relativo de diversos poliálcoois[a]

Poliálcool	Poder edulcorante[b]
Xilitol	90
Sorbitol	63
Galactitol	58
Maltitol	68
Lactitol	35

[a]Poliálcoois dissolvidos em água a 25°C.
[b]Sacarose = 100.
Fonte: Fennema (1992).

contato com o centro receptor. Essa ordenação é a base da teoria.

PROPRIEDADES FUNCIONAIS DOS POLISSACARÍDEOS

As propriedades funcionais dos polissacarídeos estão intimamente relacionadas com sua estrutura, com seu tama-

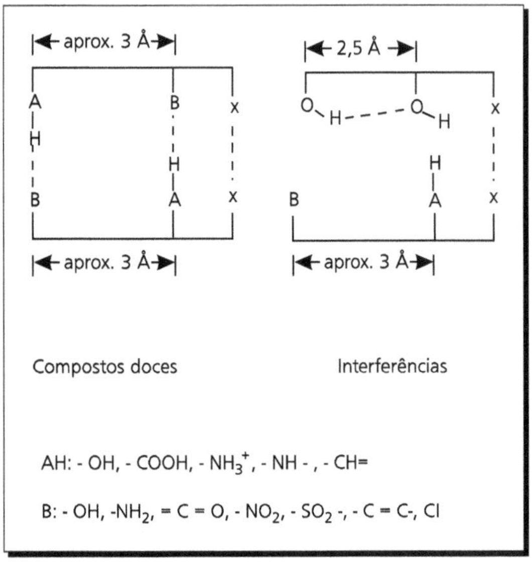

Figura 5.2 Teoria de Schallenberger e Acree sobre a percepção do sabor doce.

nho e com forças moleculares secundárias, principalmente as que dão lugar a pontes de hidrogênio.

Solubilidade

A maioria dos polissacarídeos ingeridos em uma dieta normal é insolúvel (celulose, hemicelulose), e são estes que proporcionam ao alimento propriedades como coesão, textura e palatabilidade; além disso, como constituintes da chamada *fibra dietética*, são benéficos para a saúde, contribuindo para a motilidade intestinal correta. Os demais polissacarídeos são solúveis ou dispersáveis em água e responsáveis pela viscosidade e pela capacidade espessante e geleificante; por isso, sua presença permite preparar alimentos com formas e texturas específicas.

Os polissacarídeos são poliálcoois constituídos por unidades glicosídicas contendo, em média, três grupos hidroxila que podem estabelecer uniões (pontes de hidrogênio) com as moléculas de água, de tal maneira que cada molécula de polissacarídeo pode estar totalmente solvatada e, portanto, permanecer totalmente dissolvida na água. Essa união faz com que os polissacarídeos modifiquem e controlem a mobilidade da água nos alimentos e que a água tenha grande influência sobre as propriedades físicas e funcionais desses compostos. Juntos, os polissacarídeos e a água controlam muitas propriedades funcionais dos alimentos, incluindo a textura.

A água de hidratação está unida por pontes de hidrogênio, mas não em sentido estrito, já que apresenta mobilidade que, embora pequena, faz com que as moléculas possam ser substituídas de forma livre e rápida por outras moléculas de água. De fato, a água de hidratação constitui apenas pequena parte da água total presente nos géis e nos tecidos, sendo que a água não ligada aos polissacarídeos situa-se em capilares e cavidades de diferentes tamanhos.

Os polissacarídeos em solução podem agir como *crioprotetores*, evitando ou controlando a formação de cristais, visto que, ao aumentar a viscosidade de uma solução, provocam queda do ponto de congelamento e limitam ao máximo a mobilidade das moléculas de água, evitando assim sua cristalização. Além disso, eles podem adsorver-se nos núcleos ou pontos ativos de um cristal, impedindo seu crescimento. Por isso, nos alimentos armazenados congelados, os polissacarídeos são muito eficazes como agentes protetores ante mudanças estruturais e de textura.

Hidrólise dos polissacarídeos

Os polissacarídeos são relativamente pouco estáveis e podem sofrer mudanças durante o processamento e o armazenamento dos alimentos que os contêm. A hidrólise das ligações glicosídicas pode ser feita de forma enzimática ou em meios ácidos; em geral, a hidrólise ocorre mais rapidamente durante o tratamento térmico. A despolimerização acarreta redução da viscosidade e, por isso, quando se prevê a hidrólise, convém incorporar quantidade maior de polissacarídeo, a fim de evitar a mudança da viscosidade, preservando a textura do alimento nas mesmas condições.

No caso da hidrólise enzimática, a eficácia do processo depende da especificidade da enzima, do pH, do tempo e da temperatura. É preciso levar em conta ainda o importante papel que as enzimas microbianas desempenham na hidrólise dos polissacarídeos.

Viscosidade

Todos os polissacarídeos formam soluções viscosas por serem grandes moléculas. A viscosidade de uma solução de polissacarídeos depende da forma e do tamanho de sua molécula e da conformação que adota na solução; já a forma dos polissacarídeos está relacionada com a força de estabelecimento das ligações glicosídicas que unem suas subunidades, de tal modo que, se as uniões são pouco rígidas, a flexibilidade da molécula é maior e, conseqüentemente, as moléculas podem adotar conformações diversas. A forma do polissacarídeo também é influenciada pelas cargas superficiais e pelas reações de atração/repulsão que podem surgir; assim, os polissacarídeos lineares costumam ter somente um tipo de carga iônica, sempre negativa, resultante da ionização do grupo carboxila; é ela que estabelece forças de repulsão, obrigando a molécula a adotar essa configuração.

Quando estão em solução, os polissacarídeos giram livremente, ocupando um espaço que é conhecido com o nome de *volume efetivo*. Se o polissacarídeo é linear (Figura 5.3), ao girar, por razões de tipo estérico, as moléculas ocupam mais espaço e, por isso, chocam-se umas com as outras, produzindo-se fricção que aumenta a viscosidade e o consumo de energia.

Em igualdade de peso molecular, quando o polissacarídeo está pregueado ou ramificado, o volume efetivo diminui e, por isso, em solução, ocupa menos espaço, sendo mais di-

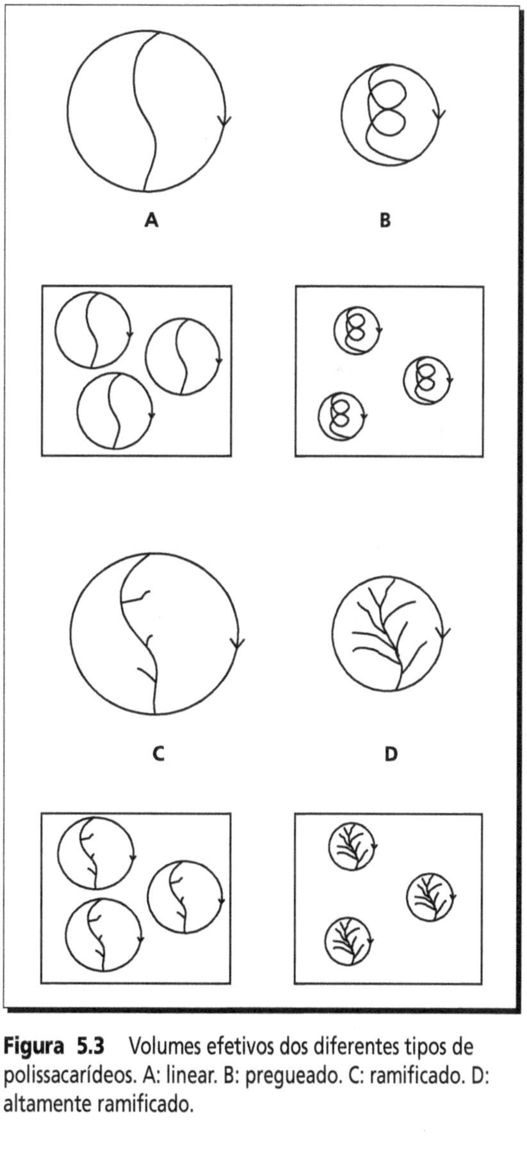

Figura 5.3 Volumes efetivos dos diferentes tipos de polissacarídeos. A: linear. B: pregueado. C: ramificado. D: altamente ramificado.

fícil que as moléculas se encontrem e se choquem umas com as outras, de modo que a viscosidade é menor. Conseqüentemente, em igual concentração, os polissacarídeos lineares formam soluções mais viscosas do que as preparadas com polissacarídeos ramificados ou pregueados. Por essa razão, do ponto de vista tecnológico, os polissacarídeos lineares são mais úteis que os ramificados para elaborar soluções viscosas ou géis.

Qualquer fator que leve uma molécula linear a adotar, em solução, uma forma mais estirada provocará aumento da viscosidade, ao contrário, se provocar o aparecimento de formas menos estendidas (helicoidais), diminuirá a viscosidade da solução. Isso significa que os componentes dos alimentos podem influir de forma positiva ou negativa na viscosidade de soluções de polissacarídeos; assim, os açúcares livres podem competir pela água, deixando menos quantidade disponível para os polissacarídeos; com isso, eles estabelecem pontes de hidrogênio consigo mesmos ou com outras moléculas, surgindo estruturas de hélice ou dupla hélice que diminuem a viscosidade e favorecem o aparecimento de géis. Os sais também competem pela água de igual forma, mas, ao mesmo tempo, agem como contra-íons para os polissacarídeos, diminuindo assim os efeitos repulsivos e favorecendo o aparecimento de estruturas helicoidais e inclusive a precipitação do polissacarídeo.

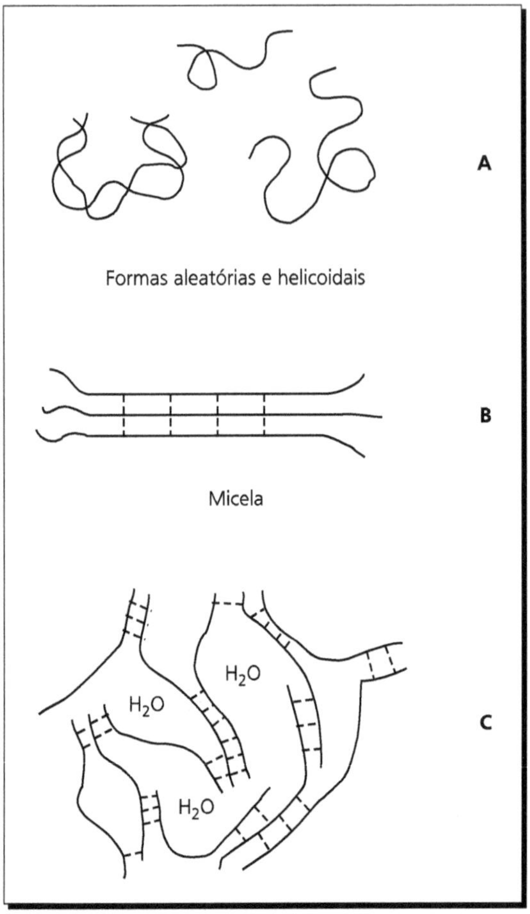

Figura 5.4 Esquema do processo de formação de géis.

Capacidade de formar géis

O gel é uma rede tridimensional que mantém retida em seu interior grande quantidade de fase líquida contínua. Na maioria dos alimentos, a rede de gel é formada por fibras de polímeros unidos uns aos outros por pontes de hidrogênio, associações hidrofóbicas, forças de Van der Waals, ligações iônicas ou covalentes; já a fase líquida é uma solução aquosa de solutos com baixo peso molecular e fragmentos de cadeias poliméricas.

A formação de gel a partir de um polissacarídeo é realizada em várias fases (Figura 5.4).

Em primeiro lugar, é preciso considerar, como se expôs anteriormente, que a molécula do polissacarídeo em solução aparece coberta com uma camada monomolecular de água a ela unida por pontes de hidrogênio. As moléculas de água, por sua vez, podem estabelecer pontes de hidrogênio com grupos hidroxila procedentes de outros monossacarídeos, fazendo com que a molécula adote configuração helicoidal (A) ou ainda de duplas hélices, quando as pontes de hidrogênio se estabelecem com caráter intermolecular. As partes da molécula que permanecem estiradas ou que se desdobram por efeito do calor unem-se umas às outras de forma paralela, dando lugar a estruturas cristalinas nas quais a água (B) é excluída. Essas estruturas, chamadas classicamente de *micelas*, podem tornar-se cada vez maiores, provocando o estiramento das moléculas em forma de trilhos, chegando inclusive à insolubilidade e à precipitação por efeito das forças gravitacionais com a liberação de água, ou seja, com a separação de duas fases. O processo de exclusão de água é chamado de *sinérese*. No caso do amido, esse fenômeno é conhecido pelo nome de *retrogradação*.

Em outros casos, a zona cristalina não cresce, mas o mesmo polissacarídeo pode estabelecer uniões com mais de um polissacarídeo, aumentando assim o número de zonas micélicas. Essas reações dão lugar à estrutura de malha ou rede tridimensional, que mantém retidas em seu interior as moléculas de água, soltas das zonas cristalinas, resultando no aparecimento do gel (C).

A firmeza do gel dependerá exclusivamente das forças com as quais se unem as zonas cristalinas. Assim, quando essas zonas são numerosas, grandes e fortemente unidas, obtêm-se géis firmes e estáveis, mas quando são escassas e pequenas ou quando as forças que unem as moléculas são insuficientes, obtêm-se géis fracos e pouco estáveis. Assim, a firmeza de um gel pode ser modificada tecnologicamente de modo a atender às necessidades de cada momento. Em termos gerais, um gel firme e estável contém cerca de 1% de polímero e 99% de água.

No caso dos polissacarídeos ramificados ou dos que possuem grupos carregados, não se podem obter regiões de tipo cristalino devido à dificuldade de se formarem zonas de união paralelas e de caráter estável, seja por impedimento estérico ou por reações de repulsão. Em geral, essas moléculas produzem apenas soluções viscosas estáveis.

Os géis têm propriedades de sólido e de líquido. Quando as moléculas formam a rede tridimensional, a solução líquida se modifica, assumindo estrutura similar à esponja, enquanto a rede passa a ter a resistência similar à de um sólido elástico. Contudo, a mobilidade das moléculas da fase líquida contínua faz com que o gel seja menos rígido que o sólido ordinário e que se comporte como um líquido viscoso. Portanto, gel pode ser considerado um *semi-sólido viscoelástico*, já que sua resposta à pressão é, por um lado, característica de sólido cristalino e, por outro, de líquido viscoso.

Por isso, a escolha de um ou outro polissacarídeo para determinada aplicação depende basicamente da viscosidade ou força do gel desejado, de suas características reológicas, do pH do sistema, da temperatura durante o processamento, das interações com outros ingredientes, da textura e do custo das quantidades necessárias para obter os resultados desejados.

TRANSFORMAÇÕES DOS CARBOIDRATOS POR AÇÃO DO CALOR

As duas principais transformações que ocorrem são: caramelização e escurecimento não-enzimático.

Caramelização

O aquecimento dos carboidratos, em particular da sacarose e de outros açúcares redutores, na ausência de compostos nitrogenados, produz a um conjunto de reações complexas conhecidas como *caramelização*. Essas reações são favorecidas pela presença de ácidos e de certos sais. Em termos gerais, a termólise provoca reações de desidratação dos açúcares com a introdução de ligações duplas e a formação de anéis insaturados (p. ex., levoglicosano). Essas ligações duplas absorvem luz e provocam o aparecimento da cor, enquanto os anéis se condensam uns com outros para produzir polímeros com cor e aroma.

Os pigmentos responsáveis pelas cores do caramelo são polímeros de estrutura variável, complexa e, em alguns casos, desconhecida. Contêm grupos hidroxila de acidez variável, carbonilas, carboxilas, enólicos e fenólicos. A velocidade com que se formam se intensifica conforme aumentam o pH e a temperatura; assim, com o pH 8,0, é 10 vezes superior do que com o pH 6,0.

Os pigmentos que aparecem durante o processo podem ser de três tipos:

- Caramelo de cor *parda*: aparece quando se aquece a solução de sacarose com bissulfito de amônio. É utilizado nas bebidas tipo cola, em outras bebidas ácidas e em xaropes. Essas soluções são ácidas (pH 2 a 4,5) e contêm partículas coloidais com cargas negativas.
- Caramelo *avermelhado*: aparece por aquecimento da glicose em presença de sais de amônio; quando ocorre em soluções aquosas, estas apresentam pH entre 4,2 e 4,8 e contêm partículas coloidais com cargas positivas. O caramelo avermelhado é aproveitado fundamentalmente em produtos de confeitaria e xaropes.
- Caramelo de cor *pardo-avermelhada*: é obtido ao se aquecer açúcar sem sais de amônio; é constituído por partículas coloidais com cargas negativas, tem pH de 3 a 4 e é responsável, entre outras coisas, pela cor de malte na elaboração de cerveja e de outras bebidas alcoólicas.

A caramelização da sacarose, talvez a mais importante pelo amplo leque de possibilidades de uso, requer temperaturas em torno de 200°C. Embora o processo de caramelização seja muito complexo, a 160°C observa-se que a sacarose se separa em glicose e frutose, e a 200°C distinguem-se três fases bem diferenciadas: a primeira fase requer cerca de 35 minutos de aquecimento, e nela se perde uma molécula de água por molécula de sacarose; a fase seguinte supõe o aquecimento adicional durante uns 55 minutos, observando-se perda de 8% do peso, com o aparecimento do pigmento conhecido como *caramelano*, solúvel em água e de sabor amargo; a terceira fase consta de outro aquecimento adicional de mais 55 minutos, e nela aparece um pigmento solúvel em água, o *carameleno*. O aquecimento adicional resulta na formação de um pigmento muito escuro e insolúvel em água, conhecido como *humina*.

A *humina* é uma molécula de alto peso molecular e de sabor amargo; por isso, deve-se evitar sua formação, já que dá ao caramelo gosto pouco agradável.

O sabor típico do caramelo é, portanto, o resultado de vários compostos derivados da fragmentação e da desidratação dos açúcares e, particularmente, da sacarose, incluindo diacetil, ácidos acético e fórmico e produtos típicos do sabor de caramelo, como a acetilformoína (4-hidroxi-2,3,5-hexano-triona) e a 4-hidroxi-2,5 dimetil-3 (2H)-furanona.

Escurecimento não-enzimático

Sob a denominação de *escurecimento não-enzimático* ou *reação de Maillard*, engloba-se uma série de reações muito complexas mediante as quais, e sob determinadas condições, os açúcares redutores podem reagir com as proteínas e produzir pigmentos de cor pardo-escura e modificações no odor e no sabor dos alimentos, que são desejáveis em alguns casos (assados, tostados ou frituras) e indesejáveis em outros (cores escuras que se desenvolvem durante o armazenamento dos alimentos).

O nome *escurecimento não-enzimático* serve para diferenciar essas reações do escurecimento rápido que se observa nas frutas e nos vegetais como resultado das reações catalisadas por polifenol-oxidases e que ocorrem entre o oxigênio e o substrato fenólico sem a intervenção de carboidratos.

O escurecimento não-enzimático apresenta-se durante os processos tecnológicos ou o armazenamento de diversos alimentos. Acelera-se pelo calor e, portanto, está presente nas operações de cocção, pasteurização, esterilização e desidratação.

Desenvolvimento da reação

Os substratos dessas reações são compostos com grupos carbonila, fundamentalmente os açúcares redutores, em particular a D-glicose; outros compostos, como o ácido ascórbico, a vitamina K e os ortofenóis, também podem intervir na reação por possuir grupos carbonila. O outro substrato da reação são os aminoácidos básicos constituintes das proteínas, cujo grupo amina livre reage com o grupo carbonila dos açúcares redutores. Evidentemente, a velocidade da reação dependerá da natureza dos açúcares e do tipo de aminoácido, justificando que o escurecimento não-enzimático seja diferente de acordo com o alimento.

O desenvolvimento da reação implica a seguinte sucessão de reações:

Condensação de Maillard

É a primeira reação que ocorre e consiste na condensação de um grupo carbonila livre com um grupo amina, de acordo com o seguinte esquema:

$$\underset{\text{aldose, cetose}}{=C=O} + \underset{\text{aminoácido, proteína}}{H_2N\text{-}R} \leftrightarrow \underset{\text{glicosilamina}}{=COH\text{-}NH\text{-}R}$$

$$=COH\text{-}NH\text{-}R \overset{(H^+)}{\leftrightarrow} \underset{\text{base de Schiff}}{=C=NR} + H_2O$$

As bases de Schiff são compostos instáveis que sofrem rápida isomerização para formar aldosilaminas, quando provêm de uma aldose, e cetosilaminas, quando provêm de uma cetose. As aldosilaminas sofrem reestruturação interna (*reestruturação de Amadori*) e transformam-se em cetosaminas, enquanto as cetosilaminas convertem-se em aldosaminas mediante a *reestruturação de Heyns* ou de *Amadori inversa*. As cetosaminas são compostos relativamente estáveis e formam-se com bom rendimento quando o conteúdo em água é de, no mínimo, 18%.

Degradação das cetosaminas

Uma vez formadas, as cetosaminas vão se decompondo por uma rede de reações complexas, dando lugar a compostos de α-dicarbonila insaturados, potentes precursores de pigmentos, ou a redutonas, sobretudo se o meio for alcalino (Figura 5.5).

A partir das redutonas, podem-se formar, mediante reação com aminas secundárias, compostos suscetíveis de polimerização, podendo haver cisões que levem à formação de

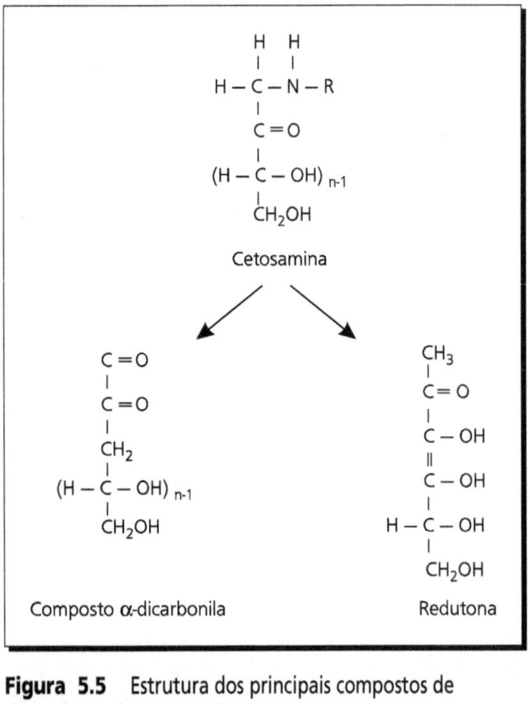

Figura 5.5 Estrutura dos principais compostos de degradação das cetosaminas.

cetonas, aldeídos e ácidos voláteis, os quais contribuem para o sabor e o aroma.

Degradação de Strecker

A última seqüência de reações, conhecida como *degradação de Strecker*, ocorre quando os compostos α-dicarbonila reagem com α-aminoácidos, produzindo sua degradação; desenvolve-se quando os alimentos são aquecidos a altas temperaturas (Figura 5.6).

Como conseqüência dessas reações, surgem aldeídos com um átomo de carbono a menos que o aminoácido inicial, dióxido de carbono e novos compostos carbonila. Estes últimos podem reagir entre si, com os aldeídos ou com substâncias amina e produzir compostos voláteis aromáticos (carbonilas), desejáveis ou não, tais como as *pirazinas*; entre estas se destaca a dimetilpirazina, que é, por exemplo, o constituinte do aroma das batatas *chips*. Essa reação é utilizada para produzir os aromas característicos de certos alimentos, como o chocolate, o mel e o pão.

As reações prosseguem, particularmente a pH baixo (5,0), para formar compostos intermediários nos quais aparecem furfuranos. A valores superiores de pH, os compostos cíclicos formados sofrem rápida polimerização para produzir compostos de cor escura que sempre contêm nitrogênio.

Não se observa o aparecimento de cor na fase inicial, mas apenas quando se aumenta o poder redutor. Na fase seguinte, aparece a cor amarelada e aumenta a absorção na região UV próxima, devido à desidratação do açúcar e à formação de compostos α-dicarbonila. Em muitos casos, observa-se também aumento do poder redutor, acompanhado do aparecimento de amino-açúcares. Nas fases finais, nota-se o aparecimento de pigmentos de cor pardo-avermelhada intensa que não perdem a cor na presença de agentes descolorantes como os sulfitos; os pigmentos responsáveis pela cor são as *melanoidinas* coloidais, moléculas grandes e insolúveis que surgem como resultado de complexas reações de polimerização e condensação.

O acompanhamento da reação pode ser feito por colorimetria de 420 a 490 nm, por separação cromatográfica, medindo os níveis de dióxido de carbono, e pela análise dos espectros no ultravioleta (UV) e no infravermelho.

O escurecimento não-enzimático é responsável pela cor escura dos assados, das frituras, do chocolate, da casca do pão e de produtos de confeitaria. Contudo, a reação de Maillard implica um decréscimo do valor nutritivo do alimento, já que ocorre destruição de aminoácidos essenciais, como a lisina, cujo grupo ε-amino reage com os açúcares e com outros aminoácidos, como a L-arginina e a L-histidina. A perda de ácido ascórbico e de vitamina K, quando estão envolvidos nessas reações, também contribui para a queda do valor nutritivo. Contudo, a ausência de cor não assegura a manutenção do valor nutritivo, já que os aminoácidos básicos reagem com os açúcares no início do processo, isto é, muito antes que se desenvolvam as cores. Além disso, na degradação de Strecker, produz-se a perda de outro aminoácido, já que implica a

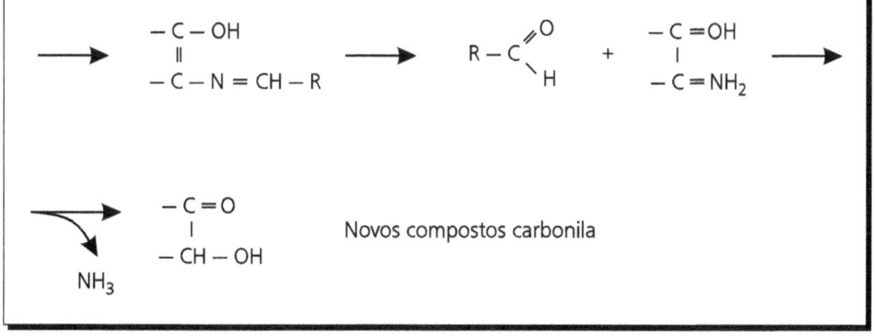

Figura 5.6 Esquema do desenvolvimento da reação de Strecker.

interação entre um α-dicarbonila e um α-aminoácido, o que influi bastante no decréscimo do valor nutritivo do alimento. Conseqüentemente, qualquer alimento que contenha proteínas e açúcares e que seja aquecido, mesmo que a temperaturas não muito altas e durante pouco tempo, sofre perda de aminoácidos essenciais e, portanto, de seu valor nutritivo.

Outro efeito pouco favorável do escurecimento é que as reações de Maillard e de Strecker, quando muito intensas, produzem sabores adversos e dão lugar a algumas substâncias potencialmente tóxicas, as *premelanoidinas*, que podem contribuir para a formação de nitrosaminas, além de ter caráter mutagênico por si mesmas.

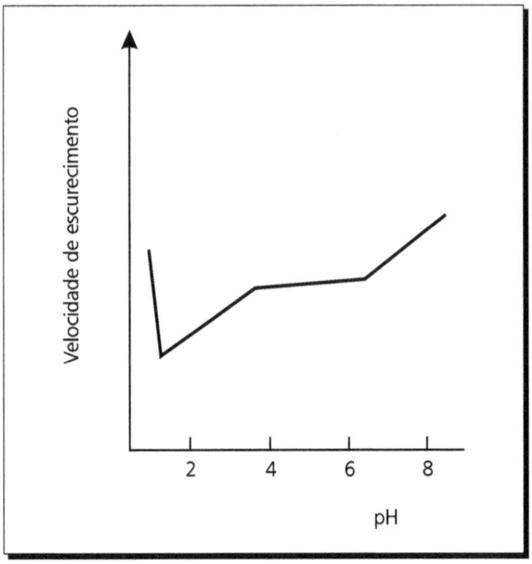

Figura 5.7 Efeito do pH na velocidade de desenvolvimento do escurecimento não-enzimático.

Fatores que influem no escurecimento não-enzimático

O desenvolvimento das reações de escurecimento não-enzimático depende de diferentes variáveis:

pH

O efeito do pH é muito significativo, já que, a valores inferiores a 6,0, diminui a velocidade com que se desenvolvem as reações de escurecimento; isso se deve ao fato de que, a esses valores de pH, o grupo amina encontra-se carregado positivamente, e a formação da glicosilamina é inibida. Além disso, os meios fortemente ácidos ou alcalinos catalisam a transformação direta dos açúcares em compostos carbonila insaturados, capazes de polimerizar-se (Figura 5.7).

Cada uma das reações que intervêm no escurecimento tem seu pH ótimo. As primeiras reações ocorrem a pH próximo da neutralidade, enquanto a degradação das cetosaminas e o aparecimento dos pigmentos ocorrem otimamente a pH inferiores.

É evidente, portanto, que a acidificação de um alimento, desde que não se alterem suas características sensoriais, retardará ou mesmo impedirá o desenvolvimento do escurecimento.

Atividade de água

Em termos gerais, a velocidade de escurecimento é maior à medida que aumenta o conteúdo de água (Figura 5.8), chegando ao máximo em a_w compreendidas entre 0,60 e 0,85. Ao contrário, os alimentos desidratados no nível da camada monomolecular de água são os mais estáveis, desde que protegidos da umidade e mantidos em temperaturas moderadas.

Presença de íons metálicos

O cobre e o ferro favorecem o escurecimento, sendo o Fe^{3+} mais efetivo que o Fe^{2+}. A influência desses íons na velocidade das últimas fases da reação de Maillard levou a pensar que se tratassem de reações de oxirredução, sobretudo as que produzem pigmento.

Natureza do açúcar

A atividade dos açúcares está relacionada com sua conformação e estrutura. Evidentemente, os açúcares redutores são os principais envolvidos nessa reação, sendo mais

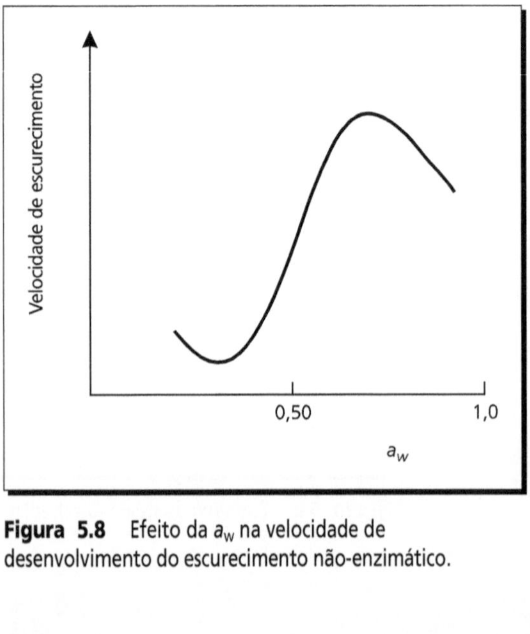

Figura 5.8 Efeito da a_w na velocidade de desenvolvimento do escurecimento não-enzimático.

ativos, nesta ordem, as pentoses (ribose), as hexoses (glicose, frutose) e os dissacarídeos redutores (lactose e maltose); estes últimos só reagem após sua hidrólise. A sacarose é pouco ativa, já que carece de função redutora livre, exceto em alimentos ácidos, nos quais se hidrolisa progressivamente nos monossacarídeos constituintes: glicose e frutose. O grau de formação de pigmentos depende da quantidade de açúcar que apresente configuração aberta, sugerindo que sugere que as aminas reagem apenas quando os açúcares estão nessa forma.

Tipo de aminoácido

Entre os α-aminoácidos, a glicina é o mais ativo. Quanto mais longa e mais complexa é sua estrutura, mais se reduz a capacidade de reação e, conseqüentemente, sua participação nas reações de escurecimento. Nos ω-aminoácidos, o escurecimento aumenta à medida que cresce o comprimento da cadeia; assim, quando a ornitina está envolvida, o escurecimento é mais rápido do que quando o está a lisina. Quando o elemento reativo é a proteína, alguns pontos da molécula podem reagir mais depressa que outros; assim, nas proteínas, o grupo ε-amina da lisina é particularmente vulnerável à ação dos açúcares redutores.

Temperatura

O escurecimento não-enzimático pode ser detido a baixas temperaturas, ao passo que aumenta significativamente com a temperaturas elevadas. A energia de ativação das principais etapas do processo de escurecimento oscila de 12 a 35 kJ/mol na formação de glicosilaminas até 80 a 180 kJ/mol necessários para a formação de pigmentos. A energia que se aplica em forma de calor é, portanto, necessária para o desenvolvimento das reações. Isso significa que, quanto mais alta é a temperatura, maior é a energia que se aplica, acelerando-se o desenvolvimento das reações mesmo na ausência de catalisadores. Ao contrário, se as temperaturas são baixas, o escurecimento é inibido e pode inclusive não ocorrer.

Considerando esses fatores e estabelecendo o controle do alimento, pode-se minimizar o desenvolvimento das reações de escurecimento não-enzimático de diferentes formas:

a) Controlando os níveis de umidade para que sejam os mais baixos possíveis.
b) Evitando as temperaturas altas, sobretudo nos períodos de armazenamento do alimento. Assim, devem-se armazenar os alimentos desidratados no máximo a 25°C e em embalagens impermeáveis, que os isolem da umidade.
c) Baixando o pH do alimento tanto quanto sua estabilidade permita. Assim, o leite não pode acidificar-se, já que isso provocaria a precipitação das proteínas.
d) Eliminando substratos reativos, normalmente o açúcar. Um exemplo típico é a eliminação da glicose mediante a ação da glicose-oxidase no tratamento dos ovos que vão ser desidratados.
e) Incorporando agentes químicos, como dióxido de enxofre e sulfitos. Esses agentes evitam o aparecimento de pigmentos pardos, mas não a queda do valor nutritivo, já que a degradação dos aminoácidos ocorre antes que se formem pigmentos e, conseqüentemente, antes da ação desses compostos (Figura 5.9).

Os sulfitos combinam-se com o grupo carbonila ativo do açúcar redutor. Além disso, esses compostos têm pouco efeito na degradação de Strecker, considerada um dos pontos mais importantes de perda do valor nutritivo.

O controle do escurecimento não-enzimático é importante por diferentes razões:

a) Em muitos alimentos, o escurecimento é desejável pela cor e pelo aroma que produz, enquanto, em outros, é indesejável, pois a mudança de cor pode tornar o alimento inaproveitável do ponto de vista estético e sensorial.
b) Evitar o escurecimento não-enzimático é desejável para manter intacto o valor nutritivo do alimento. Essa perda é muito importante nos alimentos em que há pouca lisina, como é o caso dos cereais (tostado dos cereais, casca do pão).
c) A presença de compostos potencialmente mutagênicos, como aqueles resultantes da reação entre D-glicose ou D-frutose e L-lisina, ácido L-glutâmico ou precursores de nitrosaminas (pré melanoidinas).

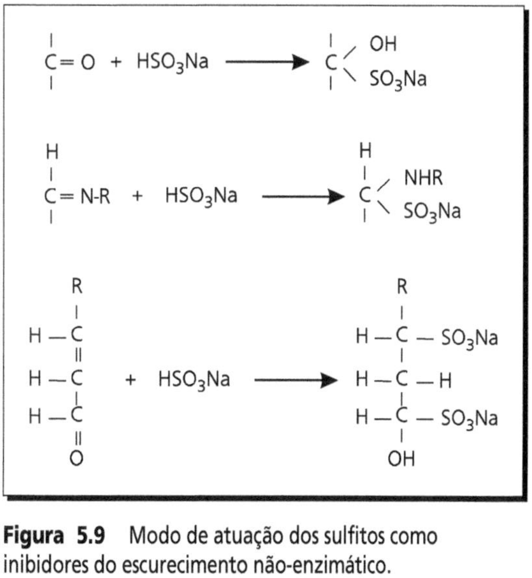

Figura 5.9 Modo de atuação dos sulfitos como inibidores do escurecimento não-enzimático.

PRINCIPAIS POLISSACARÍDEOS

A seguir, serão descritas as características mais importantes dos principais polissacarídeos, alguns deles de grande interesse para a Tecnologia de Alimentos.

Amido

Estrutura

O amido é um polímero encontrado nos vegetais, desempenhando a função de reserva. Localiza-se no interior de pequenos *grânulos*, cujo tamanho e aparência variam conforme as plantas em que se encontram. Os grânulos podem ser observados por microscopia com luz polarizada ou ordinária (aparecem birrefringentes), como também por difração de raios X, mostrando, em qualquer caso, estrutura cristalina. Seu tamanho e forma diferem de uma planta para outra segundo o sistema biossintético e as condições físicas circundante do tecido.

Os grânulos de amido são constituídos por dois polissacarídeos diferentes: um de estrutura linear, a *amilose*, e outro de estrutura ramificada, a amilopectina (Figura 5.10).

Na amilose, as moléculas de D-glicose estão unidas por ligações glicosídicas α-1,4. O número de moléculas de glicose varia de centenas a milhares, dependendo das espécies. Na maioria dos amidos, a amilose representa em torno de 17 a 30% do total, salvo algumas exceções (milho), em que pode constituir até 75%.

No grânulo de amido, a amilose é encontrada de forma cristalizada, e as moléculas estão ligadas por pontes de hidrogênio. Em solução, as moléculas de amilose apresentam-se sob a forma de hélice, em que cada volta é formada por seis unidades de glicose; elas são capazes de incluir outras moléculas, como ácidos graxos, iodo e hidrocarbonetos, formando os chamados compostos de inclusão. A molécula de amilopectina é ramificada, já que, em certos pontos da molécula apresenta ligações α-1,6. As ramificações são relativamente curtas e contêm de 20 a 30 unidades de glicose. Em presença de iodo, as soluções de amilopectina apresentam cor avermelhada. Durante a cocção, a amilopectina absorve

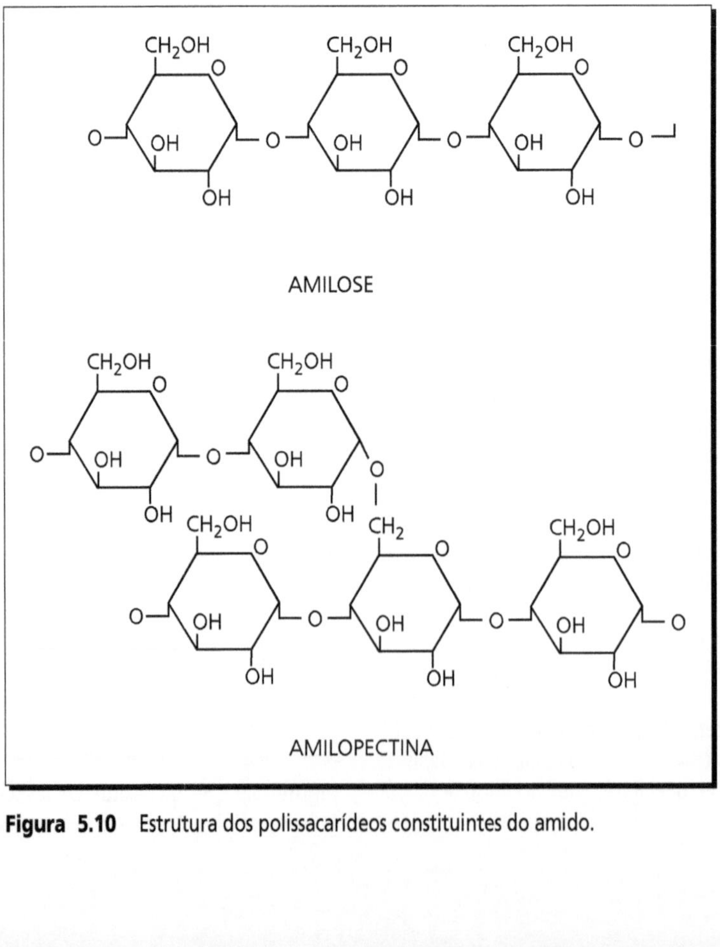

Figura 5.10 Estrutura dos polissacarídeos constituintes do amido.

muita água e é responsável, em parte, pelo inchamento dos grânulos de amido. Devido à sua estrutura ramificada, a amilopectina não tem tendência à recristalização, e, ao contrário da amilose, as soluções de amilopectina não retrogradam.

Gelatinização

Os grânulos de amido não são solúveis em água fria, ainda que possam absorver certa quantidade de água, causando pequeno inchamento. Contudo, quando aumenta a temperatura, as moléculas de amido vibram com força, rompendo as ligações intermoleculares, estabelecendo pontes de hidrogênio com a água e provocando inchamento acompanhado do decréscimo do número e tamanho das regiões cristalinas, como demonstram a perda de birrefringência e a natureza da difração de raios X. Nesse momento, a viscosidade da solução aumenta consideravelmente, já que, com o inchamento, os grânulos aderem uns aos outros; a solução pode inclusive adquirir o aspecto de uma *pasta*. Se o tratamento térmico é prolongado, os grânulos exercem forte pressão uns contra os outros e podem até romper-se quando se agita a solução, com diminuição da viscosidade. Com isso, desaparece a birrefringência, e tem-se o chamado *ponto* ou *temperatura de gelatinização*.

Se a pasta de amido é resfriada, pode-se formar um gel e, se é submetida a leve aquecimento, os componentes lineares, a amilose, podem formar um precipitado de natureza cristalina; esse fenômeno é conhecido como *retrogradação*.

A gelatinização do amido, a viscosidade das soluções e as características dos géis formados dependem não apenas da temperatura, mas também dos demais componentes da solução, já que, em muitos casos, o amido é acompanhado por açúcares, proteínas, gorduras, ácidos e água; estes podem reagir com o amido, retardando ou impedindo sua união às moléculas de água, e, portanto, atrasar o inchamento dos grânulos.

Amidos modificados

As propriedades dos amidos podem ser modificadas mediante diferentes tratamentos, de modo a se tornarem apropriados para sua incorporação como ingrediente dos alimentos. Uma das modificações mais simples é o *tratamento com ácidos*; para isso, faz-se reagir uma solução de 40% de amido com ácido sulfúrico ou clorídrico a 25°C até 55°C, durante um período variando entre 6 e 24 horas. Os grânulos não são muito afetados, mas os ácidos penetram nos espaços intermicélicos e provocam a hidrólise de pequeno número de ligações, sobretudo nas zonas amorfas dos grânulos, enquanto as cristalinas permanecem relativamente intactas. Esses amidos proporcionam soluções de menor viscosidade e géis de menor firmeza. São utilizados em confeitaria para a elaboração de balas de goma, por sua capacidade de formar pastas concentradas a quente, que geleificam muito bem ao esfriar.

Os amidos *pré-gelatinizados* são ingredientes muito comuns para diversos alimentos; são preparados por desidratação de uma solução de amido previamente aquecida a temperaturas superiores às da gelatinização. Esse tipo de amido reidrata-se com muita rapidez e é utilizado em alimentos nos quais se requer textura rápida e espessa; é o caso de sobremesas instantâneas, recheios de tortas, papinhas infantis, etc.

Preparam-se os amidos *reticulados* fazendo-os reagir com agentes reticulantes, como a epicloridrina, o trimetafosfato sódico ou o excloreto de fósforo, durante 60 minutos em temperatura de 50°C. Esses agentes provocam o aparecimento de ligações covalentes tipo éster e éter entre as moléculas de amilose e amilopectina; com isso, o grânulo de amido incha, mas não chega a estourar; conseqüentemente, as soluções permanecem viscosas durante mais tempo, ainda que sejam aquecidas, agitadas ou postas em contato com ácidos. Se o amido está muito reticulado, pode-se inclusive inibir a gelatinização, mesmo em água fervente. São amplamente utilizados em alimentos infantis, molhos para saladas, recheios para tortas e sobremesas cremosas, atuando como espessantes e estabilizantes.

Os amidos também são modificados *quimicamente* em produtos que devem ser armazenados durante longo período a baixas temperaturas (sobretudo molhos congelados). Nesses amidos, busca-se a substituição dos grupos hidroxila por grupos acetila, hidroxietila, hidroxipropila e fosfato, a fim de incorporar grupos muito hidrófilos que retenham fortemente a água e evitem sua separação sob a forma de cristais, aumentando, assim, a estabilidade do alimento.

Glicogênio

É o polissacarídeo de reserva nos tecidos animais, principalmente nos tecidos muscular e hepático. Após a morte do animal, grande parte degrada-se em glicose e posteriormente em ácido lático. Sua estrutura é similar à da amilopectina (ligações α-1,4 e α-1,6), embora tenha grau maior de ramificação e peso molecular muito elevado (Figura 5.11).

O glicogênio varia quanto à forma e ao tamanho, dependendo das espécies. Embora esteja presente em todas as células, é mais abundante no fígado, onde pode atingir de 2 a 10% do peso do órgão. Em alguns casos (músculos cardíaco e esquelético), o glicogênio encontra-se em forma de grânulos de cerca de 50 μm de diâmetro, associados, fundamentalmente, a filamentos de actina. Cada grânulo é constituído por uma molécula altamente ramificada de 15 a 30 μm de diâmetro com peso de vários milhões de dáltons.

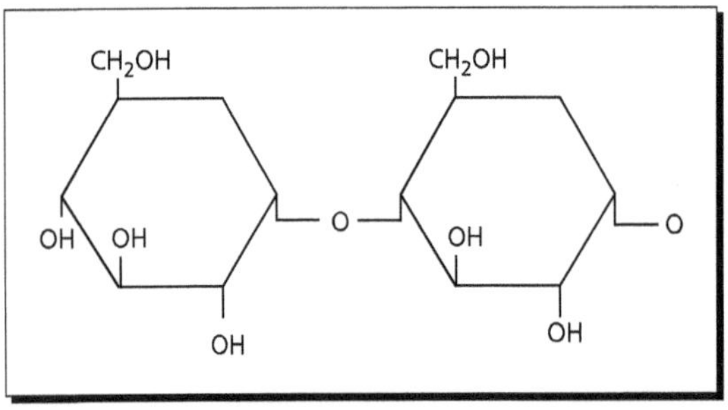

Figura 5.11 Estrutura do glicogênio.

Celulose

É o principal componente estrutural das paredes celulares dos vegetais. Geralmente, aparece acompanhada de outros polímeros, como a lignina e as hemiceluloses. É formada por moléculas de glicose unidas por ligações β-1,4. As moléculas de celulose são longas e rígidas, mesmo em solução. Sua hidrólise rende celobiose e, no final, glicose. A extrema linearidade da celulose facilita que as moléculas se associem de forma paralela, produzindo estruturas cristalinas rígidas, como ocorre nas partes lenhosas das plantas (Figura 5.12).

Os grupos hidroxila das moléculas de glicose reagem com a água, dando lugar a zonas cristalinas e não-cristalinas ou amorfas. As primeiras são as responsáveis pela firmeza das fibras de celulose, ao passo que as zonas amorfas caracterizam-se por serem mais sensíveis aos agentes químicos e às enzimas do que as cristalinas; além disso, quando estão em solução, as zonas amorfas são capazes de captar água e de inchar, enquanto, na ausência de água, vão se tornando progressivamente cristalinas, sendo responsáveis pela diminuição da plasticidade observada nos vegetais e nos alimentos que contêm celulose quando submetidos à secagem.

A hidrólise das zonas amorfas resulta na presença de pequenas zonas cristalinas resistentes aos ácidos; é o produto conhecido como *celulose microcristalina*, amplamente utilizado como agente não-metabolizável, lubrificante e reologicamente ativo em alimentos dietéticos baixos em calorias.

O derivado mais importante da celulose é o sal sódico da *carboximetilcelulose* (CMC), que se obtém ao tratar a celulose com hidróxido sódico e ácido cloroacético. A CMC é utilizada para aumentar a viscosidade dos alimentos, formando soluções estáveis a pH entre 5 e 10. Devido às propriedades reológicas altamente desejáveis e à falta de toxidade, a CMC é utilizada em ampla gama de alimentos como ligante e espessante, em recheios de tortas, pudins, flãs, sorvetes e massas para untar.

Hemiceluloses

Sob a denominação hemicelulose, inclui-se um grupo de polissacarídeos solúveis em água que fazem parte das paredes celulares das plantas. A maioria das hemiceluloses é constituída de heteropolissacarídeos contendo de 2 a 4 tipos de açúcares. Os que se encontram com mais freqüência são a D-xilose e a L-arabinose, seguidos da D-galactose, da D-glicose e do ácido D-glicurônico.

As hemiceluloses são muito importantes nos produtos de panificação, na medida em que melhoram a capacidade de reter água da farinha. De fato, incorporam-se à massa do pão reduzindo a energia necessária para o amassamento, cooperando na incorporação da proteína e aumentando seu volume.

Não se conhece com exatidão sua influência na dieta. Contudo, por integrarem a fibra dietética e não serem digeridas com facilidade, podem ter efeitos fisiológicos benéficos sobre a motilidade intestinal, o peso, o volume e o tempo de trânsito do bolo alimentício no intestino.

Ciclodextrinas

Quando o amido se hidrolisa por ação de uma enzima, a glicosil-transferase, produzem-se polímeros cíclicos de seis, sete e oito unidades. Devido à localização dos grupos hidroxila, a parte mais interna do anel é hidrofóbica, enquanto a externa é hidrofílica. A natureza hidrofóbica da cavidade facilita o estabelecimento de interações hidrofóbicas com diferentes moléculas; assim, as vitaminas podem formar

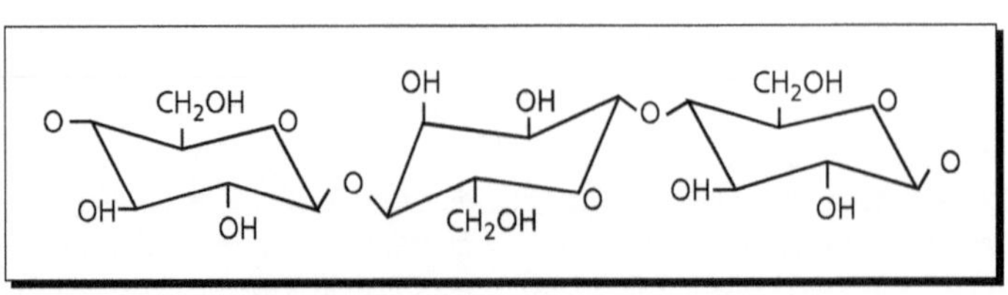

Figura 5.12 Estrutura da celulose.

complexos com as ciclodextrinas, tornando-se mais resistentes, embora os complexos formados possam ser insolúveis e pouco recomendáveis em alguns alimentos (Figura 5.13).

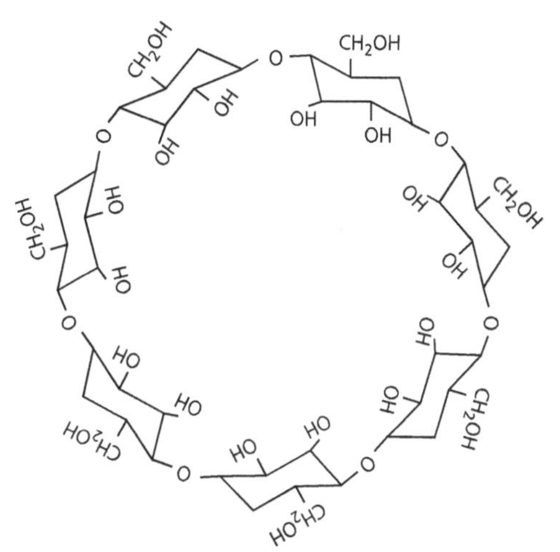

Figura 5.13 Estrutura das ciclodextrinas.

Substâncias pécticas

As substâncias pécticas compreendem o conjunto de galacturonoglicanos, cujos grupos carboxila estão esterificados com metanol em diferentes proporções, o que as torna diferentes umas das outras.

Encontram-se nas paredes celulares e nas lamínulas médias das paredes das células vegetais associadas à celulose, formando a protopectina, de natureza insolúvel. O aquecimento em meio ácido (60°C a 100°C, pH 1,5 a 3) provoca sua hidrólise, dando lugar às pectinas, formadas ainda por restos de ácido α-D-galacturônico unidos por ligações (1,4). Quando se provoca a hidrólise das pectinas em meio alcalino por ação enzimática, separam-se os grupos metila, dando lugar aos ácidos pectínicos; se todos os grupos metila são eliminados, o produto torna-se insolúvel e é chamado de ácido péctico.

A composição e as propriedades das pectinas variam de acordo com sua origem e os processos utilizados durante sua preparação, já que a extração com meios ácidos provoca despolimerização e hidrólise dos grupos metila.

O comprimento da cadeia e o grau de esterificação são particularmente importantes no momento de determinar as propriedades das pectinas, em especial sua capacidade geleificante, visto que as pectinas caracterizam-se por sua capacidade de formar géis em presença de açúcar e ácido ou em presença de íons cálcio, sendo utilizadas quase que exclusivamente para esse fim. Assim, se o meio é ácido (pH 2 a 3,5) e acrescenta-se sacarose em concentração de 60 a 65%, forma-se um gel ao esfriar, que se mantém mesmo se for aquecido a 100°C. As pectinas com mais da metade dos grupos carboxila esterificados com metanol são chamadas de pectinas HM (*high-methoxyl pectins*) (Figura 5.14) e com menos da metade, de pectinas LM (*low-methoxyl pectins*).

As soluções de pectinas HM geleificam em presença de açúcares, enquanto as de LM só o fazem em presença de cátions divalentes, principalmente cálcio. Em geral, as pectinas produzem géis quando sua concentração é de apenas 1%. A firmeza característica dos géis está diretamente correlacionada com as moléculas de pectina de alto peso molecular e com intensa associação intermolecular. A ação geleificante das pectinas é utilizada, por exemplo, para dar firmeza a tomates enlatados e pepinos em conserva, como também na elaboração de doces dietéticos. Também são utilizadas na estabilização de bebidas e na elaboração de sorvetes.

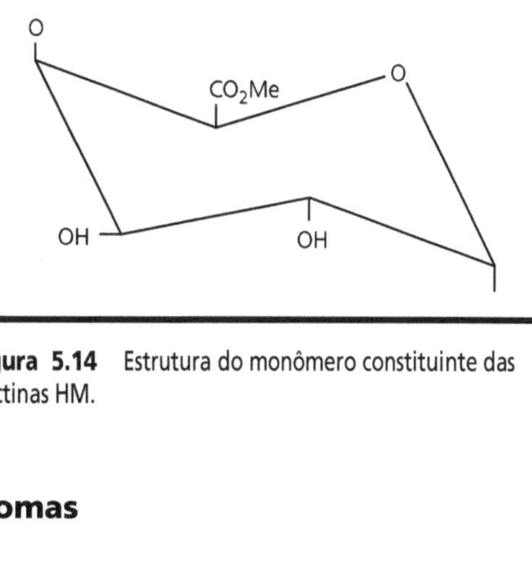

Figura 5.14 Estrutura do monômero constituinte das pectinas HM.

Gomas

Sob a denominação de goma, inclui-se o amplo grupo de polissacarídeos solúveis em água, procedentes de vegetais terrestres ou marítimos ou de origem microbiana, e que têm a capacidade de aumentar a viscosidade da solução e de formar géis devido ao seu caráter altamente hidrófilo (Tabela 5.3). As gomas são muito utilizadas na tecnologia alimentar como geleificantes e espessantes.

A estrutura das moléculas de polissacarídeos que as constituem influi de forma significativa nas propriedades dos vários tipos de gomas; assim, as gomas de estrutura linear (goma de algarroba ou goma garrofin) ocupam mais espaço e formam soluções mais viscosas do que as gomas ramificadas de igual peso molecular, sendo, por isso, mais indicadas para a preparação de soluções viscosas, isto é, para seu uso como

Tabela 5.3 Características e propriedades de diversas gomas

Nome	Principais constituintes	Propriedades distintivas
Guarano	D-Manose, D-Galactose	Alta viscosidade em baixa concentração
Goma garrofin	D-Manose, D-Galactose	Sinergismo com carragenatos
Goma arábica	D-Galactose, Ácido D-glicurônico	Alta solubilidade
Tragacanto	Ácido D-galacturônico,	Intervalo de pH
Goma	D-Galactose, L-Fucose, D-Xilose, L-Arabinose	Estável em amplo
Ágar	D-Galactose, 3,6-anidro-L-Galactose	Géis muito fortes
Carragenato	D-Galactose-sulfato, 3,6-anidro-D-galactose-sulfato	Forma géis com K^+
Alginato	Ácido D-amurônico, Ácido L-gulurônico	Forma géis com Ca^{2+}
Dextrana	D-Glicose	Inibidor da cristalização de açúcar e água
Xantana	D-Glicose, D-Manose, Ácido D-Glicurônico	Comportamento pseudoplástico

Fonte: Fennema (1992).

agentes ligantes e espessantes. As gomas ramificadas formam géis com facilidade e são muito estáveis, visto que as ramificações dificultam as interações intermoleculares. Algumas gomas (goma guar) têm estrutura longa e linear com ramificações muito curtas, apresentando propriedades mistas.

O pH e as baixas concentrações de sais afetam apenas levemente os polissacarídeos neutros, enquanto as altas concentrações salinas rompem as ligações com a água e provocam sua precipitação. Algumas gomas têm moléculas com muitos grupos carboxila entre as cadeias (p. ex., alginatos). Em meio alcalino, formam-se sais que aparecem fortemente ionizados; por isso, a repulsão entre as cargas faz com que as moléculas adotem forma estendida e, conseqüentemente, possam hidratar-se com facilidade e formar soluções viscosas estáveis. A presença de íons cálcio e outros cátions metálicos di e trivalentes provoca a geleificação desses polissacarídeos, uma vez que atuam como ponte de união entre as diferentes moléculas; se a concentração de cálcio é alta, modifica-se a firmeza do gel, provocando-se a precipitação do polissacarídeo. Os que possuem grupos ácidos fortes (ésteres sulfúrico e fosfórico, como os carragenatos) são solúveis e formam soluções altamente viscosas muito estáveis, inclusive em meio fortemente ácido.

As gomas podem ser *modificadas quimicamente*, introduzindo-se pequenas quantidades de grupos químicos. O grau de substituição de 0,01 a 0,04% é suficiente, em alguns casos, para modificar as propriedades das gomas. A introdução de grupos neutros provoca aumento da viscosidade e da estabilidade da solução; os mais utilizados são os grupos metila, etila e hidrometila. Os grupos ácidos podem ser grupos carboxila, introduzidos por oxidação, ou grupos fosfato ou sulfato e provocam aumento da solubilidade e da viscosidade das soluções. A introdução de grupos fortemente ionizados confere aos polissacarídeos um aspecto mucilaginoso.

São utilizadas basicamente para aumentar ou manter a viscosidade de soluções, para formação de géis, estabilização de emulsões e espumas, melhoria da textura, prevenção da cristalização dos açúcares e como fixadores de aroma em ampla gama de alimentos, como produtos cárneos (salsichas), lácteos (queijos, sorvetes, refrescos), de confeitaria e de panificação, bebidas, molhos e ainda produtos de preparo instantâneo.

Os exemplos mais importantes desse grupo são: gomas guar, algarroba, goma arábica, de tragacanto, ágar, carragenatos, alginatos, dextrana e xantana, cujas principais características são apresentadas na Tabela 5.3.

Os carragenatos e os alginatos talvez sejam as gomas mais amplamente utilizadas, sobretudo na elaboração de sobremesas e sopas. Mas, para ampliar conhecimentos sobre as características específicas e o emprego das gomas na indústria alimentícia, remete-se o leitor às obras de Fennema (1992 e 1996), Belitz e Grosch (1997) e Robinson (1991).

FIBRA

Embora não exista uma definição concreta, considera-se como *fibra dietética* o conjunto de polissacarídeos hidrossolúveis diferentes do amido, que se caracterizam pela resistência à hidrólise por meio das enzimas digestivas do trato intestinal; isso significa que as ligações de união das diferentes unidades monoméricas que os constituem são resistentes à digestão.

Os componentes da fibra têm sua origem nas paredes celulares das plantas, e os mais abundantes são a celulose e a lignina. Sob a denominação fibra englobam-se ainda outros polissacarídeos, como hemiceluloses, gomas, alginatos, carragenetatos, xantanas, dextranas, pectinas, 1,3 β-D-glicanos e polissacarídeos sintéticos. Encontram-se também, em quantidades menores, polifenóis de elevado peso molecular, proteínas, cutinas, ácido fítico, acetatos, minerais e amido resistente. Todos esses componentes podem ser encontrados nos alimentos de forma natural ou adicionados intencionalmente como aditivos. As principais fontes de fibra dietética são os cereais, os vegetais e as frutas.

O fato de a fibra não se hidrolisar pelas enzimas digestivas não significa que não se degrade e se metabolize em parte. Nesse sentido, comprovou-se que entre 10 e 80% dela sofre processo de fermentação no cólon, dando lugar a compostos que o organismo absorve e metaboliza.

A fibra dietética pode ser dividida em duas frações, dependendo da solubilidade de seus componentes. Uma delas é a fração solúvel ou *fibra dietética solúvel*, que engloba gomas, pectinas, mucilagens, polissacarídeos de reserva e hemiceluloses solúveis. Essa fração é a que fermenta no cólon, dando lugar a metano, hidrogênio, CO_2 e ácidos graxos de cadeia curta que são metabolizados. Seus efeitos fisiológicos são associados à redução do colesterol no sangue e ao controle da glicose e, conseqüentemente, do diabete.

A outra fração é conhecida como *fibra dietética insolúvel*, e nela incluem-se a celulose, a lignina e algumas frações de hemicelulose. Essa fração quase não sofre fermentação no cólon e é a responsável pelo efeito benéfico da fibra na motilidade intestinal, contribuindo para a mobilização do bolo fecal.

Os efeitos benéficos da fibra dietética são apresentados na obra de Johnson e Southgate (1944).

REFERÊNCIAS BIBLIOGRÁFICAS

BELITZ, H. D. y GROSCH, R. J. (1997): *Química de los alimentos*. 2.ª ed. Acribia. Zaragoza.

CHEFTEL, J. C. y CHEFTEL, H. (1985): *Introducción a la Bioquímica y Tecnología de los Alimentos*. Acribia. Zaragoza.

FENNEMA, O. R. (1992): *Química de los alimentos*. 2.ª ed. Acribia. Zaragoza.

FENNEMA, O. R. (1996): *Food Chemistry*. 3.ª ed. Marcel Dekker Inc. Nueva York.

JOHNSON, I. T. y SOUTHGATE, D. A. T. (1994): "Dietary fibre and related substances". *Food Safety Series*. Chapman & Hall. Londres.

MAN, J. M. de (1990): *Principles of Food Chemistry*. Van Nostrand Reinhold. Nueva York.

ROBINSON, D. S. (1991): *Bioquímica y valor nutritivo de los alimentos*. Acribia. Zaragoza.

SHALLENBERG, R. S. y ACREE, T. E. (1967): "Molecular theory of sweet taste". *Nature*, 216: 480-481.

RESUMO

1 Os carboidratos constituem a principal fonte de energia da dieta, contribuindo também para que os alimentos sejam mais apetecíveis e de aspecto mais agradável. São formados por poliálcoois de cadeia não-ramificada e, dependendo do número de unidades que os constituam, são classificados em monossacarídeos (1), oligossacarídeos (2-20) e polissacarídeos (> 20).

2 Entre as propriedades físicas dos carboidratos, devem-se destacar a capacidade de fixar água, ligada à presença de grupos hidroxila, e a cristalização, pois a presença de cristais grandes pode alterar a textura de alguns alimentos. O poder edulcorante dos açúcares é uma das características mais significativas dos carboidratos.

3 A capacidade dos polissacarídeos de formar géis e soluções viscosas é a propriedade funcional mais relevante, já que nela reside sua ampla utilização como agentes espessantes e geleificantes, sobretudo em sopas, purês, produtos de confeitaria, sobremesas lácteas, etc.

4 Durante os tratamentos térmicos dos alimentos, os carboidratos sofrem dois tipos de transformações: escurecimento não-enzimático e caramelização, conforme intervenham ou não, respectivamente, compostos nitrogenados.

5 A caramelização supõe a desidratação dos açúcares com o aparecimento de compostos insaturados e polímeros de estrutura complexa que apresentam as cores pardas ou avermelhadas típicas do caramelo.

6 O escurecimento não-enzimático é o conjunto de reações complexas que começa com a interação do grupo aldeído de açúcares redutores com o grupo amina livre das proteínas; seu resultado final é a formação e o acúmulo de compostos saborosos e aromáticos e de pigmentos de cor parda. Essas reações são, às vezes, desfavoráveis (p. ex., no tratamento térmico de sucos e leite), mas, em outras ocasiões, são desejáveis para o desenvolvimento das propriedades sensoriais de certos alimentos (p. ex., assados, pão). Contudo, sempre provocam redução do valor nutritivo do alimento.

7 O amido talvez seja o polissacarídeo mais universalmente utilizado como agente espessante e geleificante, seja diretamente ou mediante modificações feitas de modo intencional a fim de favorecer suas propriedades funcionais. As pectinas e as gomas também são bastante utilizadas na indústria alimentícia.

CAPÍTULO 6

Vitaminas, minerais e enzimas

No presente capítulo, estudam-se, em primeiro lugar, as vitaminas e os minerais, dedicando atenção particular às perdas que ocorrem durante o processamento de alimentos. Em seguida, estudam-se as enzimas e analisam-se suas aplicações na Tecnologia de Alimentos, desde seu comportamento como agentes alterantes até seu uso como controle de certos processos e sua utilização para a produção de alimentos.

VITAMINAS E MINERAIS

Do ponto de vista fisiológico, todo organismo se nutre para assegurar sua sobrevivência, isto é, para perpetuar a espécie. Sem a ingestão de nutrientes, não poderia realizar seu desenvolvimento fisiológico completo. Por isso, um dos aspectos mais importantes na determinação da qualidade dos alimentos é o que se refere ao seu conteúdo em oligonutrientes, especificamente sua riqueza em vitaminas e minerais.

Hoje se dispõe de informação confiável sobre o conteúdo de vitaminas e minerais, tanto em alimentos crus como processados, em que sempre há porcentagem de perda de oligonutrientes. Contudo, é preciso assinalar que os dados disponíveis sobre o conteúdo nos alimentos frescos não são totalmente precisos, já que, nos alimentos de origem vegetal, pode haver variações, dependendo das zonas geográficas de cultivo, das práticas agrícolas (fertilizantes, tipo de irrigação, etc.) e do estado de amadurecimento do produto ao ser colhido. Além disso, após a colheita, as lipoxigenases, as desfosforilases e as glicosidases podem alterar o conteúdo de vitaminas. Nos produtos de origem animal, as variações são menores, sobretudo nas vitaminas hidrossolúveis, embora nas lipossolúveis seu conteúdo dependa, em parte, da dieta que os animais consumiram. Também pode haver mudanças pós-morte, dependendo da manipulação do produto, mas essas são irrelevantes. Contudo, às vezes, produzem-se modificações importantes, como ocorre, por exemplo, com o ácido ascórbico, que se oxida rapidamente, perdendo parte de sua atividade vitamínica.

O processamento afeta bastante a quantidade de vitaminas. Até há poucos anos, estudava-se pouco o efeito dos diferentes processos na perda ou retenção de nutrientes. Atualmente, é prática habitual, visto que existem processos que podem ser convenientes do ponto de vista tecnológico ou de conservação, mas que também podem provocar perdas de nutrientes maiores que as desejadas. A quantidade de vitaminas destruídas pode-se se tornar, às vezes, fator crítico no balanço entre um processo e a qualidade do alimento resultante, pois um produto alimentício com qualidade nutricional aceitável deverá proporcionar os nutrientes que caracterizam o grupo de alimentos no qual se enquadra.

A quantidade de vitaminas e minerais de diferentes alimentos é apresentada na Tabela 6.1.

PERDA DE VITAMINAS E MINERAIS NOS ALIMENTOS PROCESSADOS

Quando o alimento é submetido a um determinado processo, pretende-se obter um produto seguro e com vida útil adequada, mas, ao mesmo tempo, deve-se tentar fazer com que as perdas de nutrientes, que sempre vão existir, sejam mínimas. A importância desse fato depende do valor nutritivo proporcionado pelo alimento à dieta e do grupo de pessoas a que se destina (crianças, idosos, doentes, etc.).

A incidência dessas perdas está diretamente relacionada com o tipo de nutriente, o tipo de alimento e o tratamento tecnológico aplicado.

Tabela 6.1 Quantidade aproximada de vitaminas e minerais de alguns alimentos (100 g de alimento)

			Carne							
	Leite	**Ovos**	**Bovina**	**Suína**	**Enchova**	**Linguado**	**Batatas**	**Cenouras**	**Morangos**	**Laranjas**
Vitaminas										
C (mg)	1,7	0,3					17	7,1	64	50
Tiamina (mg)	0,04	0,31	0,08	0,66	0,09	0,09	0,11	0,07	0,03	0,08
Riboflavina (mg)	0,18	0,72	0,18	0,17	0,35	0,08	0,05	0,05	0,05	0,03
Ácido nicotínico (mg)	0,09	0,16	4,9	3,7	8	3,5	1,2	0,6	0,5	0,3
Piridoxina (mg)	0,05	0,31	0,5	0,4	0,7		0,2	0,1	0,06	0,05
Ácido fólico (µg)	3,6	166	20			11	7	8	20	20
Cianocobalamina (µg)	0,4	2,1	1,3	0,8	10	1				
Ácido pantotênico (mg)	0,35	0,84			1	0,3	0,4	0,3	0,3	0,2
Biotina (µg)	3,5	57			7	5	0,4	5	4	2,3
A (mg)	0,03	1,12			0,04			12	0,05	0,09
D (µg)	0,06				17,5					
K (mg)								0,08	0,02	
E (mg)	0,09	3					0,09	0,7	0,22	0,17
Minerais										
Na (mg)	48	221	58	58	130	95	3,2	60	2,5	1,4
K (mg)	157	292	342	260	360	230	443	290	147	177
Ca (mg)	120	151	11	9	24	17	9,5	41	26	42
Fe (mg)	0,05	7,4	2,6	2,3	1	0,5	0,8	0,66	0,96	0,4
P (mg)	92	611	170	176	240	200	50	35	29	23

A influência dos diversos parâmetros que causam a perda de nutrientes difere muito em vitaminas e em minerais. Assim, os minerais que estão presentes nos alimentos normalmente não são afetados pela exposição à luz, por agentes oxidantes, pelo calor e por outros fatores que podem causar importantes perdas de vitaminas. Porém, podem ser eliminados dos alimentos por lixiviação ou por separação física e também podem transformar-se em compostos biologicamente não-assimiláveis.

As perdas de vitaminas e minerais sofridas por qualquer alimento processado podem ser causados por:

A manipulação prévia aos processos

As condições que precedem os diferentes tratamentos podem influir no conteúdo final de nutrientes de um alimento.

Durante o descascamento, o corte e outras operações, separam-se partes dos vegetais que não são aproveitadas e que, muitas vezes, são mais ricas em nutrientes do que as partes comestíveis (geralmente a casca das frutas apresenta maior conteúdo vitamínico do que as partes mais carnosas). Se a eliminação da casca é feita mediante tratamentos químicos, pode haver inclusive perdas dos nutrientes localizados nas camadas carnosas mais externas.

Nas operações de moagem, os cereais sofrem perda importante de nutrientes, que está diretamente relacionada com o grau de extração. Na separação do gérmen e das camadas mais externas sempre há perdas de nutrientes, sobretudo de minerais.

Nas operações de lavagem, branqueamento e cocção em água sempre há perdas de vitaminas hidrossolúveis e, sobretudo, de minerais por lixiviação (Tabela 6.2). A intensidade dessas perdas está relacionada com:

- pH do meio: a acidez favorece a solubilidade dos sais minerais;
- Temperatura: influi na solubilidade;
- Quantidade de água no alimento;
- Relação superfície/volume: maior perda quanto mais ampla for a superfície de alimento exposta à água.

Nesse tipo de operações, é preciso levar em conta que pode haver contaminação com metais e uma exposição adicional ao oxigênio. Se a cocção é feita em águas duras, por exemplo, pode ocorrer aumento de cálcio no produto final.

O branqueamento é uma das operações que causam maiores perdas de minerais. Com vapor, as perdas são menores do que com água quente (maior perda por lixiviação). Se o branqueamento é feito com microondas, elas são mínimas. Utilizando *boas práticas de fabricação*, a redução de nutrientes pode ser menor do que as produzidas nas técnicas culinárias. Em geral, as perdas são menores quando se utiliza menor quantidade de água na cocção.

Tabela 6.2 Perda de minerais por lixiviação em feijão e espinafre cozidos

	% de perda	
	Feijão cozido	**Espinafre cozido**
Cálcio	49	0
Magnésio	65	36
Fósforo	65	36
Potássio	64	56
Nitrato	–	70

Fonte: Adaptada de Fennema (1992).

Interação com substâncias químicas utilizadas nos tratamentos tecnológicos

Os alimentos podem ser acrescidos de substâncias químicas como conservantes ou coadjuvantes de determinados tratamentos; algumas dessas substâncias podem ter efeito adverso sobre algum nutriente. Por exemplo, o dióxido de enxofre, utilizado habitualmente em frutas e hortaliças para prevenir o escurecimento enzimático, pode reduzir o conteúdo em tiamina, ainda que proteja o ácido ascórbico devido ao seu caráter redutor. Os nitritos usados como agente conservante da carne podem reagir com o ácido ascórbico, os carotenóides, a tiamina e o ácido fólico, reduzindo a atividade vitamínica.

Também se pode falar de perdas de minerais quando estes se combinam para formar compostos biologicamente não-aproveitáveis ou se a cota de absorção diminui em função da composição da dieta. Isso ocorre com os alimentos ricos em farelos, que apresentam maior aporte de ferro, mas cuja absorção é menor devido à presença de fitatos.

Reações degradantes

Determinadas reações químicas que ocorrem durante o processamento e o armazenamento dos alimentos podem causar perdas de nutrientes, concretamente, de vitaminas.

Durante a oxidação dos lipídeos, formam-se hidroperóxidos, peróxidos e epóxidos que podem oxidar os carotenóides, os tocoferóis e o ácido ascórbico ou reagir com eles, implicando perda de atividade vitamínica.

Nas reações de escurecimento não-enzimático que ocorrem nos alimentos, podem-se formar também compostos carbonila capazes de reagir com algumas vitaminas, com a conseqüente perda destas.

Processos tecnológicos propriamente ditos

O tratamento térmico é o principal responsável pela redução da atividade de muitas vitaminas. Outras operações, sobretudo as que não empregam calor, costumam afetar menos a qualidade nutritiva dos alimentos, embora haja exceções, como a perda de cálcio na elaboração de queijos, que difere de um tipo para outro; as maiores perdas produzem-se no dessoramento de queijos com pH ácido, devido à migração do cálcio para a fase aquosa.

A estabilidade das vitaminas, diferentemente dos minerais, pode ser afetada ainda por diversos fatores, como o pH do meio, a presença de oxigênio, luz, metais e outros agentes.

Como regra, pode-se dizer que as vitaminas hidrossolúveis, com algumas exceções (p. ex., a riboflavina), são mais termolábeis que as lipossolúveis e, além disso, suas perdas são superiores por arrasto aquoso. Contudo, as lipossolúveis são particularmente instáveis diante da oxidação e da luz.

Na maior parte dos casos, as perdas de vitaminas não se devem a um único fator isolado, mas sim à combinação de vários. Em geral, esses fatores têm efeito sinérgico, e, por isso, considera-se mais didático estudar a perda de vitaminas separadamente.

Vitaminas hidrossolúveis

Vitamina C

A vitamina C, ou ácido ascórbico, é encontrada fundamentalmente em frutas e hortaliças, sobretudo em cítricos, kiwi, groselha e batata. Seu conteúdo em alimentos de origem animal é muito baixo.

A forma natural encontrada nos alimentos é o isômero L-. A forma D- tem apenas 10% de atividade vitamínica e é a que normalmente se acrescenta aos alimentos com fins tecnológicos, não-nutritivos.

A estabilidade dessa vitamina é afetada por diversos fatores, como oxigênio, pH, luz, enzimas e catalisadores metálicos.

O ácido ascórbico oxida-se facilmente em presença de oxigênio e transforma-se, de modo reversível, em ácido deidroascórbico; posteriormente, em presença de água, este passa a ácido 2,3-dicetogulônico, com a conseqüente perda da atividade vitamínica (Figura 6.1). Essa transformação varia conforme as condições do meio, sendo os fatores de maior influência a pressão parcial de oxigênio, o pH, a temperatura e a presença de íons metálicos, sobretudo Cu^{2+} e Fe^{3+}.

A influência do pH na degradação oxidativa do ácido ascórbico também é diferente em condições de aerobiose ou anaerobiose, do mesmo modo que influi a presença de íons metálicos que atuam como catalisadores. As rotas de degradação do ácido ascórbico são, portanto, muito complexas, rendendo compostos diferentes conforme as condições do meio. Em meios ácidos, facilita-se a oxidação do ácido ascórbico, que se transforma em ácido deidroascórbico, composto que mantém a atividade vitamínica, observando-se maior estabilidade no intervalo entre 2,5 e 5,5; ao contrário, em valores de pH mais baixos, esse composto se transforma em ácido 2,3-dicetogulônico, que não mantém a atividade vitamínica. Resumindo, em valores de pH ácidos, a atividade vitamínica é melhor conservada.

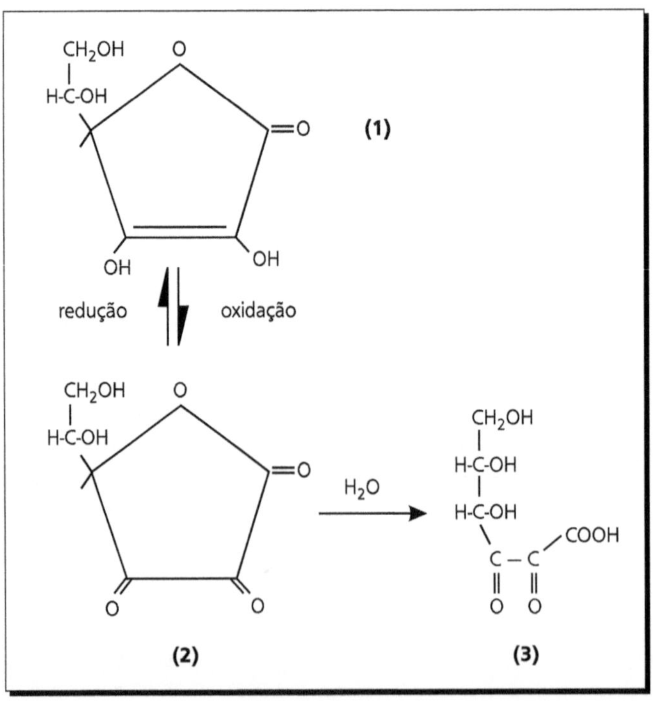

Figura 6.1 Perda de atividade vitamínica do ácido ascórbico. (1) Ácido ascórbico. (2) Ácido deidroascórbico. (3) Ácido 2,3-dicetogulônico.

A estabilidade da vitamina C aumenta à medida que diminui a temperatura, chegando ao máximo em temperaturas inferiores a –18°C. Contudo, detectaram-se perdas por oxidação em alimentos congelados, provavelmente porque, com o descongelamento muito rápido desses produtos, liberam-se enzimas oxidativas do interior da célula que podem reagir com a vitamina C. Também pode haver perdas por dissolução de ácido ascórbico na água do descongelamento. Nos alimentos processados que sofrem tratamento térmico, verifica-se perda de atividade vitamínica, que é proporcional à intensidade do tratamento. Se houver ainda intervenção da água, aumentam as perdas por lixiviação. Esse fato é claramente refletido na Figura 6.2, onde se observa a porcentagem de perdas de ácido ascórbico em um alimento submetido a diferentes tratamentos.

Em condições de anaerobiose e de atividade de água muito baixa, a degradação da vitamina C é lenta, e, por isso, sua contribuição para a perda global é muito pequena.

A perda de vitamina C no leite tratado termicamente depende das condições do processo, embora outros fatores possam influir, como a presença de alto conteúdo de cobre. As menores perdas foram verificadas em leite pasteurizado com um tratamento HTST e em leite UHT, em que se produz redução de vitamina C inferior a 20%. Em leites evaporados, constataram-se perdas de até 80%.

As frutas e as hortaliças tratadas com dióxido de enxofre para evitar o escurecimento enzimático apresentam menos perdas de ácido ascórbico durante o processamento e posterior armazenamento, devido ao efeito protetor que esse gás exerce por seu caráter redutor.

Tiamina ou vitamina B_1

Essa vitamina é encontrada abundantemente em alimentos de origem animal e vegetal como tiamina livre (Figura 6.3) e pirofosfato de tiamina. Por possuir um nitrogênio quaternário, comporta-se como uma base forte e está completamente ionizada no intervalo de pH habitual dos alimentos.

A estabilidade da tiamina é relativamente baixa e depende do pH (Figura 6.4). Inativa-se com o calor em pH neutro ou alcalino, mas se mantém relativamente estável em pH ácido. A a_w também influi na perda de atividade vitamínica, que é maior à medida que aumenta o valor desse parâmetro, sobretudo em presença de íons metálicos.

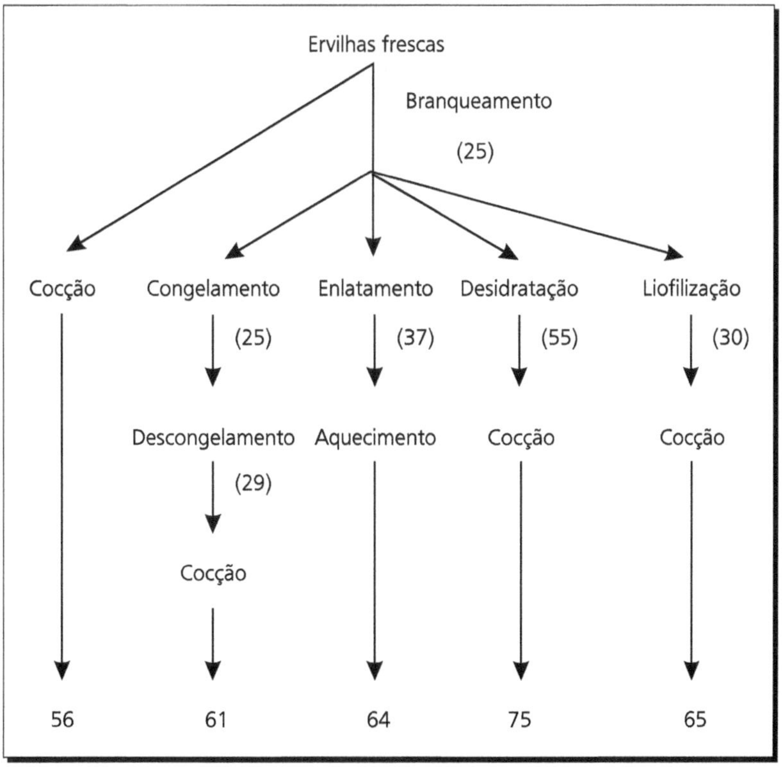

Figura 6.2 Porcentagem de perdas de ácido ascórbico em ervilhas submetidas a diferentes processos tecnológicos. *Fonte:* Adaptada de Fennema (1992).

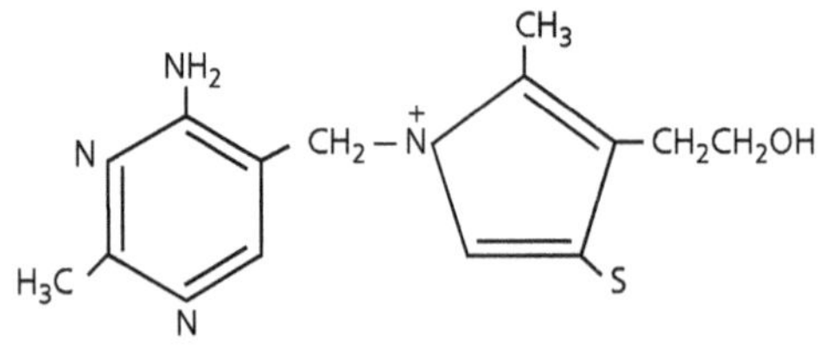

Figura 6.3 Estrutura da tiamina.

Do mesmo modo que em todas as vitaminas hidrossolúveis, podem-se produzir perdas por lixiviação durante a fase de cocção ou, no caso dos cereais, durante a moagem.

A tiamina presente na carne decompõe-se parcialmente durante os processos de cura, defumação, cozimento, desidratação e tratamentos com radiações ionizantes. Essas perdas estão relacionadas com diversos fatores, como o tamanho da peça, a quantidade de gordura e de água e o método de aquecimento. A decomposição térmica dessa vitamina dá origem a derivados do tiazol e da pirimidina, que participam da formação do aroma de carne nos produtos aquecidos, sobretudo nos derivados do tiazol, como furfurano, tiofeno e outros compostos sulfurados.

A refrigeração e o congelamento interferem pouco nos níveis dessa vitamina na carne, e as perdas dependem do tempo e das condições de armazenamento. Em presença de nitritos, pode haver desativação da tiamina, visto que eles reagem com o grupo amina do anel da pirimidina. Essa reação é bastante lenta nos produtos cárneos, provavelmente porque as proteínas exercem efeito protetor.

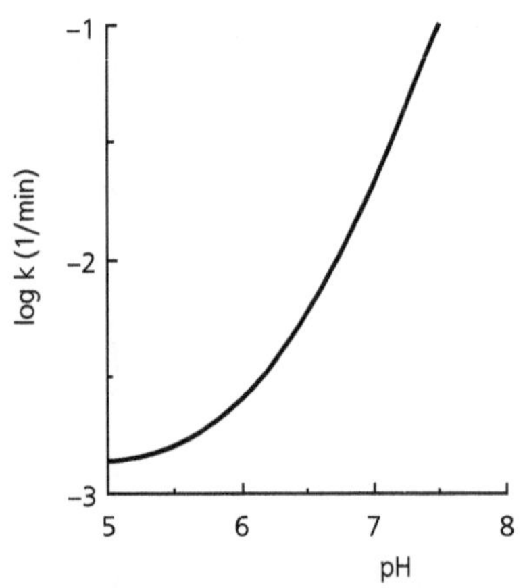

Figura 6.4 Velocidade de inativação da tiamina em função do pH.

No leite, a tiamina encontra-se como tiamina livre (50 a 55%), fosforilada (18 a 45%) e unida às proteínas (5 a 17%). As perdas dessa vitamina são proporcionais à intensidade do tratamento, e as maiores ocorrem durante a evaporação (Tabela 6.3). As perdas causadas no leite em pó são variáveis, dependendo da temperatura de armazenamento e do acesso de oxigênio.

Nos leites fermentados, há perdas de tiamina, pois esta é utilizada pelas bactérias lácticas para o seu crescimento. Atualmente, esse problema é evitado com o uso de cultivos mistos, e pode mesmo haver superprodução de tiamina, utilizando-se microrganismos produtores dessa vitamina.

Em frutas e hortaliças desidratadas, nas quais se utiliza sulfito para inibir o escurecimento enzimático, pode-se produzir degradação parcial da tiamina, pois o íon sulfito reage com a pirimidina, sobretudo em meio neutro, formando compostos sem atividade vitamínica.

Nos produtos elaborados a partir de extrato de peixe, a perda de tiamina foi atribuída inicialmente à presença de uma enzima com atividade antitiamina (tiaminase). Contudo, demonstrou-se recentemente que o fator antitiamina procedente da carpa é termoestável, sendo provável que não se trate de uma enzima.

Vitamina B_2 ou riboflavina

Encontra-se principalmente no leite e em produtos lácteos, ovos, carne e derivados e algumas hortaliças.

A riboflavina tem grande importância como grupo prostético das flavoproteínas (as enzimas associadas a essa vitamina), que atuam fundamentalmente no metabolismo protéico.

É uma vitamina bastante estável nas condições habituais de processamento e armazenamento de alimentos, retendo-

Tabela 6.3 Perdas (%) aproximadas de vitaminas B_1 e B_{12} em leite submetido a diferentes tratamentos térmicos

Tratamento	B_1	B_{12}
Pasteurização	5	7
Ebulição	5-10	30
Esterilização hidrostática	25-50	75-80
Tratamento UHT	5-10	10
Evaporação	50	70-90
Desidratação	20-25	20-35

se até 90%. Mantém-se estável diante de tratamentos térmicos, de oxigênio e em soluções ácidas. À medida que aumenta o pH, diminui sua estabilidade; em meios alcalinos, destrói-se rapidamente. É muito fotolábil, transformando-se em lumiflavina em soluções ligeiramente alcalinas, mediante reação fotoquímica (Figura 6.5). A lumiflavina apresenta poder oxidante muito maior que a riboflavina e, portanto, pode catalisar a destruição de outras vitaminas. A desativação da riboflavina é diretamente proporcional à intensidade de luz. Em soluções ácidas ou neutras, a irradiação também pode produzir quantidades variáveis de lumiflavina junto com outras substâncias. A reação da riboflavina com a metionina, favorecida pela presença de luz, é responsável pelo chamado *sabor de luz* de leites e vinhos.

As radiações ionizantes podem destruir 25% dessa vitamina.

Em carnes cozidas, verificaram-se retenções superiores a 90%, da mesma ordem que as obtidas em carnes congeladas. Também não se detectaram reduções importantes (5%) de riboflavina em leite pasteurizado e esterilizado. A maior destruição ocorre em leite evaporado (aproximadamente 10%).

As perdas dessa vitamina em conservas vegetais são variáveis, oscilando entre 25 e 50%, incluindo-as por lixiviação, que são as mais importantes.

Ácido nicotínico

Encontra-se em cereais, hortaliças e em alimentos de origem animal, como carne, leite, ovos e pescado.

O ácido nicotínico (Figura 6.6) e sua amida são geralmente chamados de niacina. A nicotinamida em forma de nicotinamida-adenina dinucleotídeo (NAD^+) ou NAD-fosfato é a coenzima das desidrogenases.

A ausência de niacina na dieta causa a pelagra.

Trata-se, provavelmente, da vitamina mais estável, não sendo afetada de forma significativa pelo calor nem pela luz em nível de pH habitual dos alimentos. As perdas mais importantes ocorrem por lixiviação e são da mesma ordem que as de outras vitaminas hidrossolúveis.

Na carne e nos produtos cárneos, é estável durante o cozimento e nas operações dos diversos processos; as perdas são ligeiramente maiores durante a cocção em fogo brando do que durante a fritura ou o assado.

Em leite pasteurizado e esterilizado, praticamente não há perdas. No iogurte, o conteúdo de niacina é superior ao do leite original, dependendo dos microrganismos empregados.

As perdas em produtos vegetais durante a cocção a vapor são muito pequenas, da ordem de 10%. São maiores nas conservas, nas quais podem chegar até 70 a 75%, devido, principalmente, à lixiviação, passando ao líquido de cobertura.

Vitamina B_6 ou piridoxina

Encontra-se em alimentos de origem animal e vegetal em forma de fosfato, principalmente em carnes, pescados e alguns cereais.

Há três substâncias que apresentam atividade vitamínica (Figura 6.7): piridoxal, piridoxina ou piridoxol e piridoxamina.

Esses compostos estão muito relacionados entre si, de tal forma que a contribuição das diversas substâncias para a atividade vitamínica total de um alimento não é a mesma antes e depois de ele ser submetido a diferentes tratamentos. A transformação de certos compostos em outros produz-se facilmente mediante reações enzimáticas e não-enzimáticas. O piridoxal é a forma mais estável, sendo a mais utilizada para enriquecer os alimentos com essa vitamina. Essas três formas, por radiação ultravioleta e em presença de oxigênio, transformam-se em substâncias inativas.

A estabilidade dos compostos com atividade vitamínica B_6 durante os tratamentos tecnológicos é afetada, sobretudo, pela intensidade do tratamento térmico. A carne crua contém piridoxal, que, após o cozimento, transforma-se em piridoxina. A perda na carne cozida é estimada em 35 a 60%, embora

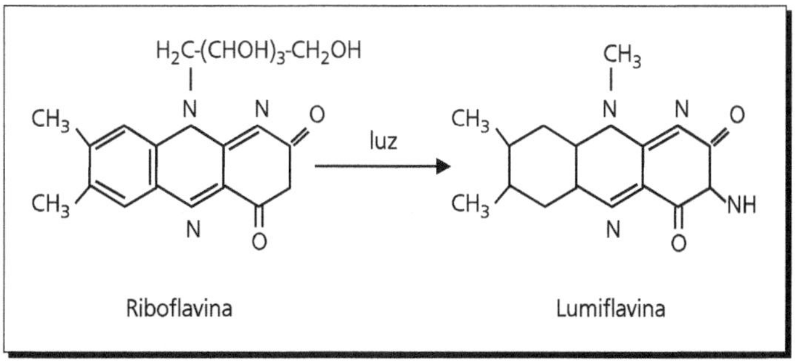

Figura 6.5 Transformação de riboflavina em lumiflavina em presença de luz.

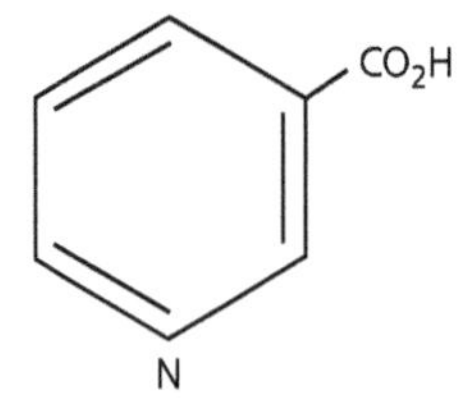

Figura 6.6 Estrutura do ácido nicotínico.

possa atingir até 80% quando a carne é submetida a processos de cocção intensa.

Em verduras cozidas, verificaram-se perdas entre 20 e 30%, chegando até 60 a 80% no caso de conservas vegetais.

Em leite tratado termicamente, comprovou-se que a perda da atividade vitamínica está estreitamente relacionada com a intensidade do tratamento aplicado. Assim, no leite pasteurizado, há 3% de perda; no leite UHT, menos de 5%; e, no leite esterilizado hidrostaticamente, perdas superiores a 80%. Nesse tipo de alimentos pode haver a redução da atividade vitamínica, visto que a vitamina B_6 pode reagir com a cisteína dando lugar a compostos carentes de atividade.

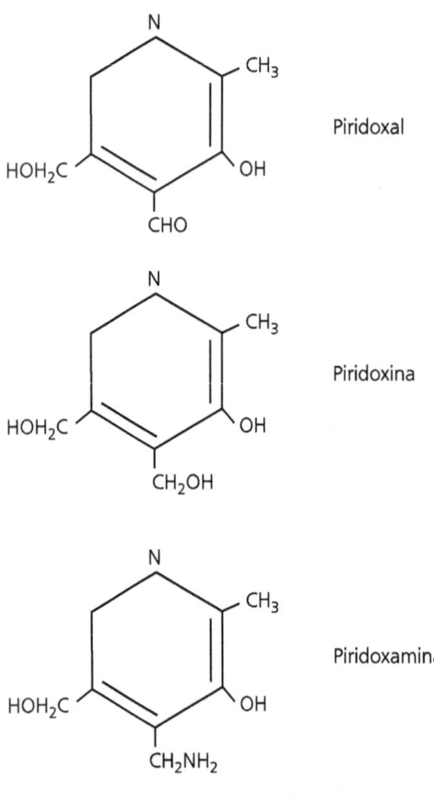

Figura 6.7 Compostos que apresentam atividade vitamínica B_6.

Ácido fólico

O ácido fólico encontra-se amplamente distribuído na natureza (verduras, carne, fígado, ovos), em 80% dos casos, em forma de folatos.

Ao se falar da estabilidade dessa vitamina, é necessário diferenciar entre ácido fólico (Figura 6.8) e folatos. O ácido fólico é a forma mais estável diante da oxidação. Sua estabilidade térmica depende do pH; entre 4 e 6 é sensível ao calor, mas em pH neutro ou alcalino é estável.

Os folatos podem sofrer degradação oxidativa; por isso, os agentes redutores, como o ácido ascórbico ou os tióis, exercem efeito protetor. A incidência da luz pode provocar a ruptura de sua molécula.

O leite fresco e pasteurizado contém ácido fólico livre e de forma conjugada. Contudo, no leite em pó, não se detectam formas conjugadas, indicando sua decomposição durante o tratamento. As perdas no leite devem-se normalmente a processos oxidativos e são paralelas à decomposição do ácido ascórbico, que, como já visto, é o estabilizador natural dessa vitamina. No leite pasteurizado, detectaram-se reduções de aproximadamente 10%. As duas vitaminas estabilizam-se quando se elimina o oxigênio, mas começam a diminuir depois de 14 dias em temperaturas de 15°C a 18°C. No iogurte, a quantidade de ácido fólico pode diminuir em relação ao leite fresco, dependendo dos cultivos empregados. Nas hortaliças, quase não há perdas por branqueamento; nas carnes cozidas, as perdas detectadas também são pequenas.

Para que um alimento seja considerado fonte dessa vitamina, deve-se conhecer, em primeiro lugar, o comprimento da cadeia lateral γ-glutamilo, visto que a velocidade de absorção dos folatos em nível intestinal é inversamente proporcional ao comprimento desta.

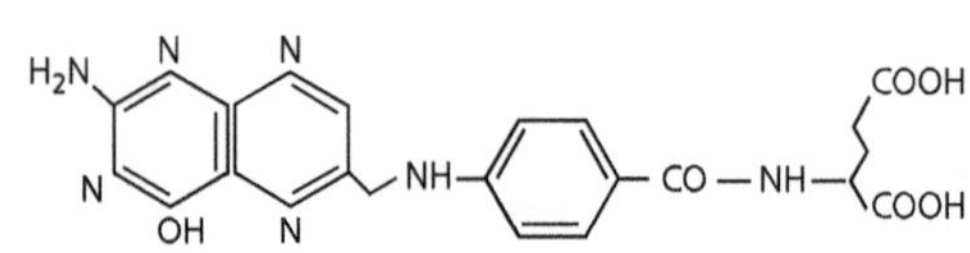

Figura 6.8 Estrutura do ácido fólico.

Vitamina B_{12} ou cianocobalamina

Encontra-se em alimentos de origem animal, sobretudo nas vísceras vermelhas, e é praticamente ausente nas plantas superiores. Essa vitamina pode ser sintetizada pelos microrganismos.

A estabilidade da vitamina B_{12} está diretamente relacionada com o pH. É instável em meios muito ácidos, ao passo que, em valores de pH compreendidos entre 4 e 6, é estável a altas temperaturas; apenas durante a esterilização em autoclave produzem-se ligeiras perdas. Em valores de pH superiores, essas perdas são mais significativas, especialmente em presença de luz e de agentes redutores, como o ácido ascórbico e o SO_2.

Detectaram-se ligeiras perdas em carnes e em produtos cárneos submetidos a diversos tratamentos térmicos, sendo essas perdas proporcionais à intensidade do tratamento.

No leite, as maiores reduções de vitaminas foram encontradas no evaporado e no esterilizado pelo método hidrostático. Novamente, as perdas dependem da intensidade do tratamento aplicado (Tabela 6.3).

Ácido pantotênico ou vitamina B_5

Apresenta-se nos alimentos fazendo parte da coenzima A, sendo mais abundante nos de origem animal, sobretudo em vísceras. A estabilidade dessa vitamina depende do pH, sendo bastante estável no nível de 4 a 7; diante de pH mais extremo, pode sofrer hidrólise ácida ou alcalina.

Em carnes cozidas ou enlatadas, a intensidade das perdas está relacionada com o tratamento térmico empregado, a quantidade de água, o tamanho da peça e outros fatores. Detectaram-se perdas na ordem de 20 a 35%, que parecem dever-se fundamentalmente ao fluxo de exsudatos.

No leite, as perdas dessa vitamina são inferiores a 10%, tanto na pasteurização como na esterilização. Os níveis de ácido pantotênico em queijos são ligeiramente inferiores aos do leite cru.

Em produtos vegetais enlatados, descreveram-se perdas de vitamina na ordem de 45 a 75%, em função, fundamentalmente, da lixiviação.

Biotina

Está presente em alimentos de origem animal e vegetal.

É uma vitamina (Figura 6.9) bastante estável diante do calor, da luz, do oxigênio e de pH médio entre 5 e 8; por isso, quase não se detectaram perdas nos alimentos processados e cozidos. Observaram-se perdas apenas em produtos vegetais enlatados, na ordem de 40 a 45%, em função, principalmente, da lixiviação.

O ácido nitroso pode destruir a atividade biológica da biotina na medida em que se forma um derivado de nitrosouréia. A avidina, presente na clara de ovo crua, pode-se unir à biotina, com a conseqüente inativação da vitamina.

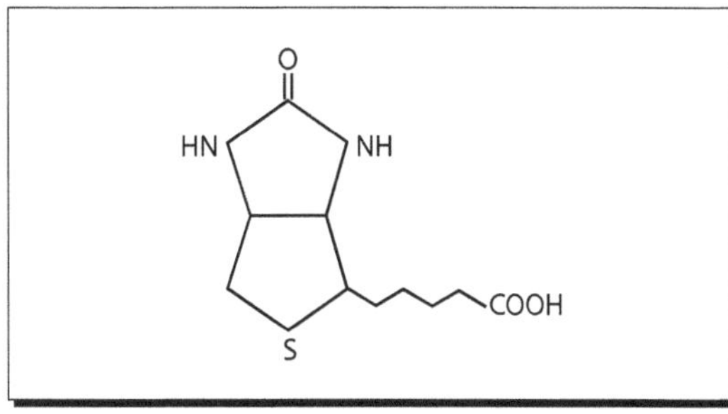

Figura 6.9 Estrutura da biotina.

A deficiência de biotina no homem é muito rara, já que os microrganismos presentes no trato intestinal sintetizam-na em abundância.

Vitaminas lipossolúveis

Vitamina A

A vitamina A ou retinol (Figura 6.10) está presente em alimentos de origem animal, como fígado de peixes e de mamíferos, leite e ovos. Os carotenóides com atividade vitamínica A são abundantes em alimentos de origem vegetal, como cenoura, espinafre, tomate, laranja, etc. Os carotenóides são sempre de origem vegetal. São conhecidas mais de 80 substâncias com atividade vitamínica A, das quais a mais representativa é o β-caroteno.

Os carotenóides apresentam a estrutura dos hidrocarbonetos, sendo, por isso, substâncias lipossolúveis que acompanham naturalmente outras substâncias lipídicas. O β-caroteno está unido a proteínas tanto em tecidos naturais como em alimentos.

O efeito do calor na vitamina A e nos carotenóides é diferente com a presença ou a ausência de oxigênio. Quando não há oxigênio, é possível que ocorram isomerizações, transformações e fragmentações que podem provocar uma perda de até 50% de atividade vitamínica, dependendo da natureza do carotenóide e da intensidade do processo. Com a presen-

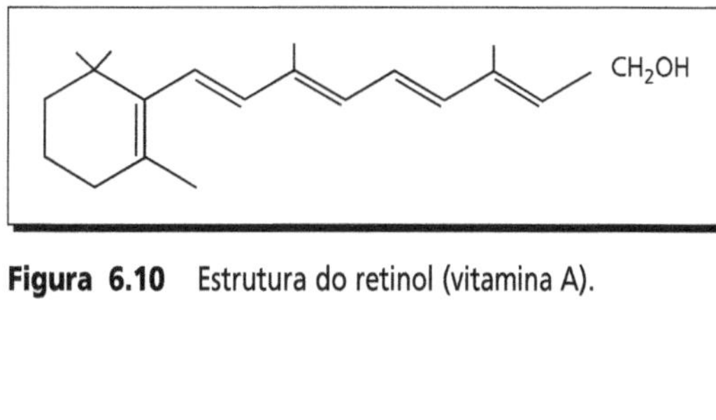

Figura 6.10 Estrutura do retinol (vitamina A).

ça de oxigênio, ocorrem perdas mais importantes, que podem chegar a ser totais quando essas reações de oxidação são potencializadas por determinadas enzimas (lipoxigenases) ou quando estão em presença de luz e de íons metálicos.

A atividade vitamínica na carne e no leite deve-se ao retinol e ao β-caroteno, enquanto, em cereais, frutas e hortaliças, decorre do β-caroteno, de outros carotenos e de xantofilas.

No leite pasteurizado e esterilizado, não se observa redução acentuada do conteúdo de retinóides em ausência de luz e de oxigênio. A vitamina A adicionada ao leite desnatado é responsável pelo *gosto de feno*, já que pode sofrer oxidação provocada pela luz e potencializada por tratamentos térmicos. Se o leite desnatado enriquecido com vitamina A é desidratado, a vitamina pode manter-se estável durante muito tempo, desde que armazenada em boas condições e protegida da luz, embora tenham-se observado perdas de aproximadamente 10%, o que, em princípio, foi atribuído aos processos de instantaneização.

A manteiga armazenada durante três meses apresenta níveis de perdas de 9 a 14% de carotenóides e de 15 a 21% de retinol com relação à manteiga fresca.

Nos produtos cárneos, não se detectaram perdas substanciais de atividade vitamínica, dado que os retinóis mantêm-se bastante estáveis durante o processamento de alimentos.

Em frutas e verduras tratadas termicamente, a destruição da atividade vitamínica dependerá das condições de manejo e de armazenamento, isto é, um branqueamento correto que iniba a atividade enzimática, o acondicionamento em materiais opacos, etc.

Nos alimentos desidratados, pode haver perdas de vitamina A durante o armazenamento devido à possibilidade de oxidação. A velocidade de desativação dessa vitamina, assim como a oxidação lipídica, dependerá, além da presença de oxigênio, das enzimas, da atividade de água, da temperatura e da atmosfera de armazenamento.

Vitamina D

Apresenta atividade vitamínica D um grupo de substâncias lipossolúveis derivadas dos esteróis; as mais importantes são as vitaminas D_3 (colecalciferol) e D_2 (ergocalciferol), que diferem nas cadeias laterais (Figura 6.11).

As principais fontes dessa vitamina são os óleos de fígado e peixe, e ela está presente também na manteiga, na gema de ovo e no leite. Não é encontrada em produtos vegetais.

A vitamina D forma-se a partir de seus precursores por radiação ultravioleta. Pode haver perda total de atividade vitamínica por irradiação muito intensa, mas isso praticamente não ocorre em condições normais de processamento e de armazenamento de alimentos, exceto no caso de esterilização com radiações ionizantes.

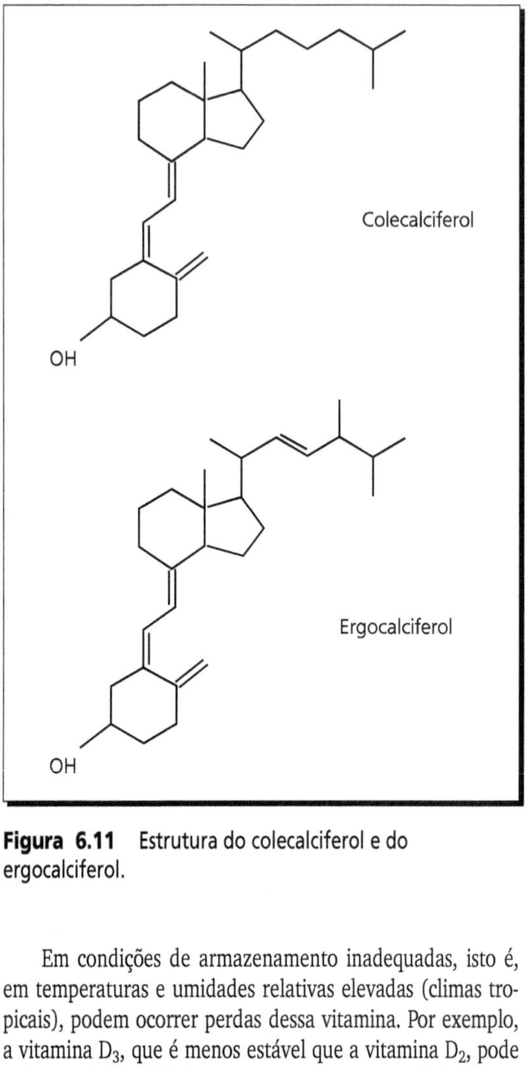

Figura 6.11 Estrutura do colecalciferol e do ergocalciferol.

Em condições de armazenamento inadequadas, isto é, em temperaturas e umidades relativas elevadas (climas tropicais), podem ocorrer perdas dessa vitamina. Por exemplo, a vitamina D_3, que é menos estável que a vitamina D_2, pode sofrer perda de 90% durante o armazenamento de 24 dias a 25°C e à umidade relativa de 85%.

Essa vitamina é sensível ao oxigênio, e sua degradação é proporcional à pressão parcial do gás; sua estabilidade em alimentos armazenados em condições anaeróbicas não apresenta problemas. Não se descreveram perdas durante a pasteurização e a esterilização do leite, nem durante a desidratação e a evaporação.

Em termos gerais, a estabilidade dessa vitamina nos alimentos parece não apresentar inconvenientes, ainda mais se levarmos em conta que as necessidades vitamínicas do adulto estão asseguradas.

Vitamina K

A atividade vitamínica K é apresentada pelas naftoquinonas e por seus derivados. Esses compostos estão presentes nas folhas verdes das hortaliças e no fígado dos animais; além disso, são sintetizados pelas bactérias intestinais; por isso, as deficiências dessa vitamina são muito raras.

As naftoquinonas e seus derivados, tanto os que se obtêm de forma natural como os sintéticos, são considerados bastante estáveis em condições habituais de processamento e armazenamento dos alimentos, uma vez que a reatividade do grupo quinona é relativamente baixa.

Nos alimentos, a vitamina K está ligada às proteínas, pelo menos parcialmente, o que influi em sua estabilidade. É estável ao calor e à presença de oxigênio, mas pode haver ligeiras perdas em presença de luz.

Nos produtos vegetais tratados termicamente, não se detectaram perdas na quantidade de vitamina K.

Vitamina E

Essa vitamina lipossolúvel está amplamente distribuída na natureza, em alimentos de origem animal e vegetal, sendo particularmente abundante nos óleos vegetais. Apresentam atividade vitamínica E o α-tocoferol (Figura 6.12) e outros isômeros naturais. Todos os compostos com atividade vitamínica E têm um grupo hidroxila no anel benzênico que pode estar esterificado, encontrando-se, de forma natural, tanto os livres como os esterificados. O acetato de α-tocoferol é usado como aditivo alimentar porque é mais resistente à oxidação do que o tocoferol livre.

Os tocoferóis são termoestáveis, mas oxidam-se muito facilmente, sobretudo em presença de íon férrico, formando radicais livres. A atividade antioxidante, utilizada na indústria alimentícia há mais de 50 anos, é inversamente proporcional à vida média dos radicais livres e depende do meio. Durante o armazenamento de alimentos vegetais, os tocoferóis apresentam leve caráter antioxidante, sendo muito mais ativos diante de gorduras animais, especialmente em presença de substâncias sinérgicas.

O efeito dos tratamentos tecnológicos na perda de vitamina E é importante em todos os processos que implicam separação da fração lipídica ou hidrogenação. Os tocoferóis presentes em óleos de sementes perdem-se parcialmente (30 a 45% de perda) quando os óleos crus são submetidos à refinação para eliminar os odores indesejáveis. Essas perdas são particularmente significativas na fase de neutralização com álcalis (os tocoferóis oxidam-se mais rápido em meio alcalino), no branqueamento e nos vapores de destilação que se produzem. Na hidrogenação de óleos vegetais, também ocorrem perdas de tocoferol, que oscilam entre 30 e 50%.

Durante o processamento e o armazenamento de carne e produtos cárneos, de leite e derivados e de cereais, há poucas mudanças na quantidade de tocoferol. Por exemplo, no leite pasteurizado, detectaram-se perdas de aproximadamente 5%.

O uso de certas substâncias químicas, como o peróxido de hidrogênio, pode provocar oxidações e, portanto, a perda de atividade vitamínica.

Minerais

A presença de minerais nos alimentos é muito variável, pois depende de diversos fatores, sendo os mais importantes a composição do solo, no caso das plantas, e a dieta, no caso dos alimentos de origem animal.

A perda de minerais nos alimentos submetidos a diferentes processos é muito pequena em comparação com a que sofrem as vitaminas. As maiores reduções devem-se ao arraste dos minerais solúveis em água, por lixiviação, e às operações físicas que ocorrem durante a moagem e outros processos, como o descascamento, etc. É preciso considerar, ainda, a existência de substâncias minerais que podem interagir com outros componentes dos alimentos, formando compostos não-assimiláveis pelo organismo. Nesse caso,

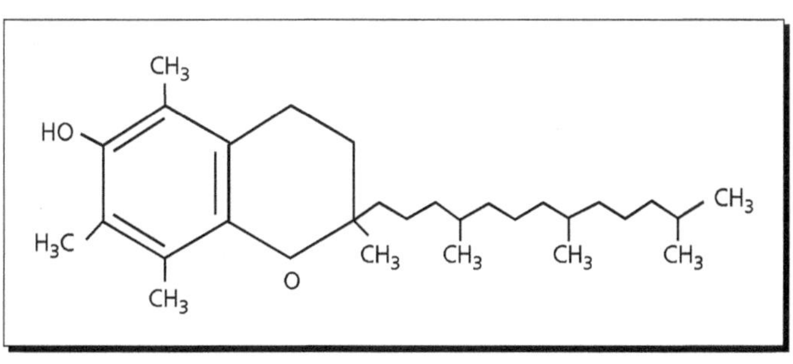

Figura 6.12 Estrutura do α-tocoferol.

embora não se tenha uma perda real, na prática há redução da biodisponibilidade dos minerais.

Perda de vitaminas durante o armazenamento

Como dito anteriormente, sempre há perda de vitaminas, tanto no processamento como durante o armazenamento de alimentos. Os cálculos para conhecer exatamente a perda de vitaminas durante o armazenamento são muito complicados, pois é necessário saber quais são as reações químicas mais prováveis, como vão evoluir à medida que se esgotam os vários componentes, qual é a influência, na velocidade das reações químicas, de diversos fatores, como o pH, a temperatura, o potencial redox, a atividade de água, etc.

Em termos gerais, para poder estimar as possíveis perdas de vitaminas em um alimento armazenado, é imprescindível conhecer pelo menos:

a) A composição inicial do nutriente.
b) As condições de tempo e temperatura em que o alimento é armazenado, como também dos canais de distribuição, visto que as reações químicas dependem da temperatura. Além disso, pode haver modificações na velocidade de reação por perda de atividade enzimática, por esgotamento de um ou mais reativos, por variações no desenvolvimento da reação e, inclusive, por influência do crescimento microbiano.
c) Características da embalagem: permeabilidade ao oxigênio, ao vapor de água e à luz. A composição da fase gasosa presente no interior da embalagem também é importante, principalmente com relação à presença de oxigênio. A passagem do vapor de água ou a mudança da umidade relativa também pode influir, já que a atividade de água é fator decisivo nas reações químicas.
d) A influência de fatores ambientais: luz, umidade relativa, etc. Sua importância está relacionada com as características da embalagem.

ADIÇÃO DE NUTRIENTES AOS ALIMENTOS

A Tecnologia de Alimentos tem como missão oferecer produtos seguros, com vida útil determinada e valor nutritivo adequado. Em tudo isso, as vitaminas e minerais desempenham papel importante. Às vezes, é preciso acrescentar certos nutrientes para dotar o alimento de melhor qualidade nutritiva ou repor as perdas ocorridas durante o processamento. A adição de nutrientes é englobada sob diversos termos:

a) Reposição ou restituição: adição de nutrientes que os alimentos podem ter perdido durante o processamento tecnológico. Ou seja, trata-se de repor o conteúdo original de nutrientes.
b) Fortificação: adição de nutrientes em quantidades consideráveis, suficientes para resultar em um produto com um conteúdo superior ao original. Podem-se acrescentar nutrientes a alimentos que originalmente careciam deles.
c) Enriquecimento: adição de quantidades específicas de determinados nutrientes, selecionados conforme as normas definidas por regulamentos de organismos oficiais.
d) Nutrificação: é um termo genérico que inclui qualquer adição de nutrientes ao alimento.

Às vezes, acrescentam-se também vitaminas aos alimentos, a partir de um ponto de vista tecnológico; é o caso das vitaminas C e E, que têm ação antioxidante devido às suas propriedades de fixar oxigênio e evitar que produza efeitos adversos no alimento, ou dos carotenóides, que são empregados como corantes.

Todas as vitaminas acrescentadas aos alimentos são vitaminas sintéticas.

A adição de nutrientes a um alimento é claramente benéfica, como ficou demonstrado com a erradicação quase total de enfermidades por carências em países desenvolvidos. Contudo, também poderia implicar um risco potencial para os consumidores; por isso, alguns organismos, como a FDA, divulgaram normas gerais sobre o tipo de alimento, o tipo de nutrientes e as quantidades adicionais que devem ser suplementadas.

A estabilidade das vitaminas nos alimentos restituídos ou fortificados é um fator muito importante a ser considerando. Foram realizados estudos para controlar a porcentagem de perdas de nutrientes nos cereais de desjejum, obtendo-se excelentes resultados. Essa porcentagem se deve, sem dúvida, à estabilidade das formas químicas das vitaminas usadas e aos alimentos empregados para a sua nutrificação.

ENZIMAS

As enzimas são proteínas globulares solúveis sintetizadas pelos organismos vivos com a finalidade específica de catalisar as reações bioquímicas, que, de outro modo, não ocorreriam sob as condições fisiológicas habituais.

As vantagens de utilizar enzimas na elaboração de alimentos decorrem de sua capacidade de catalisar determinadas reações devido à sua grande especificidade, sem causar reações secundárias. Além disso, são ativas em condições moderadas de pH, de temperatura e em baixas concentrações; por isso, pode-se controlar facilmente a velocidade de reação mediante o ajuste desses parâmetros.

A maioria dos preparados enzimáticos comerciais é elaborada a partir de microrganismos, o que se deve principalmente aos seguintes fatos:

a) É possível encontrar um microrganismo produtor de cada enzima, pelo menos teoricamente.
b) Os microrganismos podem ser modificados por mutações ou mudanças genéticas, de forma a proporcionarem maior produção de determinada enzima.
c) A recuperação de enzimas é muito fácil, pois a maioria das que são produzidas por microrganismos é extracelular.
d) Utilizam matérias-primas baratas.
e) Os microrganismos têm alto índice de crescimento e de produção de enzimas.

Porém, além das enzimas microbianas, há também preparos comerciais de origem animal e vegetal.

Enzimas endógenas nos alimentos

As enzimas estão presentes de forma natural nos alimentos, pois provêm dos tecidos de plantas e animais ou de microrganismos. Muitas delas são responsáveis por numerosas modificações que ocorrem nos alimentos. Essas mudanças podem ser benéficas ou prejudiciais. Assim, por exemplo, certas enzimas são responsáveis, às vezes, pela alteração de produtos vegetais depois de colhidos, participam da alteração de tecidos animais e das modificações de cor, odor, textura e valor nutritivo de muitos alimentos; isso é positivo em alguns casos, enquanto, em outros, implica a perda da qualidade sensorial e nutritiva. Além disso, colaboram também nas mudanças produzidas durante a transformação da matéria-prima em um produto novo, como no caso de queijos, embutidos, etc.

A presença de enzimas nos alimentos é bastante numerosa, mas aqui serão citadas apenas as hidrolases e as oxirredutases, consideradas as mais importantes.

Hidrolases

1. *Amilases*: atuam hidrolisando o amido. São importantes na maturação da fruta, pois fornecem os açúcares que contribuem para o dulçor. Intervêm igualmente na elaboração da cerveja e na panificação, favorecendo a fermentação dos microrganismos ao proporcionar os açúcares necessários para isso.

2. *Pectinases*: são muito importantes nos produtos vegetais, já que, por hidrolisarem as substâncias pécticas, são responsáveis pelas modificações da textura de frutas e hortaliças durante a maturação, o armazenamento e o processamento.

3. *Proteases*: atuam degradando as proteínas por hidrólise das ligações peptídicas.

As proteases endógenas mais importantes são, provavelmente, as da carne, que intervêm em seu amaciamento durante a conversão do músculo em carne e durante seu posterior armazenamento. As mais importantes são as catepsinas e as calpaínas, mas há muitas que atuam nas mudanças pós-morte.

No leite, é preciso destacar a protease ácida que contribui para a proteólise durante a maturação de certos tipos de queijos, sobretudo se o leite não foi pasteurizado. Há ainda no leite uma protease alcalina, a plasmina, cuja atividade recai fundamentalmente sobre a β-caseína.

4. *Esterases:* hidrolisam as ligações éster dos triglicerídeos. São encontradas em abundância nos alimentos de origem animal e vegetal. As mais importantes são as lipases, que liberam ácidos graxos livres a partir dos triglicerídeos, propiciando o aparecimento de sabores e odores característicos, às vezes desejáveis e outras vezes não; assim, a partir da gordura láctea e mediante a atuação das lipases do leite, podem-se formar ácidos graxos de cadeia curta, responsáveis por sua rancificação hidrolítica. Contudo, certo grau de hidrólise pode ser benéfico em alguns tipos de queijo.

Oxirredutases

1. *Fenolases:* atuam oxidando os compostos fenólicos, dando lugar a compostos pigmentados; são responsáveis pelo escurecimento enzimático de muitas frutas e hortaliças. Às vezes, o aparecimento de cor é desejável, como ocorre com as uvas passas e as folhas de chá fermentadas.

2. *Lipoxigenases:* catalisam a oxidação dos ácidos graxos insaturados, mediante um mecanismo que não está totalmente esclarecido. Seu efeito nos alimentos pode ser prejudicial, pois atuam como pró-oxidante, iniciando a rancificação oxidativa dos lipídeos. Parecem ser as principais responsáveis pelos sabores e odores estranhos nos legumes armazenados.

3. *Peroxidase:* encontra-se nos produtos vegetais, podendo modificar seu sabor, cor, odor e valor nutritivo, por degradação oxidativa de diferentes compostos. É utilizada como indicador do branqueamento, já que é bastante resistente à inativação pelo calor. Admite-se que a destruição da peroxidase implica a destruição das outras enzimas de interesse.

A lactoperoxidase é utilizada como índice para saber se o tratamento de pasteurização foi excessivo. Ela, também intervém na oxidação dos lipídeos e pode gerar compostos oxidativos muito potentes, capazes de destruir microrganismos; isto é, apresenta uma função antimicrobiana (sistema lactoperoxidase tiocianato).

4. *Catalase:* sua função é a decomposição do peróxido de hidrogênio resultante do metabolismo celular.

Utilidade das enzimas na Tecnologia de Alimentos

A utilidade das enzimas nas indústrias alimentícias baseia-se em três aspectos:

Análise de alimentos

Devido à grande especificidade que apresentam, as enzimas podem ser empregadas para analisar componentes específicos dos alimentos, sem necessidade de procedimentos de purificação muito complexos, podendo-se detectar quantidades da ordem de 10 ng. O substrato a analisar deve ser o fator limitante; por isso, é necessário haver quantidade suficiente de ativadores, co-fatores, etc., para saturar a enzima.

As principais vantagens oferecidas pelo uso de enzimas nas análises dos alimentos são a grande sensibilidade e a rapidez (minutos), enquanto os principais inconvenientes residem no elevado custo e na necessidade de conhecer e controlar perfeitamente a especificidade da enzima.

Indicadores de tratamentos tecnológicos

A presença ou ausência de enzimas nos alimentos e as alterações que tenham ocorrido em sua distribuição normal nos sistemas celulares podem ser utilizadas como indicadores analíticos da qualidade e da história de determinado alimento. Assim, a inativação da fosfatase alcalina no leite é utilizada como indicador de correta pasteurização. A modificação de localização tissular ou celular de uma enzima pode indicar se determinado alimento foi congelado e descongelado, já que, nesses processos, rompem-se as membranas biológicas. O aumento ou diminuição de certas atividades enzimáticas, como as dipeptidases de origem microbiana, pode ser utilizado para determinar a vida útil da carne refrigerada.

Processamento de alimentos

Com a utilização de enzimas nas indústrias alimentícias, pretende-se melhorar o processo de produção de alimentos, reduzindo o custo e obtendo melhores produtos finais. As principais aplicações são melhorar o sabor, a cor, a textura, o aroma, a digestibilidade e a viscosidade, ampliar a vida útil do produto acondicionado e/ou eliminar as características indesejadas que estavam presentes inicialmente.

As enzimas desempenham, assim, papel muito importante na elaboração de alimentos, tanto nos produtos tradicionais como nos novos. As transformações que ocorrem de forma natural por enzimas endógenas podem ser orientadas ou potencializadas mediante o uso de enzimas adicionadas intencionalmente aos alimentos, isto é, enzimas exógenas.

Aplicação de enzimas exógenas na elaboração de alimentos

A possibilidade de obter enzimas em grande escala e a preços razoáveis levou a indústria alimentícia a considerar a idéia de usar enzimas exógenas na produção de alimentos. Contudo, o uso dessas enzimas é relativamente limitado, devido à sua escassa comercialização, à possibilidade de empregar métodos alternativos, à dificuldade de acesso da enzima ao substrato, aos tipos de reação, às condições específicas das reações e às implicações legais.

As enzimas que têm mais aplicação na elaboração de alimentos são:

Hidrolases

É o grupo de enzimas mais utilizado na Tecnologia de Alimentos. Dentro desse grupo, encontram-se:

Proteases

Podem ser obtidas a partir do estômago de animais, de plantas ou de microrganismos. Atuam hidrolisando proteínas e polipeptídeos para render peptídeos de peso molecular mais baixo. Sua principal aplicação é melhorar o sabor, a textura e o aspecto de diferentes produtos. Alguns exemplos de seus possíveis usos são:

a) Eliminação da turbidez da cerveja. As proteínas que contém a cerveja já acondicionada tendem a formar complexos insolúveis com os polifenóis e taninos quando se resfria o produto antes do consumo. Esses complexos podem produzir turbidez indesejada. Para degradar essas proteínas residuais, emprega-se papaína e, com isso, evita-se a formação de sedimentos.
b) Na tecnologia leiteira, empregam-se proteases na elaboração do queijo. A quimosina pode ser substituída por proteases obtidas a partir de *Mucor miehei*. Esse tipo de enzima, de diversas origens, também está sendo empregado para encurtar o período de maturação dos queijos duros e semiduros, pois permite que a proteólise que ocorre durante a maturação se realize em tempo mais reduzido.
c) Em produtos de confeitaria, utilizam-se proteases para hidrolisar as proteínas do glúten e, assim, controlar a viscosidade durante a manipulação e modificar a textura e a aparência finais.

d) Na indústria cárnea, empregam-se papaína e bromelina para acelerar o processo de maturação da carne e melhorar sua maciez.

Lipases

São obtidas igualmente a partir do trato digestivo de animais e, sobretudo, de microrganismos. Hidrolisam os triglicerídeos para formar mono e diglicerídeos, ácidos graxos livres e glicerol, isto é, liberam compostos responsáveis ou precursores do sabor e, por isso, são utilizadas principalmente para potencializar o sabor de diferentes alimentos. Vale citar, por exemplo:

a) Na indústria queijeira, são utilizadas para realçar o sabor dos queijos.
b) Aumentar o sabor do leite no chocolate ao hidrolisar os lipídeos.
c) Nos produtos de panificação, são empregadas para ampliar a vida útil do pão com relação à textura. A adição de lipases aumenta a proporção de monoglicerídeos, que, ao unirem-se com o amido, retardam a retrogradação e fazem com que o miolo conserve sua maciez.

α-amilases

São obtidas a partir de microrganismos, fundamentalmente *Bacillus subtilis* e *Aspergillus oryzae*. Hidrolisam o amido e o glicogênio para liberar oligossacarídeos. Suas principais aplicações são:

a) Nos produtos de panificação, são utilizadas para aumentar a hidrólise do amido, rendendo maior quantidade de açúcares metabolizáveis pelas leveduras, alcançando, assim, a produção do CO_2 necessário para esponjar a massa.
b) Na indústria de cervejas, a α-amilase é adicionada junto com a cevada para favorecer a hidrólise do amido e proporcionar, igualmente, açúcares fermentáveis pelas leveduras.
c) Na elaboração de xarope à base de amido, favorecendo a liqüidificação inicial.

β-galactosidase

É obtida fundamentalmente a partir de mofos (*Aspergillus niger*). Essa enzima hidrolisa a lactose, que é um açúcar pouco solúvel, rendendo galactose e glicose. Na indústria alimentícia é usada:

a) Na produção de sorvetes e derivados lácteos para evitar os problemas de textura que poderiam resultar da baixa solubilidade da lactose. Ao aumentar a quantidade de glicose, o sabor doce desses produtos também aumenta.
b) Na preparação de leite e derivados lácteos destinados a pessoas com deficiência em β-galactosidase (lactase).

Outras hidrolases utilizadas na elaboração de alimentos catalisam a hidrólise de ligações específicas de carboidratos, rendendo diferentes produtos com utilidade distinta na indústria alimentícia. Entre elas estão: β-amilase, glicoamilase, isoamilase, invertase e α-D-galactosidase.

Oxirredutases

Dentro desse grupo, as enzimas mais utilizadas são:

Glicose oxidase

Produzida por mofos, principalmente *Aspergillus niger*. Essa enzima catalisa a oxidação da glicose com consumo de oxigênio, conforme a seguinte reação:

$$\beta\text{-D-glicose} + O_2 \rightarrow \delta\text{-D-gliconolactona} + H_2O_2$$

É utilizada, portanto, para eliminar a glicose nos produtos suscetíveis a modificações no aroma e na cor como conseqüência da reação entre grupos amina e glicose (reação de Maillard). Aplica-se fundamentalmente em alimentos à base de batatas e ovos em pó.

Também é utilizada em produtos acondicionados para melhorar a estabilidade durante o armazenamento, pois, ao consumir oxigênio, evita a oxidação lipídica e a degradação de compostos aromáticos.

Catalase

É obtida fundamentalmente a partir de microrganismos. Catalisa a seguinte reação:

$$2\ H_2O_2 \rightarrow 2\ H_2O + O_2$$

É utilizada em combinação com a glicose oxidase para eliminar o H_2O_2 produzido por esta. A combinação dessas enzimas permite ampliar a vida útil de sucos cítricos, cerveja e vinho, já que inibe as reações oxidativas sem problemas secundários.

Em países em desenvolvimento, onde os sistemas de frio, não estão bem consolidados, pode-se utilizar o H_2O_2 para conservar o leite cru; o H_2O_2 residual é eliminado mediante a adição de catalase. Também nos Estados Unidos, seu uso é permitido para a conservação de leite destinado à elaboração de queijos, pois, desse modo, protege-se a caseína, que é sensível aos tratamentos térmicos quando sua acidez está elevada. Na Espanha e em outros países da União Européia, a adição de H_2O_2 ao leite não é autorizada.

Lipooxigenase

É obtida a partir de farinha de soja. Catalisa a oxigenação de certos ácidos graxos insaturados, rendendo hidroperóxidos.

É utilizada na indústria de pão para branquear a farinha, já que os hiperóxidos formados podem oxidar os carotenóides e as clorofilas, formando-se produtos incolores.

Isomerases

A mais interessante é a glicose-isomerase, obtida a partir de bactérias e mofos. Essa enzima transforma a glicose em frutose, com maior poder edulcorante; por isso, é empregada para potencializar o sabor doce.

É utilizada na preparação de xaropes de amido com grande conteúdo de frutose.

Enzimas imobilizadas

Quando se acrescentam enzimas solúveis a um alimento para sua preparação, elas não podem ser reutilizadas, pois, no momento em que o processo alimentar chega ao final, as enzimas e estão inativadas — normalmente pelo calor.

A partir dos anos de 1970, passou-se a utilizar enzimas imobilizadas, isto é, enzimas fixas a um suporte, de maneira que fosse possível recuperá-las para nova utilização, com a conseqüente vantagem econômica. Outra vantagem é que o processo pode ser realizado em contínuo, e é fácil controlar a velocidade da reação. A imobilização de enzimas pode ser considerada um processo de insolubilização, uma vez que impede a livre difusão do catalisador na mistura de reação, podendo-se separá-lo e recuperá-lo por meio de simples decantação. As enzimas estão física ou quimicamente limitadas em seu movimento, de tal forma que é possível recuperá-las do meio de reação mediante ações físicas.

O emprego de enzimas imobilizadas apresenta as seguintes vantagens:

a) Permite utilizar a enzima várias vezes.
b) Permite separar facilmente o produto da enzima.
c) É mais fácil controlar a formação de produtos apenas retirando a enzima, obtendo, desse modo, o controle mais preciso da transformação.
d) Podem-se produzir reações multienzimáticas.
e) Permite a fabricação em contínuo.
f) Permite o emprego de enzimas que não são aceitas como seguras para alimentação, enzimas *no GRAS* (*Generally Regarded As Safe*)
g) Aumenta a estabilidade da enzima.

Métodos de imobilização de enzimas

Os principais métodos de imobilização de enzimas são:

Adsorção

A enzima é retida na superfície do suporte insolúvel, que se encontra em meio aquoso, mediante forças físicas de Van der Waals, interações hidrófobas, pontes de hidrogênio e interações específicas (Figura 6.13). Os suportes de imobilização, isto é, os adsorventes, podem ser naturais (orgânicos e inorgânicos) ou polímeros sintéticos. Normalmente, usam-se carvão ativado, terra diatomácea e vidro poroso.

Para imobilizar a enzima, basta colocar uma solução aquosa desta em contato físico com o adsorvente durante determinado tempo. A união obtida é frágil, e sua estabilidade baseia-se mais na quantidade de forças envolvidas do que na qualidade destas. Por isso, a enzima, às vezes, consegue libertar-se do adsorvente com certa facilidade por mudanças de temperatura, pH, força iônica ou concentração de substrato. As principais vantagens da imobilização por adsorção são a simplicidade do método e o fato de que a conformação da enzima e, portanto, sua atividade não são afetadas.

Interação iônica

Essa união se baseia nas atrações eletrostáticas estabelecidas entre as cargas de sinal diferente que apresentam

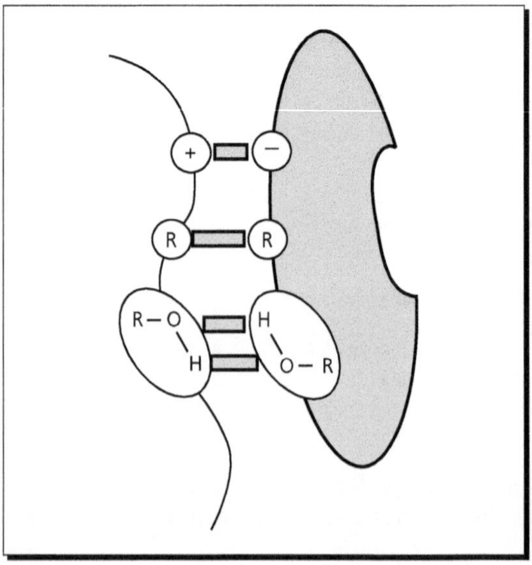

Figura 6.13 Imobilização de enzimas por adsorção.

em sua superfície tanto o suporte como a enzima (Figura 6.14).

Todas as enzimas em meios aquosos comportam-se como polieletrólitos de superfície, isto é, os grupos ionizáveis encontram-se na superfície da molécula, enquanto os restos hidrofóbicos dos aminoácidos estão direcionados para dentro. Os grupos ionizáveis das proteínas (grupos carboxila e grupos amina) que não estão comprometidos em ligações peptídicas podem encontrar-se, dependendo do pH do meio:

- Sem dissociar (sem carga).
- Dissociados e com carga negativa ($-COO^-$).
- Dissociados e com carga positiva ($-NH_3^+$).

Os suportes mais utilizados são as resinas de troca iônica, que podem ser sintéticas ou derivadas de polissacarídeos.

A imobilização por interação iônica é tão simples como a adsorção física. É necessário apenas agitar a solução da enzima com a suspensão da resina ativada ou passar essa solução por uma coluna na qual se alojou a resina.

Esse tipo de união é mais forte que a adsorção física, mas é débil em comparação com outros métodos. Para evitar que o catalisador se separe, é preciso controlar continuamente a força iônica e o pH do meio.

União covalente

Esse tipo de união é muito estável, já que os átomos que unem o suporte e a enzima compartilham pares de elétrons.

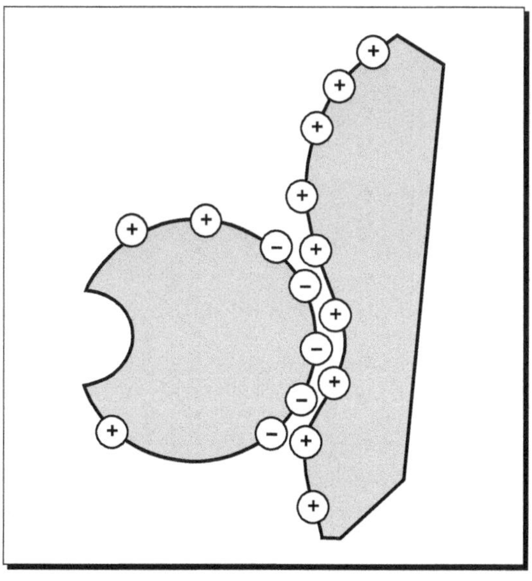

Figura 6.14 Imobilização de enzimas por interação iônica.

Contudo, às vezes é necessário tratá-la previamente, podendo-se produzir mudanças na conformação da enzima, com eventuais perdas de sua atividade. A imobilização é feita em duas partes: na primeira, o suporte é tratado com um reativo que ativa alguns de seus grupos funcionais; em seguida, o suporte ativado é misturado com a enzima e ambos se unem.

As enzimas imobilizadas mediante união covalente não têm, entretanto, muitas aplicações na indústria alimentícia, pois os reativos empregados nesse tipo de imobilização podem ser tóxicos. Além disso, são métodos muito complicados e caros para serem desenvolvidos em larga escala.

A união entre enzima e suporte pode ser:

a) Direta: suporte e enzima ligam-se diretamente.
b) Com espaçador: suporte e enzima ligam-se mediante uma molécula espaçadora, o que normalmente aumenta a atividade da enzima porque lhe proporciona maior grau de liberdade (Figura 6.15).

A natureza dos suportes é muito diversa:

a) Inorgânicos: vidro poroso, terra diatomácea.
b) Polímeros naturais: celulose, dextrana, agarose.
c) Polímeros sintéticos: metacrilatos, acrilatos, acrilamidas.

Entrecruzamento ou união intermolecular

Esse método de imobilização consiste em unir entre si, por ligações covalentes, moléculas de enzima , utilizando reativos polifuncionais e formando agregados insolúveis de grande peso molecular. Nesse caso, a enzima funciona como catalisador e como suporte. Uma variante desse método é o *coentrecruzamento*, no qual a enzima polimeriza-se consigo mesma e com outras moléculas inativas. O polímero final tem

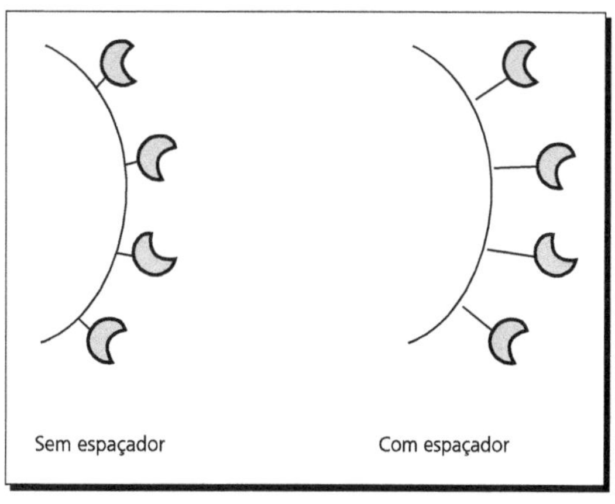

Figura 6.15 Imobilização de enzimas por união covalente.

melhores propriedades mecânicas, e a enzima apresenta maior atividade (Figura 6.16).

O entrecruzamento é obtido incubando a enzima com reativos polifuncionais (normalmente glutaraldeído), que reagem com os grupos ε-NH_2 e α-NH_2 da proteína, produzindo bases de Schiff.

Retenção

Consiste na localização da enzima dentro de uma estrutura polimérica tridimensional que impede sua difusão para fora do polímero. O tamanho dos poros da matriz deve ser tal que permita a passagem dos substratos e dos produtos resultantes da reação, mas não a da enzima.

A retenção de enzimas em géis poliméricos insolúveis é feita misturando a enzima em solução com um monômero solúvel. Uma vez realizada a mistura, provoca-se a polimerização e a insolubilização do polímero mediante diversas estratégias. A polimerização apresenta dois riscos para a enzima:

a) Os monômeros e os radicais formados durante a reação podem reagir com a enzima e inativá-la.
b) O calor gerado durante a polimerização pode inativar a enzima.

Os suportes mais utilizados são os alginatos e as poliacrilamidas, podendo apresentar configurações distintas, como esferas, fibras, etc. (Figura 6.17).

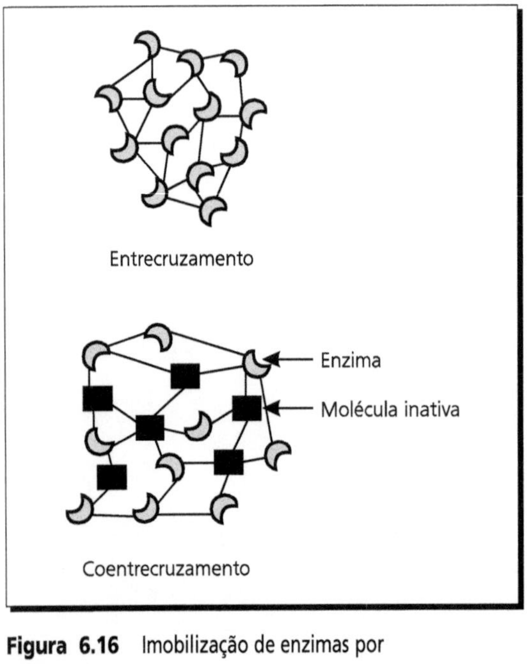

Figura 6.16 Imobilização de enzimas por entrecruzamento.

Microencapsulação

Pode-se considerar como uma variante da retenção, na qual a enzima é retida entre membranas semipermeáveis que permitem a passagem dos substratos e dos produtos, mas não a das enzimas. A solução aquosa da enzima é misturada com o monômero hidrófilo e emulsifica-se em solvente orgânico imiscível em água. Posteriormente, adiciona-se outro monômero hidrófobo e solúvel na fase orgânica, o qual reage com o monômero hidrófilo, formando uma película de polímero na camada-limite entre as fases aquosa e orgânica, resultando na imobilização da enzima. Esse tipo de imobilização de enzimas é de grande utilidade em escala industrial (Figura 6.18).

Imobilização em sistemas de duas fases

A enzima é retida em determinada fase, e o produto pode ser eliminado do reator com outra fase imiscível naquela.

Um possível problema é que a enzima pode se desnaturar na interface, sobretudo se as fases forem misturadas vigorosamente para que haja maior contato. Em termos gerais, é um sistema pouco agressivo e normalmente não afeta a atividade enzimática.

Imobilização por membranas

As membranas podem ser utilizadas para reter as enzimas no reator enquanto os produtos são lançados para fora. Os materiais utilizados para as membranas são muito diferentes, e pode-se otimizá-los levando em conta as particularidades de cada enzima. Esse método apresenta a grande vantagem de não afetar a atividade enzimática.

A escolha do método de imobilização depende fundamentalmente de como ele afeta a atividade da enzima.

Efeito da imobilização de enzimas

A imobilização de enzimas pode ter várias repercussões:

Inativação durante a imobilização

Os métodos de imobilização nos quais intervêm ligações químicas dos grupos funcionais ativos podem causar a perda de sua atividade catalítica. Para reduzir esse efeito, procura-se fazer com que as ligações estejam o mais distante possível dos grupos ativos e, inclusive, propõe-se que a imobilização seja realizada quando a enzima e o substrato já estiverem unidos, de forma que os grupos do centro ativo não intervenham na união ao suporte. Também pode haver inativação por altas temperaturas ou por outras condições desfavoráveis durante o processo.

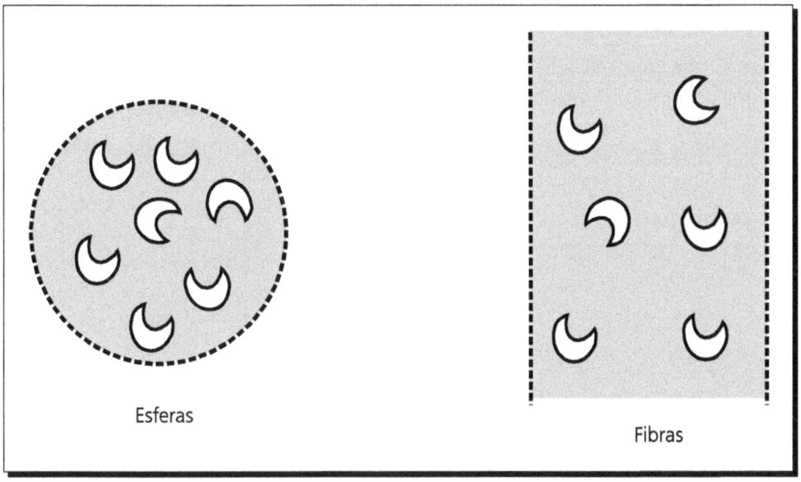

Figura 6.17 Imobilização de enzimas por retenção.

Efeito da transferência de massa

A velocidade da reação no processo químico é determinada pela formação de produtos e pelos efeitos cinéticos. Nas enzimas solúveis, o limite da transferência de massa é mínimo; contudo, se as enzimas estão imobilizadas, pode-se criar um microambiente em torno destas que limite o acesso do substrato à enzima.

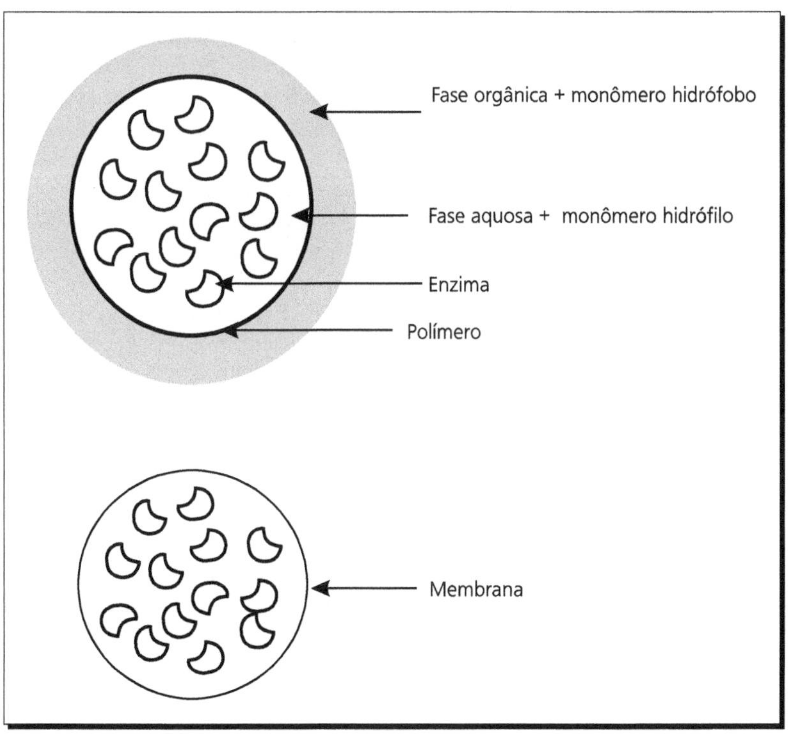

Figura 6.18 Imobilização de enzimas por microencapsulação.

Mudanças de pH

O tipo de material utilizado como suporte pode influenciar a atividade catalítica da enzima. Se o suporte estiver carregado positivamente, gerará um meio básico. Se estiver carregado negativamente, haverá atração maior de hidrogênios, originando ambiente mais ácido. Portanto, para obter a máxima atividade, a enzima deverá estar em contato com uma solução aquosa em pH adequado antes de seu uso no meio orgânico.

Proporção de substrato e produto

A concentração de substrato e produto no ambiente do suporte pode ser diferente da que se observa no recipiente de reação devido às limitações de transferência de massa e à proporção desigual dessas substâncias. Normalmente, prefere-se que o desenho do sistema favoreça o acesso de substrato e a retirada do produto formado.

Estabilização por imobilização

Quando a união entre a enzima e o suporte reforça a estrutura da molécula, pode haver estabilidade maior da enzima, já que diminui sua flexibilidade, o que acarreta redução da velocidade das reações de desnaturação térmica. A estabilidade da enzima diminui rapidamente quando aumenta o conteúdo de água.

Propriedades catalíticas das enzimas em meios orgânicos

A influência de suportes orgânicos apresenta alguns efeitos adicionais, além daqueles assinalados anteriormente. Uma vez que se requer pelo menos pequena quantidade de água para que a enzima tenha flexibilidade e, portanto, seja ativa, é importante que o suporte apresente boa hidrofilia, já que existe relação direta entre a hidrofilia do suporte e o grau de reação obtido com as enzimas unidas a esse suporte.

Enzimas livres ou imobilizadas?

Como se viu, são muitos os fatores que devem ser levados em conta para decidir o uso de enzimas livres ou imobilizadas em um processo. Atualmente, na maioria dos processos da indústria alimentícia, utilizam-se enzimas livres, ainda que, para algumas aplicações, a imobilização seja mais vantajosa.

A escolha de enzimas livres ou imobilizadas depende do custo. Se este é baixo, será difícil encontrar um procedimento de imobilização que seja rentável economicamente. Contudo, se é alto, pode ser uma alternativa atraente. Outro aspecto importante é saber se é permitido a presença da enzima no produto final; caso contrário, a imobilização pode ser adequada, já que, de qualquer maneira, a enzima deve ser eliminada.

A presença de materiais sólidos também pode dificultar o uso de enzimas imobilizadas em suportes sólidos. Nesse caso, é preciso considerar as limitações da velocidade de reação e a possível inativação, ainda que isso possa ser compensado pelo incremento da estabilidade da enzima quando submetida ao processo de imobilização. As enzimas imobilizadas são muito mais estáveis que as solúveis, de tal forma que podem ser armazenadas por mais tempo, inclusive em temperatura ambiente.

As enzimas imobilizadas, diferentemente das livres, permitem os processos contínuos. O tempo de permanência do substrato no reator é menor em um processo contínuo do que em um processo descontínuo, o que também é vantajoso quando não há reações cruzadas.

Evidentemente, são muitos os fatores aos quais se deve dedicar atenção no momento de decidir entre o uso de enzimas livres ou imobilizadas; por isso, é conveniente analisar cada caso separadamente.

Outra alternativa que será preciso considerar em um futuro próximo é o uso de células imobilizadas, já que, em alguns casos, em vez de purificar as enzimas, será possível utilizar diretamente microrganismos, desde que não se produzam, além das transformações pretendidas, outras indesejadas. Apresentam a vantagem de que a maioria dos métodos desenvolvidos para imobilizar enzimas pode ser utilizada com as células. Além disso, comprovou-se que a estabilidade dos biocatalisadores é, inclusive, superior à das enzimas imobilizadas.

REFERÊNCIAS BIBLIOGRÁFICAS

BELITZ, H. D. y GROSCH, W. (1997): *Química de los alimentos*. Acribia. Zaragoza.

DAVIDEK, J., VELISEK, J. y POKORNY, J. (1990): *Developments in food science 21. Chemical changes during food processing*. Elsevier. Amsterdam.

FENNEMA, O. R. (1992): *Química de los alimentos*. Acribia. Zaragoza.

FENNEMA, O. R. (1996): *Food Chemistry*. Marcel Dekker, Inc. Nueva York.

NAGODAWITHANA, T. y REED, G. (1993): *Enzymes in food processing*. Academic Press. San Diego.

TUCKER, G. A. y WOODS, F. J. (1991): *Enzymes in food processing*. Blackie. Glasgow y Londres.

RESUMO

1 As vitaminas e os minerais são oligonutrientes, presentes nos alimentos que, o organismo requer para realizar suas atividades fisiológicas.

2 As perdas de vitaminas nos alimentos ocorrem durante as manipulações efetuadas na matéria-prima antes de seu processamento, durante os diversos processos tecnológicos aplicados aos alimentos e em seu armazenamento.

3 As perdas de minerais são muito menores que as de vitaminas e devem-se principalmente a fenômenos de lixiviação e à sua interação com outros componentes dos alimentos.

4 Entre as vitaminas hidrossolúveis, algumas são sensíveis ao oxigênio (p. ex., vitamina C e folatos), algumas são termolábeis (p. ex., tiamina, vitamina B_{12} e vitamina B_6) e outras são fotolábeis, particularmente a riboflavina. Dada sua hidrofilia, parte das vitaminas desse grupo pode perder-se por lixiviação.

5 As vitaminas lipossolúveis, de maneira geral, são mais termoestáveis que as hidrossolúveis. Contudo, geralmente são mais sensíveis às oxidações e à luz, podendo ocorrer perdas significativas durante o armazenamento.

6 Tanto as vitaminas quanto os minerais podem ser utilizados como aditivos nutritivos. Essa adição é chamada genericamente de nutrificação. Dependendo do tipo de nutrificação, fala-se de reposição (adição dos nutrientes perdidos durante o processo tecnológico), fortificação (adição de nutrientes para obter um produto com conteúdo superior ao original) e enriquecimento (adição de nutrientes de acordo com normas definidas por regulamentações oficiais).

7 As enzimas são proteínas sintetizadas pelo organismo com a finalidade específica de catalisar reações bioquímicas. As enzimas endógenas dos alimentos que apresentam maior interesse são as hidrolases (p. ex., amilases, pectinases, proteases, etc.) e oxirredutases (p. ex., peroxidases, catalase, lipoxigenases, etc.).

8 Na indústria alimentícia, as enzimas podem ser utilizadas com diversas finalidades. Algumas são usadas para a análise de determinados componentes dos alimentos (p. ex., determinação de etanol, ácido láctico, glicose, etc.), outras são empregadas para o controle de certos processos (p. ex., a fosfatase alcalina e a lactoperoxidase no controle da pasteurização do leite), e há as que são utilizadas para a elaboração de determinados produtos (p. ex., amilase na produção de pão, quimosina na elaboração de queijo, etc.)

9 As enzimas imobilizadas fixam-se química (interação iônica, união covalente) ou fisicamente (entrecruzamento, microencapsulação) a suportes apropriados para seu uso como catalisadores de reações específicas.

CAPÍTULO 7

Alimentos frescos

Neste capítulo, estudam-se a origem dos alimentos que o homem consome e as causas de sua alteração; de forma esquemática, descrevem-se as estratégias disponíveis para a conservação e a transformação dos alimentos.

ALTERAÇÃO DOS ALIMENTOS FRESCOS

Os alimentos que o homem consome procedem dos reinos vegetal, animal e mineral. Do vegetal, ele consome sementes, talos, folhas, raízes, frutos, bulbos e tubérculos. Do reino animal, utiliza como alimentos certas secreções (leite), o tecido muscular, vísceras e outros subprodutos, ovos e mel. A contribuição do reino mineral limita-se, para efeitos práticos, ao aporte de água e de certas substâncias minerais.

Com exceção do mel, que deve sua estabilidade à baixa atividade de água (a_w), os alimentos de origem animal são produtos altamente perecíveis. A baixa estabilidade deve-se às atividades de diversos agentes, destacando-se, em primeiro lugar, os *microrganismos*. Entre eles e o homem, trava-se uma luta pelos alimentos que constitui uma verdadeira corrida de velocidade: quem chega antes à presa é o primeiro a consumi-la. Contudo, quando os animais são sacrificados ou quando o leite deixa a glândula mamária, constituem presa fácil para uma plêiade de microrganismos, que disputam com o homem tão valiosa fonte de energia e matéria. O desenvolvimento dos microrganismos nos alimentos torna-os inaproveitáveis para o consumo humano, porque eles os utilizam como fonte de energia para realizar suas funções vitais; parte dos produtos de degradação é utilizada na edificação de suas próprias estruturas. A riqueza em nutrientes, a elevada a_w e o pH fazem dos alimentos um meio muito adequado para o crescimento de grande variedade de microrganismos que chegam ao produto aleatoriamente. Quando a taxa de microrganismos atinge certos níveis, eles provocam profundas modificações sensoriais (liberação de odores anômalos, aparecimento de limosidade, acúmulo de ácidos, etc.) ou físico-químicas (precipitação das proteínas, etc.), que tornam o alimento inadequado para o consumidor. Diz-se, então, que o alimento está alterado. Além disso, os metabolitos produzidos acumulam-se nos alimentos, convertendo-os, freqüentemente, em produtos de natureza tóxica para o homem. Outrossim, certos microrganismos (ou suas toxinas), ao serem ingeridos com os alimentos, podem causar doenças.

Entretanto, mesmo que os animais mortos ou os tecidos desprendidos dos vegetais se encontrassem em ambiente totalmente estéril, sua vida útil não seria indefinida, porque são intrinsecamente portadores de outros agentes de alteração não menos poderosos: as *enzimas autolíticas*. Enquanto os tecidos que constituem os alimentos continuam fazendo parte dos seres vivos, seus sistemas enzimáticos estão sob controle, de modo que as ações metabólicas não ultrapassam o ponto estritamente necessário. Mas, quando as células morrem, inativam-se os mecanismos que governam a atividade dessas enzimas, que, ao entrarem em contato direto com os respectivos substratos, acarretam a total destruição autolítica dos tecidos.

Ainda que fosse possível evitar a ação dos microrganismos e das enzimas autolíticas, os alimentos não se manteriam em condições adequadas para o consumo de forma indefinida. Há outros agentes que também provocam sua alteração: as *reações químicas*. O organismo vivo é capaz de neutralizar esses processos, mas, estando morto, é impossível evitar que, no material abandonado à própria sorte, desencadeiem-se reações dos constituintes dos alimentos entre si ou com substâncias de origem extrínseca, como o oxigênio atmosférico, dando lugar ao acúmulo de substâncias (às vezes prejudiciais) que levam à recusa do alimento pelo consumidor. Essas reações constituem uma série de fenômenos muito complexos dos quais não participa apenas um agente; elas são favorecidas por diversos fatores de origem física ou química. Entre os de natureza física, vale destacar a luz solar, que facilita a auto-oxidação das gorduras e provoca o aparecimento de certos aromas anômalos e de descolorações na superfície dos alimentos. As temperaturas excessivamente elevadas favorecem reações prejudiciais para a qualidade dos alimentos, como as de escurecimento não-enzimático ou a desnaturação das proteínas. Os agentes químicos capazes de causar alteração nos alimentos são muito diversos, mas podem-se citar, entre eles, os ácidos e os álcalis, poderosos agentes desnaturantes das proteínas; os metais pesados, que facilitam as reações de auto-oxidação, além de serem tóxicos em concentrações elevadas; e o oxigênio atmosférico, que participa de todas as reações oxidativas que ocorrem entre os componentes dos alimentos.

Há, finalmente, outros agentes que também podem causar alterações nos alimentos e que resultam de descuidos dos manipuladores ou de acidentes: os *agentes mecânicos* (golpes, amassamentos, etc.), que também favorecem a atuação de outros agentes. Talvez o exemplo mais ilustrativo desse grupo seja a rachadura dos ovos.

ESTRATÉGIAS DE CONSERVAÇÃO DOS ALIMENTOS

Para poder ampliar a vida útil dos alimentos, é necessário lutar contra os agentes de alteração. Este é, portanto, o primeiro objetivo da Tecnologia de Alimentos: a conservação dos alimentos.

Contra os agentes físicos e químicos, em geral, é fácil lutar. Contra a luz, recomenda-se o uso de embalagens opacas ou que protejam os alimentos da exposição a ela. Contra os ácidos e álcalis que podem ser derramados acidentalmente sobre os alimentos, utilizam-se embalagens com materiais adequados ou, se isso já ocorreu, faz-se a neutralização ou empregam-se substâncias-tampão. Contra os metais, emprega-se material apropriado, quelantes ou seqüestrantes de íons. Contra o oxigênio, talvez o mais difícil de controlar, pode-se utilizar o acondicionamento a vácuo ou sob atmosferas de gases inertes, inclusive fazendo uso de reativos que o consumam. Contra os agentes mecânicos, emprega-se manipulação cuidadosa ou utilizam-se materiais resistentes para o acondicionamento e o empacotamento.

A luta contra os agentes biológicos, em particular os microrganismos, é muito mais difícil, e é com eles que se preocupa fundamentalmente o tecnólogo dos alimentos. De fato, a maioria dos métodos de conservação existentes foi projetada ou aperfeiçoada para destruir os microrganismos ou para inibir seu crescimento. A Tecnologia de Alimentos preocupa-se muito menos com as enzimas autolíticas presentes nos alimentos de origem animal, visto que, de maneira geral, são muito mais sensíveis do que os microrganismos, de modo que qualquer tratamento eficaz para conter o desenvolvimento microbiano é eficaz também, com raras exceções (as radiações ionizantes, por exemplo), para impedir as atividades enzimáticas.

Para que os microrganismos possam alterar determinado alimento, é preciso, por um lado, que entrem em contato com ele e, por outro, que se multipliquem nele. Assim, cabem três estratégias de luta: impedir que cheguem ao produto, destruí-los caso tenham conseguido ou impedir sua multiplicação, estabelecendo condições disgenésicas mediante modificações ambientais.

Com relação à primeira estratégia, é preciso dizer que, na prática, é impossível evitar que os microrganismos cheguem ao alimento. Com a aplicação de normas higiênicas estritas e o emprego de boas práticas de fabricação, pode-se minimizar a contaminação, mas jamais evitá-la. Por exemplo, o leite ordenhado em condições extremamente cuidadosas contém taxa microbiana da ordem de 10^3 a 10^4 microrganismos/mL quanto à carne de animais sadios, mesmo considerando que seu interior é estéril, não há como impedir que certos microrganismos atinjam-na durante as operações de matança e carnificação. Porém, a observação de medidas higiênicas, associada à modificação das condições ambientais, em particular a temperatura (refrigeração), acarreta aumento da vida útil do produto fresco, o que é muito importante nos alimentos vendidos nesse estado, como a carne ou o peixe.

O segundo grupo de métodos para lutar contra os microrganismos é o de destruição, conseguida fundamentalmente com tratamentos térmicos, embora exista outro método igualmente eficaz, mas de muito menos aplicação prática: o tratamento com radiações ionizantes. Atualmente, estão sendo desenvolvidos novos métodos, como altas pressões, aquecimento ôhmico ou, ainda, combinações de métodos já existentes, que aumentam a eficácia bactericida, como a termoultrasonicação (aplicação simultânea de calor e ultra-sons a sobrepressão).

O terceiro tipo de medidas que podem ser adotadas na luta contra os microrganismos dos alimentos é a modificação das condições ambientais, criando outras que impeçam o crescimento microbiano ou que, pelo menos, o inibam eficazmente. Entre essas medidas, podem-se mencionar o decréscimo da atividade de água (a_w) mediante a desidratação do alimento (p. ex., leite em pó) ou a adição de solutos (p. ex., leite condensado); o decréscimo da temperatura ao nível da refrigeração ou do congelamento; o decréscimo do pH, como nos escabeches; a adição de substâncias químicas (conservantes); a modificação da atmosfera, por exemplo, enriquecendo-a em dióxido de carbono ou acondicionando o alimento a vácuo, etc. A maioria desses métodos é seletiva; eles não afetam igualmente todos os microrganismos presentes e, portanto, a única coisa que fazem é aumentar a vida útil, na maioria dos casos, como ocorre com a refrigeração ou o acondicionamento a vácuo. Desses métodos, apenas o congelamento ou a redução da a_w abaixo de valores de aproximadamente 0,6 detém totalmente o crescimento microbiano. Portanto, na maioria dos casos, não se utilizam esses métodos de forma isolada, mas sim associados a outros. Por exemplo, no caso do leite condensado, a adição de sacarose é associada à pasteurização; no iogurte, conjugam-se a acidificação e a refrigeração; e o acondicionamento a vácuo às vezes é acompanhado da adição de sais da cura e do armazenamento sob refrigeração.

Na Tabela 7.1, apresentam-se, de forma resumida, as diversas estratégias que podem ser utilizadas para controlar os diversos agentes de alteração dos alimentos.

ESTRATÉGIAS DE TRANSFORMAÇÃO DOS ALIMENTOS

Outro objetivo da Tecnologia de Alimentos é a sua diversificação; com isso, pretende-se elaborar produtos saudáveis e apetecíveis com forma e/ou propriedades sensoriais diferentes das da matéria-prima. Boa parte da indústria alimentícia moderna está mobilizada atualmente para alcançar esse objetivo. De fato, muitos processos aplicados aos alimentos só têm essa justificativa; até há algum tempo, sua finalidade era também a conservação, mas hoje esses métodos estão totalmente superados por outros processos mais eficazes. Um exemplo muito claro é o do queijo: se antes era uma forma de aumentar a vida útil de um produto muito perecível, o leite, elaborando um novo produto, atualmente é possível conservar esse alimento

Tabela 7.1 Estratégias para controlar os agentes de alteração dos alimentos

Objetivo	Método	Fundamento
Inibição de crescimento microbiano (1), enzimas (2) e reações químicas (3)	Refrigeração (1, 2, 3) Congelamento (1, 2, 3)	Decréscimo da temperatura
	Desidratação (1, 2) Dessecação (1, 2) Liofilização (1, 2) Evaporação (1, 2) Adição de solutos (1, 2)	Decréscimo da atividade de água
	Vácuo (1, 3) Atmosferas inertes (1, 3)	Decréscimo da concentração de O_2
	Atmosferas modificadas (1, 2)	Aumento da concentração de CO_2 (1,2), decréscimo de O_2 (2)
	Adição de ácidos (1, 2) Fermentação ácida (1, 2)	Acidificação
	Adição de álcool (1) Fermentação etanólica (1)	Aumento da concentração de etanol
	Substâncias químicas (1, 3)	Conservantes (1) Antioxidantes (3)
Destruição de microrganismos (1), enzimas (2) e insetos (4); Inibição de germinação e maturação (5)	Termização (1) Pasteurização (1, 2) Esterilização (1, 2)	Aplicação de calor
	Irradiação (1, 4, 5)	Aplicação de radiações ionizantes
	Bacteriocinas (1) Peróxido de hidrogênio (1) Óxido de etileno (1)	Agentes antimicrobianos
Evitar, novamente, contato com agentes alterantes	Acondicionamento	

Nota: Os números entre parênteses nas colunas Método e Fundamento correspondem aos da coluna Objetivo.

mediante a esterilização ou a desidratação. Na prática, a elaboração de queijo é o meio de oferecer ao consumidor um alimento com características muito diferentes das do leite, do qual procede.

O procedimento de transformação mais antigo talvez seja a defumação, já utilizada pelo homem pré-histórico. Nesse procedimento, deposita-se no produto uma série de substâncias químicas (ésteres, aldeídos, fenóis, etc.) geradas durante a combustão da madeira. Conseqüentemente, o produto adquire sabor, cor e aroma diferentes dos da matéria-prima de origem; ao mesmo tempo, aumenta sua estabilidade como decorrência, por um lado, de substâncias antimicrobianas proporcionadas pela fumaça, como o formaldeído, e, por outro, do decréscimo da a_w devido à desidratação parcial que se produz. Contudo, hoje não tem muito sentido como método de conservação, como demonstra a tendência crescente a aplicar defumações leves, menos eficazes como método de luta contra os microrganismos, porém mais apetecíveis por seu sabor e aroma menos acentuados.

Outro procedimento para modificar as propriedades sensoriais dos alimentos é a utilização de microrganismos. Nem todas as ações produzidas pelos microrganismos são deletérias; o homem aproveita as atividades de alguns para a elaboração de alimentos que, muitas vezes, não lembram em nada a matéria-prima original. As formas de conseguir esses novos compostos são as fermentações e os processos maturativos. Em princípio, eles são espontâneos e consistem, essencialmente, de degradações dos componentes majoritários dos alimentos originais. Assim o homem vem elaborando, desde tempos remotos e de forma empírica, diversos alimentos, como vinho, cerveja, pão, queijos, leites fermentados, embutidos, etc. Hoje se conhece com precisão um número relativamente grande de fermentações, das quais as mais importantes são a láctica, a alcoólica, a acética e a propiônica. São fenômenos nos quais os carboidratos transformam-se majoritariamente em ácido láctico, etanol, ácido acético e propiônico, respectivamente, sempre acompanhados, em maior ou menor quantidade, de outras substâncias que são de grande importância, na medida em que participam do sabor e do aroma dos produtos fermentados. Em diversos produtos, os processos fermentativos são acompanhados dos maturativos. Devem-se, essencialmente, à ação conjunta de reações químicas (auto-oxidativas, de Strecker, etc.) e fenômenos degradadores catalisados por enzimas de procedências diversas, algumas presentes naturalmente no produto (proteases, lipases, etc.), algumas adicionadas intencionalmente (p. ex., a quimosina no caso dos queijos) e outras proporcionadas pelos microrganismos que atingiram o produto de forma natural ou foram adicionados com esse fim. O resultado é uma série de transformações que se devem às complexas reações químicas e bioquímicas que ocorrem durante o processo e que levam à degradação parcial dos componentes majoritários (hidratos de carbono, proteínas e lipídeos) e ao acúmulo de numerosas substâncias de baixo peso molecular, a maioria aromática e saborosa. Durante o processo, o produto adquire as características físicas, químicas e sensoriais que o caracterizam.

Outra forma de transformar os alimentos é pelo uso de enzimas. Em Enzimologia básica, as enzimas hidrolíticas preocupam pouco por não serem muito complexas, mas, ao contrário, na Tecnologia de Alimentos são de máxima utilidade. Já se comentou sobre as atividades enzimáticas dos microrganismos nos processos fermentativos e maturativos. Também utilizam-se enzimas obtidas de microrganismos ou de outras fontes biológicas, como é o caso da quimosina na fabricação de queijo ou, modernamente, de proteases e lipases de diversas procedências para acelerar o processo maturativo de queijos e embutidos. Outro exemplo dessa natureza é o da glicose oxidase que elimina a glicose do ovo, substituindo o método microbiológico (com leveduras e bactérias) utilizado anteriormente.

Recorre-se com freqüência ao uso de aditivos naturais ou artificiais para diversificar os alimentos. Utilizam-se, para esse fim, aromatizantes e saborizantes, como citral, sacarina, aspartame, etc., modificadores das propriedades funcionais. Entre eles, lecitina, di e monoglicerídeos como emulsificantes; gelatina e gomas vegetais como estabilizantes; amido e pectinas como espessantes; vitaminas e minerais como fortificantes; e um amplo grupo de modificadores de cor, como amaranto, carotenóides, clorofila, bixina, etc.

Na transformação de alimentos, muitas vezes é preciso aplicar uma série de operações para a preparação de matérias-primas e a elaboração de novos alimentos. Entre elas, vale citar as de redução de tamanho (picagem, moagem, etc.), as de separação (filtração, centrifugação, destilação, etc.) e as de mistura (p. ex., a amassadura).

Muitas indústrias alimentícias atuais, a fim de responder às necessidades sociais do momento, caracterizadas por carência cada vez maior de tempo livre para destinar às atividades domésticas, tratam de oferecer pratos cozidos e pré-cozidos de fácil consumo. Do mesmo modo, a necessidade de preparar comidas para coletividades levou ao enorme desenvolvimento da preparação de porções individualizadas para o uso em refeitórios coletivos próximos às cozinhas (restaurantes) ou em lugares distantes, como aviões, trens, festas, *catering*, etc.

Todas as operações de transformação de alimentos citadas pretendem, por um lado, evitar que se caia em uma alimentação rotineira, já que o homem, como ser caprichoso que é, exige dispor de grande diversidade de alimentos, e, por outro, responder, de acordo com as formas de vida atuais, à necessidade diária que tem o homem de ingerir alimentos.

Na Tabela 7.2, apresentam-se resumidamente as estratégias que podem ser utilizadas para a transformação dos alimentos.

Tabela 7.2 Estratégias de transformação de alimentos

OBJETIVOS
1. Incrementar a qualidade nutritiva
2. Modificar a qualidade sensorial
3. Facilitar o consumo
4. Elaborar novos alimentos
5. Elaborar pratos prontos

MÉTODOS
Redução de tamanho:
    Picagem, moagem, trituração
Operações de separação:
    Filtração, centrifugação, destilação, osmose inversa, etc.
Outras operações:
    Mistura, extrusão, modelagem, operações culinárias, etc.
Adição de aditivos:
    Corantes, emulsionantes, geleificantes, espessantes, etc.
Adição de nutrientes (vitaminas e minerais):
    Fortificação, enriquecimento, restituição
Adição de enzimas
Adição de microrganismos (cultivos iniciadores)

RESUMO

1 Os alimentos que o homem consome procedem dos reinos vegetal (sementes, talos, folhas, raízes, frutos, bulbos, tubérculos, etc.), animal (leite, carne, ovos, mel) e mineral (para efeitos práticos, água e certas substâncias minerais).

2 Os alimentos de origem animal, devido aos nutrientes que contêm e à elevada a_w, são produtos altamente perecíveis, sendo os microrganismos os principais agentes de alteração.

3 Além dos microrganismos, os alimentos podem alterar-se por ações enzimáticas (fundamentalmente enzimas autolíticas) e químicas (p. ex., auto-oxidação das gorduras e escurecimento não-enzimático). Pode haver outras causas de alteração de menor relevância (p. ex., ataque de insetos e roedores, causas mecânicas e climáticas, etc.), já que são facilmente controláveis.

4 Devido ao caráter perecível dos alimentos de origem animal, é necessário empregar métodos para sua conservação, isto é, para a ampliação de sua vida útil. Os métodos de que a Tecnologia de Alimentos dispõe para desativar e inibir os agentes de alteração fundamentam-se no decréscimo da temperatura (refrigeração e congelamento), decréscimo da a_w (desidratação, dessecação, liofilização, evaporação e adição de solutos), redução da concentração de O_2 e aumento da de CO_2 (atmosferas modificadas), acidificação (fermentação e adição de ácidos), aumento da concentração de etanol (fermentação e adição de álcool), adição de conservantes e antioxidantes, aplicação de calor (termização, pasteurização e esterilização), aplicação de radiações ionizantes e uso de agentes antimicrobianos.

5 A transformação de alimentos pretende incrementar a qualidade nutritiva, modificar a qualidade sensorial, facilitar o consumo e elaborar novos alimentos e pratos prontos. Para isso, dispõe-se de diversas operações (redução de tamanho, operações de separação, mistura, extrusão, modelagem, etc.) e recorre-se à adição de aditivos, nutrientes, enzimas e microrganismos.

CAPÍTULO 8

Conservação pelo calor

No presente capítulo, estudam-se os parâmetros que definem a destruição dos microrganismos pelo calor. Descrevem-se ainda os tipos de tratamentos térmicos que se aplicam na prática e os equipamentos utilizados para isso.

INTRODUÇÃO

Um dos procedimentos físicos de que dispõe a Tecnologia de Alimentos para aumentar a vida útil dos mesmos é a destruição dos microrganismos pela ação letal do calor. Existem duas modalidades de tratamento térmico: uma, denominada *pasteurização*, que pretende fundamentalmente a higienização dos alimentos, e a outra, *esterilização*, cujo objetivo é a destruição dos microrganismos presentes, esporulados ou não, ou pelo menos de todos aqueles que possam multiplicar-se no produto final. Com o primeiro, procura-se obter o alimento isento de microrganismos patogênicos não-esporulados e, com o segundo, o alimento microbiologicamente estável para poder ser armazenado durante longo tempo em temperatura ambiente. Entre esses últimos alimentos encontram-se os chamados genericamente de conservas.

De maneira geral, admite-se que esse tipo de processamento foi inventado na transição do século XVIII ao XIX, quando Nicolás Appert, confeiteiro francês, observou que os alimentos aquecidos em recipientes fechados podiam se conservar durante longo tempo se o recipiente não fosse aberto. Os cientistas daquela época explicaram o êxito de Appert dizendo que, de uma forma mágica e misteriosa, o ar se combinava com o alimento, evitando a putrefação. Sem dúvida, estavam muito alheios ao que ocorria na realidade. Foi preciso esperar meio século, até as descobertas de Pasteur, para explicar corretamente a causa da estabilidade dos alimentos *apertizados*. Desde então, mesmo introduzindo-se sucessivas melhorias tecnológicas, continua-se esterilizando bom número de alimentos por esse procedimento.

COMPORTAMENTO DE MICRORGANISMOS E ENZIMAS DIANTE DA TEMPERATURA

A temperatura é um dos agentes que mais influem no crescimento microbiano, na atividade das enzimas e na velocidade de muitas reações químicas. Portanto, ajusta-se à *equação de Arrhenius*:

$$\log v = -Ea/2{,}303\,RT + \log A \qquad (8.1)$$

onde:

v = velocidade da reação
Ea = energia de ativação (J/mol)
R = constante universal dos gases (8,3144 J/mol K)
T = temperatura absoluta (K)
A = constante denominada fator de freqüência

A representação gráfica da equação (8.1) é apresentada na Figura 8.1*a*, na qual a velocidade da reação aumenta proporcionalmente ao aumento da temperatura, o que é válido para as reações químicas dependentes da temperatura, como, por exemplo, a reação de Maillard. Contudo, quando se representa a atividade enzimática e o crescimento microbiano a partir de dados obtidos experimentalmente, têm-se, respectivamente, as curvas gerais *b* e *c* da Figura 8.1, que indicam que ambos se ajustam à equação de Arrhenius apenas em um intervalo de temperaturas. A atividade enzimática diminui proporcionalmente ao decréscimo da temperatura do meio; porém, quando esta aumenta, chega um momento em que se perde a linearidade, devido à desativação da enzima pela ação do calor.

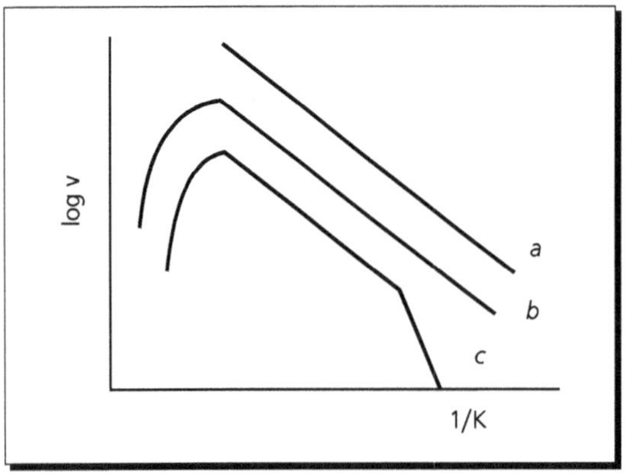

Figura 8.1 Representação de Arrhenius.

Do mesmo modo, pode-se dizer que o microrganismo cresce mais velozmente (diminui o tempo de duplicação, *g*) quando aumenta a temperatura (Figura 8.1*c*), até atingir o valor (temperatura ótima de crescimento) no qual o gráfico muda bruscamente de curso, observando-se primeiro o decréscimo acentuado da velocidade de crescimento e, depois, sua cessação; isso se deve à destruição do microrganismo pela ação letal do calor. Contudo, e diferentemente do que ocorre com as enzimas, à medida que a temperatura diminui, desde o ponto ótimo, observa-se queda na velocidade de crescimento, até o momento, no ponto de inflexão do gráfico, em que o crescimento vai se tornando mais lento até cessar (temperatura diferente para cada tipo de microrganismo). Não necessariamente precisam ser os psicotróficos ou os psicrófilos, já que em meios congelados (até ao redor de –12°C) detectou-se crescimento de alguns microrganismos na fração líquida dos alimentos. A diminuição da velocidade de crescimento microbiano e sua cessação à medida que a temperatura diminui foram atribuídas à perda de atividade das permeases em baixa temperatura e/ou às mudanças na arquitetura da bicamada lipídica da membrana que impediram a combinação das permeases com os correspondentes substratos.

CINÉTICA DA DESTRUIÇÃO DOS MICRORGANISMOS PELO CALOR

Quando se aumenta a temperatura desde a máxima de crescimento de determinado microrganismo, primeiro, este é inibido e, depois, ocorrem lesões subletais no mesmo; ele pode ainda ser viável, porém é incapaz de multiplicar-se até que a lesão seja reparada; se a temperatura for suficientemente elevada, ocorrerá inevitavelmente a morte. Portanto, pode-se dizer, de forma geral, que qualquer temperatura acima da máxima de crescimento do microrganismo é letal para ele.

Os tratamentos térmicos letais provocam, nas populações microbianas homogêneas, decréscimo progressivo e ordenado de suas taxas, tanto mais elevado quando mais se prolonga o tempo de exposição. Embora se tenham observado exceções, está perfeitamente estabelecido que a destruição dos microrganismos pelo calor não é fortuita, mas segue progressão ordenada; ajusta-se essencialmente ao curso logarítmico. Isso foi demonstrado há quase um século, em 1920, para as formas esporuladas de *Bacillus stearothermophilus* e outras bactérias causadoras da alteração *flat sour* (acidificação sem produção de gás) de algumas conservas.

A natureza logarítmica da destruição dos microrganismos pelo calor explica-se perfeitamente de acordo com a equação geral das reações de primeira ordem:

$$N_t = N_0 \cdot e^{-kt} \qquad (8.2)$$

onde:

t = tempo
N_t = número de microrganismos em um tempo t
N_0 = número inicial de microrganismos
k = coeficiente de letalidade térmica (tempo^{-1})

O coeficiente de letalidade térmica define a destruição dos microrganismos durante um tratamento térmico. Contudo, na bibliografia, encontra-se com mais freqüência o parâmetro denominado *tempo de redução decimal (valor D)*, que se define como o tempo necessário, em uma determinada temperatura, para destruir 90% dos microrganismos presentes. O valor *D* é calculado a partir do gráfico de sobrevivência (Figura 8.2), que é a reta obtida ao representar o logaritmo do número de sobreviventes em função do tempo. O valor *D* é o tempo necessário para atravessar um ciclo logarítmico, sendo definido, com base na Figura 8.2, pela expressão:

$$D = t/(\log N_0 - \log N_t) \qquad (8.3)$$

onde:

D = tempo de redução decimal (min)
t = tempo (min)
N_0 = número de microrganismos originalmente presentes
N_t = número de microrganismos após o tratamento térmico

O valor *D* também pode ser calculado a partir da equação da reta obtida pelo gráfico de sobrevivência, no qual:

$$D = 1/\text{tg}\,\alpha \qquad (8.4)$$

A natureza logarítmica da morte dos microrganismos pela ação letal do calor indica que não é possível chegar ao zero absoluto de microrganismos, por mais que se prolongue o tempo de tratamento. Por exemplo, suponhamos que as formas esporuladas de *Bacillus subtilis* apresentem um $D_{110°C}$ = 1 min. A cada minuto de tratamento a 110°C serão destruídas 90%

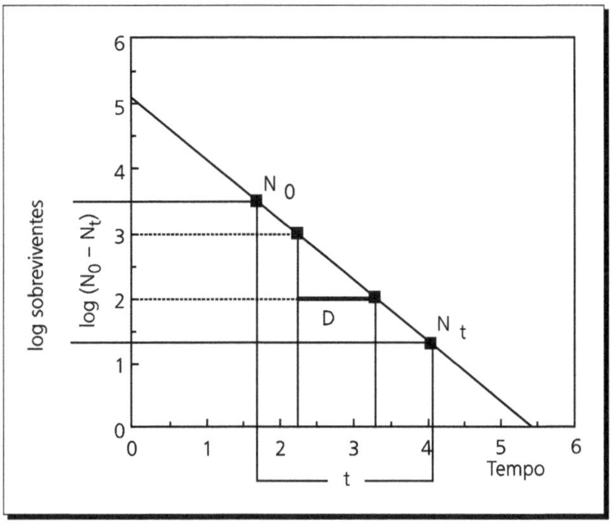

Figura 8.2 Gráfico de sobrevivência.

das células sobreviventes, obtendo-se reduções sucessivas de 90%, 99%, 99,9%, 99,99%, etc., isto é, os sobreviventes serão 10%, 1%, 0,1%, 0,01%, etc. Como não é possível obter a fração de microrganismo viável, em termos práticos, as reações sucessivas significam que haverá um esporo viável por determinada unidade de alimentos considerada (p. ex., por embalagem), 1 por embalagem, 1 para cada 10 embalagens, 1 para cada 100 embalagens, etc. Assim, o termo *esterilizado* não implica necessariamente que o produto esteja estéril em sentido microbiológico estrito e, por isso, é mais correto falar de *esterilidade comercial*, que costuma situar-se em valores de $1/10^4$–$1/10^5$, isto é, o tratamento aplicado deve conseguir uma redução tal de microrganismos que o risco de alteração seja de 1 embalagem para cada 10.000 ou 100.000 fabricadas. Evidentemente, a intensidade do tratamento térmico poderia ser aumentada, conseguindo-se grau de esterilidade maior, mas essa possibilidade é limitada pelas mudanças químicas adversas que a aplicação de calor sempre acarreta, sobretudo no que se refere à qualidade organoléptica e ao valor nutritivo. O tecnólogo dos alimentos enfrenta, assim, o dilema entre diminuir o risco de alteração e elaborar um produto com mudanças mínimas na qualidade sensorial e nutritiva. É preciso chegar a um compromisso para aplicar o tratamento térmico mínimo, com o qual se pode conseguir a esterilidade comercial, mantendo o máximo de qualidade original.

A natureza logarítmica da morte dos microrganismos pelo calor indica também que obter a redução da carga microbiana até o nível desejado depende do número inicial de partida, o que implica, em termos práticos, a conveniência de processar alimentos com a menor contaminação possível.

A relação entre o coeficiente de letalidade térmica, k,e o valor D é deduzida da equação (8.2), que pode expressar-se, tomando logaritmos, como segue:

$$\log N_t = -kt \cdot \log e + \log N_0 \qquad (8.5)$$

$$k = (\log N_0 - \log N_t) \cdot 2{,}303/t \qquad (8.6)$$

quando $\log N_0 - \log N_t = 1$, obtém-se $t = D$, então:

$$k = 2{,}303/D \qquad (8.7)$$

Para cada microrganismo, o valor D é específico da temperatura de tratamento. Por isso, precisa-se de um meio para relacionar os valores D a cada temperatura. Isso se faz pelo *valor z*, que é calculado a partir dos gráficos de termodestruição (Figura 8.3). Estes são construídos representando os logaritmos dos valores D em função da temperatura. O valor z é definido como o número de graus centígrados necessário para aumentar ou diminuir a temperatura a fim de que o valor D diminua ou aumente, respectivamente, 10 vezes. O valor z é definido pela seguinte expressão, deduzida do gráfico de termodestruição:

$$z = (T_2 - T_1)/(\log D_1 - \log D_2) \qquad (8.8)$$

onde:

z = número de graus (°C)
T_1 e T_2 = temperaturas de tratamento (°C)
D_1 e D_2 = valores D às temperaturas anteriores

Os valores z para os esporos bacterianos costumam situar-se entre 7°C e 12°C e, para as bactérias não-esporuladas, entre 4°C e 6°C.

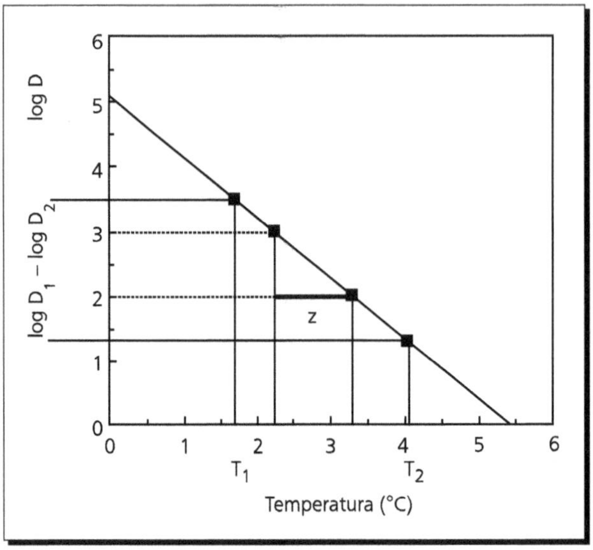

Figura 8.3 Gráfico de termodestruição.

TERMORRESISTÊNCIA DOS MICRORGANISMOS

A termorresistência microbiana depende de diversos fatores intrínsecos e extrínsecos. Os primeiros referem-se ao tipo de microrganismos e à forma como se encontram. Em geral, embora existam exceções, a termorresistência está relacionada com a temperatura ótima de crescimento. Os microrganismos psicrófilos e psicrotróficos são mais termolábeis que os mesófilos, e estes, mais que os termófilos. As bactérias esporuladas apresentam resistência maior ao calor do que as não formadoras de esporos, e, entre estas, as termófilas mais que as mesófilas. Com relação à morfologia e ao Gram, os cocos são, normalmente, mais termorresistentes que os bacilos, e as Gram positivas mais que as negativas. As leveduras e os mofos são bastante sensíveis à ação letal do calor; os ascósporos das leveduras, um pouco mais resistentes do que as formas vegetativas, e os esporos assexuais tendem a ser ligeiramente mais termorresistentes que o micélio.

Entre os fatores extrínsecos, vale citar o pH, a atividade de água e a composição (conteúdo de gordura, carboidratos, sais) do meio de aquecimento. No caso dos esporos, adquire relevância a composição do meio de esporulação e a temperatura a que a bactéria esporula. Todos esses fatores foram revisados por diversos autores, por exemplo, Frazier e Westhoff (1993) e Jay (1993 e 1996).

Na prática, o pH do alimento adquire grande importância. Por esse motivo, foi feita uma classificação dos alimentos referente a esse agente e à termorresistência de diferentes microrganismos (Tabela 8.1). Nessa tabela, apresenta-se como exemplo a termorresistência típica de diferentes microrganismos esporulados. A separação entre alimentos pouco ácidos (pH maior que 4,5) e ácidos (pH entre 4 e 4,5) reside na termorresistência de *Clostridium botulinum*, já que os esporos dessa espécie não podem germinar em alimentos com um pH inferior a 4,5 e, portanto, não é necessário levar em conta o conceito 12*D* (ver mais adiante). Do mesmo modo, a separação dos alimentos ácidos e muito ácidos (pH menor que 4) deve-se ao fato de que nenhum esporo bacteriano pode germinar em pH inferiores a 4 e, portanto, pode-se diminuir bastante a intensidade do tratamento térmico para conseguir a estabilidade microbiológica.

A termorresistência aproximada dos microrganismos não-esporulados é apresentada na Tabela 8.2. Nesse caso, ganham importância as bactérias patogênicas não-esporuladas que precisam ser eliminadas na pasteurização.

VALOR *F*

É um parâmetro utilizado na indústria de conservas e pode ser definido como o tempo necessário, na temperatura definida, para reduzir a população microbiana presente no alimento até o nível desejado. Cada microrganismo existente no alimento tem seu próprio valor *F*, e o valor *F* aplicado ao alimento será o mais alto dos calculados. Quando o valor *F* refere-se a 121°C, é designado como F_0. O valor *F* é calculado supondo-se que o aquecimento e o resfriamento são instantâneos, a partir da expressão:

Tabela 8.1 Termorresistência aproximada de microrganismos esporulados

Microrganismo	$D_{121°C}$ (min)	$D_{100°C}$ (min)	$D_{65°C}$ (min)
ALIMENTOS POUCO ÁCIDOS (pH maior que 4,5)			
1. Termófilos (esporos)			
1.1 Acidificantes			
B. stearothermophilus	4-5		
1.2 Alteração gasosa			
Cl. thermosaccharolyticum	3-4		
1.3. Produtores SH_2			
Cl. nigrificans	2-3		
2. Mesófilos (esporos)			
2.1 Anaeróbios putrefativos			
Cl. sporogenes No 3679	0,1-1,5		
Cl. botulinum (A e B)	0,1-0,2		
2.2 Aeróbios facultativos			
B. subtilis	0,1-0,3		
ALIMENTOS ÁCIDOS (pH de 4 a 4,5)			
1. Termófilos (esporos)			
B. coagulans	0,01-0,07		
2. Mesófilos (esporos)			
B. macerans e *B. polymixa*		0,1-0,5	
Anaeróbios butíricos		0,1-0,5	
ALIMENTOS MUITO ÁCIDOS (pH menor que 4,0)			
1. Em pH menor que 4 não crescem os esporos			
2. Mesófilos não-esporulados			
Lactobacillus spp., mofos, leveduras, etc.			0,5-1

$$F = D\ (\log N_0 - \log N_t) \tag{8.9}$$

onde:

F = tempo (min) requerido para atingir o grau de redução da população microbiana até o nível desejado

D = tempo de redução decimal à temperatura de tratamento

N_0 = número inicial de microrganismos

N_t = número a que se pretende chegar

O *Cl. botulinum* elabora uma potente neurotoxina quando se multiplica nos alimentos. Como se trata de bactéria anaeróbia e o meio é anóxico nas conservas, o *Cl. botulinum* pode crescer e produzir a toxina. Devido à necessidade de salvaguardar a saúde do consumidor, sempre se supõe, ao esterilizar um alimento de pH superior a 4,5, que existe um esporo de *Cl. botulinum* por embalagem, e é necessário reduzir seu número a um esporo viável para cada bilhão de embalagens (10^{12}), isto é, o tratamento térmico deve provocar 12 reduções decimais; é o que se conhece como *conceito 12D*. Sabe-se que o valor F_0 mínimo para as conservas de alimentos de pH superior a 4,5 é 2,52; calculou-se a partir da equação (8.9):

$$F_0 = D\ (\log 1 - \log 10^{-12})$$

Considerando que o valor D_{121} dos esporos das cepas mais termorresistentes de *Cl. Botulinum* é 0,21 min, então,

$$F_0 = 0{,}21\ (\log 1 - \log 10^{-12}) = 2{,}52 \text{ min}$$

Esse é o tempo mínimo necessário para a fabricação de alimentos esterilizados com pH superior a 4,5. Quando se esterilizam alimentos em outras temperaturas, é preciso calcular o F equivalente levando em conta o valor z do *Cl. botulinum*, a que se atribui um valor de 10°C. Em alimentos com pH inferior a 4,5, não é necessário aplicar o *conceito 12D*.

Tabela 8.2 Termorresistência aproximada de microrganismos não-esporulados

Microrganismo	$D_{65°C}$ (min)	$D_{60°C}$ (min)	$D_{55°C}$ (min)
1. Termófilos			
Streptococcus thermophilus	10-20		
Lactobacillus spp.	10-20		
2. Mesófilos			
2.1 Termorresistência típica			
Salmonella spp.		1-3	
Escherichia coli		1-3	
Lactobacillus spp.		1-3	
2.2 Termorresistência atípica			
Mycobacterium tuberculosis		10-20	
Salmonella senftenberg		10-20	
3. Psicrotróficos			
Pseudomonas fragi			1-5
Pseudomonas fluorescens			1-5
4. Psicrófilos			
Vibrio marinus			0,1
Serratia spp.			0,1

O cálculo do valor *F* da conserva será exemplificado com um caso prático:

Pretende-se fabricar sardinhas em lata (pH 6) decoradas com louro e pimenta preta em embalagens de 100 g. As análises microbiológicas revelaram que os ingredientes, em seu conjunto, contêm um esporo de *B. stearothermophilus*/100 g e 100 esporos de *Cl. sporogenes*/100 g. Os valores D_{121} são, respectivamente, 4 min e 1,5 min, e a esterilidade comercial foi estabelecida em $1/10^4$. Calcule-se o F_0.

É preciso aplicar o *conceito 12D* por ser o pH superior a 4,5.

Valor F_0 para *Cl. botulinum* = 2,52 min.

Valor F_0 para *B. stearothermophilus*.

$$F_0 = 4\ (\log 1 - \log 1/10^4) = 16 \text{ min}$$

Valor F_0 para *Cl. sporogenes*

$$F_0 = 1{,}5\ (\log 100 - \log 1/10^4) = 9{,}0 \text{ min}$$

O valor F_0 da conserva será de 16 min.

Todas as considerações feitas anteriormente são aplicáveis quando os aquecimentos e resfriamentos são instantâneos, o que, na prática, nem sempre é possível; somente os processos UHT aproximam-se dessa situação ideal. Nas conservas, processadas em autoclaves, isso é impossível; a temperatura sobe lentamente, mais ainda quando a transferência de calor é baixa, até alcançar a temperatura programada. O mesmo pode-se dizer do resfriamento. Considerando que para qualquer microrganismo podem-se ter como letais todas as temperaturas superiores à máxima de crescimento, os efeitos do tratamento térmico começam quando se supera esse limite. Por isso, é preciso levar em conta também as diferentes temperaturas pelas quais passa o produto até alcançar a de trabalho e, igualmente, durante o resfriamento. No caso das bactérias esporuladas, considera-se que os efeitos letais manifestos começam quando se chega a temperaturas próximas de 90°C. É necessário, portanto, determinar o efeito letal do processo completo; os métodos mais freqüentes baseiam-se na construção de curvas de aquecimento/resfriamento, obtidas representando as temperaturas pelas quais passa o centro térmico da embalagem ao longo do tempo e depois transformando-as em frações de tempo. Posteriormente, calcula-se o efeito letal para cada fração. O efeito letal do processo completo pode ser descoberto mediante métodos gráficos ou matemáticos. Visto que, na prática, pelas razões explicadas no próximo item, não se pode avaliar o valor *F* para cada partida, não é necessário estender-se mais neste aspecto. Contudo, remete-se o leitor a obras nas quais encontrará a descrição detalhada dos métodos mencionados (Stumbo, 1973; López, 1987; Toledo, 1991).

APLICAÇÃO PRÁTICA DE TRATAMENTOS TÉRMICOS

O caráter perecível dos alimentos não possibilita que, na prática, para cada produto (ou para cada partida), se realizem as análises adequadas a fim de determinar a carga microbiana, identificar os microrganismos presentes, isolá-los, propagá-los e determinar seus parâmetros termomicrobiológicos, para que depois se possa avaliar com precisão o valor *F* em cada caso. Todas essas determinações exigem tempo bastante longo, de tal forma que, quando se obtivessem os resultados, o alimento já estaria inevitavelmente alterado. Por isso, na prática, aplicam-se tratamentos térmicos normalizados que foram calculados previamente considerando a carga microbiana normal que os diversos produtos podem apresentar e a termorresistência de uma série de microrganismos que foram isolados, com muita freqüência, em conservas alteradas.

Para os alimentos pouco ácidos (pH superior a 4,5), como carne, leite, peixe e algumas hortaliças, é necessário pensar na possível presença de *Cl. botulinum* e, portanto, aplicar o *conceito 12D*. Conseqüentemente, o valor F_0 mínimo é de 2,52 minutos. Contudo, visto que o alimento pode conter microrganismos esporulados mais termorresistentes que o *Cl. botulinum*, o tratamento térmico pode ser suficiente do ponto de vista da saúde pública, porém insuficiente para chegar à esterilidade comercial. Por isso, é necessário aumentar a intensidade do tratamento. Os valores F_0 que se aplicam são, portanto, superiores, na ordem de 10 a 12 minutos, com o que se conseguem reduções de 7 a 8*D* com relação às formas esporuladas do microrganismo (*Cl. sporogenes* PA-3769, D_{121} = 1,5 min) normalmente tomado como modelo, sempre que o produto processado tem como destino a comercialização em países de clima temperado, onde as temperaturas no verão não costumam ultrapassar a faixa de 30°C a 32°C. Se a comercialização do alimento esterilizado for feita em países ou zonas geográficas de climas quentes (temperaturas máximas superiores a 35°C ou 40°C), é necessário considerar a possível presença de bactérias esporuladas termófilas, cuja termorresistência é significativamente superior à de *Cl. sporogenes*, de *Cl. botulinum* e de outras bactérias mesófilas. É o caso de *Bacillus stearothermophilus* e *Thermoanaerobacterium* (*Clostridium*) *thermosaccharolyticum* (D_{121} = 4 a 5 min), que não se multiplicam abaixo de 33°C a 36°C. Nessas circunstâncias, aplicam-se valores F_0 de 14 a 20 min, que causam reduções de 4 a 5*D* dos esporos desses microrganismos tomados como modelos.

Em alimentos ácidos (pH 4 a 4,5), como concentrados de tomate, pimentões, alimentos com molho de tomate e outros, não há risco sanitário nenhum no que se refere à produção de toxina botulínica. Entretanto, as bactérias esporuladas que podem multiplicar-se a esses valores de pH são mais termolábeis do que as anteriores; por isso, os tratamentos térmicos utilizados são mais suaves e geralmente se ajustam para reduzir a um nível aceitável o desenvolvimento de *Bacillus coagulans* (D_{121} aprox. 0,07), o que permite, ao mesmo tempo, evitar a alteração por outras bactérias esporuladas mesófilas (p. ex., *Bacillus macerans* ou *Clostridium butyricum*), que são mais termolábeis que a anterior. Nessas circunstâncias, é suficiente um valor F_0 de 0,7 min.

Os alimentos muito ácidos, com pH inferior a 4 (frutas em geral, alimentos em escabeche, etc.), não podem sofrer outras alterações a não ser aquelas decorrentes do crescimento de mofos e leveduras, uma vez que nenhuma bactéria esporulada nem a grande maioria das vegetativas podem multiplicar-se a esses valores de pH. Esse tipo de alimento não necessita de tratamentos térmicos superiores a 100°C; portanto, eles podem ser fabricados sem a necessidade de pressão. Para esses produtos, não é conveniente utilizar a temperatura de 121°C como referência; por isso, os valores *D* dos microrganismos e os *F* apresentam-se a temperaturas muito mais baixas (65°C a 85°C). Costumam-se aplicar tratamentos de F_{65} de 1 a 2 min. Contudo, quando se suspeita da presença de *Byssochlamys fulva*, deve-se aumentar a intensidade do tratamento para evitar a alteração por esse mofo, cujos ascósporos são muito termorresistentes; mostrou-se inclusive que, para a destruição desse mofo, faz-se necessário o valor $F_{80°C}$ de 2 min.

Os valores F_0 apresentados anteriormente servem como referência para conhecer os tratamentos térmicos necessários para conseguir a esterilização comercial nos diversos alimentos. Porém, na prática, nem sempre se adota a temperatura de 121°C. Para conseguir esse grau de esterilidade, as temperaturas oscilam entre 115°C e 150°C; as mais baixas são empregadas para a fabricação de alimentos apertizados (conservas), e as mais altas, para alimentos líquidos ou semilíquidos em fluxo contínuo seguido de acondicionamento asséptico. A transformação do F_0 no valor *F* em outra temperatura é obtida mediante o valor *z*, aplicando a equação (8.8), na qual o valor *D* é substituído pelo *F*. O valor *z* das bactérias esporuladas costuma situar-se entre 7°C e 12°C. A maioria dos autores opina que, de forma geral, pode-se utilizar um *z* = 10°C.

TIPOS DE TRATAMENTOS TÉRMICOS

Os tipos de tratamentos térmicos aplicados atualmente aos alimentos correspondem a três modalidades: esterilização, pasteurização e termização.

Esterilização

Com a esterilização, pretende-se destruir os microrganismos mais termorresistentes para conseguir a esterilidade comercial. O objetivo desse tipo de tratamento são as bactérias esporuladas. A esterilização preocupa-se muito menos com as enzimas autolíticas, já que estas são muito mais termolábeis que os esporos microbianos. Contudo, nos alimentos, pode haver certas enzimas de origem microbiana, aquelas produzidas por bactérias psicrotróficas, que são mais termorresistentes que os esporos e não se desativam totalmente nem sequer durante os processos UHT aplicados aos alimentos, especificamente ao leite e a certos produtos lácteos. É o aspecto do qual se tratará extensamente no capítulo dedicado ao processamento do leite (Volume II, Capítulo 3).

A esterilização pode ser feita de duas formas: em embalagens já preenchidas ou aquecendo o alimento sem embalar (UHT) e acondicionando-o, depois, assepticamente.

Esterilização de alimentos acondicionados

As embalagens utilizadas para a esterilização de alimentos mediante essa modalidade são latas, garrafas de vidro ou sacos de plástico termoestável. Qualquer que seja o tipo de embalagem utilizado, o tratamento térmico é precedido do preenchimento, da evacuação do ar e do fechamento. As embalagens são fornecidas comercialmente limpas, embora isso não garanta que possam ser utilizadas de imediato. Para tanto, é necessário assegurar sua limpeza antes de preenchê-las. As embalagens metálicas e de vidro são lavadas com duchas de água quente ou com escovas rotatórias; depois, são transportadas invertidas até a seção de preenchimento para evitar a entrada de microrganismos em seu interior.

As máquinas de enchimento variam se o produto for líquido, pastoso ou sólido. Em qualquer caso, elas devem assegurar um preenchimento preciso e ser versáteis para permitir a utilização de embalagens de diferentes tamanhos e a sua manutenção em condições higiênicas adequadas.

Quando a embalagem fechada é aquecida, seu conteúdo se expande, aumenta a pressão de vapor d'água, e os gases dissolvidos escapam do produto. Cria-se uma pressão interna que, em parte, se equilibra com a resistência da embalagem, mas que, se for excessiva, pode provocar o rompimento da embalagem ou a ocorrência de fugas. Para evitar isso, deixa-se uma parte da embalagem vazia sobre o alimento; é o *espaço de cabeça*. Esse espaço não apenas serve para a expansão de líquidos e gases, como também facilita a transmissão de calor durante a agitação do produto na autoclave. A pressão de vapor no espaço de cabeça é determinada pela temperatura que o produto atinge; contudo, também pode reduzir-se mediante a evacuação da embalagem, o que, além disso, provoca redução da tensão de oxigênio; assim, evitam-se a interação desse gás com as embalagens metálicas e as possíveis oxidações de componentes dos alimentos, como lipídeos insaturados e certas vitaminas.

Existem diversos métodos para realizar a evacuação da embalagem:

1. *Evacuação mecânica*: consiste em fechar a embalagem a frio, depois de cheia, sob vácuo produzido mecanicamente.
2. *Preenchimento a quente em temperaturas próximas do ponto de ebulição*: gera-se, assim, a pressão de vapor próxima a 100 kPa no espaço de cabeça, de forma que, se a embalagem é fechada rapidamente, produz-se o vácuo adequado ao esfriar. Esse método extrai eficazmente os gases retidos no alimento, proporcionando, além disso, um preaquecimento muito útil para abreviar o tempo de processamento.
3. *Evacuação a quente*: consiste em transportar as embalagens abertas por banho de água ou câmara de vapor onde se aquece o produto até 80°C a 90°C. As embalagens evacuadas são fechadas após a saída das câmaras quentes. Por esse método, o tempo de evacuação pode ser excessivamente longo no caso de alimentos aquecidos por condução.
4. *Fechamento por corrente de vapor*: passa-se um jato de vapor pela parte superior da embalagem já cheia. Depois, coloca-se automaticamente a tampa, também aquecida por vapor, e a embalagem é fechada. Uma vez que não se eliminam os gases retidos no produto, o fechamento deve ser precedido de aquecimento.

O fechamento das embalagens metálicas costuma ser feito com dupla costura, sendo que a primeira é obtida colocando-se a embalagem em contato com o rolo pelo qual encaixam-se a lata e o tapador, sobressaindo a borda que se ajusta com outro rolo. As embalagens de vidro são fechadas com tampa de rosca, coroa, quarto de volta, pressão, etc.

O método mais comum para o aquecimento de alimentos em embalagens fechadas é a aplicação de vapor d'água saturado. Visto que as temperaturas utilizadas para a esterilização dos alimentos pouco ácidos e ácidos são superiores a 100°C (de 110°C a 125°C), é necessário empregar sistemas a sobrepressão, fazendo uso de autoclaves. A aplicação do calor deve ser feita lentamente para evitar mudanças térmicas bruscas no alimento e deformações ou rompimentos das embalagens. Quando a temperatura do alimento se aproxima da temperatura da autoclave, a pressão interna da embalagem se equilibra parcialmente com a pressão do vapor que envolve as embalagens. Contudo, na fase de aquecimento, o alimento está com a pressão inferior à da autoclave; por isso, as embalagens estão sendo comprimidas, ocorrendo o contrário durante o resfriamento. Portanto, é necessário reduzir ao mínimo essas diferenças de pressões, o que se consegue regulando a velocidade de aquecimento e resfriamento e, também, aplicando ar à pressão que equilibra a pressão interna da embalagem durante o resfriamento. Para que o aquecimento do alimento seja homogêneo, as autoclaves podem ser providas de sistemas de agitação (giro, volteio ou vaivém), que facilitam o movimento do líquido de cobertura, criando-se correntes de convecção.

Os *esterilizadores descontínuos* são autoclaves verticais (carga pela parte superior) ou horizontais (carga frontal) que se carregam e descarregam cada vez que se processa um lote; podem receber número diferente de embalagens, dependendo do tamanho da autoclave. O consumo de água é elevado em comparação com o das autoclaves contínuas (hidrostáticas).

Na Figura 8.4, apresenta-se o esquema de uma autoclave descontínua vertical. Quando a carga se completa, fecha-se a tampa da autoclave, que depois é ajustada com fechos de rosca; em seguida, põe-se em funcionamento, se houver, o sistema de agitação, e começa-se a injetar vapor, que vai aquecendo o produto ao mesmo tempo em que se eliminam as bolhas de ar que pode haver no interior. Quando se considera que já não há mais essas bolhas, fecha-se a válvula de escape e começa o aquecimento acima de 100°C, com o conseqüente aumento da pressão até o valor programado (p. ex., até 75 kPa, equivalentes a 116,4°C); a válvula de controle é aberta ao se exceder a pressão estabelecida. Permanecem esses valores enquanto perdura o tratamento e, ao ser concluído, começa o resfriamento, podendo-se reduzir a pressão lentamente com a ajuda da injeção de ar comprimido. Uma vez restituída a pressão atmosférica e tendo esfriado suficientemente, a autoclave é aberta e descarregada.

Entre os *esterilizadores contínuos*, o mais comum talvez seja o hidrostático (Figura 8.5). Consta, essencialmente, de uma zona central que se comunica com dois ramais laterais. Quando o sistema está parado, as colunas de água dos ramais laterais estão equilibradas, à mesma altura que aquela contida na zona central; ele é acionado por meio de injeção de vapor d'água na zona central, que vai empurrando para baixo a água contida nessa zona, com o conseqüente deslocamento para cima da água dos ramais laterais. Na zona central, a pressão e a temperatura vão aumentando até os valores programados, e, ao mesmo tempo, cria-se um gradiente de temperatura na água dos ramais. Por uma esteira rolante, com suportes adequados para acomodar as embalagens cheias e fechadas, transporta-se o produto do local de carga; ele vai sendo aquecido progressivamente pelo ramal da esquerda até entrar na zona central, onde se esteriliza; o tempo que demora para percorrer a zona de vapor é o tempo do processamento. Depois, as embalagens passam ao ramal da direita, onde sua temperatura vai diminuindo progressivamente, sofrendo

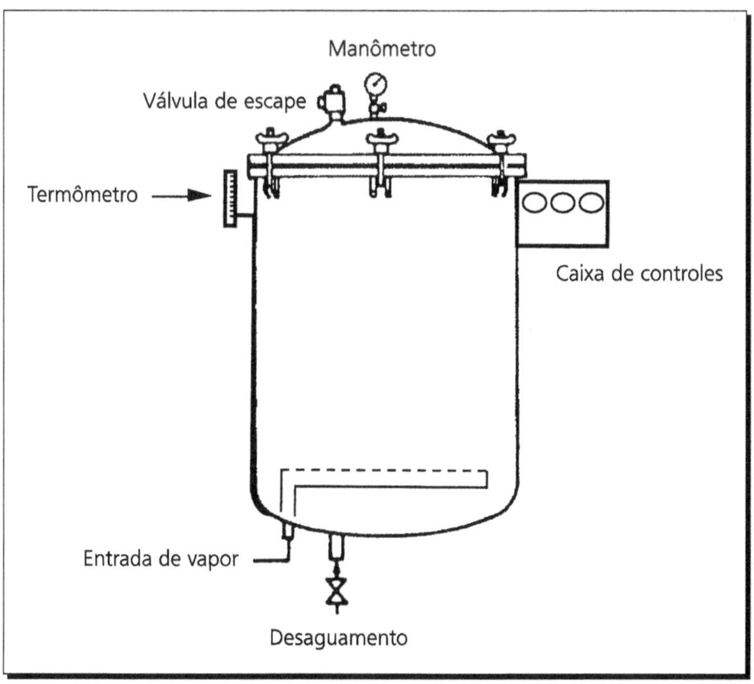

Figura 8.4 Esquema de uma autoclave descontínua vertical.

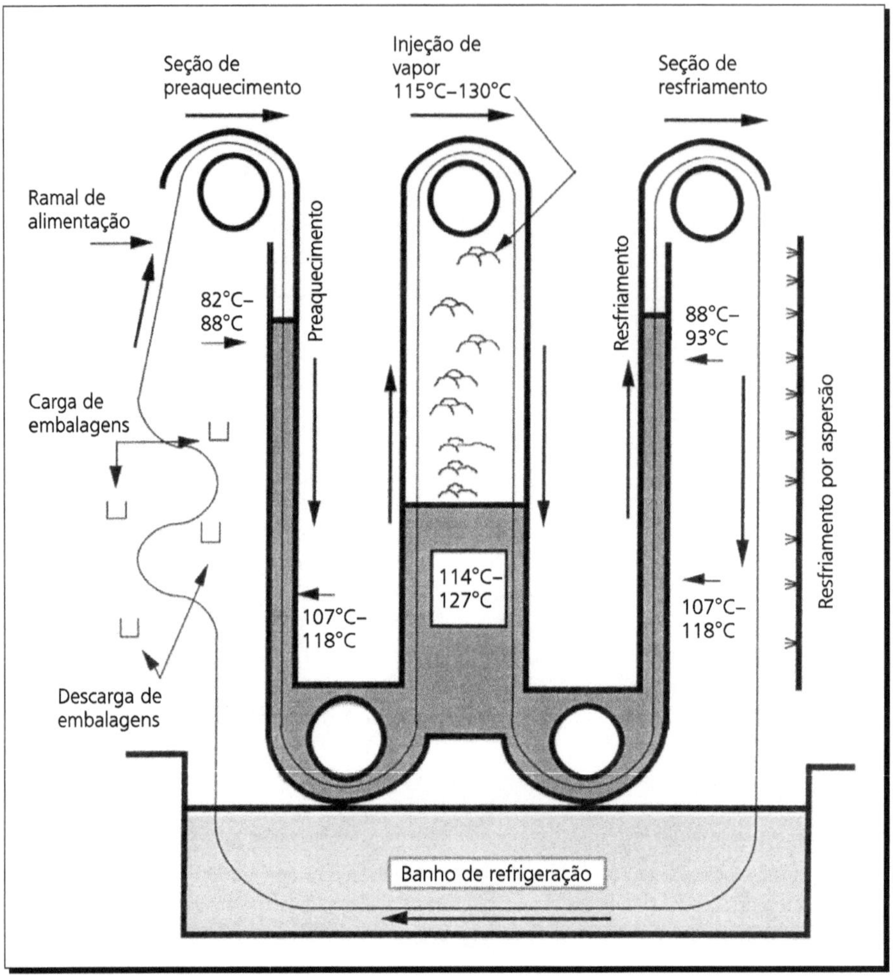

Figura 8.5 Esterilizador hidrostático.

resfriamento adicional mediante duchas e a passagem posterior pelo banho de água, até chegarem ao final do circuito, quando são descarregadas.

Esterilização de alimentos sem acondicionar

Esse método é utilizado para alimentos líquidos e semilíquidos (leite, sopas, nata, purês, etc.). Consiste no aquecimento muito rápido (quase instantâneo) até temperaturas muito altas (135°C a 150°C) que se mantêm durante um tempo muito curto (2 a 5 segundos). Denominam-se processos UHT (*ultra high temperature*) e apresentam-se em duas modalidades:

1. Processos indiretos, nos quais o aquecimento é feito mediante trocadores de calor (tubulares ou de placa); portanto, não há contato entre o fluido calefator (vapor d'água) e o alimento.
2. Processos diretos, que consistem na injeção de vapor d'água no alimento (método de injeção) ou na injeção do alimento em vapor d'água (método de difusão). Nesse tipo de processo, há contato íntimo entre o agente calefator e o alimento, e o aquecimento é praticamente instantâneo, passando de 85°C a 140°C em décimos de segundos.

   Por esse método, sempre se condensa uma porção do vapor, provocando a diluição do produto em cerca de 10%, que depois é preciso corrigir mediante a aplicação de vácuo.

Na Figura 8.6, mostra-se o diagrama simplificado do processo UHT indireto. O produto procedente do tanque de armazenamento (1) é impulsionado pela bomba (2) até a seção de regeneração (3), onde começa a ser aquecido mediante o trocador de calor com a energia que o produto processado ainda mantém. O aquecimento até 80°C a 85°C completa-se com o trocador (4) de baixa pressão e no trocador-regenerador (5), passando depois ao trocador (6) onde se produz a esterilização do produto. O sistema de aplicação de vapor que opera pneumaticamente a 300 a 400 kPa mantém a temperatura (135°C a 150°C) por um tempo curto (2 a 4 segundos). Se a temperatura cai abaixo do valor programado, a válvula de desvio de fluxo (T) conduz o produto ao tanque de armazenamento (1) antes do resfriamento no trocador (8). Se a temperatura do tratamento foi correta, o produto passa pelos trocadores-regeneradores (5 e 3) e, posteriormente, é levado à temperatura (10°C a 14°C) da embalagem asséptica mediante o trocador (7). Após o uso, a instalação é esterilizada automaticamente com vapor (ou água pressurizada a 145°C até 155°C).

Na Figura 8.7, mostra-se um diagrama de fluxo simplificado do processo UHT direto. O produto é impulsionado do tanque de armazenamento (1) pela bomba (2) até o trocador-regenerador (3), onde começa a ser aquecido; e depois é levado a 80°C ao trocador (4). Nesse ponto, é bombeado ao injetor de vapor (5) a uma pressão de 800 a 1000 kPa. O vapor transfere seu calor latente ao produto, atingindo de imediato a temperatura de esterilização (140°C a 150°C), na qual permanece por um tempo curto (2 a 4 segundos) no tubo de manutenção. A temperatura é controlada pelo termômetro T-1, onde uma válvula de desvio de fluxo conduz o produto ao trocador (9) se ela é inferior à estabelecida. Se está correta, o produto resfria até 75°C por expansão na câmara de vácuo (6), onde se elimina também o vapor d'água que condensou. O vapor dessa câmara é utilizado para o trocador-regenerador (3), controlando-se sua temperatura no registro (T-2). Ao abandonar a seção (6), o produto é impulsionado pela bomba (7) até um trocador estéril (8), onde resfria até a temperatura da embalagem asséptica.

O curso térmico dos dois tratamentos está representado na Figura 8.8; pode-se considerar que o aquecimento de 80°C até a temperatura de tratamento é instantâneo, no caso do UHT direto, enquanto a transferência de calor mediante os trocadores (UHT indireto), embora rápida, não chega à do UHT direto. As vantagens e os inconvenientes de um e outro tratamento com relação à qualidade sensorial, à retenção de nutrientes e ao progresso de certas reações serão descritos detalhadamente para o leite UHT no capítulo correspondente (Volume II, Capítulo 3).

A esterilização de alimentos pelos processos UHT requer, obviamente, acondicionamento asséptico. Vários métodos (*tetrapack*, *zupack*, *purePack*, *selfpack*, em garrafas, etc.) foram registrados, mas o mais difundido na Europa é o *tetrabrick* (Figura 8.9). O rolo (1) de papelão laminado

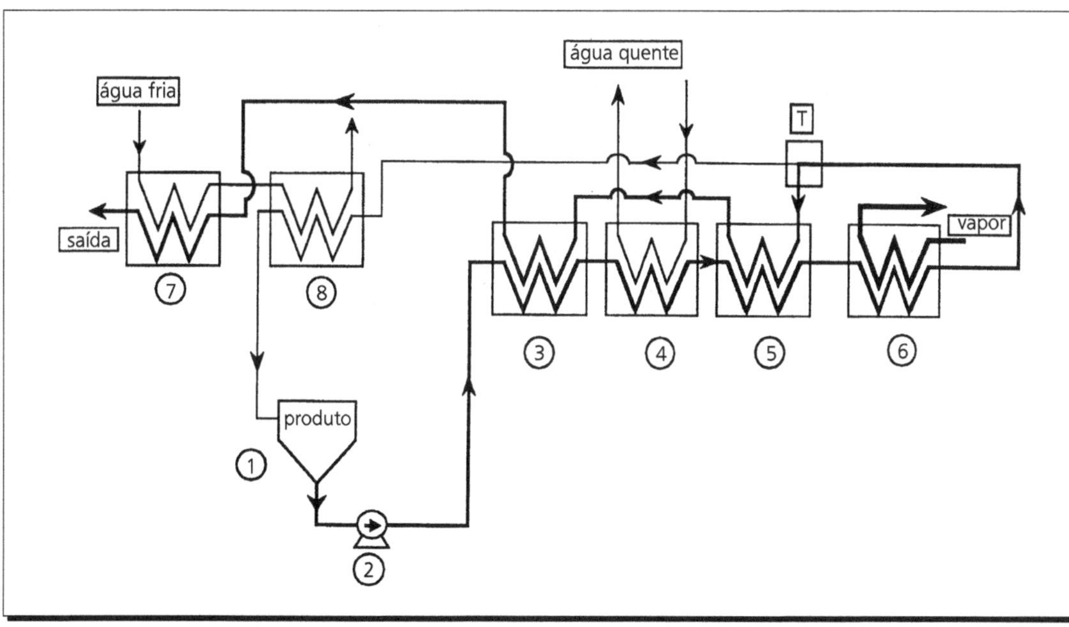

Figura 8.6 Diagrama de fluxo do processo UHT indireto.

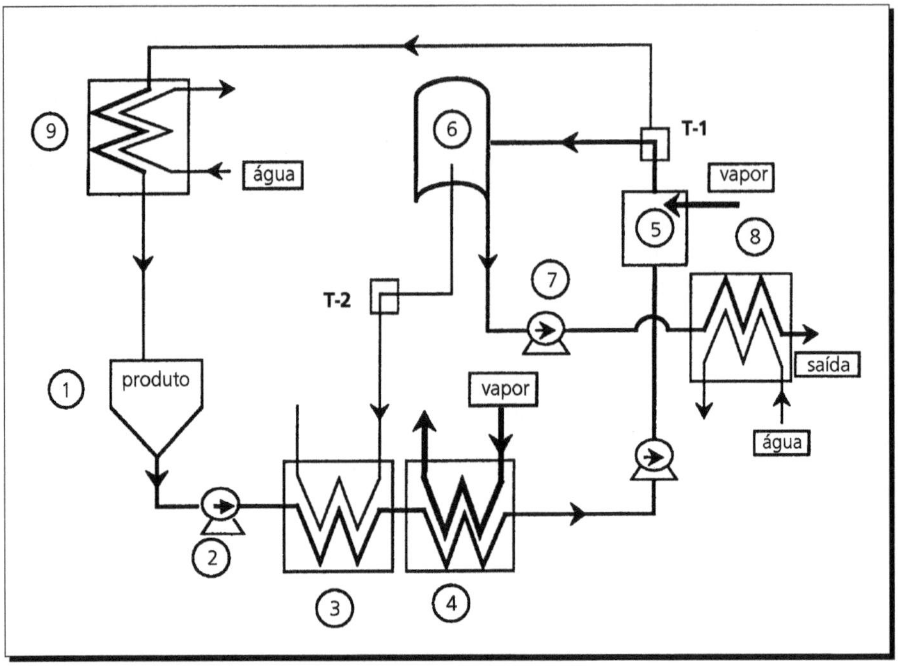

Figura 8.7 Diagrama de fluxo do processo UHT direto.

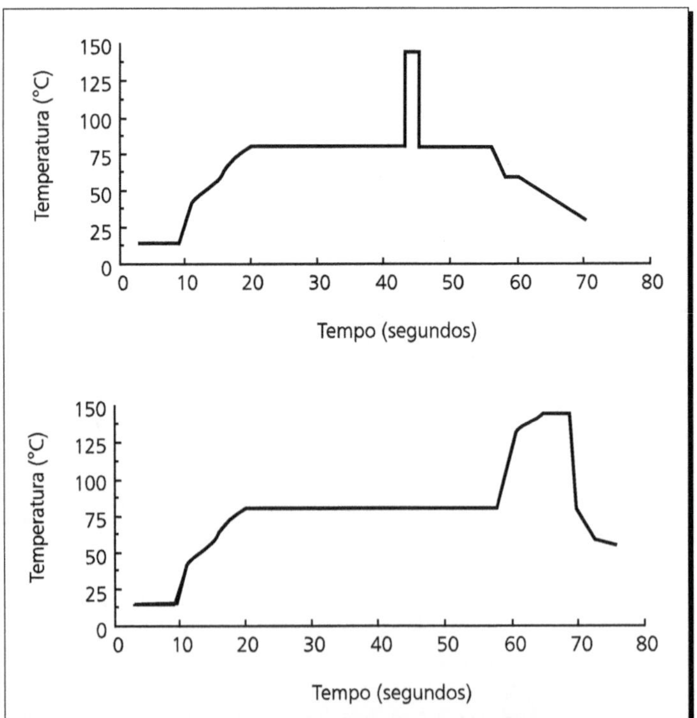

Figura 8.8 Curso térmico dos processos UHT direto (superior) e indireto (inferior).

(polietileno/papelão/polietileno/alumínio/polietileno) é esterilizado a 80°C pelo banho de peróxido de hidrogênio a 17% (2) durante 8 a 10 segundos, eliminando-se os restos do peróxido de hidrogênio com a corrente de ar estéril por filtração. Em seguida, o rolo entra na câmara asséptica, esterilizada com ar quente e filtração. A tubulação (4) procedente do esterilizador UHT chega a essa câmara, onde a embalagem é moldada, recebe o volume adequado de alimento, é fechada a quente e depois cortada com guilhotinas transversais (5).

Pasteurização

A pasteurização visa destruir os microrganismos patogênicos não-esporulados e reduzir significativamente a microbiota banal, de modo a oferecer ao consumidor um produto seguro, com vida útil aceitável, para ser consumido em pouco tempo. Às vezes, pode-se conseguir a estabilidade microbiológica do produto, como é o caso do vinagre, em que se pretende destruir a microbiota mais termorresistente (mofos e leveduras) capaz de desenvolver-se em pH tão baixo.

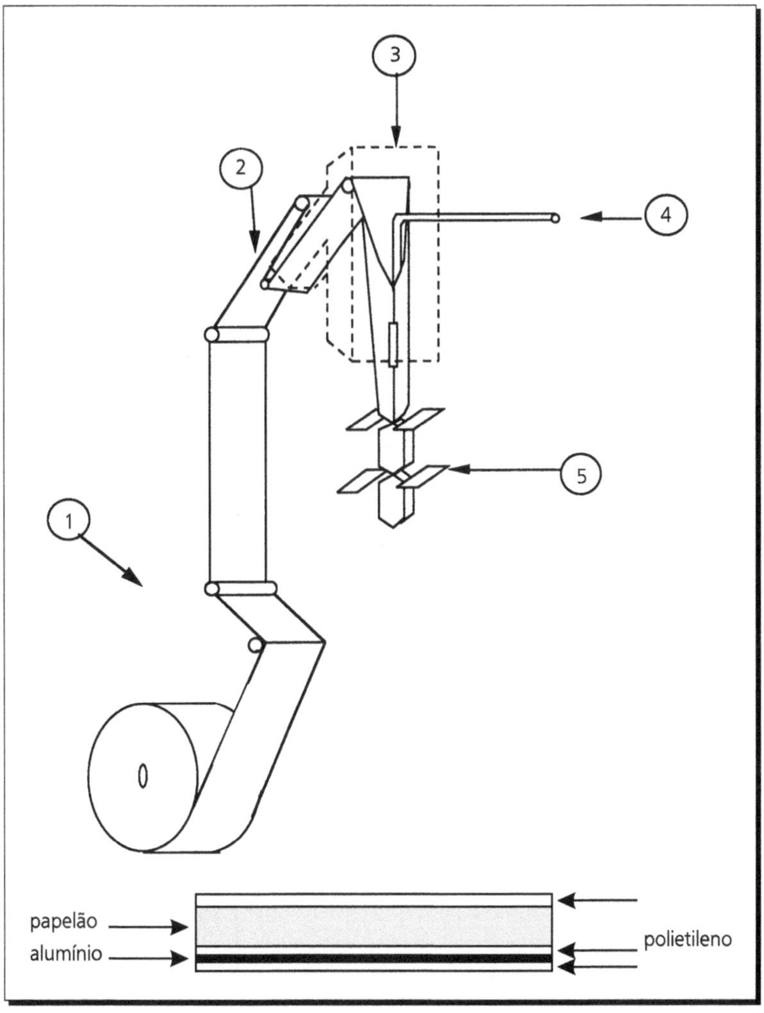

Figura 8.9 Esquema do sistema de acondicionamento asséptico e a estrutura típica da embalagem laminada.

Existem duas modalidades de pasteurização:

a) LTH (*low temperature holding*) ou pasteurização baixa: é um sistema descontínuo, adequado quando se pretende pasteurizar volumes pequenos (p. ex., 100 a 500 litros). Empregam-se tempos longos (aproximadamente 30 minutos) e temperaturas baixas (62°C a 68°C); é realizada em tanques de parede dupla providos de agitador e de termômetro. Pela parede dupla circulam o fluido calefator e o refrigerador.
b) HTST (*high temperature, short time*) ou pasteurização alta: esse método é realizado em sistemas de fluxo contínuo com trocadores de calor (tubulares ou de placas). Empregam-se temperaturas elevadas (72°C a 85°C) e tempos curtos (15 a 20 segundos). Na Figura 8.10, mostra-se um esquema simplificado desse método, que, como se pode observar, funciona de forma similar aos processos UHT indiretos. O produto é preaquecido no trocador-regenerador (1) e, em seguida, passa ao trocador (2) onde se pasteuriza; uma vez já processado, passa novamente pelo trocador (1) e chega ao trocador (3), onde se refrigera para depois ser acondicionado. A válvula de desvio de fluxo (não representada na figura) conduz o produto ao tanque de armazenamento se não tiver atingido a temperatura programada.

Tendo em vista que certo número de microrganismos sempre sobreviverá ao tratamento, não é necessária a embalagem asséptica, que somente encareceria o produto final; basta que seja higiênica. As embalagens utilizadas podem ser garrafas de vidro ou plástico, sacos plásticos, papelão, etc.

Termização

Trata-se de processo em fluxo contínuo, similar à pasteurização HTST, mas difere no binômio tempo-temperatura; é um tratamento menos intenso (10 a 15 segundos; 60°C a 65°C). Aplica-se, atualmente, ao leite cru (Volume II, Capítulo 3), com o objetivo de manter baixa a taxa de bactérias psicrotróficas, que são muito termolábeis. Não equivale à pasteurização do leite, pois não é suficiente para destruir todos os microrganismos patogênicos não-esporulados.

REFERÊNCIAS BIBLIOGRÁFICAS

FRAZIER, W. C. y WESTHOFF, D. C. (1993): *Microbiología de los alimentos.* 4ª ed. Acribia. Zaragoza.
JAY, J. M. (1993): *Microbiología moderna de los alimentos.* 3ª ed. Acribia. Zaragoza.
JAY, J. M. (1996): *Modern food microbiology.* 5th ed. Chapman & Hall. Nueva York.
LÓPEZ, A. (1987): *A complete course in canning and related processes.* The canning trade Inc. Baltimore.
STUMBO, C. R. (1973): *Thermobacteriology in food processing.* Academic Press. Londres.
TOLEDO, R. T. (1991): *Fundamentals of food process engineering.* Van Nostrand Reinhold. Nueva York.

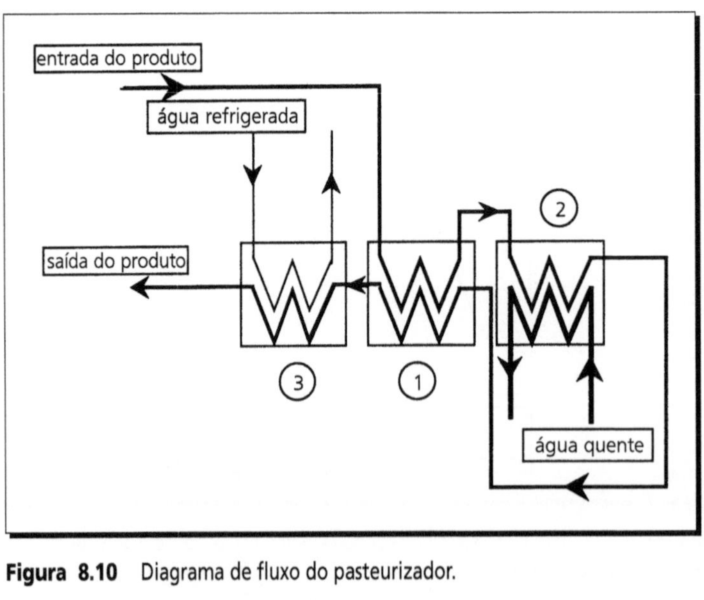

Figura 8.10 Diagrama de fluxo do pasteurizador.

RESUMO

1 A destruição dos microrganismos pelo calor segue uma trajetória logarítmica, indicando que, a uma determinada temperatura, destroem-se em tempos iguais porcentagens idênticas de microrganismos.

2 A termodestruição microbiana é definida pelos parâmetros *D* (tempo de redução decimal) e *Z* (número de graus centígrados necessário para aumentar ou diminuir a temperatura a fim de que o valor *D* diminua ou aumente, respectivamente, 10 vezes).

3 O *conceito 12D* implica que, na esterilização de alimentos com pH superior a 4,5, é preciso considerar a presente de um esporo de *Clostridium botulinum* por embalagem; após o tratamento térmico, só pode permanecer viável um esporo por 10^{12} embalagens.

4 O valor *F* é o tempo que se requer, em uma temperatura definida, para reduzir a população microbiana presente no alimento até o nível desejado. Quando o valor *F* refere-se a 121°C, é designado como F_0.

5 A esterilização visa destruir os microrganismos mais termorresistentes (bactérias esporuladas) para obter a esterilidade comercial. Os alimentos podem ser esterilizados já acondicionados (em autoclave ou esterilizadores hidrostáticos) ou sem acondicionar (tratamentos UHT direto e indireto), com o posterior acondicionamento asséptico.

6 A pasteurização pretende destruir os microrganismos patogênicos não-esporulados e/ou reduzir significativamente a microbiota banal. As modalidades desse tratamento são pasteurização baixa (LHT) e pasteurização alta (HTST).

7 A termização é um processo em fluxo contínuo que se aplica atualmente apenas ao leite e que pretende manter baixa a taxa de bactérias psicrotróficas Gram negativas.

CAPÍTULO 9

Utilização de radiações eletromagnéticas na indústria alimentícia. Irradiação de alimentos

Este capítulo ocupa-se das aplicações das radiações eletromagnéticas não-ionizantes (aquecimento por infravermelho, por microondas, dielétrico, ôhmico e por indução) na indústria alimentícia. Além das particularidades desse tipo de radiações, analisa-se seu efeito nos alimentos, assim como as características dos equipamentos requeridos em cada aplicação. Além disso, abordam-se os diversos aspectos da irradiação de alimentos como forma de prolongar sua vida útil, em que se recorre ao emprego de ondas eletromagnéticas ionizantes de freqüência limitada e de faces de elétrons de baixa energia.

RADIAÇÕES ELETROMAGNÉTICAS NA INDÚSTRIA ALIMENTÍCIA

A indústria alimentícia recorre ao emprego de radiações eletromagnéticas com finalidades muito diversas. Todas elas são transmitidas em forma de onda, sem necessidade de suporte material e a uma velocidade de 3×10^8 ms^{-1}. Entretanto, dependendo da energia associada, do comprimento de onda e da freqüência de emissão, o efeito decorrente de sua interação com determinado material é muito diferente. Na Tecnologia de Alimentos, impõe-se a diferenciação entre tratamentos com *radiações não-ionizantes* e aqueles com *radiações ionizantes*. No primeiro caso, recorre-se ao emprego de diferentes formas de energia eletromagnética. O espectro utilizado inclui a radiação infravermelha e por microonda, assim como a energia elétrica. Essas radiações, com poder de penetração distinto, são utilizadas para gerar calor por diferentes mecanismos e constituem a base de vários sistemas de aquecimento (*infravermelho*, por *microondas*, *dielétrico* e *ôhmico*).

Os tratamentos com radiações ionizantes têm um caráter claramente distinto, visto que, nesse caso, se pretende prolongar a vida útil dos alimentos sem que ocorra aumento significativo de sua temperatura. Neles, como seu próprio nome indica, recorre-se ao emprego de radiações eletromagnéticas com energia suficiente para ionizar os átomos e/ou moléculas com os quais interagem. Na *irradiação de alimentos*, utilizam-se as ondas eletromagnéticas de freqüência limitada dessa natureza, produzidos por elétrons de baixa energia ($\leq$ 10 MeV).

A diversidade na utilização das radiações eletromagnéticas decorre, portanto, da dispersão de seus efeitos. A Figura 9.1 apresenta as características (comprimento de onda, freqüência e energia associada) e as principais aplicações do espectro eletromagnético na indústria alimentícia.

RADIAÇÕES ELETROMAGNÉTICAS NÃO-IONIZANTES

O aquecimento por infravermelhos é uma transmissão de calor por radiação, na qual, como conseqüência de sua temperatura, a matéria emite radiações cujo comprimento de onda e cuja intensidade dependem da natureza do corpo radiante. O aquecimento por microondas, assim como o dielétrico e o ôhmico, não requer a existência de um gradiente térmico ou de superfícies quentes; trata-se de uma forma de gerar calor decorrente da distorção criada nos componentes dos alimentos pela incidência de um campo elétrico alternativo.

Radiação infravermelha

A radiação infravermelha (Figura 9.1) produz determinada vibração nas ligações intra e intermoleculares dos componentes dos alimentos que se traduz no incremento da

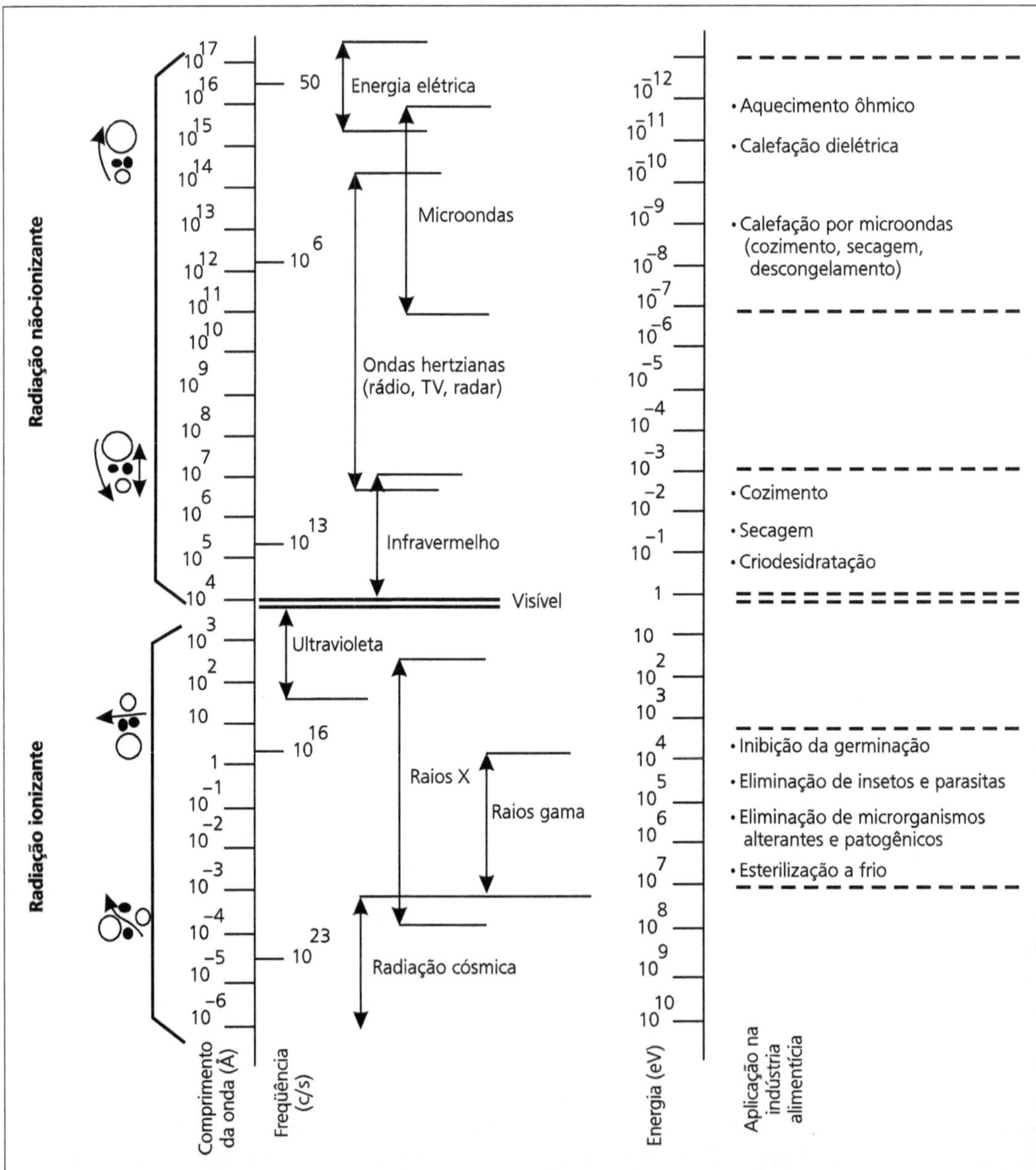

Figura 9.1 Particularidades e aplicação das radiações eletromagnéticas na indústria alimentícia.

temperatura. A capacidade de penetração dessa radiação é pequena; por isso, seu efeito limita-se à superfície, enquanto o restante do alimento é aquecido por condução ou convecção.

Dentro do espectro infravermelho, distinguem-se o *infravermelho próximo* (NIR, *near-infrared*), com comprimentos de onda entre 0,78 e 1,4 μm, o *infravermelho médio* (MIR, *mid- infrared*), incluído no intervalo de 1,4 a 3 μm, e o *infravermelho distante* (FIR, *far-infrared*), entre 3 e 1.000 μm.

Fundamentos e equipamentos

Todos os corpos emitem calor por radiação, embora nessa forma de transmissão de calor distinga-se o corpo *emissor*, que libera energia radiante em maior proporção, e o corpo que a absorve em maior quantidade, o *receptor*. O aquecimento por infravermelho é a transmissão de calor por radiação, na qual os corpos emitem energia em quantidade que depende de sua própria temperatura. Denomina-se *corpo negro* ou *radiador perfeito* aquele que emite a máxima quantidade de radiação em determinada temperatura. As superfícies reais, os aquecedores radiantes e os alimentos não são radiadores perfeitos. Eles emitem a fração constante da radiação de um corpo negro. Esses corpos são chamados de corpos cinzas, e fala-se de emissividade (ε) para referir-se à sua capacidade de emitir energia radiante, ajustando-se à Lei de Stefan-Boltzmann, cuja expressão matemática é a seguinte:

$$Q = \varepsilon A \sigma T^4 \qquad (9.1)$$

onde Q (J_s^{-1}) representa a velocidade de emissão calórica, T é a temperatura absoluta (K e graus Rankine [R] no sistema britânico), σ é a constante de Stefan-Boltzmann ($5{,}7 \times 10^{-8}$ $J_s^{-1}m^{-2}K^{-4}$), A é a área superficial, e ε é a emissividade específica do corpo cujo valor numérico varia entre 0 e 1. Portanto, a quantidade de energia radiante transferida entre duas superfícies depende de sua temperatura, de sua distribuição geométrica e de sua emissividade.

De forma similar, um corpo cinza absorve apenas uma fração da energia absorvida por um corpo negro, quantidade que corresponde à sua absorvência ou coeficiente de absorção (α). Nesses corpos, α é numericamente igual a ε. A refletividade representa a fração de radiação incidente que não é absorvida, e por isso será igual a ($1 - \alpha$). Os corpos negros absorvem toda a energia que incide sobre eles sem refletir nada.

As emissividades variam com a temperatura. Algumas substâncias, como metais, óxidos metálicos e certos gases e vapores compostos por moléculas polares (vapor d'água, dióxido de carbono), são emissores seletivos, mostram distribuição irregular de intensidade radiante, e suas emissividades variam ao longo do espectro infravermelho. Uma vez que a emissividade da substância é igual à sua absorvência, qualquer substância que reflita muita radiação emitirá pouca. Portanto, se uma substância é perfeitamente transparente e não absorve nem reflete radiação, não a irradia (ε = 0). Essa conduta apresenta-se em certos gases, como hidrogênio, oxigênio e nitrogênio.

As superfícies negras foscas têm a conduta similar ao corpo negro e, na maioria dos casos, pode-se admitir que sua emissividade é igual a 1. A emissividade das superfícies brancas (papel, metais pintados ou madeira) e de alguns alimentos em temperaturas baixas ou moderadas oscila em torno de 0,9; nas superfícies metálicas sem polimento, varia entre 0,7 e 0,25, enquanto, nas metálicas polidas, é igual ou inferior a 0,05 (Tabela 9.1).

O comprimento de onda da radiação infravermelha é determinado pela temperatura da fonte de radiação. Quanto mais ela é elevada, mais curto é o comprimento de onda da radiação e maior sua capacidade de penetração. A quantidade líquida de energia radiante transferida a um alimento equivale à diferença entre a quantidade absorvida e a eliminada:

$$Q = \varepsilon A \sigma (T_1^4 - T_2^4) \qquad (9.2)$$

onde T_1^4 corresponde à temperatura do emissor, e T_2^4, à temperatura do receptor.

A energia radiante transforma-se em calor somente por absorção; de acordo com a Lei de Beer, o processo pode ser descrito pela seguinte expressão matemática:

$$I = I_0 \exp(-\alpha x) \qquad (9.3)$$

onde I é a quantidade de radiação transmitida à profundidade x; I_0 é a intensidade de radiação incidente, e α é o coeficiente

Tabela 9.1 Emissividade aproximada de diversos materiais

Material	Emissividade
Pão queimado	1,00
Massa de padaria	0,85
Água	0,95
Gelo	0,97
Carne bovina	0,74
Sebo	0,78
Papel branco	0,90
Madeira e papel pintado	0,90
Metal sem polimento	0,70-0,25
Metal polido	< 0,05

Fonte: Fellows (1994).

de absorção. Os equipamentos industriais empregam radiadores em que a absorção varia de zero ($\alpha \to 0$), em certo comprimento de onda, até a absorção completa ($\alpha \to 1$), em outros comprimentos de onda. Para obter a máxima absorção, é necessário produzir um espectro estrito e intenso do mesmo nível que as faixas de absorção do material que se pretende aquecer. No aquecimento de alimentos, têm importância prática somente comprimentos de onda de até 50 μm. Tanto a água como os sistemas aquosos absorvem melhor em comprimento de onda próximos a 1 μm.

Embora a transmissão de calor por radiação possa ser significativa quando as diferenças de temperatura são pequenas, como ocorre nos armazéns frigoríficos, em geral, ela só é importante quando a diferença de temperatura é grande. Dessa forma, tal tipo de transmissão de calor predomina nos fornos de padaria e nos dessecadores radiantes. O aquecimento infravermelho dos alimentos é realizado mediante bancadas de aquecedores radiantes, que podem ser alimentados por combustíveis sólidos, petróleo, gás ou eletricidade. Os aquecedores radiantes alimentados eletricamente podem ser de dois tipos: os de temperatura média e os de temperatura elevada. Os primeiros são formados por filamentos situados em tubos de silício ou metal, que atingem temperaturas compreendidas entre 500°C e 1.000°C e geram cerca de 15 kWm^{-2}. Os radiadores de alta temperatura consistem em lâmpadas com filamentos de tungstênio ou filamentos protegidos por tubos de quartzo, que operam a 2.500°C com a potência de 10 a 65 kWm^{-2}. Nessas condições, a maior parte da energia é irradiada no infravermelho com o intervalo de comprimento de onda de 0,75 a 350 μm. Na Tabela 9.2, apresentam-se as características da radiação infravermelha emitida por diferentes fontes.

Esses dispositivos são a base da maioria dos fornos utilizados para diversas finalidades na indústria alimentícia, sejam eles de funcionamento descontínuo ou contínuo (fornos rotatórios, de trilho, túnel ou bandejas em ciclo múltiplo). O aquecimento dos alimentos pode ser indireto ou direto. No primeiro, utilizam-se gases de combustão quentes ou energia elétrica para aquecer as paredes de fornos descontínuos ou os radiadores colocados acima ou abaixo da faixa de cocção de fornos contínuos. O aquecimento direto convencional é realizado colocando-se bicos de gás sucessivos acima e abaixo da zona de processamento. Nos dois casos, tem-se uma combinação de transmissão de calor por convecção (do ar circulante), radiação (a partir dos dispositivos irradiantes e paredes) e condução (pela bandeja onde se colocam os alimentos).

Tabela 9.2 Características da radiação infravermelha emitida por diferentes fontes

Tipo de fonte	Temperatura máxima de trabalho (°C)	Intensidade máxima (kWm^{-2})	Temperatura máxima durante o processo (°C)	Calor transmitido por radiação (%)	Calor transmitido por convecção (%)	Tempo de aquecimento/ resfriamento (s)
Onda curta						
Lâmpada de calefação	2.200	10	300	75	25	1
Pistola de IR	2.300	2	1.600	98	2	1
Tubo de quartzo	2.200	80	600	80	20	1
Onda média						
Tubo de quartzo	950	60	500	55	45	30
Onda longa						
Elemento[a]	800	40	500	50	50	< 120
Cerâmica[b]	700	40	400	50	50	< 120

a: Resistência elétrica; b: Resistência elétrica recoberta de cerâmica.
Fonte: Fellows (1994).

Efeito nos alimentos e aplicação na indústria alimentícia

A radiação infravermelha, como outras formas de transmissão de calor, pode ser utilizada para estender a vida útil dos alimentos, destruindo enzimas e microrganismos e reduzindo, em certo grau, atividade de água. Mas essa forma de aquecimento também permite modificar as características organolépticas dos alimentos, com possibilidade de melhorar sua palatabilidade e criar diferentes sabores, aromas e texturas.

A absorção em infravermelho caracteriza-se por sua pouca penetração, por isso há aquecimento rápido da superfície dos alimentos. A transmissão de calor para o centro do alimento ocorre por condução, sendo, portanto, um processo lento. Essas condições levam à evaporação da água da camada externa; conseqüentemente, a diminuição de sua umidade relativa cria um gradiente de pressão de vapor que favorece a passagem da água do interior do alimento à sua superfície. A velocidade de evaporação depende das características do alimento tratado e da velocidade de aquecimento. Se o processo se realiza à pressão atmosférica e se a superfície se mantém saturada de umidade, a temperatura não ultrapassa 100°C. Quando a velocidade em que a água é eliminada da superfície supera a da sua emigração do interior do alimento, a frente de evaporação aprofunda-se, a superfície desseca e superaquece, de forma que a temperatura acaba se igualando com a do ar circundante. Na superfície, aparece uma crosta, por coagulação, degradação e pirólise parcial das proteínas, e, no caso dos cereais e derivados, por gelatinização, desidratação e mudanças na textura granular do amido. A obturação rápida da estrutura externa confere a essa zona caráter impermeável que permite reter a água e as substâncias voláteis, fazendo com que os alimentos tornem-se mais suculentos e aromáticos. Em alguns casos, é necessário retardar a desidratação da camada superficial, o que pode ser conseguido combinando-se o aquecimento na fase inicial com a injeção de vapor d'água. Esse procedimento é utilizado nos fornos de padaria, para conseguir que a crosta permaneça elástica durante mais tempo e que a massa se esponje adequadamente. Durante o armazenamento, há a migração de água no alimento, podendo fazer com que a crosta volte a amolecer, com a conseqüente perda de suas características organolépticas.

Porém, o superaquecimento das camadas externas favorece o desenvolvimento da reação de Maillard e a caramelização dos açúcares e dextrinas, com o conseqüente surgimento da cor marrom-dourada, mais ou menos intensa, característica dos produtos de forno. A elevada temperatura e o baixo conteúdo de água das camadas superficiais provocam também a oxidação dos ácidos graxos a aldeídos, lactonas, cetonas, álcoois e ésteres. Essas substâncias, junto com os compostos derivados da reação de Maillard e da degradação de Strecker, contribuem para o desenvolvimento do aroma característico dos alimentos assados, dependendo da composição química e do tempo e temperatura de aquecimento.

Do ponto de vista nutritivo, as maiores mudanças ocorrem, igualmente, na superfície do alimento. Portanto, a relação volume/superfície desempenha papel relevante na avaliação das perdas que podem ocorrer. O efeito manifesta-se, em particular, no conteúdo de alguns aminoácidos (sobretudo lisina) e de certas vitaminas (tiamina, vitamina C); a redução de seu conteúdo depende das condições de processamento e da natureza do alimento tratado.

A energia infravermelha tem inúmeras aplicações na indústria alimentícia. Assim, ela é utilizada nos processos de fornear ou assar, tostar e cozer. Nesses casos, é importante controlar a temperatura do processamento para que as modificações das características organolépticas (mudança de cor de sua superfície, de aroma, de textura e de buquê) do alimento sejam adequadas. Além disso, é empregada na fusão de gorduras e na dessecação de alimentos com baixo conteúdo de água (como pastas, cacau, farinhas e grãos). É freqüente seu uso como sistema de aquecimento em dessecadores de faixa contínua a vácuo e em liofilizadores. Essa forma de aquecimento também é aplicada na indústria alimentícia na manutenção de estufas e caldeiras, na retração de materiais plásticos de acondicionamento e em procedimentos especiais de destilação. Entre as aplicações, é preciso lembrar ainda a secagem ao sol, em que a radiação infravermelha representa cerca de 48% da energia proporcionada.

Radiação microonda

O emprego de microondas no processamento dos alimentos deve-se ao fato de que geram calor. A idéia de aquecer os alimentos com microondas surgiu há mais de 40 anos, e pode-se dizer que é resultado do desenvolvimento do radar durante a Segunda Guerra Mundial. A conexão entre o calor gerado pelas microondas e a possibilidade de utilizá-lo para aquecer alimentos deve-se a Percy Spencer, que patenteou o primeiro forno microondas em 1949. Desde então, o forno microondas causou grande revolução no âmbito doméstico. É o segundo eletrodoméstico em importância nos Estados Unidos, estando presente hoje em 90% dos domicílios. Na Espanha, embora tenha penetração menor, foram vendidas em 1995 quase 760 mil unidades, e é provável que essa cifra aumente com o tempo.

A presença do forno microondas nas residências é um novo incentivo para a indústria de elaboração de pratos prontos e semiprontos, o que deve orientar parte da produção para esse mercado em evidente expansão.

Embora o aquecimento seja um processo fundamental na indústria alimentícia e as microondas ofereçam certas vantagens, até o momento, seu êxito nesse campo não se compara ao obtido no âmbito doméstico e nos restaurantes coletivos. Entretanto, o emprego de microondas em grande escala está aumentando rapidamente, entre outras coisas, graças às recentes melhorias no desenho de sistemas microondas de grande potência e à redução do custo dos equipamentos.

Fundamentos e equipamentos

No espectro eletromagnético, as microondas situam-se entre as ondas de rádio e a radiação infravermelha, caracterizam-se por ter freqüência de emissão compreendida entre 300 MHz e 300 GHz, comprimento de onda no intervalo de 2.210 a 1,4 cm e energia associada de $1{,}2 \times 10^{-12}$ a $1{,}2 \times 10^{-7}$ eV (Figura 9.1).

Para evitar interferências com as ondas empregadas nas comunicações (radar, rádio, TV), estabeleceram-se freqüências específicas, chamadas faixas ISM, de uso industrial, científico e médico. Dessa forma, o emprego de microondas está restrito a 915 MHz (896 MHz em alguns países europeus) para a baixa freqüência e a 2.450 MHz para a alta, o que corresponde ao comprimento de onda de 32,8 (33,5 em alguns países europeus) e de 12,2 cm, respectivamente. Como todas as ondas eletromagnéticas, as microondas estão associadas a um campo elétrico e a um campo magnético perpendiculares entre si. Além disso, são ondas monocromáticas, planas e fortemente polarizadas. Por suas características (freqüência e comprimento de onda), as microondas são radiações não-ionizantes com poder de penetração superior ao da radiação infravermelha.

A energia das microondas converte-se em calor ao ser absorvida pela matéria. A interação dessa radiação em determinado material cria uma distorção resultante do efeito do campo magnético associado ao elétrico. Uma vez que os dois campos são interconversíveis, a absorção de um deles determinará que ambos se debilitem simultaneamente. Há muitos mecanismos pelos quais as microondas geram calor, dependendo do material e das condições. O campo magnético pode interagir com os metais magnéticos, provocando-lhes correntes de elétrons. Nos alimentos, esse efeito é irrelevante, já que eles contêm apenas resíduos de minerais magnéticos (níquel, cobalto, ferro, etc.). Contudo, os alimentos apresentam como componente majoritário a água (em torno de 80%), molécula dipolo com distribuição não-homogênea de cargas elétricas e certa quantidade de sais ionizados, com os quais o campo elétrico pode interagir. Dessa forma, é a absorção do campo elétrico associado à radiação microonda que origina o calor nos alimentos, enquanto a absorção do campo magnético é útil apenas nos elementos de proteção e em alguns utensílios utilizados para os alimentos que apresentam materiais magnéticos.

Na geração de calor por microondas nos alimentos, distinguem-se fundamentalmente dois mecanismos: a *condução iônica* e a *rotação de dipolos* (Figura 9.2). No primeiro caso, os íons presentes nos alimentos se deslocarão conforme a direção do campo elétrico alternativo que se segue à interação da radiação microonda. Durante seu deslocamento, esses íons colidirão com moléculas vizinhas, transmitindo-lhes energia cinética, aumentando seu movimento e, finalmente, gerando calor. Dessa forma, a condutividade elétrica do material influi na absorção das microondas. Embora, em muitos casos, não se tenha levado em conta esse mecanismo no aquecimento por microondas, ele adquire muita importância no caso dos alimentos com elevado conteúdo de sal.

Todavia, os dipolos terão de rodar (Figura 9.2) para orientar-se sob a influência de um campo elétrico de elevada freqüência (915 MHz na baixa freqüência ou 2.450 MHz na alta). A rotação dos dipolos gera choques e fricção molecular, que, assim como no caso anterior, incrementam a energia cinética e a temperatura. Esse é o principal mecanismo de geração de calor nos alimentos com conteúdo elevado ou médio de água, sendo as regiões de água livre (regiões multicamada e capilar) as disponíveis para a interação com as microondas, uma vez que, na região monocamada, a molécula de água está estericamente impedida. Outros componentes dos alimentos com os quais as microondas podem interagir por rotação de dipolos são os álcoois e os açúcares. A geração de calor nos alimentos com umidade muito baixa depende da interação das microondas com os lipídeos e os sólidos coloidais, embora se desconheçam os mecanismos envolvidos.

Quando a onda eletromagnética incide na superfície do material, uma parte dela será refletida, enquanto a outra será transmitida ao interior com mudança de direção (*refração*). À medida que a onda é transmitida no material, pode ser progressivamente absorvida de forma exponencial. Essa radiação absorvida será aquela a ceder sua energia e provocar o aumento da temperatura. O grau de reflexão, de penetração e de absorção depende, em boa parte, das propriedades dielétricas do material. Entre estas, as mais importantes são a constante dielétrica (ε') e o fator de perda *dielétrica* (ε''), que são o reflexo da capacidade do material de armazenar e dissipar energia das microondas. A soma vetorial dessas propriedades é chamada de permissividade ou constante dielétrica complexa. A relação entre ε'' e ε' é a *tangente de perda* (tg δ = ε''/ε'); trata-se da medida da capacidade de determinado material em gerar calor quando recebe radiação microonda.

A proporção de energia incidente que será refletida por determinado material é dada pela seguinte expressão:

$$P_{ref} / P_{inc} = \left[\left(1 - \sqrt{\varepsilon'}\right) / \left(1 + \sqrt{\varepsilon'}\right) \right] \qquad (9.4)$$

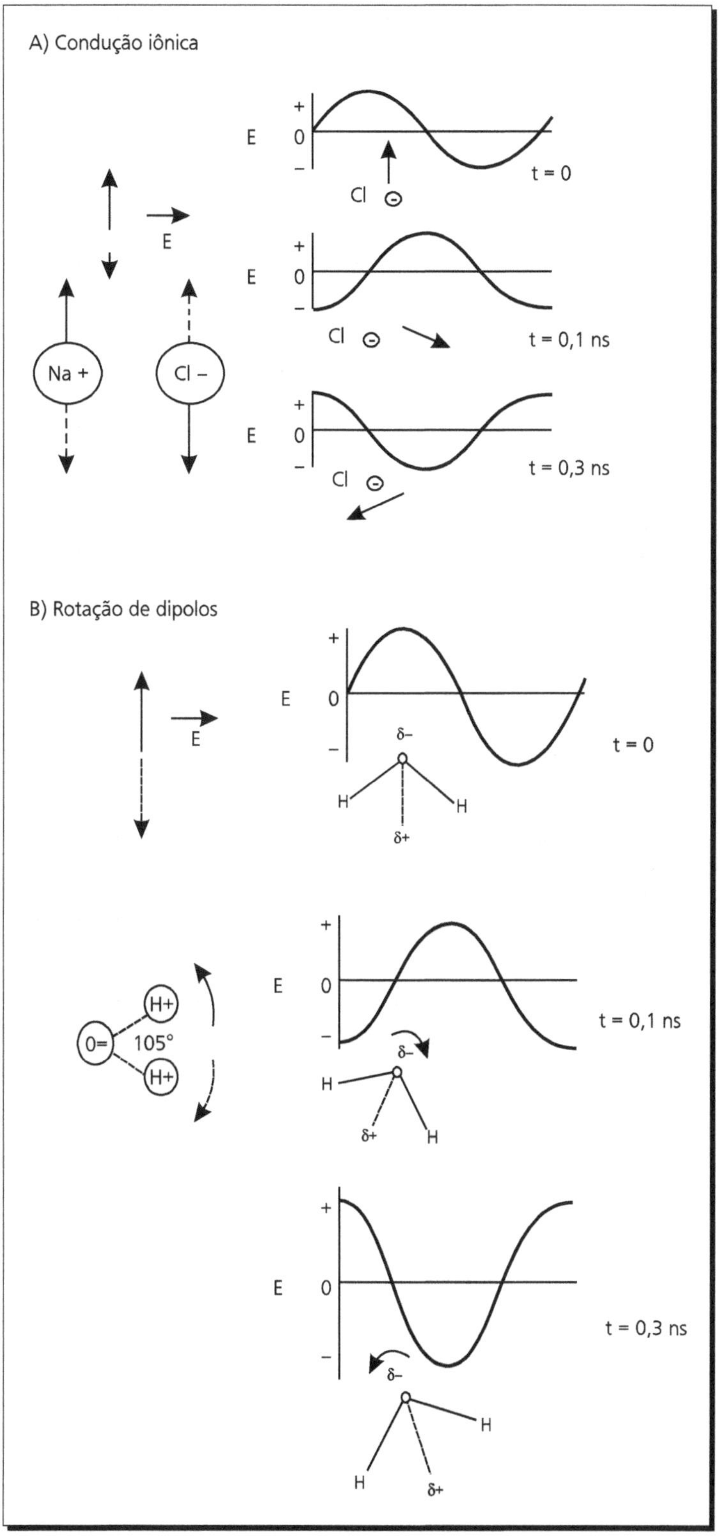

Figura 9.2 Principais mecanismos envolvidos na geração de calor em alimentos por microondas. *Fonte:* Buffler (1992).

sendo P_{ref} a potência refletida (W) e P_{inc} a potência incidente (W).

O comprimento de onda dessa radiação na matéria modifica-se conforme a relação:

$$\lambda_m = c / \sqrt{(\varepsilon'/f)} = \lambda_o / \sqrt{\varepsilon'} \quad (9.5)$$

sendo λ_m o comprimento de onda no material (m), c a velocidade de propagação no vácuo (3 × 108 ms^{-1}), f a freqüência de emissão e λ_o o comprimento de onda no espaço livre (m).

Portanto, a constante dielétrica é um indicativo das propriedades de reflexão e do comprimento de onda das microondas em um material. Quanto menor for ε', menor será a proporção da energia de microondas refletida e maior o comprimento de onda no material. Por sua vez, o fator de perda é mede a capacidade de dissipar a energia microondas em forma de calor. A equação fundamental para determinar a potência absorvida é:

$$P_v = 55{,}6\ 10^{-14} f\, \varepsilon''\, E^2 \quad (9.6)$$

onde P_v é a potência absorvida por unidade de volume (W m^{-3}), f é a freqüência da microonda (Hz), ε" é *o* fator de perda dielétrica, e *E*, o valor do campo elétrico dentro do alimento (V m-1).

Outro parâmetro a levar em conta quando as microondas são absorvidas pelo material é a *profundidade de penetração da potência* (d_p), definida como a distância a que a potência inicial das microondas diminui até 37%. O valor d_p será elevado nos materiais em que se transmite a radiação sem que ela seja absorvida e que, portanto, não se aquecem. De forma muito simplificada, mas aplicável à maioria dos alimentos (com margem de erro inferior a 5%), a profundidade de penetração pode ser calculada como:

$$d_p = \left(\lambda_0 \sqrt{\varepsilon'}\right) / \left(2\pi\varepsilon''\right) \quad (9.7)$$

sendo λ_0 o comprimento de onda no espaço livre (m).

Segundo suas propriedades dielétricas e as formas de interagir com a radiação microonda, podem-se considerar três tipos básicos de materiais:

a) *Refletantes ou condutores*, que, como seu próprio nome indica, refletem as microondas em sua superfície e não as absorvem. Pertencem a esse grupo os metais puros (condutores), empregados para dirigir e conter as microondas (paredes da cavidade onde se aplicam as microondas, tubos-guia de onda).
b) *Transparentes*, que transmitem as microondas. Isto é, a radiação atravessa o material sem que se absorva nada (ou praticamente nada) de sua energia. Têm valores de ε' e ε" muito baixos (Tabela 9.3). São empregados como recipientes para depositar os alimentos durante seu processamento e como protetores de partes essenciais no sistema de geração das microondas, como barreiras físicas diante do pó e da sujeita. Nesse grupo estão o vidro, a cerâmica, o teflon, o polietileno e o papel.
c) *Absorventes, dielétricos ou perdedores,* que absorvem a energia das microondas em maior ou menor medida. Têm valores de ε' e ε" relativamente elevados (Tabela 9.3). É o caso dos alimentos.

Vale assinalar que essa classificação não pode ser estrita, pois os materiais, em sua maioria, são mais ou menos perdedores ou condutores, dependendo de diversas variáveis.

Uma quarta categoria poderia ser incluída nessa classificação, correspondente aos materiais magnéticos. Como mencionado antes, estes também absorvem a energia microonda, principalmente pela interação com o campo magnético. É o caso da ferrita e de outros materiais empregados como *susceptores*.

O calor gerado pelas microondas no alimento depende tanto das características deste como das propriedades do sistema microondas utilizado. A Tabela 9.4 apresenta os fatores mais importantes na regulação dessa forma de aquecimento. No que se refere às propriedades do alimento, como já comentado, as mais relevantes são as dielétricas, que correlacionam os atributos físicos e químicos e variam principalmente com o conteúdo de umidade e de sal. A água tem uma ε' relativamente elevada (aproximadamente 80) em relação ao componente sólido do alimento (geralmente menor que 2). Por isso, ao aumentar o conteúdo de água do alimento, incrementam-se proporcionalmente seu ε' e seu ε", isto é, serão mais perdedores e converterão mais eficazmente a energia das microondas em calor. A maior absorção das microondas nas porções com maior conteúdo aquoso é muito útil para regular os processos de desidratação de alimentos. Evita-se, desse modo, o aquecimento excessivo das zonas já secas, cuja ε' será muito menor que a das porções úmidas.

A temperatura é outro fator que se deve considerar. A dependência das propriedades dielétricas da temperatura é bastante complexa. Pode-se dizer que, acima de 0°C, quando aumenta a temperatura, diminuem ε', ε" e a tangente de perda. Isto é, aumenta a penetração e diminui a absorção. Esse é um fator estabilizante, visto que implica o aumento mais uniforme da temperatura. Contudo, em alimentos com alta quantidade de sal, verifica-se o fenômeno contrário.

A diminuição da temperatura abaixo de 0°C implica uma mudança considerável das propriedades dielétricas. Isso porque as moléculas de água têm menor mobilidade quando congelam. A mudança é tão grande que o gelo é considerado praticamente transparente às microondas, e suas propriedades dielétricas são completamente diferentes das da água líquida (a água a 24°C tem ε' de 78 e ε" de 1,7, enquanto a ε' e a ε" do gelo a 0°C são de 3,2 e 0,003, respectivamente). Isso é muito importante no descongelamento dos alimentos, em

Tabela 9.3 Tipos de materiais por seu comportamento diante da radiação microonda

Tipo de material	ε'	ε"	Reflexão (%)	P_v	d_p (cm)
TRANSPARENTES	baixa	baixa	baixa	baixa	alta
vidro	4,3	0,02	12		135
papel	3-4	0,05-0,1	7-11		39-67
teflon	2,1	0,006	3		4.710
ABSORVENTES	alta	alta	variável	alta	baixa
água destilada	77,4	9,2	63		2
carne crua	50, 8	16	57		1
óleo	2,5	0,1	5		25

ε' = Constante dielétrica
ε" = Fator de perda
P_v = Potência absorvida por unidade de volume
d_p= Profundidade de penetração da potência

que as microondas podem acentuar as diferenças de temperatura em diferentes partes do produto.

Em relação aos sais, quanto maior conteúdo no alimento, maior é a condutividade; portanto, o aquecimento é mais rápido e há menor poder de penetração.

No equipamento microondas, são especialmente relevantes a freqüência utilizada e a intensidade do campo elétrico. Quanto maior é a freqüência, mais elevada é a potência absorvida, embora sua profundidade de penetração seja menor. Esse aspecto tem importância particular para o ajuste do tratamento com relação à espessura do material que será tratado. Em contrapartida, é evidente que, quanto maior a potência da radiação aplicada, mais rápido é o aquecimento. Porém, quando se emprega a potência elevada, há o risco de produzir o aquecimento não-homogêneo, com superaquecimentos locais que podem afetar adversamente as características sensoriais. Como regra geral, os processos com microondas devem ser tão lentos quanto possível, porque mesmo assim serão muito mais rápidos que os métodos convencionais. Normalmente, a potência dos equipamentos industriais é de 5 a 100 kW, e a dos domésticos, de 1 a 2 kW. É preciso levar em conta também a relação entre o volume a ser processado e a potência do forno. A potência absorvida diminui rapidamente com o tamanho da carga. De maneira geral, pode-se dizer que a carga dupla necessita do dobro do tempo de processamento para obter o mesmo efeito.

Tabela 9.4 Fatores que influem no aquecimento por microondas

1 PROPRIEDADES DAS MICROONDAS
- 1.1 Freqüência
- 1.2 Potência

2 PROPRIEDADES DOS ALIMENTOS
- 2.1 Propriedades dielétricas
  Composição química
  Temperatura
- 2.2 Propriedades geométricas
  Tamanho
  Forma
- 2.3 Propriedades físicas
  Calor específico
  Condutividade térmica
  Viscosidade
  Porosidade

As microondas geram calor no interior dos alimentos em determinada profundidade, por transferência quase instantânea da energia do campo eletromagnético. O calor assim gerado é transmitido às regiões interiores do alimento por condução (convecção no caso dos líquidos); da superfície do produto ao entorno, ele é transmitido por convecção natural ou induzida e radiação. Desse modo, a difusão do calor no alimento é condicionada pelas propriedades geométricas, físicas e térmicas do mesmo. Quanto maior for o tamanho do alimento, mais seu aquecimento estará vinculado à condução térmica. Para obter o aquecimento homogêneo, a forma das peças a serem tratadas deve ser o mais uniforme possível. Os defeitos mais comuns decorrentes da geometria do produto são o superaquecimento das bordas e das arestas nos poliédricos e do centro nos esféricos ou cilíndricos.

A velocidade em que a temperatura aumenta depois de absorvida a energia microondas depende do calor específico e da condutividade térmica. Outras propriedades físicas importantes são a viscosidade (porque condiciona o movimento por convecção) e a porosidade (visto que interfere na velocidade de migração para o exterior). A densidade também influi nas propriedades dielétricas do alimento. Como a ε' do ar é 1, ou seja, é transparente às microondas, a inclusão do ar sempre implica a redução da ε".

O primeiro forno microondas doméstico foi lançado em 1955 pela empresa Raytheon Corporation, de Massachusetts. As primeiras unidades comercializadas eram muito volumosas, até que se substituiu o sistema de refrigeração de água pelo de ventilação a ar. A popularidade desses fornos aumentou consideravelmente quando, no final dos anos de 1950, as indústrias Litton desenvolveram o modelo compacto. Atualmente, existem equipamentos industriais contínuos e descontínuos de grande capacidade.

Os componentes básicos do equipamento microondas (Figura 9.3) são: a *fonte de alimentação*, onde a corrente elétrica alternativa de aplicação pública (60 Hz) transforma-se em corrente contínua de voltagem elevada; o *sistema gerador de microondas*, que converte a corrente contínua de voltagem elevada em microondas da freqüência desejada; e o *tubo-guia de onda*, que conduz as microondas do gerador até a *cavidade* do forno, onde elas interagem com o material a ser tratado. Em alguns casos, a interação das microondas com o material ocorre no próprio tubo-guia de onda, embora isso não seja usual na indústria alimentícia.

O equipamento básico pode ser associado a sistemas tradicionais para a injeção de ar em temperatura diferente (convecção forçada) ou de vapor d'água, com fonte de infravermelhos (para o dourado superficial) e, no caso de alimentos sensíveis ao calor, com bombas para operar em condições moderadas de vácuo. Nesse último caso, a redução de pressão está limitada a 13,32 a 26,66 kPa, diante da possibilidade de provocar problemas de arco. Assim, pode-se contar com as vantagens do aquecimento convencional com menores tempos de processamento.

Dependendo do grau de sofisticação do equipamento, existem diferentes sistemas de controle para regular a operação, por exemplo, para controlar a potência de acordo com a velocidade com que se introduz o material a ser processado ou com o aumento de temperatura que se deseja no produto. Hoje, também é comum introduzir um isocirculador de ferrita entre o magnétron e a cavidade a fim de desviar a energia refletida no primeiro para uma carga de água na qual a energia seja absorvida. Com isso, evitam-se avarias no magnétron.

O gerador de microondas é o componente mais importante desses equipamentos e também o mais complexo e sensível. Pode ser de vários tipos (campo cruzado, tipo *klister*, geradores de estado sólido), embora os mais difundidos sejam os *magnétrons*. Estes consistem basicamente de um diodo circular (Figura 9.4), com o catodo no interior, e um ânodo anular, formado por placas conectadas alternativamente denominadas *ressonantes*. O conjunto é fechado nos dois extremos para criar o vácuo. Abaixo e acima dessa estrutura, há dois anéis de material magnético (geralmente ferrita), que produzem um campo magnético paralelo ao eixo do filamento, ou seja, perpendicular ao campo elétrico. Ao se aquecer o filamento (catodo), liberam-se elétrons de sua superfície metálica; estes se aceleram radialmente até o ânodo sob a influência do campo elétrico criado ao se aplicar um potencial de 4.000 V entre o ânodo e o filamento. O campo magnético, por sua vez, força os elétrons a seguir uma trajetória curva. Esse movimento dos elétrons provoca a inversão periódica da polaridade dos ressonantes do ânodo, que se transmite àqueles unidos alternadamente com freqüência igual à da radiação microonda que se quer emitir. Um filamento conectado a um dos ressonantes atua como antena, transmitindo a alternância de cargas à cavidade de processamento através do tubo-guia de onda. Tanto a cavidade como o guia de onda são de um material (normalmente alumínio) que reflete as microondas. As amplitudes das ondas presentes na cavidade, das que saem do tubo e das refletidas somam-se e subtraem-se, produzindo regiões nas quais o campo elétrico é muito intenso e outras nas quais é muito débil. Dessa forma, na cavidade do processamento, haverá pontos quentes e pontos fios, e o tratamento aplicado não será uniforme, sendo esse um dos maiores problemas do tratamento com microondas.

Nos fornos domésticos e nos destinados aos restaurantes coletivos (normalmente com apenas um magnétron), empregam-se pelo menos duas estratégias para evitar o aquecimento desigual: um agitador ou ventilador metálico situado no ponto em que as microondas entram na cavidade e que reflete as microondas por ela e o prato giratório para passar o alimento várias vezes pelos máximos e mínimos do campo elétrico. No caso dos sistemas industriais, quando são de tipo descontínuo, geralmente aplica-se movimento oscilatório ao produto. Quando são contínuos, há uma correia transportadora (transparente às microondas) que mantém determinado movimento na cavidade de processamento com o mesmo efeito que o prato giratório. Além disso, distribuem-se vários magnétrons de menor potência (acima e abaixo do produto e inclusive pelas laterais), que melhoram substancialmente a distribuição da energia na cavidade (Figura 9.3).

A segurança é um fator muito importante nos sistemas microondas. Para evitar o escape de radiação microonda, os fornos domésticos dispõem de uma estrutura de choque entre a porta de acesso e o frontal da cavidade. Além disso, o

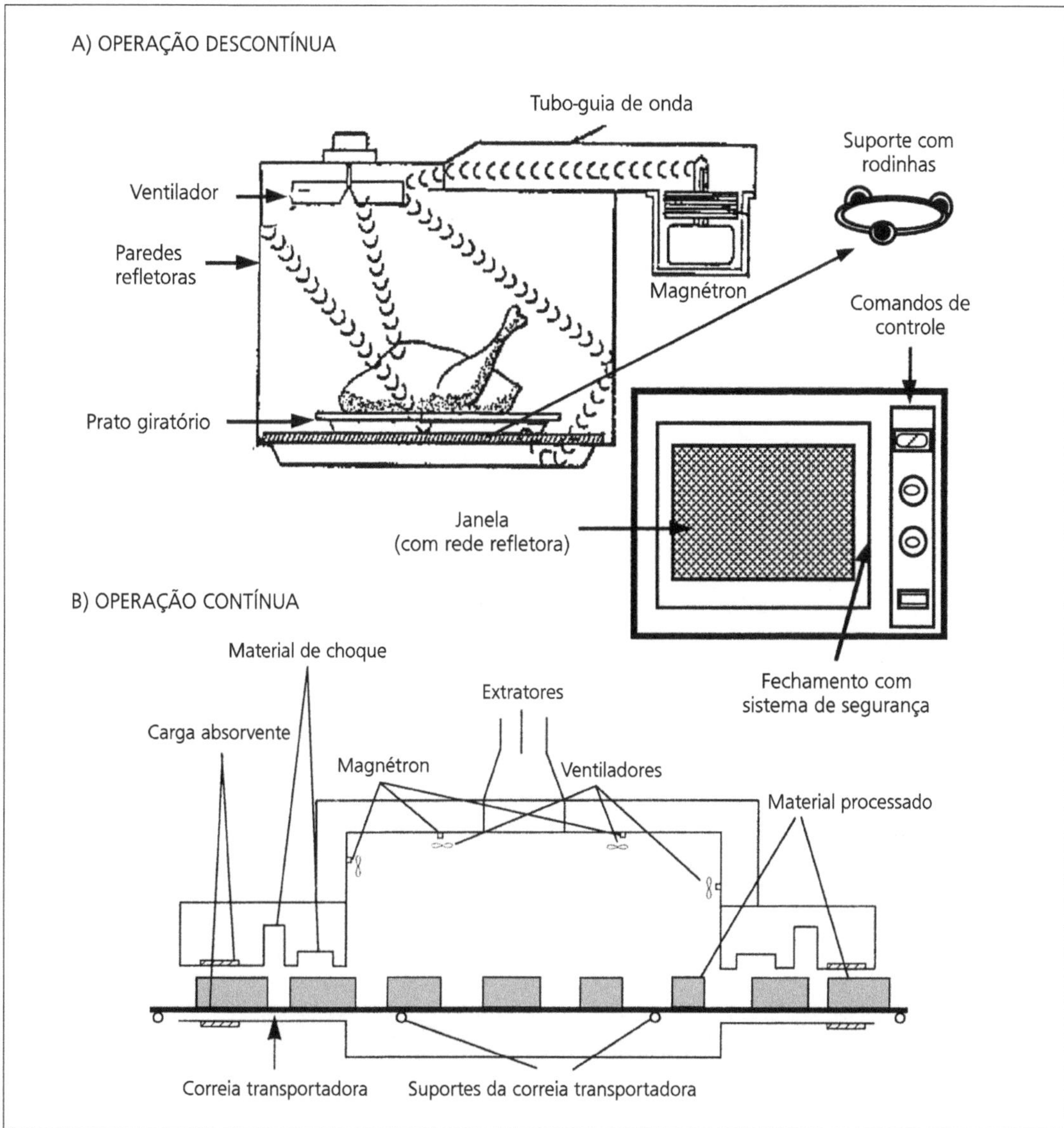

Figura 9.3 Esquema de diferentes equipamentos microondas.

fechamento da porta da cavidade atua como interruptor elétrico, detendo o funcionamento do gerador de microondas quando se abre. O cristal da janela de observação da porta do forno microondas dispõe de grade metálica, com abertura de malha igual a $\lambda/4$, que reflete e impede a saída de radiação (Figura 9.3). Nos sistemas industriais, há elementos refletores ou cargas absorventes nas portas de entrada e saída do produto.

O regulamento vigente nos Estados Unidos estabelece o máximo de perda de radiação microonda de 5 mW cm^{-2}, medido a 5 cm de distância de qualquer parte do forno. Esse nível é bastante inferior ao umbral de percepção do corpo humano, estimado em 20 mW cm^{-2}.

Efeito nos alimentos e aplicação na indústria alimentícia

As principais características do aquecimento por microondas em relação a outras formas convencionais de aquecimento podem ser resumidas nos seguintes pontos:

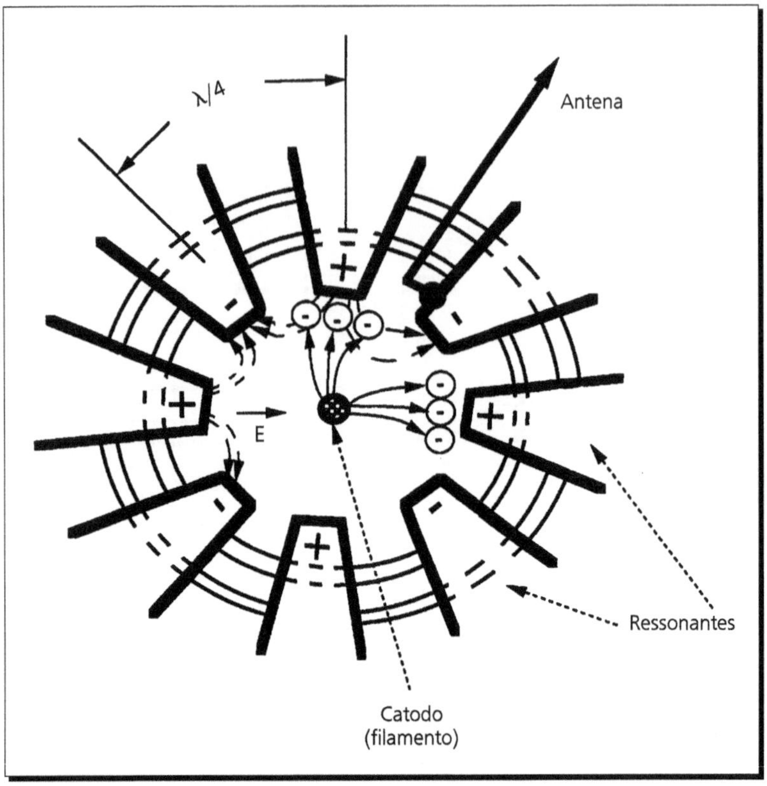

Figura 9.4 Esquema de um magnétron. *Fonte*: Buffler (1992).

1. O aumento da temperatura é muito rápido, porque a densidade de potência aplicada é muito alta e o calor é produzido no interior do alimento, não dependendo, em princípio, da condutividade térmica dos alimentos. A velocidade do aquecimento pode ser estimada como quatro vezes superior à do processo convencional, o que, na aplicação industrial, leva ao maior volume de produção e ao menor requerimento de espaço na área do processamento.
2. O aquecimento é mais uniforme do que o obtido por infravermelhos, pois o gradiente de temperatura entre a superfície e o centro do alimento é muito menor.
3. O aquecimento é seletivo, já que praticamente toda a energia é empregada para aquecer o alimento, e não o ambiente; conseqüentemente, as perdas de energia são menores.
4. A energia pode ser transmitida à distância e propagar-se em ambientes variados.
5. A ausência de inércia permite o controle rápido. O nível de potência pode ser ajustado eletronicamente em uma fração de segundo.
6. A eficiência do processo é grande, sendo habitual a conversão de mais de 50% da energia elétrica (60 Hz) na geração de calor no produto.

O aquecimento por microondas, embora mais homogêneo do que o obtido pelos métodos tradicionais, produz distribuição não totalmente uniforme da temperatura no produto. Esse fato decorre, por um lado, das variações na densidade de potência aplicada por unidade de área e, por outro, da heterogeneidade da composição do alimento.

Os produtos aquecidos por esse sistema não apresentam escurecimento não-enzimático nem formação de crosta superficial, o que pode ser vantajoso em algumas aplicações, mas representa grande desvantagem quando a finalidade culinária do produto requer essas características. Isso se deve ao fato de que a geração de calor por microondas é muito rápida, a a_w mantém-se elevada e, enquanto há água, a temperatura da superfície não ultrapassa o ponto de ebulição desta. Essas condições não são adequadas para que se produza escurecimento superficial de forma manifesta, o que requer temperaturas superiores a 177°C. A rapidez e a limitação da temperatura também condicionam o desenvolvimento do sabor e do aroma, de forma que o tratamento com microondas dá lugar, em muitas ocasiões, a um produto completamente diferente do obtido por métodos tradicionais.

Embora tenha havido certa controvérsia sobre se a radiação microonda exerce ou não efeitos distintos dos térmicos, atualmente admite-se que a destruição dos microrganismos e nutrientes termolábeis ocorrida durante seu uso é regida pelas mesmas relações tempo-temperatura que nos processos de aquecimento convencionais. A vantagem dos tratamentos com microondas está no fato de que atingem com muito mais rapidez a temperatura necessária para a destruição dos microrganismos (etapa de aquecimento), enquanto os períodos de equilíbrio, manutenção e resfriamento independem do método de aquecimento utilizado. Dessa forma, o tempo de tratamento pode ser 5% do que é necessário no aquecimento por condução e, conseqüentemente, há maior retenção de nutrientes e compostos aromáticos e saporíficos.

Ainda que as microondas sejam uma forma limpa de energia e possuam características especiais muito adequadas para certos processos, implicam gasto energético elevado. O custo decorrente do gasto de energia elétrica pode ser três vezes superior ao consumo energético dos métodos tradicionais. Conseqüentemente, o emprego de microondas deve limitar-se às aplicações que representem uma vantagem substancial ou quando seus efeitos não possam ser obtidos por outros meios.

Uma análise da evolução do emprego das microondas na indústria alimentícia revela que muitas aplicações desenvolvidas nos primeiros anos desapareceram quase por completo com a melhoria dos processos tradicionais aos quais substituíram (secagem de batatas fritas, fritura de *donuts*, cozimento de frango); algumas continuam em uso e surgiram outras. Entre as aplicações que tiveram mais êxito, encontram-se o tempero de carne e peixe, a desidratação de massa, cebolas e aperitivos, o pré-cozimento de *bacon*, frango e hambúrgueres e a pasteurização e esterilização de diversos produtos. É preciso assinalar que as microondas geralmente combinam-se com outras formas de calor convencionais. A Tabela 9.5 apresenta as particularidades e as principais aplicações de microondas na indústria alimentícia.

A aplicação de microondas para os processos de tempero foi a que teve mais êxito, ao substituir o processo convencional longo e ineficaz por outro com gasto energético muito baixo. O tempero com microondas é feito em curto período de tempo (alguns minutos), sem necessidade de desempacotar o produto. O tratamento é realizado normalmente por aplicação intermitente de microondas para permitir o equilíbrio térmico, associado à circulação de ar frio para limitar o superaquecimento das bordas e das arestas.

Tratamentos de desidratação e secagem por métodos tradicionais combinados com o emprego de microondas foram realizados com êxito em diversos produtos, como massas, molhos de tomate, cebolas, arroz e aperitivos. Visto que o custo da desidratação utilizando apenas microondas é muito elevado, estas são empregadas somente na etapa final (menos de 20% de umidade), quando a velocidade de secagem diminui. Dessa forma, reduzem-se consideravelmente o tempo de tratamento (de 8 horas para 1,5 hora na elaboração de massas) e o custo final do processo (até 33%). Também se mostrou que a qualidade do produto melhora, visto que não há endurecimento superficial.

No cozimento e no pré-cozimento, a aplicação de microondas combina-se com ar quente, vapor d'água ou fonte de infravermelhos. Nesse grupo de aplicações, destaca-se o pré-cozimento de *bacon*, que, além de melhorar o rendimento, produz gordura de grande qualidade, que pode ser empregada para outros fins. O modelo sueco *Inpro* utiliza microondas

Tabela 9.5 Aplicações das microondas na indústria alimentícia

Aplicação	Freqüência (MHz)	Potência (kW)	Produtos
Tempero	915	30-70	Carne, peixe, aves
Desidratação e secagem	915 2.450	30-50	Massa, cebolas, aperitivos, suco de frutas
Pré-cozimento	915 2.450	50-240	*Bacon*, hambúrgueres, frango, embutidos
Pasteurização/esterilização	2.450	10-30	Massa fresca, pratos prontos, alimentos acondicionados, alimentos semi-sólidos, leite, pão fatiado
Assado	915	2-10	Pão, produtos de confeitaria

Fonte: Giese (1992).

para o pré-cozimento em contínuo de carne e peixe tratados previamente com placas de teflon cobertas com alumínio para obter escurecimento superficial adequado do produto.

O emprego de microondas no assado permite a redução do tempo de processamento em 66%. O principal problema apresentado pelas microondas nessa aplicação foi a ausência de escurecimento superficial e de formação de crosta. Para solucionar isso, os tratamentos costumam ser combinados com radiação infravermelha. Além disso, desenvolveu-se uma série de agentes de escurecimento para conferir o aspecto dourado aos produtos tratados por microondas. Um exemplo dessa natureza é o *Microplus*™, emulsão w/o com corante que é liberado quando o produto é aquecido no microondas. Com o emprego dessa forma de aquecimento, surgiu a necessidade de desenvolver aditivos que proporcionassem aos produtos tratados características organolépticas adequadas. Para esse fim, foram elaborados aromatizantes estáveis e misturas de precursores saporíficos e aromáticos para a transformação dos produtos durante o aquecimento rápido e pouco intenso que caracteriza as microondas (*aromas dinâmicos*).

A destruição de microrganismos (pasteurização, esterilização) por tratamento com microondas, além de reduzir o tempo de processamento, permite tratar os alimentos nas embalagens, desde que seu material seja adequado (transparente às microondas e estável a temperaturas elevadas). A pasteurização/esterilização por microondas requer o ajuste muito cuidadoso do equipamento e geralmente é associada ao emprego de ar quente para evitar problemas decorrentes da possível falta de uniformidade no aquecimento. Em nível de planta-piloto, foram esterilizados alimentos líquidos e semilíquidos, e, na Europa, já se comercializaram alguns pratos prontos que foram esterilizados por esse procedimento (principalmente massas estáveis a temperatura ambiente e com validade de até um ano). Entre os produtos pasteurizados com microondas, encontram-se pão, batatas, peixe, verduras e saladas. Na Europa, existem cerca de 50 instalações, localizadas principalmente na Suécia, na Dinamarca, na Alemanha e na Suíça.

O branqueamento de frutas e verduras com microondas é um exemplo de aplicação não-recomendável, já que seu custo econômico é muito mais elevado do que pelos métodos tradicionais, e não melhora a qualidade do produto. Apesar disso, o sistema sueco *Scanpro* utiliza essa radiação combinada com água fervente para o tratamento de batatas inteiras descascadas.

As microondas também foram empregadas para a destruição de aflatoxinas em frutos secos, de triquinelas em carne e de insetos em cereais. Há muitas outras aplicações das microondas que se encontram atualmente em diferentes etapas de desenvolvimento, entre as quais podem ser citadas: a liofilização, a coagulação de produtos cárneos, a torrefação do café e do cacau, a abertura de ostras e a depenação de aves.

A aceitabilidade dos sistemas microondas fez com que a indústria alimentícia passasse a ocupar-se da elaboração de novos produtos, projetados especificamente para serem preparados por essa forma de aquecimento. Para isso, foi necessário reformular muitos produtos e adaptar recipientes e embalagens. A tendência é aplicar amido, celulose, alginatos, álcoois, óleos e emulsificantes para obter o aquecimento uniforme.

Com relação aos utensílios e às embalagens, é preciso diferenciar entre os *passivos*, transparentes às microondas, e os *ativos*, que modificam a interação das microondas com o alimento. Entre os primeiros, encontram-se o vidro, a cerâmica, o papel, o papelão e os plásticos. No segundo caso, é particularmente importante escolher material com a termorresistência ajustada à temperatura que o alimento deverá atingir durante o tratamento.

Os metais geralmente são considerados inadequados, porque refletem as microondas e podem causar arco elétrico.

As embalagens ativas são aquelas que mudam a configuração do campo elétrico ou magnético e, portanto, a forma como será aquecido o produto que comportam. Entre elas, incluem-se os susceptores e os materiais-barreira, que, junto com os materiais transparentes e mediante sua combinação, permitem o desenho de embalagens para pratos que contenham componentes diversos, cada um exigindo uma velocidade diferente de aquecimento.

Como material-barreira, costuma-se empregar o papel alumínio, que reflete as microondas e impede sua interação com o produto, reduzindo sua velocidade de cozimento em relação aos outros componentes.

A maior inovação está no emprego de *susceptores* (ou *receptores*), que permitem a competição entre produtos preparados para aquecimento com microondas e alimentos aquecidos por métodos convencionais. Eles contêm materiais que absorvem e convertem a energia microondas em energia radiante ou infravermelha, conseguindo-se, assim, a temperatura suficientemente elevada para que se desencadeie e avance a reação de Maillard. Os mais comuns são fabricados com películas de poliéster cobertas com alumínio. Os *susceptores de segunda geração* apresentam metais como níquel, cobre, ferro e aço inoxidável e têm a vantagem de converter o componente magnético das microondas em energia térmica. O problema atual é que o calor gerado no componente metálico pode afetar a película plástica que o envolve, fazendo com que seus adesivos se fundam, transferindo-se ao alimento. Portanto, é preciso utilizar plastificadores e materiais de entrelaçamento mais estáveis.

Aquecimento dielétrico

O aquecimento dielétrico é definido como a calefação de um material isolante elétrico pelas perdas que se produzem nele quando é submetido a um campo elétrico alternativo. O processo consiste em colocar o produto que será aquecido (*dielétrico*) entre duas placas ou eletrodos paralelos, denominadas *placas capacitantes*, unidas ao gerador alternativo de alta freqüência e capacidade (Figura 9.5). Do mesmo modo que nos fornos microondas, o calor é gerado por fricção das moléculas dipolares como resposta à aplicação de um campo elétrico alternativo. As freqüências utilizadas são mais baixas que as que se empregam nos fornos microondas, oscilando no intervalo de 1 a 300 MHz; em nível industrial, costuma-se utilizar 30 MHz. A principal diferença entre o aquecimento por microondas e o aquecimento dielétrico é que, enquanto o primeiro é um fenômeno de radiação, o segundo é um fenômeno eletrostático, já que o alimento permanece em contato com as placas capacitantes. A potência desenvolvida no dielétrico é fornecida pela equação:

$$P = (E^2 f A)/(d\,\varepsilon''\,\text{tg}\,\delta) \qquad (9.8)$$

sendo E = intensidade do campo elétrico, f = freqüência, A = área do dielétrico, d = espessura do dielétrico, ε'' = constante dielétrica do produto que se quer aquecer, tg δ = tangente do ângulo de perda do dielétrico (ε'' tg δ = *fator de perda*). Portanto, o calor gerado depende da freqüência e da intensidade do campo elétrico. A voltagem aplicada é limitada pela resistência dielétrica do material aquecido e pela presença de arcos entre os eletrodos. Por essa razão, os aparelhos industriais estão limitados a 15 kW. A espessura da peça do alimento é condicionada igualmente pela produção de arco entre as placas capacitantes.

Os aparelhos de calefação dielétrica, de maneira geral, são compostos por uma correia transportadora de um material com baixo fator de perda, que passa os alimentos entre as placas capacitantes em velocidade controlada. A placa superior pode ser levantada ou abaixada para regular o calor gerado nos produtos tratados, sendo variável também a alimentação de energia elétrica. Por razões econômicas, os geradores utilizados nessas instalações são de freqüência inferior a 100 MHz. Embora se tenham construído equipamentos que produzem centenas de quilowatts, a maioria dos utilizados são unidades de calefação capazes de dissipar 30 kW de energia no produto alimentício com eficácia de 50%.

Esse sistema de aquecimento é muito rápido em comparação com os métodos convencionais, e as perdas de energia são mínimas. Permite o tratamento contínuo dos alimentos e o controle automático e preciso do processo. O superaquecimento local é muito escasso, e, por isso, reduz-se a deterioração térmica dos alimentos. Por utilizar freqüências inferiores às empregadas nos fornos microondas, a profundidade de penetração é maior. Pelas mesmas razões detalhadas no caso das microondas, não se produz escurecimento na superfície do alimento.

O aquecimento dielétrico foi empregado na indústria alimentícia com diversos objetivos, embora não se tenha registro de seu uso para a pasteurização ou a esterilização de alimentos. As aplicações mais freqüentes na indústria alimentícia são as seguintes:

a) No tratamento posterior ao cozimento de biscoitos para reduzir o conteúdo de umidade até 2%.
b) No processo final de secagem de pão torrado, biscoitos, cubos de açúcar. Porém, devido ao elevado gasto energético (requer cerca de 2 kW h^{-1} para evaporar 1 kg de

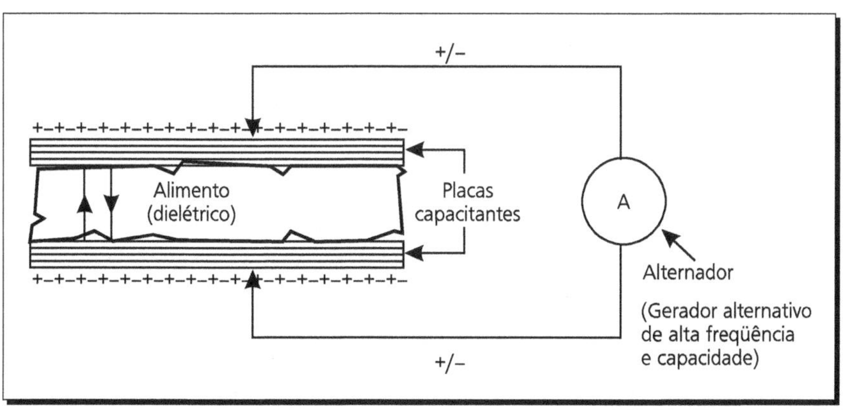

Figura 9.5 Esquema do calefator dielétrico.

água), não é economicamente rentável para eliminar grandes volumes de água.

c) No descongelamento de alimentos em bloco (ovos, carne, peixe, sucos de frutas), com a vantagem, em relação ao emprego de microondas, de ter maior profundidade de penetração.
d) Na fusão de chocolate, manteiga e gorduras em geral.

Aquecimento ôhmico

O aquecimento ôhmico é produzido quando a corrente elétrica passa por um produto condutor de eletricidade. Nesse caso, recorre-se ao emprego de corrente alternativa de baixa freqüência (50 a 60 Hz). A energia elétrica transforma-se em energia térmica no interior do produto de forma similar ao que ocorre no aquecimento por microondas ou no dielétrico, mas diferencia-se destes últimos por sua profundidade de penetração praticamente ilimitada. A extensão do aquecimento depende da uniformidade espacial da condutividade elétrica do produto e do tempo de permanência do alimento no sistema. O parâmetro fundamental é a condutividade elétrica do alimento; nesse aspecto, distinguem-se dois tipos e materiais:

a) Os *não-condutores* ou *isolantes*, entre os quais estão gorduras, óleos, açúcares e sólidos não-metálicos, como ossos, celulose e estruturas cristalinas (incluindo o gelo), que não são afetados pelo aquecimento ôhmico.
b) Os *condutores*, que, portanto, aquecem-se à passagem da corrente elétrica. A maioria dos alimentos comporta-se dessa maneira, pois contém pelo menos quantidade moderada de água e sais dissolvidos.

A velocidade de geração de calor em um alimento submetido ao campo elétrico é determinada pela equação:

$$Q = V^2 s \tag{9.9}$$

onde Q representa a velocidade de geração de calor por unidade de volume, V, a diferença de potencial gerada pela instalação, e s, a condutividade elétrica. Esta última difere entre sólidos e líquidos e depende da temperatura e do tamanho das partículas sólidas.

O aquecedor ôhmico típico (Figura 9.6) é formado por uma coluna ou um cilindro de aço inoxidável recoberto internamente por um isolante elétrico de natureza plástica. Dentro e na parte central, situa-se uma série de eletrodos, de forma que a coluna se divide em seções ou espaços entre eletrodos. A coluna é disposta na vertical ou ligeiramente inclinada, e o fluxo do produto é ascendente. A válvula colocada na parte superior assegura que a instalação esteja sempre cheia de produto. A coluna deve ser configurada de modo que todas as suas seções apresentem a mesma impedância elétrica. Para isso, a distância entre os eletrodos aumenta à medida que se aproxima a saída da instalação. Procura-se, assim, compensar o incremento da condutividade do alimento quando a temperatura sobe (devido à maior mobilidade iônica); a exceção são os fluidos, cuja viscosidade aumenta com a temperatura, como é o caso dos produtos que contêm amido sem gelatinizar.

Essa maneira de gerar calor permite o processamento contínuo de produtos sem necessidade de dispor de superfícies de intercâmbio de calor; por isso, o risco de superaquecimento e de formação de crosta é muito baixo. O aquecimento é rápido e gerado no interior, o que garante sua uniformidade. O processamento é fácil de controlar e de regular, o custo de manutenção, baixo, e o rendimento com a utilização de energia elétrica, maior que o conseguido com as microondas.

O aquecimento ôhmico dos alimentos não é uma idéia nova, pois já no início do século XX estudou-se a possibilidade de pasteurizar o leite tratando-o entre duas placas com diferença de potencial. A falta de instalações adequadas e a dificuldade de controlar o processo resultaram no abandono dessa tecnologia. Nos últimos anos, o desenvolvimento de equipamentos mais adequados permitiu reavivar o interesse por essa forma de aquecimento. Nos primeiros estudos sobre a esterilização de alimentos mediante aquecimento ôhmico, pensava-se que a destruição de microrganismos poderia ser resultado, mais que do aquecimento, do efeito da eletricidade sobre eles. Contudo, estudos recentes em que se compara a cinética de destruição dos microrganismos durante o tratamento térmico convencional com a que se verifica no aquecimento ôhmico indicam que o efeito bactericida, do mesmo modo que no aquecimento por microondas e no dielétrico, deve-se única e exclusivamente ao aumento da temperatura, não havendo indícios de fenômenos atribuíveis ao campo elétrico aplicado.

O maior inconveniente desse tipo de tratamento reside na dificuldade de calcular o efeito letal do aquecimento ôhmico, visto que ele depende de múltiplos fatores. Os parâmetros mais importantes envolvidos são a condutividade elétrica dos diferentes componentes do alimento e a distribuição da corrente elétrica no sistema. A presença de partículas com tamanhos diversos, a diferença em condutividade entre as fases sólida e líquida e a modificação desta com a temperatura podem produzir ritmos de aquecimento complexos que dificultam a previsão do aumento da temperatura.

O aquecimento ôhmico é indicado, em particular, para o processamento asséptico de alimentos com quantidade de água superior a 30%, que podem ser bombeados por meio de conduções. Entre outras aplicações, é especialmente atraente para a esterilização contínua de alimentos particulados, compostos de uma fase líquida e de uma fase sólida constituída por partículas de tamanho variável. Nesses casos, o calor é gerado simultaneamente nas duas fases; portanto, o aqueci-

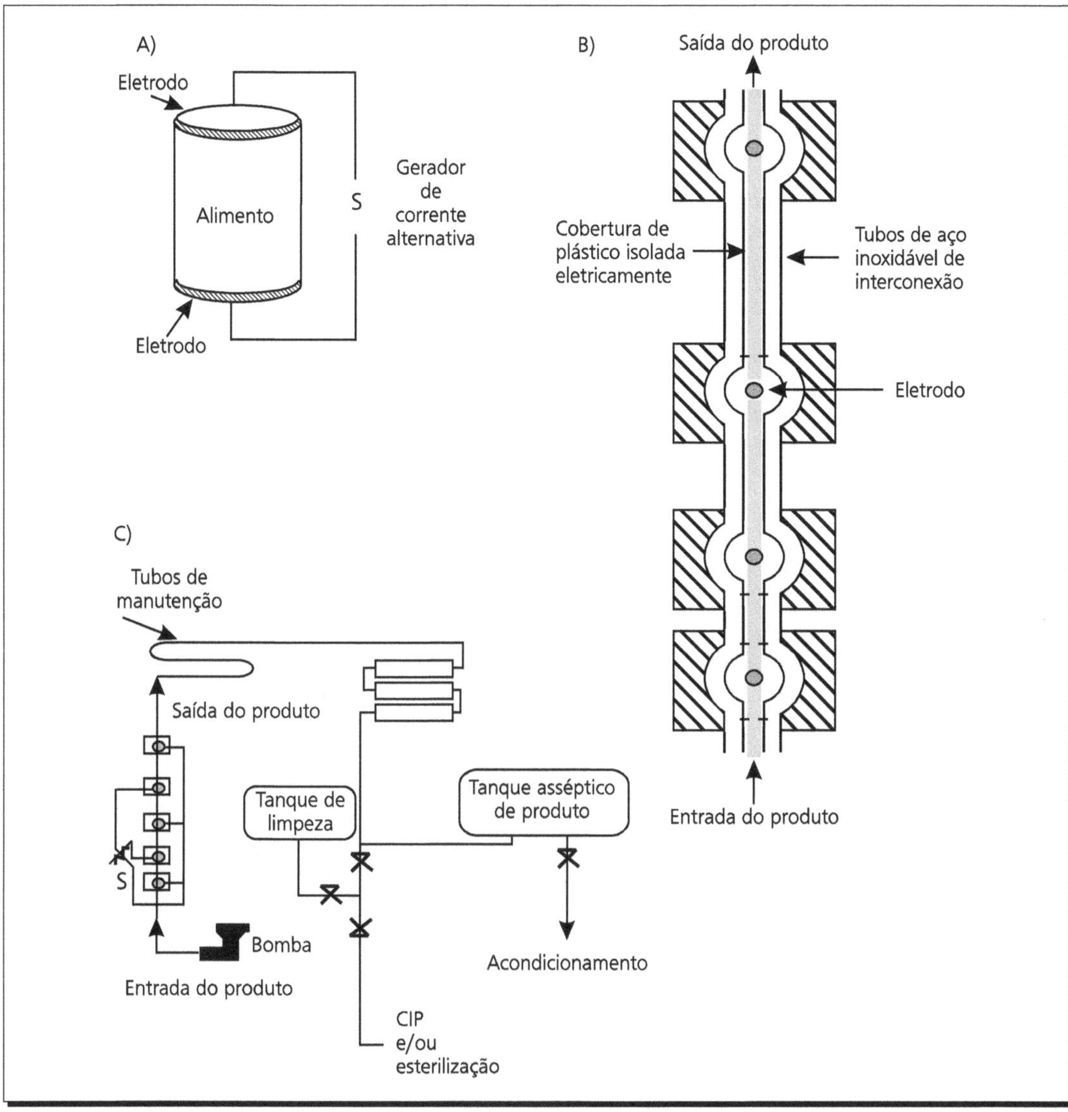

Figura 9.6 Esquema de um equipamento de aquecimento ôhmico. A) Fundamento, B) Coluna de aquecimento ôhmico, C) Diagrama de um sistema de esterilização com aquecimento ôhmico e acondicionamento asséptico. CIP, *cleaning in place* (limpeza *in situ*).

mento das porções sólidas não depende, como nos métodos tradicionais, da condutividade térmica através do fluido. Desse modo, o tratamento é muito mais uniforme, pois, para chegar à esterilização do centro térmico das porções sólidas, não é necessário o superaquecimento destas, nem tampouco o da fase líquida. Nesse caso, a regularidade do tratamento depende da condutividade elétrica das fases líquida e sólida. Assim, quanto mais próximos forem esses valores, mais homogêneo será o aquecimento. O tamanho de partícula é um aspecto importante, pois, quanto menor for, maior será a condutividade elétrica. Por tudo isso, o aquecimento ôhmico vem sendo utilizado com grandes vantagens nos tratamentos de esterilização de alimentos em alta temperatura por um tempo curto. A Figura 9.6 apresenta o diagrama de uma instalação dessa natureza. Esse tipo de instalação normalmente opera sob um certo grau de vácuo (0,2 kPa na esterilização de produtos ácidos e 0,4 kPa nos pouco ácidos), e pode-se chegar a temperaturas de 120°C a 140°C. O produto se aquece até a temperatura de tratamento de forma progressiva em seu percurso pelo aquecedor ôhmico. Na saída dele, passa para o tubo de manutenção isolado termicamente, o qual permite ajustar o tempo de tratamento. O resfriamento é realizado em trocador de calor tubular e, finalmente, o produto passa para o tanque de armazenamento conectado ao sistema de acondicionamento asséptico.

Atualmente, o aquecimento ôhmico é utilizado no tratamento de produtos que contêm porções de carne, lagostins, feijão, *champignon* e frutas (kiwi, pêssego, pêra e maçã) cortadas em cubos ou em rodelas com tamanho não superior a 25 mm em qualquer de suas direções. Além disso, vem sendo empregado no processamento térmico de frutas inteiras de tamanho pequeno (morangos e amoras) e na esterilização de produtos viscosos, como queijos cremosos e sobremesas lácteas.

Aquecimento por indução

Por esse método, o aquecimento do material é obtido mediante a corrente induzida nele pelo campo magnético alternativo.

Na indústria alimentícia, é empregado praticamente apenas no processamento culinário. Como já se mencionou anteriormente, os alimentos apresentam quantidades residuais de minerais magnéticos. Portanto, a distorção neles criada pela incidência de um campo magnético é irrelevante. Contudo, podem-se utilizar como focos de calefação superfícies e recipientes fabricados com metais magnéticos, nos quais a alternância de um campo magnético induz uma corrente de elétrons. Em cozinhas e fornos de indução, o calor gerado nesses materiais é transmitido aos alimentos por condução. Esses equipamentos têm a vantagem de permitir o controle rápido e preciso da área de aquecimento, são fáceis de limpar, e a geração específica de calor (materiais magnéticos) diminui o risco de acidentes por queimaduras para quem trabalha em restaurantes.

IRRADIAÇÃO DE ALIMENTOS

Há muitos grupos populacionais que se opõem ao emprego de radiações ionizantes, mais ainda quando o material tratado são os alimentos. Esse é um problema cuja solução requer informação adequada, que permita ao consumidor conhecer as vantagens e os inconvenientes dessa forma de processar os alimentos.

A irradiação de alimentos foi um dos tratamentos mais estudados e avaliados justamente pela controvérsia que a acompanha. Os resultados obtidos em várias pesquisas, realizadas em diferentes condições e países, indicam que o consumo de alimentos irradiados não apresenta efeitos nocivos *desde que* esse tratamento seja realizado dentro de certos limites e em condições controladas. Nesse aspecto, nem todos os tipos de radiações ionizantes (ondas eletromagnéticas ionizantes, faces de elétrons e de partículas atômicas mais pesadas) podem ser utilizados no tratamento de alimentos. Se os níveis de energia da fonte radioativa são elevados, pode ocorrer o fenômeno de *radioatividade induzida*, pelo qual certos componentes do alimento se convertem em radioativos. Por isso, o Comitê Misto FAO/OIEA/OMS de especialistas em irradiação de alimentos, apoiado em apreciações teóricas e estudos experimentais, decidiu, em 1980, autorizar como fontes de radiação para o tratamento de alimentos aquelas cujos níveis de energia estão muito abaixo dos que podem induzir radioatividade (raios gama, raios X e faces de elétrons de baixa energia). Desse modo, garante-se que os alimentos tratados serão totalmente seguros nesse aspecto. A Tabela 9.6 apresenta as fontes de irradiação recomendadas e suas características.

Efeito químico e biológico da irradiação

Para avaliar o efeito das radiações ionizantes utilizadas no processamento de alimentos (Tabela 9.6), é necessário conhecer as repercussões que tem a incidência desse tipo de radiações sobre qualquer material. Os elétrons e as radiações gama produzem ionizações e excitações nos átomos e/ou nas moléculas da matéria com os quais interagem, o que é conhecido como *efeito primário da irradiação* (Figura 9.7). Como conseqüência da excitação molecular, aparecem novos íons e radicais livres, que dão lugar a recombinações e dimerizações, das quais resultam substâncias alheias à composição

Tabela 9.6 Fontes de irradiação recomendadas para o tratamento de alimentos pelo Comitê de Especialistas da FAO/OIEA/OMS e pela Comissão do *Codex Alimentarius*

Fonte	Energia (MeV)
Raios gama de radionuclídeos	
^{60}CO	1,25
^{137}Cs	0,66
Raios X gerados em aceleradores de elétrons	≤ 5
Elétrons gerados em aceleradores	≤ 10

eV = $1{,}6 \times 10^{-19}$ J

inicial do produto, constituindo o *efeito secundário da irradiação*. Este se prolonga no alimento, com a formação e o desaparecimento de compostos até o estabelecimento de produtos estáveis. O conjunto desses fenômenos é chamado de *radiólise* (efeito primário + efeito secundário), e os novos compostos originados são denominados *produtos radiolíticos* (Figura 9.7).

A intensidade da radiólise depende da composição do alimento tratado, das condições de processamento e da *dose de irradiação absorvida*, sendo esta a quantidade de energia absorvida por unidade de massa. Essa magnitude é expressa em gray (1 Gy = 1 júlio kg^{-1}) e em rad (1 rad = 100 érgios g^{-1}), embora esta unidade quase não seja utilizada atualmente. Em tratamento dessa natureza, a dose absorvida e sua distribuição dependem da potência e do tipo de fonte de irradiação utilizada. O controle do tratamento aplicado realiza-se mediante dosímetros que podem ser calorimétricos ou químicos (e, às vezes, colorimétricos). A dose média global absorvida (*D*) pode ser calculada de acordo com a seguinte expressão matemática:

$$D = 1/M \int \rho\,(x, y, z)\, d\,(x, y, z)\, dV \qquad (9.10)$$

onde M = massa total da amostra tratada, ρ = densidade local no ponto (x, *y, z*), d = dose local absorvida no ponto (x, y, z), dV = frações volumétricas *dx, dy, dz.*

As macro e micromoléculas são afetadas em maior ou menor grau pelo efeito primário. Contudo, a extensão e a generalização da radiólise devem-se ao efeito secundário, quando os radicais livres reagem com as diversas moléculas.

Vale destacar aqui o papel do conteúdo aquoso dos alimentos. Como se sabe, a água é o componente majoritário dos seres vivos e de muitos alimentos; quando eles são irradiados (*ir*) produzem-se diversos radicais livres, de caráter oxidante ou redutor, com grande capacidade de reação.

Por ionização,

$$^{ir} \sim\sim > 2\,H_2O \rightarrow H_2O + e^- aq + H_2O^*$$

Por excitação,

$$^{ir} \sim\sim > H_2O \rightarrow H_2O^* \rightarrow H^\bullet + OH^\bullet$$
$$H_2O \sim\sim > OH^\bullet + e^- aq + H^\bullet + H_2 + H_2O_2 + H_3O^+$$

Embora alguns desses radicais se percam ao se formarem novamente moléculas de água, a maioria deles intervém de forma decisiva na radiólise. Seu efeito é ainda maior na presença de oxigênio, ao se formarem peróxidos e superperóxidos de grande atividade. Em associação, a presença desses radicais condicionará as reações de oxidação e de redução, provocando o desequilíbrio nos processos de oxirredução enzimática e, conseqüentemente, a desestabilização metabólica.

A sensibilidade da molécula à irradiação é diretamente proporcional a seu peso molecular. Isso explica que a irradiação em doses baixas seja válida para prolongar a vida útil dos alimentos. Tratamentos dessa natureza podem causar a destruição dos agentes vivos presentes nos alimentos (insetos e parasitas, em particular, e alguns microrganismos) ou retar-

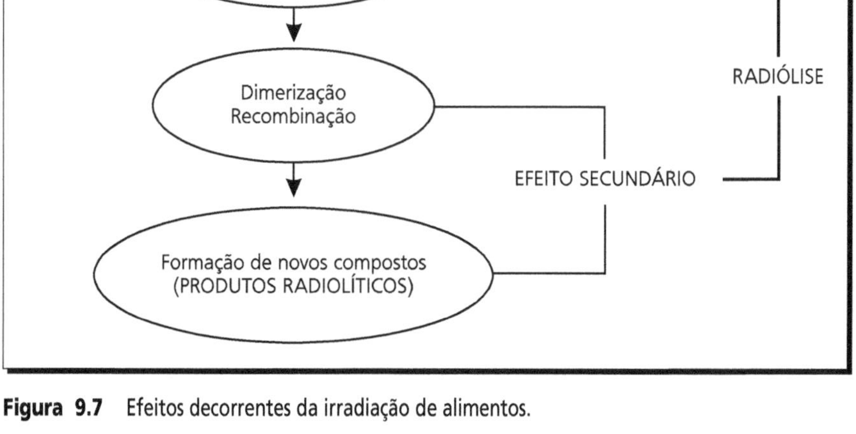

Figura 9.7 Efeitos decorrentes da irradiação de alimentos.

dar os processos fisiológicos de alguns vegetais (amadurecimento, crescimento de brotos e raízes), praticamente sem modificar as características organolépticas e o valor nutritivo resultante de sua composição de proteínas, lipídeos e carboidratos. Uma vez que os ácidos nucléicos são os componentes de maior complexidade em nível celular, a possibilidade de que o material genético sofra danos diretos é muito grande. Dessa forma, a dose letal de irradiação associada a cada organismo vivo diminui à medida que aumenta a complexidade de seu ADN (Figura 9.8).

Tanto pelo efeito primário da irradiação como pelo secundário, a estrutura dos ácidos nucléicos pode ser afetada de diversas formas, chegando inclusive a romper-se em um ou mais pontos, resultantando em morte celular quando as lesões produzidas não podem ser recuperadas pelos mecanismos de reparação. Outras macromoléculas mais simples também experimentam modificações, especialmente devido ao efeito secundário ou indireto. Desse modo, os polissacarídeos (celulose, pectinas e amidos) podem ser parcialmente despolimerizados. As proteínas são relativamente pouco afetadas, embora a redução das ligações dissulfeto seja a causa da inativação e das mudanças de conformação de algumas enzimas. Também se verificaram hidrólises de ligações peptídicas e oxidação de grupos –SH. Entre as moléculas de tamanho pequeno, os monossacarídeos podem oxidar-se ou hidrolisar-se, e os aminoácidos podem ser desaminados, porém os mais afetados são os ácidos graxos poliinsaturados, que formam hidroperóxidos instáveis e numerosos produtos de degradação.

Conseqüentemente, o efeito letal das radiações ionizantes em organismos vivos deve-se, em primeiro lugar, aos danos diretos causados no ADN e no ARN. Essas alterações afetam a expressão de alguns genes e a biossíntese de várias enzimas e interferem na divisão celular. Isso é válido tanto para impedir a proliferação de microrganismos como para inibir a germinação e retardar o amadurecimento de certos

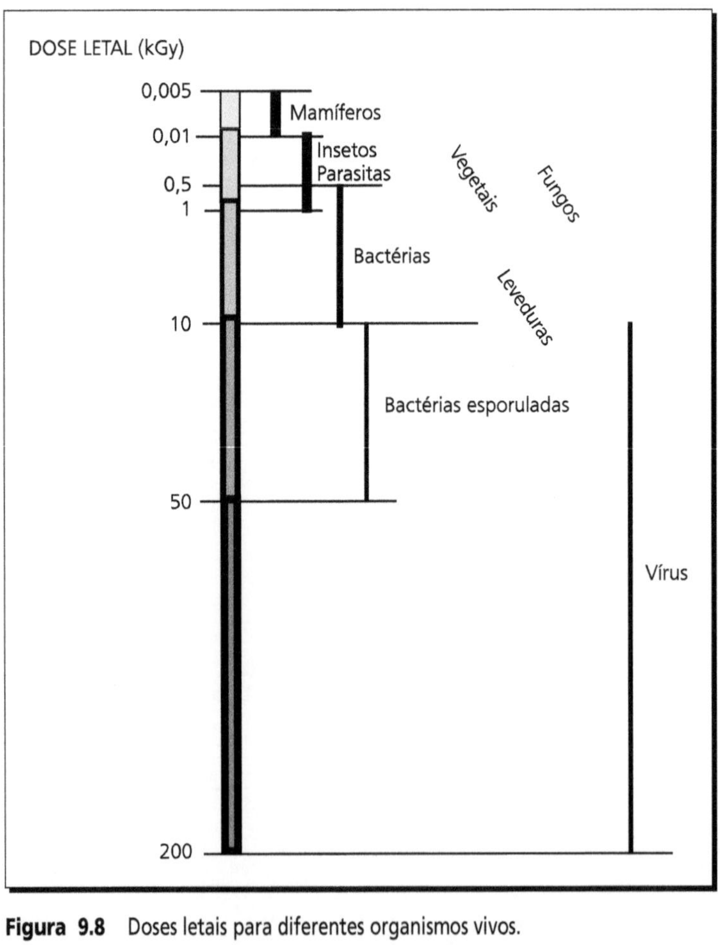

Figura 9.8 Doses letais para diferentes organismos vivos.

vegetais. Em segundo lugar, os resultados dos tratamentos de irradiação associam-se às alterações que os radicais livres formados provocam nos equilíbrios de oxirredução enzimática. Essas modificações repercutem nos processos de síntese metabólica e, particularmente, na síntese dos ácidos nucléicos. Além disso, o avanço da radiólise causa lesões nas membranas celulares, afetando especialmente sua permeabilidade. Isso se deve, sobretudo, ao efeito secundário da irradiação sobre o componente lipídico destas, em particular a alteração dos ácidos graxos poliinsaturados. Essas mudanças repercutem na atividade das enzimas associadas à membrana, causam perda de líquido intracelular e, inclusive, ruptura da membrana e morte celular, passado algum tempo após o tratamento. Todavia, os danos causados às membranas das organelas celulares facilitam as reações enzimáticas, já que as enzimas e os substratos podem interagir livremente.

No caso dos microrganismos, a radiorresistência é muito diversa, dependendo de múltiplos fatores, entre os quais estão a espécie e, inclusive, a cepa considerada. O estado fisiológico também condiciona a resposta, de modo que a maior radiossensibilidade aparece na fase exponencial de crescimento, decresce durante a fase estacionária, sendo mínima na fase de latência. Outros fatores determinantes são a composição do meio onde se encontra e as condições de tratamento (temperatura, presença ou ausência de oxigênio, etc.). Assim, as temperaturas altas aumentam a radiossensibilidade, e alguns microrganismos são mais afetados quando se encontram em alimento com elevado conteúdo de água.

Quando se irradia uma população de microrganismos com determinada dose, apenas uma parte das células é danificada ou morta. Com o aumento da dose, o número de microrganismos sobreviventes diminui exponencialmente de forma similar ao que ocorre no tratamento térmico. A radiossensibilidade inerente a um microrganismo é caracterizada pela dose necessária para destruir 90% da população inicial (valor *D*). Esse parâmetro pode tomar diferentes valores em função das condições ambientais diversas. Na Tabela 9.7, apresentam-se alguns deles.

Genericamente, pode-se dizer que as bactérias esporuladas são muito mais radiorresistentes que as formas vegetati-

Tabela 9.7 Radiossensibilidade das diversas bactérias

Bactéria	Meio	Temperatura de tratamento	*D* (kGy)
Aeromonas hydrophila	Carne bovina	2°C	0,15
Bacillus cereus	Ágar nutritivo	Ambiente	3,20
Bacillus stearothermophilus	Solução-tampão	0°C	1,00
Clostridium botulinum A	Solução-tampão	Ambiente	3,30
Clostridium botulinum E	Carne bovina	Ambiente	1,40
Clostridium perfringens C	Água	Ambiente	2,10
Clostridium perfringens E	Água	Ambiente	1,20
Escherichia coli	Carne bovina	Ambiente	0,43
Lactobacillus sp.	Carne bovina	Ambiente	0,88
Proteus vulgaris	Peixe	5°C	0,20
Pseudomonas fluorescens	Carne bovina	Ambiente	0,12
Salmonella enteritidis	Carne bovina	Ambiente	0,70
Salmonella oranienburg	Ovo	0°C	0,32
Salmonella typhimurium	Carne bovina	Ambiente	0,55
Shigella dysenteriae	Lagostim	−10°C	0,22
Staphylococcus aureus	Carne bovina	Ambiente	0,58
Vibrio parahaemolyticus	Peixe	Ambiente	0,04

D = Dose necessária para destruir 90% da população inicial.
Gy (gray) = unidade da dose adsorvida.

vas. Entre as bactérias Gram negativas, os gêneros *Aeromonas, Proteus, Serratia* e *Vibrio* são muito radiossensíveis; *Escherichia, Salmonella* e *Shigella* são um pouco menos, sendo os gêneros *Acinetobacter* e *Moraxella* os mais radiorresistentes desse grupo.

As bactérias Gram positivas apresentam radiossensibilidade muito variável. Nesse grupo, encontram-se microrganismos com elevada radiorresistência, como *Streptococcus faecium, Clostridium botulinum, Cl. perfringens* e *Micrococcus radiodurans*, sendo este último o mais radiorresistente das bactérias vegetativas, inclusive suportando doses que destroem as formas esporuladas.

Embora a sensibilidade dos microrganismos seja muito díspar, as pesquisas realizadas mostraram que a aplicação de doses relativamente baixas de irradiação permite melhorar de forma considerável a qualidade higiênica dos produtos tratados. Isso é particularmente relevante em certos casos, entre os quais podem ser citados os tratamentos de carcaças de aves, em que a contaminação com salmonelas representa grande risco sanitário. A aplicação de doses próximas a 2,5 kGy a baixa temperatura (em torno de 5°C) não causa modificações organolépticas e reduz o número de salmonelas de forma significativa, ainda que esse tipo de tratamento não garanta que o produto esteja totalmente livre desses microrganismos. Resultados similares foram obtidos em estudos realizados com *Staphylococcus aureus*, conseguindo-se diminuir consideravelmente o risco de intoxicações dessa origem. No caso do *Cl. botulinum* e do *Cl. perfringens*, à sua radioresistência, é aconselhável combinar a irradiação com a aplicação de calor. É preciso levar em conta que o tratamento ionizante não destrói as toxinas microbianas e, conseqüentemente, a irradiação não é válida quando elas estão presentes nos alimentos.

A flora alterante (na qual são freqüentes as bactérias Gram negativas) reduz-se de forma considerável com doses compreendidas entre 1 e 3 kGy. Por outro lado, é comum encontrar entre os microrganismos sobreviventes aos tratamentos com doses baixas de irradiação aqueles pertencentes ao gênero *Lactobacillus*, o que é particularmente benéfico para os produtos cárneos.

Os fungos apresentam radiorresistência similar à das formas vegetativas bacterianas, enquanto as leveduras são mais radiorresistentes. Os vírus são os microrganismos com maior radiorresistência. Contudo, devido à maior complexidade de seu material genético, todos os insetos e parasitas que os alimentos podem conter são muito radiossensíveis. Por isso, em muitos países, utiliza-se esse tratamento para a destruição de agentes como *Trichinella spiralis*.

Entre alguns pesquisadores, há uma preocupação particular com o emprego descontrolado dos tratamentos ionizantes e com a possibilidade de que estes provoquem mutações nos microrganismos capazes de aumentar sua virulência, produzam novos patógenos ou mudem suas características, dificultando sua posterior identificação. Entretanto, há poucos indícios para suspeitar que esses fenômenos possam ocorrer com doses moderadas.

Efeito na qualidade nutricional e nas características organolépticas dos alimentos

Na irradiação dos alimentos, impõe-se o controle preciso do tratamento aplicado. Ainda que as fontes de irradiação utilizadas sejam as recomendadas (Tabela 9.6) e não se apresentem fenômenos de radiotividade induzida, a composição química dos alimentos, como já se mencionou, pode ser alterada em maior ou menor grau pelos efeitos primário e secundário da irradiação. É interessante considerar que o efeito de determinada dose de irradiação é muito maior quando aplicada sobre compostos isolados do que quando eles se encontram associados na matriz complexa e claramente protetora do alimento. A densidade e a viscosidade do meio condicionam o grau de migração dos radicais livres e a possibilidade de reação com outros compostos. Em meio fluido e com maior conteúdo aquoso, o efeito da radiação generaliza-se com mais facilidade. A presença de oxigênio e as elevadas temperaturas acentuam o efeito da irradiação. A redução da temperatura é um excelente procedimento para diminuir a formação de produtos radiolíticos. Todos os fatores que podem modificar a velocidade das reações químicas do efeito secundário, como o pH ou a adição de diferentes aditivos, devem ser considerados. Nesse contexto, a presença de seqüestrantes de radicais livres (protetores) amortece o efeito da irradiação, ao passo que a existência de metais e de sais (sensibilizantes) potencializa o grau de alteração. Além disso, a natureza da embalagem ou do recipiente é outro parâmetro que deve ser levado em conta, visto que pode modificar a dose de irradiação aplicada ao alimento.

Uma boa prática de irradiação deve compatibilizar sua capacidade de prolongar a vida útil dos alimentos com o mínimo efeito em seus componentes (radiólise), para evitar perdas no valor nutritivo e na qualidade organoléptica. Aventou-se a possibilidade de que alguns produtos radiolíticos, como substâncias de nova formação, alheias à composição inicial do alimento, poderiam ter efeitos nocivos. Para assegurar a inocuidade dos alimentos irradiados, foram feitas inúmeras pesquisas, das quais participaram muitos países. Nesses trabalhos, estudou-se o efeito de dietas irradiadas a diferentes doses em animais ao longo de várias gerações. A partir dos resultados obtidos nessas experiências, o Comitê Misto de Especialistas FAO/OIEA/OMS e a Comissão do *Codex Alimentarius* consideraram que os tratamentos com doses de radiação iguais ou inferiores a 10 kGy não representavam nenhum perigo para a saúde humana, assegurando a inocuidade dos alimentos assim tratados. Nessas doses, a presença de produtos de radiólise no alimento é mínima. Estima-se que a quantidade de substâncias de nova formação que podem aparecer em um quilograma de alimento com a composição-modelo (80% umidade, 6,6% lipídeos, 6,6% glicídeos e 6,6% proteínas), tratado com dose de irradiação de 10 kGy, seja inferior a 20 mg.

De acordo com a norma geral do *Codex Alimentarius*, os alimentos irradiados não devem ser submetidos a um novo tratamento dessa natureza, exceto aqueles com baixo conteúdo hídrico (cereais, leguminosas, alimentos desidratados e produtos similares). Contudo, a dose total de radiação ionizante requerida para obter determinado efeito pode ser aplicada de forma fracionada. Desse modo, podem-se irradiar alimentos com conteúdo inferior a 5% de ingredientes irradiados ou quando os componentes foram tratados em separado a doses baixas (menores ou iguais a 1 kGy). Em todo caso, a média global absorvida como conseqüência de irradiação repetida não deve exceder 10 kGy.

As modificações químicas induzidas pelas radiações ionizantes alteram, em maior ou menor grau, a qualidade organoléptica e nutritiva dos alimentos. A magnitude das mudanças organolépticas induzidas pela radiação depende, principalmente, da dose absorvida. Parece que existe uma dose-limite, abaixo da qual as mudanças não são detectáveis, enquanto doses elevadas de irradiação causam modificações de sabor, cor e textura que possivelmente tornam o alimento inaceitável. Mas essas alterações podem ser minimizadas, irradiando-se o alimento acondicionado a vácuo ou em atmosferas modificadas, em estado congelado ou em presença de antioxidantes; isto é, desde que se reduza o efeito secundário da irradiação.

Uma das alterações organolépticas mais características é o aparecimento de um odor e/ou sabor típico de *radiação*. Esse fato se deve, fundamentalmente, ao efeito do processo da radiólise em lipídeos e proteínas. Nos primeiros, potencializa-se a formação de peróxidos e hidroperóxidos, com a conseqüente produção de aldeídos e cetonas voláteis que modificam o aroma. Quanto às proteínas, uma das causas do mau cheiro decorre da possível liberação de sulfeto de hidrogênio. Por esses efeitos, a irradiação não é conveniente, mesmo em doses baixas, para o peixe gorduroso; para o leite e produtos derivados, só seriam adequados tratamentos muito suaves. No caso da carne, a irradiação produz mudança de sabor mais acentuada nos cortes magros do que nos de elevado conteúdo de gordura. Essas alterações são menos manifestas na carne suína do que na bovina, possivelmente devido ao maior conteúdo de gordura da primeira. Esse gosto é mais pronunciado logo depois da irradiação e decresce, ou inclusive desaparece, durante o armazenamento ou após o cozimento do produto. A cor também pode ser afetada. Assim, as carnes irradiadas com doses superiores a 1,5 kGy apresentam certo escurecimento. Por outro lado, pode intensificar-se o escurecimento enzimático como conseqüência da liberação de enzimas das ornanelas celulares, devido à alteração de suas membranas, facilitando que os substratos fenólicos entrem em contato com polifeniloxidases.

É comum também produzir-se a diminuição da viscosidade, como ocorre na clara do ovo e em sopas e molhos elaborados com amido tratado por irradiação com doses superiores a 1 kGy. Em frutas e hortaliças, há mudanças de textura decorrentes da perda de firmeza do tecido vegetal, as quais ocasionam o amolecimento do produto e o aumento da sua permeabilidade. Esse efeito se deve à despolimerização parcial dos polissacarídeos da parede celular (celulose e pectinas) e à alteração da membrana celular (em particular, do seu componente lipídico). O amolecimento não aparece de imediato, mas sim após várias horas e mesmo alguns dias depois de receber a irradiação. Essa modificação pode ser utilizada com certas vantagens tecnológicas em alguns processos, embora também limite a dose permitida, visto que costuma acelerar os fenômenos de decomposição. Quanto a esse aspecto, em algumas variedades de batatas submetidas à irradiação, observou-se escurecimento maior durante a cocção.

Assim como outras modificações produzidas pela irradiação, a perda de nutrientes depende principalmente da dose absorvida e das condições em que se efetua o tratamento. As pesquisas realizadas até o momento indicam que o valor nutritivo resultante do aporte de macronutrientes não se modifica de forma significativa nos alimentos irradiados com as doses recomendadas. Assim, diversos trabalhos afirmam que o valor nutritivo das proteínas nos alimentos irradiados é similar ao que apresentam quando recebem um tratamento térmico equivalente.

Os dados existentes sobre o efeito de irradiação nos micronutrientes são diversos. A vitamina D, a riboflavina e a niacina são bastante radiorresistentes, mas as vitaminas A, B_1, E e K são muito mais radiossensíveis. Parece que as perdas de vitamina C foram superestimadas, já que o ácido ascórbico oxida-se a deidroascórbico, que é igualmente ativo. Para mitigar essas perdas quando se utilizam doses próximas ou superiores a 10 kGy, é necessário tomar medidas de proteção, como tratar o produto em baixa temperatura e acondicionado a vácuo.

Aplicação na indústria alimentícia

O tratamento por irradiação, seja isolado ou combinado com outros tratamentos, oferece certas vantagens em comparação com os métodos clássicos, entre as quais pode-se destacar a possibilidade de tratar alimentos depois de acondicionados e de conservá-los em estado fresco por períodos relativamente longos. Contudo, esse tratamento requer maiores medidas de controle e segurança, e sua escolha deve ser feita quando, em face de outras formas de processar os alimentos, as vantagens superam em muito as desvantagens.

A irradiação de alimentos aumenta pouco a temperatura destes e, por isso, pode ser utilizada para destruir microrganismos em alimentos congelados sem que eles mudem de estado. Além disso, a maioria dos materiais utilizados no acondicionamento dos alimentos, mesmo os que não resistem aos tratamentos térmicos, tem comportamento adequado diante das radiações ionizantes nas condições de utilização da indústria alimentícia (Tabela 9.8).

Inicialmente, os tratamentos com radiações ionizantes foram classificados em comparação com os tratamentos térmicos tradicionais e levando em conta a dose de irradiação aplicada. Dessa forma, foram definidos os seguintes termos:

a) *Radapertização*, quando as doses aplicadas são suficientes para reduzir o número e/ou a atividade dos microrganismos viáveis até conseguir a esterilidades comercial (não afeta os vírus). Requer doses compreendidas entre 25 e 50 kGy.
b) *Radicidação*, quando as doses são suficientes para eliminar os microrganismos patogênicos não-esporulados. Aplicam-se doses compreendidas entre 2 e 10 kGy.
c) *Radurização*, que consiste em aplicar doses de radiação ionizante que não alterem o produto e reduzam sensivelmente a carga microbiana alterante, a fim de aumentar a vida útil do alimento. As doses necessárias estão compreendidas entre 0,4 e 10 kGy.

Atualmente, prefere-se fazer a classificação de acordo com a dose empregada. Dessa forma, consideram-se tratamentos com *dose baixa* (até 1 kGy), com *dose média* (de 1 a 10 kGy) e com *dose alta* (de 10 a 50 kGy). Essa classificação permite agrupar de forma mais precisa os efeitos e os objetivos alcançados. A Tabela 9.9 apresenta algumas aplicações desses tratamentos. Para cada aplicação, há uma dose mínima, abaixo da qual não se obtém o efeito pretendido. A radapertização, assim como a aplicação de altas doses, não é recomendada pelo Comitê Misto de Especialistas FAO/OIEA/OMS, nem pela Comissão do *Codex Alimentarius*.

A aplicação de doses baixas ou reduzidas, inferiores a 1 kGy, com pouco efeito sobre as características organolépticas e nutritivas dos alimentos, oferece vantagens tecnológicas consideráveis. Esses tratamentos são válidos para impedir que apareçam brotos nos tubérculos de batata e batata-doce (0,08 a 0,14 kGy), cebolas e alhos (0,03 a 0,12 kGy) e gengibre (0,04 a 0,10 kGy) e ainda para inibir a germinação das castanhas (0,20 kGy) como alternativa aos inibidores químicos, como a hidrazida do ácido maléico. A irradiação comercial de batatas vem sendo praticada no Japão desde 1973 com grande êxito, de modo que está proibido o emprego de inibidores químicos das germinações. Igualmente, muitos países (Alemanha, Bangladesh, Chile, Espanha, Hungria, Israel, Uruguai, Tailândia) permitem o tratamento industrial de tubérculos (doses menores ou iguais a 0,15 kGy) e de cebolas e alhos (doses menores ou iguais a 0,08 kGy). A aplicação de doses compreendidas entre 0,25 e 0,50 kGy à cevada atrasa bastante o crescimento de raízes durante a maltagem. Com isso, obtém-se malte de grande qualidade e reduzem-se as perdas devidas a essa causa. Por outro lado, doses muito pequenas de irradiação (0,01 a 0,10 kGy) estimulam a germinação da cevada, permitindo encurtar o processo de maltagem e aumentar a capacidade de produção.

A irradiação com doses relativamente baixas (inferiores ou iguais a 0,50 kGy) permite eliminar os insetos que mais freqüentemente danificam os cereais e mesmo os ovos depo-

Tabela 9.8 Mudanças provocadas por irradiação em materiais de acondicionamento

Material	Doses (kGy)	Efeito
Poliestireno	5.000	Não-detectado
Polietileno	1.000	Não-detectado
Policloreto de vinila (PVC)	100	Escurecimento Liberação de cloreto de hidrogênio
Papel e papelão	100	Perda de consistência
Polipropileno	25	Torna-se quebradiço
Vidro	10	Escurecimento

Fonte: Fellows (1994).

Tabela 9.9 Dose de radiação aplicada a diversos alimentos

Propósito	Dose (kGy)	Produtos
DOSE REDUZIDA (< 1 kGy)		
Inibir germinação	0,05-0,15	Batata, cebola, alho, etc.
Eliminar insetos e parasitas	0,15-0,50	Cereais, legumes, frutas frescas e secas, peixe e carne frescos e secos
Retardar processos fisiológicos (amadurecimento)	0,50-1,0	Frutas e hortaliças frescas
DOSE MÉDIA (1 a 10 kGy)		
Prolongar tempo de conservação	1,0-3,0	Peixe fresco, morangos, etc.
Eliminar microrganismos alternantes e patogênicos	1,0-7,0	Marisco fresco e congelado, carne de aves e de animais de abastecimento crua ou congelada
Melhorar propriedades tecnológicas do alimento	2,0-7,0	Uvas (aumenta a produção de suco), verduras desidratadas (diminui o tempo de cocção)
DOSE ELEVADA (10 a 50 kGy) [a]		
Esterilização industrial (combinada com calor suave)	30-50	Carne, aves, mariscos, alimentos prontos, dietas hospitalares estéreis
Descontaminar certos aditivos alimentícios e ingredientes	10-50	Especiarias, preparações enzimáticas, goma natural

a: Utiliza-se apenas com finalidades especiais.

sitados dentro dos grãos. Esse mesmo objetivo pode ser alcançado em frutos secos, hortaliças e peixe seco (aplicando doses de 0,2 a 0,7 kGy). A desinfecção por irradiação começou a ser feita em escala industrial na antiga União Soviética em 1980, quando entrou em funcionamento em Odessa uma instalação de irradiação eletrônica para tratamento de grãos importados. A desinfecção por irradiação pode contribuir significativamente para melhorar o comércio de muitos produtos tropicais e subtropicais (cítricos, manga, mamão, etc.) por eliminar o perigo de proliferação de pragas.

A irradiação permite inativar certos organismos parasitas patogênicos tanto para o homem como para os animais. O nematódeo *Trichinella spiralis* é destruído com a dose mínima de 0,15 kGy. Outros parasitas, como as tênias do gado bovino e suíno, o protozoário do suíno que causa a toxoplasmose e diversos nematódeos que infectam o peixe, são eliminados com doses inferiores a 1 kGy.

As doses baixas de radiação também são válidas para retardar o amadurecimento e o envelhecimento de algumas frutas e hortaliças. Doses compreendidas entre 0,3 e 1,0 kGy permitem prolongar em uma semana a conservação das mangas e em duas semanas a das bananas. A magnitude desse efeito depende da dose e do grau de amadurecimento alcançado no momento do tratamento. Atrasar o amadurecimento de cogumelos e aspargos requer doses um pouco maiores, entre 1,0 e 1,4 kGy.

Com fins tecnológicos, podem-se utilizar doses médias (entre 2 e 7 kGy) para reduzir o tempo de cocção de legumes (vagem, feijão), aumentar o rendimento de extração de sucos das frutas e acelerar o processo de desidratação de frutas e vegetais.

Um dos principais objetivos da irradiação de alimentos é a destruição de microrganismos patogênicos e alterantes, embora a dose de irradiação requerida para isso seja excessivamente elevada em muitos casos (superior a 10 kGy). Contudo, os tratamentos com doses médias (compreendidas entre 1 e 10 kGy) permitem prolongar consideravelmente o tempo de conservação de diversas frutas, carne, peixe e mariscos e melhorar sua qualidade higiênica. A combinação com outros sistemas de conservação (acondicionamento a vácuo, tratamentos térmicos) permite obter melhores resultados com doses inferiores de irradiação. Tratamentos entre 2 e 7 kGy foram utilizados para reduzir a taxa de bactérias patogênicas não-esporuladas (*Salmonella, Campylobacter, Listeria, Yersinia*) em carnes de mamíferos, aves, peixes, lagostins, coxas de rã, etc. Costuma-se irradiar esses produtos congelados para minimizar as modificações organolépticas. Com doses de irradiação compreendidas entre 3 e 10 kGy, é possível descontaminar especiarias, condimentos vegetais secos, ervas, amido, concentrados de proteínas e preparações enzimáticas comerciais utilizadas na indústria alimentícia, que costumam apresentar elevada carga tanto de agentes alterantes como de patogênicos. Contudo, os tratamentos de esterilização industrial por irradiação requerem doses elevadas, de 10 a 50 kGy.

Os tratamentos de descontaminação em dose média e mesmo elevada são cada vez mais utilizados em diversos países. Nos Países Baixos, irradiam-se quantidades consideráveis de lagostins, camarões e coxas de rã em doses de até 4 kGy, assim como alimentos desidratados. Na França, realiza-se a irradiação de blocos congelados de carne de ave desossada mecanicamente. No Canadá, pratica-se em grande escala a irradiação de carne fresca de ave. Na Argentina, no Brasil, na Dinamarca, nos Estados Unidos, na Finlândia, na França, na Hungria, em Israel e na Noruega, é prática habitual a irradiação de especiarias. Em alguns países, as embalagens empregadas para o leite, os produtos lácteos e os sucos de conservação prolongada são esterilizadas com raios gama em doses compreendidas entre 15 e 25 kGy. Na Alemanha, nos Países Baixos e no Reino Unido, aprovou-se a esterilização por irradiação da comida de pacientes hospitalizados com problemas de imunodeficiência.

A irradiação de alimentos pode ser particularmente útil nas zonas tropicais, onde as condições climáticas favorecem a deterioração rápida dos alimentos. Nesses lugares, as perdas decorrentes da proliferação de insetos e fungos, da germinação e do aparecimento de brotos costumam superar 50% da produção.

O tratamento com radiações requer, além de pessoal qualificado e equipamento extremamente especializado, o desenvolvimento de um sistema legislativo que garanta a correta aplicação do processo. Muitos países em desenvolvimento não dispõem de mecanismos jurídicos e de regulamentação que determine quais alimentos podem ser irradiados, os objetivos do tratamento, a dose de irradiação que pode ser utilizada em cada caso e as normas de segurança exigidas. Além disso, é preciso determinar o tipo de informação que deve constar no rótulo desses produtos. Nesse contexto, a Norma Geral do *Codex Alimentarius* para a Rotulação dos Alimentos Acondicionados estabelece que, no rótulo dos alimentos tratados com irradiação ionizante, esse tratamento deve figurar claramente.

O desenvolvimento de provas para detectar e quantificar a irradiação dos alimentos é um requisito essencial para estabelecer o controle legislativo e potencializar a aceitabilidade desse tratamento entre os consumidores. Conhecem-se diversos métodos baseados na detecção das mudanças químicas, físicas e biológicas que os alimentos sofrem quando submetidos a esse tipo de tratamento. Contudo, nenhum deles é confiável para quantificar o nível de irradiação, e não são igualmente válidos para todos os alimentos. Na Tabela 9.10, menciona-se o fundamento de alguns desses métodos. Atualmente, a técnica mais precisa é a espectroscopia de ressonância paramagnética eletrônica e de ressonância magnética nuclear.

Tabela 9.10 Métodos utilizados para a detecção de alimentos irradiados

Métodos*	Observações
Detecção dos produtos resultantes da hidroxilação de moléculas aromáticas	Ortotirosina a partir do aminoácido fenilalanina
Detecção de hidroxiguanina e hidroxicitosina	Formados a partir dos grupos guanina e citosina do ADN
Detecção de compostos voláteis	Formados por oxidação de ácidos graxos
Diminuição da viscosidade	Indicado para alimentos desidratados e ricos em carboidratos
Quimioluminescência e termoluminescência	Com base na detecção da luz emitida pelas moléculas quando se desativam. Indicado para alimentos sólidos
Espectroscopia de ressonância paramagnética eletrônica e de ressonância magnética nuclear	Alta precisão

(*): Esses métodos se baseiam na detecção das mudanças químicas e físicas causadas por tratamentos de irradiação nos alimentos.

Fontes e planta de radiação

Como já se mencionou, nem todas as radiações ionizantes podem ser utilizadas no tratamento de alimentos; algumas porque não têm poder de penetração, e outras por sua elevada energia. A essas limitações seria preciso acrescentar a necessidade de dispor de sistemas eficazes e econômicos que permitam obter fontes de irradiação em quantidades suficientes para realizar o tratamento de alimentos em nível industrial. Atualmente, dispõe-se de aceleradores de elétrons ou fontes mecânicas de radiação e de radionuclídeos artificiais que satisfazem os requisitos anteriormente mencionados. O Comitê Misto de Especialistas da FAO/OIEA/OMS e a Comissão do *Codex Alimentarius* recomendam como fontes de irradiação de alimentos os raios gama dos radionuclídeos ^{60}Co e ^{137}Cs, os raios X gerados em equipamentos com energia igual ou inferior a 5 MeV e os elétrons gerados em aceleradores com energia igual ou inferior a 10 MeV (Tabela 9.6). As faces de elétrons acelerados permitem tratar os alimentos a baixo custo, embora apresentem o inconveniente de ter o poder de penetração limitado (de 5 a 8 cm). Para solucionar essa deficiência, os alimentos podem ser irradiados distribuídos em camadas finas ou realizando-se o tratamento bilateral. Outra vantagem desses equipamentos é a possibilidade de conectar e desconectar a fonte de irradiação à vontade, bem como permitir o controle preciso do tratamento aplicado, a segurança de uso e seu elevado rendimento energético.

Os raios X, diferentemente dos elétrons acelerados, têm grande poder de penetração. Contudo, a conversão da energia elétrica nesse tipo de raios é um processo pouco rentável; por isso, sua utilização para o tratamento de alimentos não é vantajosa economicamente, mas já estão sendo projetados equipamentos mais econômicos.

O ^{60}Co é produzido expondo-se o isótropo natural ^{59}Co à ação de nêutrons em reatores nucleares. Portanto, está disponível em grandes quantidades, e seu custo é aceitável; por isso, é o radionuclídeo mais utilizado na indústria alimentícia. O ^{137}Cs é o produto secundário do reator nuclear e seu uso não é difundido no momento, devido, sobretudo, ao fato de que sua disponibilidade é limitada e de que sua extração é custosa. Os raios gama desprendidos pelos radionuclídeos em sua desintegração têm poder de penetração adequado para o tratamento de alimentos e permitem tratar inclusive grandes recipientes. A atividade dessas fontes é medida em becqueréis (Bq), e os fornecedores devem indicá-las.

Durante o processo de irradiação, expõe-se o alimento à fonte de energia de maneira a absorver a dose precisa e específica. Para regular a dose absorvida, é necessário considerar a produção de energia da fonte por unidade de tempo, a distância entre a fonte e o produto e o tempo de exposição. Pela forma de realizar o processo, as instalações de irradiação de alimentos podem ser de dois tipos: as que permitem o tratamento descontínuo e aquelas adaptadas para realizar a irradiação contínua. Nas primeiras, irradia-se a quantidade determinada de alimento durante um período preciso, após o qual descarrega-se a instalação para tratar outra partida de alimento. Nesses casos, sempre que a energia da fonte e a distância a que se localiza o alimento permanecem constantes, a variável fundamental para regular a dose de irradiação aplicada é o tempo de permanência do produto na câmara de tratamento. Nas instalações de processamento contínuo, os alimentos atravessam constantemente a câmara de irradiação em velocidade controlada e calculada, pois essa é a variável que garante a absorção da dose requerida. As instalações descontínuas são mais simples, mais fáceis de manejar e mais flexíveis, enquanto as de irradiação contínua adaptam-se melhor ao tratamento de grandes quantidades de produto.

O aspecto mais importante de uma planta ou instalação de irradiação é a segurança, isto é, deve-se impedir qualquer tipo de perda de radiação que represente risco para os trabalhadores. O elemento vital de uma planta de irradiação é a câmara de irradiação ou *célula quente*. Esse é o lugar onde se localiza a fonte de radiação (seja mecânica ou um radionuclídeo); trata-se, portanto, de um local blindado, especialmente projetado para absorver a radiação e evitar qualquer fuga (Figuras 9.9 e 9.10). As fontes mecânicas de radiação podem ser desconectadas quando os trabalhadores precisam entrar na câmara para carregar o produto ou para realizar tarefas de reparação e manutenção. Contudo, os radionuclídeos permanecem constantemente ativos. Por isso, nesses casos, é preciso que as câmaras de irradiação tenham um lugar onde situar a fonte quando não está sendo utilizada. De maneira geral, emprega-se para esse fim um depósito de água deionizada, suficientemente profundo para servir de blindagem. Uma variante desse sistema é a utilização de um *fosso seco* recoberto de concreto que é fechado com uma tampa do mesmo material ou de chumbo.

O manejo da fonte de radiação e do processo é realizado a partir de painéis de controle localizados no exterior da célula quente. Na irradiação descontínua, o acesso dos alimentos à célula quente é feito por meio de entradas dotadas de portas, cujo ajuste assegura a vedação do local durante o tratamento (Figura 9.9). Quando o processo é contínuo, as correias transportadoras que percorrem a câmara de irradiação descrevem uma trajetória sinuosa, na qual se intercala material de alta densidade (Figura 9.10). Essas são algumas das estratégias que podem ser utilizadas para evitar que os pontos de acesso à câmara de irradiação permitam o escape de radiação.

Para maior segurança, a câmara de irradiação apresenta a pressão ambiental inferior à do confinamento onde está localizada, que, por sua vez, é inferior à do recinto externo. Desse modo, produz-se pressão em cascata, que evita a chegada de qualquer perda de radiação ao exterior.

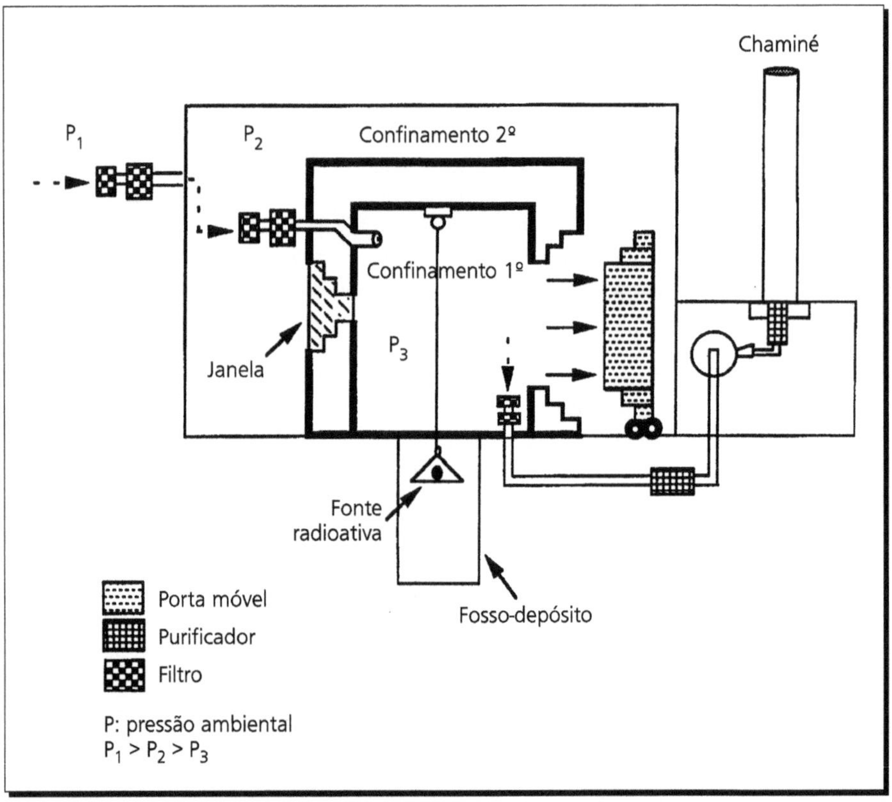

Figura 9.9 Esquema de câmara de irradiação com funcionamento descontínuo.

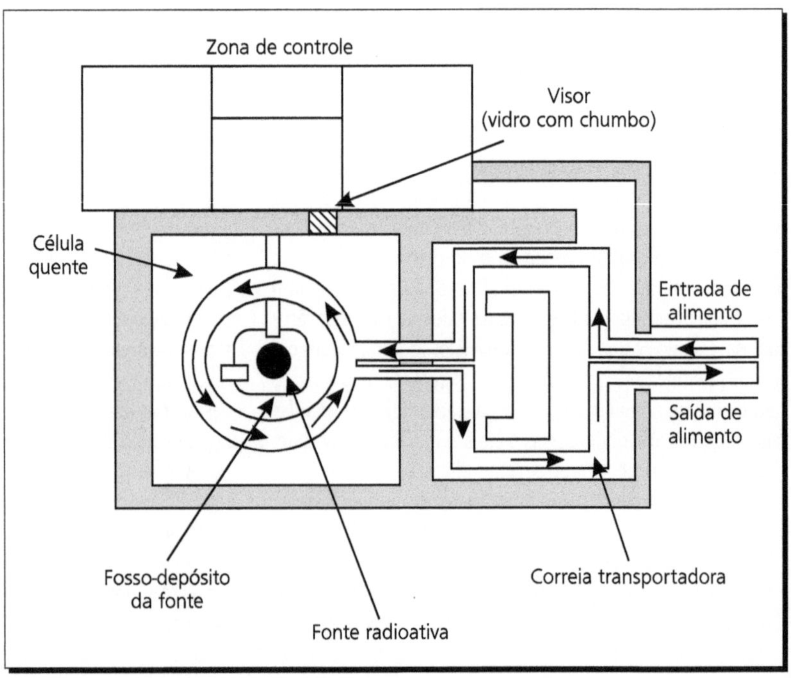

Figura 9.10 Esquema de câmara de irradiação de tratamento contínuo.

Para que a irradiação de alimentos seja economicamente rentável, é preciso que a quantidade de alimento tratado seja elevada. A maioria das plantas de irradiação de alimentos está localizada em lugar fixo, mas também existem equipamentos móveis. Em muitos países em desenvolvimento, a produção agrícola é descentralizada, e os sistemas de transporte não permitem agrupar os alimentos à velocidade necessária para poder submetê-los à irradiação em grandes lotes. Nessas circunstâncias, a solução está no emprego de pequenas instalações de irradiação móveis e versáteis, com diferentes possibilidades de aplicação. Os irradiadores móveis também são úteis para o tratamento de produtos em alto mar imediatamente após a captura destes. Essas instalações requerem revisões freqüentes, a fim de manterem os níveis precisos de segurança, e ainda estão em fase de desenvolvimento.

O custo desses tratamentos oscila em ampla margem em virtude da quantidade de fatores envolvidos, entre os quais podem-se mencionar o tipo de fonte, a espécie de instalação, o transporte do produto, o acondicionamento específico, os tratamentos suplementares (congelamento ou aquecimento) e os alimentos tratados.

As plantas de irradiação de alimentos estão sujeitas não apenas à inspeção correspondente a todas as instalações de processamento de alimentos, mas também à regulamentação e à supervisão dos organismos governamentais responsáveis pela inocuidade da aplicação da radiação ionizante. Esse duplo sistema de inspeção tem como objetivo assegurar a ausência de riscos para trabalhadores, consumidores e para o meio ambiente. Entre outras medidas, a norma geral do *Codex Alimentarius* para alimentos irradiados estabelece a necessidade de se dispor de registros adequados de dosimetria e de detectores individuais para os trabalhadores. O controle é exercido em conformidade com o Código Internacional recomendado de práticas para o funcionamento de instalações de irradiação utilizadas para o tratamento de alimentos.

REFERÊNCIAS BIBLIOGRÁFICAS

BRENNAN, J. G.; BUTTERS, J. R., COWELL, N. D. y LILLY, A. E. V. (1980): *Las operaciones de la ingeniería de los alimentos*. 2.ª ed. Acribia. Zaragoza.

BUFFLER, C. R. (1992): *Microwave cooking and processing. Engineering fundamentals for the food scientist*. AVI Book. USA.

FAO (1989): *La irradiación de los alimentos. Técnicas para conservar y preservar la inocuidad de los alimentos*. OMS. Ginebra.

FELLOWS, P. (1994): *Tecnología del procesado de los alimentos. Principios y prácticas*. Acribia. Zaragoza.

GIESE, J. (1992): "Advances in Microwave Food Processing". *Food Technology*, 46 (9): 118-123.

REUTER, H. (1993): *Aseptic Processing of Foods*. Technomic Publishing CO., Inc. Lancaster.

SATIN, M. (1996): *Food irradiation. A guidebook*. Technomic Publishing CO., Inc. Lancaster.

RESUMO

1 As radiações eletromagnéticas não-ionizantes com poder distinto de penetração são utilizadas para gerar calor por diferentes mecanismos e são a base de vários sistemas de aquecimento (*infravermelho, microondas, dielétrico* e *ôhmico*).

2 O *aquecimento por infravermelhos* é uma forma de transmissão de calor em que a quantidade de energia radiante transferida entre duas superfícies depende da temperatura, distribuição geométrica e emissividade das mesmas. A radiação infravermelha produz certa vibração nas ligações intra e intermoleculares dos componentes dos alimentos, que se traduz no aumento da temperatura. Sua capacidade de penetração é pequena; por isso, seu efeito limita-se à superfície; o restante do alimento é aquecido por condução ou por convecção. A energia infravermelha tem numerosas aplicações na indústria alimentícia, como destruição de enzimas e microrganismos, fusão de gorduras, desidratação de alimentos, etc. Essa forma de aquecimento permite modificar as características sensoriais dos alimentos e é utilizada nos processos de fornear ou assar, tostar e cozer.

3 A *calefação por microondas* (915 MHz para a baixa freqüência e 2.450 MHz para a alta) é uma forma de gerar calor decorrente da distorção criada nos componentes dos alimentos pela incidência de um campo elétrico alternativo. Entre as aplicações da energia microondas, encontram-se o tempero de carne e de peixe, a desidratação de massas e aperitivos, o pré-cozimento de *bacon*, frango e hambúrgueres e a pasteurização e esterilização de diferentes produtos.

4 O *aquecimento dielétrico* é definido como a calefação do material isolante elétrico pelas perdas que se produzem nele quando é submetido ao campo elétrico alternativo (entre 1 e 300 MHz). É empregado na indústria alimentícia como tratamento posterior à cocção de biscoitos, no processo final de secagem, no descongelamento de alimentos em bloco e na fusão de chocolates e gorduras em geral.

5 O *aquecimento ôhmico* produz-se quando a corrente elétrica passa por entre um produto condutor de eletricidade. Recorre-se ao emprego de corrente elétrica alternativa de baixa freqüência (50 a 60 Hz). Pode ser utilizado para a esterilização contínua de alimentos particulados (compostos por uma fase líquida e uma fase sólida) e de produtos viscosos, como queijos cremosos e sobremesas lácteas, bem como para o processamento térmico de frutas inteiras de tamanho pequeno.

6 O *aquecimento por indução* é obtido pela corrente induzida no material pelo campo magnético alternativo. Na indústria alimentícia, é utilizado no tratamento culinário (cozinhas e fornos de indução).

7 Nos tratamentos de *irradiação*, recorre-se ao emprego de ondas eletromagnéticas ionizantes de freqüência limitada e de faces de elétrons de baixa energia. Como fontes de irradiação de alimentos, recomendam-se os raios gama dos radionuclídeos ^{60}Co ou ^{137}Cs, os raios X gerados em equipamentos com energia igual ou inferior a 5 MeV e os elétrons gerados e aceleradores com energia igual ou inferior a 10 MeV. A irradiação de alimentos implica o fenômeno de *radiólise*, em que se distingue um *efeito primário* (decorrente das ionizações e excitações que os elétrons e as radiações gama produzem nos átomos e/ou moléculas da matéria com a qual interagem) e um *efeito secundário* (relacionado com o aparecimento de novos íons e radicais livres, que dão lugar a recombinações e dimerizações, das quais resultam substâncias alheias à composição inicial do produto ou produtos *radiolíticos*).

8 A intensidade da radiólise depende da composição do alimento tratado, das condições de processamento e da *dose de radiação* absorvida. Considera-se que os tratamentos com doses de radiação iguais ou inferiores a 10 kGy não representam nenhum perigo para a saúde, assegurando-se a inocuidade dos alimentos assim tratados.

9 As aplicações da irradiação de alimentos são muito diversas. Com doses reduzidas, até 1 kGy, pode-se inibir a germinação, retardar o amadurecimento de frutas e hortaliças e eliminar insetos e parasitas. Doses médias (1 a 10 kGy) permitem reduzir o número de microrganismos alterantes e patogênicos e melhorar algumas propriedades tecnológicas. Doses elevadas, entre 10 e 50 kGy, são utilizadas para descontaminar especiarias e certos aditivos e ingredientes, bem como na esterilização industrial, em combinação com tratamentos térmicos suaves.

CAPÍTULO 10

Conservação pelo frio

Neste capítulo, definem-se os conceitos de refrigeração e congelamento, estudando-se o efeito dessas operações nos agentes alterantes, assim como as modificações que ocorrem nos alimentos durante sua aplicação. Também se descrevem os principais sistemas para a produção industrial de frio e os métodos e equipamentos mais utilizados atualmente na indústria alimentícia. O descongelamento e os métodos aplicados para esse processo são tratados no último item.

INTRODUÇÃO

O emprego de baixas temperaturas é um dos métodos mais antigos para conservar os alimentos. Parece que os homens pré-históricos guardavam a caça em meio ao gelo para comê-la posteriormente, e, já no século VIII a.C., os chineses mantinham o gelo do inverno em covas ou sob a terra para usá-lo no verão. A produção contínua de frio para aplicação na indústria alimentícia, iniciada no século XIX, foi justamente uma das grandes inovações da Tecnologia de Alimentos. Esse grande avanço permitiu o armazenamento e o transporte dos alimentos perecíveis. Por volta de 1830, começaram a se desenvolver algumas máquinas frigoríficas industriais, que, no final do século XIX, foram instaladas em barcos para o transporte de carne congelada da Argentina, Austrália e Nova Zelândia para a Europa, onde era recebida em excelentes condições. A disponibilidade de refrigeradores e de congeladores ao longo de toda a cadeia alimentar, incluindo os domicílios, melhorou consideravelmente a qualidade dos produtos refrigerados e congelados.

O efeito conservador do frio baseia-se na inibição total ou parcial dos principais agentes responsáveis pela alteração dos alimentos: o crescimento e a atividade dos microrganismos, as atividades metabólicas dos tecidos animais e vegetais após o sacrifício e a colheita, as enzimas e as reações químicas. A aplicação do frio, em suas duas importantes vertentes — *refrigeração* e *congelamento* —, permite prolongar a vida útil dos alimentos, sejam frescos ou processados, durante períodos de tempo relativamente longos, com repercussão mínima em suas características nutritivas e organolépticas. Assim, amplia-se a esfera de utilização da matéria-prima, tanto no que se refere ao tempo como à distância geográfica.

A aplicação de frio baseia-se em uma das operações unitárias mais empregadas na indústria alimentícia: a transmissão de calor. Nesse caso, diferentemente da aplicação de calor, o foco quente é o alimento, do qual o calor passa a um meio exterior frio.

CONCEITOS DE REFRIGERAÇÃO E CONGELAMENTO

Embora a refrigeração e o congelamento baseiem-se na redução da temperatura dos alimentos para prolongar seu período de conservação, há grandes diferenças entre ambos.

Entende-se por *refrigeração* a redução e a manutenção da temperatura dos alimentos acima de seu ponto de congelamento, sendo mais usuais as temperaturas compreendidas entre 8°C e –1°C. Isso significa que a refrigeração implica apenas mudanças no *calor sensível* do produto. Essa redução da temperatura retarda o crescimento dos microrganismos, das atividades metabólicas dos tecidos animais depois do sacrifício e dos tecidos vegetais depois da colheita, das reações químicas e enzimáticas e da perda de umidade. É importante assinalar que todos esses fenômenos não são totalmente evitados, já que a redução da temperatura não é muito grande. Ou seja, a refrigeração dos alimentos prolonga sua vida útil durante um período limitado (em geral, dias ou semanas), que depende, entre outros fatores, das características do produto e da temperatura de armazenamento. Contudo, isso é suficiente para que os alimentos muito perecíveis cheguem aos consumidores ou às indústrias de transformação.

Já o *congelamento* supõe a redução maior da temperatura do alimento, abaixo de seu ponto de congelamento, considerando-se que, na maioria dos alimentos, o congelamento inicia-se a temperaturas inferiores a 0°C. Para a conservação a longo prazo, os alimentos normalmente são congelados e mantidos a –18°C. O congelamento não apenas implica mudança no calor sensível do alimento, como também necessita eliminar o *calor latente* associado à mudança de fase correspondente à transformação de uma parte da água líquida em gelo. Essa mudança de estado da água é a principal diferença entre a refrigeração e o congelamento. Como conseqüência da formação de cristais de gelo, grande parte da água é imobilizada e não está disponível nem como solvente nem como reativo, e a difusão das espécies químicas é muito limitada. Desse modo, detêm-se o crescimento e a atividade dos microrganismos e reduz-se consideravelmente a velocidade das reações químicas e enzimáticas. Ou seja, o efeito global do congelamento de uma parte da água do alimento é a diminuição da a_w na fase líquida. Essa a_w reduzida, junto com as baixas temperaturas empregadas, permite a conservação durante períodos de tempo bastante longos (meses e até anos). Diferentemente da refrigeração, em que o metabolismo celular mantém certa atividade, no congelamento, ele é detido por completo. Por isso, nos alimentos vegetais, é muito importante que, antes do congelamento, eles tenham adquirido o grau de amadurecimento adequado para o consumo após o descongelamento.

O termo *ultracongelado* aplica-se aos produtos que foram congelados o mais rapidamente possível a –18°C e armazenados em temperatura inferior a –18°C. Nessas condições, assegura-se a ótima qualidade.

REFRIGERAÇÃO E ARMAZENAMENTO EM REFRIGERAÇÃO

A refrigeração e o armazenamento em refrigeração constituem um dos métodos mais suaves de conservação. Os alimentos refrigerados geralmente são considerados como frescos e de boa qualidade, sendo essa a razão de sua grande aceitação pelos consumidores.

Efeito da refrigeração na velocidade das reações químicas e enzimáticas e no crescimento dos microrganismos

A velocidade das reações químicas e enzimáticas diminui em termos logarítmicos com a temperatura, conforme descreve a lei de Arrhenius. Portanto, a refrigeração reduz a velocidade das reações químicas e enzimáticas e permite controlar a perda de qualidade dos alimentos decorrente da atividade fisiológica ou de outras reações químicas: oxidação de lipídeos, degradação de pigmentos e vitaminas, desnaturação de proteínas, etc.

Para descrever o efeito da temperatura na velocidade dos processos químicos, costuma-se utilizar o coeficiente de temperatura ou valor Q_{10}, definido como a mudança que experimenta a velocidade da reação quando a temperatura em que se realiza varia 10°C:

$$Q_{10} = \frac{\text{Velocidade de reação à temperatura T}}{\text{Velocidade de reação à temperatura T-10°C}} \qquad (10.1)$$

Para a maioria dos processos químicos, o valor Q_{10} oscila entre 2 e 3, indicando que, para cada 10°C de diminuição da temperatura, a velocidade dos processos reduz-se à metade ou a um terço.

A temperatura é um dos fatores ambientais que mais influem no crescimento e na atividade metabólica dos microrganismos, visto que, em última análise, dependem de enzimas (Figura 10.1). A refrigeração detém o crescimento dos microrganismos termófilos e de muitos mesófilos (entre os quais inclui-se a maioria dos patógenos importantes nos alimentos) porque eles têm a temperatura ótima de crescimento superior às empregadas nesse processo. A temperatura mínima de crescimento da maioria dos microrganismos mesófilos é de 10°C. Ou seja, não representam problema sério, pois, durante a refrigeração, empregam-se temperaturas inferiores a essa.

Os microrganismos psicrotróficos, que têm a temperatura ótima de crescimento entre 25°C e 35°C, podem multiplicar-se a 5°C ou em temperaturas inferiores. Ou seja, eles são os predominantes e os principais causadores de alterações nos alimentos refrigerados (carnes, peixes, leite, etc.). Entre os gêneros mais importantes que contam com espécies de bactérias psicrotróficas, podem-se mencionar *Pseudomonas*, *Alcaligenes*, *Erwinia*, *Corynebacterium* e *Flavobacterium*. A maioria de leveduras e mofos também é psicrotrófica. Embora os tempos de geração desses microrganismos psicrotróficos sejam relativamente longos, seu metabolismo é bastante ativo em temperaturas de refrigeração. Devem-se destacar a produção e a atividade de enzimas hidrolíticas (como proteases e lipases), responsáveis por problemas tecnológicos e alterações organolépticas no leite, na carne e no peixe.

Normalmente, a proliferação desses microrganismos psicrotróficos faz com que as características organolépticas do produto sejam inaceitáveis antes que o crescimento de outros microrganismos menos psicrotolerantes represente um risco sanitário para o consumidor. Na verdade, durante muitos anos, pensou-se que os alimentos refrigerados eram seguros do

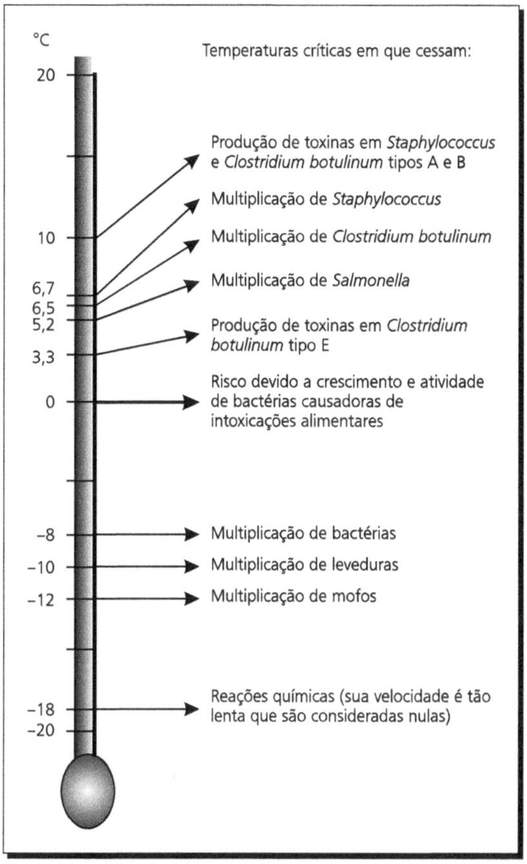

Figura 10.1 Relação entre a temperatura, as reações de deterioração e o crescimento e a produção de toxinas de alguns microrganismos de interesse nos alimentos.

ponto de vista microbiológico, considerando que as temperaturas inferiores a 5°C a 7,2°C inibiriam o crescimento da maioria dos microrganismos patogênicos de interesse nos alimentos. Contudo, comprovou-se que alguns microrganismos patogênicos são capazes de proliferar-se em temperaturas de refrigeração (3°C a 10°C): *Listeria monocytogenes, Aeromonas hydrophila, Clostridium botulinum, Yersinia enterocolitica, Vibrio parahaemolyticus* e *Plesiomonas shigelloides*. É preciso destacar que a temperatura mínima de produção de toxina de *Cl. botulinum* tipo E é de 3,3°C e que *Y. enterocolitica* e *L. monocytogenes* podem sobreviver e proliferar-se em temperaturas compreendidas entre 0°C e 3°C. Essas bactérias patogênicas psicrotróficas podem desenvolver-se inclusive em alimentos corretamente refrigerados, embora o façam lentamente e requeiram tempos muito longos para alcançar contagens elevadas. É preocupante que possam chegar a atingir níveis de 10^6 ufc g^{-1} sem que se percebam sinais evidentes de alteração no produto (p. ex., *L. monocytogenes*). O perigo que esses microrganismos podem representar é particularmente importante nos alimentos refrigerados que são armazenados durante longos períodos de tempo em condições tradicionalmente consideradas adequadas e que são consumidos crus ou que, antes de serem consumidos, não se aquecem suficientemente para que essas bactérias sejam destruídas. Portanto, convém manter a temperatura de refrigeração o mais próxima possível de 0°C.

Importância das características do alimento

Nos alimentos constituídos por tecidos que mantêm certa atividade metabólica após o sacrifício ou a colheita, é importante levar em conta as peculiaridades de cada produto para realizar a refrigeração de forma adequada (Tabela 10.1). Em algumas ocasiões, quando a redução da temperatura é muito acentuada ou a velocidade de resfriamento é rápida demais, podem-se produzir certas alterações. O caso mais representativo é o *encurtamento pelo frio* da carne, que se caracteriza pelo endurecimento e pela menor capacidade de retenção de água. Esse encurtamento pelo frio ocorre quando as carcaças resfriam rapidamente de 0°C a 5°C antes da resolução do *rigor mortis* (Volume II, Capítulo 7).

No peixe, especialmente o de águas frias, a refrigeração é menos eficaz do que em outros produtos, porque seu metabolismo está adaptado às baixas temperaturas e tem elevado conteúdo em gorduras insaturadas. As reações autolíticas e a auto-oxidação das gorduras são as principais causas de sua deterioração relativamente rápida em temperaturas de refrigeração. Além disso, em sua flora contaminante, predominam as espécies psicrotróficas.

Nos tecidos vegetais intactos, a respiração aeróbica prossegue após a colheita. Isso implica a transformação de carboidratos e de ácidos orgânicos em dióxido de carbono, água, calor e pequenas quantidades de compostos voláteis e outras substâncias. A velocidade de respiração varia muito de um vegetal a outro. Os produtos com velocidade de respiração elevada são muito perecíveis. A temperatura de refrigeração mais adequada é a que permite a respiração, embora lentamente, e que, ao mesmo tempo, impede o progresso das principais reações que levam à alteração. Em todo caso, para determinar o equipamento e o tempo necessários para a refrigeração desse tipo de alimento, é preciso levar em conta o calor gerado pela respiração.

Ainda que a refrigeração prolongue a vida útil da maior parte dos alimentos, algumas frutas e hortaliças procedentes de países tropicais e subtropicais sofrem alterações fisiológicas quando expostas a temperaturas inferiores às requeridas para seu armazenamento ótimo (sem chegar ao congelamen-

Tabela 10.1 Características dos produtos após a colheita, o sacrifício ou a produção que determinam as condições de armazenamento em refrigeração

PRODUTO	FRUTAS E HORTALIÇAS	TECIDOS ANIMAIS	OUTROS (leite, ovos, alimentos prontos)
Presença de camada protetora natural	Sim	Não	Não (exceto casca de ovo)
Características fisiológicas:			
• Tipo e duração da respiração	Aeróbica durante todo o armazenamento (climatérica em algumas frutas)	Anaeróbica durante 24 horas e, depois, cessa completamente	Nenhuma
• Calor gerado	Moderado ou substancial	Escasso	Nenhum
• Dano por alteração do metabolismo durante a refrigeração	Dano por frio em alguns produtos	Encurtamento pelo frio em alguns casos	Não
Tendência da qualidade após colheita, sacrifício ou produção	Algumas frutas melhoram com o tempo (amadurecimento) Outras frutas e hortaliças iniciam sua alteração imediatamente após a colheita	Alteração (exceto a melhoria temporal das carnes que são maturadas)	Alteração
Causas comuns de alteração	Microbiológicas, fisiológicas, patológicas e físicas	Microbiológicas	Microbiológicas, químicas e físicas

Fonte: Fennema (1975).

to). Isso se deve a alterações em seu metabolismo e na integridade e permeabilidade de suas membranas biológicas. Esse tipo de alteração é conhecido como *dano pelo frio* e apresenta diferentes manifestações conforme o produto: escurecimento interno e/ou externo, picaduras e manchas na casca ou apodrecimento e impossibilidade de amadurecimento das frutas. Esse dano pelo frio ocorre, por exemplo, nas bananas armazenadas em temperaturas inferiores a 12°C a 13°C e em certas variedades de maçãs abaixo de 1°C.

Os demais alimentos não constituídos por tecidos (ovos, leite, alimentos prontos, etc.) são considerados fisiologicamente inativos e, embora sejam suscetíveis de alterar-se em diferentes graus, mantêm durante mais tempo seus atributos de qualidade quando refrigerados em temperaturas próximas ao seu congelamento. O pão é uma exceção, visto que a refrigeração acelera bastante seu endurecimento devido à retrogradação do amido (cristalização da amilopectina).

Fatores que é preciso controlar durante o armazenamento em refrigeração

Para que a refrigeração seja efetiva, é necessário, em primeiro lugar, que a matéria-prima seja de boa qualidade. Além disso, deve ser aplicada imediatamente após a colheita, o sacrifício ou o processamentos dos alimentos. Não basta introduzir os alimentos em recintos mantidos em baixa temperatura, mas é fundamental que a redução da temperatura do alimento seja rápida. Só assim reduz-se a possibilidade de que o alimento se altere antes de atingir a temperatura adequada. Junto com a velocidade do resfriamento, é necessário controlar os seguintes fatores:

Temperatura

Cada alimento tem uma temperatura de refrigeração ótima. Em geral, os tecidos animais, o leite e os ovos devem ser armazenados em temperaturas baixas (–1°C a 1°C). As frutas e as hortaliças têm o patamar de temperatura de armazenamento muito mais amplo, dependendo da espécie e da variedade (Tabela 10.2). A temperatura deve manter-se estável durante todo o armazenamento e estender-se ao transporte, comercialização e inclusive ao domicílio antes de seu uso final. Em todo caso, a oscilação dessa variável não deve ultrapassar ± 1°C o valor recomendado.

Umidade relativa

Se, durante o armazenamento, a umidade relativa for muito elevada, a condensação de água nas superfícies frias dos alimentos pode favorecer o crescimento de microrganismos e o aparecimento de rachaduras em algumas frutas. Mas, se for baixa demais, o produto perde umidade, alterando seu aspecto

Tabela 10.2 Condições recomendadas para o armazenamento em refrigeração de vários produtos

Produto	Temperatura (°C)	Umidade relativa (%)	Vida útil	Calor de respiração (kJ kg^{-1} dia^{-1})
Carne bovina	–2 a 1,1	88-92	1-6 semanas	
Carne de carneiro	–2 a 1,1	85-90	5-12 dias	
Carne de suíno	–2 a 1,1	85-90	3-12 dias	
Presuntos curados	15 a 18	50-60	0-3 semanas	
Aves	–2 a 0	85-90	1 semana	
Peixe fresco	0,5 a 4,4	90-95	5-20 dias	
Peixe defumado	4,4 a 10	50-60	6-8 meses	
Queijo	1,7	65-70		
Ovos (com casca)	–1,7 a 0,6	85-90	8-9 meses	
Cebolas	0	70-75	6-8 meses	1,00
Couve-flor	0	90-95	2-3 semanas	4,48
Aspargos	0	90-95	3-4 semanas	11,09
Tomates verdes	13 a 21	80-85	3-5 semanas	7,20
Tomates maduros	4,4 a 10	85-90	7-10 dias	4,31
Morangos	–0,6 a 0	85-90	7-10 dias	5,44
Maçãs	–1,1 a –0,6	85-90	1-6 meses	1,88
Maçãs acondicionadas com 2 a 3% de CO_2 e 2 a 3% de O_2	–1	95	6-7 meses	
Laranjas	–1,1 a 1,1	85-90	8-10 semanas	1,67
Abacaxi verde	10 a 16	85-90	3-4 semanas	
Abacaxi maduro	4,4 a 7,2	85-90	2-4 semanas	
Bananas	11,7 a 15,6	85-95	1-3 semanas	
Mel	> 10		1 ano	

Fonte: Adaptada de Potter (1986).

e reduzindo seu peso, com as conseqüentes perdas econômicas. A exemplo da temperatura, cada produto tem uma umidade relativa ótima de armazenamento, que não deve oscilar mais do que 3 a 5%. Em geral, costuma manter-se entre 80 e 95%, mas há exceções, como o queijo e os presuntos curados, que requerem umidades relativas compreendidas entre 65 e 70% e 50 e 60%, respectivamente (Tabela 10.2). O acondicionamento dos produtos reduz as perdas de umidade, porém, ao mesmo tempo, dificulta o resfriamento, já que representa obstáculo adicional à transmissão de calor.

Do ponto de vista econômico, não é possível manter as condições ótimas de temperatura e umidade relativa para cada produto durante o transporte e o armazenamento temporário em refrigeração. Normalmente, chega-se a um consenso dispondo de dois ambientes com diferentes condições: um a 0°C e 90% de umidade relativa, para ovos, leite, tecidos animais e frutas e hortaliças não suscetíveis ao dano pelo frio, e outro a 10°C e 85 a 90% de umidade relativa, para todas as frutas e hortaliças que podem sofrer dano pelo frio.

Purificação e circulação do ar

O ar deve circular de forma adequada para manter a temperatura e a composição uniformes na atmosfera do recinto, a fim de possibilitar o rápido resfriamento dos produtos recém-introduzidos, bem como facilitar a purificação do ar quando necessário. É preciso controlar o fluxo do ar, evitando que seja excessivo, de modo a favorecer a desidratação dos alimentos. Quando se armazenam diferentes tipos de alimentos no mesmo recinto, é preciso, em alguns casos, purificar o ar para eliminar compostos aromáticos resultantes de alguns alimentos que poderiam ser absorvidos por outros. Por exemplo, o leite e a manteiga podem incorporar o aroma do peixe, e as frutas e os ovos, o das cebolas.

Luz

Como regra geral, o recinto de armazenamento deve ser mantido às escuras. Às vezes, empregam-se lâmpadas de luz ultravioleta para reduzir o crescimento superficial de mofos e bactérias. Contudo, sua utilização requer certa precaução, já que a luz ultravioleta também catalisa reações oxidantes que podem acelerar o surgimento de colorações e sabores anômalos.

Composição da atmosfera

O efeito conservador da refrigeração pode ser potencializado combinando-se com o adequado controle da composição de gases da atmosfera de armazenamento (Capítulo 11).

Características dos alimentos refrigerados

A refrigeração permite conservar o valor nutritivo do alimento sem grandes modificações, visto que se reduzem as reações químicas. Contudo, em algumas hortaliças, detectaram-se perdas de certas vitaminas mesmo durante curtos períodos. As características organolépticas também não se modificam muito; valeria mencionar apenas (além daquelas já assinaladas) certo endurecimento pela solidificação de gorduras e óleos.

Não se deve esquecer que a refrigeração não destrói os microrganismos presentes nos alimentos ou na matéria-prima. Portanto, os alimentos refrigerados devem ser processados ou consumidos em pouco tempo, quando se mantêm em temperaturas de refrigeração relativamente elevadas (p. ex., 8°C a 10°C), visto que, nessas condições, acelera-se o crescimento dos microrganismos presentes neles, assim como as reações químicas e enzimáticas. O contato da superfície fria dos alimentos com ar em temperatura mais elevada provoca a conseqüente condensação de água sobre eles, favorecendo-se os fenômenos mencionados anteriormente.

Outras aplicações da refrigeração

Além de ser o único método de conservação para alguns alimentos frescos ou processados, na indústria alimentícia costuma-se utilizar a refrigeração como método de conservação temporária até a aplicação de outros tratamentos (pasteurização, esterilização, desidratação, etc.).

De interesse crescente é o emprego da refrigeração para a conservação de pratos prontos e de produtos cozidos a vácuo (*sous vide*) (Capítulo 12), cada vez mais empregados em restaurantes coletivos por sua maior qualidade. Esses produtos são refrigerados imediatamente após seu cozimento e armazenados entre 0°C e 3°C, conservando-se durante uns cinco dias. Quando são acondicionados a vácuo e pasteurizados, sua vida útil prolonga-se até duas ou três semanas.

Outras vezes, a refrigeração tem finalidades diferentes da conservação, por sua capacidade de controlar reações químicas e enzimáticas, bem como o crescimento e o metabolismo de alguns microrganismos desejáveis. É o caso da cristalização do açúcar durante sua purificação, da eliminação por precipitação das ceras presentes nos óleos comestíveis, do controle da maturação de produtos fermentados, como os embutidos, o queijo ou o vinho, e da facilitação de outras operações, como extrair o caroço das frutas, cortar a carne e fatiar o pão.

CONGELAMENTO E ARMAZENAMENTO EM CONGELAMENTO

Atualmente, o congelamento é, sem dúvida, um dos melhores métodos disponíveis para a conservação dos alimentos a longo prazo (Tabela 10.3). Quando os alimentos congelados são processados, armazenados e manipulados de forma adequada, apresentam características organolépticas e nutritivas muito similares às que possuíam antes de seu congelamento. Apesar disso, esse método de conservação está longe de ser perfeito, porque é quase impossível evitar certas mudanças na qualidade dos alimentos durante sua aplicação. Para reduzir ao mínimo essas mudanças, é necessário conhecer detalhadamente seus fundamentos.

Tabela 10.3 Vantagens e desvantagens do congelamento como método de conservação

Vantagens	Desvantagens
Não se acrescentam nem se eliminam componentes	Os microrganismos não são destruídos, embora seu número diminua
Não transmite nem altera o aroma natural	Os esporos são muito resistentes
Não reduz a digestibilidade	As toxinas não são destruídas
Não causa perdas significativas do valor nutritivo	Ocorre desidratação rápida e intensa quando não há acondicionamento adequado

Teoria da cristalização

O aspecto mais destacado do congelamento é a mudança de estado, de líquido a sólido, que sofre uma parte da água presente nos alimentos. Isso permite a conservação durante longos períodos. Contudo, a formação de cristais de gelo é uma das principais causas de certas modificações indesejáveis dos alimentos durante seu congelamento.

Na cristalização ou formação de fase sólida organizada sistematicamente a partir de uma solução, podem-se distinguir duas etapas: a nucleação e os crescimento dos cristais. Durante o congelamento, essas duas etapas são solapadas no tempo, mas é possível controlar a velocidade relativa de cada uma delas e, dessa forma, modificar as características do sistema final.

Nucleação

Consiste na associação de moléculas de água para formar uma pequena partícula ordenada e estável. O ponto de início do congelamento de um alimento (*N*) pode ser definido como a temperatura na qual um diminuto cristal de gelo coexiste em equilíbrio com a fase líquida. A temperatura de fusão do gelo puro é de 0°C. Ao contrário, não se formam cristais de gelo quando a temperatura da água não alcança essa temperatura. A nucleação é um fenômeno difícil, porque as moléculas de água em estado líquido não se associam facilmente entre si para formar um sólido. Para que isso ocorra, é necessário que a temperatura seja inferior ao ponto em que se inicia o congelamento. É provável que durante esse *super-resfriamento* formem-se agregados cristalinos de tamanho diminuto e de caráter instável, que não chegam a alcançar tamanho crítico.

Existem dois tipos de nucleação. A *nucleação homogênea* é a que ocorre em soluções puras e, portanto, é de pouco interesse nos alimentos. Na *nucleação heterogênea*, os núcleos formam-se sobre partículas estranhas suspensas, sólidos insolúveis, superfícies de películas ou paredes de embalagens; ela tem maior importância nos alimentos e estruturas vivas. Esses agentes facilitam a organização das moléculas de água para formar núcleos estáveis. O impacto mecânico e as variações locais de solutos também contribuem para a nucleação heterogênea.

A nucleação terá início quando a temperatura alcançar o valor crítico (*N*) característico de cada amostra. Como se observa na Figura 10.2, quando diminui a temperatura, aumen-

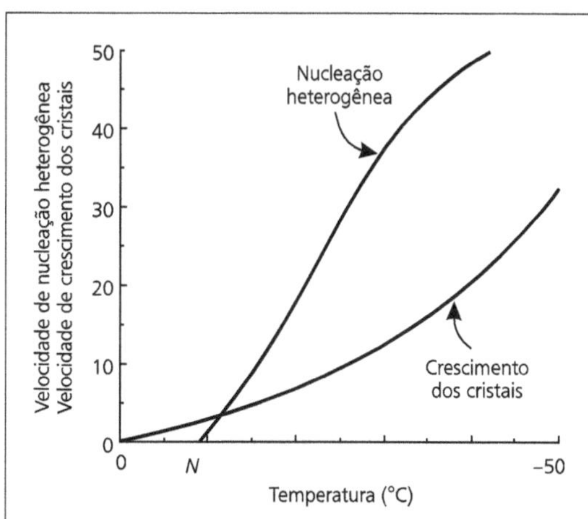

Figura 10.2 Influência do super-resfriamento inicial e da velocidade de resfriamento na nucleação e no crescimento dos cristais de gelo. *Fonte*: Fennema (1975b).

ta rapidamente a velocidade de formação de núcleos. Ou seja, quanto maior for a velocidade a que se elimina o calor do alimento, maior será o número de núcleos formados.

Crescimento dos cristais

Nesta etapa, ocorre a adição organizada de moléculas de água aos núcleos formados, que, assim, aumentam de tamanho. O crescimento dos cristais de gelo depende da difusão e da orientação de moléculas de água na superfície do núcleo. O número de moléculas de água que se unem ao núcleo deve ser maior que o das que se afastam dele. Diferentemente da nucleação, o crescimento dos cristais pode ocorrer em temperaturas muito próximas ao ponto de fusão. De fato, as moléculas de água têm maior tendência a migrar e a associar-se com núcleos já existentes do que a formar novos núcleos. A velocidade de crescimento dos cristais também depende da velocidade de resfriamento, embora o efeito seja mais moderado que o observado para a nucleação (Figura 10.2). Em temperaturas muito baixas (em torno de –80°C), a velocidade de crescimento dos cristais de gelo chega a reduzir-se, devido à elevada viscosidade do meio nessas baixas temperaturas, limitando o movimento das moléculas de água aos cristais. A presença de diversos solutos e estruturas nos alimentos pode dificultar o crescimento dos cristais de gelo no mesmo sentido.

Quando se comparam as velocidades de nucleação e de crescimento dos cristais em função da velocidade de resfriamento, deduz-se que é possível regular o tamanho dos cristais de gelo, controlando a velocidade de transferência de calor (Figura 10.2). Quando esta é muito rápida, a velocidade de nucleação aumenta consideravelmente, provocando a formação de muitos núcleos; mas isso não ocorre com a velocidade de crescimento dos cristais; por isso, eles são pequenos. Contudo, em amostras que são congeladas lentamente (quando a temperatura do alimento mantém-se entre 0°C e *N*), ocorre o contrário, formando-se poucos núcleos e sendo os cristais resultantes relativamente grandes.

Também parece haver diferenças quanto à forma dos cristais conforme a velocidade de resfriamento: quando é lenta, os cristais têm a forma alongada (como agulha), ao passo que, quando é rápida, eles têm formas mais arredondada.

O número, o tamanho e a forma dos cristais podem variar inclusive de uma área a outra do alimento, especialmente nos produtos sólidos ou de grande viscosidade. Nas partes periféricas que estão em contato com o meio de resfriamento, no qual a temperatura diminui rapidamente, forma-se número maior de cristais de menor tamanho do que nas zonas mais profundas, nas quais a transferência de calor ocorre de forma mais lenta. Isso é importante porque o número, o tamanho e a forma dos cristais influem bastante na qualidade dos produtos congelados, como se verá mais adiante.

Curvas de congelamento

Pode-se considerar que a diminuição da temperatura durante o congelamento divide-se em três etapas. A primeira consiste no resfriamento do produto até a temperatura em que se inicia seu congelamento (eliminação de calor sensível). Na segunda etapa, produz-se a cristalização da maior parte da água presente no alimento (subtração do calor latente correspondente à formação de cristais de gelo). Essa etapa é justamente a que requer mais energia pelo elevado calor latente de fusão da água (335 $kJ\ kg^{-1}$, a 0°C e pressão atmosférica). Na terceira etapa, ocorre a posterior redução da temperatura do produto congelado até a temperatura final desejada (é preciso eliminar novamente calor sensível).

O registro da temperatura durante o congelamento lento de uma amostra de água permite obter uma curva como a que se apresenta na Figura 10.3a. A temperatura da água deve diminuir abaixo dos 0°C para que se inicie a nucleação (super-resfriamento, ponto S). No momento em que os núcleos adquirem o tamanho crítico e começam a formar-se os primeiros cristais de gelo, a velocidade de liberação do calor latente devido à cristalização é maior do que a velocidade em que se elimina esse calor da amostra, e a temperatura eleva-se a 0°C (temperatura de equilíbro de congelamento da água pura; ponto B). A mistura de água e gelo mantém-se a essa temperatura, enquanto se produz a mudança de estado (segmento BC). Somente quando se completa a transformação da água líquida em gelo é que a temperatura diminui até aproximar-se da temperatura do meio de resfriamento (segmento CD). Vale destacar que, por ser o calor específico do gelo menor que o da água, a diminuição da temperatura do gelo é muito mais rápida agora do que na água, antes de seu congelamento.

A curva de congelamento da solução diluída do composto (sacarose, neste exemplo) é ligeiramente diferente, como se pode observar na Figura 10.3b. Em primeiro lugar, o super-resfriamento (diminuição da temperatura com relação ao ponto de fusão) não é tão acentuado como na água pura, visto que predominam os mecanismos de nucleação heterogênea. A temperatura aumenta ao liberar-se o calor latente de fusão durante a formação de gelo. Em segundo lugar, a temperatura em que começa o congelamento da solução (B') é inferior à da água pura, pela depressão do ponto de congelamento (lei da diminuição crioscópica de Raoult). Essa diminuição do ponto de congelamento depende da concentração de solutos em solução. A formação de cristais de gelo tem como conseqüência imediata o aumento da concentração do soluto na fração líquida restante e a resultante diminuição de seu ponto de congelamento. É por essa razão que o segmento B'C' tem ligeira pendente negativa. Durante essa etapa, forma-se a maior quantidade de

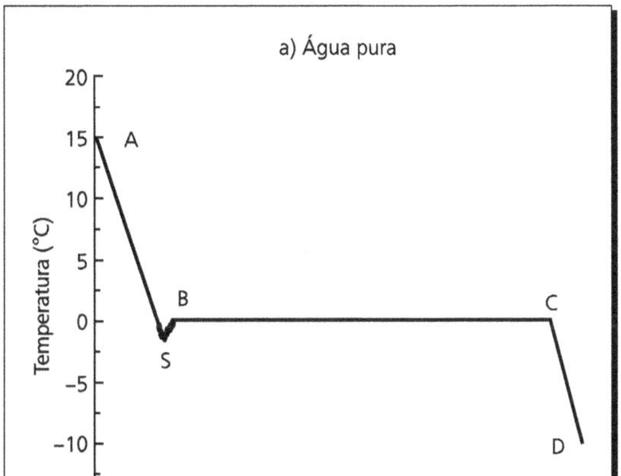

Figura 10.3 Curvas de congelamento de: (a) água pura e (b) uma solução diluída de sacarose.

cristais de gelo na solução e, vale dizer, trata-se de cristais de gelo puro. Não é correto, portanto, falar da temperatura de congelamento de uma solução, mas sim da *temperatura de início do congelamento*, para indicar que se trata do ponto de fusão ou congelamento da solução antes que este se modifique pela crioconcentração.

Quando a concentração do soluto atinge a saturação (*ponto eutético*), ele começa a cristalizar à mesma velocidade que a água, ao mesmo tempo em que libera o calor latente correspondente à mudança de estado. A partir desse ponto (D'), a água e a sacarose cristalizarão juntas na mistura eutética (segmento D'E'), sem que a concentração de sacarose na solução se modifique. Uma vez finalizada a cristalização, em temperatura constante, continua caindo a temperatura do sólido congelado (segmento E'F').

A diminuição do ponto de congelamento pela presença de um soluto e as condições em que se formam as misturas eutéticas, no caso de uma solução diluída de sacarose, são apresentadas no diagrama de fases representado na Figura 10.4. A linha *a*E é a curva de congelamento das soluções de sacarose em água, isto é, os pontos em que a solução está em equilíbrio com cristais de gelo, e a linha *b*E é a curva de solubilidade da sacarose ou os pontos em que a solução está em equilíbrio com cristais de sacarose. Essas duas linhas encontram-se no ponto E (ponto eutético), onde estão em equilíbrio sacarose em solução, cristais de gelo e cristais de sacarose. O ponto eutético é um ponto invariável e característico de cada composto, sendo, neste exemplo, uma concentração de sacarose de 56,2% a -9,5°C, condições em que começarão a se formar simultaneamente cristais de gelo e de sacarose. A depressão do ponto de congelamento da água por diversos compostos também é útil para a seleção de misturas refrigerantes. Por exemplo, para o cloreto de sódio, a mistura eutética a –21°C contém 23% de NaCl. Esse gelo eutético terá o ponto de fusão de –21°C e melhores propriedades refrigerantes que o gelo formado a partir de água pura, sendo justamente por essa razão empregado de forma comercial.

Nos alimentos com grande quantidade de compostos em solução, as curvas de congelamento são muito mais complexas. O super-resfriamento não costuma ultrapassar 10°C, embora muitas vezes não seja visível. A temperatura de início do congelamento dependerá da composição do alimento (Tabela 10.4). Durante o processo, não se formará apenas uma mistura eutética, mas várias, e de tamanha complexidade que, em geral, é difícil perceber os pontos de inflexão das diferentes misturas eutéticas (final do segmento BC e segmento CD na Figura 10.5). As curvas de congelamento de diversos alimentos de origem animal e vegetal são similares e dependem da velocidade de congelamento (Figura 10.6).

O congelamento do alimento é considerado completo quando sua temperatura atinge a da mistura eutética mais baixa (*temperatura de fim do congelamento*). Contudo, raramente se consegue isso durante o congelamento dos alimentos, e nem é seu objetivo, visto que exigiria a diminuição da temperatura a valores muito baixos (p. ex., no peixe, seria de –55°C), implicando custos muito elevados. É importante ressaltar que, em temperaturas de congelamento habituais na indústria alimentícia, há sempre uma proporção de água do alimento que permanece sem congelar (Figura 10.5). A porcentagem de água não-congelada depende da composição do alimento e da temperatura de congelamento (Figura 10.7).

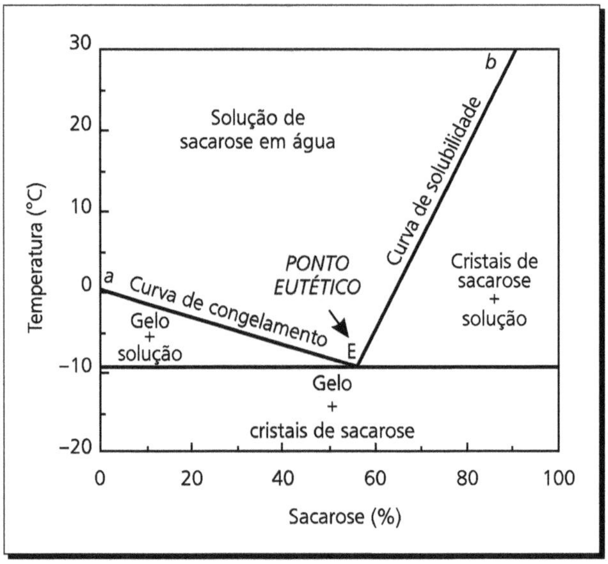

Figura 10.4 Diagrama das fases de uma mistura binária (sacarose-água).

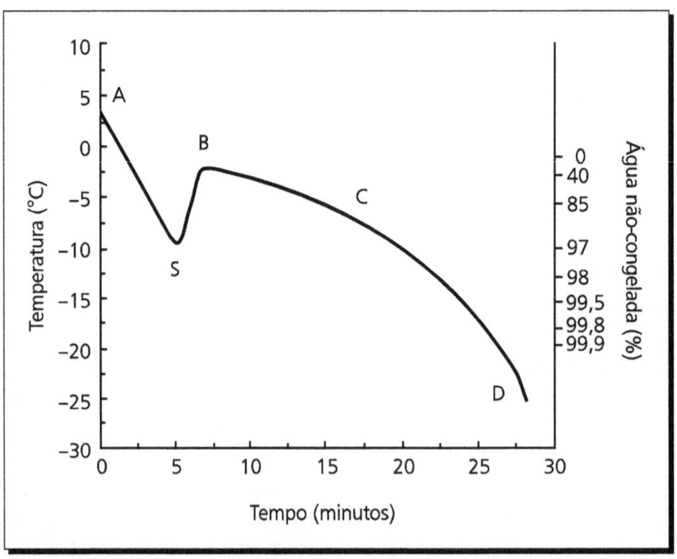

Figura 10.5 Curva de congelamento de um bife, indicando a porcentagem de água não-congelada. S, super-resfriamento. *Fonte*: Adaptada de Potter (1986).

Tabela 10.4 Temperatura em que se inicia o congelamento em diversos alimentos

Tipo de alimento	Quantidade de água (%)	Temperatura de início do congelamento (°C)
Hortaliças	78-92	-0,8 a -2,8
Frutas	87-95	-0,9 a -2,7
Carne	55-70	-1,7 a -2,2
Peixe	65-81	-0,6 a-2,0
Leite	87	-0,5
Ovo	74	-0,5

Fonte: Fellows (1994).

Modificações que se produzem nos alimentos durante seu congelamento. Efeito sobre as reações químicas e enzimáticas

Dano pelos cristais de gelo

Embora o congelamento seja um dos métodos mais suaves de conservação, a formação de cristais de gelo sempre afeta em certo grau as características dos alimentos congelados. De fato, essa é a principal causa da diminuição da qualidade dos produtos congelados. A magnitude desse dano depende, em grande parte, da velocidade de congelamento e das características do produto.

Como mostra a Figura 10.8, os alimentos derivados de tecidos (carne, peixe, fruta, etc.) e que possuem estruturas com paredes e membranas celulares são os mais vulneráveis à formação de cristais de gelo. As mudanças dependem da localização destes, que é determinada pela velocidade de congelamento e pela permeabilidade do tecido. Nos tecidos vegetais, quando a temperatura diminui lentamente, os cristais de gelo começam a se formar no exterior das células, porque o ponto de congelamento do fluido extracelular é maior que o do fluido intracelular (que tem mais solutos em solução). Quando o tamanho desses cristais extracelulares aumenta, os solutos dissolvidos no fluido extracelular concentram-se e promovem a saída da água intracelular por osmose. Os cristais extracelulares continuam crescendo, causando lesões nas membranas e provocando intensa desidratação das células. O aumento da concentração intracelular de solutos, conseqüência da desidratação celular, reduz ainda mais o ponto de congelamento e, portanto, a probabilidade de que se inicie a cristalização no interior das células. A desidratação chega a ser irreversível quando ultrapassa determinado nível, e, durante o descongelamento, as células não recuperam o nível de hidratação original, mas, ao contrário, parte de seu conteúdo, que agora se encontra no exterior da célula, é perdido

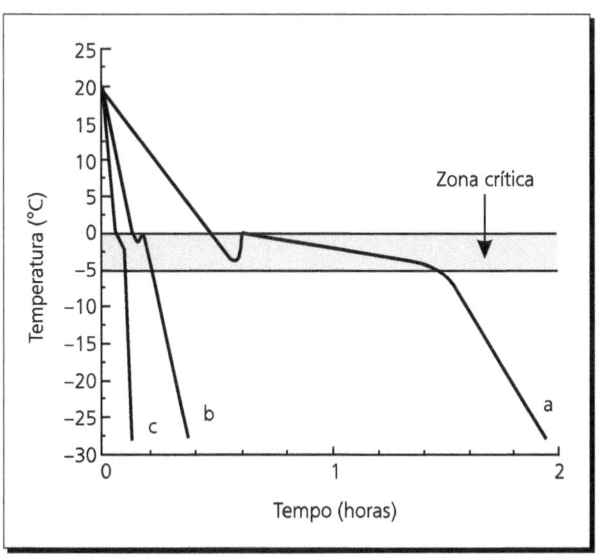

Figura 10.6 Evolução da temperatura durante o congelamento de alimento com resfriamento lento (a), rápido (b) e muito rápido (c). *Fonte:* Fennema (1975).

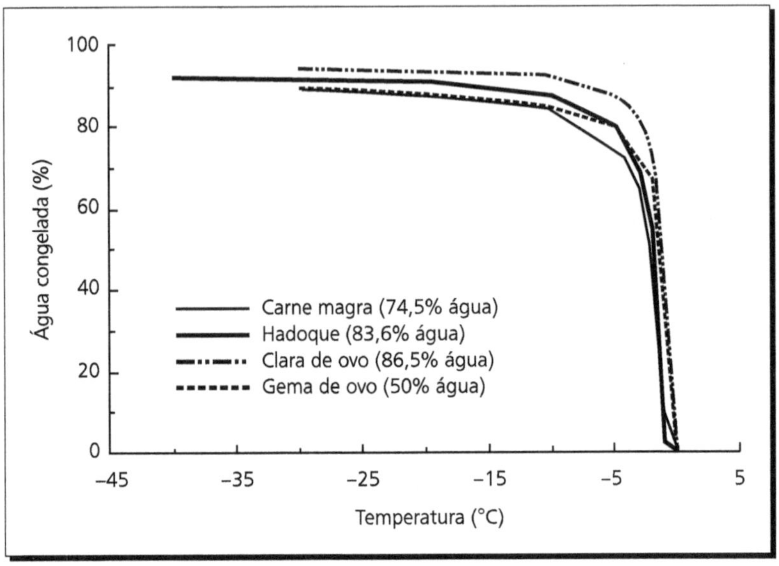

Figura 10.7 Variação da porcentagem de água congelada em diversos alimentos em função da temperatura. *Fonte:* Fennema (1975).

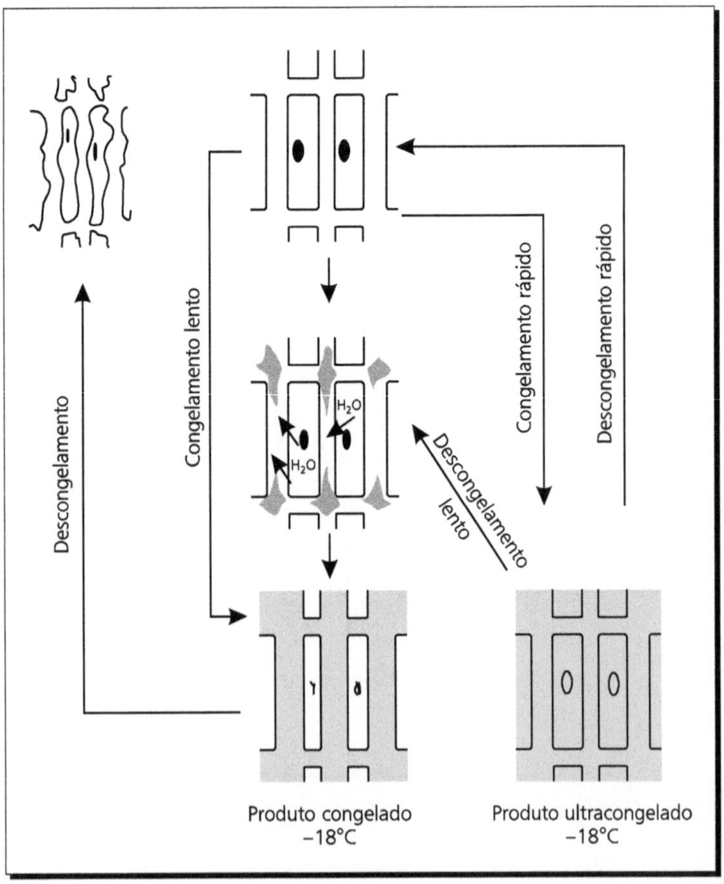

Figura 10.8 Formação e localização dos cristais de gelo nos tecidos durante o congelamento rápido e lento e as modificações que se produzem durante o descongelamento.

(*perdas por gotejamento*). O volume das células diminui consideravelmente, ao mesmo tempo em que se produz sua separação, modificando gravemente a textura e a turgidez do produto. A estrutura dos tecidos animais geralmente se altera menos que a dos vegetais porque as fibras são mais flexíveis e, embora se separem, não chegam a se romper.

Em contrapartida, quando a velocidade de congelamento é rápida, os cristais de gelo formam-se praticamente ao mesmo tempo no interior e no exterior das células (Figura 10.8). O deslocamento de água, quando ocorre, é mínimo. Além disso, como se descreveu no item "Teoria da cristalização", os cristais são pequenos e muito numerosos, e, por isso, a estrutura dos tecidos quase não se modifica. Contudo, vale lembrar que, ainda que os cristais formados sejam pequenos, a cristalização intracelular sempre provoca certo grau de destruição da organização celular. Isso é mais provável em tecidos que têm pouca permeabilidade, nos quais a água permanece no interior das células e super-resfria o suficiente para que se formem cristais de gelo. Se a permeabilidade é alta, as células experimentam certo grau de desidratação, independentemente da velocidade de resfriamento.

Nos alimentos que têm uma certa estrutura ou organização (p. ex., emulsões, géis ou espumas), a formação de cristais de tamanho grande durante o congelamento lento também causa modificações no mesmo sentido. Assim, por exemplo, a ruptura das emulsões por esses cristais de gelo na manteiga tem como conseqüência a formação de bolsas de gordura, e a da espuma, nos sorvetes, diminuição do volume.

Para evitar os problemas decorrentes da formação de cristais de gelo e a desidratação celular durante o congelamento dos alimentos, costumam-se empregar *crioprotetores*, compostos com diferentes constituições químicas que têm em comum grande afinidade pela água (glicerol, sorbitol, monossacarídeos, sais, proteínas, etc.). Esses compostos são capazes de imobilizar a água e de impedir sua cristalização. Quando os crioprotetores passam ao interior da célula, evitam ainda a desidratação celular. Mostrou-se que esses agentes crioprotetores são úteis quando a velocidade de congelamento é lenta, mas que seu emprego pode ser prejudicial durante o congelamento rápido, porque servem como núcleos para a cristalização intracelular.

Nesse âmbito, vale mencionar uma tecnologia que vem despertando enorme interesse na indústria alimentícia, o *super-resfriamento* (*superchill system*), cujo fundamento é a manutenção dos alimentos no nível de temperatura entre 0°C e o ponto em que começam a se formar os cristais de gelo (p. ex., –1,7°C na carne bovina e –2°C no peixe). Essas temperaturas são suficientemente baixas para impedir ou retardar bastante o crescimento dos microrganismos, assim como as reações químicas e enzimáticas, mas não causam dano celular devido à ausência de cristais de gelo. Ou seja, a vida útil dos alimentos assim conservados é maior do que nas condições habituais de refrigeração, mas o custo do processo e a modificação provocada nos produtos são menores do que quando se aplica o congelamento.

Além do dano direto causado pelos cristais de gelo, durante o congelamento ocorrem vários fenômenos associados à formação desses cristais que também repercutem na qualidade dos alimentos congelados: o aumento da concentração de solutos em solução e as variações no volume dos alimentos congelados.

Aumento da concentração de solutos em solução

A formação de cristais de gelo puro como conseqüência do resfriamento imobiliza certa quantidade de água do alimento. Ao mesmo tempo, a concentração dos diferentes solutos presentes na fração de água não-congelada aumenta consideravelmente. Uma das conseqüências imediatas é a aceleração das reações químicas nessa fração de água não-congelada, especialmente no intervalo entre –5°C e –15°C. Nesse nível de temperatura, não se cumpre inteiramente a equação de Arrhenius, ou seja, a velocidade das reações não diminui tanto quanto se poderia esperar por efeito das baixas temperaturas. A concentração de solutos produz o efeito contrário: a velocidade das reações também aumenta de forma proporcional, pela lei de ação de massas. Isto é, o congelamento pode ter dois efeitos opostos sobre a velocidade das reações; a diminuição da temperatura sempre causa a redução da velocidade das reações e, em alguns casos, a concentração de solutos pode acelerá-las (como ocorre nas reações de oxidação, hidrólise ou desnaturação protéica). É importante assinalar que esse fenômeno é particularmente grave quando a velocidade do congelamento é lenta, pois o alimento se mantém nesse nível de temperatura problemático (*zona crítica*) durante tempo relativamente longo (Figura 10.6).

O efeito da redução da temperatura sobre as reações enzimáticas é menos acentuado do que nas reações químicas, porque a energia de ativação é muito menor. Além disso, é preciso levar em conta que, diferentemente de alguns tratamentos térmicos, o congelamento não inativa as enzimas de forma irreversível. O efeito do congelamento nas reações enzimáticas é variável e depende das características das enzimas. Estas podem ser inativadas ou ativadas, parcial e transitoriamente, como conseqüência da alteração do meio onde se desenvolve sua atividade (menor quantidade de água disponível, desvio do pH, aumento da concentração de solutos, ativadores e inibidores, etc.) e do seu estado (alterações de sua estrutura). Embora não se possam indicar pautas gerais sobre o comportamento das enzimas nos alimentos congelados, vale destacar a possibilidade da ocorrência de reações enzimáticas em temperaturas bastante reduzidas, nas quais já não ocorrem mudanças químicas. Em vegetais, as catalases, as peroxidades e as proteases conservam atividade até –15°C ou –17°C, as lipases, até –25°C ou –30°C, e a invertase, até mesmo a –40°C. Além disso, se as membranas das organelas celulares (como as mitocôndrias ou os lisossomos) são danificadas durante o congelamento, a liberação das enzimas contidas nelas e o contato com seus substratos, dos quais antes estavam separadas fisicamente, podem favorecer o início de algumas reações enzimáticas (p. ex., enzimas hidrolíticas lisossomais ou polifenoloxidases em vegetais).

Outra conseqüência do aumento da concentração dos diversos solutos é a modificação das características da fração não-congelada: pH, força iônica, viscosidade, propriedades coligativas, pressão osmótica, potencial redox, etc. O efeito dessas mudanças dependerá, em grande parte, de sua magnitude e da influência específica que tenham sobre os diferentes componentes dos alimentos. A título de exemplo, podem-se mencionar a coagulação das proteínas quando diminui o pH do meio ou sua precipitação quando se eleva a força iônica, o aumento da viscosidade por concentração de colóides, a precipitação de sais e açúcares e a desestabilização das emulsões. Esses efeitos também são limitados quando o congelamento é rápido. As modificações das propriedades funcionais de alguns componentes dos alimentos podem ser limitadas mediante o emprego de crioprotetores, embora seu mecanismo de ação não esteja completamente esclarecido. Por exemplo, durante a elaboração do surimi, a adição de sorbitol ou de sacarose e polifosfatos contribui para a estabilização das proteínas miofibrilares, impedindo sua desidratação e, portanto, sua desnaturação.

Variações do volume

A transformação da água líquida em gelo supõe aumento de 9% de seu volume, embora o gelo se contraia ligeiramente se continuar resfriando. Conseqüentemente, todos os alimentos se expandem ao congelar, mas não tanto quanto o gelo puro. O aumento de volume dependerá principalmente de seu conteúdo de água e, no caso de cristais de gelo puro, corresponderá a 9% da fração de água que se congela. Ao contrário, os lipídeos se contraem durante o congelamento.

Essas variações de volume produzem tensões internas nos alimentos, que provocam danos nas estruturas celulares e inclusive dilaceramentos, especialmente se as mudanças de volume não forem homogêneas.

O dano mecânico decorrente da mudança do volume afeta em maior medida as frutas e hortaliças, visto que esses produtos apresentam paredes celulares rígidas; além disso, as células não estão alinhadas. Quando a velocidade de congelamento é rápida, o dano é maior. É por essa razão que se costumam observar nos alimentos vegetais congelados rupturas celulares, separação de células e textura anômala. As variações no volume são menores quando existem vacúolos de ar, que podem se comprimir e inclusive expulsar o ar durante o congelamento, absorvendo o aumento de volume do gelo formado. No músculo, a textura é menos afetada porque as fibras são longas, estreitas, mais elásticas e estão dispostas paralelamente, sendo mais provável que se separem sem se romper.

Efeito do congelamento nos microrganismos

O congelamento e o armazenamento em congelamento a –18°C não destroem totalmente os microrganismos presentes nos alimentos, embora estes sofram algum dano pelo choque térmico, pelo crescimento de cristais de gelo intracelulares e pelo aumento de concentração dos solutos na fração não-congelada. O efeito dependerá da rapidez com que se realiza o congelamento, do meio onde se encontram as bactérias e da fase de crescimento (na fase estacionária, a sobrevivência é maior). A velocidade de congelamento tem as mesmas conseqüências nas bactérias que aquelas indicadas anteriormente para os tecidos quanto ao dano pelos cristais de gelo e à desidratação.

Nem todos os microrganismos têm a mesma sensibilidade ao congelamento, e a tolerância depende da atividade de seus sistemas enzimáticos e da composição lipídica de sua membrana (fluidez) a baixas temperaturas. Os esporos de bactérias e mofos são muito resistentes e, entre as células vegetativas, as bactérias Gram positivas, especialmente os cocos Gram positivos, são mais resistentes que as Gram negativas. Durante o armazenamento em congelamento, as bactérias Gram negativas costumam perder a viabilidade progressivamente, embora algumas delas (p. ex., *Salmonella* em aves) e a maioria das Gram positivas quase não sejam afetadas. Em geral, a maior taxa de destruição bacteriana é observada imediatamente após o congelamento; depois reduz-se bastante e chega a estabilizar-se durante longos períodos. Por isso, embora o número de sobreviventes diminua, o congelamento também é um método efetivo para manter a viabilidade das bactérias. Quanto menor for a temperatura de armazenamento, maior será a sobrevivência das bactérias. As toxinas não são afetadas pelo congelamento se foram produzidas anteriormente no alimento.

Os alimentos congelados não são bom substrato pra o crescimento microbiano, pelas baixas temperaturas, por sua reduzida a_w (Tabela 10.5) e pela modificação das características da fração não-congelada. A maioria das bactérias não se prolifera em temperaturas inferiores a –8°C, as leveduras, em –10°C e os mofos, em –12°C (em conformidade com sua resistência a a_w reduzidas). Alguns autores consideram que é necessária a temperatura de –18°C para a interrupção total

Tabela 10.5 Pressão de vapor da água líquida (p_o) e do gelo ou de alimentos que contenham gelo (p_v) e a_w ou pressão de vapor relativa em diversas temperaturas

Temperatura (°C)	p_o água líquida (P_a)	p_v gelo (P_a)	a_w (p_v/p_o)
0	611	611	1,00
-5	421	402	0,95
-10	287	260	0,91
-15	191	165	0,86
-20	125	103	0,82
-25	80,7	63	0,78
-30	50,9	38	0,75
-40	18,9	13	0,68
-50	6,4	3,9	0,62

da proliferação de microrganismos (Figura 10.1). Convém assinalar que, embora em valores muito extremos de temperatura o crescimento dos microrganismos fique muito limitado, sua atividade metabólica pode ser significativa. Por exemplo, detectou-se atividade lipásica em algumas cepas de *Pseudomonas fragi* mesmo depois de 21 dias a -29°C.

Os parasitas responsáveis pela infestação da carne (protozoários, cestódeos, nematódeos) são muito mais sensíveis aos efeitos letais do congelamento do que os microrganismos. A maioria é destruída a -5°C ou -10°C após 10 dias, na ausência de compostos protetores no alimento. As larvas de *Trichinella spiralis* morrem se a temperatura for mantida a -15°C durante pelo menos 30 dias. Esse período se reduz sensivelmente se a temperatura de armazenamento for menor (p. ex., -25°C durante 20 dias ou -30°C durante 12 dias).

A possibilidade de manter a viabilidade das bactérias mediante controle adequado do congelamento justifica a utilização deste como método de conservação dos cultivos bacterianos para a elaboração de produtos fermentados. Para obter a mínima destruição das bactérias, interessa que a cristalização seja intracelular e que as bactérias se desidratem parcialmente, impedindo-se a nucleação intracelular, mas não o suficiente para que se reduza sua viabilidade. Nos meios, costumam incluir-se ainda agentes crioprotetores (glicerol, clara de ovo, leite, etc.).

Modificação dos alimentos durante o armazenamento em congelamento

Embora as baixas temperaturas reduzam bastante a velocidade das reações químicas e enzimáticas, é preciso levar em conta que, nos alimentos congelados a -18°C, nem toda a água está congelada (ainda que a a_w seja baixa), as enzimas não se inativaram completamente, e os solutos presentes nessa fase aquosa não-congelada estão muito concentrados, o que, por sua vez, pode modificar as características do meio (pH, força iônica, potencial redox, etc.). Como conseqüência de tudo isso, algumas reações químicas e enzimáticas podem avançar, mesmo que de forma muito lenta, durante o armazenamento em congelamento. Além disso, os cristais de gelo, depois de formados, não são estáveis e podem experimentar certas mudanças. Essas mudanças físicas (recristalização e sublimação) e químicas, que veremos a seguir mais detalhadamente, são a principal causa da perda de qualidade dos alimentos durante seu armazenamento em congelamento.

Recristalização

A recristalização é um fenômeno muito freqüente que consiste em mudanças metamórficas dos cristais de gelo, as quais afetam seu número, tamanho, forma, orientação ou aperfeiçoamento. Trata-se, em geral, de mudanças indesejáveis pela repercussão que têm na qualidade dos alimentos, sendo, porém, em muitos casos, inevitáveis. Os principais tipos de recristalização, representados na Figura 10.9, que podem produzir-se nos alimentos são:

1. *Recristalização isomássica.* Os cristais de forma irregular e com relação superfície/volume elevada tendem a assumir uma estrutura mais compacta, com menor relação superfície/volume, que é mais estável.
2. *Recristalização migratória ou crescimento dos cristais.* É a de maior importância nos alimentos congelados. Deve-se à tendência dos cristais de tamanho grande a crescer às custas dos de menor tamanho por diferenças na energia superficial (os cristais pequenos mantêm unidas as moléculas superficiais com menor intensidade que os grandes). Essa modificação se intensifica com as flutuações da temperatura de armazenamento. Quando esta aumenta, os cristais de gelo fundem-se parcialmente, sendo mais afetados os de menor tamanho por terem pontos de fusão mais baixos. Mas se a temperatura volta a diminuir, pela força de atração entre massas, as moléculas de água tendem a unir-se aos cristais de maior tamanho, em vez de formar novos núcleos de cristalização. O resultado claro é a diminuição do número de cristais (desaparecimento dos de menor tamanho) e o aumento de seu tamanho médio.

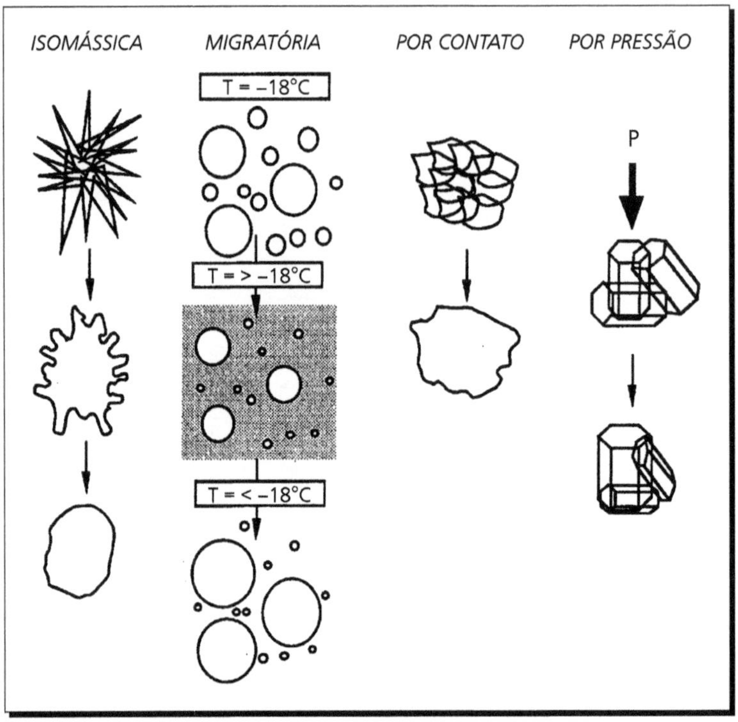

Figura 10.9 Principais formas de recristalização durante o armazenamento dos alimentos congelados.

3. *Recristalização por contato ou acretiva*. Ocorre quando os cristais que estão em contato unem-se para formar um de maior tamanho e menor energia. Assim como no caso anterior, a conseqüência é a redução do número e o aumento do tamanho dos cristais. Esse tipo de recristalização não pode ser evitado, embora a lentidão diminua sua importância.
4. *Recristalização por pressão*. Quando se aplica uma força a um grupo de cristais com diferentes orientações, aqueles que têm seu eixo principal paralelo à direção da força aplicada crescem às custas dos outros, sendo o crescimento proporcional à força aplicada. Ou seja, é importante evitar que os alimentos congelados sejam submetidos à pressão.

É evidente que a maior qualidade dos alimentos congelados rapidamente pode desaparecer durante seu armazenamento, igualando-se à dos congelados em velocidades mais lentas pelo fenômeno de recristalização. Portanto, para conservar a qualidade dos produtos congelados, é fundamental manter temperatura constante e evitar o empilhamento excessivo durante o armazenamento.

Sublimação

Durante o armazenamento em congelamento, quando a superfície úmida e fria dos alimentos entra em contato com a atmosfera não-saturada de umidade, parte do gelo superficial do alimento se sublima. Essa desidratação tem como conseqüência a redução do peso do alimento. Por exemplo, a carne pode chegar a perder 0,25% de seu peso para cada mês de armazenamento em congelamento. Essas perdas dependem da temperatura do ar (Figura 10.10), tornando-se menores quanto mais baixa ela for. Além das perdas econômicas por redução do peso, a desidratação também modifica o aspecto superficial dos alimentos. Essa alteração é conhecida como *queimadura pelo frio* ou queimadura do congelador e manifesta-se em forma de manchas claras, devido ao fato de que as pequenas cavidades microscópicas, que antes eram ocupadas por cristais de gelo, modificam o comprimento de onda da luz refletida. Ao mesmo tempo, produzem-se mudanças na consistência porque as áreas desidratadas não voltam a reabsorver água na mesma medida durante o descongelamento. A queimadura pelo frio é problemática sobretudo nos produtos que apresentam elevada relação superfície/volume.

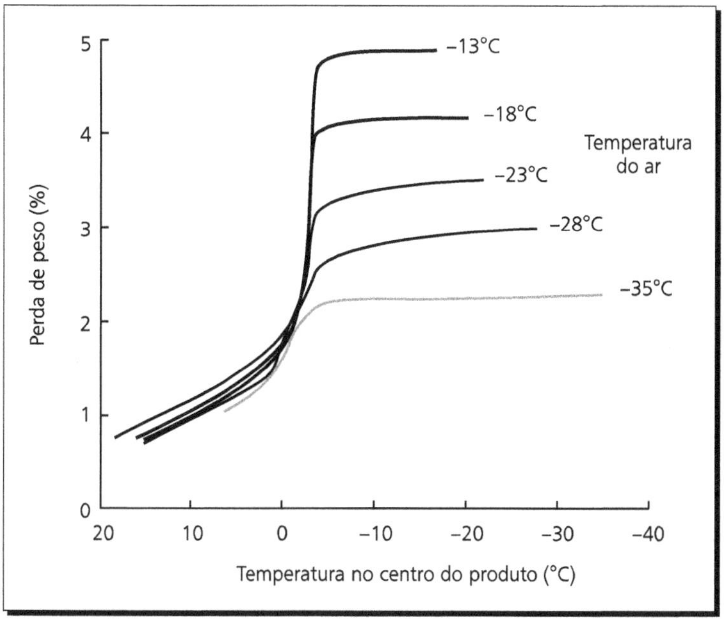

Figura 10.10 Perdas de peso acumuladas durante o congelamento com ar em diferentes temperaturas. *Fonte:* Herber, Löndahl, Persson e Rynnel (1991).

Entre os vários recursos que podem ser empregados para evitar essa desidratação, vale citar:

1. O acondicionamento a vácuo em materiais impermeáveis ao vapor d'água. A aplicação de vácuo é importante para evitar que se produzam condensações no interior da embalagem.
2. A manutenção de umidade relativa adequada da atmosfera de armazenamento, que normalmente tende a diminuir pela condensação de umidade nos evaporadores.
3. A evitação de velocidades excessivamente grandes do ar.
4. A formação de camada fina de gelo sobre o alimento.

Modificações químicas

Trata-se essencialmente das mesmas alterações produzidas durante o processo de congelamento. A auto-oxidação dos lipídeos, responsável pelo aparecimento de sabores e aromas próprios da rancificação, é uma das reações químicas de maior importância nos produtos congelados, porque, ainda que lentamente, ocorre mesmo a –18°C. Afeta de forma muito acentuada os alimentos que possuem elevado conteúdo de gorduras insaturadas (como peixes gordos e carne de suíno), reduzindo sua vida útil. Os lipídeos também podem ser hidrolisados e o aumento de ácidos graxos livres favorece a desnaturação das proteínas (aves e peixe).

As alterações na cor e as perdas de vitaminas podem decorrer de reações de natureza química ou enzimática que afetam carotenóides, antocianinas e clorofilas. Também se produzem perdas de compostos aromáticos e de gases, que têm menos solubilidade a baixas temperaturas. Os carboidratos são os componentes menos afetados pelo congelamento, devendo-se assinalar apenas a retrogradação do amido. Dependendo do produto, a modificação da textura pode ter outras causas. Por exemplo, nos sorvetes, a cristalização da lactose; na carne e no peixe, a agregação das proteínas musculares; no leite, a geleificação protéica; e nos géis de hidrocolóides, a desestabilização.

A atividade residual das enzimas pode causar várias modificações, além da perda de vitamina C e da degradação de pigmentos, já mencionadas. Nas frutas, as polifenoloxidases podem causar escurecimento enzimático. As modificações dos lipídeos insaturados pelas lipooxigenases levam ao aparecimento de odores e sabores anômalos. Para evitar essas atividades enzimáticas, costuma-se aplicar tratamento térmico de branqueamento ou químico às frutas e às hortaliças antes do congelamento. Na carne e no peixe armazenados durante períodos prolongados em congelamento, a atividade das proteases e das lipases pode modificar tanto a textura como o sabor e o aroma.

É importante insistir no fato de que todas essas mudanças físicas e químicas, e não as microbiológicas, são as responsáveis pela impossibilidade de armazenar os alimentos em congelamento indefinidamente. O tempo em que um alimento pode se manter congelado em boas condições depende do tipo de produto (i. e., de sua composição química e estrutura), de sua qualidade inicial, do processamento anterior, do método de congelamento, do acondicionamento e das condições mantidas durante seu armazenamento. O período de tempo durante o qual o produto conserva a qualidade que possuía antes de seu congelamento é expresso como o *valor HQL* (*High Quality Life*). Esse parâmetro é definido como o tempo durante o qual o produto pode se manter congelado até que 70 a 80% dos membros do painel de degustação consigam detectar as primeiras perdas de qualidade. A relação entre o valor *HQL* e a temperatura de armazenamento é similar ao tempo de redução decimal nos tratamentos térmicos (Figura 10.11). O valor *HQL* é de grande utilidade, seja na pesquisa ou no desenvolvimento de produtos, para comparar a velocidade de deterioração de diferentes produtos ou formulações.

Outro parâmetro de interesse com relação à qualidade dos alimentos congelados é a *vida útil* ou *aceitabilidade*, definida como o período durante o qual o produto congelado mantém a qualidade aceitável para seu consumo ou venda (Tabela 10.6). A vida útil do alimento congelado, de maior interesse prático para o industrial no momento de avaliar a cadeia de distribuição, em geral, é seis vezes superior ao seu valor *HQL*.

Esses parâmetros dependem, em grande parte, da temperatura e do tempo de armazenamento, sendo as flutuações da temperatura um dos fatores mais adversos para a qualidade dos produtos congelados. Tais parâmetros podem ser calculados pelo método de *tolerância de tempo/temperatura* (TTT), que leva em conta a cinética da reação responsável pela limitação da vida útil de cada produto congelado e sua dependência da temperatura. Também é importante manter a umidade relativa adequada durante o armazenamento em congelamento. Contudo, quando se empregam temperaturas mais baixas, sua repercussão na qualidade dos alimentos congelados é menor que nos refrigerados, sobretudo se o controle da temperatura e o acondicionamento dos produtos forem adequados. Além disso, é reconhecida a importância que têm

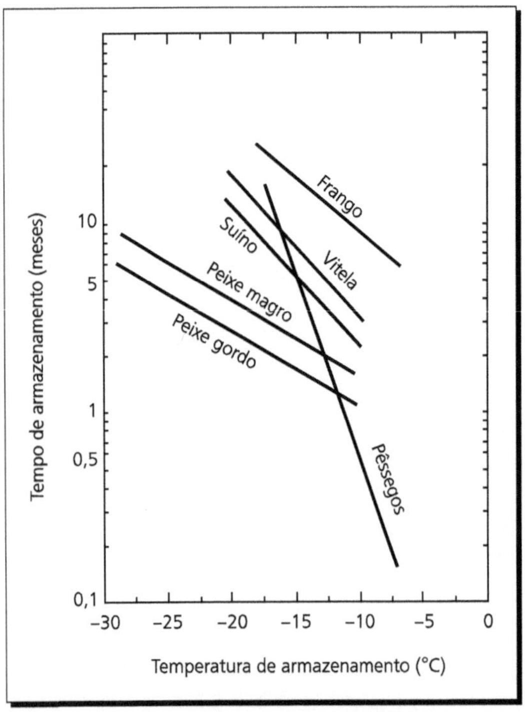

Figura 10.11 Perda de qualidade organoléptica dos alimentos congelados em função da temperatura e do tempo de armazenamento. *Fonte:* Fennema (1975).

Tabela 10.6 Período de armazenamento (meses) em congelamento a diferentes temperaturas, durante o qual diversos produtos mantêm sua qualidade

	Temperatura (°C)		
Produto	**–18**	**–12**	**–7**
Carne bovina (crua)	13-14	5	< 2
Carne suína (crua)	10	< 4	< 1,5
Frango cru	27	15,5	< 8
Frango frito	<3	< 1	< 0,6
Peixe magro (cru)	3	< 2,25	< 1,5
Peixe gordo (cru)	2	1,5	0,8
Suco de laranja	27	10	4
Pêssegos	12	< 2	0,2
Morangos	12	2,4	0,3
Couve-flor	12	2,4	0,3
Feijões verdes	11-12	3	1
Ervilhas verdes	11-12	3	1
Espinafre	6-7	< 3	0,75

Fonte: Potter (1986).

na qualidade dos produtos congelados a qualidade intrínseca da matéria-prima, a ótima realização dos processos tecnológicos próprios do congelamento, assim como de outros auxiliares (p. ex., o branqueamento), e o acondicionamento adequado (fatores *PPP*; *product, processing, packaging* = produto, processamento, acondicionamento). A observância desses fatores pode ser mais eficaz para obter a qualidade adequada dos produtos congelados do que a redução da temperatura de armazenamento.

Devido à repercussão das flutuações de temperatura durante o armazenamento na qualidade dos produtos congelados, foram desenvolvidos vários indicadores para mostrar de forma simples a história térmica do produto após seu congelamento e determinar a vida útil restante. A maioria desses indicadores consiste de etiquetas auto-adesivas que se aplicam nas embalagens do produto e que podem ser averiguadas em qualquer ponto da cadeia de distribuição. Em geral, baseiam-se em reações químicas ou enzimáticas ou na simples difusão de um composto as quais provocam modificações no indicador. Essas modificações serão irreversíveis e dependerão da temperatura, da mesma forma que a maioria das reações físico-químicas. Os indicadores mais simples mostram mudança de cor quando se ultrapassa determinada temperatura, mas não indicam o tempo em que o produto permaneceu nessa temperatura. Outros indicadores mais avançados estimam a perda de vida útil do alimento com velocidade de mudança similar à deterioração do mesmo. Na Figura 10.12, apresentam-se dois indicadores de tempo-temperatura desse tipo. O indicador *Fresch-Check®* baseia-se na polimerização no círculo interno de uma fina camada de um monômero. A polimerização, dependendo do tempo e da temperatura, provoca o escurecimento gradual. No ponto final da transformação, indicando a expiração da vida útil do produto, a cor do centro torna-se tão escura ou mais que o anel externo de referência. O fundamento do indicador da Figura 10.12b também é a mudança de cor em um indicador de pH no interior do círculo, como conseqüência da reação enzimática que se compara com a escala do anel externo.

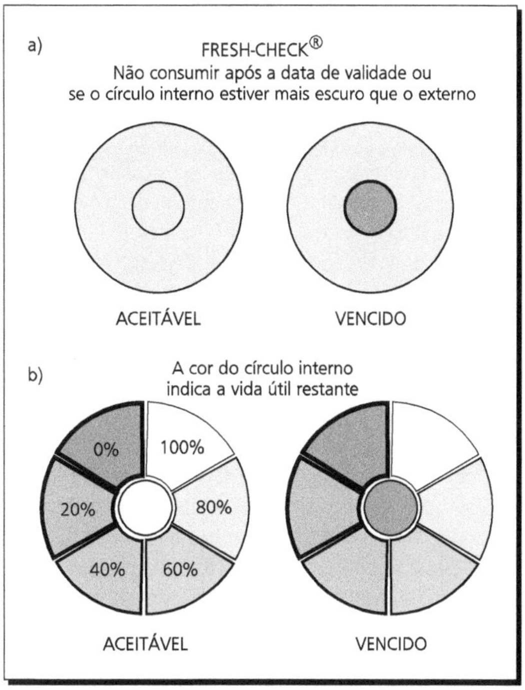

Figura 10.12 Indicadores de tempo-temperatura para produtos congelados: a) *Fresch-Check®* e b) indicador baseado na mudança de cor do círculo interno (as porcentagens mostram a equivalência da cor com a vida útil restante).

Importância do estado vítreo na estabilidade dos alimentos congelados

Pensava-se, tradicionalmente, que a estabilidade dos alimentos a longo prazo dependia quase que exclusivamente de sua a_w. A a_w é um conceito termodinâmico que foi desenvolvido para soluções ideais em condições de equilíbrio (Capítulo 2). Contudo, os alimentos têm composição muito heterogênea e, em alguns casos, elevada concentração de solutos. Nessas condições, os alimentos não podem ser considerados como sistemas de equilíbrio termodinâmico e, portanto, a aplicação do conceito de a_w requer certas precauções. É o caso dos alimentos congelados, nos quais, ao se formarem os cristais de gelo e eliminar-se progressivamente a água da solução, os biopolímeros (proteínas e polissacarídeos) e os carboidratos de baixo peso molecular chegam a formar estruturas amorfas. Sugeriu-se que, nessa situação, a estabilidade é regida por propriedades dinâmicas (mobilidade, difusão, etc.), e não termodinâmicas. Esses conceitos da *dinâmica do estado vítreo*, que serão examinados a seguir, também são úteis em outros processos tecnológicos nos quais a água é eliminada em curto período (assado, concentração, desidratação, extrusão, etc.). Enquanto a a_w relaciona a estabilidade dos alimentos com a *disponibilidade* ou capacidade da água para atuar como solvente, na dinâmica do estado vítreo, considera-se a estabilidade como relacionada com o estado físico do alimento e, mais concretamente, com a microviscosidade e com a difusão dos compostos químicos (que dependem, por sua vez, do conteúdo e das propriedades da água). Vale assinalar que essas alternativas não são excludentes, mais sim complementares e aplicáveis em situações diferentes.

Para facilitar a compreensão desses conceitos, é útil recorrer aos diagramas de estado. Estes contêm informações sobre a mudança do estado físico dos componentes dos alimentos em função da temperatura e do conteúdo de água a uma determinada pressão. Podem-se considerar como diagramas de fase suplementados os que apresentam também as condições de equilíbrio termodinâmico, as de não-equilíbrio e as de equilíbrio metaestável. Na Figura 10.13, representa-se o diagrama do estado de uma mistura binária (soluto-água). As curvas de fusão da água (T_m^l) e de cristalização do soluto (T_m^s), em que coexistem os estados sólido e líquido, correspondem às condições de equilíbrio normalmente representadas nos diagramas de fases. No diagrama de estado aparecem igualmente a curva de transição vítrea (linha T_g) e a linha T_E-T_g' correspondentes a equilíbrios metaestáveis. Esses diagramas são qualitativamente similares para todos os sistemas, variando apenas quantitativamente, ainda que, para os alimentos, a representação possa ser bastante complexa.

O *estado vítreo* é um estado sólido amorfo e desordenado com a estrutura similar à de um líquido, mas com viscosidade superior a 10^{14} Pa.s, em oposição ao estado cristalino, que se caracteriza pela elevada organização. O estado vítreo é formado quando a solução de um composto com estrutura molecular desordenada resfria (ou se concentra) muito rapidamente em temperatura inferior à temperatura de equilíbrio de cristalização. A mudança do estado líquido super-resfriado e concentrado, de consistência viscosa ou gomosa, ao estado vítreo é denominada *transição vítrea* e considerada uma mudança de fase de segunda ordem. Embora não implique variação no calor latente, pode ser detectada pela variação de outras propriedades (capacidade calorífica, viscosidade, constante dielétrica, etc.). Essa mudança ocorre na temperatura ou, mais exatamente, no nível de temperatura característico de cada composto, que se denomina *temperatura de transição vítrea* (T_g). No estado vítreo, a mobilidade translacional das moléculas é tão reduzida que elas não conseguem a conformação e o acondicionamento próprios do equilíbrio (estado cristalino). A viscosidade é tão elevada que impede a reorganização das moléculas em escala de tempo prática; por isso, o estado vítreo é considerado em equilíbrio metaestável. Entre os componentes dos alimentos que podem ser encontrados nesse estado, vale citar os biopolímeros (proteínas, como gelatina, elastina e glúten, e carboidratos, como amilose e amilopectina) e algumas moléculas pequenas, como monossacarídeos e oligossacarídeos.

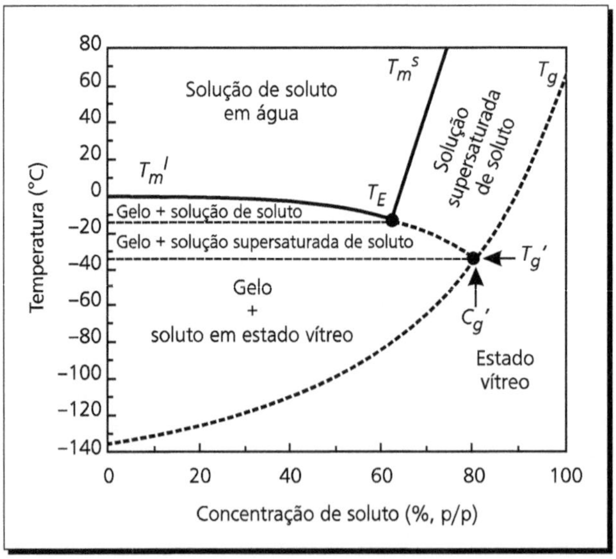

Figura 10.13 Diagrama de estado da mistura binária soluto-água. As linhas contínuas correspondem às curvas de equilíbrio de fusão (T_m^l) e de cristalização (T_m^s). T_E é o ponto eutético. A linha descontínua T_g é a curva de transição vítrea. A temperatura de transição vítrea dos sólidos concentrados ao máximo pelo congelamento é T_g' (característica de cada soluto), e a correspondente concentração de sólidos dessa solução é C_g'. *Fonte:* Fennema (1996).

Durante o congelamento, a transição vítrea ocorre quando, ao diminuir a temperatura e se formarem os cristais de gelo, os sólidos concentrados ao máximo na fração líquida não-congelada transformam-se em uma matriz sólida amorfa (estado vítreo). A grande importância da transição vítrea reside no fato de que marca uma mudança abrupta no comportamento físico e químico dos alimentos e, portanto, em sua estabilidade. Em temperaturas inferiores à T_g, a viscosidade dos materiais vítreos é muito elevada e constante (Figura 10.14). Nessas condições, a mobilidade molecular e o volume livre estão bastante restritos, e, por isso, a velocidade das reações e a cristalização da água reduzem-se consideravelmente. Ao contrário, quando a temperatura supera o valor de T_g' a viscosidade diminui de forma significativa, facilitando a mobilidade molecular. Essa maior capacidade de difusão molecular favorece os fenômenos de recristalização e o desenvolvimento de diversas reações alterantes. De tudo isso, deduz-se que as mudanças ou propriedades físicas dos alimentos, que, em sua maioria, dependem da difusão molecular, assim como todas as reações químicas que dependam mais da difusão que da reatividade química, serão controladas pela T_g (Tabela 10.7). Algumas reações nas quais intervêm compostos não-miscíveis na fase amorfa que contém a água, como, por exemplo, a oxidação dos lipídeos, não dependem de T_g e podem avançar, inclusive, em temperaturas inferiores.

Tabela 10.7 Propriedades dos alimentos congelados que dependem da mobilidade molecular (mudanças limitadas pela difusão em produtos que contêm regiões amorfas)

Migração de água (recristalização)

Cristalização da lactose (textura arenosa)

Reações limitadas pela difusão:

- Reações de transferência de prótons
- Reações de recombinação de radicais
- Reações de pregueado de proteínas
- Reações ácido-base com transporte de H^+ e OH^-
- Muitas reações enzimáticas
- Alongamento das cadeias de polímeros
- Oxigenação de hemoglobina e mioglobina

Redução do volume (colapso parcial de espumas congeladas, por exemplo, sorvetes)

Na Figura 10.15, foram representadas as sucessivas transformações que experimenta um alimento durante o congelamento lento. Em primeiro lugar, deve-se eliminar o calor sensível (segmento AB), mas é necessário o super-resfriamento

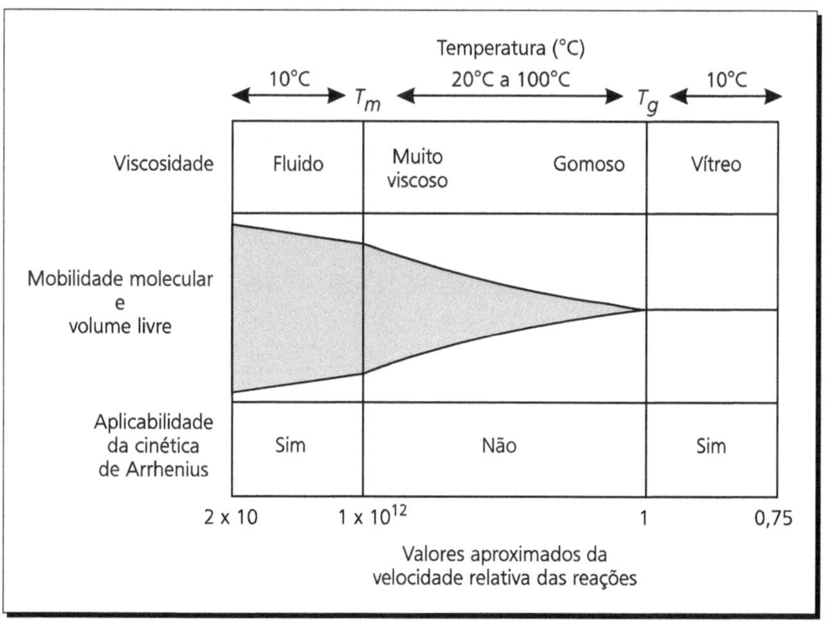

Figura 10.14 Relações existentes entre temperatura, tipo de cinética aplicável, viscosidade, mobilidade molecular, volume livre e velocidades relativas dos acontecimentos dependentes da difusão. *Fonte:* Fennema (1996).

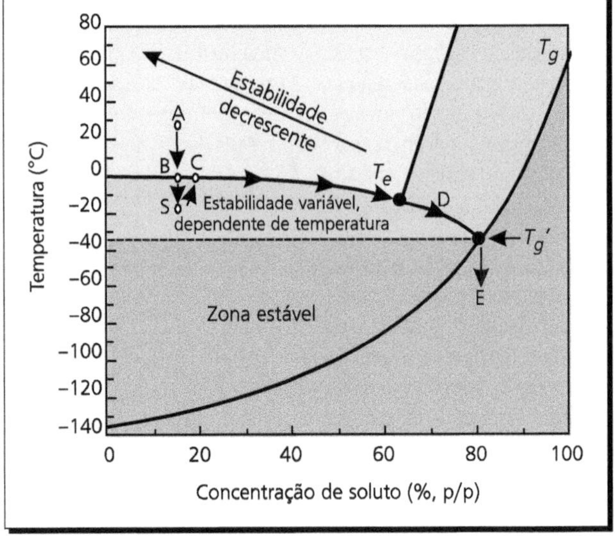

Figura 10.15 Diagrama de estado de mistura binária em que se mostram as transformações que ocorrem durante o congelamento e a estabilidade das propriedades que dependem da difusão molecular. *Fonte:* Fennema (1996).

para que se inicie a nucleação (ponto S). Ao começar o crescimento dos cristais de gelo, a liberação do calor latente de fusão provoca o aumento da temperatura (ponto C). A eliminação contínua de calor resulta na formação de mais gelo e na modificação da fase não-congelada (aumento de sua concentração e diminuição de seu ponto de congelamento) (segmento C-T_E). No alimento complexo, o ponto T_E é o primeiro ponto eutético correspondente à saturação do soluto menos solúvel. Porém, durante o congelamento dos alimentos complexos, os eutéticos raramente cristalizam em seu ponto eutético ou em temperaturas inferiores, mas os solutos encontram-se em estado supersaturado e metaestável (fase líquida amorfa; segmento T_E-D). É evidente que, nesse exemplo, assim como em alguns alimentos, a temperatura normalmente recomendada para o armazenamento em congelamento (–20°C; ponto D) é superior à temperatura de transição vítrea. Como se mostrou anteriormente, nessas condições, a mobilidade molecular será moderadamente intensa, e as propriedades químicas e físicas que dependem da difusão serão relativamente instáveis e muito dependentes da temperatura. Para evitar esses problemas, é necessário reduzir ainda mais a temperatura para que se forme mais gelo e a concentração dos solutos aumente até alcançar as condições do ponto T_g'. Nesse ponto, a fase supersaturada não-congelada transforma-se em matriz amorfa, na qual são incluídos os cristais de gelo. A T_g' (temperatura na qual a fase não-congelada tem a máxima concentração) é o ponto praticamente invariável para cada alimento, que depende fundamentalmente de sua composição de solutos e, em segundo lugar, de sua quantidade inicial de água. A concentração de solutos (C_g') não aumentará mais a partir do ponto T_g', ainda que o resfriamento prossiga com a eliminação de calor sensível (ponto E). Nesse ponto E, inferior a T_g', o alimento tem a máxima estabilidade porque a mobilidade molecular é praticamente inexistente.

Portanto, o conhecimento da temperatura de transição vítrea permitirá prever o estado físico e a velocidade da alteração dos alimentos congelados (Figura 10.15). Considera-se que a estabilidade dos alimentos congelados esteja associada à existência do estado vítreo ($T < T_g$). Se a temperatura do produto for superior ($T > T_g$), a estabilidade será variável, e a velocidade e a magnitude dessas mudanças serão determinadas pela diferença de temperatura ($T - T_g$), já que a mobilidade molecular tem grande dependência desta.

Na Tabela 10.8, apresentam-se os valores da temperatura de transição vítrea determinados para alguns alimentos congelados, nos quais se atingiu a concentração máxima de solutos. Esses dados podem ser de grande utilidade para o tecnólogo de alimentos, que deve ter como objetivo, entre outros, que os alimentos atinjam esse estado em que a lentidão da reorganização molecular assegure, na prática, a estabilidade dos produtos. A aplicação desses conceitos permitirá melhorar a qualidade dos alimentos congelados, não apenas durante seu congelamento, mas também em seu armazenamento. Por exemplo, será possível determinar qual a velocidade de congelamento ideal para reduzir ao mínimo a quantidade de água não-congelada. Igualmente, a vida útil será maior se a temperatura de armazenamento for mantida abaixo da temperatura de transição vítrea. Outra alternativa possível é a reformulação dos alimentos congelados para que o valor da T_g seja superior ao das temperaturas habituais de congelamento (p. ex., pela adição de alguns polímeros).

Para concluir, é preciso assinalar que, embora se tenha reconhecido a utilidade prática da temperatura de transição vítrea do ponto de vista teórico, há certa dificuldade para determinar com exatidão esse parâmetro físico devido à natureza heterogênea dos alimentos e à baixa energia associada à transição vítrea. Atualmente, há grande interesse na otimização dos métodos para determiná-la, bem como na elaboração de bases de dados que, sem dúvida, serão de grande ajuda para a indústria alimentícia.

Tabela 10.8 Temperaturas de transição vítrea (T_g') de alguns alimentos

Produto	T_g' (°C)
Vitela (músculo)	−12,0 ± 0,3
Bacalhau (músculo)	−11,7 ± 0,6
Atum (músculo)	−12,4 ± 0,2
Queijo Cheddar	−24
Queijo cremoso	−33
Sorvete de baunilha	−31 a −33
Suco de laranja	−37,5 ± 1,0
Suco de limão	−43,0 ± 1,5
Morangos	−33 a −41
Pêssego	−36
Banana	−35
Tomate	−41
Maçãs	−41 a −42
Milho	−8
Batatas	−4

Fonte: Fennema (1996).

Outras aplicações do congelamento

Deve-se dizer que o congelamento pode ter outros objetivos que não a conservação, como, por exemplo, a separação de algum componente do alimento após sua cristalização. É o caso da concentração de certos alimentos líquidos, visto que, durante o congelamento, formam-se cristais de gelo puro que podem ser facilmente separados da fase líquida concentrada. Tradicionalmente, foi empregado para ajustar o conteúdo alcoólico da sidra e do vinho. A concentração por congelamento é particularmente indicada para os produtos nos quais a aplicação de calor pode provocar sua deterioração, como sucos de frutas, embora se deva considerar que o custo é elevado, e a concentração obtida, limitada. É útil ainda para reduzir a acidez em vinhos pela formação e separação de cristais de ácido tartárico.

Congelam-se alguns alimentos não para prolongar sua vida útil, mas sim para obter estrutura e textura determinadas. Diferentemente dos demais alimentos congelados, não são descongelados para o consumo, como é o caso de sorvetes, refrescos ou iogurte congelado.

Finalmente, a liofilização requer o congelamento prévio dos produtos a serem processados (Capítulo 11).

PRODUÇÃO INDUSTRIAL DE FRIO

A aplicação industrial de frio exigiu o desenvolvimento de sistemas para sua produção contínua e controlada, os quais podem ser divididos em dois grandes grupos: mecânicos e criogênicos.

Sistemas mecânicos

São sistemas fechados que atuam basicamente como uma bomba que extrai o calor do alimento ou do recinto que se encontra (ou que pretende chegar) à baixa temperatura, transferindo-o a outra parte do sistema na qual se dissipa. Isso é possível graças ao emprego de *fluidos refrigerantes* que recirculam através do sistema em um circuito fechado e no qual se transformam sucessivamente de líquido em vapor e de vapor em líquido. Na Figura 10.16, apresentam-se os principais elementos de um sistema de refrigeração mecânico típico. Esses sistemas são os mais comuns, tanto em grandes instalações comerciais como nos refrigeradores domésticos.

Os fluidos refrigerantes possuem, entre outras propriedades, a temperatura de ebulição à pressão atmosférica inferior a 0°C e o calor latente de vaporização muito elevado. Os mais utilizados na indústria alimentícia são o amoníaco e diversos hidrocarbonetos halogenados (*fréons*), cujas características mais relevantes são apresentadas na Tabela 10.9.

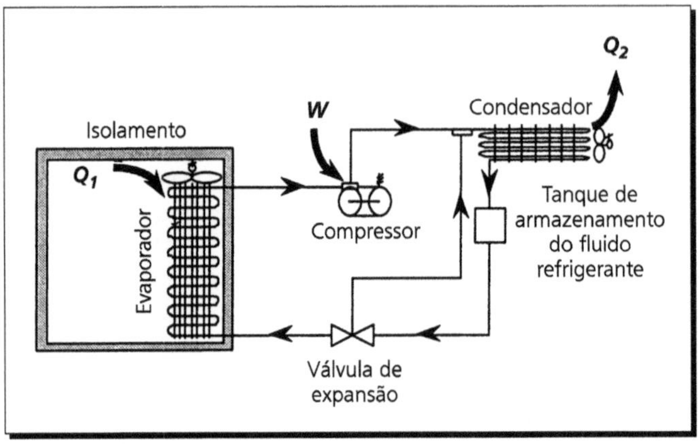

Figura 10.16 Diagrama de circuito de refrigeração mecânica. Q_1, calor transferido ao refrigerante; Q_2, calor cedido pelo refrigerante; W, trabalho realizado pelo compressor.

Tabela 10.9 Propriedades de alguns refrigerantes empregados na indústria agroalimentar

Refrigerante (fórmula; número de identificação)	Ponto de ebulição (°C) a 100 kPa	Calor latente de vaporização (kJ kg^{-1})	Toxicidade	Inflamabilidade
Diclorodifluorometano* (CCl_2F_2; R-12)	-29,8	163,54	Baixa	Baixa
Clorodifluorometano** ($CHClF_2$; R-22)	-40,8	220,94	Baixa	Baixa
Terafluorometano*** (CF_3CH_2F; R-134a)	-27,0		Baixa	Baixa
Amoníaco (NH_3; R-717)	-33,3	1.328,48	Alta	Alta

*Os compostos CFC (clorofluorocarbonados), totalmente halogenados, são muito estáveis e se difundem na estratosfera. Seu efeito na camada de ozônio e sua contribuição para o efeito estufa determinaram a proibição de seu uso.
**A produção dos gases HCFC (hidroclorofluorocarbonados) deve começar a ser reduzida no ano 2000, até ser suprimida no ano 2015, na União Européia.
***Os HFC (hidrofluorocarbonados), que não contêm cloro nem bromo, substituirão paulatinamente os HCFC, porque não apresentam riscos aparentes para a camada de ozônio, contribuindo menos para o efeito estufa.

A parte útil do ciclo de refrigeração ocorre no *evaporador*, que é basicamente um trocador de calor, em cujo interior o refrigerante em estado líquido se evapora, mediante a captação de calor (calor latente de vaporização) de um meio mais quente, que pode ser o alimento que se vai resfriar, o ar ou algum outro fluido. Os demais componentes do circuito têm como missão recuperar as condições iniciais desse fluido refrigerante. O refrigerante evaporado flui para o *compressor*, onde é comprimido (ao mesmo tempo aumentando sua temperatura) a uma pressão suficientemente alta para ser condensado em outro trocador de calor (*condensador*), empregando para isso ar ou água fria. No condensador, elimina-se, portanto, o calor cedido pelo ar ou pelo alimento ao fluido refrigerante para sua evaporação, bem como o adquirido pelo fluido durante o processo de compressão. O refrigerante condensado flui para o tanque de manutenção, do qual passa novamente ao evaporador pela *válvula de expansão*. Quando o líquido se expande (expansão isoentálpica), sua temperatura diminui, alcançando as condições originais para reiniciar o ciclo. Tudo isso é possível graças à energia mecânica fornecida pelo compressor, sendo necessário um desenho adequado do sistema para eliminar a maior quantidade de calor possível com o mínimo custo.

Nesses sistemas de refrigeração mecânica, os refrigerantes primários (amoníaco ou fréons) nunca entram diretamente em contato com o alimento, mas resfriam outro meio (ar, água e outros fluidos ou ainda superfícies metálicas) que terá contato com o alimento a ser resfriado.

Sistemas criogênicos

Na indústria alimentícia, também se empregam abundantemente sistemas de refrigeração abertos, baseados no uso de *líquidos criogênicos* ou gases liquefeitos. Esses compostos criogênicos têm ponto de ebulição muito baixo e calor latente de vaporização bastante elevado. Os mais comuns são o dióxido de carbono (CO_2), líquido ou sólido (neve carbônica), o nitrogênio líquido (N_2) e, antigamente, o diclorodifluorometano (R-12 ou fréon 12), cujas propriedades mais relevantes são indicadas na Tabela 10.10. Nesse caso, não há conexão com a planta de refrigeração, mas os gases são liquefeitos em outras instalações industriais e depois transportados à indústria alimentícia em recipientes pressurizados a baixa temperatura e isolados. Diferentemente dos sistemas de refrigeração mecânica, o alimento resfria por contato direto com esses líquidos, que, ao captarem calor dos alimentos para sua evaporação ou sublimação, asseguram a ação refrigerante.

Ao colocar a pressão atmosférica em contato com o alimento, o N_2 líquido ferve a –196°C e transforma-se em gás, absorvendo o calor latente de vaporização do alimento (200 kJ kg^{-1} de N_2). Após essa mudança de estado, o gás nitrogênio a –196°C conserva a grande capacidade de resfriamento, porque pode captar calor sensível ao aquecer-se até –18°C (182 kJ kg^{-1}).

O CO_2 líquido armazenado a baixa temperatura e elevada pressão transforma-se em sólido (neve carbônica) e em gás com a pressão atmosférica. O poder refrigerante do CO_2 deve-se fundamentalmente à sublimação dessa neve carbônica ao entrar em contato com o alimento (λs = 572 kJ kg^{-1} a –78°C); o gás a –78°C formado após a sublimação também absorve calor sensível ao aquecer-se até –18°C. O poder refrigerante total, igual à soma do calor latente e do calor sensível absorvidos, do N_2 e do CO_2 é de 382 e 623 kJ kg^{-1}, respectivamente (considerando para o CO_2 unicamente a capacidade refrigerante da neve carbônica).

A utilização de líquidos criogênicos tem custo mais elevado do que a de sistemas de refrigeração mecânica, pois o preço dos líquidos criogênicos é superior e geralmente não se pode reutilizà-los, embora isso seja compensado com a obtenção de produtos de melhor qualidade.

Tabela 10.10 Propriedades dos líquidos criogênicos normalmente utilizados na indústria alimentícia

	N_2	CO_2		R-12[a]
Ponto de ebulição (°C) a 100 kPa	–195,8	–78,5 (sublimação)		–29,8
Calor latente (kJ kg^{-1})	vaporização 199,57	sublimação 572,43	vaporização 347,97	vaporização 165,24
Calor específico (kJ kg^{-1} $°C^{-1}$) do gás a 100 kPa	1,024 a 15,5°C	0,832 a 15,5°C	0,832 a 15,5°C	0,6071 a 30°C
Capacidade refrigerante total (kJ kg^{-1})[b]	de –195,8°C a –18°C 381,64	de –78,5°C a –18°C 622,77	de –78,5°C a –18°C 398,31	de –29,8°C a –18 172,40
Consumo (kg) por kg de produto congelado	1-3	1,2-3,75		0,01-0,03[c]

[a] Os clorofluorocarbonos não podem ser fabricados nem importados na União Européia desde janeiro de 1995.
[b] Capacidade refrigerante total = calor latente + [calor específico × (–18°C – temperatura de ebulição ou sublimação)].
[c] O P fréon R-12 pode ser recuperado.
Fonte: Dados extraídos de Fennema (1975).

Necessidades de refrigeração

A escolha e o desenho adequado do sistema e do equipamento que serão utilizados para a refrigeração ou para o congelamento exigem que se saiba qual a quantidade de calor que deve ser eliminada. A *carga de refrigeração* é a quantidade de calor a ser extraída do alimento que queremos refrigerar ou congelar, expressa como KkJ kg^{-1}.

No caso da refrigeração, essa carga será a quantidade de calor que é preciso eliminar para reduzir a temperatura do alimento de um valor inicial até o valor adequado para o seu armazenamento. Dependerá basicamente da massa total do produto, de seu calor específico a temperaturas superiores à do congelamento e da diferença existente entre a temperatura inicial e a temperatura final desejada:

$$q_R = m\, c_P\, (\theta_i - \theta_f) \quad (10.2)$$

em que m= massa do produto (kg); c_P = calor específico do produto para temperaturas superiores às de congelamento (kJ kg^{-1} $°C^{-1}$); θ_i = temperatura inicial (°C); e θ_f = temperatura final de resfriamento (°C).

Quando se tratam de frutas e hortaliças, é preciso levar em conta que são metabolicamente ativas e estão gerando calor, em maior ou menor quantidade, por respiração aeróbica. Esse calor deve ser eliminado de forma contínua para que a temperatura do produto se mantenha constante. O calor de respiração de diversas frutas e verduras pode ser observado na Tabela 10.2, como também em vários manuais.

Se tomarmos o caso mais complexo do congelamento de um alimento de forma simplificada e considerando que todo o gelo se forma à temperatura em que inicia o congelamento, a carga de refrigeração pode ser considerada como a soma de três componentes:

a) O calor sensível que se deve eliminar para reduzir a temperatura do alimento à temperatura do início do congelamento:

$$q_1 = m\, c_{P1}\, (\theta_i - \theta_c) \quad (10.3)$$

onde c_{P1} = calor específico do alimento para temperaturas superiores à do congelamento (kJ kg^{-1} $°C^{-1}$) e θ_c = temperatura de início do congelamento do alimento (°C).

b) O calor latente associado à mudança de estado à temperatura de congelamento:

$$q_2 = m\, \lambda_c \quad (10.4)$$

onde λ_c = calor latente de fusão (kJ kg^{-1}).

c) O calor sensível que se deve eliminar para baixar a temperatura do produto do ponto de início do congelamento à temperatura final desejada:

$$q_3 = m\, c_{P2}\, (\theta_c - \theta_f) \quad (10.5)$$

onde c_{P2} = calor específico do alimento para temperaturas inferiores às de congelamento (kJ kg^{-1} $°C^{-1}$) e θ_f = temperatura final (°C).

Portanto, para estimar a carga de refrigeração, é preciso conhecer o conteúdo de água do alimento, o ponto em que se inicia seu congelamento e algumas propriedades térmicas, como o calor específico do produto antes e depois do congelamento e o calor latente da mudança de estado. Todos esses dados são encontrados em manuais ou podem ser estimados de forma bastante aproximada mediante fórmulas simples (Lewis, 1993; Tabela 10.11).

O conteúdo de água influi significativamente na carga de refrigeração pelos seguintes motivos. Em primeiro lugar, porque nem toda a água do alimento congela, e a fração que congela é que determinará a quantidade de calor que se deve eliminar associada à sua mudança de fase. A maior parte da energia necessária para congelar os alimentos é justamente a que se emprega para absorver o calor latente de fusão. Em segundo lugar, o calor específico dos alimentos dependerá de seu conteúdo de água e de seu estado físico. O calor específico da água (4,18 kJ $kg^{-1°}$ C^{-1} a 15°C) é muito maior que o dos demais componentes dos alimentos. Os alimentos com grande proporção de água terão valores de calor específico muito mais elevados do que aqueles com menor conteúdo de água. A mudança de estado físico da água, de líquido para sólido, supõe uma mudança drástica de seu calor específico, sendo o do gelo de 2,04 kJ kg^{-1} $°C^{-1}$ a 0°C. Portanto, o calor específico dos produtos congelados será aproximadamente a metade do que apresenta o alimento fresco (Tabela 10.11). Ou seja, será necessária quantidade menor de energia para reduzir a temperatura dos alimentos congelados. E, por último, o ponto de congelamento de um alimento também depende de seu conteúdo de água. Embora, falando em termos estritos, os alimentos não tenham uma temperatura de congelamento fixa, como ocorre no caso da água pura, costuma-se utilizar, para simplificar os cálculos, a temperatura em que se inicia seu congelamento. Esse valor geralmente oscila entre –1°C e –5°C, mas quando não se sabe com exatidão, estima-se o valor de –2,2°C.

Para que a refrigeração e o congelamento sejam satisfatórios, é necessário também que a mudança de temperatura do produto seja realizada no período adequado. A velocidade de congelamento dependerá do balanço existente entre a força condutora e a resistência à transmissão do calor, seguindo os princípios aplicáveis a esta. A força condutora é simplesmente a diferença de temperatura que existe entre o alimento e o meio frio empregado. A velocidade de congelamento dependerá ainda:

Tabela 10.11 Propriedades térmicas de alguns alimentos de interesse para o cálculo da carga de refrigeração

Alimento	Quantidade de água (%)	Ponto de início do congelamento (°C)	Calor específico (kJ kg^{-1} °C^{-1}) à temperatura		Calor latente (kJ kg^{-1})
			SPC[a]	IBC[b]	
PRODUTOS DE ORIGEM ANIMAL:					
Vitela, carcaça					
60% magro	49	-1,7	2,90	1,46	164
54% magro	45	-2,2	2,80	1,41	151
Suíno, carcaça					
47% magro	37	–	2,60	1,31	124
Salsicha					
tipo Frankfurt	56	-1,7	3,08	1,55	188
Carneiro					
67% magro	61	-1,9	3,20	1,61	204
Frango	74	-2,8	3,53	1,77	248
Bacalhau	78	-2,2	3,63	1,82	261
Salmão	64	-2,2	3,28	1,65	214
Camarão de água doce	83	-2,2	3,75	1,89	278
Leite					
3,74% gordura	87	-0,6	3,85	1,94	291
desnatado	91	–	3,95	1,99	305
condensado	27	-15,0	2,35	1,18	90
Ovos	74	-0,6	3,53	1,77	247
Mel	17	–	2,10	1,68	57
PRODUTOS DE ORIGEM VEGETAL:					
Maçãs	84	-1,1	3,78	1,90	281
Bananas	75	-0,8	3,55	1,79	251
Laranjas	87	-0,8	3,85	1,94	292
Melancias	93	-0,4	4,00	2,01	312
Amêndoas	5	–	1,80	0,90	17
Aspargos	93	-0,6	4,00	2,01	312
Cenouras	88	-1,4	3,88	1,95	295
Batatas	78	-0,6	3,63	1,82	261
Tomates	94	-0,5	4,03	2,02	315

[a] SPC, superior ao ponto de congelamento.
[b] IPC, inferior ao ponto de congelamento.
Fonte: Heber, Löndahl, Persson e Rynnel (1991).

a) Da composição química do produto, concretamente, da condutividade térmica de seus componentes, da disposição física destes, da superfície de contato do alimento com o meio frio e de sua espessura. A condutividade térmica da gordura e do ar é inferior à dos demais componentes; por isso, os alimentos com elevado conteúdo de gordura ou de ar retido congelam mais lentamente. Além disso, a condutividade térmica do gelo é muito maior que a da água, sendo o decréscimo da temperatura do alimento mais rápido depois de congelado. Também é importante levar em conta a disposição dos vários componentes. A emulsão o/w congelará mais rapidamente do que se as fases se inverterem (emulsão w/o), e uma peça de carne com a gordura homogeneamente distribuída congelará em maior velocidade do que se a gordura se apresentar na camada superficial, atuando como isolante. No músculo, influi também a direção das fibras musculares em relação à superfície fria empregada.
b) Os demais fatores que se devem considerar são o efeito refrigerante do meio empregado (calor latente de vaporização, quando há mudança de estado, e/ou calor específico), sua velocidade e o grau de contato com o alimento. De maneira geral, a velocidade de congelamento será tanto maior quanto maiores forem o efeito refrigerante, o movimento do fluido e o grau de contato. Também é preciso levar em conta que, estando o alimento acondicionado, a embalagem sempre representa uma dificuldade adicional à transmissão de calor, reduzindo a velocidade de congelamento.

Os termos velocidade de congelamento e tempo de congelamento estão relacionados: quanto maior for a velocidade de congelamento, menor será o tempo. Para definir o tempo de congelamento, existem duas alternativas. O *tempo de congelamento nominal* é o período que transcorre do momento em que a superfície do alimento atinge 0°C até que o centro térmico chegue a 10°C abaixo da temperatura em que começam a formar-se cristais de gelo. O conhecimento do tempo de congelamento nominal é de grande utilidade para estimar o dano no produto durante seu congelamento, porque está relacionado com o tempo necessário para se formar a maior parte do gelo no alimento. Às vezes, utiliza-se também o *tempo de congelamento efetivo*, que é o tempo necessário para reduzir a temperatura do alimento desde o valor mínimo até o valor final predeterminado em seu centro térmico. Esse parâmetro é de grande interesse para a indústria, porque está relacionado com a capacidade física do congelador ou o tempo total em que o alimento deve ser mantido nele. A maioria dos métodos disponíveis serve para prever o tempo de congelamento efetivo, embora os cálculos sejam bastante complexos pelas mudanças que se produzem nos alimentos durante seu congelamento e pela influência dessas mudanças nas propriedades do produto.

A potência frigorífica ou *carga de resfriamento* necessária deve não apenas levar em conta a quantidade de calor que é preciso eliminar do produto e o tempo que isso levará, mas também as perdas de calor que podem ocorrer. Entre as fontes de perda mais importantes, destacam-se o fluxo de calor através das paredes, do chão e do teto, a mudança de ar por infiltração ou abertura das portas e as perdas acidentais (calor cedido pelos operários, pelas fontes de luz e por motores elétricos). Ao selecionar o equipamento, costuma-se somar 10% à carga de resfriamento total como margem de segurança.

MÉTODOS E EQUIPAMENTOS

Os métodos disponíveis para a refrigeração e o congelamento na indústria alimentícia podem ser divididos conforme a utilização de sistemas mecânicos ou criogênicos para a produção de frio. Há modelos para processamento descontínuo, semicontínuo ou contínuo. Os produtos podem ser refrigerados ou congelados antes ou após o acondicionamento. A principal desvantagem do acondicionamento prévio é a resistência da embalagem à transferência de calor, mas pode ser muito útil para evitar a desidratação excessiva ou a contaminação dos alimentos através da refrigeração.

Os métodos baseados em sistemas mecânicos subdividem-se, por sua vez, em função do meio de resfriamento.

Ar

A grande vantagem do ar como meio de resfriamento é, entre outras, sua polivalência. Além de ser compatível com todos os alimentos, permite processar simultaneamente grande diversidade de produtos, independentemente de sua forma ou dimensão. O principal problema decorre de suas propriedades térmicas, concretamente o baixo coeficiente de transmissão de calor na superfície dos alimentos. Sua eficácia pode ser melhorada aumentando a velocidade do ar, já que, desse modo, diminui a camada de convecção estática que circunda o alimento, dificultando a transmissão de calor. Outro problema é a dessecação da superfície dos produtos não-acondicionados, que limita a utilização de temperaturas muito altas. Além disso, essa umidade pode condensar e formar uma camada de gelo cristalino nos evaporadores, reduzindo a eficácia do resfriamento do ar. Para evitar isso, mantém-se o evaporador em temperatura ligeiramente inferior à do ar circulante ou borrifam-se as serpentinas do evaporador com um anticongelante (como polietilenglicol). Apesar desses inconvenientes, o ar é um dos meios mais utilizados para o resfriamento na indústria alimentícia.

Superfícies frias

Incluem-se aqui os métodos pelos quais o alimento, acondicionado ou não, fica em contato com uma superfície lisa, que, por sua vez, é resfriada por um fluido refrigerante. Fala-se de funcionamento direto quando a superfície de intercâmbio é resfriada pelo refrigerante primário (amoníaco, fréon) e de funcionamento indireto quando se utiliza um refrigerante secundário (p. ex., uma salmoura). Neste último caso, o controle é maior porque se reduzem as flutuações de temperatura da instalação frigorífica, mas o rendimento costuma ser pior. A eficácia desses métodos depende fundamentalmente do grau de contato do alimento com as superfícies frias. Ou seja, não são muito úteis para alimentos irregulares, que não têm contato uniforme com as placas, mas sim para alimentos planos e de pouca espessura e para alimentos acondicionados em embalagens com superfícies geométricas lisas e completamente cheias (a presença de ar na embalagem dificultaria a transmissão de calor).

Tabela 10.12 Valores eutéticos de alguns compostos normalmente utilizados na indústria alimentícia como refrigerantes secundários

Composto	Concentração eutética (%)	Temperatura eutética (°C)
Cloreto sódico	22,4	−21,2
Cloreto cálcico	30,0	−51,0
Cloreto magnésico	22,0	−32,8
Sacarose	52,6	−9,5
Glicerol	67,0	−47,0
Propilenglicol	60,0	−51,0

Líquidos

Englobam-se aqui todos os fluidos ou refrigerantes secundários, exceto o ar, que têm contato direto com o alimento, acondicionado ou não, e que, por sua vez, costumam ser resfriados por um refrigerante primário. Esses fluidos oferecem a vantagem de ser melhores condutores de calor do que o ar, sendo possível obter maior velocidade de resfriamento. É comum também utilizar sistemas de agitação do meio refrigerante para melhorar a transmissão de calor. Quando o objetivo é resfriar os alimentos a temperaturas superiores às de congelamento, pode-se utilizar água fria e/ou gelo. Mas quando se deseja atingir temperatura inferior, são necessárias soluções de compostos com o ponto de congelamento abaixo de 0°C. Na Tabela 10.12, indicam-se a concentração e a temperatura eutéticas de algumas das soluções mais empregadas na indústria alimentícia para esses fins. Há certas limitações quanto à utilização de alguns refrigerantes, sobretudo para o processamento de alimentos não-acondicionados. Exige-se que sejam livres de toxicidade, que não transmitam odores, sabores ou cores anômalos aos alimentos e que os resquícios que eventualmente permaneçam sejam aceitáveis. Se os produtos estão acondicionados, o refrigerante deve ser compatível com o material da embalagem.

Os métodos fundamentados em líquidos criogênicos, ao contrário dos que foram mencionados até agora, não dependem da instalação frigorífica. Os líquidos criogênicos diferenciam-se dos refrigerantes secundários indicados no parágrafo anterior por mudarem de estado ao absorverem do alimento o calor latente necessário. A principal vantagem do resfriamento criogênico é sua grande rapidez, porque o salto térmico entre o produto e o líquido criogênico é muito grande. Além disso, o refrigerante tem contato íntimo com todas as partes do alimento, e as formas irregulares não constituem problema. Isso faz com que os coeficientes globais de transmissão de calor sejam extremamente favoráveis. É grande o poder refrigerante desses compostos, porque o valor do calor latente de mudança de estado também é relativamente elevado. O inconveniente do congelamento muito rápido é que os produtos frágeis podem sofrer rachaduras e até estourar quando entram em contato com os líquidos criogênicos durante período prolongado, como conseqüência de tensões internas decorrentes de concentrações e expansões não-homogêneas.

Entre os líquidos criogênicos mais usados, o CO_2 apresenta vantagem sobre o N_2 líquido por ter o ponto de ebulição superior à pressão atmosférica, de modo que o choque térmico sofrido pelos alimentos é menor. O inconveniente do CO_2 consiste em ele ser absorvido pelos produtos não-acondicionados e gerar ácido carbônico ao combinar-se com a água, modificando o pH e o sabor do alimento. Além disso, é necessário um tempo de repouso antes de seu acondicionamento para evitar inchamentos indesejáveis (1 g de neve carbônica transforma-se em 0,5 L de gás).

Equipamentos empregados para a refrigeração

A maioria dos equipamentos empregados na indústria alimentícia para a refrigeração dos alimentos sólidos utiliza ar em movimento (convecção forçada) como meio de resfriamento (Figura 10.17). Os principais problemas da refrigeração com ar são a desidratação dos produtos e a possibilidade de que congelem se a temperatura do ar for inferior a 0°C. Entre as aplicações, pode-se mencionar a refrigeração de carne, de diversas frutas e de produtos acondicionados. Também se utiliza a convecção forçada durante o transporte dos produtos refrigerados. Em algumas vitrinas e mostruários de exposição no comércio, o ar frio é movido apenas pela convecção natural.

Os alimentos líquidos (p. ex., leite, sucos) podem ser resfriados em trocadores de calor de placas mediante água fria, e os pastosos (p. ex., manteiga, margarina), em trocadores de calor de superfície varrida, por contato direto com superfícies metálicas frias.

A utilização de água fria (próxima a 0°C) para imergir ou borrifar os alimentos (*hidrorresfriamento*) é uma alternativa simples, econômica e rápida. É de grande utilidade para produtos de tamanho pequeno e muito indicada para frutas e hortaliças, podendo-se inclusive transferir o equipamento até o ponto de coleta (hidrorresfriadores). Também se aplica a produtos de pouca espessura acondicionados em materiais impermeáveis. O resfriamento com gelo picado ou com misturas de água e gelo também funciona, desde que realizado de forma adequada, sendo utilizado principalmente para a refrigeração de peixe.

Um método de refrigeração muito rápido e econômico é o *resfriamento a vácuo*. É adequado para alimentos porosos e com elevada relação superfície/volume, pois permitem que o vapor d'água escape com facilidade (p. ex., alface). Os alimentos são introduzidos em uma câmara e, ao se aplicar vácuo (0,5 kPa), resfriam por evaporação da água. A redução da temperatura é proporcional à quantidade de água evaporada, cerca de 5°C quando se reduz a umidade em 1%. Por exemplo, as alfaces podem ser refrigeradas a aproximada-

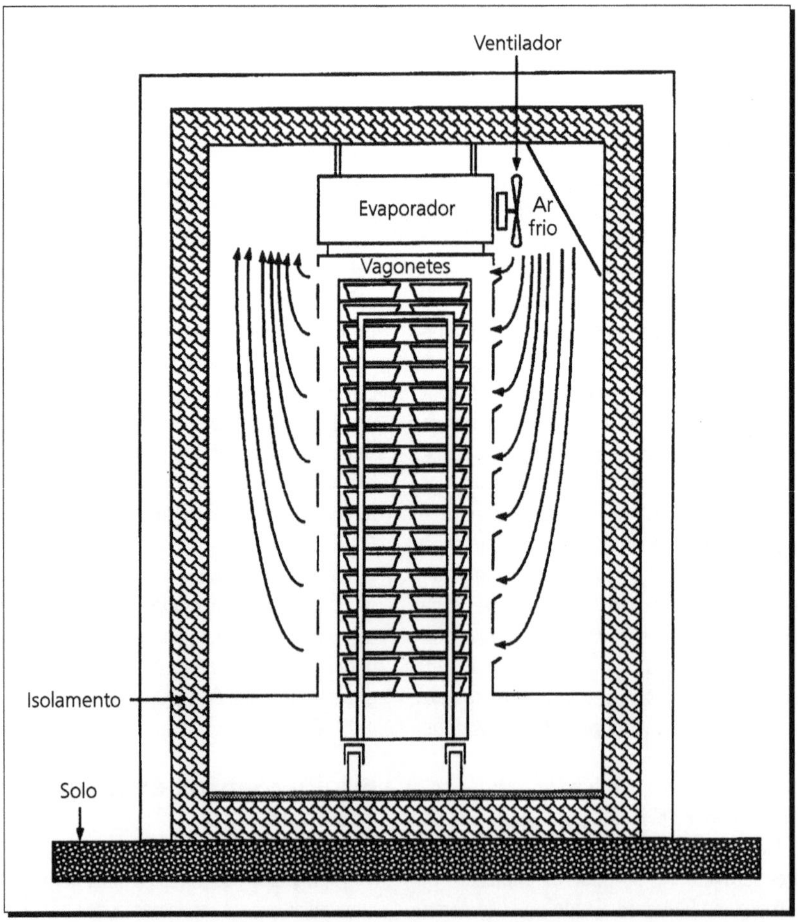

Figura 10.17 Esquema em corte transversal de uma câmara de refrigeração. As flechas indicam o movimento do ar no interior da câmara. *Fonte:* Gruda e Postolski (1986).

mente 0°C em cerca de 25 minutos. Quando os produtos têm a temperatura inicial elevada e podem reter água, costuma-se borrifá-los com esta previamente. E útil também para a refrigeração de produtos pré-cozidos, desde que se controle a pressão empregada para não modificar sua textura. O principal inconveniente é o custo do equipamento.

O borrifamento com compostos criogênicos reduz a temperatura dos alimentos rapidamente sem causar problemas de desidratação. A neve carbônica, se aplicada em excesso, pode contribuir para manter a temperatura do produto durante o transporte. O N_2 líquido é útil para manter a temperatura adequada nos veículos refrigerados ao evaporar e resfriar o ar, que se distribui uniformemente mediante ventiladores. Os compostos criogênicos também são utilizados na elaboração de embutidos para manter a temperatura baixa enquanto os ingredientes são picados e misturados. Durante a elaboração de produtos com várias camadas diferentes, estas são endurecidas com a aplicação de CO_2 para acelerar o processo.

Equipamentos empregados para o congelamento

Congelamento por ar

Os equipamentos mais simples são as *câmaras frigoríficas com ar estático* (*sharp freezers*), onde o ar (–20°C a –30°C) move-se apenas por convecção natural. Como o coeficiente global de transmissão de calor é pequeno, e a velocidade de congelamento, muito lenta, a perda de qualidade dos produtos congelados dessa forma é significativa. Normalmente, não são adequadas para o congelamento, exceto o das carcaças, mas sim para o armazenamento dos produtos congelados por outros métodos. Sua vantagem é que basta colocar ventiladores no recinto para manter a temperatura muito constante.

Os *congeladores de ar forçado* (*blast freezers*) permitem o congelamento mais rápido, porque o ar frio circula a grandes velocidades, normalmente a 1-6 m s^{-1}, embora possa chegar a atingir 10 a 15 m s^{-1}. A convecção forçada do ar aumenta consideravelmente o coeficiente global de transmissão de calor. Os equipamentos de funcionamento descontínuo, nos quais o alimento é disposto em carrinhos, são similares ao apresentado na Figura 10.17, sendo, em geral, utilizados apenas quando se deseja congelar pequenos volumes de alimentos.

Os *túneis de congelamento* permitem a operação em contínuo, têm baixo custo de funcionamento e podem processar grande variedade de produtos. Os alimentos costumam ser transportados em bandejas empilhadas em vagonetes que se movem em trilhos ao longo do túnel e/ou por esteiras rolantes (Figura 10.18). O movimento do ar nesses túneis pode ser paralelo ao do alimento (no mesmo sentido ou no sentido contrário) ou, mais freqüentemente, perpendicular. Um dos principais inconvenientes desse sistema é que os alimentos não-acondicionados podem sofrer queimaduras pelo frio (devido à elevada velocidade, à baixa umidade relativa do ar e à grande diferença de temperatura entre o alimento morno e o ar frio). Para evitar isso, convém utilizar ar saturado de umidade ou borrifar o alimento com água na zona de carga, a fim de que se forme uma camada de gelo que o proteja (Figura 10.18b).

Os *congeladores em espiral* foram projetados para aumentar a capacidade de congelamento sem a necessidade de ocupar grandes espaços (Figura 10.19). Os produtos são dispostos em uma esteira transportadora metálica flexível e auto-empilhável, que descreve uma trajetória em espiral. O fluxo do ar costuma ser em contracorrente com relação ao produto, o que melhora a eficiência da transmissão de calor. Têm a vantagem de funcionar automaticamente e de manejar produtos muito diversos.

Os *congeladores de base fluidizada* podem ser considerados como uma modificação dos túneis de congelamento de ar forçado são empregados para alimentos de tamanho pequeno e uniforme (p. ex., marisco, ervilhas, morangos, frutas e hortaliças em pedaços, etc.), que são dispostos em artesas com o fundo perfurado (Figura 10.20). O fluxo de ar frio (–25°C a –35°C) é perpendicular e atravessa de baixo para cima a base do produto (2 a 13 cm de espessura). A velocidade do ar é tal que as partículas mantêm-se em suspensão, separadas umas das outras e circundadas individualmente e por completo de ar frio. A grande superfície de alimento em contato com o meio de resfriamento e o fluxo turbulento permitem que a velocidade de congelamento seja muito rápida. Ao contrário dos sistemas anteriores, nos quais normalmente obtêm-se blocos de produtos congelados, o congelamento em base fluidizada tem a grande vantagem de possibilitar que se obtenham *produtos IQF* (*individually quick frozen* = congelados individualmente de forma rápida), que são mais fáceis de manejar, por exemplo, por sua dosagem. O ar, além de resfriar os alimentos, serve como meio de transporte do produto. Quando a forma ou o tamanho do produto não permite a fluidificação completa (p. ex., os filés de peixe), utilizam-se instalaçõe muito similares a essa com um fluxo de ar transversal ao produto. Por isso, para o transporte do alimento ao longo da instalação, emprega-se uma esteira transportadora perfurada. Esses equipamentos são muito compactos e têm produção bastante elevada.

Congelamento por contato

O equipamento mais clássico é o *congelador de placas* (Figura 10.21). Nesse tipo de congelador, o alimento é disposto sobre placas paralelas e ocas, em cujo interior circula o

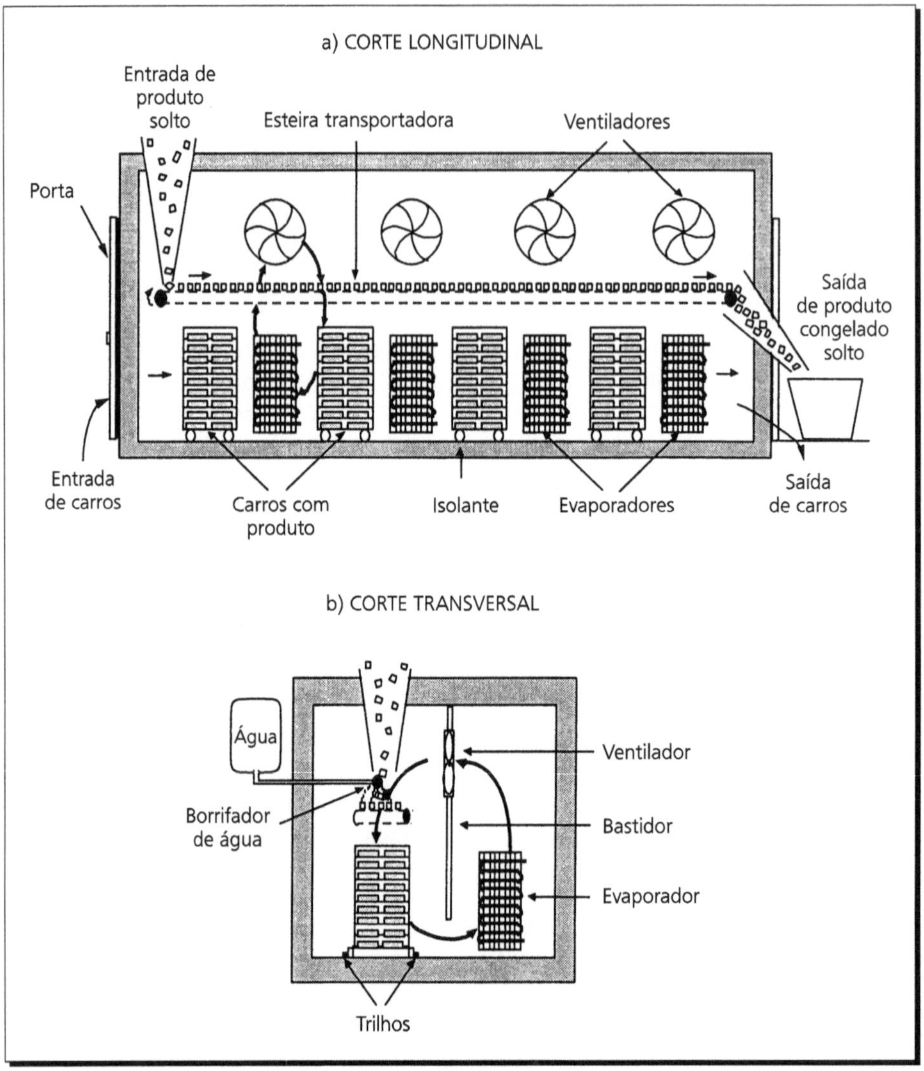

Figura 10.18 Túnel de congelamento de Frick, com esteira e carros para o transporte dos alimentos: a) corte longitudinal e b) corte transversal.

fluido refrigerante. O conjunto de placas é colocado no interior de uma cabine ou armário isolado. Para alimentos sólidos e produtos acondicionados, as placas costumam ser horizontais. Depois que o produto é carregado entre as placas, costuma-se aplicar leve pressão para melhorar o contato entre o alimento e as superfícies frias; os espaçadores evitam que o produto seja submetido à pressão excessiva. Esse maior contato do alimento com as placas melhora o coeficiente de transmissão de calor e a velocidade de congelamento. Esses congeladores podem funcionar em contínuo mediante o acoplamento de dispositivos para a carga e descarga automática do produto. São muito utilizados para filés de carne e de peixe (planos e de pouca espessura), porque a desidratação também é mínima, e para produtos acondicionados.

Os *congeladores de placas verticais* são adequados para alimentos a granel que podem deformar, congelando o produto em bloco. Um exemplo típico é o peixe, para o qual existem inclusive instalações a bordo dos barcos.

Para os produtos líquidos ou pastosos (sorvetes, purês, etc.), utiliza-se um equipamento diferente, os *congeladores de*

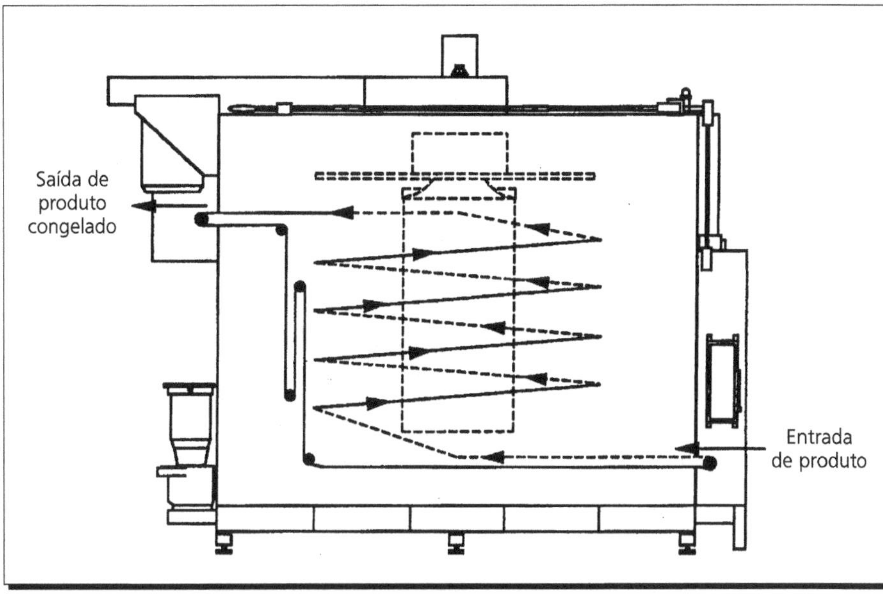

Figura 10.19 Esquema de congelador em espiral em que se mostra o movimento da esteira transportadora.

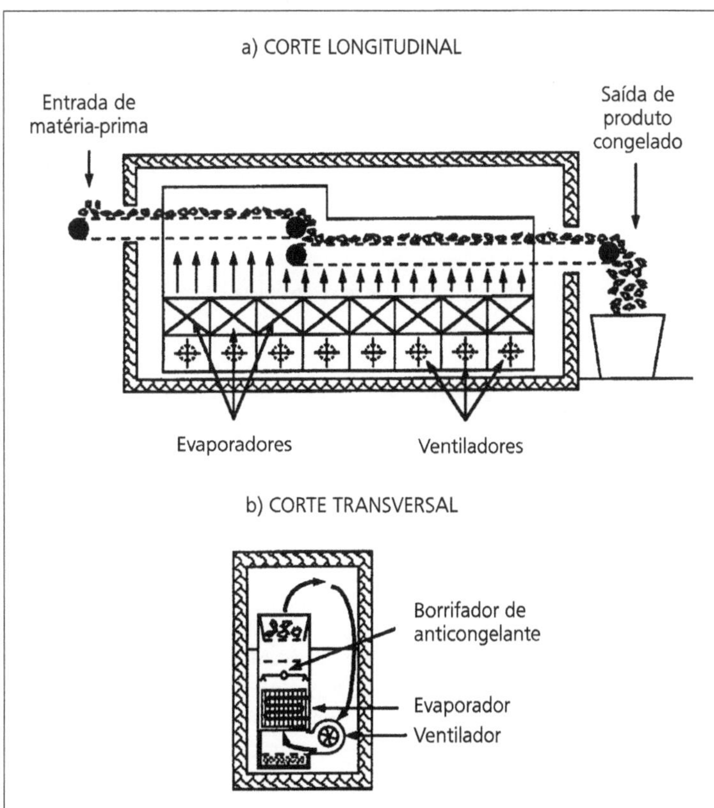

Figura 10.20 Esquema de congelador de base fluidizada: a) corte longitudinal e b) corte transversal, em que se mostra o sistema de dissolução do gelo do evaporador.

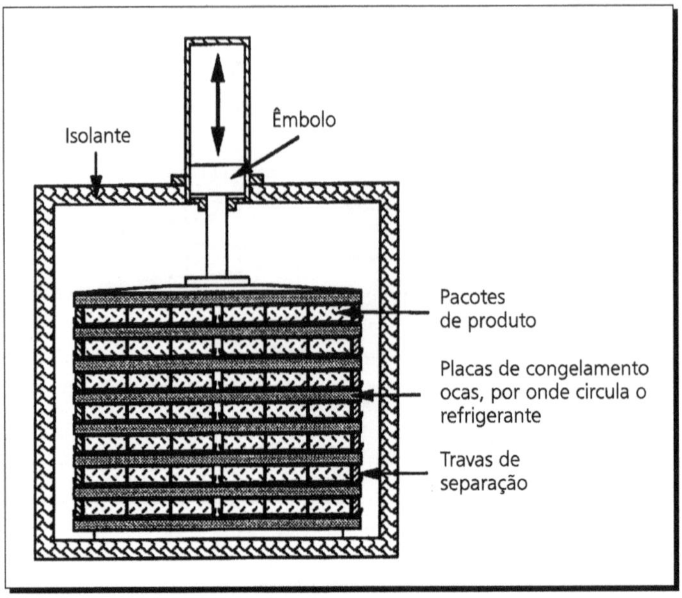

Figura 10.21 Esquema de congelador de placas horizontais de funcionamento descontínuo. *Fonte:* Brennan, Butters, Cowell e Lilley (1990).

tambor ou *de superfície raspada* (Figura 10.22). Seu desenho é similar ao dos trocadores de calor, e a diferença é que, em seu interior, circula um fluido refrigerante. Sobre a superfície do tambor, deposita-se uma camada muito fina do produto, que congela com muita rapidez e é separada da superfície mediante uma lâmina raspadora. Normalmente, os produtos são congelados até adquirir a consistência pastosa, sendo então bombeados e distribuídos em recipientes; em seguida, passam a câmaras de armazenamento, onde se completa o congelamento (p. ex., os sorvetes).

Congelamento por imersão

Ainda que, em sentido estrito, o congelamento por ar devesse ser considerado como uma forma de congelamento por imersão, esse termo é reservado para o uso de outros refrigerantes, dos quais se exclui o ar.

Nos sistemas de congelamento por imersão, o alimento é transportado pela esteira rolante para o banho refrigerante que circula em contracorrente (Figura 10.23). As salmouras podem ser utilizadas para peixe, e as soluções de açúcar ou glicerol, para frutas, mas não são adequadas para alimentos nos quais o sabor salgado ou doce, respectivamente, seja inaceitável. O uso do propilenglicol, que apresenta sabor desagradável, limita-se a produtos acondicionados.

As principais vantagens do congelamento por imersão são o contato íntimo do alimento ou da embalagem com o refrigerante, o processamento rápido de peças irregulares, a manutenção da qualidade em alimentos sensíveis à oxidação e à desidratação ao evitar o contato com o ar, a obtenção de

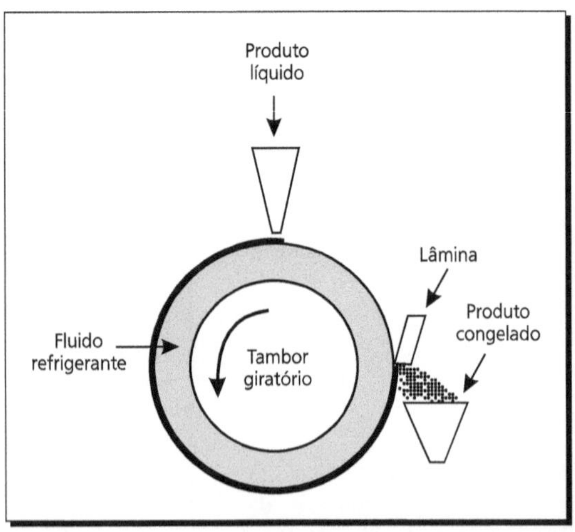

Figura 10.22 Esquema de congelador de superfície raspada.

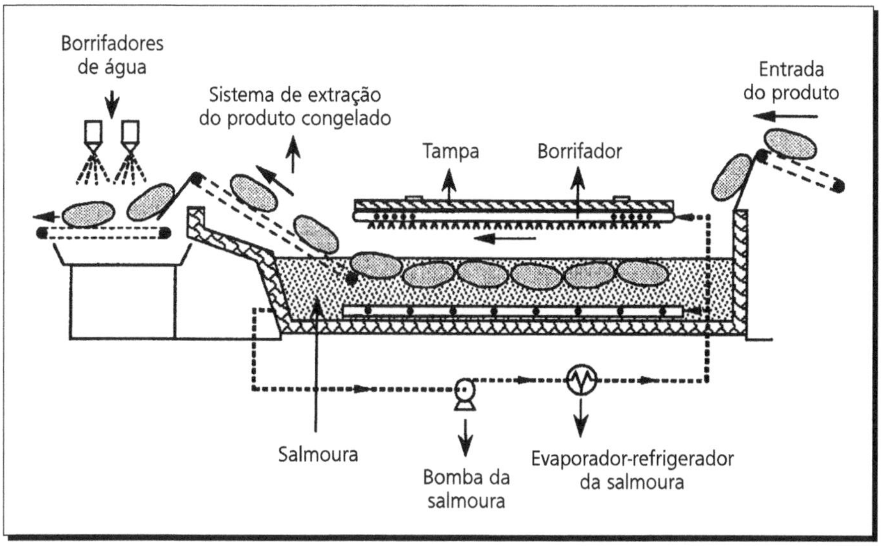

Figura 10.23 Esquema de congelador por imersão.

produtos IQF e um custo reduzido. Contudo, as aplicações industriais geralmente limitam-se a produtos acondicionados. Hoje, seu uso se destaca apenas para o congelamento de peixe a bordo e de sucos cítricos concentrados e acondicionados. Outra aplicação industrial é o pré-congelamento rápido de aves acondicionadas a vácuo, pelo qual se forma grande quantidade de pequenos cristais de gelo na superfície, que dão o aspecto mais branco ao produto congelado.

Congelamento criogênico

O equipamento empregado para o congelamento criogênico consiste em túneis de funcionamento contínuo divididos em seções e dotados de esteiras rolantes de malha metálica para o transporte do produto, de bocas de aspersão para os compostos criogênicos e de um sistema de ventilação suave para homogeneizar a distribuição do fluido no túnel. Na Figura 10.24, apresenta-se o esquema de um congelador criogênico com nitrogênio. Os alimentos são borrifados com nitrogênio líquido na zona de congelamento (B), reduzindo a temperatura de sua superfície rapidamente e de forma drástica. Em seguida, passam à zona (C) onde sua temperatura se estabiliza, e a temperatura interna iguala-se à da camada externa. O último passo é a vitrificação, o que se consegue borrifando com água e aproveitando o frio residual do alimento (D). A temperatura final do alimento, aproximadamente −18°C, é adequada para o armazenamento, e sua superfície está protegida da desidratação pela camada de gelo.

É fundamental que o desenho da instalação possibilite que o nitrogênio entre em contato com o alimento em estado líquido, sem o que se perderia a capacidade refrigerante da mudança de estado. O gás N_2 formado a −196°C apresenta grande capacidade de resfriamento, que se aproveita fazendo-o passar à zona de entrada do produto (A) para o pré-resfriamento deste. Com isso, o choque térmico do produto, ao entrar em contato com o nitrogênio líquido na zona de congelamento, é menor. O objetivo é atenuar um dos principais problemas do congelamento criogênico: o dano mecânico causado pelas tensões internas decorrentes de contrações ou expansões bruscas e não-homogêneas das várias partes do produto.

As principais vantagens do congelamento com compostos criogênicos são a velocidade de congelamento muito rápida e a obtenção de produtos IQF de grande qualidade. O alimento encontra-se em natureza inerte que evita as oxidações superficiais. Além disso, o equipamento necessário é simples, tanto no que se refere à instalação como ao funcionamento, sendo de baixo custo financeiro.

Uma das principais aplicações desse método é o congelamento de produtos de alto valor agregado, nos quais a qualidade compensa o custo de obtenção. O congelamento criogênico é particularmente adequado para produtos que apresentam grande relação superfície/volume, nos quais a difusão interna do calor não restringe a transferência de calor do alimento ao meio de resfriamento (p. ex., filés de pescado, marisco, filés de carne, embutidos em rodelas, etc.). Também é utilizado para obter uma crosta congelada e dura,

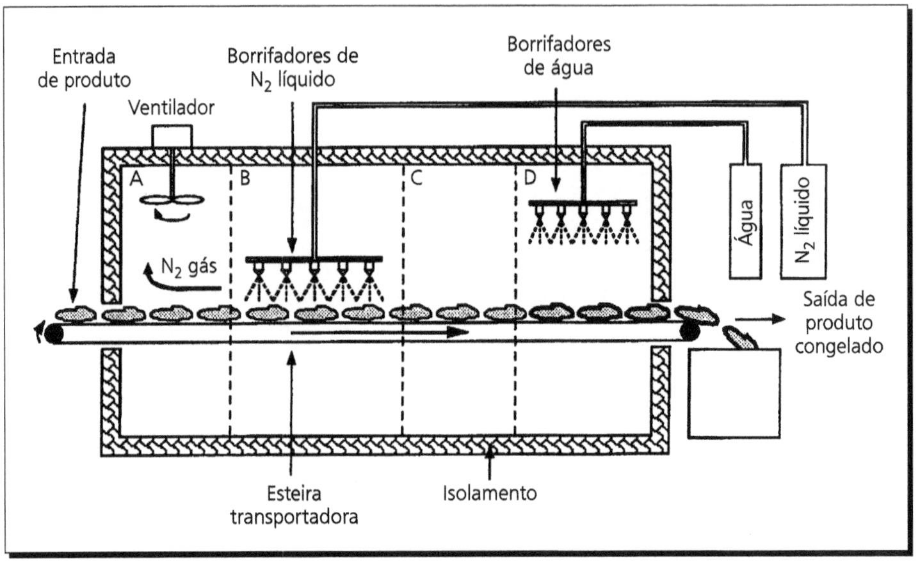

Figura 10.24 Congelador criogênico de N_2 líquido. A: zona de pré-resfriamento; B: zona de congelamento; C: zona de equilíbrio; e D: zona de vitrificação.

facilitando o posterior manejo, acondicionamento ou processamento de alguns alimentos moles (sorvetes, peixe, doces). O congelamento criogênico com fréon 12 é muito adequado para produtos pegajosos e termossensíveis (como massa de carne ou tomate em rodelas).

Para evitar a absorção excessiva de refrigerantes nos alimentos que têm a estrutura porosa, indesejável tanto pela contaminação do alimento como pela perda de refrigerantes, estes podem ser submersos previamente em água para que se forme uma fina camada de gelo que atue como barreira.

Congelamento por métodos combinados

Para reduzir os custos do congelamento e melhorar a qualidade dos produtos congelados, desenvolveram-se congeladores criogênicos combinados com algum método mecânico. Uma alternativa consiste em utilizar uma unidade de congelamento criogênico que congele a superfície do produto, seguida imediatamente de congelamento mecânico para reduzir a temperatura da massa total do produto ao nível desejado. Os produtos delicados (como morangos ou mariscos) ou pegajosos ficam protegidos do dano mecânico, da exsudação e da perda de aromas, mantendo sua qualidade original, com o congelamento criogênico inicial que endurece sua superfície. A segunda etapa, de congelamento mecânico, contribui para a eficácia e para a redução de custos do congelamento em seu conjunto. Um exemplo dessa combinação é o sistema CrustoFreeze desenvolvido por Frigoscandia e AGA AB (Suécia), com um pré-congelador de nitrogênio líquido que reduz bastante as perdas por desidratação e por dano mecânico e assegura a obtenção de produtos IQF.

A segunda alternativa consiste em aplicar o congelamento criogênico após uma etapa de congelamento mecânico. Isso aumenta consideravelmente o rendimento dos congeladores normais, porque, nestes, o gradiente de temperatura entre a superfície do produto e o meio de resfriamento é relativamente pequeno nas fases finais, diminuindo a velocidade de congelamento.

Escolha do método e do equipamento de congelamento

Na hora de escolher o método de congelamento para um determinado produto, é preciso considerar tanto a velocidade de congelamento adequada para que mantenha sua qualidade (conforme composição, tamanho, forma e acondicionamento) como o custo de operação. A importância da velocidade de congelamento depende, em grande parte, da composição global do alimento (Tabela 10.13). A velocidade de congelamento será determinada não apenas pelas propriedades do alimento, mas também pela eficácia da transmissão de calor deste para o meio de resfriamento, isto é, pelo coeficiente global de transmissão de calor. Na Tabela 10.14, são comparados diferentes métodos de congelamento segundo a eficácia da transmissão de calor, e indicam-se os tempos de processamento requeridos por alguns alimentos representativos.

Tabela 10.13 Classificação dos alimentos conforme a influência da velocidade de congelamento[a] em sua qualidade

GRUPO 1:	
Produtos com elevado extrato seco: ervilhas, carnes com alto conteúdo de gordura, alguns pratos prontos, etc.	A velocidade de congelamento não tem influência na qualidade final
GRUPO 2:	
Peixe, carne magra, alguns alimentos preparados e prontos para consumir que contêm amido	A velocidade de congelamento deve ser superior a 0,5°C a 1°C min^{-1}
GRUPO 3:	
Morangos, cenoura, feijão, materiais gelatinosos, como produtos de ovo, e molhos à base de farinha	A velocidade de congelamento deve ser superior a 3°C a 6°C min^{-1}
GRUPO 4:	
Produtos com pouco extrato seco: tomates, pepinos, framboesas, etc.	É muito conveniente o emprego de altas velocidades de congelamento

[a] A velocidade de congelamento refere-se à rapidez com que a temperatura diminui de 0°C a –20°C.
Fonte: Brennan, Butters, Cowell e Lilley (1990).

Tabela 10.14 Comparação de diversos métodos de congelamento conforme seu coeficiente de transmissão de calor

Método	Coeficiente de transmissão de calor (W m^{-2} K^{-1})	Alimento	Tempo aproximado para o congelamento a –18°C
Ar estático	6-9	Carcaças pequenas	3 horas
		Carcaças grandes	3 dias
Ar a 5 m s^{-1}	25-30	Ervilhas a granel	20 minutos
Congelamento em espiral	25	Hambúrgueres	15 minutos
		Espetos de peixe	
Base fluidizada	90-140	Ervilhas a granel	4 minutos
		Espetos de peixe	15 minutos
Congelador de placas	100	Hortaliças (acondicionadas; 1 kg)	25 minutos
		Peixe (blocos; 25 kg)	75 minutos
Congelador de superfície raspada		Sorvete (1 mm de espessura)	0,5 minuto
Imersão em fréon	500	Ervilhas	0,5 minuto
		Hambúrgueres	5 minutos
Líquidos criogênicos (N_2 líquido)	1.500	Frutas e hortaliças	0,5 a 6 minutos
		Pão (0,5 kg)	1,5 minuto
		Hambúrgueres	4 minutos

Fonte: Adaptada de Fellows (1994).

Considerando a velocidade de congelamento como a diferença entre a temperatura inicial e a final, dividida pelo tempo total empregado no congelamento, distinguem-se:

a) Congelamento lento: inferior ou igual a 2°C min^{-1} (congeladores de ar estático).
b) Congelamento rápido: 10°C a 100°C min^{-1} (congeladores de ar forçado).
c) Congelamento ultra-rápido: 1.000°C a 10.000°C min^{-1} (congeladores criogênicos).

A velocidade de congelamento também é expressa muitas vezes como a velocidade com que avança a *frente de congelamento* da superfície do produto (onde se inicia o congelamento) até seu centro térmico. De acordo com isso, os sistemas de congelamento podem ser classificados da seguinte forma:

a) Congelamento lento: inferior a 0,2 cm h^{-1} (congeladores de ar estático e câmaras de armazenamento em congelamento).
b) Congelamento semi-rápido: 0,5 a 3 cm h^{-1} (congeladores de ar forçado, túneis de congelamento e congeladores de placas).
c) Congelamento rápido: 5 a 10 cm h^{-1} (congeladores de base fluidizada, de superfície raspada e de imersão).
d) Congelamento ultra-rápido: 10 a 100 cm h^{-1} (congeladores criogênicos).

Com exceção do congelamento lento, as demais formas podem ser consideradas satisfatórias para a maioria dos alimentos. As frutas e hortaliças mantêm sua qualidade com qualquer dos métodos descritos, sendo freqüente a utilização de congeladores de placas para produtos acondicionados e de congeladores ou túneis de ar forçado e de base fluidizada para a obtenção de produtos IQF. A qualidade das frutas e das hortaliças que têm estrutura frágil costuma ser melhor com o congelamento rápido. O peixe também pode ser congelado mediante qualquer sistema, mas é importante que o produto atinja –18°C no máximo em 2 horas. Nas aves, é fundamental o congelamento rápido, pelo menos da superfície da carcaça, para que tenham cor adequada. Isso pode ser conseguido na primeira etapa de congelamento por imersão ou criogênico, que é completada com o congelamento de ar forçado. Nas peças de carne, deve-se evitar o congelamento lento para reduzir o máximo possível o gotejamento. Se o tamanho dessas peças não for uniforme, é conveniente congelá-las com ar forçado; se for uniforme, podem-se empregar congeladores de placas. Para manter a qualidade da carne, recomenda-se o emprego de compostos criogênicos.

Finalmente, durante a aplicação de frio, devem-se levar em conta duas situações com requisitos diferentes. Por um lado, quando é preciso eliminar calor do alimento para reduzir sua temperatura inicial àquela desejada para o seu armazenamento em refrigeração ou congelamento, isso deve ocorrer o mais rapidamente possível para reduzir a deterioração do alimento e requer o emprego de câmaras de pré-resfriamento de grande potência. Por outro lado, durante o armazenamento, o transporte e a distribuição em refrigeração ou congelamento, o principal objetivo é manter a temperatura constante, compensando as contínuas perdas de frio. Geralmente, as câmaras utilizadas para esse fim são de maior tamanho e menor potência.

DESCONGELAMENTO

O correto descongelamento dos alimentos também é uma operação muito importante, podendo ser uma das causas da perda de qualidade e de rendimento, assim como uma fonte potencial de deterioração dos produtos congelados. Não se deve esquecer que os produtos congelados constituem freqüentemente um sistema de reserva de matéria-prima na indústria alimentícia; por isso, é fundamental o descongelamento correto para não reduzir sua qualidade.

Considera-se que o descongelamento está finalizado quando a temperatura do centro térmico do alimento atinge 0°C. Em alguns casos, não é necessário descongelar completamente o produto, admitindo-se uma ambientação; com isso, atingem-se temperaturas mais baixas (–5°C). Quando os produtos vão ser picados ou cortados mecanicamente, são inclusive mais manejáveis nesse estado do que completamente descongelados.

Embora o descongelamento seja o processo inverso ao congelamento, existem diferenças significativas entre ambos. Aplicando o mesmo gradiente térmico, o descongelamento é muito mais lento que o congelamento, por dois motivos. Em primeiro lugar, porque a condutividade térmica do gelo (2,25 W m^{-1} K^{-1} a 0°C) é quatro vezes superior à da água (0,57 W m^{-1} K^{-1} a 0°C). Durante o descongelamento, o primeiro que se funde é a camada superficial de gelo do alimento. Essa camada de água formada terá menor condutividade e difusividade térmica que o gelo original, reduzindo-se significativamente a velocidade de transmissão de calor para o interior do alimento. Esse fenômeno se acentua à medida que ocorre o descongelamento. Na Figura 10.25, pode-se observar a diferença de velocidade entre o congelamento e o descongelamento de latas contendo um gel de amido ao aplicar-se o mesmo gradiente térmico. Enquanto o centro térmico congela-se em 28 minutos, seu descongelamento completo requer 52 minutos.

Em segundo lugar, não se podem empregar gradientes de temperatura de grande magnitude entre o meio de aquecimento e o alimento congelado, para evitar o aquecimento excessivo das camadas externas e o crescimento de microrganismos. Se, durante o congelamento, os gradientes de temperatura podem chegar a ser de quase 200°C, durante o descongelamento, raramente são superiores a 100°C.

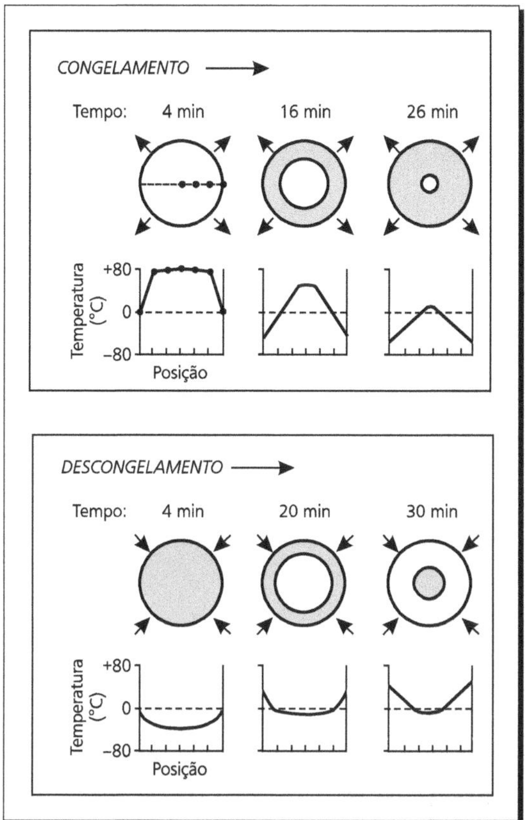

Figura 10.25 Seqüência do congelamento e do descongelamento de latas contendo géis de amido. As áreas sombreadas indicam o material congelado. As flechas ao redor dos círculos representam a direção da transmissão de calor. O registro da temperatura, realizado com quatro termopares, está apresentado nos gráficos abaixo. A posição dos termopares está indicada no primeiro círculo. *Fonte:* Fennema (1987).

A evolução completa da temperatura no centro térmico, durante o congelamento e o descongelamento das latas com géis de amido mencionadas anteriormente é apresentada na Figura 10.26. Durante o descongelamento, também se observam três etapas nítidas. Na primeira etapa (AB), a temperatura do produto aumenta rapidamente (ambientação), porque não há água superficial, e o gelo atua como bom condutor de calor. A etapa seguinte (BC) é muito mais prolongada e corresponde à aproximação da temperatura do produto do ponto de fusão. No momento em que começa a fusão da camada superficial de gelo, a velocidade de transmissão de calor e, portanto, o descongelamento diminuem consideravelmente. A partir do ponto C, quando todo o gelo se fundiu, a temperatura aumenta até igualar-se à do meio de aquecimento.

Quando se comparam as duas curvas, nota-se que a principal diferença está bem abaixo da temperatura de fusão (ligeiramente inferior a 0°C). Essa zona é a mais desfavorável para os alimentos, como se mostrou anteriormente:

a) A elevada concentração de solutos em solução favorece as reações químicas e enzimáticas.
b) Os cristais de gelo aumentam, modificando a textura do alimento.
c) Ocorre perda de componentes na exsudação (perdas por gotejamento), especialmente dos hidrossolúveis, como as vitaminas.
d) Possibilita-se o crescimento dos microrganismos psicrotróficos que, além disso, encontram na exsudação um meio de crescimento ótimo por seu conteúdo em nutrientes; também podem crescer microrganismos patogênicos existentes originalmente no alimento e que sobrevivem durante o armazenamento.

Do que se disse até aqui, deduz-se que é conveniente descongelar os produtos o mais rapidamente possível. Embora a qualidade dos alimentos possa diminuir bastante durante o descongelamento, é preciso levar em conta que sua duração é significativamente inferior à do armazenamento em congelamento. Ou seja, na maioria dos produtos congelados, considera-se que a perda de qualidade deve-se mais ao armazenamento em congelamento do que a modificações que possam ocorrer durante seu descongelamento.

Os alimentos que necessitam cozimento antes do consumo (hortaliças, carnes, etc.) podem ser descongelados diretamente mediante imersão em água fervente. As frutas não toleram o emprego de temperaturas tão altas e devem ser descongeladas em temperatura ambiente ou em refrigeração. Para carne e peixe sobretudo para as peças de tamanho grande, recorre-se ao emprego de baixas temperaturas; quando se utiliza água quente ou temperatura ambiente, deve-se limitar a curtos períodos para evitar o crescimento de microrganismos.

Métodos de descongelamento

Para reduzir ao mínimo as mudanças produzidas durante o descongelamento, qualquer método de descongelamento deve cumprir os seguintes requisitos:

a) Evitar o aquecimento excessivo do produto.
b) Reduzir ao mínimo o tempo do descongelamento.
c) Evitar uma desidratação excessiva quando se utiliza ar.

Considerando a forma como se proporciona a energia térmica necessária para o descongelamento, destacam-se dois grandes grupos:

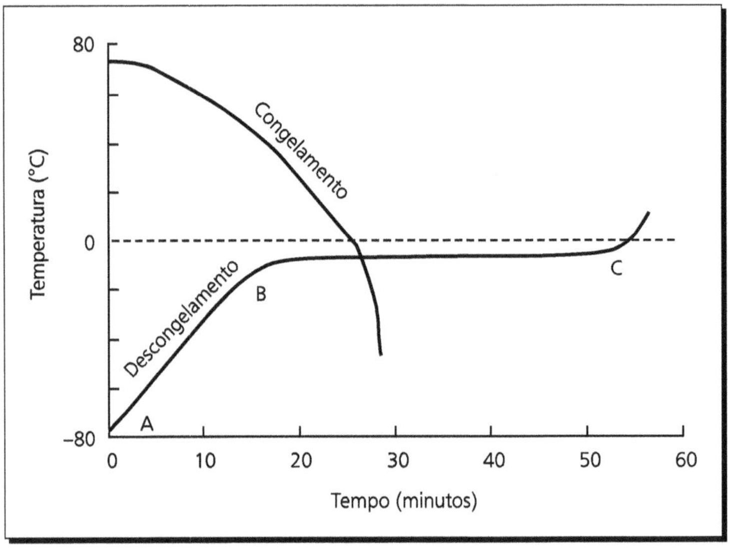

Figura 10.26 Evolução da temperatura no centro geométrico das latas com géis de amido (Figura 10.25) durante seu congelamento e descongelamento. *Fonte:* Fennema (1987).

Métodos por aquecimento exterior

Esses métodos podem empregar ar, água ou vapor d'água como foco de calor.

O descongelamento com ar frio (4°C) requer tempos extremamente longos (até dias) e provoca grande exsudação do produto. O mais comum é realizar o descongelamento com ar forçado, modificando as condições ao longo do tempo. Inicialmente, emprega-se ar entre 16°C a 20°C com a umidade relativa elevada (85 a 100%) para evitar a desidratação superficial do produto (se não estiver acondicionado). Quando a camada superficial deste (temperatura média de 0°C) descongela, aplica-se ar mais frio (4°C a 5°C) com a umidade relativa de 60% para resfriar e secar a superfície do produto, evitando o crescimento de microrganismos.

O descongelamento em água corrente é adequado apenas para alimentos acondicionados a vácuo e, às vezes, para peixes inteiros, pelo risco de contaminação cruzada. Para controlar o crescimento de microrganismos, a temperatura da água não deve exceder 20°C.

O descongelamento em câmaras a vácuo consiste em condensar o vapor d'água entre 18°C e 20°C sobre a superfície dos alimentos no interior da câmara a vácuo. A condensação favorece a transmissão de calor na superfície do alimento em relação aos dois métodos anteriores. O inconveniente é que a superfície do produto fica umedecida; por isso, só se aplica a peixes e a produtos que serão processados em seguida.

Métodos dielétricos (aquecimento ôhmico, dielétrico e microondas)

Diferentemente dos anteriores, esses métodos geram o calor dentro do próprio produto, sendo muito mais rápidos. Não dependem da transmissão de calor do meio de aquecimento à superfície do alimento por condução. Além disso, a dependência da condução desse calor até o interior do alimento é mínima se o produto não possuir grande espessura. O principal problema que apresentam decorre da falta de homogeneidade dos alimentos (com porções congeladas e descongeladas) e da interação diferente das ondas eletromagnéticas com a água líquida e o gelo. A energia dessas ondas é absorvida preferencialmente pela água líquida. Ou seja, a zona superficial descongelada atua como barreira, absorvendo-as e aquecendo-se, enquanto a parte interna permanece congelada. Essa falha pode ser atenuada mediante a aplicação de pulsos intermitentes e a combinação com ar frio.

REFERÊNCIAS BIBLIOGRÁFICAS

BRACKETT, R. E. (1992): "Microbiological safety of chilled foods: current issues". *Trends in Food Science and Technology*, 3: 81-85.

BRENNAN, J. G., BUTTERS, J. R., COWELL, N. D. y LILLEY, A. E. (1990): *Food engineering operations*. 3ª ed. Elsevier Applied Science. Londres.

FELLOWS, P. (1994). *Tecnología del procesado de los alimentos: Principios y prácticas*. Acribia. Zaragoza.

FENNEMA, O. R. (1975): *Physical principles of food preservation.* M. Karel, O. R. Fennema y D. B. Lund (eds.). Marcel Dekker, Inc. Nueva York.

FENNEMA, O. R. (1996): *Food Chemistry.* 3ª ed. O. R. Fennema (ed.). Marcel Dekker, Inc. Nueva York.

GEORGE, R. M. (1993): "Freezing processes used in the food industry". *Trends in Food Science and Technology,* 4: 134-138.

GRUDA, Z. y J. POSTOLSKI. (1986): *Tecnología de la congelación de los alimentos.* Acribia. Zaragoza.

HEBER, J.; LÖNDAHL, G.; PERSSON, P. O. y RYNNEL, L. (1991): *Encyclopedia of Food Science and Technology.* Vol. 2. Y. H. Hui (ed.). John Wiley and Sons, Inc. Nueva York.

LEWIS, M. J. (1993): *Propiedades físicas de los alimentos y de los sistemas de procesado.* Acribia. Zaragoza.

MAFART, P. (1991): *Ingeniería industrial alimentaria.* Acribia. Zaragoza.

POTTER, N. N. (1986): *Food Science.* 4ª ed. Van Nostrand Reinhold. Nueva York.

SAHAGIAN, M. E. y DOUGLAS GOFF, H. D. (1995): *Freezing effects on food quality.* L. E. Jeremiah (ed.). Marcel Dekker, Inc. Nueva York.

WATSON, E. L. y HARPER, J. C. (1987): *Elements of Food Engineering.* 2ª ed. Van Nostrand Reinhold Company. Nueva York.

RESUMO

1 A refrigeração e o congelamento consistem em reduzir e manter a temperatura dos alimentos a valores superiores aos de seu ponto de congelamento (de -1°C a 8°C) e abaixo dele, respectivamente. No último caso, utilizam-se industrialmente temperaturas inferiores a -18°C. Esses processos atrasam ou detêm o crescimento de microrganismos, a atividade metabólica dos tecidos animais e vegetais e ainda as reações químicas e enzimáticas. O congelamento também reduz significativamente a a_w da fase líquida do alimento.

2 A refrigeração amplia a vida útil dos alimentos durante períodos relativamente curtos. Embora seja eficaz para deter o crescimento da maioria dos microrganismos presentes nos alimentos, permite a multiplicação da microbiota psicrotrófica, que é a prevalente nos alimentos refrigerados.

3 O congelamento permite ampliar a vida útil dos alimentos durante períodos de tempo mais longos que a refrigeração. As baixas temperaturas empregadas nesse caso determinam a formação de cristais de gelo. O número, o tamanho e a forma desses cristais dependem da velocidade de resfriamento, sendo responsáveis por algumas modificações que se produzem nos alimentos congelados.

4 A vida útil dos alimentos congelados é limitada por certas reações químicas e enzimáticas (p. ex., a auto-oxidação lipídica, que pode avançar mesmo nessas condições), bem como por fenômenos de recristalização e sublimação do gelo. O valor *HQL* indica o tempo durante o qual o produto armazenado em congelamento mantém sua qualidade original. A temperatura de transição vítrea (T_g) é um importante parâmetro que se deve levar em conta na conservação dos alimentos congelados porque marca uma mudança brusca em sua estabilidade.

5 Os sistemas para a produção industrial de frio podem ser basicamente de dois tipos: 1) mecânicos, baseados no emprego de fluidos refrigerantes (amoníaco e fréons) em circuitos fechados, e 2) criogênicos, que utilizam fluidos criogênicos (CO_2 e N_2) em sistemas abertos.

6 O cálculo das necessidades energéticas da refrigeração e do congelamento requer o conhecimento de certas características do alimento, como o conteúdo de água, seu ponto de congelamento e algumas propriedades térmicas (calor específico antes e depois do congelamento e calor latente de fusão).

7 Os métodos de refrigeração e de congelamento baseados no emprego de sistemas mecânicos utilizam ar, superfícies frias ou líquidos como meio de resfriamento, sendo o primeiro o mais utilizado por sua polivalência. O resfriamento criogênico, embora tenha um custo maior, permite obter alimentos de grande qualidade pela maior velocidade a que se produz o resfriamento.

8 O hidrorresfriamento e o resfriamento a vácuo são alternativas economicamente viáveis para a refrigeração de alguns alimentos. Outra possibilidade é a utilização de líquidos criogênicos.

9 Entre os equipamentos mais comuns para a refrigeração e o congelamento na indústria alimentícia, podem ser mencionados aqueles que empregam ar frio: vitrines e mostruários de exposição no comércio, câmaras frigoríficas e congeladores com ar estático ou forçado, túneis de congelamento, congeladores em espiral e congeladores de base fluidizada. Entre os que se baseiam no emprego de superfícies frias, encontram-se os trocadores de calor de placas ou de superfície varrida e os congeladores de placas horizontais, de placas verticais e de tambor ou de superfície raspada. Nos congeladores por imersão, o resfriamento é obtido com fluidos diferentes do ar: água fria, salmouras, soluções açucaradas ou fluidos refrigerantes. Alguns equipamentos combinam método mecânico com congelamento criogênico. A escolha do equipamento é condicionada pelas características do alimento e pelo custo operacional.

10 O descongelamento é uma operação fundamental para evitar a perda de qualidade dos alimentos antes de seu emprego ou consumo. O tempo requerido para isso geralmente é superior ao necessário para o congelamento, devido às diferenças de condutividade e de difusividade térmica da água e do gelo e à impossibilidade de aplicar elevado gradiente de temperatura. O descongelamento pode ser realizado por aquecimento exterior ou por métodos dielétricos.

CAPÍTULO 11

Conservação de alimentos com base na modificação do pH, da atmosfera e da atividade de água. Evaporação e desidratação

Este capítulo trata de diversos procedimentos para aumentar a vida útil dos alimentos. Faz-se referência ao efeito do pH e da a_w nos agentes alterantes dos alimentos e ao emprego das tecnologias de atmosferas modificadas. Além disso, estudam-se as operações de evaporação e de desidratação de alimentos, mencionando-se os problemas apresentados pela reidratação ou reconstituição dos produtos desidratados. Finalmente, analisa-se a desidratação osmótica como outro método de redução da a_w dos alimentos.

pH

Grande parte dos alimentos frescos é ligeiramente ácida (pH 5,0 a 6,5), como carne, pescados e certos produtos vegetais; alguns têm pH bastante ácido (< 5,0), como a maioria das frutas (em torno de 4,0) e, em particular, os cítricos (3,0 a 3,5); outros estão próximos da neutralidade, como o leite (6,8), e poucos, como a clara de ovo (9,6), apresentam pH alcalino. A acidificação, por seu efeito inibidor do crescimento microbiano, é um método utilizado desde tempos remotos para ampliar a vida útil de muitos alimentos, sendo realizado de forma natural, com a fermentação espontânea da matéria-prima (leites fermentados), ou induzida, mediante a adição de ácidos fracos (escabeches). O pH baixo pode ser o fator fundamental (iogurte) ou único (vinagre) da conservação do alimento acidificado, mas, em alguns casos, seu efeito se combina com outros agentes, como refrigeração (iogurte), calor (alguns escabeches enlatados), baixa a_w (embutidos), etc.

É bem-conhecida a resposta dos diferentes microrganismos ao pH do meio; a maioria das bactérias cresce otimamente a pH próximo da neutralidade, embora também possam crescer sem muitas dificuldades no intervalo de 5,0 a 8,0; porém, abaixo de 5,0, seu crescimento é claramente inibido, e é raro se multiplicarem em pH 4,5. Há notáveis exceções, como as bactérias acéticas, que têm seu pH ideal entre 5,4 e 6,3, enquanto o pH mínimo situa-se em torno de 2,8; e algumas bactérias lácticas, cujo pH ideal situa-se em torno de 5,5 a 6,0 e o mínimo, em torno de 4,0. Já os mofos e as leveduras podem multiplicar-se, de maneira geral, a valores de pH mais baixos do que as bactérias, algumas espécies inclusive a pH de 1,5 a 2,0. Contudo, na zona alcalina, leveduras, mofos e bactérias param de crescer a valores de pH similares, tendo-se registrado para algumas espécies valores máximos de cerca de 11,0.

Embora se conheça o efeito do pH no crescimento bacteriano, como se comentou antes, as pesquisas realizadas até o momento não esclareceram com certeza o mecanismo de ação.

As bactérias possuem bombas de prótons ligadas à membrana, força protomotora que expulsa prótons do citoplasma para gerar o gradiente eletroquímico de prótons. Os valores dessa força protomotora são maiores nos microrganismos respiratórios do que nos fermentativos. Quando o pH interno é baixo, pode criar problemas na célula, que procura regulá-lo. Observou-se que os microrganismos (bactérias acidófilas, leveduras, mofos) que toleram bem o pH externo baixo também têm pH interno baixo, o que representa uma vantagem seletiva em relação a microrganismos intolerantes, incapazes de gerar gradiente de pH significativo. Além disso, as células microbianas têm certa capacidade-tampão proporcionada pelas cadeias laterais ácidas e básicas das proteínas e pelos grupos fosfato dos ácidos nucléicos. Contudo, essa capacidade é finita e pode ser vencida, por exemplo, em presença de altas concentrações de ácidos fracos. Além disso, a regulação do pH interno implica também um controle da permeabilidade da membrana aos prótons externos, mediante a atividade do sistema de transporte de íons. Parece que a magnitude do efeito inibidor do pH do meio está relacionada com a capacidade que possui o microrganismo de expulsar os prótons internos e de rechaçar os externos.

Nem todos os ácidos são igualmente eficazes para inibir o crescimento bacteriano. Nesse sentido, observou-se, por exemplo, que, para diminuir a velocidade de crescimento do *Staphylococcus aureus* no leite, é necessário reduzir o pH até 5,2 quando se usa ácido acético, até 4,9 e 4,7 quando se acidifica, respectivamente, com ácido láctico e ácido cítrico, e até 4,6 com ácido clorídrico. Resultados similares foram obtidos com outras espécies muito diferentes da anterior, especificamente com *Salmonella typhimurium* e *Clostridium botulinum*. De maneira geral, pode-se dizer que os ácidos fortes, que induzem pH externo muito baixo, não apresentam grande permeabilidade através da membrana e, conseqüentemente, sua ação deletéria provém do efeito desnaturante do pH baixo sobre as enzimas presentes na superfície celular e da possível entrada de prótons no interior, que pode produzir redução do pH interno. Ao contrário, os ácidos fracos lipofílicos são mais permeáveis e, uma vez no interior, reduzem o pH interno; contudo, a porção não-dissociada desses ácidos também pode ter efeitos específicos no metabolismo celular, o que amplia as ações deletérias.

O pH e os microrganismos alterantes

As bactérias não-esporuladas são os principais agentes causadores da alteração dos alimentos frescos de origem animal. Como todos estes são submetidos à refrigeração antes do consumo ou do processamento, só se fará referência à sua alteração em estado refrigerado. O pH tem pouco efeito, se é que tem algum, no tipo de bactérias que se proliferam no leite cru refrigerado, já que todas as que chegam aleatoriamente ao produto crescem bem quando seu pH é 6,8; nesse caso, são as baixas temperaturas que selecionam as bactérias aeróbias Gram negativas, que são a microbiota predominante. Contudo, o pH influi na alteração de outros produtos, como a carne e o pescado. Na carne com pH normal (em torno de 5,5), também predominam as bactérias aeróbias Gram negativas, principalmente as pseudomonas, mas, em contrapartida, o pH pouco maior (5,9 a 6,5), como ocorre com o pescado, o marisco e a carne de aves, possibilita o crescimento de uma bactéria muito sensível ao pH, *Shewanella putrefaciens*, que é responsável, juntamente com as pseudomonas, pela alteração desses produtos (ver Volume II, "Alteração da carne refrigerada" e "Alteração do pescado"). Em alimentos mais ácidos (pH inferior a 4,5), prevalecem bactérias Gram positivas, sendo que algumas, como os lactobacilos, são particularmente resistentes aos ácidos fracos não-dissociados, como o láctico e o acético. Abaixo de pH em torno de 3,2, só proliferam mofos e leveduras.

A germinação de esporos bacterianos depende do pH do meio. Por isso, nos tratamentos térmicos esterilizantes, esse fator adquire tamanha importância que os alimentos destinados à fabricação de conservas são classificados, de acordo com o pH que apresentam, em pouco ácidos (pH superior a 4,5), ácidos (pH 4,5 a 4,0) e muito ácidos (pH inferior a 4,0), dependendo, respectivamente, da possibilidade de germinação de qualquer tipo de esporo, da impossibilidade de germinação do *Clostridium botulinum* e da impossibilidade de germinação de qualquer esporo (ver "Cinética da destruição dos microrganismos pelo calor", no Capítulo 8).

Algumas vezes, conjuga-se o pH com outros agentes, como a_W e nitritos, para inibir a germinação de certos esporos bacterianos.

O pH e os microrganismos patogênicos

Alguns microrganismos patogênicos, como as salmonelas, podem ser controlados com pH relativamente baixos (inferiores a 4,5), mas, para outros, como os coliformes e outros patógenos, requer-se pH mais baixo ou combinação com outros agentes, particularmente a a_W. Por exemplo, à medida que esta diminui, necessita-se de pH menos baixo para inibir o crescimento de *Staphylococcus aureus* e a produção de suas enterotoxinas.

A eficácia dos tratamentos térmicos está igualmente relacionada com o pH dos alimentos. Já se comentou, na seção anterior, o caso de *Cl. botulinum*. Quando se tratam de bactérias não-esporuladas, a situação é similar; pode-se dizer, de maneira geral, que a termorresistência desses microrganismos diminui à medida que o pH se desvia do ideal de crescimento, sendo que o decréscimo é maior na zona ácida.

ATMOSFERAS

A vida útil da maioria dos alimentos (carne, peixe, frutas e hortaliças, produtos de panificação, etc.) é muito limitada em presença de ar; isso se deve ao oxigênio atmosférico, já que, em sua presença, proliferam-se rapidamente os microrganismos aeróbios, produzem-se reações químicas oxigênio-dependentes e avançam velozmente os fenômenos respiratórios em frutas e hortaliças.

Sabe-se já há muitos anos que, diminuindo a concentração de oxigênio e/ou aumentando a de dióxido de carbono, consegue-se ampliar a vida útil dos alimentos perecíveis. A mudança na composição da atmosfera que circunda os alimentos impõe seu armazenamento em contêineres, câmaras ou embalagens com a atmosfera selecionada. No passado, as tecnologias de conservação em atmosferas diferentes do ar eram empregadas em grandes armazéns para o transporte em contêineres e na distribuição em grandes volumes. Essas aplicações ainda são feitas, mas as tendências atuais apontam para a adaptação dessas tecnologias às últimas etapas da distribuição de alimentos, como, por exemplo, o comércio varejista ou o acondicionamento em porções para o consumo direto. As preferências crescentes dos consumidores pelos alimentos com aparência *natural*, *frescos* ou minimamente processados, unidas ao grande avanço experimentado pelos materiais poliméricos, tiveram forte influência no desenvolvimento das tecnologias de atmosferas modificadas nas duas últimas décadas, que possibilitaram a oferta de bom número de alimentos a varejo.

Convém diferenciar entre acondicionamento em *atmosferas controladas, modificadas* e *a vácuo*. A atmosfera controlada consiste no uso de atmosfera com determinada mistura de gases que se mantém constante durante todo o período de armazenamento; é utilizada normalmente para o armazenamento de grandes quantidades de produto, como as câmaras empregadas para ampliar a vida útil das maçãs e das pêras. A atmosfera modificada e o acondicionamento a vácuo implicam o uso de embalagens, normalmente de plástico, impermeáveis aos gases. No caso da atmosfera modificada, altera-se inicialmente a atmosfera gasosa de acordo com as necessidades previstas para todo o armazenamento; as atividades metabólicas do alimento e dos microrganismos presentes causam alterações na composição da mistura gasosa original. O acondicionamento a vácuo é a modalidade de atmosfera modificada na qual se retira o ar do interior da embalagem sem que este seja substituído por outro gás.

Testaram-se vários gases para comprovar a capacidade de ampliar a vida útil dos alimentos perecíveis, mas as atmosferas mais utilizadas contêm proporções diversas de dióxido de carbono e de oxigênio, que são suplementadas, quando necessário, com nitrogênio como gás de equilíbrio.

A modificação da atmosfera é utilizada para ampliar a vida útil de alimentos tanto de origem vegetal como de origem animal. Contudo, os objetivos são diferentes em um e outro caso.

Nos alimentos de origem vegetal (frutas e hortaliças), a modificação da atmosfera é destinada a inibir os fenômenos de envelhecimentos pós-colheita. Em presença de ar, durante a respiração, frutas e hortaliças consomem oxigênio e geram dióxido de carbono e pequenas quantidades de etileno; este gás acelera os fenômenos de envelhecimento. Embora todas as frutas e hortaliças apresentem determinado nível de tolerância a baixas concentrações de oxigênio e a elevadas de dióxido de carbono, pode-se dizer, de maneira geral, que, ao diminuir a concentração de O_2 abaixo de 8% e até os limites de tolerância (1 a 2%), decresce significativamente a geração de etileno. De forma similar, quando aumenta a concentração de CO_2 até valores abaixo do nível de tolerância (5 a 15%) de cada espécie hortifrutícola, diminui a velocidade de respiração. Essas condições provocam mudanças importantes no metabolismo, traduzidas na ampliação da vida útil. O efeito dessas atmosferas nos microrganismos é muito reduzido, salvo algumas exceções; por exemplo, os morangos toleram quantidades elevadas de CO_2, podendo-se inibir o desenvolvimento de mofos.

Nos alimentos de origem animal (carne, pescado, mariscos), a aplicação de atmosferas modificadas é combinada com a refrigeração. Nesses produtos, costuma-se enriquecer a atmosfera com CO_2 (20 a 80%), independentemente da sua composição restante, que varia de acordo com o tipo de carne ou de pescado. O CO_2 inibe de forma eficaz a microbiota alterante, que, nesses produtos, são as bactérias aeróbias Gram negativas. Esses aspectos são tratados mais amplamente no Volume II, Capítulo 9. Aqui apenas se analisa, de forma sucinta, o efeito inibidor do CO_2 no crescimento microbiano.

Apesar das muitas pesquisas realizadas, ainda não se estabeleceu o mecanismo pelo qual o CO_2 inibe o crescimento de certos microrganismos. Contudo, foram lançadas várias hipóteses.

Uma das primeiras explicações atribuía a ação inibidora do CO_2 ao fato de deslocar, totalmente ou em parte, o oxigênio disponível para o metabolismo microbiano. Contudo, isso logo foi descartado, ao se observar que o CO_2 inibia também algumas bactérias anaeróbias e que, em atmosferas de nitrogênio, a inibição era menor do que quando se utilizava CO_2.

Uma segunda explicação atribuía o efeito inibidor do CO_2 à redução do pH no interior da célula microbiana ao ingressar em sua forma não-dissociada, anterior à dissolução na fase líquida do meio. Entretanto, as pesquisas realizadas em meios de cultivo com pH normalizado (5,8) em que se semearam certas espécies bacterianas (*Achromobacter* sp., *Pseudomonas*, sp. e *Bacillus* sp.) mostraram que a inibição era maior em atmosferas de ar do que nas de CO_2. Também se observou que outros ácidos que provocavam acidificação similar eram menos eficazes ou não inibiam o crescimento no mesmo grau que o CO_2.

Uma teoria alternativa defende que o CO_2, assim como os íons bicarbonato, poderia modificar as interações entre a célula e o ambiente ao afetar a estrutura da membrana plasmática, tendo-se observado que os íons bicarbonato influíam na disposição molecular da interface entre os lipídeos e a água, produzindo hidratação da membrana com aumento da sua permeabilidade. Conseqüentemente, alterava-se o equilíbrio dos processos metabólicos entre o interior da célula bacteriana e seu ambiente.

Outra hipótese sugere que o CO_2, uma vez no interior da célula, interfere direta ou indiretamente em diversos fenômenos metabólicos, como no aumento da velocidade de formação de succinato, na inibição da atividade oxalato descarboxilase e/ou na aceleração da atividade ATPase mitocondrial, que repercute na fosforilação oxidativa, promovendo nível mais baixo de energia disponível.

Conclui-se, então, que não se sabe com certeza qual o mecanismo de ação do CO_2; todas as explicações dadas poderiam estar relacionadas com o processo, mas ignora-se qual a ação mais relevante. Finalmente, os efeitos mencionados não se apresentam em todos os gêneros e espécies microbianos, e diversas cepas da mesma espécie poderiam ser afetadas por diferentes condições do meio em que se encontram.

ATIVIDADE DE ÁGUA (a_w)

O conceito de a_w e sua importância nos alimentos foram explicados no Capítulo 2. Do ponto de vista microbiológico, a a_w reflete a água disponível para o crescimento dos microrganismos. A maioria dos microrganismos cresce otimamente a valores elevados de a_w (0,98 a 0,995), mas há exceções significativas. À medida que a a_w cai abaixo da ótima de crescimento, observa-se que o gráfico de crescimento microbiano se altera (Figura 11.1); aumenta a fase de latência, diminui o tempo de geração (fase exponencial), e a massa celular total atingida é menor até que a fase de latência seja infinita, cessando, então, o crescimento. Isso ocorre porque, ao diminuir a a_w, os solutos e íons fixam a água do meio, e os colóides hidrófilos estabelecem pontes de hidrogênio com ela, restando, ao final, menos água disponível para as atividades microbianas. Ao mesmo tempo, a água de composição tende a sair de seu interior por fenômenos osmóticos, alterando e a fisiologia microbiana. Quando a a_w é suficientemente baixa (p. ex., produtos congelados, desidratados), desaparece a água disponível para os microrganismos.

A interrupção do crescimento microbiano pode ser obtida em duas situações-limite: na ausência total de solutos, água pura, cuja a_w é 1, e em uma a_w suficientemente baixa, cujo valor é diferente para cada microrganismo.

Os microrganismos defendem-se quando há redução da a_w procurando equilibrar a tensão osmótica que se estabelece entre o exterior e o interior. Para isso, eles desviam o metabolismo (Figura 11.2), gerando substâncias osmoticamente ativas que não lhes são tóxicas; denominam-se *solutos compatíveis*. Os solutos compatíveis que as bactérias costumam utilizar são ácido glutâmico, quando a a_w ainda não é muito baixa (p. ex., da ordem de 0,95), prolina e ácido γ-aminobutírico em valores inferiores (Figura 11.2). As bactérias halófilas utilizam K^+ como soluto compatível, enquanto leveduras e mofos usam outras substâncias, como manitol (p. ex., *Geotrichum*, *Aspergillus*, *Penicillium*) ou glicerol (p. ex., *Saccharomyces* e *Debaromyces*). A capacidade de determinado organismo de ingressar no meio ou de sintetizar solutos compatíveis e sua quantidade determinam a faculdade de proliferar-se em meio com a_w reduzida.

Na Figura 11.3, pode-se verificar o efeito geral da a_w no crescimento microbiano. A maioria dos microrganismos cresce otimamente em valores elevados de a_w (0,98 a 0,995)

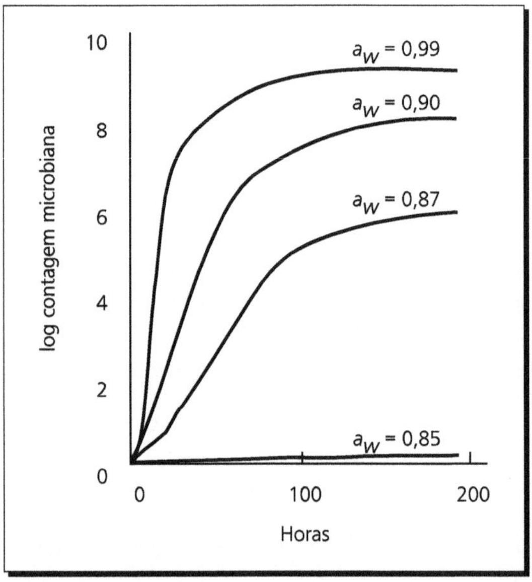

Figura 11.1 Efeito da a_w no crescimento do *Staphylococcus aureus*.

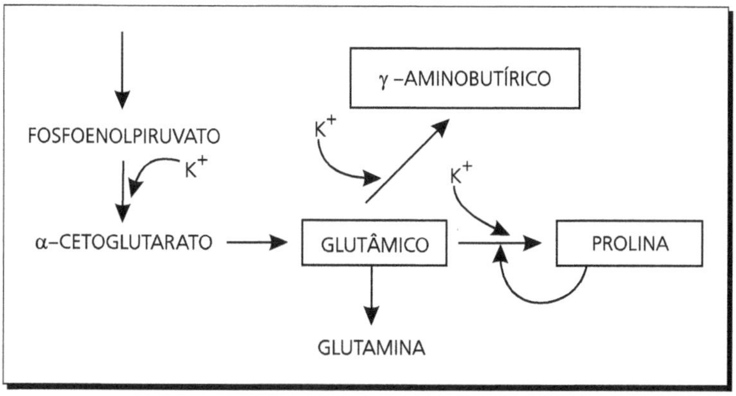

Figura 11.2 Mecanismo de defesa dos microrganismos em face da redução da a_w.

e, de maneira geral, as bactérias são as menos tolerantes às reduções da a_w, algumas podendo crescer até a_w em torno de 0,85 (p. ex., os micrococos); seguem-se as leveduras, entre as quais certas espécies podem proliferar-se inclusive em valores inferiores ou iguais a 0,7, e, finalmente, os mofos, nos quais se registrou o valor mínimo de a_w (0,61) a que um microrganismo (*Xeromyces bisporum*) pode se desenvolver. Contudo, existem algumas exceções a esse comportamento geral, como os microrganismos que crescem em meios secos ou salgados. Tradicionalmente, essas microbiotas foram denominadas:

a) Bactérias *halófilas*: são aquelas que requerem sal no meio para poderem crescer (embora o que realmente acumulem em seu interior seja K^+), suportando valores de a_w de até 0,75.
b) Microrganismos *osmofílicos*: crescem em *habitat* com altas pressões osmóticas e toleram valores de a_w de até 0,62 a 0,64. Esse termo é aplicado normalmente a leveduras que se desenvolvem em presença de elevadas concentrações de açúcar.
c) Microrganismos *xerófilos*: são mofos que crescem rapidamente em meios relativamente secos, com a_w inferior

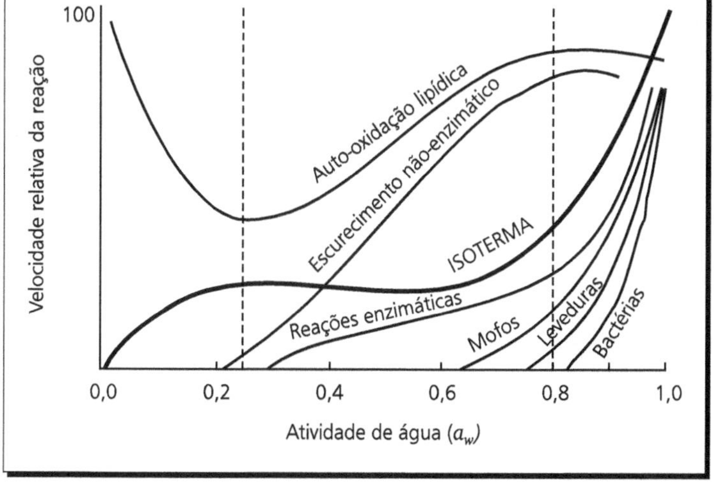

Figura 11.3 Relação entre a a_w, o crescimento microbiano e a velocidade de diversas reações.

a 0,85 e até 0,61. Esse termo, com relação à a_w, é sinônimo de osmofílicos.

Atualmente, é mais correto referir-se a todos os microrganismos que toleram baixas a_w em virtude do valor desse parâmetro, exceto, talvez, no caso das bactérias halófilas, que inclusive já não são denominadas como tais, mas que se enquadram nas arquebactérias, muito diferentes das bactérias.

A a_w e os microrganismos alterantes e patogênicos

A a_w dos alimentos frescos e processados é um dos fatores que determinam seu caráter perecível ou estável, assim como a microbiota capaz de proliferar-se neles. Influi igualmente nos tipos de microrganismos patogênicos que podem se desenvolver. Em relação a esse fator, os alimentos foram classificados da seguinte forma:

Alimentos com a_w superior a 0,98

Pertence a este grupo a maioria dos alimentos frescos: carne, pescado, leite e outras bebidas, frutas e hortaliças. Em temperatura ambiente, a maioria dos microrganismos presentes cresce com muita rapidez. Contudo, alguns desses alimentos, particularmente leite, carne e pescado, são submetidos invariavelmente à refrigeração até seu consumo ou processamento. Nessas condições e sob aerobiose, prevalecem bactérias aeróbias Gram negativas, fundamentalmente pseudomonas e outras bactérias afins. Em refrigeração e no vácuo, são as bactérias lácticas que predominam. Se o pH é baixo, pode predominar outro tipo de microbiota, como nos cítricos, em que prevalecem os mofos.

A maioria dos microrganismos patogênicos cresce facilmente, embora outros agentes ou fatores possam influir na proliferação dos mesmos. Por exemplo, em aerobiose, há a presença de espécies dos gêneros *Salmonella*, *Shigella*, *Escherichia*, etc., e, em anaerobiose, podem proliferar-se *Cl. perfringens* e *Cl. botulinum*. No pescado, é típico o *Vibrio parahaemolyticus*. O pH é outro fator de grande importância; assim, os esporos de *Cl. botulinum* não podem germinar em anaerobiose se o pH do alimento for inferior a 4,5.

Alimentos com a_w entre 0,98 e 0,93

Os alimentos que pertencem a este grupo são: leite concentrado, carnes curadas (presunto cozido, mortadelas, salsichas, etc.), cernes e pescados levemente salgados (concentração máxima de sal de 10%), queijos frescos, pão e frutas em calda (concentração máxima de sacarose de 50%). Com esses valores de a_w, inibe-se o crescimento das bactérias Gram negativas, que dão lugar às Gram positivas (*Bacillaceae*, *Lactobacillaceae*, *Micrococcaceae*). Outros agentes podem atuar de forma sinérgica, como conservantes, pH, etc. Por exemplo, em carnes curadas, com adição de sal e nitritos, não germinam os esporos bacterianos. Em certos produtos, como o pão, a alteração fica a cargo de mofos ou de *Bacillus mesentericus*.

Com essas a_w, inibe-se o crescimento de salmonelas, *Cl. botulinum* e outras bactérias patogênicas; o efeito acentua-se quando coexistem condições desfavoráveis de outros agentes, como o pH e a temperatura. Em relação aos patógenos, o maior perigo é constituído pelo crescimento de *Staphylococcus aureus*. Além disso, nesses alimentos há risco maior de elaboração de micotoxinas por mofos.

Alimentos com a_w entre 0,93 e 0,85

Dentro deste grupo, encontram-se alimentos mais desidratados ou com grande concentração de solutos, como embutidos maturados, presunto serrano, carne defumada, queijos muito maturados, leite condensado, etc. Os microrganismos alterantes que podem crescer são, entre as bactérias, os cocos Gram positivos (*Micrococcaceae*), mofos e leveduras. Por exemplo, no leite condensado (a_w próxima a 0,85), podem desenvolver-se leveduras do gênero *Torula* e, se houver oxigênio, diversas espécies de mofos.

O *Staphylococcus aureus* pode proliferar-se, mas não se produzem enterotoxinas. O risco sanitário decorre das micotoxinas elaboradas pelos mofos.

Alimentos com a_w entre 0,85 e 0,60

Pertencem a este grupo os alimentos denominados IMF (alimentos com umidade intermediária). Vale citar frutos secos, cereais, farinhas, marmeladas, peixe muito salgado (bacalhau), nozes e amêndoas. Os microrganismos alterantes que podem se proliferar nesses produtos são bactérias halófilas nos alimentos salgados e, nos demais, mofos xerófilos e leveduras osmofílicas.

Esses alimentos são seguros do ponto de vista sanitário, pois apresentam bactérias patogênicas; os mofos podem proliferar-se, mas não produzirem micotoxinas.

Alimentos com a_w inferior a 0,60

Os alimentos que apresentam a_w inferiores a 0,60 são, por exemplo, doces diversos, chocolate, leite em pó, mel, bolachas, batatas fritas, etc. São produtos microbiologicamente estáveis; nenhum microrganismo pode crescer.

A a_w e as reações químicas e bioquímicas

O efeito da a_w em diversas reações que ocorrem nos alimentos é apresentado na Figura 11.3. Todas as curvas são indicativas, visto que a velocidade da reação e a forma da curva podem variar, dependendo da composição, do estado físico e da estrutura do produto, bem como da atmosfera (sobretudo oxigênio) e da temperatura do ambiente em que se encontra.

A curva relativa à auto-oxidação lipídica talvez seja a que mais chama a atenção. Em valores de a_w muito baixos (da ordem de 0,1), a velocidade da reação é elevada, mas, quando aumenta um pouco a a_w, diminui rapidamente até alcançar o mínimo a valores de 0,3 a 0,4; ela aumenta novamente até a a_w em torno de 0,8, mantendo depois o mesmo nível ou inclusive diminuindo ligeiramente. As interpretações feitas em relação a esse comportamento são as seguintes: acredita-se que o mínimo observado em a_w muito baixa deve-se ao fato de que a pouca água presente liga hidroperóxidos, impedindo sua decomposição e, conseqüentemente, inibindo o processo oxidativo, ou ao fato de que essa água, ao hidratar íons metálicos, impede que eles atuem como catalisadores da reação. O incremento observado a partir de a_w de 0,3 a 0,4 talvez decorra do fato de que, por haver mais água, as macromoléculas podem expandir-se, deixando expostos mais lugares para interagir com o oxigênio; essa ação será favorecida por maior dissolução do oxigênio. Finalmente, em valores da a_w acima de 0,8, a velocidade do processo auto-oxidante pode diminuir um pouco quando se diluem os catalisadores da reação.

As reações de escurecimento não-enzimático (reação de Maillard) mostram um comportamento quase paralelo ao dos processos auto-oxidativos em elevados teores de a_w, mas, à medida que esta diminui, decresce a velocidade da reação, até deter-se completamente em valores inferiores a 0,25. A velocidade do escurecimento não-enzimático é máxima nos produtos de umidade intermediária (a_w de 0,6 a 0,85); acima desses valores, a velocidade do processo diminui devido à diluição das substâncias potencializadoras da reação ou por inibição da água abundante presente, visto que esta é um dos produtos da reação. A redução da velocidade do processo abaixo daqueles valores deve-se inicialmente à menor difusão e, mais tarde, à imobilização das substâncias reativas. Entretanto, a energia de ativação das reações de escurecimento não-enzimático aumenta à medida que a a_w diminui, o que também contribui para retardar o processo a baixas a_w.

A maioria das reações enzimáticas depende intimamente da a_w. Essas reações, depois que começam a manifestar-se (a_w de 0,2 a 0,3), seguem curso quase paralelo à isoterma de sorção de água. A água atua como solvente e meio de reação. Conseqüentemente, a velocidade de reação vai aumentando à medida que a a_w aumenta, observando-se aceleração em valores elevados da a_w, já que a quantidade de substrato dissolvido é maior e pode mobilizar-se facilmente para entrar em contato com as enzimas. As lipases constituem uma exceção, já que são ativas em a_w muito baixa e, inclusive, em alimento congelado; esse comportamento foi explicado com base no fato de que, nesse caso, o contato entre substrato e enzima não requer fase aquosa como veículo, porque os lipídeos difundem-se na fase gordurosa, e as enzimas atuam nas interfaces lipídicas.

A a_w, além de incidir no crescimento e nas reações químicas e bioquímicas, exerce forte influência na textura dos alimentos; às vezes, esse efeito não é apenas favorável, mas também necessário, como é o caso das batatas fritas e das pipocas, que não poderiam apresentar a textura típica se não fosse pela baixa a_w. O mesmo efeito se aplica para evitar a formação de agregados em leite em pó ou café instantâneo. Contudo, em outros produtos, é totalmente desfavorável, como no caso do bacalhau, que, além do sabor salgado, apresenta textura inadequada para o consumo direto. O mesmo se poderia dizer de outros alimentos, como as sopas desidratadas ou o leite em pó, que, assim como o bacalhau, precisam ser reidratados antes de seu uso.

São muitas as operações de conservação que se baseiam na redução da a_w. A seguir, estuda-se cada uma delas, descrevendo-se os equipamentos empregados.

CONCENTRAÇÃO DOS ALIMENTOS POR EVAPORAÇÃO

A *evaporação* consiste em concentrar os alimentos líquidos por ebulição, o que a diferencia de outros métodos de concentração (Capítulo 12).

O principal objetivo da evaporação é aumentar a concentração de sólidos totais para reduzir a a_w, contribuindo assim para a conservação. Mas ela visa também:

a) A concentração de líquidos antes da aplicação de outras operações (desidratação, congelamento, esterilização). Esse procedimento facilita o processamento e proporciona considerável economia de energia.
b) A redução do peso e do volume dos alimentos para facilitar e baratear os custos de transporte, armazenamento e distribuição.
c) Facilitar o uso e diversificar a oferta de produtos.

Fundamentos da evaporação

A evaporação, como procedimento de eliminação da água por ebulição, necessita de um meio de aquecimento que transmita o calor requerido para a mudança de estado (calor sensível e calor latente de evaporação). Na indústria alimentícia, normalmente utiliza-se como fluido calefator vapor d'água saturado (*vapor primário*), que se condensa cedendo seu calor latente ao produto que se evapora. Trata-se, portanto, do intercâmbio de calores latentes (de condensação e de evaporação). A operação ocorre em *evaporadores* dotados de trocadores de calor. A velocidade de evaporação depende da transferência de calor e de massa relacionada com a liberação de vapor d'água do alimento (*vapor secundário*). A velocidade global de transferência de calor (Q), do meio de aquecimento ao líquido de ebulição por meio do trocador de calor, normalmente é chamada de carga calorífica, sendo fornecida pela expressão:

$$Q = U A \Delta T \quad (11.1)$$

onde U é o coeficiente global de transferência de calor, A corresponde à área de exposição, e ΔT é a diferença de temperatura entre o meio de aquecimento e o líquido tratado.

Para calcular o grau de concentração, a carga calorífica requerida e o tempo de evaporação, é necessário efetuar o balanço de matéria e energia (Figura 11.4). Admitindo-se que as perdas energéticas no evaporador (por convecção e por radiação) são desprezíveis, o balanço energético estabelece que a quantidade de calor cedido por condensação do vapor primário é igual à quantidade de calor necessário para elevar a temperatura do líquido processado até o ponto de ebulição, mais o calor requerido para passar a água a estado de vapor:

Calor de condensação de vapor = Calor sensível + Calor latente de evaporação (do líquido tratado)

portanto:

$$V_s \lambda_{vs} = L_f c_p (\theta_e - \theta_f) + V_0 \lambda_{vo} \quad (11.2)$$

onde V_s é a massa condensada de vapor primário (Kg s^{-1}); λ_{vs}, o calor latente de condensação do vapor primário; L_f, a velocidade de fluxo do líquido processado (Kg s^{-1}); c_p, o calor específico médio do líquido processado; θ_e, o ponto de ebulição do líquido processado (aumenta com o incremento da concentração); θ_f, a temperatura inicial do líquido processado; V_0, a massa de vapor produzida no evaporador ou capacidade de evaporação (Kg s^{-1}); e λ_{vo}, o calor latente de evaporação do líquido processado.

Se o calor cedido pela condensação do vapor transfere-se ao líquido processado:

$$V_s \lambda_{vs} = Q = U A \Delta T \quad (11.3)$$

O balanço de massas estabelece que a massa que entra no evaporador é igual à massa de produto e de vapor que sai dele:

$$L_f = V_0 + L_p \quad (11.4)$$

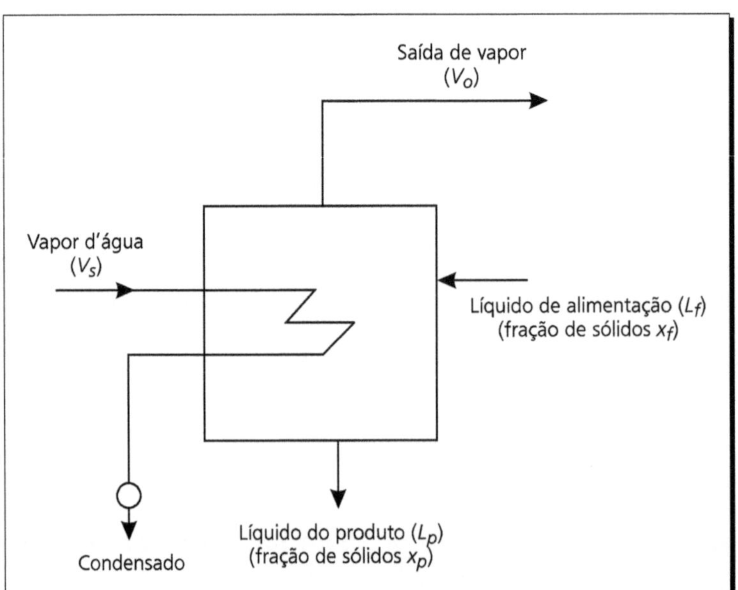

Figura 11.4 Diagrama do balanço de massa de evaporador de efeito simples.

sendo L_f a velocidade de fluxo do líquido processado (Kg s^{-1}), com a fração mássica x_f de sólidos, e L_p a velocidade de fluxo do produto concentrado (Kg s^{-1}), com a fração mássica x_p de sólidos.

Portanto,

$$L_f(1 - x_f) = L_p(1 - x_p) + V_o \tag{11.5}$$

Fatores que modificam o ponto de ebulição e a transferência de energia

A força motriz da transferência calórica no trocador de calor de um evaporador é a diferença de temperatura entre o meio de aquecimento e o líquido a evaporar (ΔT). À medida que aumenta a diferença de temperatura, também aumenta, inicialmente, o coeficiente de transmissão de calor. No início da evaporação, o líquido superaquecido sobe por convecção natural à interface líquido-vapor, e ocorre uma ebulição suave. Quando a ΔT é elevada, produzem-se no interior do produto borbulhas de vapor, que se dividem e produzem agitação no líquido em sua ascensão à superfície. A ebulição no interior do líquido (*ebulição nucleada*) é tanto mais intensa quanto maior é a ΔT, sendo acompanhada de incremento significativo da transferência de calor até alcançar o máximo à ΔT crítica. Acima dessa ΔT, a transferência de calor diminui como conseqüência da película de vapor sobre as superfícies de aquecimento que se opõe ao intercâmbio calórico.

Utilizando o mesmo fluido calefator, os evaporadores que trabalham em pressão reduzida apresentam maior diferença de temperatura (devido à queda do ponto de ebulição do líquido processado). Em geral, os equipamentos de circulação natural são menos eficazes para a transferência de calor do que os de circulação forçada. Portanto, a eficácia do evaporador depende das condições de processamento e do desenho do equipamento (p. ex., da resistência térmica do material de construção). Além desses fatores, a transferência de calor no evaporador pode ser condicionada por diversas causas:

a) *Depósito de resíduos nas superfícies do trocador de calor e formação de crostas*. Reduz consideravelmente o valor de U e decorre da adesão e precipitação de sólidos suspensos no líquido tratado (por desnaturação protéica, precipitação de polissacarídeos, etc.) nas paredes do trocador de calor. As elevadas temperaturas e a baixa velocidade de fluxo do líquido favorecem esse fenômeno. Por isso, os alimentos propensos a sofrer problemas de desnaturação e precipitação de componentes são processados em evaporadores de circulação forçada, nas quais a ação de arraste exercida pela corrente do líquido ao fluir rapidamente limita ou impede a deposição de seus componentes.
b) *Película superficial*. Cria-se em torno da superfície de aquecimento do evaporador, constituindo a maior resistência à transmissão de calor. A espessura dessa camada pode ser reduzida utilizando-se sistemas mecânicos (evaporadores de circulação forçada) que forcem a circulação do líquido no interior do evaporador e proporcionem fluxo turbulento.
c) *Viscosidade do alimento*. Em geral, os coeficientes de transferência de calor e a velocidade de circulação dos líquidos no evaporador diminuem com o aumento da viscosidade destes. Visto que normalmente a viscosidade da solução aumenta com sua concentração, à medida que avança a evaporação, diminui a velocidade da transferência de calor.
d) *Formação de espuma estável*. É favorecida pela presença de proteínas e carboidratos no alimento. Costuma ocorrer também quando a evaporação se efetua com pressão reduzida e quando a cabeça hidrostática é grande. A espuma, além de diminuir a transferência de calor, dificulta a separação de vapor e favorece que esse arraste parta do concentrado em forma de finas gotículas. Para controlar sua formação, podem-se utilizar substâncias com atividade de superfície (*agentes tensoativos* ou detergentes).

O objetivo da evaporação é conseguir eliminar progressivamente a água do alimento sem afetar as características dos solutos, de modo que, pela simples diluição do concentrado, se obtenha um produto com características similares ao original. Para isso, são necessários o modelo adequado dos evaporadores e o ajuste preciso das condições de processamento. O ponto de ebulição do líquido processado depende de diversos fatores:

a) *Pressão externa*. Um líquido ferve quando a pressão de vapor que exerce é igual à pressão externa a que está submetido. A evaporação de alimentos costuma ser feita a pressões reduzidas para minorar os danos causados pelo aumento da temperatura.
b) *Concentração de solutos dissolvidos*. No evaporador, o ponto de ebulição do líquido tratado aumenta à medida que cresce a concentração. Essa mudança leva à diminuição progressiva da diferença de temperaturas entre o agente de aquecimento e o produto, com a conseqüente queda da velocidade de transmissão de calor. A elevação do ponto de ebulição, com o aumento da concentração, pode ser estimada mediante a *regra de Dühring*. Essa relação empírica estabelece que o ponto de ebulição de uma solução é função linear do ponto de ebulição do solvente à mesma pressão. Os gráficos de Dühring (Figura 11.5) indicam os pontos de ebulição de uma solução em diferentes concentrações, comparados ao ponto de ebulição do solvente puro às

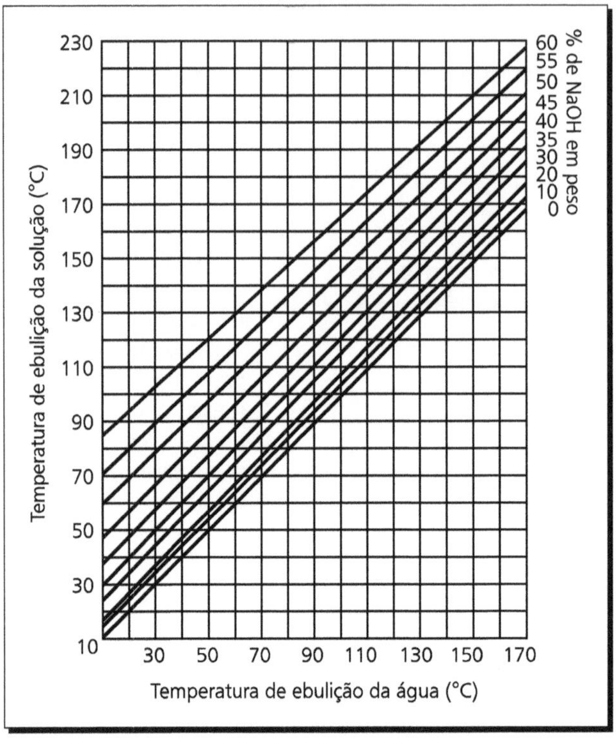

Figura 11.5 Gráficos de Dühring para diferentes soluções de hidróxido sódico.

mesmas pressões. Devido à complexidade dos alimentos, a relação de Dühring é difícil de aplicar, mas pode ser utilizada como referência.

c) *Pressão hidrostática*. A temperatura de ebulição do líquido tratado em um evaporador varia conforme a profundidade. Em qualquer nível abaixo da superfície livre, é necessário, para iniciar a ebulição, que se ultrapasse a pressão do meio e a correspondente à que é exercida pela coluna de líquido situada acima do nível considerado (pressão ou cabeça hidrostática). Com o aumento da temperatura de ebulição, reduz-se a diferença de temperaturas entre os meios de transmissão de calor.

O efeito da pressão hidrostática é mais acentuado nos evaporadores de grandes dimensões (de tubos longos, por exemplo). Nesses casos, para as determinações quantitativas, costuma-se considerar o ponto de ebulição médio fixado na metade da altura atingida pelo líquido no evaporador.

Efeito nas propriedades dos alimentos

Para reduzir os danos decorrentes do aumento de temperatura durante a evaporação, devem-se ajustar os equipamentos de modo que as temperaturas de ebulição se mantenham baixas e os tempos de permanência do produto nas zonas de aquecimento sejam curtos. Para isso, recorre-se ao emprego de evaporadores que operam a pressões reduzidas e permitem grande desenvolvimento superficial (p. ex., evaporadores de camada delgada). Em alguns casos, para evitar tratamento excessivo dos componentes dos alimentos depois de sua concentração, estes são resfriados rapidamente mediante sua nebulização em uma câmara. As características sensoriais mais afetadas durante a evaporação são o aroma e a cor:

- Perda de aroma. A maioria dos compostos responsáveis pelo aroma e, em alguns casos, pelo sabor dos alimentos é mais volátil do que a água. Portanto, durante a evaporação, essas substâncias são arrastadas com o vapor d'água, e o concentrado obtido é total ou parcialmente desaromatizado. Em alguns casos, essa perda de substâncias pode ser benéfica, ao se eliminarem voláteis desagradáveis (cacau, leite). As substâncias aromáticas desejáveis podem ser separadas do vapor d'água por destilação fracionada e recuperadas em forma de *essência* que se incorpora ao produto concentrado.

- Mudanças de cor. Os alimentos evaporados geralmente apresentam cor mais intensa, o que se deve, por um lado, ao aumento da concentração de sólidos e, por outro, ao fato de que a redução da a_w favorece algumas reações químicas (escurecimento não-enzimático).

Equipamentos e aplicações

Os *evaporadores* apresentam uma série de elementos básicos e outros auxiliares que permitem reduzir o ponto de ebulição e aumentar o rendimento econômico.

Elementos básicos

Um evaporador consiste, pelo menos, dos seguintes componentes:

1. O trocador de calor, que permite a transmissão de calor entre o fluido calefator e o alimento.
2. O separador, no qual o vapor é separado da fase líquida concentrada.
3. O condensador, que permite eliminar o vapor d'água em forma de condensado. Nos sistemas que operam com pressão atmosférica, esse elemento pode ser omitido.

Os trocadores de calor utilizados nos equipamento de evaporação podem ser muito variados (tubulares, placas, cônicos, etc.). Muitas vezes, os evaporadores são classificados segundo o tipo de trocador que apresentam e a forma de circulação do líquido a ser processado em seu interior. Esse será o critério que se adotará para a descrição dos equipamentos.

Os separadores podem ser simplesmente espaços que possibilitem ao vapor secundário se separar do líquido concentrado. Algumas instalações apresentam os chamados *separadores de arraste*. Esses dispositivos são imprescindíveis quando a velocidade de evaporação é elevada. Nessas circunstâncias, o vapor d'água pode arrastar gotículas do líquido em ebulição, com as conseqüentes perdas. Os *separadores de arraste* ou *defletores* localizam-se na saída do vapor e podem consistir de uma simples lâmina de choque em um conjunto de lâminas inclinadas, ou ser formados por uma rede de barras metálicas entrecruzadas. Em algumas situações, recorre-se ao emprego de *separadores de ciclone* (Capítulo 12, Figura 12.10). Nesse caso, a mistura de vapor e líquido passa para o recipiente cilíndrico pela entrada tangencial. Pela ação da força centrífuga, as gotas mais pesadas são lançadas nas paredes e, ao perderem energia cinética na colisão, escorrem para a base. O vapor sai do sistema pela chaminé superior.

Os condensadores são elementos essenciais quando a concentração se faz sob certo grau de vácuo para minorar os danos causados pelo aumento de temperatura. Em um evaporador, liberam-se vapor condensável e gases incondensáveis (os que procedem da desgaseificação dos alimentos e aqueles aspirados pelo sistema). Para manter as condições de pressão, condensa-se o vapor d'água, enquanto os gases incondensáveis são eliminados por bomba ou *ejetor*. Na indústria alimentícia, costumam-se utilizar *condensadores de aspersão ou de chuva*, já que sua instalação é simples e barata. Neles, o vapor mistura-se diretamente com a chuva de água fria que é eliminada, junto com o condensado, pela bomba ou coluna barométrica. Esta última é formada por um tubo vertical de cerca de 10 m de altura conectado, em sua parte superior, à base da descarga do condensador, enquanto o extremo inferior está submerso em uma tampa hidrostática. Para manter a pressão de trabalho do evaporador, a altura da coluna hidrostática (distância entre o nível de água no tubo e a superfície da tampa hidrostática) ajusta-se automaticamente à diferença correspondente à da pressão atmosférica. Desse modo, pode-se extrair o condensado sem romper o vácuo.

Quando o vapor condensável não pode-se misturar com água, recorre-se ao emprego de *condensadores de superfície* (tubulares, de placas). Estes são bem menos utilizados, já que requerem instalação mais cara e têm gasto elevado de água de resfriamento.

Equipamentos auxiliares

Nos sistemas que operam com pressão reduzida, requer-se um equipamento adicional que inclui, além dos condensadores de vapor, as correspondentes bombas de vácuo ou ejetores de vapor.

Bombas de vácuo e ejetores de jatos de vapor

Para evacuar os evaporadores, empregam-se bombas de deslocamento positivo e ejetores de jatos de vapor (Figura 11.6). É importante levar em conta que o equipamento de vácuo é responsável pela eliminação do sistema de gases não-condensáveis.

Outros equipamentos auxiliares que podem ser encontrados nos evaporadores têm como objetivo melhorar seu funcionamento ao facilitarem a eliminação do condensado do vapor primário.

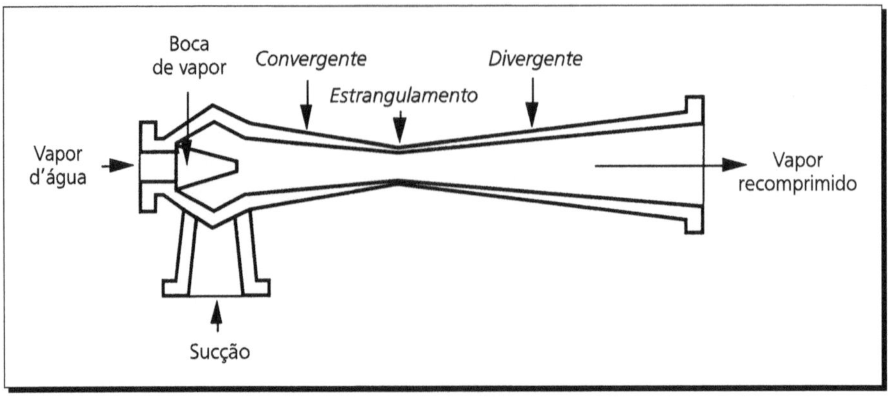

Figura 11.6 Diagrama de ejetor de jato de vapor de fase única.

Coletores de condensado e purgadores

Esses elementos são essenciais para que a transferência de energia seja adequada nos trocadores de calor. Trata-se de dispositivos que permitem controlar a saída dos condensados do vapor primário e dos gases inertes. O acúmulo de água no interior desses trocadores diminui o rendimento do equipamento, pois, com isso, em parte de sua superfície só se transmitirá calor sensível. O funcionamento ideal ocorre quando no trocador transmite-se apenas calor latente de condensação, implicando que os condensados devem sair à temperatura mais próxima possível da mudança de estado.

Sistemas de economia de energia

A eliminação da água dos alimentos por evaporação requer aporte considerável de energia (2,257 kJ por kg de água evaporada a 100°C), que geralmente é proporcionado com vapor d'água. Portanto, é necessário utilizar equipamentos com modelo adequado e ajustar as condições de processo para reduzir ao mínimo a resistência à transferência de calor e evitar todo tipo de perdas de energia. Todavia, na evaporação, obtém-se o produto concentrado por liberação de vapor d'água, cujo calor pode ser utilizado. Os métodos para a conservação da energia nos sistemas de evaporação baseiam-se justamente no aproveitamento de calor contido no vapor extraído do alimento e são fundamentalmente três:

Efeitos múltiplos

Esse método consiste em conectar diversos evaporadores (*efeitos*) entre si, de forma que o vapor secundário produzido em um deles seja utilizado como vapor primário (ou fluido calefator) em outro, e assim sucessivamente (Figura 11.7). Desse modo, consegue-se um sistema de n etapas ou efeitos. Quando uma massa m de vapor primário condensa-se no nível do primeiro efeito, evapora-se aproximadamente uma massa m de água; essa massa de vapor liberado se condensará em outro evaporador, conseguindo a evaporação de massa similar de água. Portanto, em conjunto, a massa de água que se evapora é aproximadamente $n \times m$, com o consumo energético equivalente a m/n em cada um deles. O número de efeitos da instalação é determinado pelo equilíbrio entre a economia energética e o aumento do custo da instalação. Na maioria dos casos, utilizam-se instalações de 3 a 6 efeitos, embora existam equipamentos de até nove efeitos. Os sistemas de evaporação de efeitos múltiplos têm quatro formas básicas de operar:

Alimentação para frente ou concorrente

É o procedimento mais simples, barato e fácil de manejar, já que não necessita de bombas de alimentação entre os diferentes efeitos. Nesse caso, o avanço do líquido e o aproveitamento do vapor produzido realizam-se no mesmo sentido (Figura 11.7a). Dessa forma, o vapor secundário que sai do evaporador *A* é utilizado como fluido calefator do evaporador seguinte, no qual é feito o tratamento do líquido pré-concentrado proveniente do evaporador A, e assim sucessivamente. Visto que o vapor secundário tem energia apenas para permitir que o líquido ferva a uma temperatura inferior à do efeito do qual procede, e a concentração do líquido aumenta ao avançar pelos efeitos, é necessário que o sistema funcione a pressões progressivamente mais baixas (Figura 11.8). Assim, a temperatura de ebulição desce à medida que avança o número de efeitos. Dessa maneira, o

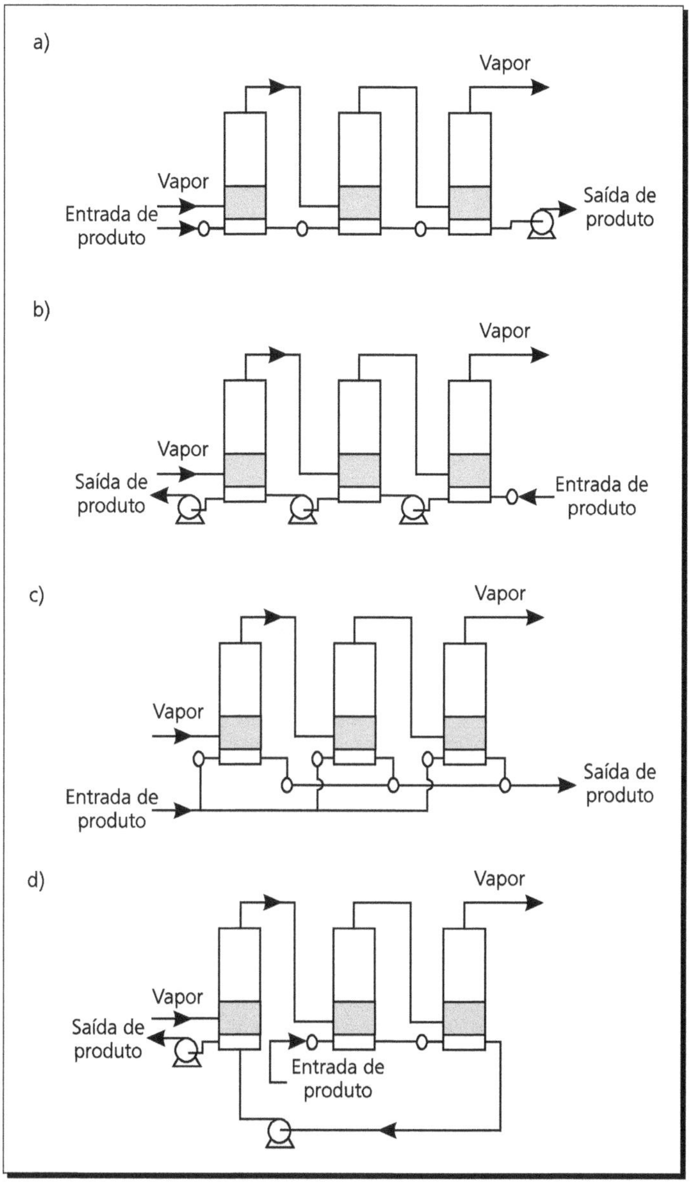

Figura 11.7 Evaporadores de efeito múltiplo. Métodos de alimentação: a) concorrente, b) em contracorrente, c) em paralelo e d) mista.

risco de se produzirem danos térmicos no alimento mais concentrado e viscoso se reduz, devido à menor temperatura dos últimos efeitos. O inconveniente desse sistema está no fato de que o vapor com maior poder calorífico é empregado nas primeiras fases da evaporação, quando o produto se concentra com maior facilidade, e, ao final, requer-se forte queda da pressão. Para aumentar a eficácia do sistema, convém que o líquido que entra no primeiro efeito seja preaquecido à temperatura próxima de seu ponto de ebulição. Se nesse primeiro efeito transfere-se um pouco de calor sensível, a quantidade de vapor de que se disporá para os efeitos subseqüentes será menor.

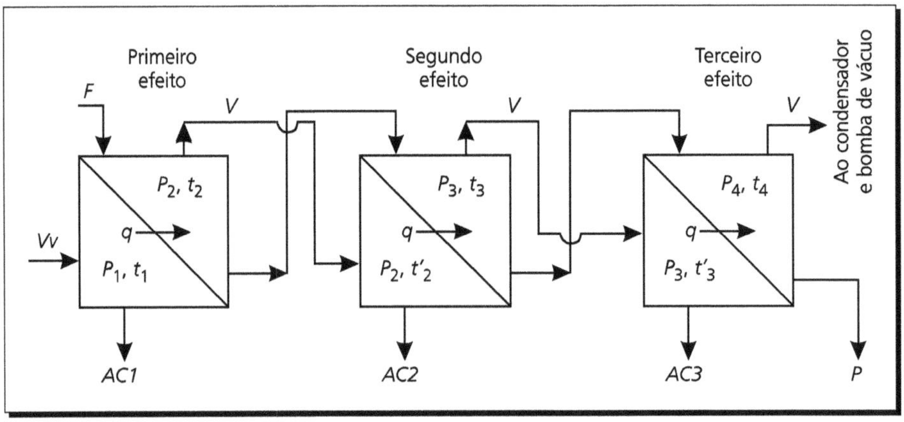

Figura 11.8 Funcionamento de evaporador de efeito triplo com alimentação para frente. *F*, alimentação; V_v, vapor primário; *V*, vapor secundário; *q*, calor transmitido; *P*, pressão; t, temperatura; *Ac*, condensado; *P*, produto.

Alimentação para trás ou em contracorrente

Nesse sistema, o avanço do líquido tratado e o aproveitamento do vapor liberado realizam-se em sentido contrário (Figura 11.7b). Dessa forma, aquece-se o alimento mais diluído com vapor procedente de um efeito no qual se tratou produto mais concentrado, e assim sucessivamente (líquido e vapor fluem em contracorrente). Para esse método, é necessário intercalar bombas entre os diferentes efeitos.

O vapor com maior poder calorífico é usado para o produto mais difícil de concentrar. Portanto, diferentemente do sistema anterior, seu funcionamento não depende das mudanças de pressão e temperatura; a transferência de calor e a economia energética são maiores. Contudo, se o equipamento não está ajustado de forma adequada, podem ocorrer danos térmicos nas etapas finais, já que o produto entra em contato com as superfícies mais quentes quando está mais concentrado.

Alimentação em paralelo

Esse método é indicado para a cristalização de alguns produtos, pois dispensa o uso de bombas para ser transvasado. O produto é levado a termo em cada efeito, embora o vapor liberado passe de um efeito a outro (Figura 11.7c).

Alimentação mista

Esse sistema é utilizado nas instalações com grande número de efeitos (Figura 11.7d). Trata-se de uma combinação da alimentação para frente (p. ex., nas primeiras etapas da evaporação) e de contracorrente (p. ex., nas últimas fases de concentração). Apresenta as vantagens da simplicidade das instalações concorrentes e da maior economia da alimentação contracorrente. O sistema é recomendado quando a viscosidade do líquido tratado aumenta consideravelmente com a concentração. As instalações requeridas são mais caras e complexas.

Recompressão mecânica do vapor

É outra forma de aproveitamento do vapor secundário. Nesse caso, trata-se de aumentar a pressão e, conseqüentemente, a temperatura de condensação do vapor secundário procedente de um evaporador para prosseguir a evaporação do produto. A recompressão pode ser feita utilizando bomba mecânica *(recompressão mecânica)* ou recorrendo ao compressor de jato de vapor (*recompressão térmica ou termocompressor*).

O termocompressor é o ejetor de jato de vapor (Figura 11.6), que funciona fazendo o vapor passar em alta pressão (*vapor motriz*) através de uma boca até a câmara ou tubulação conectada ao evaporador. Desse modo, a pressão do *vapor motriz* transforma-se em energia cinética, produzindo um jato em velocidade muito alta que aspira por arraste uma parte do vapor secundário produzido no evaporador. Na tubulação, à altura do estrangulamento que separa a seção convergente da divergente (Figura 11.6), ocorre a mistura do vapor motriz com o vapor aspirado, com o conseqüente aumento da pressão deste. A recuperação da energia feita pelo termocompressor depende de seu *coeficiente de recarga*, isto é, do caudal de vapor aspirado em relação ao caudal de vapor motriz.

Alguns sistemas de efeitos múltiplos incorporam recompressão de vapor em um ou mais efeitos (Figura 11.9) com aumento considerável da economia térmica.

Preaquecimento

Uma forma simples de conservação energética na evaporação consiste em utilizar o vapor secundário do evaporador para preaquecer o alimento antes de iniciar seu processamento. Esse procedimento permite incrementar entre 5 e 10% a capacidade do evaporador seguinte. O vapor secundário também pode ser empregado para preaquecer a água utilizada no gerador de vapor.

Tipos de evaporadores

Existem muitos tipos de evaporadores (Tabela 11.1); a maioria deles funciona continuamente, ainda que, para o pro-

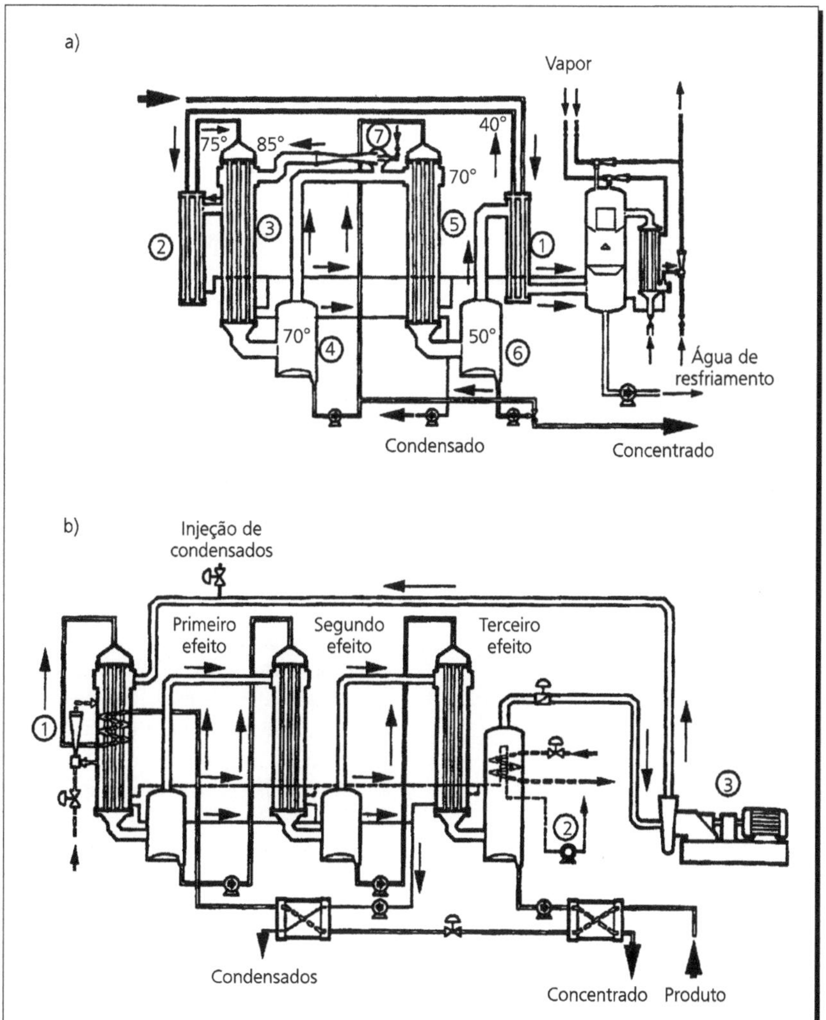

Figura 11.9 Evaporador de vários efeitos com outros sistemas de aproveitamento de energia. a) Evaporador de dois efeitos e termocompressor: 1. Preaquecedor 1; 2. Preaquecedor 2; 3. Primeira etapa de evaporação; 4. Separador de vapor, 1ª etapa; 5. Segunda etapa de evaporação; 6. Separador de vapor, 2ª etapa; 7. Termocompressor. b) Evaporador de três efeitos com compressão mecânica: 1. Termocompressor; 2. Bomba de vácuo; 3. Compressor de vapor. *Fonte*: Alfa-Laval (1990).

cessamento de pequenas quantidades ou quando é preciso mudar com freqüência o tipo de produto, se utilizem os evaporadores abertos descontínuos. A seguir, descrevem-se os mais usados. Em algumas situações, combinam-se os dois, de tal forma que o processo começa com um tipo de evaporador e acaba com outro.

Evaporadores de circulação natural

Nesse tipo de evaporador, o movimento do líquido tratado deve-se às correntes de convecção e à força de ascensão das borbulhas de vapor, que o arrastam ao longo do trocador de calor. A separação do vapor do líquido é favorecida pelo movimento centrífugo do produto, ocorrendo na zona superior do evaporador.

Evaporadores abertos e fechados

Esse tipo de evaporador é o mais simples e econômico. Trata-se de um recipiente de forma hemisférica que se aquece com gás, com resistência elétrica ou com vapor d'água que circula por uma serpentina ou por uma camisa externa. O último tipo é o mais utilizado. Em alguns casos (evaporadores fechados), possuem uma tampa que lhes permite funcionar a vácuo. No interior, podem ter um agitador de pás para aumentar a velocidade de evaporação, evitar o superaquecimento local e permitir tratamento mais uniforme. São pouco adequados para os alimentos sensíveis ao calor, e a velocidade de transferência de calor, assim como a eficácia energética, é baixa. Contudo, são muito versáteis, adaptando-se a ampla variedade de produtos e de ritmos de produção. Convém utilizar unidades de tamanho pequeno, visto que, nas grandes, reduz-se consideravelmente a relação superfície de transferência de calor/volume de líquido, e o aquecimento é menos efetivo. São utilizados, fundamentalmente, na elaboração de sopas, concentrados de polpa de tomate, molhos variados, marmeladas e produtos de confeitaria e similares.

Tabela 11.1 Métodos de evaporação mais empregados na indústria alimentícia

1. EVAPORADORES DE CIRCULAÇÃO NATURAL
   - 1.1 Evaporadores abertos e fechados
   - 1.2 Evaporadores de tubos curtos ou de tubo e carcaça
     - Evaporadores de tubos curtos horizontais
     - Evaporadores de tubos curtos verticais
   - 1.3 Evaporadores de tubos longos
     - Evaporadores de tubos longos de película ascendente
     - Evaporadores de tubos longos de película descendente
     - Evaporadores de película ascendente-descendente
   - 1.4 Evaporadores de calandra externa
2. EVAPORADORES DE CIRCULAÇÃO FORÇADA
   - 2.1 Evaporadores de placas
   - 2.2 Evaporadores de fluxo expandido
   - 2.3 Evaporadores de película fina mecânica ou rotatórios
3. EVAPORADORES DE BAIXA TEMPERATURA, DE CICLO DE REFRIGERAÇÃO OU DE BOMBA CALORÍFICA

Evaporadores de tubos curtos ou de tubo e carcaça

Constam de recipiente ou carcaça com trocador de tubos em sua parte inferior. O espaço definido acima deste último permite a separação por gravidade das gotículas de líquido que poderiam ser arrastadas com o vapor liberado. Em alguns casos, também se colocam nesse espaço lâminas de choque separadoras. A face de tubos do trocador pode estar disposta na horizontal (*evaporadores de tubos curtos horizontais*; Figura 11.10a) ou na vertical (*evaporadores de tubos curtos verticais*; Figura 10.11b). A disposição em horizontal dificulta a circulação do líquido a ser processado e apresenta baixo coeficiente global de transmissão de calor. Por isso, esse tipo de evaporador é pouco utilizado e só empregado na concentração de líquidos de pouca viscosidade e com pouca tendência a formar espuma e crosta.

Os evaporadores de tubos curtos verticais são utilizados com muita freqüência na indústria alimentícia. Neles, a *calandra*, ou conjunto de tubos que atravessa a câmara de vapor, é formada por unidades de 0,5 a 2 m de extensão e entre 25 e 75 mm de diâmetro. Normalmente, contém ainda um *tubo de retorno central* (Figura 11.10b), que costuma representar pelo menos 40% da área total de fluxo dos demais tubos (*tubos de ascensão*). Essa disposição em vertical favorece as correntes de convecção e a intensificação da velocidade de transferência de calor. O alimento a ser evaporado é aquecido pelo vapor que se condensa na parte externa dos tubos. Em sua ebulição, o líquido sobe por eles, vertendo no espaço ou tubo central e reiniciando o ciclo. Considerando que o líquido situado no tubo de retorno está mais frio do que o líquido que circula pelos tubos de ascensão, criam-se correntes de convecção natural.

Esses evaporadores têm baixo custo de construção e de manutenção, são muito versáteis e, quando utilizados com líquidos relativamente pouco viscosos, sua velocidade de

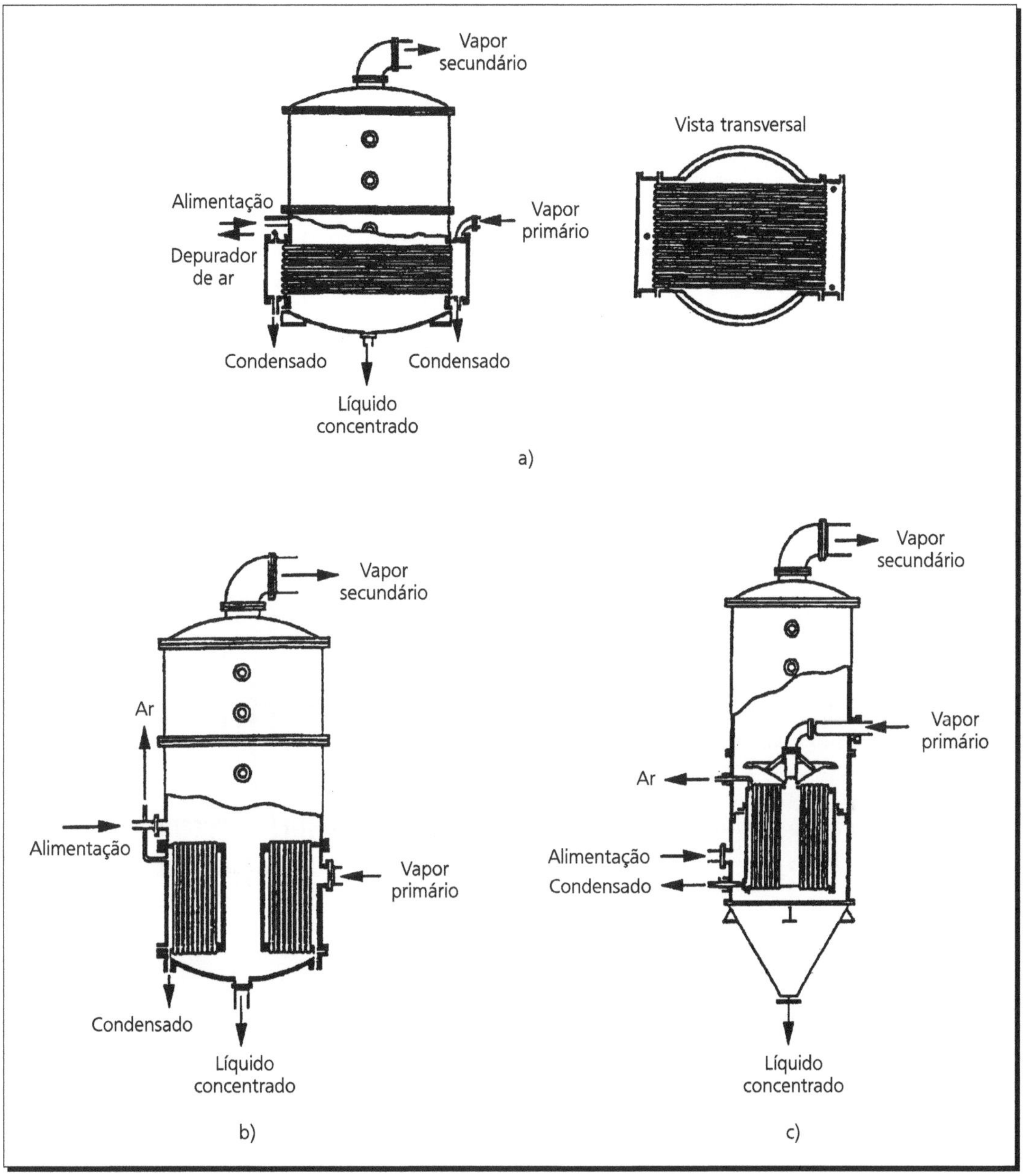

Figura 11.10 Evaporadores de tubos curtos: a) evaporador de tubos curtos horizontais; b) evaporador de tubos curtos verticais; e c) evaporador de tubos de cesta.

transferência de calor é maior que a dos evaporadores abertos. Contudo, são pouco adequados para o tratamento de líquidos muito viscosos. Nesse caso, a velocidade de circulação é lenta demais, aumenta o risco de queimadura, produzem-se depósitos na superfície calefatora, diminui a velocidade de intercâmbio calórico, e a limpeza é difícil. Alguns equipamentos apresentam tubos instalados em estrutura de cesta (*calandra de cesta, evaporadores de cesta*), que pode ser desmontada com facilidade para a limpeza (Figura 11.10c).

Os evaporadores de tubos curtos verticais costumam ser utilizados para a concentração de xaropes (soluções de açúcar de cana, de beterraba, glicose), extrato de malte, sal e suco de frutas.

Evaporadores de tubos longos

São formados por uma câmara vertical provida de trocadores de calor de tubos verticais com 2,5 a 5 cm de diâmetro e 3 a 15 m de altura. Esse tipo de evaporador pode ser de *película ascendente* ou *descendente*, dependendo da disposição da entrada do líquido no trocador de calor (Figura 11.11).

Nos *evaporadores de tubos longos de película ascendente*, o líquido entra pela parte inferior dos tubos, normalmente preaquecido até quase seu ponto de ebulição. Com isso, o líquido começa a ferver no interior dos tubos, e a expansão do vapor que se libera o arrasta em sua rápida ascensão (Figura 11.12), distribuindo-se na forma de uma fina película nas paredes dos tubos e em torno das borbulhas. À medida que o líquido avança, vai se concentrando rapidamente. A mistura de vapor-líquido que emerge da parte superior dos tubos passa a um separador, onde o vapor é liberado.

Nesse tipo de evaporador, é muito importante o efeito da cabeça hidrostática, sobretudo no tratamento de produtos viscosos com velocidade de trânsito inferior.

Nos *evaporadores de tubos longos de película descendente*, o líquido a ser processado entra (geralmente preaquecido) pela parte superior da face de tubos (Figura 11.11a). Nesse caso, o produto desce a grande velocidade (até 200 m s^{-1}) por gravidade e é arrastado pelo jato de vapor formado. O efeito da pressão hidrostática é nulo, e, portanto, mantém-se a temperatura uniforme de ebulição.

Esses evaporadores também podem ser utilizados combinados (*evaporadores de película ascendente-descendente*; Figura 11.11b). Nestes, o tratamento começa na seção com regime de película ascendente do evaporador de tubos longos, em que o líquido diluído é tratado até sua concentração parcial. Quando a viscosidade do produto aumenta, passa para a seção de película descendente, em que se alcança o grau de concentração desejado.

Os evaporadores de tubos longos caracterizam-se geralmente por tempo curto de permanência na zona de aquecimento, por altos coeficientes de transferência de calor e por grande eficácia energética. Costumam ser utilizados em instalações com vários efeitos. São indicados para o tratamento de produtos sensíveis ao calor, como na elaboração de concentrados de sucos cítricos (tratamento a 16°C a 20°C, operando a vácuo), de produtos lácteos, de extratos de leveduras e na fabricação de amido. Os inconvenientes dessas instalações residem fundamentalmente em seu volume e na dificuldade de manutenção e limpeza.

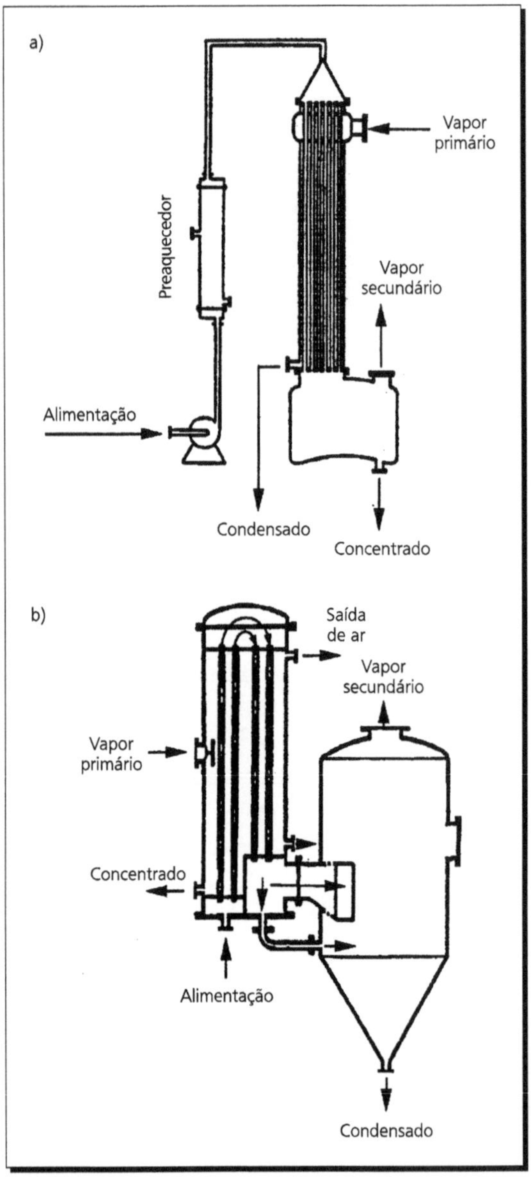

Figura 11.11 Evaporadores de tubos longos: a) evaporador de tubos longos de película descendente; b) evaporador de tubos longos de película ascendente-descendente.

Evaporadores de calandra externa

Sua característica é que o sistema de separação de vapor secundário é externo à calandra (Figura 11.13). Além disso, possuem condução para a recirculação do produto, que per-

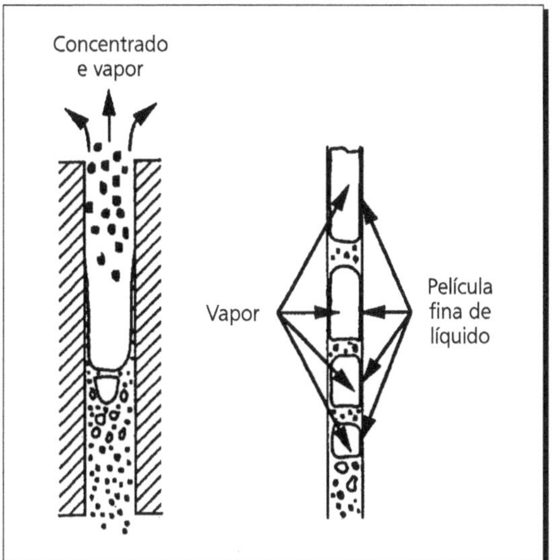

Figura 11.12 Ebulição no interior do evaporador de tubos longos de película ascendente.

mitindo que se estabeleçam correntes de convecção e melhorando o intercâmbio calórico. A calandra é mais fácil de ser desmontada para a limpeza do que os equipamentos anteriores. Alguns equipamentos apresentam, em vez de sistema tubular, um trocador de calor de placas. Esses evaporadores são muito adequados para tratamentos, sob certo grau de vácuo, de produtos sensíveis ao calor, como sucos de frutas, derivados lácteos e extratos de carne.

Evaporadores de circulação forçada

Esses evaporadores possuem bombas centrífugas (para líquidos menos viscosos), bombas de deslocamento positivo (para líquidos de maior viscosidade) ou diversos dispositivos (como uma hélice impulsora nos evaporadores de cristalização) que distribuem o líquido no interior do trocador de calor e aumentam a velocidade de fluxo ao longo das superfícies de aquecimento. Por esse método, conseguem-se velocidades de intercâmbio calórico mais elevadas e tempos mais curtos de permanência. São compactos e de grande rendimento, mas sua aquisição e manutenção são mais caras. Alguns evaporadores de calandra externa dispõem de sistema de bombeamento e, portanto, são de circulação forçada. Esse tipo de evaporador é adequado para o tratamento de líquidos muito densos e viscosos, bem como para aqueles com tendência a produzir crosta. Neste último caso, às vezes, se procede de modo que o produto se aqueça no trocador de calor, ainda que se impeça sua ebulição (p.

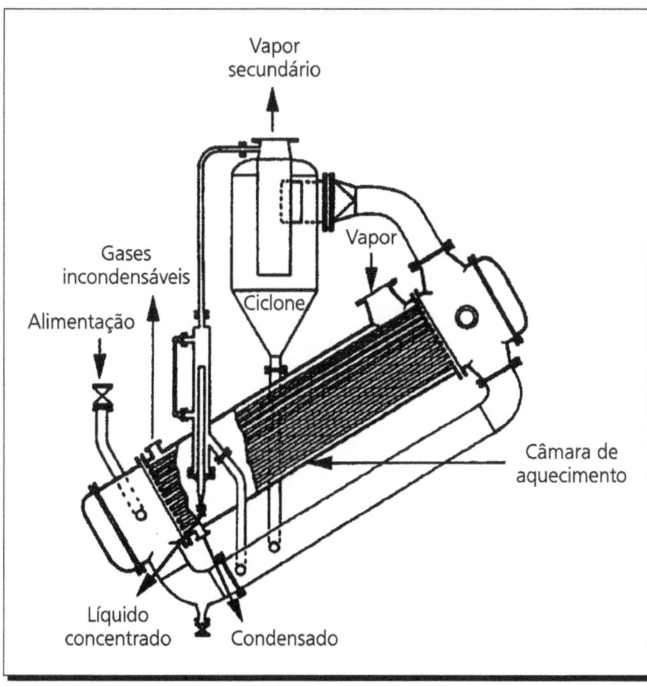

Figura 11.13 Evaporador de circulação natural com calandra externa e separador de ciclone. *Fonte*: Brennan e cols. (1980).

ex., criando pressão hidrostática elevada). A evaporação produz-se muitas vezes por expansão em um recinto separador (*expansor*), ao mesmo tempo em que o produto resfria (Figura 11.14).

Entre os evaporadores de circulação forçada, podem-se mencionar os seguintes:

Evaporadores de placas

Essa denominação se deve ao fato de possuírem trocador de calor de placas, que normalmente é utilizado em regime de película ascendente-descendente (Figura 11.15). Impulsionado por uma bomba, o líquido a ser tratado entra

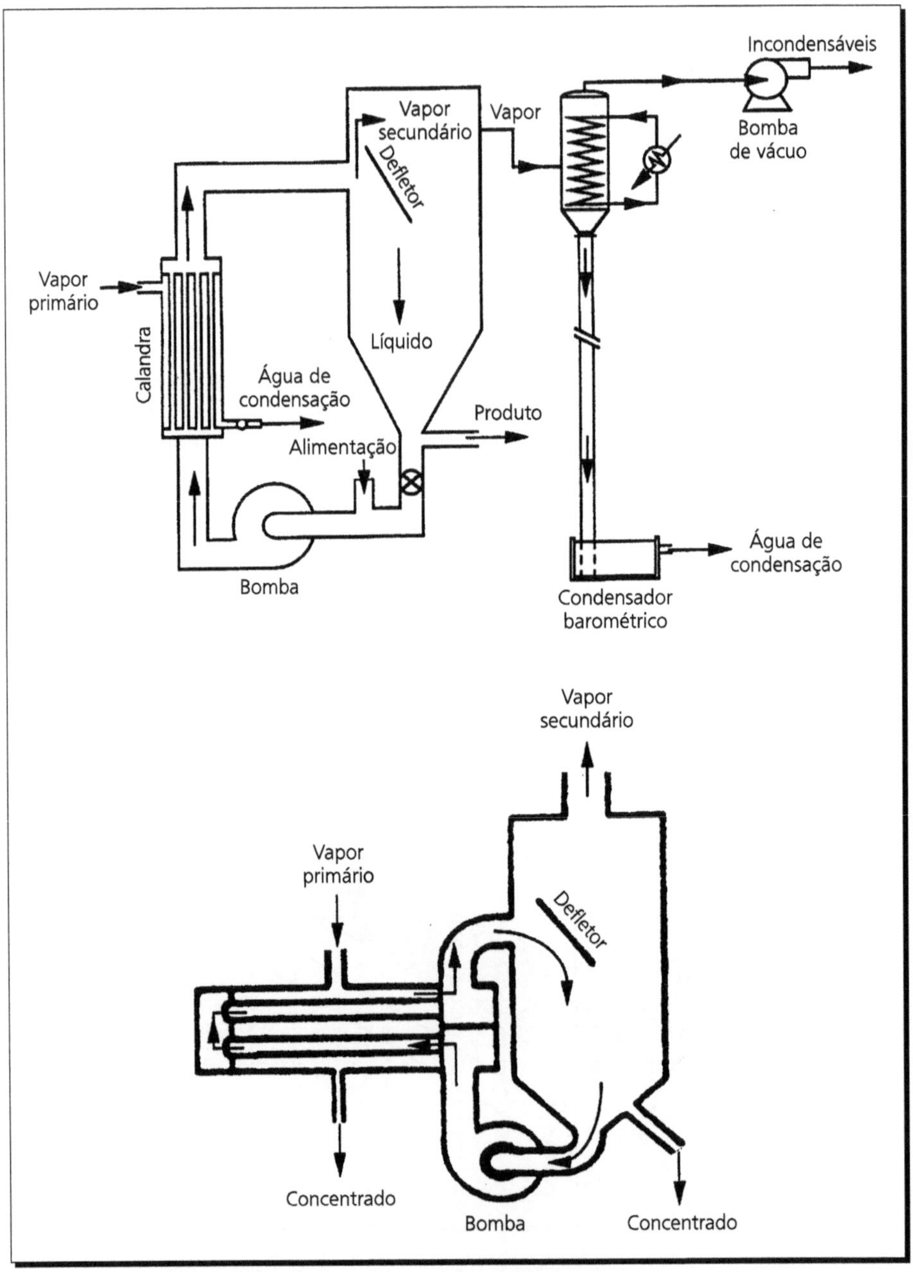

Figura 11.14 Evaporadores de circulação forçada com calandra externa.

na parte inferior da seção ascendente do trocador, ferve e alcança a parte superior das placas, entrando em seguida na seção descendente, onde prossegue a ebulição. Os equipamentos podem ter várias seções, incluída a de preaquecimento. A mistura de vapor e líquido é separada em equipamento adjunto (separador de ciclone ou centrífuga), e o vapor recuperado pode ser aproveitado depois em outros efeitos. São evaporadores caros, mas sua velocidade de intercâmbio calórico é muito elevada, os tempos de evaporação são curtos, e apresentam grande eficácia energética. Ocupam pouco espaço, sendo de fácil desmontagem para a inspeção e a limpeza. São mais adequados que os evaporadores de tubos longos para a concentração de líquidos muito viscosos, e costuma-se utilizá-los para alimentos termossensíveis, como extratos de leveduras, produtos lácteos e extratos de carne.

Evaporadores de fluxo expandido

Têm funcionamento muito parecido com o dos evaporadores de placas. Nesse caso, o intercâmbio calórico, em vez de produzir-se em um conjunto de placas, realiza-se sobre cones invertidos sobrepostos. Assim como no trocador de placas, nos espaços entre os cones alterna-se a presença de vapor d'água (como fluido calefator) e de líquido a concentrar (Figura 11.16). Embora existam diversos formatos, a base de seu funcionamento é muito similar. O líquido a ser processado pode subir pelo eixo central dos cones para fluir alternadamente pelos espaços compreendidos entre dois cones consecutivos. Esses sistemas operam a vácuo; portanto, o ponto de ebulição é alcançado rapidamente. A evaporação ocorre no trajeto ascendente através das superfícies cônicas e para fora. A mistura de vapor e concentrado abandona o conjunto de cones de forma tangencial. A separação produz-se no espaço definido entre o trocador de calor e a carcaça onde se localiza. Nessa câmara, consegue-se o efeito semelhante ao do separador de ciclone, de modo que o produto concentrado segue curso descendente por espaços adjacentes aos cones, enquanto o vapor secundário sobe, passa à câmara contígua e sai dela por condução lateral (Figura 11.16). Esses evaporadores oferecem inúmeras vantagens. Neles, o líquido a ser tratado distribui-se a grande velocidade em finas películas nos espaços entre os cones, onde se estabelece regime turbulento com elevada velocidade de transferência de calor e tempos curtos de evaporação. Além disso, são muito versáteis (o número de cones pode ser modificado de acordo com as necessidades), compactos e projetados para a limpeza *in situ*.

Evaporadores de película fina mecânica ou rotatórios

Caracterizam-se por dispor de um sistema mecânico que permite distribuir o líquido a ser evaporado em fina película. Pertence a essa categoria o evaporador de *superfície varrida* (Figura 11.17), no qual se consegue dispor o produto

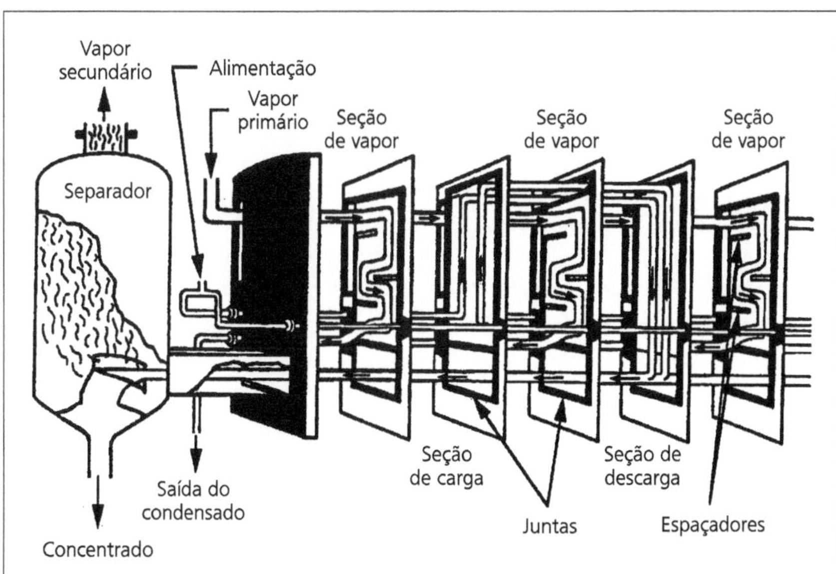

Figura 11.15 Evaporador de placas.

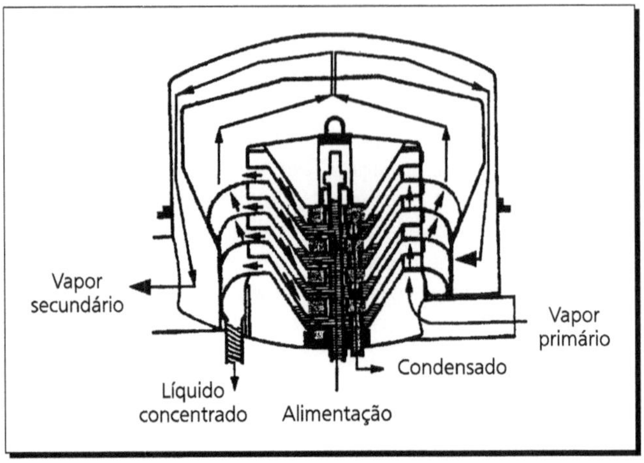

Figura 11.16 Evaporador de fluxo expandido. *Fonte*: Brennan e cols. (1980).

em películas de aproximadamente 0,25 mm de espessura (em contraste com os 1,25 mm obtidos como máximo nos evaporadores de camada fina). Em geral, esses equipamentos são constituídos de um rotor que gira em velocidade elevada no interior da câmara dotada de camisa calefatora. A forma do rotor pode ser variada e apresentar múltiplas lâminas montadas vertical ou horizontalmente com relação ao eixo longitudinal central. A distância entre as paredes da câmara e a borda das estruturas laminares do rotor determina a espessura da película de produto (entre 0,5 e 1,25 mm nos chamados de película fina e até 0,25 mm nos de película varrida). A elevada velocidade do rotor faz com que suas lâminas agitem violentamente o líquido e o distribuam em finas camadas que entram em contato com as paredes quentes da câmara. Desse modo, conseguem-se velocidades de transmissão de calor e de evaporação muito altas, com pouco risco de formação de crosta. O tempo de permanência do líquido no evaporador oscila entre 0,5 e 100 segundos, dependendo do tipo de alimento e do grau de concentração desejado.

Essas instalações são muito adequadas para alimentos termossensíveis, viscosos e com tendência a formar espuma ou a aderir às superfícies quentes (polpa e suco de algumas frutas, massa de tomate, extrato de carne, cremes de cacau e café, assim como diversos produtos lácteos). Em geral, utilizam-se como *evaporadores de acabamento* de produtos previamente concentrados em outro tipo de instalações.

Nesse tipo de evaporador de película fina mecânica, incluem-se ainda outros, como o *Centri-therm* (Figura 11.18), com base de funcionamento um pouco diferente. Esse evaporador tem o aspecto parecido com o de fluxo expandido, visto que igualmente apresenta trocador de calor

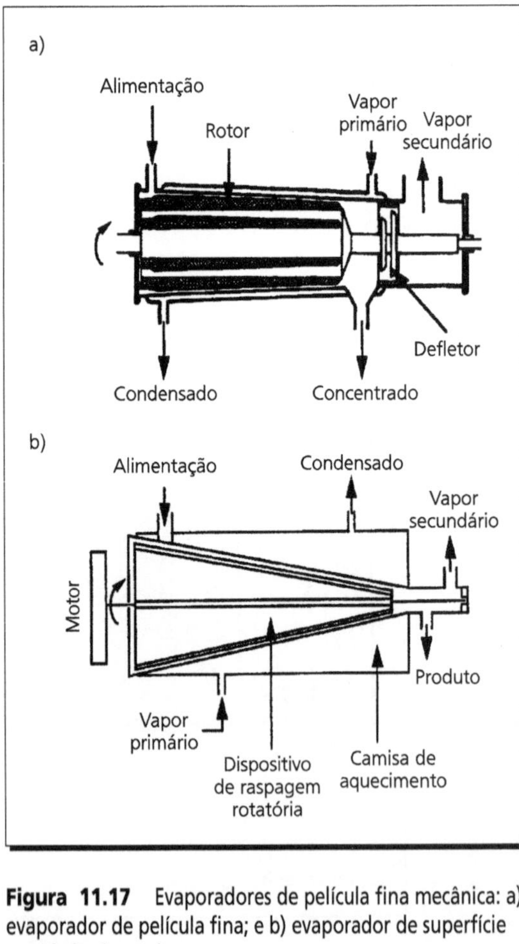

Figura 11.17 Evaporadores de película fina mecânica: a) evaporador de película fina; e b) evaporador de superfície varrida horizontal.

formado por um conjunto de cones, que, nesse caso, giram em grande velocidade. O líquido a ser tratado, que entra pela zona central próxima ao eixo de giro, distribui-se rapidamente em finas camadas (de aproximadamente 0,1 mm de espessura) sobre a superfície dos cones em rotação. Ao contrário do que ocorre nos evaporadores de fluxo expandido, nos quais o líquido circula por efeito da pressão de vapor, no *Centri-therm*, isso se faz por efeito da força centrífuga. Essa mesma força desloca rapidamente das superfícies de intercâmbio calórico as gotículas de vapor primário condensado, evitando que se formem películas que dificultem a transferência de calor. Por tudo isso, nesses evaporadores, conseguem-se coeficientes de transferência de calor muito elevados e tempos de permanência curtos (da ordem de 0,6 a 1,6 segundos, inclusive com líquidos concentrados), o que permite manter as características organolépticas e o valor nutritivo do produto original. Costumam ser utilizados para a concentração de café, extratos de chá e de carne, suco de frutas e enzimas utilizadas na indústria alimentícia.

Evaporadores de baixa temperatura, de ciclo de refrigeração ou de bomba calorífica

Esses equipamentos trabalham a baixa pressão, conseguindo temperaturas de ebulição muito baixas, da ordem de 20°C, e tempos de evaporação curtos. A base de seu funcionamento é similar à de um circuito de refrigeração mecânico. Nesse caso, o calor requerido para a evaporação do líquido a ser concentrado é proporcionado pela condensação do fluido refrigerante. Este é evaporado previamente no trocador de calor, no qual se condensa o vapor secundário liberado do produto concentrado (Figura 11.19). Esses evaporadores são empregados para produtos muito sensíveis ao calor, como os sucos cítricos.

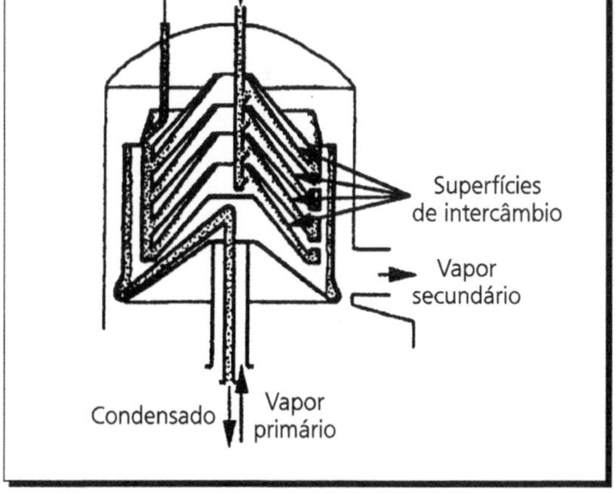

Figura 11.18 Evaporador *Centri-therm*. *Fonte*: Fellows (1993).

DESIDRATAÇÃO

Define-se a *desidratação*, *secagem* ou *dessecação* como a extração deliberada e em condições controladas da água que os alimentos contêm. Essa operação básica é feita por evaporação ou, no caso da liofilização, por sublimação da água. O produto resultante apresenta conteúdo aquoso, na maioria dos casos inferior a 3%. Embora existam outras formas de eliminar a água dos alimentos, como a filtração, a centrifugação ou a extração sólido-líquido (Capítulo 12), estas não são consideradas como uma operação de secagem, já que não recorrem à evaporação ou à sublimação. Além disso, esses procedimentos eliminam muito menos água. A dessecação ao sol também é excluída devido à falta de controle sobre as condições de processamento. Essa operação unitária diferencia-se da evaporação pelo fato de que, nesta última, o grau de eliminação de água é muito menor, permitindo apenas concentrar os alimentos.

Os principais objetivos pelos quais a indústria alimentícia recorre à secagem podem ser resumidos nos seguintes pontos:

a) Aumentar o período de conservação dos alimentos. Trata-se do método de conservação no qual se inibem o cres-

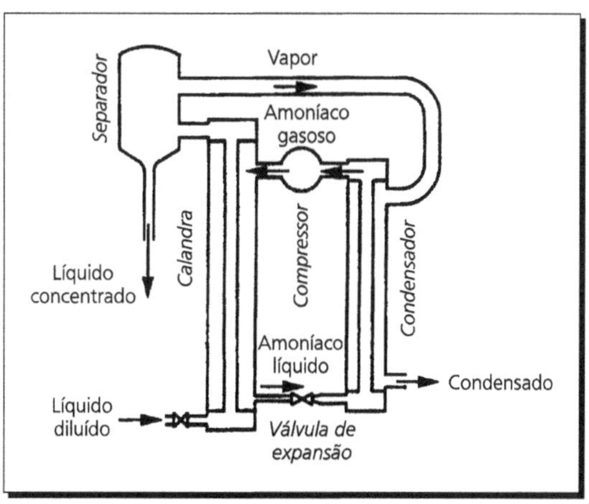

Figura 11.19 Evaporador de baixa temperatura, de ciclo de refrigeração ou de bomba calorífica. *Fonte*: Brennan e cols. (1980).

cimento dos microrganismos, a atividade de algumas enzimas e determinadas reações químicas por redução da a_w. Portanto, é na eliminação da água, por evaporação ou por sublimação, que reside o efeito conservante dessa operação, já que, normalmente, a temperatura que se alcança durante o processo não é suficiente para inativar os agentes de alteração dos alimentos.

b) Reduzir o peso e o volume dos alimentos para facilitar e baratear os custos de transporte e armazenamento. A eliminação da água, componente majoritário dos alimentos, evidentemente causa a diminuição do peso e, às vezes, também do volume.

c) Facilitar o uso e diversificar a oferta de produtos. Em algumas situações, a desidratação permite obter produtos de mais fácil utilização e com características organolépticas distintas.

Como exemplos de produtos desidratados, podem-se mencionar leite em pó, frutas secas, café em pó, preparados para purês e sopas, ovo em pó, massas alimentícias, etc.

Fundamentos da desidratação

O diagrama de fases da água (Figura 11.20) expressa as condições de equilíbrio dos diversos estados da água pura. Nele, a curva CO corresponde aos pontos de fusão, AO é a curva de equilíbrio vapor-líquido ou a curva de pressões de vapor ou dos pontos de ebulição; BO, a de sublimação, enquanto DO representa a curva de pressão de vapor d'água em sobrefusão. Na operação de desidratação, estão envolvidas as mudanças de estado definidas pelas curvas AO e BO, embora o comportamento dos alimentos seja mais complexo, como se mostrará a seguir. É preciso levar em conta que as fases aquosas dos tecidos animais e vegetais e de inúmeras preparações alimentícias são soluções relativamente diluídas de um grande número de solutos. Na desidratação, ocorrem simultaneamente transferência de calor (para proporcionar o calor latente de vaporização ou de sublimação da água) e transferência de massa (movimento da água ou do vapor d'água através do alimento e arraste do vapor d'água do ambiente do alimento).

Transferência de energia

O calor necessário para conseguir a evaporação da água dos alimentos (ou sua sublimação, no caso da liofilização) pode ser transmitido por condução, por convecção e por radiação, que geralmente se combinam, embora predomine uma delas. Esse calor pode aportar em pressão atmosférica ou sob certo grau de vácuo. Quando se aplica vácuo, a transformação é produzida em temperaturas mais baixas (Figura 11.20). Alguns equipamentos recorrem à utilização de energia microondas, e outros utilizam o aquecimento dielétrico. Considerando-se a forma de transferência de calor e a maneira de proceder, os métodos de desidratação podem ser classificados da seguinte forma:

1. *Dessecação com ar quente*. O alimento entra em contato com a corrente de ar quente e o calor é transmitido fundamentalmente por convecção.

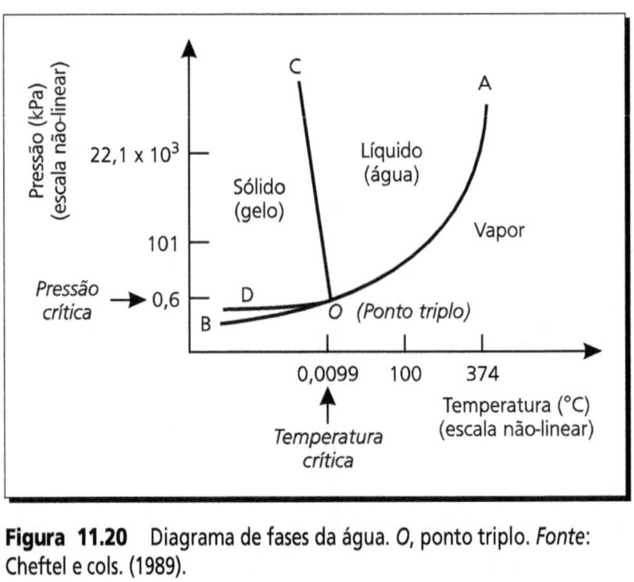

Figura 11.20 Diagrama de fases da água. *O*, ponto triplo. *Fonte*: Cheftel e cols. (1989).

2. *Dessecação por contato direto com uma superfície quente.* O calor é transmitido ao alimento principalmente por condução.
3. *Dessecação mediante o aporte de energia de fonte radiante.* A transmissão de calor que predomina é a radiação.
4. *Dessecação por energia eletromagnética* (calefação por microondas e dielétrica).
5. *Liofilização* ou *criodesidratação*. A água dos alimentos é congelada e, em seguida, sublimada, utilizando-se qualquer dos mecanismos de aquecimento mencionados anteriormente. Essa forma de eliminar a água dos alimentos tem características muito particulares, que serão examinadas no final deste capítulo.

Durante a secagem do produto por contato com um fluido em movimento (geralmente ar quente), a transferência de calor se faz por convecção, especialmente nas camadas superiores, onde, em geral, o movimento do fluido é turbulento. Entretanto, acredita-se que a principal resistência à transferência de calor provém da camada fina de fluido imediata à superfície do produto. Essa *camada-limite* é quase imóvel, e nela a transferência de calor é por condução. Independentemente do mecanismo de aquecimento que se utilize, a transferência de calor no interior do produto se faz por condução. Sobre esse aspecto, vale assinalar que, em temperaturas ordinárias, a maioria dos alimentos tem condutividade térmica próxima à da água (em torno de 0,58 W m^{-1} K^{-1} na água líquida e 2,19 W m^{-1} K^{-1} em congelamento). Nos alimentos parcialmente desidratados e porosos, a incorporação de ar diminui a quantidade de calor transmitido, visto que ele apresenta condutividade térmica muito mais baixa (0,022 W m^{-1} K^{-1}).

Transferência de massa

A forma em que se pode encontrar a água contida nos alimentos foi estudada no Capítulo 2. Geralmente, a água eliminada dos alimentos durante a secagem corresponde aos tipos IV, III e II, mas a água fortemente ligada permanece.

Antes que a água evapore, podendo ser eliminada por correntes de ar, deve atingir a superfície do alimento. A água que inicialmente não se encontra na superfície do alimento move-se através dele por diferentes mecanismos:

1. *Movimento capilar ou por forças capilares.* Logo que a água da superfície evapora, a água livre (que tem forças de união muito fracas) sai ao exterior por forças capilares. Esse é o primeiro deslocamento da água livre.
2. *Difusão de líquidos.* Deve-se às diferenças de concentração de solutos em distintas regiões do alimento e do interior para o exterior das células. Nesse caso, além da água livre, desloca-se também a água ligada.
3. *Difusão de gases.* Quando o alimento está praticamente desidratado, tanto a água ligada como a água livre podem evaporar sob a superfície e passar esse vapor através dos poros formados.
4. *Difusão nas camadas líquidas adsorvidas nas interfaces do sólido.*
5. *Movimento devido à retração do sólido.* A maioria dos alimentos contrai-se durante a desidratação, como ocorre quando se espreme uma esponja. Assim, a água livre migra para a superfície.

Além do movimento de água líquida ou de vapor d'água do interior para a superfície do alimento, na transferência de massa é preciso considerar a retirada do vapor d'água liberado. Para isso, é necessário manter em nível mais baixo possível a pressão parcial de vapor d'água no meio ambiente, o que se pode conseguir por diversos procedimentos: 1) arraste por corrente de fluido (geralmente ar), 2) condensação sobre superfície fria, 3) aspiração por trompa de vapor e 4) passagem do ar utilizado no processo por material dessecante. Quando se recorre à condensação de vapor, retiram-se os gases não-condensáveis (ar, anidrido carbônico, etc.), que também são eliminados do produto com a ajuda de bomba de vácuo ou de ejetor de jato de vapor.

A difusão da água líquida devido aos gradientes de concentração é análoga à transmissão de calor por condução e depende do gradiente de concentração de água na superfície e no interior do produto (força condutora). Já a transferência de vapor d'água da superfície do alimento para o exterior é análoga à transferência de calor por convecção. Nesse caso, o fluxo de umidade é proporcional à diferença entre a pressão de vapor da superfície e a pressão de vapor d'água no ar que a circunda (força condutora).

A dessecação com ar é, sem dúvida, a forma de secagem mais utilizada na indústria alimentícia. Nesse método, há a transferência simultânea de calor e de massa. A energia é transferida do ar para o alimento (proporcionando o calor latente de vaporização da água), e o vapor d'água migra na direção oposta, do alimento para o ar. Por essas razões, é preciso conhecer algumas propriedades das misturas ar-vapor d'água.

Propriedades do ar úmido (Psicrometria)

A psicrometria ocupa-se do estudo das propriedades e do comportamento das misturas gás-vapor. Destas, a mais freqüente no processamento de alimentos é a de ar-vapor d'água. O ar atmosférico é, na realidade, uma mistura de gases em proporção fixa com conteúdo variável de vapor d'água. A proporção de vapor d'água oscila entre 0 e 4%. Por isso, normalmente simplifica-se a situação, supondo-se que o ar atmosférico é formado por duas partes: *ar seco* (gases não-condensáveis, como O_2, N_2, CO_2 e argônio) e vapor d'água (fluido condensável, submetido a mudanças de estado). A união desses dois componentes é chamada de *ar úmido*.

Entre as variáveis psicrométricas de maior interesse para a operação de secagem, encontram-se:

Umidade absoluta ou específica (H_a)

É definida como o peso de água em forma de vapor por unidade de peso de ar seco. Em geral, expressa-se em kg de vapor d'água por kg de ar seco (H_a = kg de água em forma de vapor/kg de ar seco), embora também se possa considerar a relação das frações molares ou das pressões parciais

$$H_a = (M_w P_v)/M_a(P - P_v) \qquad (11.6)$$

sendo M_w o peso molecular da água, M_a o peso molecular do ar, P a pressão total do sistema e P_v a pressão parcial de vapor.

Umidade de saturação (H_s)

É a umidade absoluta do ar saturado de vapor em determinada pressão e temperatura. Quando se mantém constante a temperatura do ar com uma certa pressão de vapor e adiciona-se umidade (vapor d'água), chega o momento em que o ar não admite mais vapor d'água. Nesse ponto, o ar apresenta a máxima umidade absoluta, e diz-se que está saturado de vapor d'água em determinada temperatura (*temperatura de saturação*) e pressão. Nessas condições, quando se continua acrescentando vapor d'água, este se condensa. Na saturação, a pressão de vapor d'água (P_v) é igual à pressão de vapor d'água em estado líquido (P_w) à mesma temperatura e à mesma pressão (Tabela 11.2).

É necessário especificar a temperatura em que se considera a saturação, pois, quanto maior ela for, mais alto será o valor da pressão de vapor exercida pela água pura, e vice-versa (Tabela 11.2). Portanto, quando se aquece o ar e aumenta sua temperatura, este aceita mais vapor d'água. Ao contrário, quando se resfria, sua umidade de saturação é menor com a diminuição da temperatura. Quando se atinge a H_s, se o ar resfria, o vapor d'água começa a condensar (p. ex., sob a forma de névoa). A temperatura em que aparece a condensação é conhecida como *ponto de orvalho*, e depende, portanto, da H_a do ar. Essa temperatura pode ser determinada experimentalmente (higrômetros de ponto de orvalho) de forma muito precisa, resfriando lentamente um espelho na mistura ar-vapor d'água estudada. O início da condensação de água no espelho, determinado com a ajuda de uma célula fotoelétrica, corresponde ao ponto de orvalho.

Tabela 11.2 Pressões parciais de vapor e calor latente de evaporação da água pura em diferentes temperaturas

Temperatura (°C)	Pressão de vapor (kPa)	Calor latente de vaporização (kJ kg^{-1})
0	0,6	2499,5
20	2,3	2445,1
40	7,3	2403,2
60	19,8	2357,1
80	47,3	2306,9
100	101,3	2256,6
120	198,6	2198,0
140	362,6	2139,4

Fonte: Cheftel e cols. (1989).

Umidade relativa (H_r)

É a relação que existe entre a *umidade absoluta* e a *umidade de saturação* em certa temperatura, normalmente medida em porcentagem [H_r (%) = $(H_a/H_s) \times 100$]. A H_r também pode ser expressa como a relação entre a pressão parcial de vapor d'água do ar e a pressão parcial de vapor da água pura à mesma temperatura [$H_r = 100\ (P_v/P_w)$]. Essa variável é o indicativo do grau relativo de saturação em vapor d'água do ar e, portanto, a medida da capacidade desse ar de carregar-se de vapor d'água durante a desidratação. A H_r do ar pode ser determinada por diferentes técnicas (relação matemática entre a temperatura de bulbo úmido, a de bulbo seco e a pressão parcial de vapor exercida pela água, higrômetro de cabelo, higrômetros de resistência elétrica, etc.). Durante a secagem por ar, a velocidade da secagem depende da umidade relativa do ar.

A H_r, do mesmo modo que a H_s, depende da temperatura. Quando aumenta a temperatura do ar com H_a fixa, sua H_r diminui, aumentando sua capacidade de arrastar vapor d'água ao afastar-se de sua H_s. Ao contrário, se a temperatura diminui, a H_r aumenta, e assim reduz-se sua capacidade de desidratação.

Temperatura de bulbo úmido

É a que indica um termômetro cujo bulbo está envolvido em material embebido em água, colocado em uma corrente de ar de pelo menos 3 m s^{-1}. Depois de certo tempo dessa exposição, o termômetro registra temperatura estacionária, que se conhece como temperatura de bulbo úmido (T_w). Essa temperatura é inferior à indicada pelo termômetro seco, devido ao fato que a evaporação provoca a diminuição da temperatura ao provocar transferência de calor do ar para a água. A magnitude da diferença entre a temperatura de bulbo seco e a de bulbo úmido (*depressão de bulbo úmido*) depende da temperatura do ar (é tanto maior quanto maior for a temperatura inicial do ar) e da H_a (é tanto maior quanto mais seco estiver o ar). Portanto, pode-se considerar a T_w como a temperatura de uma superfície úmida em equilíbrio com o ar, com uma H_a e em uma temperatura determinadas. Durante as etapas iniciais da operação de secagem, a superfície do alimento geralmente se comporta como superfície saturada de umidade e, portanto, sua temperatura aproxima-se da T_w.

A *entalpia* (*H*) da mistura ar-vapor d'água é definida como a soma de calores contidos nesse ar e na água presente (calores sensíveis do ar e da água, calor latente da água sob a forma de vapor). Em geral, essa entalpia é expressa por kg de ar seco e em relação a um estado de referência fixado a 0°C. Dessa forma, a *H* para o ar úmido à temperatura θ é fornecida pela expressão:

$$H = c_{pa}\,\theta + H_a\,(\lambda_v + c_{pv}\,\theta) \tag{11.7}$$

sendo c_{pa} o calor específico a pressão constante do ar seco (1 kJ kg^{-1} °C^{-1} para as temperaturas usuais), c_{pv} o calor específico a pressão constante do vapor d'água (1,9 kJ kg^{-1} °C^{-1} para as temperaturas usuais) e λ_v o calor latente de vaporização da água (2,494 kJ kg^{-1} a 0°C).

O diagrama *psicrométrico* (diagrama entálpico do ar úmido) relaciona diferentes variáveis psicrométricas (Figura 11.21) e permite, fixando duas delas, conhecer rapidamente várias características (*H*, H_a, H_r, *ponto de orvalho*, *T*, T_w, etc.) do ar úmido. Esse diagrama pode ser utilizado para os cálculos de secagem. Por exemplo, quando se conhece a temperatura e a umidade relativa do ar na entrada e na saída do secador, o diagrama permite encontrar os valores de umidade absoluta e, portanto, calcular a quantidade de água absorvida por unidade de massa de ar.

Na maioria dos secadores de ar quente, a secagem ocorre de forma aproximadamente adiabática, sem intercâmbio de calor com o exterior do sistema alimento-ar de secagem. Em qualquer momento da secagem, o calor necessário para evaporar a água do alimento é proporcionado integralmente pela redução do calor sensível do ar de secagem. Suponhamos que se pretenda secar produto utilizando ar a 100°C e com a H_r de 20%. Conforme o caudal de ar por unidade de superfície do produto, o ar se carregará de umidade, e sua temperatura baixará. O grau de umidificação e a temperatura do ar à saída do secador podem ser obtidos no diagrama psicrométrico (Figuras 11.21 e 11.22) pela curva de temperatura de bulbo úmido, passando pelos pontos definidos pelas características psicrométricas do ar inicial. Se o caudal de ar é suficientemente baixo, o ar satura-se de umidade, e sua temperatura alcançará o mínimo que corresponda à interseção dessa curva de saturação (ponto de orvalho).

Durante a secagem nessas condições, a temperatura na superfície do produto é igual à temperatura de bulbo úmido do ar. Essa temperatura é estabelecida desde o início da operação, permanecendo constante enquanto há água livre na superfície do produto, e independe do caudal e do grau de umidificação adiabática do ar de secagem; depende unicamente da temperatura e da umidade relativa do ar inicial. Essa redução da temperatura na superfície do produto protege o alimento, em parte, contra um aquecimento excessivo durante a secagem.

Velocidade da secagem. Fases e curvas da secagem

Quando se deseja desidratar um alimento (material higroscópico) em corrente de ar quente que flui paralelamente à superfície de dessecação, considerando que a temperatura e a umidade do ar de dessecação mantêm-se constantes durante todo o ciclo de desidratação e que todo calor necessário é proporcionado ao produto por convecção, as mudanças do conteúdo de umidade ajustam-se a *curvas de secagem* similares às que se observam na Figura 11.23. De acordo com a estrutura dessas curvas, em um ciclo de dessecação podem-se considerar diversas fases ou etapas:

Fase A-B

Também chamada de *período de estabilização*, no qual as condições da superfície do sólido equilibram-se com as do ar de dessecação. Em geral, essa fase constitui a proporção desprezível do ciclo total de dessecação, embora, em alguns casos, possa ser significativa.

Fase B-C

Essa fase de dessecação é conhecida como *período de velocidade constante*, durante o qual a superfície do sólido mantém-se saturada de água líquida devido ao fato de que o movimento da água do interior do sólido para a superfície ocorre à mesma velocidade que a de evaporação na superfície. Nessa fase, a água que evapora é, fundamentalmente, água livre renovada por movimento capilar ou por forças capilares desde as zonas internas do alimento. A dessecação ocorre por movimento do vapor d'água desde a superfície do alimento saturada de umidade, ao longo da fina camada de

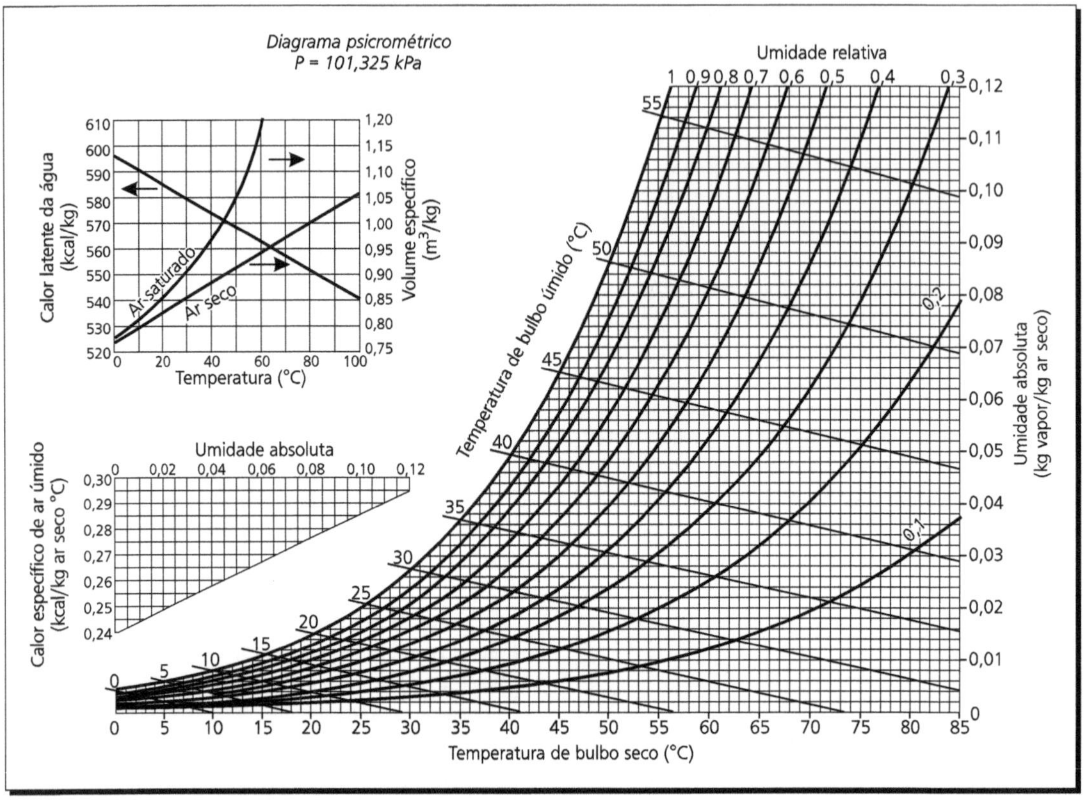

Figura 11.21 Diagrama psicrométrico (0°C a 85°C).

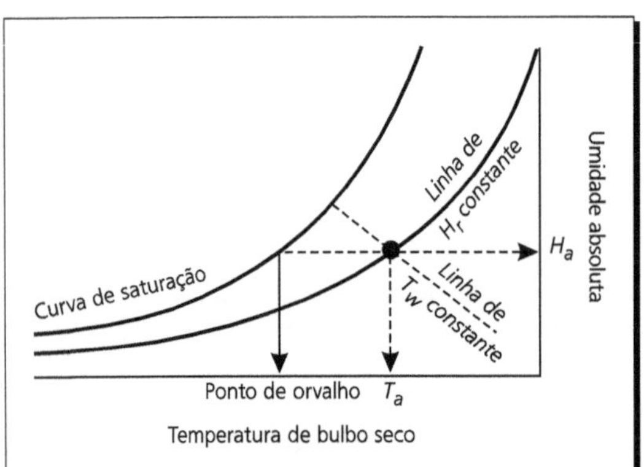

Figura 11.22 Desenvolvimento de diagrama psicrométrico. H_a, umidade absoluta; H_r, umidade relativa; T_a, temperatura de bulbo seco; T_w, temperatura de bulbo úmido.

ar estático, até a corrente principal de ar de dessecação. Essa *camada-limite* de ar estático situada na superfície do produto condiciona a transmissão de calor e é a principal resistência à transferência de vapor d'água. A aplicação da corrente de ar em velocidade elevada diminui a espessura dessa camada, evitando, portanto, o gradiente de umidade no ar em contato com o produto.

Durante essa fase, a velocidade de dessecação depende da velocidade de transferência de calor à superfície de dessecação. A velocidade de transferência de massa equilibra-se com a transferência de calor, de forma que a temperatura da superfície de dessecação mantém-se constante. Visto que, nessas condições, a superfície do sólido comporta-se como a camisa do termômetro de bulbo úmido, sua temperatura corresponde à do bulbo úmido do ar de dessecação. A força motriz que determina o movimento do vapor ao longo da camada fina de ar estático é o gradiente da pressão do vapor d'água

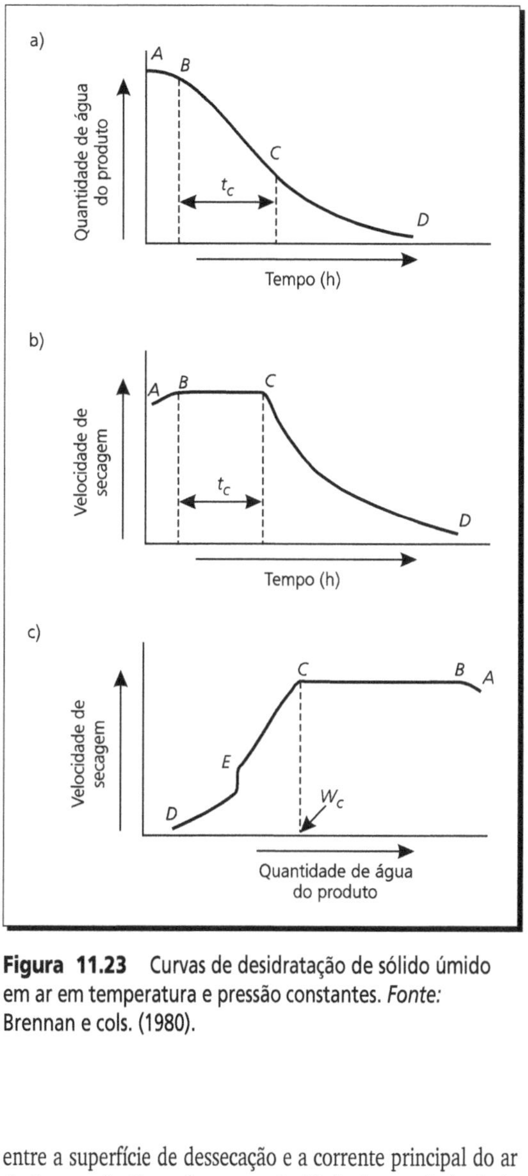

Figura 11.23 Curvas de desidratação de sólido úmido em ar em temperatura e pressão constantes. *Fonte:* Brennan e cols. (1980).

entre a superfície de dessecação e a corrente principal do ar de dessecação. Dessa forma, a velocidade de transferência de massa pode ser expressa mediante a seguinte equação:

$$d_w/d_t = -k_g A (P_{vs} - P_{va}) \qquad (11.8)$$

onde d_w/d_t é a velocidade de secagem; k_g, o coeficiente de transferência de matéria; A, a área da superfície de dessecação; P_{vs}, a pressão parcial de vapor d'água na superfície do produto (i. é, a pressão de vapor d'água à temperatura da superfície); e P_{va}, a pressão parcial de vapor d'água no meio de secagem.

A velocidade de transferência de calor à superfície pode ser calculada mediante a expressão:

$$dQ/dt = h_c A(\theta_a - \theta_s) \qquad (11.9)$$

onde dQ/dt é a velocidade de transferência de calor; h_c, o coeficiente de transferência de calor para o aquecimento por convecção; A, a área de transferência de calor; θ_a, a temperatura de bulbo seco do ar; e θ_s, a temperatura da superfície de dessecação (no aquecimento por convecção, corresponde às temperatura de bulbo úmido do ar).

Uma vez que se estabelece o equilíbrio entre a velocidade de transferência de calor ao corpo e a velocidade de transferência de massa deste, as duas velocidades podem ser relacionadas:

$$(dw/dt)\lambda_v = -(dQ/dt) \qquad (11.10)$$

onde λ_v é o calor latente de evaporação a θ_s.

Combinando as equações anteriores, teríamos a seguinte igualdade:

$$(dw/dt) = -[(h_c A/\lambda_v)]\,(\theta_a - \theta_s) \qquad (11.11)$$

sendo (dw/dt) a velocidade de dessecação e A a superfície de dessecação efetiva por unidade de massa de sólidos secos.

Quando se trata de produto úmido com a espessura d, no qual a evaporação só ocorre pela superfície superior, e supondo que durante a dessecação não se produz a perda de volume (retração), teremos:

$$(dw/dt) = -(h_c/\rho_s\,\lambda_v d)(\theta_a - \theta_s) \qquad (11.12)$$

onde ρ_s é a densidade do produto. O tempo de dessecação durante o período de velocidade constante pode ser calculado integrando esta última equação da seguinte forma:

$$t_c = [(w_0 - w_c)\rho_s\,\lambda_v d]/h_c\,(\theta_d - \theta_s) \qquad (11.13)$$

onde t_c é o tempo de dessecação em velocidade constante; w_0, o conteúdo inicial de umidade do sólido; e w_c, o conteúdo em umidade ao final do período de velocidade constante.

Conseqüentemente, os fatores que controlam a velocidade de desidratação durante o período de velocidade constante são a área da superfície de dessecação, a diferença de temperatura ou de umidade entre o ar e a superfície de dessecação e os coeficientes de transferência de calor ou massa.

O coeficiente de transferência de calor pode ser expresso como:

$$h_c = (a\,G^n)/D_c^m \qquad (11.14)$$

onde G é a velocidade mássica do ar; D_c^m, as características dimensionais do sistema; e a, n e m são constantes empíricas. Portanto, a velocidade do ar e as dimensões do sistema influem nas velocidades de dessecação durante o período de velocidade constante.

Quando o calor é transferido, não só por convecção, mas por radiação e/ou condução, substitui-se h_c pelo coeficiente global de transferência de calor. Nessas circunstâncias, a temperatura da superfície durante o período de velocidade constante permanece estável, mas com valor superior ao da temperatura do bulbo úmido do ar e inferior ao do ponto de ebulição da água.

Fase C-D

Também chamada de *período de secagem em velocidade decrescente*. Apresenta-se quando a velocidade de movimento da água do interior do alimento para a superfície se reduz, e, portanto, a pressão parcial de vapor d'água nessa superfície (P_{vs}) diminui progressivamente, e ela começa a secar. O conteúdo de umidade do produto no ponto C, onde começa a cair a velocidade de secagem, é chamado de *conteúdo crítico de umidade* (w_c). Costuma-se relacionar esse valor com a velocidade de dessecação, com as dimensões do produto, com os mecanismos de movimento da umidade e com as isotermas de sorção do alimento (Capítulo 2). Normalmente, ele aumenta quando se intensificam a velocidade de dessecação e a espessura do alimento.

Os alimentos não-higroscópicos (aqueles que exercem a mesma pressão de vapor d'água para todos os níveis de umidade) possuem apenas um período de velocidade decrescente, enquanto os higroscópicos (nos quais a pressão parcial de vapor varia de acordo com seu conteúdo de umidade) apresentam dois. No primeiro período de velocidade descendente (CE), a frente de desidratação desloca-se para o centro do alimento. Evapora-se água no plano de saturação, e a água difunde-se ao longo da camada de alimento desidratado. Essa etapa termina quando a frente de evaporação atinge o centro do alimento, e a pressão parcial de vapor cai abaixo da pressão de vapor de saturação. O segundo período (ED) ocorre quando a pressão parcial de água encontra-se abaixo da pressão de vapor de saturação, e a desidratação produz-se por dessorção.

A velocidade de dessecação nesses períodos de secagem é limitada principalmente pela velocidade de movimento da umidade (da água líquida e do vapor d'água) dentro do sólido, reduzindo-se os efeitos dos fatores externos, em especial da velocidade do ar (sobretudo na última etapa). Nessa fase, a água está ligada à estrutura do alimento, e seu deslocamento através da camada desidratada é muito lento. Portanto, para que a velocidade da secagem seja significativa, é necessário aumentar a temperatura do produto para proporcionar o calor de dessorção suficiente e elevar a pressão de vapor d'água do alimento. A partir do ponto C, a temperatura da superfície começa a elevar-se progressivamente (diminui a evaporação) durante o restante do processo de desidratação, até aproximar-se da temperatura do bulbo seco do ar, quando o produto se dessecou quase totalmente. Conseqüentemente, é preciso limitar a temperatura do ar durante a fase de velocidade decrescente para evitar alterações em alimentos termossensíveis. De acordo com as leis de equilíbrio termodinâmico, a a_w do produto ao final da secagem será igual à umidade relativa do ar de secagem utilizado durante esse período. Por isso, em geral, é indispensável utilizar ar com umidade relativa muito baixa ao final da secagem.

Os períodos de velocidade decrescente normalmente constituem a maior proporção do tempo total de dessecação (sobretudo se o conteúdo inicial de umidade do alimento não é muito elevado). Parece que, das diferentes formas de transferência da água que se apresentam nos alimentos, o movimento por capilaridade e o movimento por difusão do líquido são os mais importantes. Em geral, o primeiro é mais relevante nos alimentos com grânulos de estrutura grosseira, e o último, nos sólidos com estrutura coloidal ou de gel, embora, na maioria dos casos, os dois se apresentem em diferentes etapas. Assim, nas primeiras fases de secagem, costuma predominar o movimento por capilaridade e, quando o conteúdo de umidade é baixo, o mecanismo de difusão.

Nos sistemas em que opera o mecanismo de fluxo capilar, a velocidade de dessecação pode ser expressa de forma bastante precisa pela equação:

$$(dw/dt)_f = -K(w - we) \qquad (11.15)$$

onde $(dw/dt)_f$ é a velocidade de dessecação no tempo t do início do período de velocidade decrescente; w, o conteúdo de umidade do produto no tempo t; e we, o conteúdo de umidade de equilíbrio do produto à temperatura e à umidade do ar.

Combinando essa expressão com as equações do período de secagem de velocidade constante, teremos:

$$(dw/dt)_f = [-h_c(\theta_a - \theta_s)/(\rho_s\, \lambda_v d)][(w - w_e)/(w_c - w_e)] \qquad (11.16)$$

Se a equação se enquadra dentro dos limites $t = 0$, $w = w_c$, $t = t$ e $w = w$, obtém-se o tempo de dessecação do período de velocidade decrescente da seguinte forma:

$$t = [\rho_s\, \lambda_v\, d(w_c - w_e)/h_c(\theta_a - \theta_s)] \ln (w_c - w_e)/(w - w_e) \qquad (11.17)$$

Nos sólidos de forma aplainada, nos quais a dessecação só se produz por uma das superfícies maiores e a difusão da água líquida controla o movimento interno da umidade, sugere-se o seguinte tipo de expressão:

$$t = -4\, d^2/\pi^2 D\, [\ln (w - w_e)/(w_c - w_e) - \ln 8/\pi^2] \qquad (11.18)$$

onde w é o conteúdo médio de umidade no tempo t de uma lâmina de espessura d; w_c, o conteúdo inicial de umidade, supondo que seja uniforme em toda a lâmina; e D, a difusividade do líquido. Essa equação é válida para valores $(w - w_e)/(w_c - w_e)$ inferiores a 0,6.

Diferenciando, pode-se obter uma equação para o cálculo da velocidade de secagem no período de velocidade decrescente:

$$(dw/dt)_f = -(D\pi^2/4d^2)(w - w_e) \qquad (11.19)$$

Essas equações de velocidade são válidas quando a dessecação da lâmina ocorre apenas por um lado. Quando o processo é bilateral, *d* equivale à metade da espessura da lâmina.

Efeito nas características dos alimentos

Todas as considerações teóricas anteriores correspondem a sistemas simples e definidos. Contudo, os alimentos são complexos e heterogêneos, e há vários fatores dos quais depende o conteúdo crítico de umidade. Isso faz com que os resultados obtidos por meio das equações descritas sejam, muitas vezes, pouco satisfatórios, o que torna necessário determinar a duração das fases de secagem mediante provas experimentais em uma planta-piloto. A água presente nos alimentos é encontrada fazendo parte de soluções de diversos sólidos, de géis, de emulsões ou ligada de diversas maneiras aos componentes sólidos. Entretanto, os tecidos vegetais e animais são de natureza celular, o que condiciona o processo de desidratação. Dessa forma, o comportamento dos alimentos durante a desidratação é muito variado. Assim, o conteúdo alto de água acelera a velocidade inicial de secagem, os alimentos com porcentagem elevada de amidos (com maior proporção de água ligada) apenas apresentam período de velocidade constante, enquanto, naqueles ricos em substâncias que absorvem pouca água (sais e açúcares cristalizados, lipídeos), essa fase de secagem é muito importante quantitativamente.

A transferência de vapor d'água é proporcional à superfície de exposição durante o período de velocidade de secagem constante e à espessura na fase de velocidade decrescente. Portanto, é fundamental considerar as dimensões das partículas do alimento a ser tratado para alcançar a regulação adequada do processo de desidratação em relação à sua sensibilidade térmica e à velocidade de secagem que se deseja obter.

Na maioria dos casos, no início da desidratação aparece uma camada relativamente desidratada na zona superficial, para a qual emigra a água livre do centro do alimento, enquanto a água ligada da zona superficial não se evapora. Dependendo das características dos alimentos e das condições de processamento, as mudanças no conteúdo de umidade da superfície e do centro do alimento ao longo da secagem podem ocorrer em velocidades diferentes e produzir diversas mudanças e alterações, entre as quais se destacam três, por sua intensidade e freqüência:

Endurecimento superficial

Pode ocorrer por muitas vias e sob a influência direta de diversos fatores. Quando a secagem inicial é muito rápida (com ar que apresenta grande diferença de temperatura entre bulbo *seco* e *úmido*), o vapor d'água pode ser eliminado da superfície do produto com maior rapidez do que a água que se desloca do centro do alimento. Nessas condições, pode aparecer (em frutas, carnes, peixe, embutidos) forte retração da camada superficial, que se comporta como uma película dura e impermeável e oferece forte resistência à transferência posterior de vapor. Para retardar a evaporação e evitar esses problemas, pode-se utilizar ar com umidade relativa elevada, em baixa velocidade e em temperatura adequada para favorecer a difusão interna da água do alimento. Em muitos alimentos, não há perigo de formação de crosta e, portanto, a desidratação pode ser realizada em velocidade maior.

Em alguns casos, a formação de *crosta* (*case hardening*) deve-se à concentração de açúcares em estado vítreo. O endurecimento superficial também pode ocorrer devido às elevadas temperaturas atingidas nas camadas externas ao final da dessecação, as quais induzem complexas mudanças físicas e químicas.

Movimento de sólidos solúveis

É comum, especialmente quando a secagem inicial é lenta, que as substâncias solúveis em água (sobretudo sais e açúcares) sejam arrastadas pela água do centro para a superfície, onde se concentram e podem inclusive cristalizar-se ou formar uma camada amorfa, de aspecto pegajoso e impermeável, que dificulta a passagem de vapor d'água. O movimento de alguns compostos solúveis pode ser impedido pelas paredes celulares (membranas semipermeáveis). Todavia, a retração dos produtos favorece a migração dos sólidos, visto que contribui para criar pressão no interior das peças.

O resultado dessas ações é a concentração e o depósito de componentes solúveis na superfície do produto quando a água evapora. O estabelecimento dessa camada externa por concentração pode provocar por osmose um movimento no sentido oposto ao de sua formação, isto é, a migração das substâncias solúveis para o interior do alimento, onde a concentração é menor. A predominância de um ou outro tipo de migração depende das características do produto e das condições de secagem, mas ambos ocorrem durante a dessecação do alimento.

Retração

Os alimentos (tecidos animais e vegetais) experimentam certo grau de retração durante a desidratação, que pode ser considerado proporcional à saída progressiva de água das células. Os produtos coloidais também se retraem quando se desidratam. Essa concentração ou retração é muito mais acentuada quando a desidratação é lenta e ocorre apesar da resistência dos elementos estruturais dos tecidos (Figura 11.24).

Nas primeiras fases de secagem, o nível de retração está relacionado com a quantidade de umidade eliminada. Até o final da secagem, a retração é cada vez menor, de modo que o tamanho e a forma definitiva do produto são alcançados antes de se completar o processo. Portanto, se a secagem se realiza de maneira lenta (especialmente no início), o produto se retrai, com a conseqüente redução de volume, tem a aparência diferente da original e é mais denso (Figura 11.24a).

Quando a secagem é rápida, a formação de uma camada desidratada e rígida na superfície do alimento serve para fixar o volume final do produto. A posterior desidratação do interior do alimento pode provocar rupturas e vácuos internos. Nos casos em que a secagem é muito rápida, a transferência de água pode ser feita em forma de vapor. Assim, o produto resultante conserva praticamente a forma e o volume iniciais, sendo leve e menos denso (Figura 11.24b). Além disso, apresenta uma estrutura porosa que facilita a reidratação. Contudo, esta última característica torna-o mais sensível às alterações oxidativas.

A retração dos alimentos durante a secagem pode condicionar as velocidades de desidratação, como conseqüência da redução da área superficial e da criação de gradientes de pressão no interior do produto.

Durante a desidratação, também podem ocorrer outras alterações (sobretudo se a temperatura for relativamente elevada), entre as quais podem-se mencionar as seguintes:

1. O amido pode gelatinizar, adsorvendo fortemente a água. Isso leva à formação de uma camada impermeável ao vapor na superfície.
2. Os componentes termoplásticos fundem-se e amolecem, causando problemas de aglomeração e de aderência à embalagem.
3. Mudanças do estado cristalino ao amorfo (especialmente em açúcares).
4. Escurecimento não-enzimático, favorecido pela temperatura alcançada durante o processamento e pelo aumento de solutos no alimento. A velocidade de escurecimento é máxima para a a_w em torno de 0,6, e, por isso, aconselha-se manter o alimento nesses valores o menor tempo possível, realizando a desidratação rápida. O escurecimento não-enzimático modifica desfavoravelmente a cor, o sabor, o valor nutritivo e, às vezes, também a capacidade de reidratação dos alimentos; esse escurecimento pode ser parcialmente inibido com a utilização de anidrido sulfuroso (Capítulo 5).
5. Perda por evaporação de substâncias aromáticas voláteis. Essa ação depende do peso molecular, da pressão de vapor e da solubilidade dessas substâncias na água. A influência das condições de desidratação nessas perdas é pouco conhecida. Ainda que, durante o processamento, a temperatura seja relativamente elevada e a pressão parcial de vapor d'água seja baixa, as substâncias aromáticas voláteis perdem-se apenas parcialmente (inclusive quando se trabalha sob determinado grau de vácuo), o que se deve ao fato de que sua difusão pela matéria seca é inferior à da água. Entretanto, essas substâncias são retidas e adsorvidas por diferentes estruturas e compostos. É o caso das microrredes amorfas estabelecidas por moléculas de glicídeos unidas por pontes de hidro-

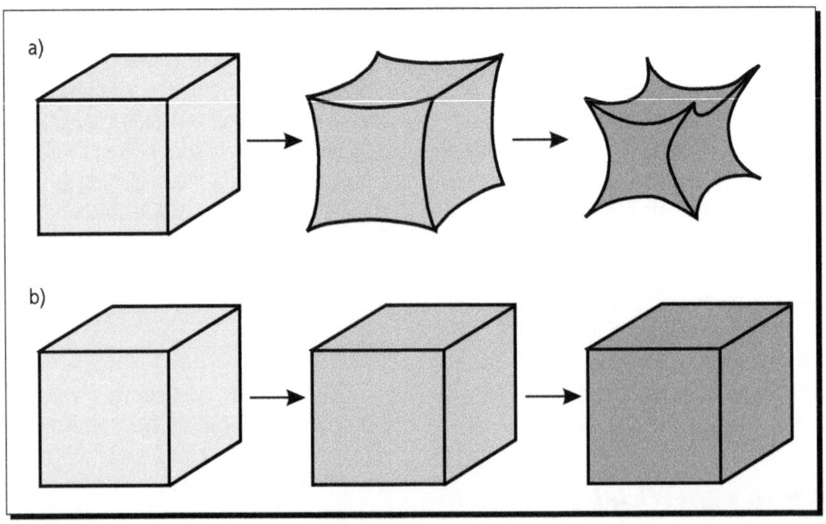

Figura 11.24 Características dos alimentos desidratados em relação à velocidade de secagem: a) lenta e b) rápida.

gênio. A reumidificação provoca a cristalização de açúcares e a liberação parcial das substâncias aromáticas. No caso da desidratação de purês de legumes e de frutas, pode-se adicionar amido ou dextrinas, que melhoram a retenção de substâncias voláteis e reduzem os fenômenos termoplásticos.

6. Diminuição da capacidade de retenção de água, que pode decorrer da desnaturação e da agregação das proteínas conseqüentes ao aumento da temperatura e da concentração de sais, assim como da dessorção de água. Também pode estar relacionada com a desestabilização de géis (de pectinas e de amidos) e com a modificação da pressão osmótica causada pela destruição das membranas celulares.
7. Mudanças de textura. Os produtos reidratados não recuperam a turgidez (carnes, frutas) nem a rigidez (hortaliças) dos produtos frescos. As perdas de textura geralmente estão relacionadas com a gelatinização do amido, com a cristalização da celulose e com as tensões internas criadas pelas variações locais do conteúdo de água. Essas perdas podem causar lesões permanentes nas células. No caso da carne desidratada, as alterações de textura devem-se fundamentalmente à agregação e à desnaturação das proteínas durante o processo. Essas mudanças traduzem-se na diminuição da capacidade de retenção de água (Volume II, Capítulo 8) e no aumento da dureza.
8. Perdas de valor nutritivo, sobretudo devido à destruição parcial de algumas vitaminas (A e C) por oxidação. A adição de sulfitos pode causar a diminuição do conteúdo de vitamina B_1.
9. Mudanças na cor. A desidratação provoca mudanças na superfície do alimento que alteram sua refletância. Os carotenos e as clorofilas podem ser afetados pelo aumento da temperatura e sofrer oxidações durante o processamento. Além disso, durante o armazenamento, podem ocorrer problemas de escurecimento enzimático, que são previnidos fazendo-se branqueamento prévio e tratando algumas frutas com ácido ascórbico.

Tabela 11.3 Métodos de desidratação mais empregados na indústria alimentícia

1 DESIDRATAÇÃO COM AR QUENTE

O alimento é posto em contato com uma corrente de ar quente. Proporciona-se calor ao produto principalmente por convecção

- 1.1 Secador de duas plantas
- 1.2 Secador de cabine, bandejas ou compartimentos
- 1.3 Secador de tremonha
- 1.4 Secador de túnel
- 1.5 Secador rotatório
- 1.6 Secador transportador
- 1.7 Secador de base fluidizada
- 1.8 Secador pneumático
- 1.9 Secador atomizador

2 DESIDRATAÇÃO POR CONTATO DIRETO COM UMA SUPERFÍCIE QUENTE

Proporciona-se calor principalmente por condução

- 2.1 Secador de tambor ou de rolo
  - 2.1.a Secador de tambor único
  - 2.1.b Secador de tambor duplo
  - 2.1.c Secador de tambores gêmeos
  - 2.1.d Secador de tambor a vácuo
- 2.2 Secador a vácuo de placas
- 2.3 Secador a vácuo de esteira rolante

3 DESIDRATAÇÃO POR APORTE DE ENERGIA ELETROMAGNÉTICA

Proporciona-se calor principalmente por radiação, energia microondas ou por aquecimento dielétrico

- 3.1 Secador infravermelho contínuo
- 3.2 Secador com microondas
- 3.3 Secador com aquecimento dielétrico

4 DESIDRATAÇÃO POR EVAPORAÇÃO SÚBITA

Equipamentos e aplicações

Os equipamentos utilizados para a desidratação podem ser classificados levando em conta diversos aspectos. Assim, há equipamentos que trabalham com pressão atmosférica, enquanto outros operam sob um certo grau de vácuo. Na Tabela 11.3, enumeram-se os métodos de desidratação segundo a forma como a energia é transmitida.

A escolha de um procedimento de secagem depende das características físicas (viscosidade nos líquidos, tamanho nos sólidos) e químicas (sensibilidade térmica, predisposição para a oxidação) do produto, bem como da diversidade e da quantidade do alimento a ser processado. É preciso considerar igualmente a qualidade do produto que se deseja obter. Alguns produtos podem ser desidratados em duas etapas por procedimentos diferentes.

Desidratação com ar quente

Nesses equipamentos, o alimento entra em contato com a corrente de ar quente que proporciona o calor sensível e o calor latente de evaporação, principalmente por convecção. Além disso, o ar arrasta o vapor d'água liberado do alimento.

Em muitos desses equipamentos, a velocidade de desidratação e as características do produto final dependem em grande parte do movimento relativo do ar e do produto, que pode ser basicamente de quatro formas:

1. *Fluxo concorrente.* O produto e o ar movem-se na mesma direção e no mesmo sentido. Esse sistema permite a rápida desidratação inicial, porque a temperatura do ar no ponto de entrada do produto costuma ser alta. Contudo, a temperatura de sua superfície é muito inferior à temperatura do bulbo seco do ar, o que supõe a deterioração mínima do produto pelo calor. Além disso, o alimento estará em contato com ar cada vez mais frio e mais úmido, reduzindo-se progressivamente o risco dessa deterioração. Ademais, a alta velocidade inicial de desidratação assegura a retração mínima e a baixa densidade no produto final. O aspecto negativo é a diminuição progressiva da velocidade de desidratação, como conseqüência da mencionada redução do potencial de secagem do ar à medida que avança para a saída do equipamento. Disso se deduz ainda que será difícil obter produtos finais com baixo conteúdo de umidade.
2. *Fluxo em contracorrente.* O produto e o ar movem-se com a mesma direção, mas, diferentemente do anterior, em sentido oposto. O ar que o produto encontra ao ser introduzido no equipamento tem pouca capacidade de secagem; por isso, a velocidade de desidratação é muito lenta no início. Isso faz com que a retração do produto seja muito acentuada, e sua densidade final, mais elevada que no caso anterior. Também é maior o risco de alteração do produto por estar em contato com ar úmido e relativamente quente durante considerável período de tempo. Com esse sistema, os produtos finais têm quantidade de água muito baixa porque entram em contato com ar quente e seco, com elevado potencial de secagem, na zona do equipamento próxima à saída. Em contrapartida, o risco de superaquecimento do alimento é maior. O gasto energético é inferior ao do sistema concorrente.
3. *Fluxo com evacuação central de ar.* Para evitar os inconvenientes dos sistemas anteriores, costuma-se combiná-los, empregando primeiro o fluxo concorrente, com ar mais quente e em maior velocidade, e, em seguida, o fluxo em contracorrente, com ar mais frio e seco. Dessa forma, encurtam-se os tempos de secagem e aumenta-se a capacidade de produção, sendo mais fácil controlar as condições.
4. *Fluxo transversal.* A direção do movimento do ar no sistema é perpendicular à do produto. As condições de secagem são controladas mais facilmente, porque existem vários aquecedores nas diversas zonas, reduzindo o tempo de processamento. O conteúdo de umidade do produto final é mais homogêneo pelo movimento do ar, que muda várias vezes de direção ao longo do equipamento. O custo deste é superior ao dos outros por sua complexidade.

O equipamento mais simples para a desidratação de alimentos é o *secador de duas plantas*, de operação descontínua. É uma estrutura de duas plantas com forno ou queimador na inferior, onde se gera o ar quente, que sobe por convecção à superior. Nesta, e sobre um piso em forma de rede, distribui-se o produto sólido e úmido, que será tratado em camadas de cerca de 20 cm de espessura. O ar, úmido depois de atravessar a base do produto, sai por uma chaminé que fica no piso superior. Embora esse equipamento seja de construção simples, apresenta vários inconvenientes: o controle da operação é complicado, o tempo necessário para a desidratação é bastante longo, o conteúdo de umidade final do produto não é muito reduzido e requer muita mão-de-obra, pois a carga, o volteio e a descarga do produto são manuais. Apesar disso, ainda é empregado para finalizar a secagem de alguns produtos com baixo conteúdo em unidade e com velocidade lenta de desidratação (lúpulo, malte e rodelas de maçã), para os quais a utilização de equipamentos com maior capacidade de secagem não representaria vantagem econômica.

Os *secadores de cabine, bandejas ou compartimentos* são similares aos anteriores, mas permitem distribuir os produtos em camadas mais finas (de poucos centímetros) em bandejas que ficam no interior de uma cabine isolada. O ar se move graças a ventiladores que o impulsionam por meio de aquecedores (queimadores diretos de gás, serpentinas aquecidas com vapor ou resistências elétricas). Para que a desidratação seja homogênea, utilizam-se telas, defletores ou condutos que dirigem o ar sobre o produto (2 a 5 ms^{-1}) ou por intermédio de bandejas perfuradas (0,5 a 1,25 ms^{-1}). São econômicos quanto à sua construção e manutenção, mas servem apenas para operação em pequena escala (1 a 20 T/dia) ou em plantas-piloto. Sua principal aplicação é a secagem de porções de frutas e hortaliças.

Os *secadores de tremonha* são instalações cilíndricas ou retangulares, nas quais o produto se distribui sobre uma malha perfurada. O fluxo de ar quente é moderado (aproximadamente 0,5 m^3 s^{-1} por m^2 de superfície), e o produto pode ser revolvido periodicamente. São utilizados como finalizadores para reduzir o conteúdo de umidade de produtos tratados em outros equipamentos, de 15% até 3 a 6%, como também para homogeneizar seu conteúdo de umidade (lúpulo, malte, rodelas de maçã). Os produtos devem ser resistentes à deformação mecânica, porque podem ser submetidos a pressões relativamente elevadas, e ter a base com estrutura porosa.

Os *secadores de túnel*, de até 24 m de comprimento e com uma seção circular ou retangular de 2 × 2 m, permitem a operação contínua ou semicontínua e, portanto, maior produção. O produto é distribuído em camadas uniformes sobre bandejas dispostas em vagonetes ou carros, de modo a se manter espaço adequado entre as bandejas para a circulação do ar. Os ventiladores forçam a passagem do ar através de aquecedores, que se movem horizontalmente em relação às bandejas em velocidade de 2,5 a 6 m s^{-1}. Dependendo da direção relativa do movimento do ar e do produto, distinguem-se vários tipos de túneis: concorrente, em contracorrente, de evacuação central e de fluxo transversal (Figura 11.25).

Os *secadores rotatórios* também são de operação contínua (Figura 11.26). Consistem em câmaras cilíndricas inclinadas, que, ao girar, mantêm o produto em movimento

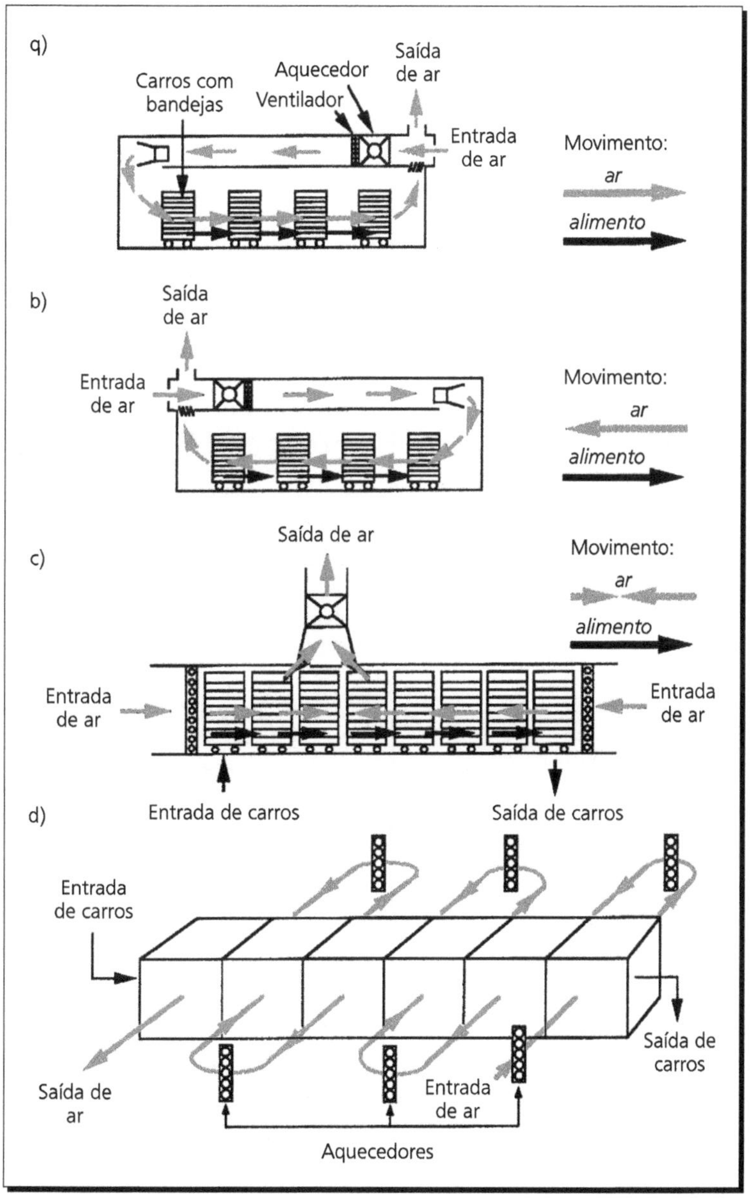

Figura 11.25 Secadores de túnel: a) concorrente; b) em contracorrente; c) de saída de ar central; e d) de fluxo transversal.

contínuo. O cilindro é provido de pás ou aletas internas para favorecer a mistura do produto e seu contato com ar quente, evitando que grude nas paredes. O modo de aquecimento pode ser direto, quando os produtos estão em contato íntimo com ar quente (Figura 11.26a), ou indireto, quando este circula pelo exterior da câmara e, portanto, o aquecimento ocorre por condução e radiação através da parede da mesma (Figura 11.26e). Alguns equipamentos combinam os dois modos de aquecimento (Figura 11.26d). A circulação do ar e do produto pode ser concorrente ou em contracorrente (Figuras 11.26b, c). Esses secadores são adequados para produtos que apresentam tendência a aderir e alguma resistência mecânica (cubos de caldo de carne, açúcar cristalizado e sementes de cacau).

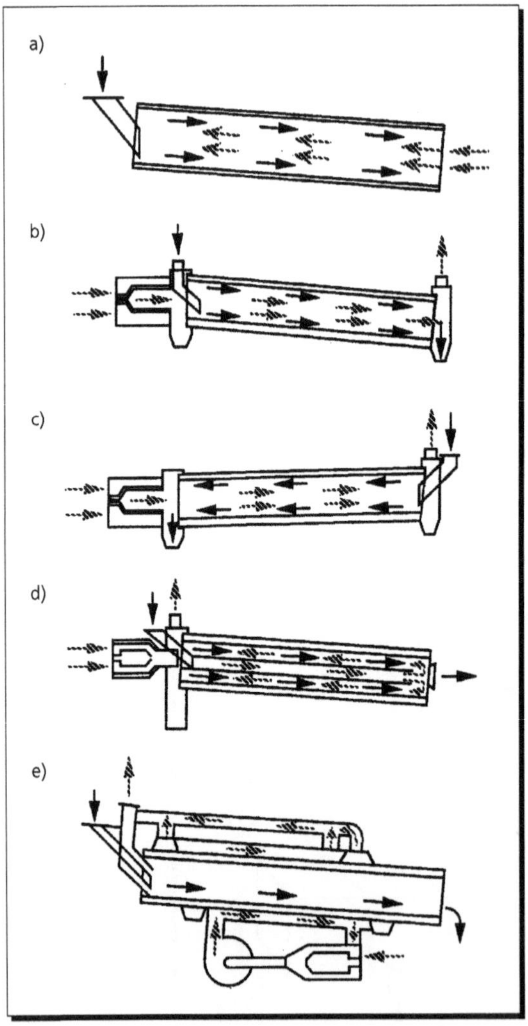

Figura 11.26 Secadores rotatórios: a) de aquecimento direto; b) de fluxo concorrente; c) de fluxo em contracorrente; d) de aquecimento misto direto-indireto; e e) de aquecimento direto, por condução. As flechas cheias indicam o movimento do produto, e as flechas listradas, o do ar quente.

Os *secadores transportadores* ou de esteira rolante têm funcionamento muito similar aos de túnel, aos quais estão substituindo progressivamente. O transporte do produto ao longo do túnel é feito por uma esteira rolante, sendo a carga e a descarga automáticas. Embora o movimento de ar e do produto possa ser concorrente ou em contracorrente, o mais comum é que seja transversal ao produto: com fluxo ascendente na primeira parte do túnel e descendente ao final, quando o produto tem menos densidade, para evitar que se separe da esteira. A secagem é mais rápida porque o produto, distribuído em camadas de pouca espessura, tem elevado contato com o ar. Para poupar energia, o produto permanece no túnel até que seu conteúdo de umidade tenha se reduzido em 10 a 15%, passando em seguida para os secadores de tremonha, onde sua desidratação é finalizada. A principal aplicação é a secagem de produtos sólidos, como frutas e hortaliças picadas. Esses equipamentos também podem ser adaptados para produtos líquidos (*desidratação em espuma*). Para isso, mistura-se o líquido com um agente espumante e incorpora-se ar ou gás inerte. A espuma formada estende-se em fina camada (2 a 3 mm) sobre a esteira de malha metálica perfurada em tiras ou em lâminas, às quais se aplica jato de ar comprimido para formar crateras na espuma estendida. O objetivo é aumentar a superfície de exposição da espuma ao ar quente para acelerar a velocidade de desidratação. A secagem é feita em túnel com fluxo concorrente inicial, seguido de fluxo em contracorrente. Os produtos finais, como, por exemplo, sucos de frutas, são de excelente qualidade (tempo de processamento curto e baixas temperaturas) e reidratam-se facilmente.

Nos *secadores de base fluidizada*, o ar quente não apenas atua como meio de desidratação dos produtos, mas também favorece seu movimento (Figura 11.27). O ar atravessa a base do produto disposto sobre uma placa perfurada, ajustando sua velocidade para que as partículas permaneçam em agitação contínua. As condições de fluxo turbulento na base do produto, com pequena espessura da camada-limite, determinam que a velocidade de secagem seja mais rápida. Quando a desidratação final obtida não é completa e uniforme, o que eventualmente ocorre quando o equipamento funciona em contínuo, o produto passa em seguida a outro tipo de secador. Para a recuperação de finos, pode-se acoplar um ciclone separador no conduto de saída. A desidratação na base fluidizada aplica-se apenas a sólidos particulados suscetíveis de fluidificação, isto é, de tamanho relativamente uniforme e com certa resistência mecânica, como, por exemplo, cubos de carne, ervilhas, cereais, etc.

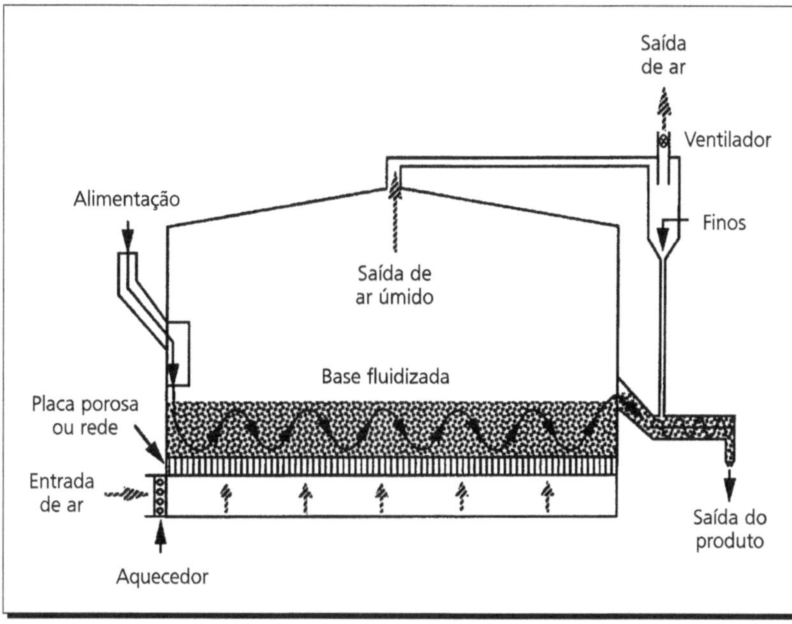

Figura 11.27 Secadores de base fluidizada de operação contínua e com sistema de recuperação de finos. As flechas cheias indicam o movimento do produto, e as flechas listradas, o do ar.

O princípio de funcionamento do *secador pneumático* é similar ao do secador de base fluidizada, pois também se fundamenta na aplicação de convecção forçada para dispersar o produto, embora, nesse caso, o grau de dispersão obtido seja total. Esses equipamentos possuem condutos metálicos verticais ou horizontais, cujo comprimento é ajustado para que o tempo de permanência do produto seja o adequado para sua secagem, que costuma ser na ordem de segundos (Figura 11.28). O ar quente circula em maior velocidade que nos secadores de base fluidizada, de tal modo que transporta o produto ao mesmo tempo em que o desidrata. O fluxo de ar é ajustado para classificar as partículas: as menores e mais leves, que secam antes, são transportadas rapidamente pelos condutos até a saída, enquanto as maiores e mais úmidas permanecem em suspensão por mais tempo. Para aumentar o tempo de permanência do produto nesses secadores, podem-se utilizar várias colunas em série ou sistemas de recirculação de produtos, como se observa nas Figuras 11.28a e b, respectivamente. Outra possibilidade, quando se requerem tempos de secagem mais prolongados, é empregar *secadores pneumáticos em anel*, nos quais o produto pode permanecer durante vários minutos até que se complete sua secagem. Na saída do conduto, dispõem-se ciclones ou filtros para separar o produto seco do ar. Esses secadores são muito úteis para desidratar e transportar simultaneamente alguns produtos, como grãos de cereais, farinhas ou flocos de batata. São usados também como secadores secundários para finalizar a secagem de produtos parcialmente desidratados em outros equipamentos, de onde saem com um conteúdo de umidade de 25% (leite e produtos de ovo em pó). Nos dois casos, os produtos devem ser sólidos particulados e com pouca tendência a formar agregados.

O equipamento mais importante para a desidratação de produtos líquidos com ar quente na indústria alimentícia é o *secador atomizador*. O produto líquido subdivide-se em gotas muito pequenas no interior da câmara, onde elas entram em contato com ar quente. A evaporação da água das gotas é praticamente instantânea, e cada uma delas se transforma em uma partícula seca que é transportada pelo ar de secagem. Em seguida, e na saída da câmara, as partículas secas separam-se da corrente de ar na qual estão suspensas e são recolhidas para o seu acondicionamento. A velocidade de desidratação é muito alta porque a área superficial das partículas é grande, e a temperatura do ar, elevada (150°C a 300°C). Contudo, o risco de superaquecimento do produto é mínimo, pois normalmente a temperatura da superfície das partículas não supera a temperatura de bulbo úmido do ar de secagem (40°C a 70°C), devido ao resfriamento associado com a evaporação da água e a seu curto tempo de permanência na câmara (1 a 10 s).

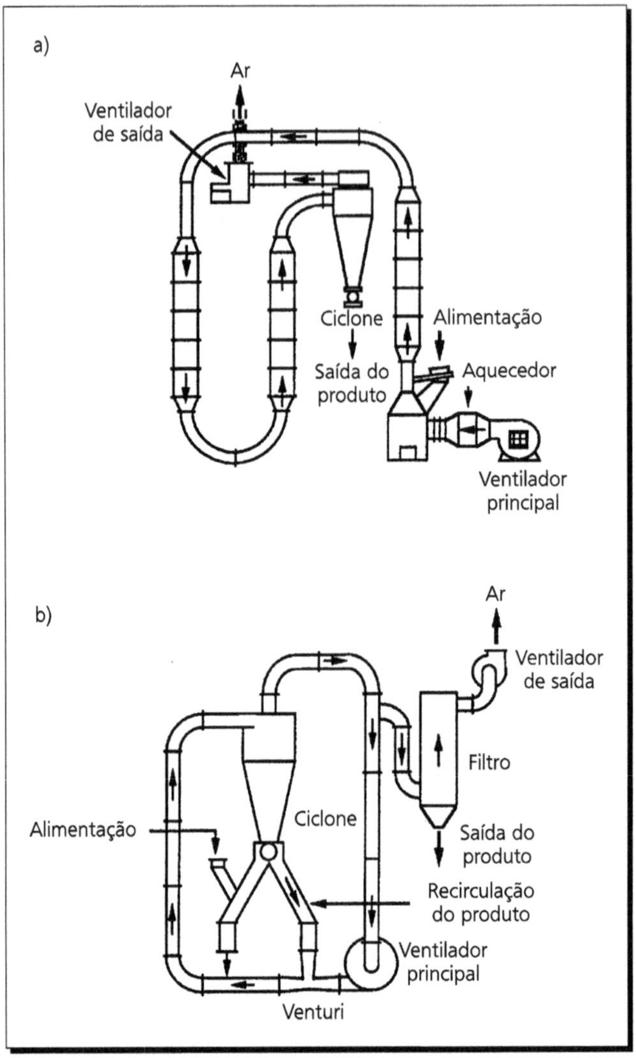

Figura 11.28 Secadores pneumáticos: a) com vários condutos em série; e b) com recirculação de produto.

Os três elementos essenciais nesse tipo de secadores são o atomizador (a que se deve seu nome), a câmara de secagem e um sistema para o recolhimento das partículas secas; eles dispõem também de ventiladores e aquecedores de ar.

Um dos aspectos mais críticos nesses equipamentos é a atomização do produto. Para que a desidratação seja rápida e uniforme, é fundamental obter a aspersão de gotas com tamanho pequeno e homogêneo. Além disso, o tamanho das gotas determinará o das partículas secas finais. Os três tipos de atomizadores mais comuns são:

1. *Atomizador de bocal a pressão.* O líquido passa a grande pressão (800 a 2.400 kPa) através de orifício estreito e forma aspersão de partículas finas (180 a 250 μm) em forma de cone oco. A geometria do bocal determina o ângulo do cone da aspersão.
2. *Atomizador de bocal de dois fluidos.* O líquido é bombeado a baixa pressão apenas para induzir seu movimento, e, ao mesmo tempo, introduz-se o jato de ar comprimido que provoca forte turbulência e a atomização desejada do líquido. A distribuição do tamanho das partículas é mais ampla que no caso anterior.

Esses dois atomizadores não são adequados para materiais líquidos com pequenas partículas pela possibilidade de obturação ou, quando estas são abrasivas, porque o bocal se alarga e o tamanho das partículas aumenta progressivamente.

3. *Atomizador centrífugo*. A atomização é obtida bombeando o líquido a um disco giratório (150 a 350 mm de diâmetro, 15.000 rpm), que se encontra no extremo de um eixo, onde é acelerado e do qual sai por canais radiais (Figura 12.5). Caracteriza-se por conseguir aspersão de gotas de tamanho pequeno e muito uniforme (50 a 60 μm); o tamanho das gotas depende das características do líquido (viscosidade e tensão superficial) e da velocidade de giro do disco. Esses atomizadores são os mais utilizados, pois permitem manejar líquidos muito viscosos, não se obturam facilmente e são resistentes à abrasão.

O ângulo de saída e a trajetória das gotas também são muito importantes. Se as gotas entram em contato com as paredes da câmara antes de completar a desidratação, por serem pegajosas, ficarão grudadas e formarão uma crosta difícil de eliminar.

Na câmara de secagem, as gotas finamente dispersas devem entrar em contato com o ar quente o tempo suficiente para sua secagem. Essas câmaras apresentam diferentes formas, dependendo do tipo de atomizador utilizado (Figura 11.29) e do produto a ser tratado (horizontais ou verticais, cilíndricas ou retangulares, cônicas ou de fundo plano, etc.); para os atomizadores centrífugos, por exemplo, a câmara mais usada é a cônica. O ar quente e as gotas atomizadas podem entrar na câmara pela parte superior ou inferior, associada ou separadamente. A trajetória das partículas pode ser reta ou em espiral; o grau de desidratação será maior com trajetória em espiral, já que o tempo de permanência da partícula na câmara é maior. A circulação do ar normalmente é concorrente com a do produto para limitar o dano pelo calor, embora, para os materiais muito higroscópicos, seja mais adequada a circulação em contracorrente.

As partículas secas geralmente caem no fundo da câmara, de onde saem mediante uma rosca sem fim ou por transporte pneumático. Ainda que ocorra certa sedimentação dessas partículas secas na mesma câmara, normalmente é necessário acoplar sistemas secundários para a recuperação dos finos arrastados pelo ar. A finalidade é evitar tanto perdas econômicas como a poluição do ar. Um dos sistemas mais comuns é o dos ciclones, dos quais podem-se dispor inclusive de várias unidades em série (Figura 11.30). Outros métodos alternativos ou complementares são os filtros de tecido (0,3 m de diâmetro, 1 m de extensão), separadores úmidos (nos quais o ar passa por recipiente com líquido, onde ficam retidas as partículas sólidas, misturando-se em seguida com o líquido de entrada) e sistemas de precipitação eletrostática. A combinação de alguns desses sistemas permite recuperar até 99% dos sólidos contidos nas correntes de ar de saída.

As principais vantagens da desidratação por atomização são: alta qualidade dos produtos obtidos, rápida velocidade de secagem (segundos), elevado volume de produto processado (em algumas instalações, até 80 toneladas por dia), menor custo da mão-de-obra, bem como simplicidade de operação e manutenção. Os custos do equipamento e de operação são as principais desvantagens, junto com a necessidade de conteúdo inicial de água no produto relativamente alto para que possa ser bombeado e atomizado.

Cada aplicação concreta requer equipamento com modelo específico. Os produtos que normalmente são desidrata-

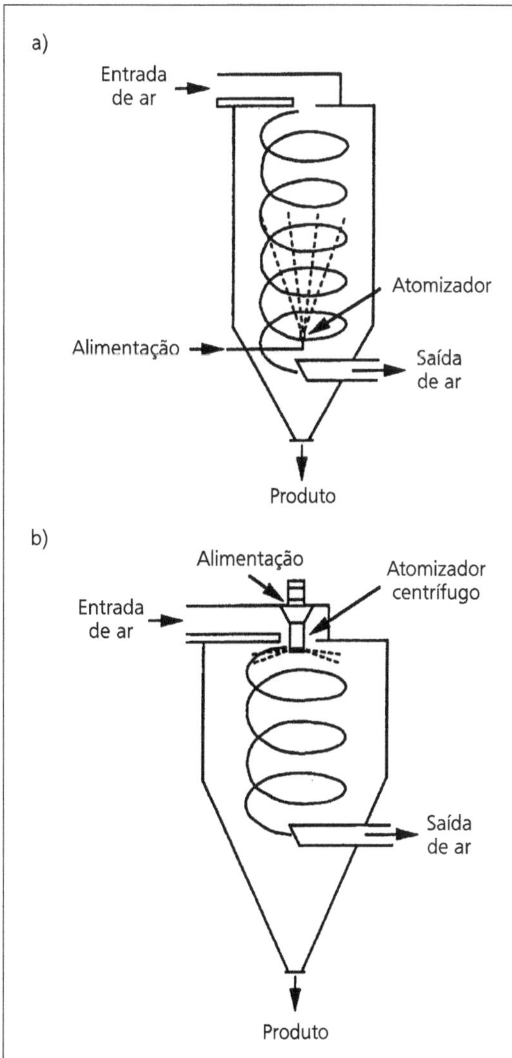

Figura 11.29 Secadores atomizadores: a) câmara cilíndrica alongada, com atomizador de dois fluidos; e b) câmara cônica com atomizador centrífugo.

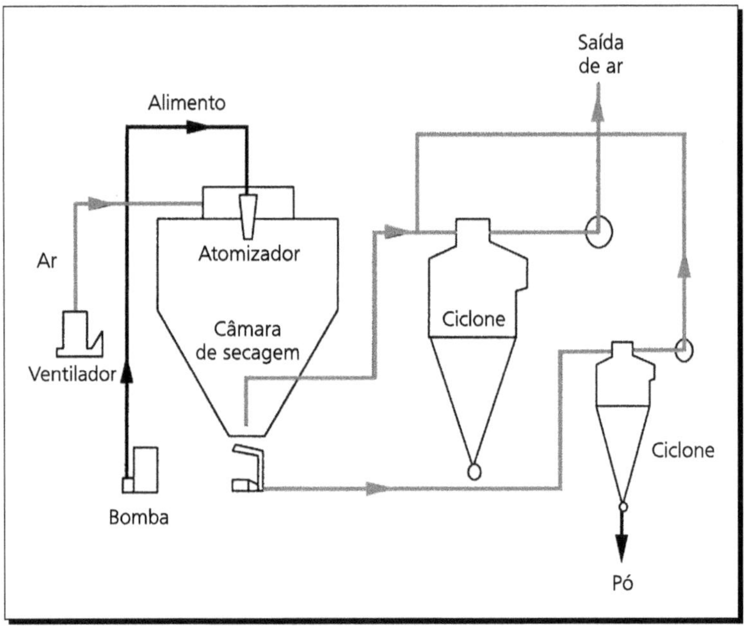

Figura 11.30 Diagrama de secador atomizador.

dos com essa técnica são líquidos ou massas e purês com viscosidade adequada para serem atomizados, como leite, soro, caseínas, produtos de ovo, preparados para alimentação infantil, café, chá, proteínas, aromas em cápsulas, extratos de carne e leveduras, etc. Os produtos termoplásticos, com conteúdo elevado de açúcar e de outros sólidos solúveis (sucos de fruta ou de tomate), apresentam tendência a fundir-se e a aderir às paredes da câmara mesmo quando estão secos. Por isso, é necessário resfriar a parte inferior da parede interna da câmara e/ou adicionar compostos que reduzam a tendência do pó desidratado a aderir às paredes da câmara.

Desidratação por contato com uma superfície quente

O calor sensível e o calor latente de evaporação, nesse caso, são proporcionados por condução, ao se colocar o produto úmido sobre a superfície quente. A eficácia térmica é maior do que na secagem com ar quente, visto que não é necessário aquecer grande volume de ar. Se a secagem é feita em pressão atmosférica, quando a difusão do líquido do interior à superfície do produto diminui, a temperatura deste pode chegar a superar 100°C. Por isso, para alimentos sensíveis ao calor, a operação é feita em pressão reduzida; isso também permite a exclusão do oxigênio, diminuindo o risco de alteração em produtos sensíveis à oxidação.

A distribuição do produto na superfície quente é um aspecto fundamental. Para favorecer a transmissão de calor e de massa e evitar aquecimento excessivo, a camada de produto deve ser muito fina; é preciso levar em conta que a condutividade térmica dos alimentos em geral é baixa e que diminui à medida que se reduz seu conteúdo de água. Também é importante evitar a contração do produto durante a secagem, porque, ao diminuir seu contato com a superfície quente, dificulta-se a transmissão de calor. É preciso igualmente eliminar o vapor d'água que se desprende do produto, o que pode ser feito com corrente de ar.

Os *secadores de tambor*, também conhecidos como *de rolos* ou *de película*, são cilindros metálicos ocos que giram horizontalmente. Em seu interior circula o meio de aquecimento, em geral vapor a pressão, e a superfície do cilindro atinge de 120°C a 170°C. O produto, líquido ou em forma de papa, é aplicado como uma fina camada sobre a superfície externa do tambor. A desidratação do produto termina antes que o tambor complete a volta (de 20 segundos a 3 minutos), e ele é desprendido de sua superfície com uma faca ou raspador que se situa a três quartos de volta do ponto de aplicação do produto.

Esse tipo de secador é classificado segundo o número de tambores: único, duplo ou gêmeos (Figura 11.31). Existem vários sistemas para aplicar o produto à superfície do tambor: imersão em banho, aspersão, rolos de alimentação auxi-

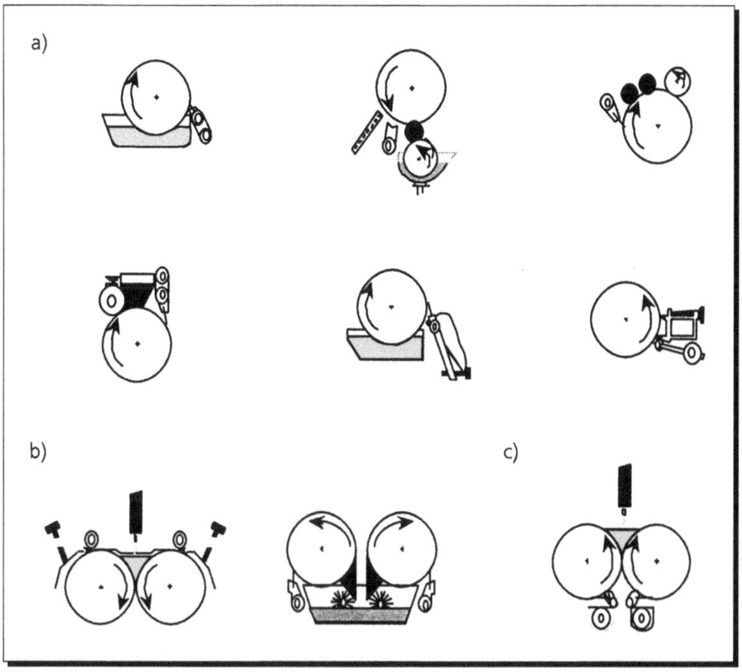

Figura 11.31 Diferentes configurações e modo de alimentação dos secadores de tambor ou rolos: a) de tambor único; b) de tambor duplo; e c) de tambores gêmeos.

liares, etc. A escolha do método de alimentação é de grande importância para que a espessura da película seja adequada e dependerá das características do produto (conteúdo em sólidos, propriedades reológicas, etc.).

Os secadores de tambor permitem produção elevada e são muito econômicos. São úteis para alimentos relativamente resistentes ao calor (flocos de batata, leite, soro, sopas, cereais instantâneos), embora os produtos finais tenham, em geral, sabor e odor de cozido. Já os materiais termoplásticos (sucos de frutas) são mais difíceis de tratar. Nesse caso, é conveniente aplicar frio na zona imediatamente anterior às facas, por exemplo, mediante um jato de ar, para que o produto fique quebradiço e menos pegajoso. Quando não é suficiente operar a pressão atmosférica, deve-se utilizar *secadores de tambor a vácuo*. O maior custo, associado à geração e à manutenção de condições de pressão reduzida, o que permite empregar temperaturas mais baixas durante a operação, determina que seu uso se limite à obtenção de produtos de alta qualidade.

Os equipamentos em que se aplica vácuo têm quatro componentes fundamentais: uma câmara hermética de vácuo de construção sólida com pontos de entrada e de saída para o produto e para os gases e vapores; uma fonte de calor; um sistema para gerar e manter o vácuo (0,13 a 9,33 kPa), como uma bomba de vácuo ou um ejetor de vapor; e componentes para retirar o vapor d'água à medida que se evapora do alimento, seja o mesmo ejetor de vapor ou um condensador.

O *secador a vácuo de placas* é provavelmente o equipamento a vácuo mais simples e opera de forma descontínua. Em uma câmara, dispõem-se placas ocas horizontais e paralelas, aquecidas internamente pela circulação de água quente ou vapor d'água, sobre as quais o alimento é estendido em camadas uniformes e finas. É adequado tanto para alimentos líquidos como sólidos. No *secador a vácuo de esteira rolante*, os alimentos líquidos ou papas são acomodados em esteira transportadora contínua de aço inoxidável (Figura 11.32). Essa esteira, situada no interior da câmara de vácuo, desloca-se sobre dois tambores: um de aquecimento e outro de resfriamento. O tambor quente e os elementos aquecedores radiantes, situados acima e abaixo da esteira rolante, proporcionam o calor necessário para a operação. O produto resfria ao passar pelo tambor de resfriamento, antes de ser separado da esteira com a faca.

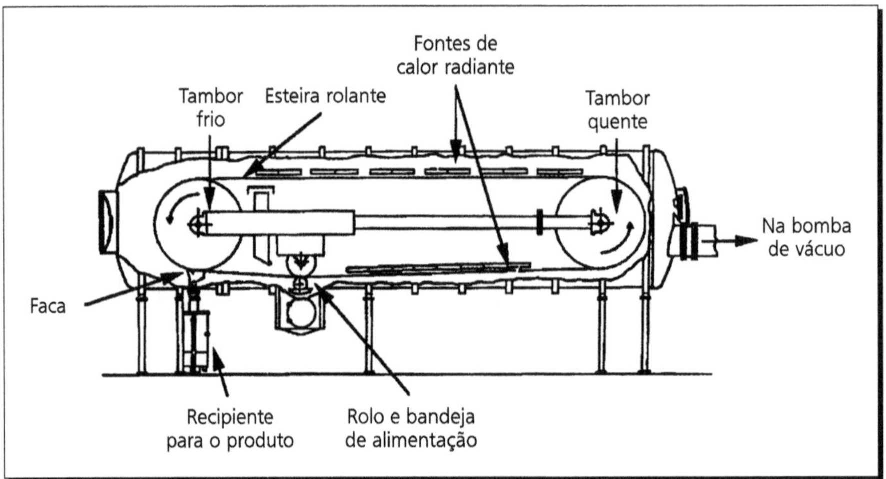

Figura 11.32 Secador a vácuo de esteira rolante.

A principal aplicação desses equipamentos é a desidratação de alimentos muito sensíveis ao calor, como sucos de fruta, tomate concentrado e extratos de café. Os produtos assim tratados, em especial os líquidos, têm estrutura esponjosa, porque se expandem ao se aplicar vácuo na câmara pela liberação de gases e vapores. Essa estrutura porosa favorece rápida velocidade de secagem e de posterior reidratação. Se a meta é que o produto final seja muito poroso, pode-se injetar previamente nitrogênio gasoso; ao aplicar vácuo, o gás se expande e sai rapidamente do produto, aumentando sua esponjosidade.

Desidratação por aporte de energia eletromagnética

Nos equipamentos descritos anteriormente, o calor radiante proveniente de suas superfícies metálicas quentes participa em certa medida proporcionando calor sensível e calor latente de evaporação. Contudo, não é usual empregar calor radiante como principal fonte de calor. Isso se deve ao fato de que apenas determinado nível de comprimento de onda apresenta profundidade de penetração adequada no alimento. Além disso, é difícil conseguir secagem homogênea quando a superfície dos alimentos não é regular ou se seus componentes diferem quanto às características de absorção de calor (Capítulo 9). Mas, nesse caso, o grau de contato do alimento com as superfícies não é fator crítico.

Nos *secadores infravermelhos contínuos*, o alimento pode ser transportado em esteira contínua ou em suporte vibratório, que o faz passar por uma fonte de infravermelhos. Para alimentos sensíveis ao calor, empregam-se fontes que emitem onda curta, enquanto, para os menos sensíveis, utilizam-se as de onda longa. A secagem de produtos sólidos, como fatias de pão, chá, especiarias, amêndoas ou pão, é sua principal aplicação.

Os secadores microondas e dielétricos empregam energia eletromagnética em determinado nível de freqüência (Capítulo 9). Têm a vantagem de que essa energia é absorvida seletivamente pelas porções úmidas do alimento, enquanto as partes já secas praticamente não se aquecem (Capítulo 9). Ou seja, a deterioração térmica do produto é mínima. Porém, o gasto energético necessário para a eliminação de grande quantidade de água nesse tipo de equipamentos é elevado. Por isso, são utilizados fundamentalmente para finalizar e acelerar a desidratação quando a velocidade de secagem se reduz nos sistemas convencionais. O aquecimento dielétrico tem sido aplicado para secar bolachas e outros produtos derivados de cereais, enquanto o aquecimento com microondas é empregado comercialmente com êxito para a secagem de massas.

Desidratação por evaporação súbita (explosão puff drying)

Esse procedimento é utilizado para produtos que foram parcialmente desidratados, em geral com ar quente, até o conteúdo de umidade entre 15 e 35%; isto é, até que a curva de secagem comece a passar ao período de velocidade reduzida. Em seguida, introduzem-se as peças de alimento na câmara, onde são submetidas ao aumento de temperatura e pressão. Essas condições se desenvolvem por aquecimento externo com gás e/ou interno com vapor superaquecido. O aumento da pressão é regulado com o objetivo de manter o alimento em temperatura inferior à do ponto de ebulição nessas condições. A descompressão imediata da câmara faz com que a água superaquecida do alimento evapore subitamente. Dessa forma, produz-se a desidratação instantânea, na qual o produto se expande e adquire estrutura muito porosa que facilita sua posterior reidratação.

As condições necessárias para a desidratação súbita (aumento da temperatura e pressão e descompressão rápida) também podem ser aplicadas na extrusão a quente com os mesmos resultados (Capítulo 12).

Esse procedimento de desidratação, empregado originalmente na elaboração de certos cereais matinais, é muito adequado para a obtenção de peças de frutas e hortaliças (aipos, batatas, cenouras, cebolas, pimentões) com baixo conteúdo de umidade (inferior a 4%). Também é indicado para o processamento de peças relativamente grandes, as quais, se fossem tratadas com ar, necessitariam muito mais tempo para a desidratação.

Esse sistema é de grande utilidade para reduzir o tempo total de tratamento. Além disso, quase não modifica o valor nutritivo, a cor, o sabor e o aroma dos alimentos. Os produtos obtidos têm características similares aos liofilizados, mas o custo de processamento é inferior.

Liofilização

A *liofilização*, também chamada de *criodesidratação*, é um tipo especial de desidratação por sublimação ou transformação direta do gelo do alimento em vapor d'água, sem passar pelo estado de água líquida. Para que isso ocorra, a temperatura e a pressão parcial de vapor d'água devem ser inferiores às do *ponto triplo*, isto é, 0,0099°C e 610,5 Pa (Figura 11.20). Se nessas condições proporciona-se o calor latente de sublimação, de 2,84 MJ kg^{-1}, o gelo transforma-se diretamente em vapor sem chegar a fundir-se. Diferentemente dos métodos anteriores de desidratação, não existe grande volume de água em estado líquido, sendo mínimas as modificações dos alimentos. Além disso, a liofilização requer apenas o aquecimento suave; por isso, as características nutritivas e sensoriais do produto final são muito similares às do alimento fresco. Contudo, a velocidade de desidratação é lenta, e os custos do equipamento e da operação (baixas temperaturas e vácuo) são elevados.

O passo prévio à liofilização é o congelamento dos produtos. Tem como objetivo transformar as soluções aquosas dos alimentos em uma mistura de duas fases: uma constituída por cristais de gelo e a outra pela solução concentrada dos solutos. O congelamento pode ser feito em um congelador à parte ou no mesmo recinto do liofilizador. O tipo e a velocidade de congelamento têm grande repercussão na estrutura final do produto, pois a distribuição dos poros neste depende do tamanho e da localização dos cristais de gelo formados. As características particulares de cada alimento determinarão as condições mais adequadas (Capítulo 10). Para a liofilização de líquidos, por exemplo, promove-se o congelamento lento, de modo que o tamanho dos cristais seja grande e se forme uma rede cristalina; dessa forma, a estrutura porosa facilitará tanto o escape do vapor d'água durante a liofilização como sua posterior reidratação. Em alguns líquidos, o movimento do vapor d'água é difícil porque, ao congelar-se, eles adquirem a estrutura vítrea, como nos sucos de fruta com elevado conteúdo de açúcares. Nesse tipo de produtos, é necessário formar canais por onde o vapor d'água possa escapar, seja congelando-os em forma de espuma, misturando-os com sólidos (polpa no caso dos sucos) ou triturando-os após seu congelamento.

Durante a secagem por liofilização, distinguem-se duas etapas:

a) *Desidratação primária*. Após congelar o alimento, a pressão reduz-se abaixo de 600 Pa, e subministra-se o calor latente de sublimação do gelo. Essa operação deve ser cuidadosamente regulada, pois ela precisa proporcionar a força condutora para a sublimação; porém, a temperatura deve ser mantida abaixo do ponto triplo para evitar que o gelo se funda. Na Figura 11.33, apresenta-se a curva típica de secagem e a evolução da temperatura durante a liofilização do alimento. O aquecimento é feito com placas calefatoras, que têm a temperatura inicial elevada (em alguns casos, superior a 100°C). Para alimentos muito sensíveis ao calor, as placas são mantidas em temperatura mais reduzida (20°C a 30°C), o que implica um tempo de processamento mais longo. À medida que o gelo sublima, a temperatura da superfície do alimento começa a aumentar, enquanto o interior permanece congelado e frio. É necessário diminuir progressivamente a temperatura das placas para evitar que a superfície seca do produto se queime. As condições típicas utilizadas durante a liofilização são temperatura superficial do produto de 35°C a 80°C, no máximo, e a pressão na câmara de 13 a 270 Pa; para produtos muito sensíveis ao calor e cultivos microbianos, essas condições são de 20°C a 30°C e menos de 13 Pa. A velocidade de secagem é lenta, aproximadamente 1,5 kg de água m^{-2} h^{-1}, o que corresponde a um avanço da frente de sublimação de 0,2 a 0,3 cm h^{-1}. Nessa etapa, que pode durar de 6 a 10 horas, ocorre a sublimação do gelo do alimento, isto é, até reduzir seu conteúdo de água a 15% sobre o peso úmido inicial. O vapor d'água deve ser eliminado à medida que se produz, a fim de que a pressão de vapor no liofilizador se mantenha abaixo da pressão de vapor na superfície do gelo. A velocidade da liofilização nessa etapa depende da resistência do alimento à transferência de calor para a frente de sublimação e de massa ou vapor desta para a câmara.

b) *Desidratação secundária ou dessorção*. Depois de eliminado todo o gelo do alimento, ele continua retendo certa quantidade de água líquida. Para obter um produto estável, o conteúdo de umidade deve ser reduzido à percentagem de 2 a 8%, correspondente à água fortemente ligada, por evaporação ou dessorção. Isso pode ser conseguido se o alimento parcialmente seco permanecer no liofilizador e for aquecido até que sua temperatura se iguale à da placa (20°C a 60°C), mantendo o vácuo. Assim, ocorre a evaporação de grande parte da água residual em 2 a 6 horas. Outra possibilidade, considerado o elevado custo da liofilização, é finalizar a secagem com outro método.

Ao terminar a secagem e antes de retirar os produtos da câmara, introduz-se um gás inerte (nitrogênio) para romper o vácuo, pois, se entrasse ar na câmara, os produtos absorveriam umidade imediatamente.

Transferência de energia e de massa

Na liofilização, também há a transferência simultânea de calor e de massa. O calor latente de sublimação pode ser levado à frente de sublimação por condução ou por radiação, pela camada congelada ou pela seca, ou por geração interna, quando se empregam microondas (Figura 11.34).

Quando o calor é transferido por condução pela camada congelada do alimento (Figura 11.34b), a velocidade de sua transferência depende da espessura do alimento e da condutividade térmica da camada de gelo. Embora o gelo seja um condutor de calor relativamente bom, o calor necessário para a sublimação é tão elevado, e o gradiente de temperatura tão estreito, que a velocidade de desidratação só será aceitável se o produto tiver pouca espessura. À medida que avança a liofilização, facilita-se a transferência de calor, visto que a espessura da camada congelada diminui progressivamente. Já a transferência de vapor d'água pela camada seca é cada vez mais difícil, pois, com o avanço da frente de sublimação, a espessura dessa camada aumenta, sendo esse o fator limitante da velocidade de secagem.

Se o calor é transferido pela camada seca do alimento (Figura 11.34a), essa transferência depende da espessura e da área superficial do alimento, bem como da condutividade térmica da camada seca que se forma quando o gelo sublima. Logo, o fator limitante da velocidade de secagem é a transferência de calor. A condutividade térmica da camada seca é tão baixa que se comporta como os materiais isolantes. Por isso, quando a liofilização avança e a frente de sublimação retrocede, a resistência à transferência de calor aumenta con-

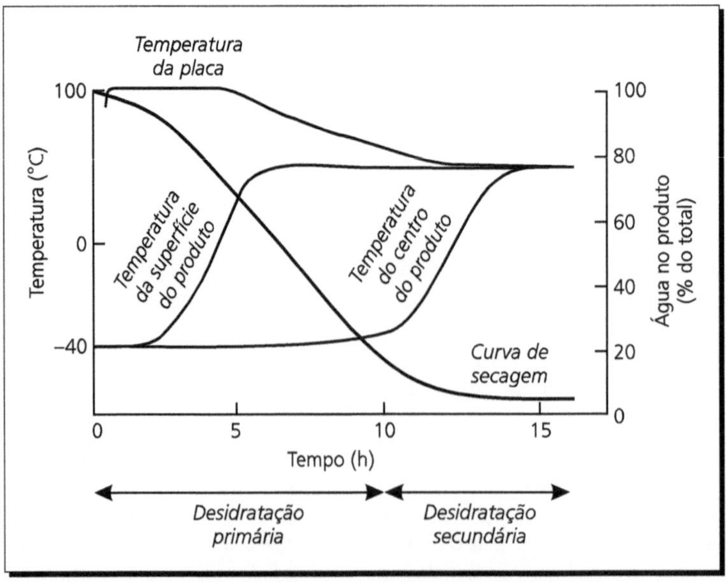

Figura 11.33 Curva de secagem e evolução das temperaturas das placas de aquecimento e do produto durante a liofilização.

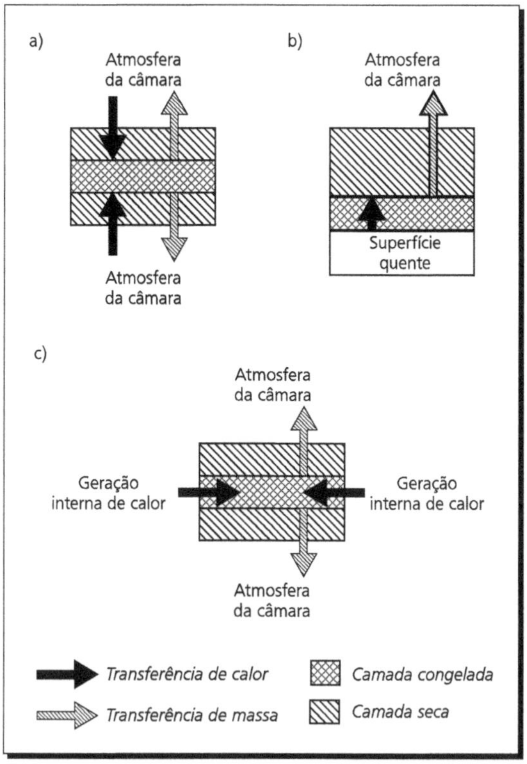

Figura 11.34 Transmissão de calor na liofilização: a) pela camada seca; b) pela camada congelada; e c) geração interna do calor por microondas.

sideravelmente. Também nessa situação, interessa que a espessura do alimento seja a mais reduzida possível.

Já quando se empregam microondas, o calor se produz no interior do alimento congelado; por isso, a espessura da camada seca não é tão crítica, e a secagem é muito mais rápida (Figura 11.34c). O principal problema decorre do fato de que o fator de perda do gelo é muito mais baixo que o da água. Além disso, em temperaturas inferiores a 0°C, esse fator diminui com a redução térmica (Capítulo 9). Conseqüentemente, há o grave risco de que o aquecimento não seja homogêneo, já que as zonas onde há fusão localizada ou temperatura maior aquecerão mais rapidamente. Outras desvantagens das microondas são o maior gasto energético, os problemas de descarga de arco derivados da ionização dos gases presentes na câmara e alterações indesejáveis nos alimentos. As microondas normalmente se combinam com a fonte de calor convencional (superfícies quentes), e, com isso, o tempo total de secagem reduz-se em 33 a 50%.

A transferência do vapor d'água produzido na frente de sublimação à superfície do alimento ocorre sempre pela camada seca do produto (Figura 11.34). Depende da espessura e da área de exposição da porção seca, bem como de sua permeabilidade e da diferença de pressões parciais de vapor d'água entre a superfície da camada seca e a frente de congelamento. Em geral, a permeabilidade e a condutividade térmica do produto variam inversamente: os produtos compactos têm a condutividade térmica elevada, mas sua estrutura dificulta a difusão do vapor, enquanto, nos porosos, ocorre o inverso.

A força condutora da transmissão de massa, ou gradiente de pressão parcial de vapor, depende, por sua vez, da pressão que exista na câmara de liofilização e da temperatura do condensador do vapor d'água, que devem ser tão reduzidas quanto possível, assim como da temperatura do gelo na frente de sublimação, sendo interessante que seja elevada. As condições mais usuais são a pressão na câmara de 13 Pa e a temperatura no condensador de –35°C.

Em tese, a temperatura do gelo na frente de sublimação deveria manter-se exatamente abaixo do ponto de fusão eutético, que pode ser de pelo menos 10°C abaixo do ponto de fusão do gelo. Mas, na prática, não deve ultrapassar determinado valor crítico. Quando a liofilização é feita em temperaturas muito baixas, a elevada viscosidade da fase aquosa concentrada do alimento congelado impede que se produzam mudanças estruturais. A estrutura final do produto é similar à inicial, com poros nos pontos onde antes se encontravam os cristais de gelo; esses poros estão cercados por uma matriz seca formada por componentes insolúveis e por componentes precipitados que, inicialmente, estavam dissolvidos. Se a operação se realiza em temperatura mais elevada (acima da *temperatura crítica de colapso*, característica de cada produto), a viscosidade dessa fase aquosa concentrada diminui e passa a ter a mobilidade necessária para fluir. Nesse caso, desaparece a separação dos solutos, típica do produto congelado (colapso estrutural), e a transferência de vapor é muito difícil.

A velocidade da transferência do vapor pela camada seca do produto pode ser expressa da seguinte forma:

$$dw/dt = -A\,b\,(P_{vi} - P_{vs})/x \qquad (11.20)$$

onde dw/dt é a velocidade de fluxo mássico do vapor pela camada seca; A, a área da superfície efetiva de sublimação; b, a permeabilidade da camada seca; P_{vi}, a pressão de vapor do gelo na frente de sublimação; P_{vs}, a pressão parcial de vapor d'água na superfície da camada seca; e x, a espessura da camada seca.

Caso o calor seja transferido ao gelo somente pela camada seca, a velocidade de transferência de calor à frente de sublimação é fornecida pela seguinte equação:

$$dQ/dt = k_d\,A\,(\theta_s - \theta_i)/x \qquad (11.21)$$

onde dQ/dt é a velocidade de transferência de calor; k_d, a condutividade térmica da camada seca; θ_s, a temperatura da camada seca do produto; e θ_i, a temperatura do gelo na frente de sublimação

Em condições de estado estacionário, há equilíbrio entre a velocidade de transferência de calor e a velocidade de transferência de massa:

$$k_d A (\theta_s - \theta_i)/_x = -\lambda_s A\, b\, (P_{vi} - P_{vs})/x \quad (11.22)$$

onde λ_s é o calor latente de sublimação à temperatura θ_i.

A velocidade de sublimação no sólido de forma plana, que se liofiliza a partir de uma ou de ambas as faces e no qual a frente de sublimação retrocede segundo um plano uniforme, também pode ser expressa em função da quantidade de água eliminada da camada de produto:

$$dw/dt = -A\rho_m (W_o - W_i)\, dx/dt \quad (11.23)$$

onde ρ_m é a densidade do sólido dessecado; W_o, o conteúdo inicial de umidade do produto com base em seu peso seco; e W_i, o conteúdo em umidade da camada seca com base em seu peso seco.

Combinando as equações anteriores, temos que:

$$dw/dt = -A\, k_d (\theta_s - \theta_i)/\lambda_s x = A\, b\, (P_{vi} - P_{vs})/x = A\, \rho_m (W_o - W_i)\, dx/dt \quad (11.24)$$

O tempo total de secagem (t_t) pode ser calculado incorporando a seguinte equação:

$$t_t = -\rho_m (W_o - W_i)\, x^2/2\, (P_{vi} - P_{vs}) = \lambda_s\, \rho_m (W_o - W_i)\, x^2/2\, k_d (\theta_s - \theta_i) \quad (11.25)$$

Quando a sublimação ocorre nas duas faces, x é a metade da espessura da peça. Dessas expressões, deduz-se que a duração da sublimação é proporcional, entre outras variáveis, ao quadrado da espessura do produto. Ou seja, interessa que as camadas de produto sejam finas, já que o tempo total de secagem se multiplicará por quatro ao se duplicar a espessura.

A liofilização também pode ser realizada em pressão atmosférica sem aplicação de vácuo. Nesse caso, é similar ao processo por arraste, pois é preciso aplicar a corrente de ar frio e seco ou de nitrogênio ou gelo desidratado com um dessecante para que sua pressão parcial de água seja inferior à pressão de vapor na frente de liofilização.

Equipamentos e aplicações

Os liofilizadores constam dos seguintes elementos básicos: uma câmara de vácuo, onde se introduz o alimento, uma fonte de calor, um condensador e uma bomba de vácuo (Figura 11.35). O modo de operação pode ser em lotes ou em contínuo.

As câmaras de vácuo, sólidas para suportar a diferença de pressões, costumam ter bandejas metálicas, onde se dispõe o alimento a ser tratado, e podem ser retangulares ou cilíndricas; enquanto, nas retangulares, o espaço interno é mais bem aproveitado, as cilíndricas são mais resistentes à pressão.

Há diversos tipos de liofilizadores conforme o modo como se proporciona o calor (Figura 11.36). Nos liofilizadores de contato, que proporcionam calor por condução, as bandejas estão sobre placas ocas aquecidas pela circulação interna de água quente ou por resistências elétricas incorporadas. Se o produto é congelado na mesma câmara, faz-se circular refrigerante pelo interior das placas. A velocidade de secagem

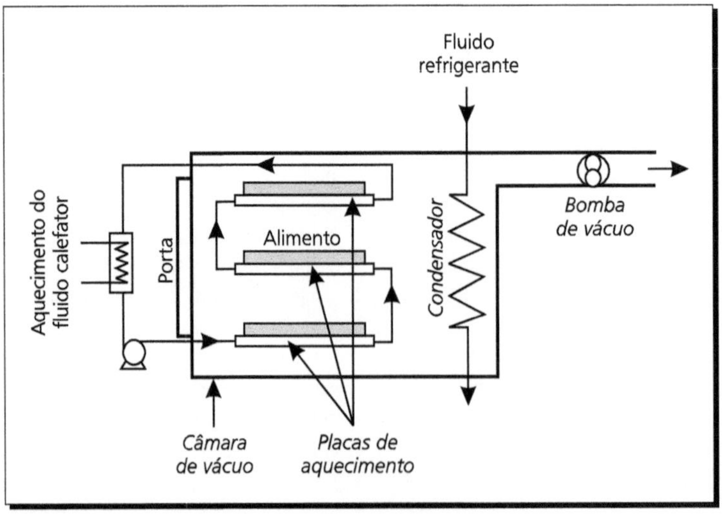

Figura 11.35 Principais componentes do liofilizador.

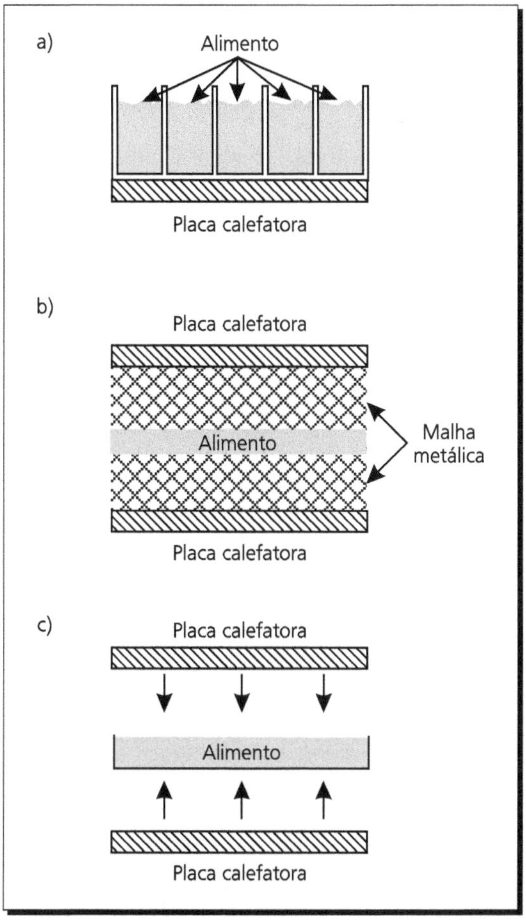

Figura 11.36 Tipos de liofilizadores segundo o aporte de calor: a) por condução por meio de bandeja compartimentada; b) por malha metálica expandida (liofilizadores acelerados); e c) por radiação. *Fonte*: Fellows (1995).

nesses equipamentos é lenta porque o calor é aplicado apenas em uma das superfícies do alimento, embora tenham grande capacidade de produção. Nos *liofilizadores acelerados*, o alimento situa-se entre duas placas metálicas, nas quais estão apoiadas outras placas de metal expandido que exercem leve pressão. Em comparação com outros equipamentos, a desidratação é mais rápida porque a transmissão de calor é mais uniforme, e a saída de vapor d'água não encontra obstáculos.

Outros liofilizadores aquecem o produto por radiação mediante elementos dispostos acima e abaixo das bandejas. Diferentemente dos anteriores, o contato do alimento com as bandejas não é tão crítico. É muito comum combinar o aquecimento por condução por contato direto (na superfície inferior do produto) e por radiação (pela parte superior). Em outros liofilizadores, combina-se o aquecimento por contato direto e por microondas.

A grande quantidade de vapor d'água produzida durante a operação, que em baixas pressões tem o volume específico muito elevado (1 g de gelo equivale a 2 m^3 de vapor d'água a 67 Pa), é eliminada pelo condensador refrigerado e pela bomba de vácuo. Os condensadores são necessários porque as bombas de vácuo não têm capacidade para evacuar grandes volumes de gases. Nos condensadores refrigerados, ocorre a transformação inversa à sublimação: o vapor d'água condensa-se sobre a superfície fria do condensador (serpentina ou placas), em cujo interior circula um refrigerante. A bomba de vácuo elimina os gases não-condensáveis e o vapor d'água residual. É muito importante que a bomba de vácuo tenha capacidade suficiente para evacuar rapidamente a câmara no início da operação para evitar a fusão do gelo.

O gasto energético da refrigeração do condensador representa cerca de um terço do total. A eficiência energética melhora quando se acoplam sistemas de descongelamento ao condensador, para que o acúmulo de gelo nele seja mínimo. Os condensadores podem ser internos ou externos. Os internos situam-se dentro da câmara do liofilizador; nesse caso, o vapor d'água percorre um espaço muito curto. Os externos são dispostos em recinto separado da câmara por uma válvula ou comporta. Embora o percurso do vapor d'água seja maior, representam vantagem porque permitem o funcionamento em contínuo do equipamento; ao acoplar dois condensadores à câmara, um deles funciona, enquanto o outro descongela.

No liofilizador contínuo apresentado na Figura 11.37, as bandejas com produto são colocadas em carros que entram e saem da câmara de vácuo mediante comportas de segurança. As bandejas circulam entre placas calefatoras, enquanto a temperatura dessas placas e o tempo de permanência do produto na câmara são ajustados de acordo com o tipo e o volume de alimento a ser tratado. Hoje há outros modelos nos quais os produtos particulados não são colocados em bandejas, mas movem-se no liofilizador mediante esteiras rolantes, bases fluidizadas, por atomização, etc.

A qualidade e a vida útil dos produtos liofilizados são excelentes por várias razões. A temperatura máxima alcançada pelo produto é moderada; por isso, as reações químicas e enzimáticas são limitadas, e as características nutritivas e sensoriais não se modificam. A eliminação do vapor d'água é muito seletiva, e os componentes sápidos e aromáticos não são arrastados por ele; no produto seco, permanecem até 80 a 100% desses componentes. Como a desidratação ocorre em estado sólido, não há movimento de líquidos e/ou solutos, contração do sólido ou endurecimento superficial; o produto final conserva o tamanho e a forma do alimento original, e sua estrutura porosa facilita bastante a reidratação. Por se

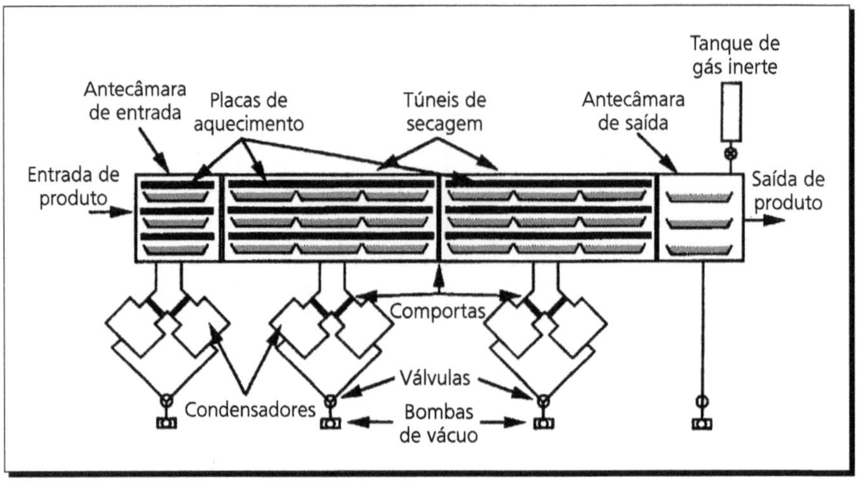

Figura 11.37 Diagrama esquemático de liofilizador com bandejas de funcionamento contínuo.

tratarem de produtos muito higroscópicos, frágeis e sensíveis à oxidação, é fundamental uma embalagem adequada. A vida útil dos produtos liofilizados pode chegar a um ano em temperatura ambiente.

Apesar disso, a liofilização tem aplicação apenas limitada na indústria agroalimentar. Isso se deve ao fato de que o custo do equipamento e de operação é muito elevado. O frio para o congelamento do produto e a condensação do vapor d'água, junto com a manutenção do vácuo, representa gasto considerável. Além disso, a operação é bastante lenta; o liofilizador de 15 m^3 sublima apenas de 50 a 60 kg de água por hora. Esse custo elevado só pode ser aceito em matérias-primas de grande valor comercial ou muito sensíveis ao calor, sendo especialmente adequado para alguns alimentos particulados. Entre os produtos que são conservados por liofilização destacam-se: café em pó, mariscos, carne, peixe, ervas aromáticas, algumas frutas e hortaliças (morangos, framboesas, etc.) e certos cogumelos. Também são processadas dessa forma dietas ou rações completas, nas quais podem-se incluir pratos pré-cozidos para uso militar, expedições ou viagens espaciais. Além disso, a liofilização é um dos métodos preferidos para a conservação dos cultivos iniciadores.

Para reduzir o custo da liofilização, recorre-se muitas vezes à pré-concentração dos produtos. Nesse caso, é fundamental que o tratamento de pré-concentração aplicado seja suave e não altere as características originais do alimento. De outro modo, a qualidade do produto final não compensaria o elevado custo da liofilização. O café e os sucos de frutas, por exemplo, crioconcentram-se até 38% (p/p) de sólidos antes de serem liofilizados.

Desidratação osmótica

Esse tipo de desidratação implica a imersão de produtos com alto conteúdo de água em soluções açucaradas ou salinas concentradas, havendo a transferência simultânea de massa em contracorrente entre o produto e a solução: grande proporção de água do produto passa à solução, mas, ao mesmo tempo, há a transferência de solutos desta ao produto. O requisito energético é muito menor que em todos os métodos anteriores, pois não implica a mudança do estado da água. Além disso, ao mesmo tempo em que se desidrata o produto, ele pode impregnar-se com substâncias de interesse (conservantes, suplementos nutritivos, melhoradores de propriedades sensoriais, etc.). O uso de soluções muito concentradas (50 a 75 g de soluto por 100 g de solução) permite eliminar até 40 a 70 g de água por 100 g de produto inicial, com incorporação mínima de solutos (5 a 25 g de soluto por 100 g de produto inicial) em tempo relativamente curto; em porções de frutas de 1 a 2 cm^3, entre 30°C e 50°C e em pressão atmosférica, a maior parte da transferência de água ocorre nas primeiras duas horas. As perdas de solutos próprios dos alimentos (açúcares, ácidos orgânicos, minerais, vitaminas, etc.) são quantitativamente menos importantes que as transferências indicadas antes ainda que modifiquem a composição final do produto. Um dos problemas potenciais que apresenta esse tipo de desidratação é a grande quantidade de fluido residual, que deve ser eliminado ao final da operação. Entre as possíveis soluções, sugeriu-se a reciclagem ou a utilização posterior na elaboração de outros produtos, como sucos, ou como agentes saporíficos e aromatizantes. A desidratação osmótica foi aplicada a frutas e hortaliças e, mais recentemente, a carne, peixe e géis.

Conservação dos alimentos desidratados

Os produtos desidratados não são estéreis. A redução do número de microrganismos como resultado das operações de desidratação é baixa. A inativação de enzimas é apenas parcial. O efeito de dessorção da água na sobrevivência dos microrganismos e na atividade enzimática é variável. Comprovou-se que alguns organismos e certas enzimas são mais termorresistentes no meio desidratado do que no meio úmido. Por essas razões, em geral, realiza-se previamente um tratamento térmico (branqueamento, pasteurização ou esterilização).

A umidade final do produto desidratado costuma situar-se entre 1 e 5%, o que permite sua conservação durante períodos de tempo relativamente longos (até um ano). Contudo, durante seu armazenamento, podem surgir diversas causas de alteração, que normalmente podem ser evitadas com embalagem adequada e correta manipulação. O crescimento de alguns microrganismos só é possível depois da reidratação parcial. Para impedir isso, e devido à higroscopicidade dos alimentos desidratados, é necessário utilizar materiais de embalagem impermeáveis ao vapor d'água ou realizar o armazenamento em condições higrométricas apropriadas. Em grãos de cereais e farinhas conservados em silos, uma passagem de umidade pode favorecer a proliferação de mofos. Evitam-se esses acidentes utilizando locais termicamente isolados.

As reações enzimáticas, o escurecimento não-enzimático, diversos processos de hidrólise e outras reações de deterioração ocorrem em velocidades insignificantes, desde que a embalagem e as condições de armazenamento permitam manter a a_w nos valores obtidos ao final da desidratação e que a temperatura de conservação seja inferior a 12°C.

Os alimentos desidratados porosos são muito sensíveis às reações de oxidação (de lipídeos, pigmentos, vitaminas e substâncias aromáticas), o que limita sua conservação. Por isso, aconselha-se o acondicionamento a vácuo ou em atmosferas inertes (N_2), bem como a utilização de materiais impermeáveis ao oxigênio e opacos. Além disso, os alimentos desidratados são frágeis e quebradiços (em particular os que se obtêm por liofilização), devendo, por isso, ser protegidos dos danos mecânicos.

Reconstituição dos alimentos desidratados

A aptidão dos alimentos desidratados para a reidratação ou reconstituição é um indicativo de sua capacidade de captar e absorver a água e de chegar ao estado próximo ao do produto original. A reidratação às vezes é difícil e pode ser facilitada com o uso de água quente ou ligeiramente salgada, ou com a adição de agentes umectantes que rebaixem a tensão superficial. Essa operação é condicionada por diversos fatores.

Nos produtos desidratados inteiros ou fragmentados em porções, a reidratação depende principalmente:

a) Da estrutura dos fragmentos desidratados. Assim, os alimentos liofilizados costumam reidratar-se facilmente devido à sua estrutura porosa.
b) Do grau de alteração experimentado durante a secagem pelos componentes do alimento que retêm água (sobretudo proteínas e amidos). Isso faz com que a reconstituição de muitos produtos dependa da velocidade inicial de desidratação. O possível dano térmico durante a dessecação, ou aquele causado por congelamento inadequado, no caso da liofilização, pode levar à redução da capacidade de retenção de água; após sua reconstituição, o produto apresentará aspecto e textura deficientes.

Nos produtos dessecados em pó, a reconstituição depende de várias propriedades, entre as quais encontram-se:

a) Umectabilidade ou capacidade das partículas de pó de adsorver água em sua superfície, iniciando-se assim sua reidratação. Essa propriedade depende, em grande parte, do tamanho das partículas (Capítulo 12). Quando elas são pequenas e apresentam grande relação área/massa, não se umedecem individualmente, mas formam aglomerados com uma camada superficial umedecida que se opõe à difusão da água no interior. A composição das partículas, sobretudo a natureza de sua superfície, também condiciona a umectabilidade. Desse modo, a presença de gordura livre na superfície reduz consideravelmente essa propriedade, sendo, às vezes, necessário adicionar agentes com atividade de superfície, como, por exemplo, lecitinas.
b) Submergibilidade ou capacidade das partículas de pó de afundar rapidamente na água. Depende principalmente do tamanho e da densidade das partículas. Quando são grandes e densas, submergem com mais rapidez. As partículas que contêm muito ar retido podem ser relativamente grandes e, no entanto, apresentar pouca submergibilidade devido à sua baixa densidade.
c) Dispersibilidade ou facilidade com que as partículas de pó se distribuem como entidades individuais na superfície e dentro da água de reconstituição. Essa propriedade aumenta quando a submergibilidade é elevada e opõe-se à formação de grumos.
d) Solubilidade. Refere-se à velocidade e ao grau com que os componentes das partículas de pó se dissolvem na água. Depende principalmente da composição química do produto e de suas características físicas (sobretudo cristalização).

Para que o produto desidratado em pó possa ser qualificado como *instantâneo*, requer-se o correto equilíbrio entre as características mencionadas.

Para melhorar a reidratação dos produtos, pode-se recorrer a diversos procedimentos:

a) Ajuste das condições de dessecação para obter partículas com tamanho e densidade mássica mais adequados para a reidratação. Em algumas situações, recorre-se à introdução de etapas adicionais no processo, como, por exemplo, a recristalização na desidratação do soro por atomização.
b) Reciclagem de partículas finas que normalmente se produzem nos secadores atomizadores. Nesses casos, as partículas dessecadas que saem da câmara são resfriadas sobre um resfriador vibratório de base fluidizada. As de menor tamanho são recicladas junto com as que são arrastadas pelo ar de saída da câmara de dessecação.
c) Instantaneização. Nesse caso, o produto sai da câmara de dessecação com conteúdo de umidade relativamente alto (na ordem de 6 a 8% com base no peso úmido). Nesse estado, as partículas são termoplásticas e apresentam superfícies aderentes; ao entrarem em contato, formam aglomerados (com diâmetro de 300 a 400 μm). Finalmente, esses aglomerados são dessecados e resfriados em unidade de base fluidizada (Capítulo 12).
d) Reumidificação. É o método mais eficiente e mais utilizado para facilitar a reconstituição dos alimentos desidratados em pó. O produto dessa natureza obtido por atomização em uma planta convencional é posto em contato com vapor ou com ar úmido quente. Em seguida, facilita-se o contato entre as partículas umedecidas para que se formem aglomerados, tratando o produto em uma câmara cônica. Os aglomerados que se formam são dessecados na câmara e, depois, resfriados em base fluidizada vibratória. Outros procedimentos de aglomeração (Capítulo 12) fundamentam-se no contato do alimento desidratado em pó com fina chuva (produzida por bocal nebulizador de jato com roda atomizadora) de água ou de solução de um ou de todos os componentes do produto desidratado.

A aglomeração aumenta a quantidade de ar retido entre as partículas. Durante a reconstituição, esse ar é logo substituído por água, produzindo-se a rápida umidificação e dispersão das partículas. Além disso, a reumidificação parcial, seguida de secagem, leva à formação de cristais solúveis de lactose e de outros açúcares, evitando as formas amorfas vítreas.

REFERÊNCIAS BIBLIOGRÁFICAS

ALFA-LAVAL, EQUIPO TÉCNICO (1990): *Manual de industrias lacteas.* 2.ª ed. AMV, Mundiprensa. Madrid.

BRENNAN, J. G.; BUTTERS, J. R., COWELL, N. D. y LILLY, A. E. V. (1980): *Las operaciones de la ingeniería de los alimentos.* 2.ª ed. Acribia. Zaragoza.

CHEFTEL, J. C.; CHEFTEL, H. y BESANÇON, P. (1989): *Introducción a la bioquímica y Tecnología de los Alimentos,* vol. 2. Acribia. Zaragoza.

EARLE, R. L. (1987): *Ingeniería de los alimentos.* Acribia. Zaragoza.

FELLOWS, P. (1994): *Tecnología del procesado de los alimentos. Principios y prácticas.* Acribia. Zaragoza.

KAREL, M.; FENNEMA, O. R. y LUND, D. B. (1975): *Principles of food science. Part II: Physical principles of food preservation.* Marcel Dekker, Inc. Nueva York.

RESUMO

1 A *acidificação* é o método utilizado desde tempos remotos para ampliar a vida útil de muitos alimentos, sendo realizada de forma biológica com a fermentação dos açúcares da matéria-prima (p. ex., leites fermentados) ou mediante a adição de ácidos fracos (p. ex., escabeches). Algumas vezes, o pH baixo é o fator fundamental (iogurte) ou único (vinagre) da estabilidade do alimento acidificado, mas, em outros casos, seu efeito se combina com outros agentes, como refrigeração (iogurte), tratamento térmico (alguns escabeches enlatados) ou baixa a_w (embutidos e queijos).

2 As preferências dos consumidores por alimentos com aparência *natural, frescos* ou minimamente processados impulsionaram o desenvolvimento das *atmosferas controladas* (o alimento é mantido em determinada mistura de gases que permanece constante durante o armazenamento) e *modificadas* (o alimento é acondicionado em uma determinada mistura de gases que pode sofrer modificações durante o armazenamento). O *acondicionamento a vácuo* (evacuação do ar da embalagem sem a substituição por outro gás) é considerado um tipo de atmosfera modificada. A modificação da atmosfera é utilizada para ampliar a vida útil de alimentos de origem vegetal (destinada, sobretudo, a inibir os fenômenos de envelhecimento pós-colheita) e animal (em combinação com a refrigeração para inibir a microbiota alterante).

3 A a_w dos alimentos frescos e processados é um dos parâmetros que determinam seu caráter perecível ou estável. De acordo com esse fator, os alimentos foram classificados em produtos com: *a)* a_w superior a 0,98 (a maior parte dos alimentos frescos), nos quais a maioria dos microrganismos pode crescer rapidamente em temperatura ambiente, *b)* a_w entre 0,98 e 0,93 (leite concentrado, carnes curadas, queijos frescos, pão, etc.), que inibe o crescimento das bactérias Gram negativas, dando lugar às Gram positivas, *c)* a_w entre 0,93 e 0,85 (queijos maturados, leite condensado, etc.), que permite o crescimento de cocos Gram positivos, mofos e leveduras, *d)* a_w entre 0,85 e 0,60 (alimentos de umidade intermediária), seguros do ponto de vista sanitário, embora possam crescer alguns mofos, e *e)* a_w inferior a 0,60 (doces diversos, leite em pó, batatas fritas, etc.), nos quais não cresce nenhum microrganismo.

4 A *evaporação* consiste na eliminação de água dos alimentos líquidos por ebulição, para concentrar os sólidos totais e assim reduzir a a_w. Mas pode ser realizada também com outros fins, como a concentração de líquidos antes da aplicação de outras operações (desidratação, congelamento, esterilização) e a redução do peso e do volume.

O fluido calefator utilizado na evaporação é vapor d'água saturado (*vapor primário*), que se condensa, cedendo seu calor latente ao produto que se evapora. A operação ocorre em *evaporadores* dotados de trocadores de calor. A velocidade de evaporação depende da transferência de calor e da transferência de massa relacionada com a liberação de vapor d'água do alimento (*vapor secundário*).

5 A *desidratação, secagem* ou *dessecação* é definida como a extração deliberada e em condições controladas da água contida nos alimentos. Essa operação é realizada por evaporação ou, no caso da liofilização, por sublimação da água. Na maioria dos casos, o produto resultante apresenta umidade inferior a 3%. Os objetivos dessa operação consistem em aumentar a vida útil dos alimentos, reduzir o peso e o volume, facilitar o uso e diversificar a oferta de produtos.

6 A *liofilização*, também chamada de *criodesidratação*, é um tipo particular de desidratação por sublimação. Para realizá-la, congela-se o produto, colocando-o em temperatura e pressão parcial de vapor d'água inferiores às do *ponto triplo* (0,0099°C e 610,5 Pa), proporcionando-lhe o calor latente da sublimação (2,84 MJ kg^{-1}).

7 Na desidratação, ocorrem simultaneamente transferência de massa (movimento da água ou do vapor d'água pelo alimento e o arraste do vapor d'água do entorno do alimento) e transferência de calor (para proporcionar o calor latente de vaporização ou sublimação da água). Esta última pode ser feita por condução (dessecação por contato direto com uma superfície quente), convecção (dessecação com ar quente) e radiação (dessecação mediante o aporte de energia de uma fonte radiante).

8 A capacidade de *reidratação* ou *reconstituição* do produto é um indicativo da sua capacidade de captar e absorver água e de chegar a um estado próximo ao do produto original. Às vezes, a reidratação é difícil, podendo ser facilitada com a utilização de água quente ou ligeiramente salgada, ou com a adição de agentes umectantes, que diminuem a tensão superficial. Pode-se recorrer ainda a outras operações, como a instantaneização e a reumidificação.

9 A *desidratação osmótica* implica a imersão de produtos com alto conteúdo de água em soluções açucaradas ou salinas concentradas, havendo a transferência simultânea de massa em contracorrente entre o produto e a solução.

CAPÍTULO 12

Operações de transformação

Neste capítulo, desenvolvem-se as principais operações de transformação aplicadas na indústria alimentícia. Esse grupo inclui grande quantidade de operações de natureza muito diversa: redução e aumento de tamanho, mistura, moldagem, modificação da textura, extrusão, operações de separação e transformações químicas. Para cada uma delas, descrevem-se seus fundamentos, o equipamento utilizado e as aplicações mais comuns da indústria alimentícia, bem como as modificações que sofrem as matérias-primas alimentícias a elas submetidas.

INTRODUÇÃO

As operações de conservação, tratadas nos capítulos anteriores, têm como principal objetivo reduzir ou evitar a alteração dos alimentos, embora isso suponha quase sempre certa modificação da matéria-prima. As operações de transformação examinadas neste capítulo, diferentemente das anteriores, buscam modificar a matéria-prima alimentícia para obter ingredientes ou alimentos com novas e/ou melhores características funcionais, sensoriais ou nutritivas. Mas é preciso dizer que essa divisão não é estrita, pois existem algumas operações que cumprem os dois objetivos ao mesmo tempo, como é o caso da extrusão a quente.

Atualmente, as operações de transformação têm grande importância, sobretudo nas sociedades desenvolvidas, porque permitem aumentar a variedade e a qualidade dos alimentos disponíveis, contribuindo para a diversificação da dieta. Algumas dessas operações podem contribuir igualmente para o aproveitamento de matérias-primas alimentícias até agora subutilizadas, a fim de ajudar a reduzir o problema da escassez de alimentos nos países em desenvolvimento.

Nessa categoria de operações, inclui-se grande variedade de transformações. Algumas são relativamente simples e, às vezes, operações preliminares a outras de conservação ou transformação, como, por exemplo, a redução de tamanho anterior a um tratamento térmico ou a uma extração. Outras, como a extrusão, são tão complexas que, isoladamente, constituem um processo.

É difícil fazer generalizações que sejam válidas para esse vasto conjunto de operações, porque cada uma tem suas peculiaridades. Contudo, a maioria não modifica o valor nutritivo da matéria-prima alimentícia, pois são operações que se realizam em temperatura ambiente. Também não mudam significativamente a vida útil dos alimentos, embora, em alguns casos, possam favorecer sua alteração (como nas operações de redução de tamanho) e em outros, ao contrário, sua conservação (como os produtos obtidos por extrusão, que têm baixa a_W).

Não há consenso entre os diversos autores para estabelecer a classificação das operações de transformação. Alguns o fazem em função da natureza da transformação (física, química ou físico-química), enquanto outros baseiam-se no impacto que tem a transformação na composição do produto (Tabela 12.1). Em qualquer caso, não se devem considerar como classificações estritas, visto que uma operação pode ser incluída em mais de uma categoria.

REDUÇÃO DE TAMANHO

A redução do tamanho é a operação unitária pela qual se diminui o tamanho médio das partículas de um produto mediante forças mecânicas. Aplicada a produtos sólidos, a redução de tamanho é chamada de *trituração*, *moagem* ou *corte*; na de produtos líquidos, incluem-se a *atomização*, a *homogeneização* e a *emulsificação*.

Tabela 12.1 Classificação das operações de transformação conforme o impacto que produzem na composição do produto

Nível 1 (impacto)	Nível 2	Nível 3
Mudança de tamanho/forma (+)	Redução de tamanho	Moagem, trituração, corte, fatiado, homogeneização, emulsificação, etc.
	Aumento de tamanho	Aglomeração, floculação, etc.
	Mudança de forma	Moldagem, etc.
Separação (++)	Física ou mecânica	Sedimentação, centrifugação, filtração, ultrafiltração, prensagem, peneiração, etc.
	Físico-química	Extração líquido-líquido e líquido-sólido, extração com fluidos supercríticos, cristalização, destilação...
Combinação (+++)	Mistura simples	Mistura, amassadura, homogeneização, etc.
	Mistura com texturização	Formação de emulsões e espumas, homogeneização, etc.
Transformação química (++++)	Por calor	Assado, tostagem, cozimento, fritura, preparo em forno, etc.
	Por reações químicas e enzimáticas	Hidrogenação e esterificação de gorduras, hidrólise, etc.
	Por microrganismos	Fermentações (alcoólica, láctica, etc.)

Entre os diversos objetivos da redução de tamanho das matérias-primas alimentícias, podem-se mencionar:

a) A adequação ao processamento posterior, considerando que a redução de tamanho aumenta a relação superfície/volume, o que facilita as operações baseadas na transferência de energia ou de massa, como, por exemplo, os tratamentos térmicos, a desidratação e a extração. A obtenção de partículas com tamanho homogêneo também contribui para mistura uniforme no preparo de alimentos formulados com vários ingredientes (p. ex., as sopas secas).
b) A obtenção de produtos específicos que tenham propriedades funcionais adequadas (especiarias, açúcar cristal, etc.)
c) O aumento da gama de produtos (p. ex., os embutidos para lanche).
d) A facilitação, de maneira geral, de seu manejo e transporte.

Redução de tamanho de alimentos sólidos

As forças mecânicas que intervêm na redução de tamanho de alimentos sólidos são a compressão, o impacto e o cisalhamento, sendo que, em cada equipamento, costuma predominar uma delas. As forças de compressão são as mais importantes na trituração de materiais espessos, até obter partículas de cerca de 3 mm, enquanto as de cisalhamento costumam estar associadas à moagem ou à redução de tamanho para obter produtos de tamanho muito menor em pó.

Em geral, trituração e a moagem são consideradas operações muito ineficazes do ponto de vista energético. De fato, utiliza-se apenas pequena parte da energia aplicada na ruptura ou na fragmentação do sólido. A maior parte é destinada à deformação desse sólido e à criação de novas linhas de debilidade, pelas quais se possa produzir a ruptura sucessiva dos fragmentos. O restante da energia é dissipado em forma de calor. Entre as propriedades dos alimentos que determinam a quantidade de energia necessária para sua fragmentação, encontram-se a dureza e a friabilidade (ou tendência ao esfarelamento), bem como o conteúdo de água.

A fricção entre as partículas de produto e entre as partículas e o equipamento, juntamente com a dissipação do excesso de energia aplicada, pode fazer com que a temperatura dos produtos aumente significativamente, favorecendo sua alteração. Durante o processamento de alimentos sensíveis ao calor, a temperatura pode ser controlada mediante dispositivos de refrigeração (como camisas ou serpentinas) ou misturando diretamente N_2 líquido ou CO_2 sólido ao alimento antes de seu tratamento.

Equipamento e aplicações na indústria alimentícia

Os aparelhos para a redução de tamanho têm diferentes modelos e dimensões. A escolha do equipamento adequado depende das características do produto inicial e das que se desejam no produto final.

De acordo com as características do produto inicial, distinguem-se aparelhos para a desintegração de:

1. *Alimentos duros e secos*, com os quais se procura obter fragmentos ou pós mais ou menos secos. Inclui-se aqui grande variedade de *moinhos* que, de maneira geral, têm construção sólida, são de aço e operam em velocidades lentas. Entre as principais aplicações, pode-se mencionar a moagem de cereais, açúcar, leite desidratado, especiarias, corantes, etc.
2. *Alimentos frescos*, como a carne, as frutas e as hortaliças, em geral mais moles, fibrosos ou úmidos. As forças de interesse são as de impacto e cisalhamento. Em muitos casos, o equipamento é parecido com o dos alimentos duros e secos, substituindo as superfícies planas por superfícies cortantes. Como exemplos desse tipo de operação, temos o *corte em fatias ou filés*, a *fragmentação em escamas* e *em cubos*, o *picado* e o *esfarelamento*.

A redução de tamanho tem muita importância na indústria de carne, sendo fundamental na elaboração de grande variedade de produtos cárneos. Contribui para diminuir a dureza da matéria-prima e incrementar a área superficial e sua capacidade de ligação.

Os *picadores* permitem obter tamanho de grau regular, mas provocam certo achatamento da carne. Um dos componentes básicos de um picador-padrão simples (Figura 12.1) é a rosca sem fim, que dirige a carne para o dispositivo cortador. Esse dispositivo, por sua vez, consta de uma placa pré-cortadora, uma lâmina e uma placa perfurada, cujos orifícios apresentam superfícies de corte nas duas faces. Durante a operação, a matéria-prima é submetida a forças de cisalhamento e pressão (entre a rosca sem fim e a estrutura estacionária), de impacto (lâminas) e de compressão (placa perfurada).

A fragmentação ou corte em pedaços ou fatias é feita normalmente com aparelhos de funcionamento contínuo do tipo Urschel Comitrol (Figura 12.2), que proporcionam corte limpo e granulometria regular. O impulsor gira em velocidade superior a 400 rpm e move-se no interior da cabeça estática dotada de superfícies cortantes ou lâminas. Essas lâminas incidem em sentido inverso ao do movimento do impulsor e estão dispostas em colunas, entre as quais abrem-

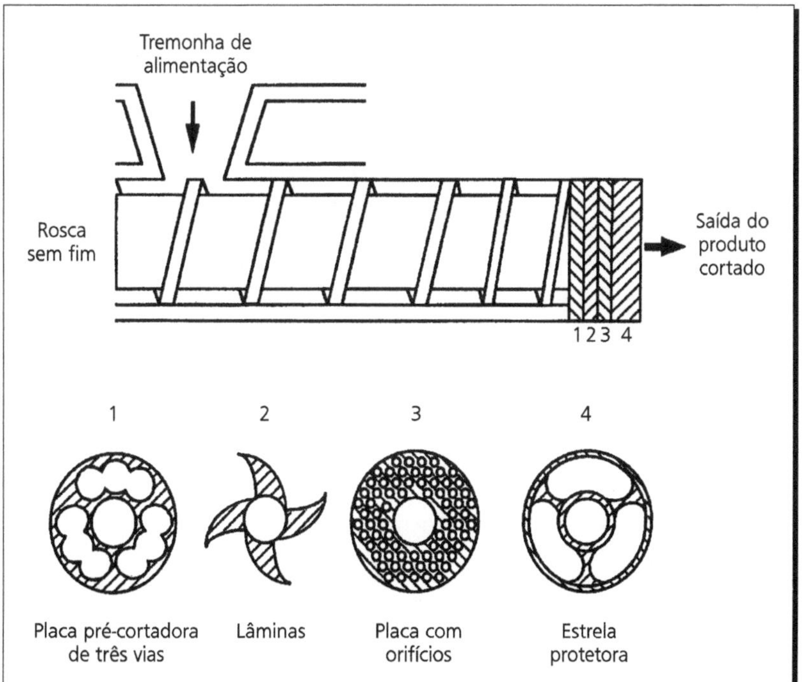

Figura 12.1 Esquema de picador de carne.

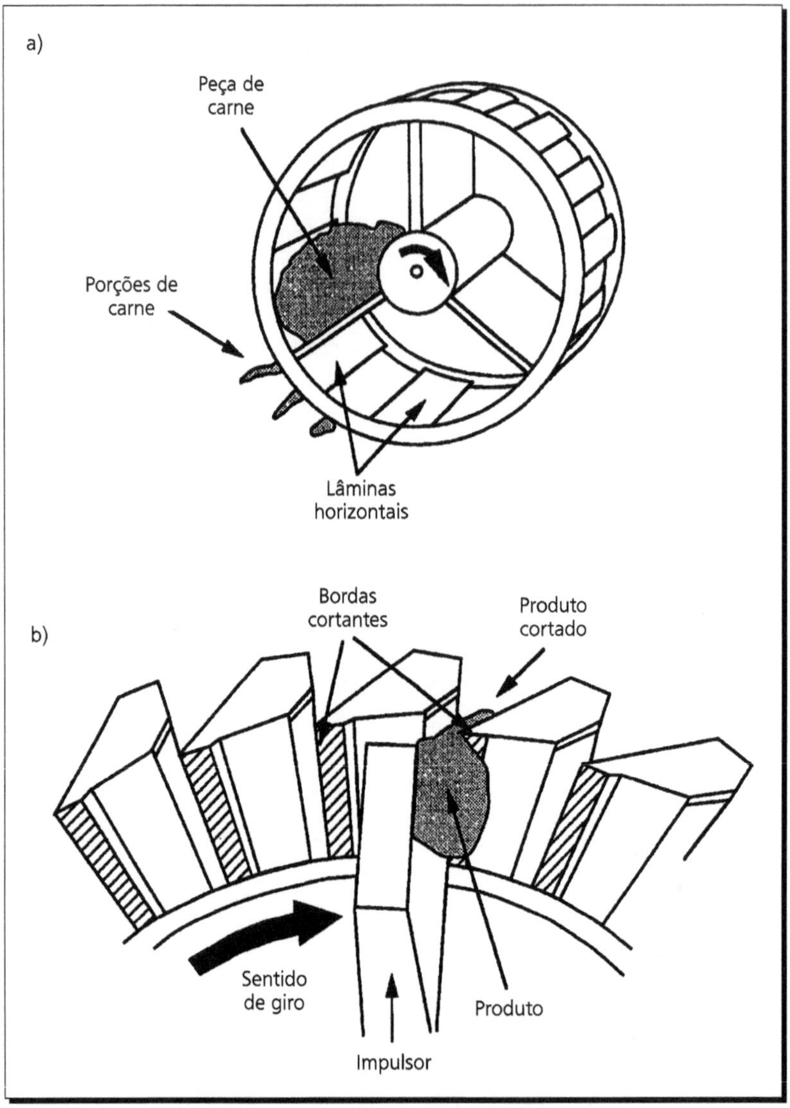

Figura 12.2 Esquema do sistema Urschel Comitrol®: a) cabeça cortante; e b) formação de porções.

se espaços de saída. A carne é impulsionada pela força centrífuga e arrastada até as bordas das lâminas. O grau de redução é regulado pela velocidade do impulsor, pelo número e tipo de lâminas, pelo tamanho e pela disposição dos orifícios de saída. Em geral, a espessura dos pedaços varia entre 0,76 e 42 mm.

Para a fragmentação em cubos, emprega-se equipamento similar (Figura 12.3), combinado com uma lâmina redonda horizontal que subdivide as fatias em tiras. Em seguida, essas tiras são dirigidas a um conjunto de lâminas perpendiculares, no qual são cortadas para tomar a forma de cubos.

O cúter (Figura 12.4) provavelmente é um dos equipamentos mais importantes e versáteis da indústria de carne, também utilizado para o corte de diversos tipos de frutas e hortaliças duras. O que mais se destaca nesse tipo de equipamento é que, junto com a operação de redução de tamanho, ele mistura e amassa intencionalmente os ingredientes necessários para a elaboração de grande quantidade de embutidos. Consta de uma cuba redonda horizontal (entre 10 e 1.000

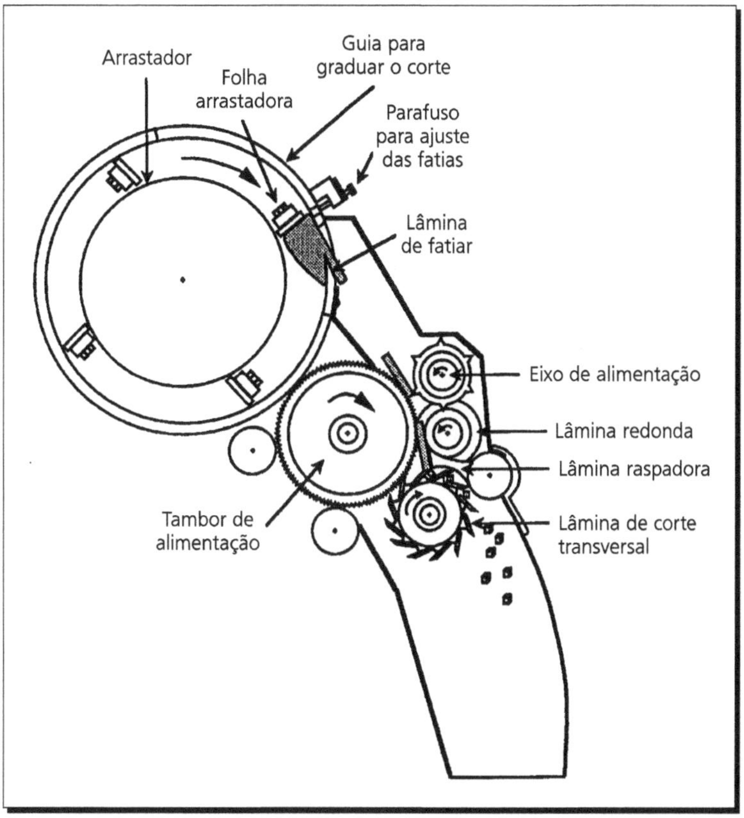

Figura 12.3 Representação esquemática da máquina de fragmentação em cubos.

litros de capacidade), que gira lentamente movendo o produto até uma árvore, a qual também gira em grande velocidade (até 6.000 rpm), e em cujo extremo há uma série de lâminas (de 3 a 12). A redução de tamanho obtida depende da forma, da quantidade e da disposição das lâminas, bem como do tempo de permanência do produto na cuba. Esta pode ser tampada em parte ou totalmente e, no último caso, é possível empregar vácuo para evitar a oxidação dos ingredientes que estão sendo processados.

Efeito nos alimentos

Essa operação muda drasticamente a textura dos alimentos, sobretudo quando se consegue forte desagregação e redução da estrutura original. O aroma também pode ser modificado pela perda de substâncias voláteis, especialmente quando se aumenta a temperatura durante a operação.

Em geral, a redução de tamanho não prolonga a vida útil dos alimentos. Na verdade, pode influir negativamente se consideramos que, como conseqüência da ruptura dos tecidos, liberam-se enzimas que estavam compartimentadas nos tecidos intactos e possíveis substratos para o crescimento de microrganismos. A exposição ao ar de maior superfície do produto pode favorecer reações de oxidação, como também outras reações químicas e enzimáticas e o crescimento de microrganismos. Como conseqüência de tudo isso, ocorrem pequenas perdas nutritivas (oxidação de vitaminas e de ácidos graxos) e sensoriais (cor) e redução da vida útil do produto, sobretudo quando não se controla a temperatura.

Redução de tamanho de alimentos líquidos

A *atomização* consiste na subdivisão de um líquido em pequenas gotas de tamanho uniforme a fim de obter aspersão. É uma operação prévia fundamental para facilitar e acelerar a transmissão de calor e de massa em alguns tratamentos térmicos, desidratação, etc. Um dos atomizadores mais co-

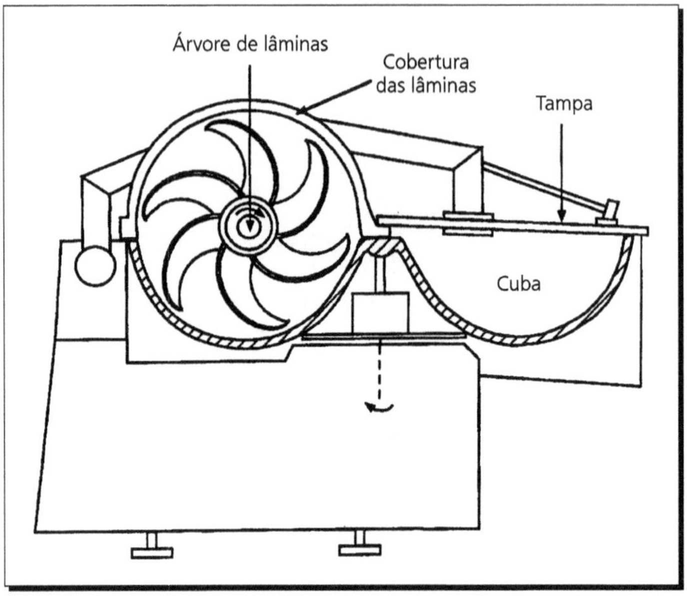

Figura 12.4 Esquema de um cúter.

muns da indústria alimentícia é o atomizador centrífugo (Figura 12.5), que permite manejar fluidos bastante viscosos e, diferentemente de outros, não se obtura facilmente se houver partículas no líquido de alimentação. Além disso, é muito resistente à abrasão, e não se observam grandes variações no tamanho das gotas com o passar do tempo. O líquido é introduzido em um disco que gira em grande velocidade e que tem ranhuras ou canais, de onde emergem gotas de tamanho bastante uniforme (50 a 60 μm).

A *emulsificação* é a operação pela qual se obtém a dispersão de um líquido (fase descontínua, dispersa ou interna) em forma de gotas muito pequenas (0,1 a 50 μm de diâmetro) em outro (fase contínua, dispersante ou externa), sendo ambos os líquidos imiscíveis. Essa dispersão é chamada de *emulsão*. Em algumas situações, a emulsificação é considerada uma operação de mistura, já que se obtém a distribuição mais uniforme de dois componentes imiscíveis.

Uma operação muito relacionada com essa é a *homogeneização*, que consiste na redução de tamanho (0,5 a 3 μm) e no aumento do número de partículas da fase dispersa de uma emulsão já formada.

Os dois tipos básicos de emulsões resultantes da mistura de uma fase aquosa e de uma fase lipídica são os de óleo em água, quando o óleo é a fase dispersa (p. ex., o leite), e as de água em óleo, quando a fase dispersa é a aquosa (p. ex., a manteiga). Porém, é preciso assinalar que a maioria das emulsões alimentícias é muito mais complexa, já que, além dessas duas fases líquidas imiscíveis, costuma haver partículas sólidas e borbulhas de gás (p. ex., os sorvetes). Às vezes, não se tem sequer solubilização perfeita das fases, como nos embutidos, nos quais se encontram inclusive estruturas fibrilares.

As diversas forças de coesão entre as moléculas das duas fases determinam que exista uma tensão interfacial. Para superá-la e manter as duas fases em movimento e separadas, é necessário proporcionar energia. Normalmente, consegue-se isso mediante agitação violenta ou pressão elevada, que cisalha ou divide as gotas grandes da fase dispersa em outras menores. Como conseqüência dessa divisão, há grande aumento da área superficial da fase dispersa. Por isso, muitas vezes, é preciso utilizar *compostos tensoativos* ou *surfactantes* que reduzem o requisito energético necessário para criar essa nova superfície. Em termos moleculares, os tensoativos são moléculas anfifílicas que contêm uma porção hidrofílica e outra hidrofóbica, apresentando, por isso, forte tendência a dispor-se na interface água-óleo. Entre os mais freqüentes na indústria alimentícia, podem-se mencionar os mono e os diglicerídeos, os fosfolipídeos (lecitina) e as proteínas.

As emulsões, depois de formadas, são instáveis, e suas fases podem voltar a separar-se por sedimentação ou flutuação, agregação e/ou coalescência das gotas da fase dispersa. A estabilidade da emulsão depende, portanto, da intensidade das forças interfaciais, do tamanho das gotas da fase dispersa, da diferença de densidades entre as duas fases e da visco-

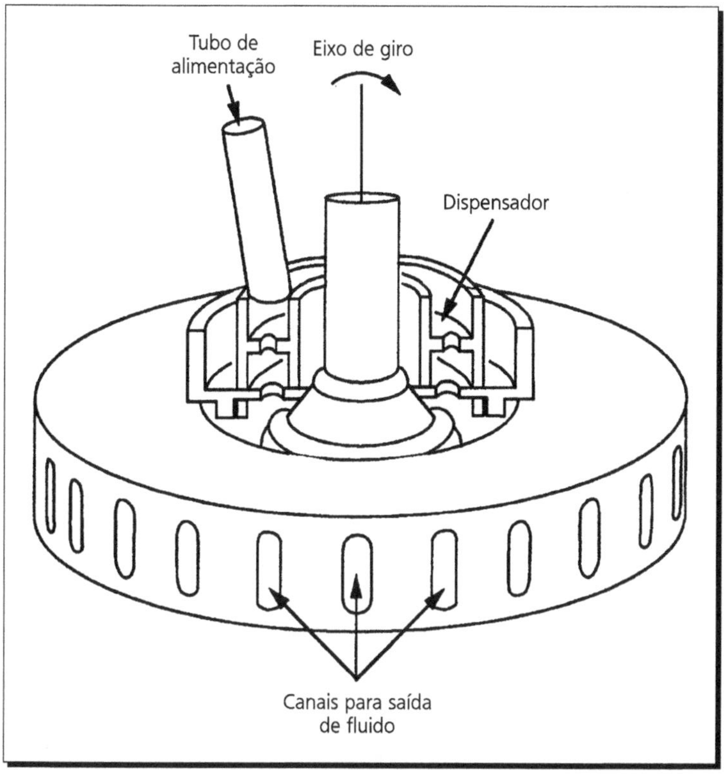

Figura 12.5 Esquema de atomizador centrífugo.

sidade da fase contínua. Pode-se aumentar bastante a estabilidade de uma emulsão utilizando *emulsificadores* ou *emulgentes*, que têm atividade de superfície e formam uma película em torno das gotas da fase dispersa, evitando sua coalescência. Em alguns casos, os emulgentes supõem um impedimento estérico ou elétrico à união das partículas da fase dispersa. Outros emulgentes aumentam a viscosidade da fase contínua e, portanto, restringem a freqüência de colisões entre essas partículas, como, por exemplo, os hidrocolóides. Outra forma de evitar ou retardar a desestabilização das emulsões é a solidificação da fase contínua; é o que ocorre em algumas emulsões cárneas, ao se aplicar calor, ou nos sorvetes, ao se aplicar frio.

Equipamento e aplicações na indústria alimentícia

Para conseguir a divisão da fase dispersa em uma infinidade de gotas do tamanho requerido (normalmente 1 a 10 μm), necessita-se de forças de cisalhamento de grande intensidade. O equipamento depende das características da matéria-prima:

1. Os *misturadores* de grande velocidade, de tipo turbina e hélice, são adequados para sistemas líquidos de baixa viscosidade. Os misturadores mais lentos, com agitação suave, são úteis apenas para o manejo de substâncias muito viscosas, como a massa de pão.
2. Os *homogeneizadores a pressão* (Figura 12.6a), compostos de uma bomba de pressão (10 a 70 MPa) que conduz o líquido por meio de uma válvula de homogeneização com abertura regulável, são empregados para fluidos pouco viscosos, como o leite, os sorvetes, os temperos para saladas e os molhos.
3. Os *moinhos coloidais* com discos verticais, nos quais uma pequena abertura entre os discos (50 a 159 μm) e a grande velocidade de giro (3.000 a 15.000 rpm) proporcionam grande turbulência e força de cisalhamento, são úteis para produtos muito viscosos, como pastas de carne e de peixe (Figura 12.6b). Esses moinhos costumam ser refrigerados porque a fricção gera quantidade considerável de calor.
4. Os *homogeneizadores de ultra-sons*, que aplicam ondas de som de alta freqüência (18 a 30 kHz) geradas por vibrador de cunha ou lâmina metálica, são utilizados para

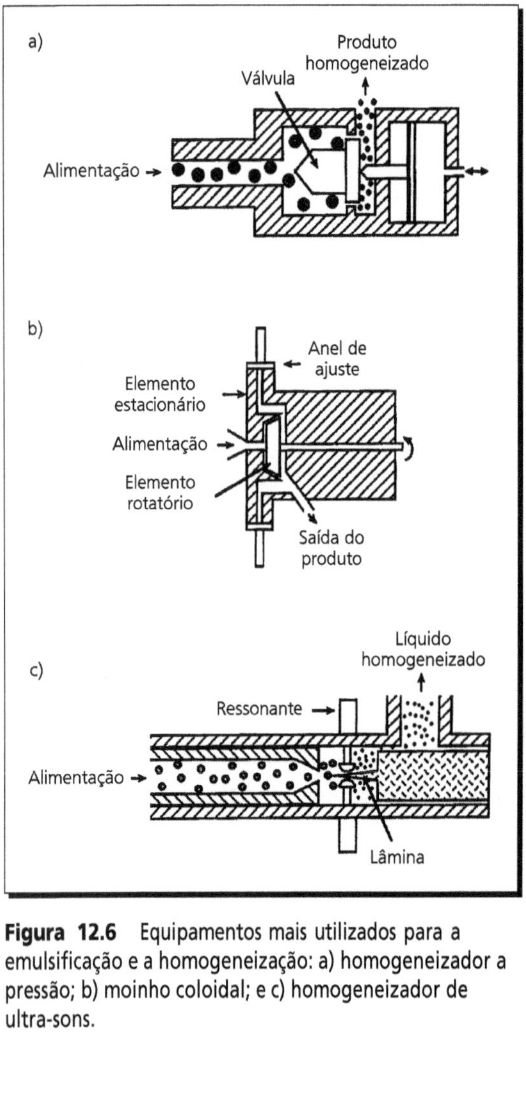

Figura 12.6 Equipamentos mais utilizados para a emulsificação e a homogeneização: a) homogeneizador a pressão; b) moinho coloidal; e c) homogeneizador de ultra-sons.

alimentos líquidos, como temperos para saladas, emulsões de óleos essenciais, sorvetes e cremes artificiais (Figura 12.6c). Os ciclos de compressão e tensão, assim como os fenômenos de cavitação das borbulhas de ar, permitem formar emulsões com tamanho de gota de 1 a 2 μm.

Entre as principais aplicações da emulsificação e da homogeneização na indústria alimentícia, cabe citar a fabricação dos seguintes produtos:

1. Manteiga, por inversão da emulsão natural do leite.
2. Margarinas, elaboradas a partir de misturas de gorduras e óleos com leite desnatado, sal, vitaminas e agentes emulsificantes. Têm a estrutura similar à da manteiga.
3. Leite homogeneizado, no qual a emulsão natural do leite se estabiliza, reduzindo o tamanho dos glóbulos de gordura.
4. Sorvetes, emulsão complexa cuja textura final, assim como a estabilidade, é obtida pelo congelamento da emulsão formada em estado líquido.
5. Emulsões cárneas, como salsichas e patês, nas quais os glóbulos de gordura, cobertos por fina película protéica, estão dispersos em fase contínua aquosa completa (que contém diversos componentes musculares solúveis junto com segmentos de fibras musculares e de tecido conectivo). O tratamento térmico posterior contribui para sua estabilidade.
6. Temperos para saladas e maionese.
7. Biscoitos e produtos de padaria cuja fase contínua também é complexa (com amido coloidal, açúcares e aromas em solução e borbulhas de ar). São preparados de forma mais ou menos líquida, obtendo-se a textura final durante o preparo em forno.

Efeito nos alimentos

A emulsificação e a homogeneização modificam as propriedades funcionais e organolépticas dos alimentos. A viscosidade aumenta bastante quando cresce o número de glóbulos de gordura nos alimentos líquidos e semilíquidos (p. ex., no leite). A textura das emulsões sólidas também muda, mas, nesse caso, são fundamentais outras operações posteriores, como o congelamento nos sorvetes e a aplicação de calor nas emulsões cárneas e nos produtos de panificação. A variação na cor depende, em grande parte, da redução final do tamanho da fase dispersa. O leite homogeneizado, por exemplo, é mais branco. Normalmente, o sabor e o aroma melhoram com a distribuição mais homogênea dos compostos sápidos e aromáticos.

Quanto ao valor nutritivo, a redução de tamanho de partículas de gordura e protéicas pode favorecer sua digestibilidade, o que é importante nos alimentos infantis.

A vida útil não muda, mas é necessário um processamento higiênico para evitar a dispersão de eventuais microrganismos contaminadores presentes na matéria-prima. De maneira geral, é necessário complementar com algum procedimento de conservação que permita prolongar a vida útil das emulsões.

AUMENTO DE TAMANHO

A *floculação*, ou formação de agregados insolúveis de tamanho grande, é de pouco interesse na indústria alimentícia, limitando-se praticamente a eliminar colóides responsáveis pela turbidez em algumas bebidas para clareá-las. Os agentes floculantes podem ser de natureza protéica (albumina de ovo ou gelatina), polissacarídica (alginatos) ou mineral (bentonitas). A floculação também faz parte dos processos de purificação de águas e dos tratamentos de resíduos para a separação da matéria em suspensão.

A *aglomeração* melhora as propriedades funcionais dos produtos em pó obtidos pela moagem de sólidos ou pela desidratação de líquidos. Os produtos em pó que têm tamanho de partícula pequeno demais (inferior a 100 μm) são de difícil manipulação, armazenamento e reidratação, devido ás deficiências de suas propriedades de fluxo (com grande tendência à segregação e ao empastamento, à umectabilidade e à dispersabilidade). Com a aglomeração, pretende-se obter acúmulos dessas partículas finas que tenham a estrutura mais aberta. Dependendo do tipo de indústria em que se aplique, essa operação também é conhecida como *instantaneização* ou *granulação*.

Para aglomerar as partículas, é necessário que elas estejam em contato e que pelo menos uma delas tenha a superfície untuosa. Isso pode ser obtido mediante a reumidificação das partículas com líquido ou vapor d'água, o que provoca a dissolução de parte dos componentes que se encontram na superfície das partículas, aumentando assim sua viscosidade e facilitando sua união (Figura 12.7a). Os aglomerados obtidos, nos quais há poucos pontos de união entre as diversas partículas, são submetidos à secagem para a eliminação da água adicionada nessa operação e ao resfriamento abaixo de seu ponto termoplástico. A classificação posterior por tamanho elimina tantos os aglomerados grandes demais como aqueles excessivamente pequenos, selecionando os que oscilam entre 250 e 400 μm.

A aglomeração costuma ser feita utilizando a água como meio de umidificação, por exemplo, nos produtos lácteos. Às vezes, acrescenta-se um ligante, como maltodextrinas ou goma arábica, nas essências aromáticas voláteis. Nos produtos com elevado conteúdo de gordura, os aglomerados podem ser recobertos com um material que tenha atividade de superfície e diminua a tensão superficial, facilitando assim sua posterior solubilização (p. ex., lecitina).

O equipamento utilizado para a aglomeração pode ser uma base fluidizada ou uma torre de desidratação adaptada (Figura 12.7b), na qual se injeta vapor d'água; este se condensa na superfície das partículas ou em forma de gotas de água contra as quais essas partículas podem colidir. Outra

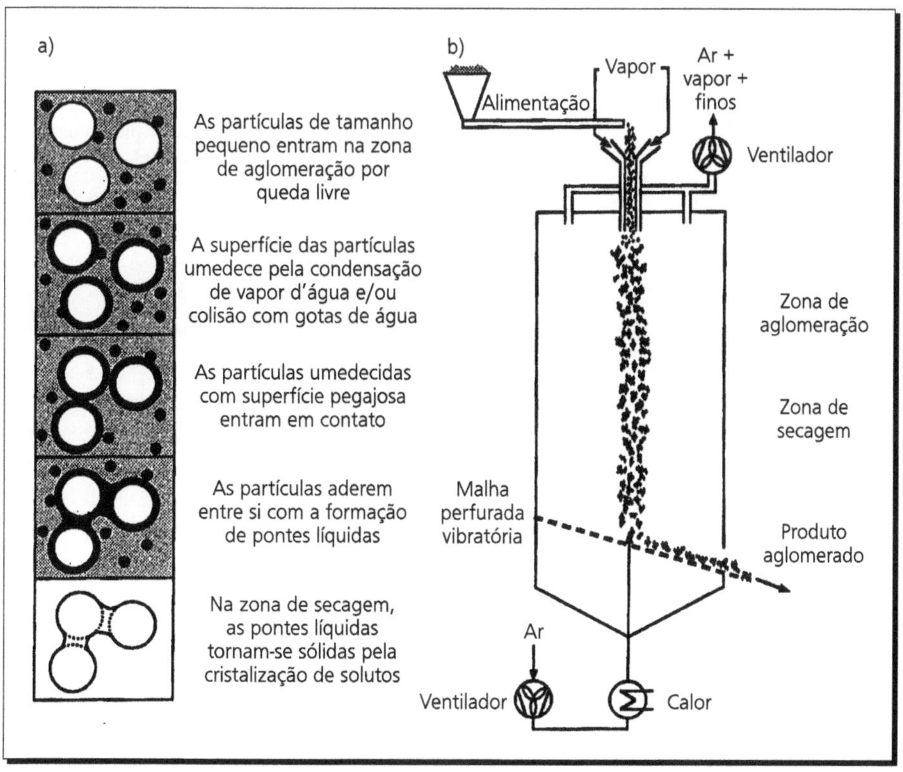

Figura 12.7 Aglomeração: a) seqüência da formação de aglomerados; e b) equipamento para a aglomeração com injeção de vapor.

possibilidade consiste na atomização de um líquido sobre a corrente de partículas. Em qualquer caso, o resultado é a formação de pontes líquidas e viscosas entre as partículas de tamanho pequeno. Estabilizam-se os aglomerados mediante secagem com ar quente, que provoca a cristalização das substâncias dissolvidas nas pontes líquidas; assim, as partículas primárias ficam unidas. As forças de união nesses aglomerados são suficientes para impedir sua erosão durante o transporte e a dosagem, reduzindo-se a formação de pó.

Os produtos aglomerados têm boas propriedades de reidratação, porque os amplos espaços de ar que ficam entre as partículas individuais ajudam a penetração do líquido na estrutura porosa. Com isso, o líquido pode envolver cada partícula, facilitando sua dispersão e imediata dissolução. Ou seja, obtêm-se *produtos instantâneos*, que se dissolvem completamente em apenas alguns segundos.

Entre as principais aplicações, pode-se mencionar a aglomeração de leite desidratado em pó ou de fórmulas para alimentação infantil, de concentrados de proteína de soro e caseinatos cálcicos (para misturas lácteas), de proteína de soja (com melhor dispersividade para a elaboração de emulsões cárneas) ou de proteínas de ovo, bem como a aglomeração de compostos aromáticos e de misturas de gelatina com sacarose e ácido cítrico (para a preparação de sobremesas).

MISTURA

A mistura é uma das operações mais comuns na indústria alimentícia, sendo necessária para a elaboração de praticamente todos os produtos. Consiste na combinação de dois ou mais componentes para obter distribuição uniforme. Consegue-se isso mediante um fluxo que normalmente é gerado por procedimentos mecânicos. Esse fluxo permite pôr em contato os diversos componentes de uma mistura (p. ex., na solução ou na formação de emulsões) e/ou destruir estruturas ao fazer um trabalho mecânico adicional (como na elaboração de produtos cárneos). Com raras exceções, entre as quais pode-se mencionar a mistura de componentes para a preparação de sopas secas, ela costuma ser uma operação preparatória. Não se limita à mistura de sólidos ou líquidos, mas inclui também a de gases, como é o caso da preparação de atmosferas modificadas para o acondicionamento ou a carbonatação de refrigerantes (líquido/gás).

Quando se manipulam gases, líquidos ou massas viscosas, é relativamente fácil obter uma mistura homogênea. Mas a situação é muito diferente para pós secos ou produtos particulados, nos quais o grau de mistura depende não apenas da eficiência do misturador, mas também de muitas características dos componentes (tamanho relativo, forma e densidade das partículas de cada componente, tendência a formar agregados, conteúdo de umidade, características da superfície e de fluxo, etc.). Nesse caso, as misturas mais homogêneas são obtidas quando os diversos componentes têm o mesmo tamanho, forma e densidade.

Equipamento e aplicações na indústria alimentícia

O equipamento utilizado depende das características dos materiais que serão processados.

Líquidos de viscosidade baixa ou média

Para a mistura desse tipo de produtos, existe grande variedade de depósitos estacionários, nos quais se dispõem *agitadores de pás* (20 a 150 rpm), *de turbina* (30 a 500 rpm) ou *de hélices* (400 a 1.500 rpm; Figura 12.8a). Nesses equipamentos, evita-se a formação de *vórtices*, nos quais há deslocamento do fluido em camadas laminares concêntricas que não se misturam entre si (fluxo laminar), colocando os agitadores em posição excêntrica, inclinada ou tombada no tanque. Também é útil dispor de tabiques defletores (lâminas verticais) nas paredes do tanque, já que rompem essas correntes circulares e provocam um fluxo turbulento. As bombas, ao provocar fluxo turbulento, também conseguem certo grau de mistura, tanto nelas como nos condutores pelos quais circulam os fluidos.

Entre as aplicações, pode-se mencionar a dissolução de soluções concentradas e de ingredientes, a batida de produtos lácteos, a reconstituição de produtos em pó, a mistura de óleos para a elaboração de margarinas e a preparação de salmouras e xaropes.

Líquidos muito viscosos e massas

Os equipamentos costumam ser específicos para cada aplicação. A maior viscosidade desses produtos requer a utilização de equipamentos mais sólidos, com menor velocidade de agitação e maior consumo energético. Para obter a mistura homogênea, é necessário que todo o produto esteja em contato com o agitador, que deve percorrer todo o recipiente, amassando e envolvendo o produto. Quando se gera muito calor por fricção, é necessário acoplar um sistema de refrigeração. Os aparelhos mais utilizados são:

a) Os *misturadores de bandeja* estacionária ou giratória, nos quais os elementos de mistura são dispostos apenas com pequena separação do tanque de mistura.
b) Os *misturadores horizontais*, que normalmente têm como elemento misturador uma folha em Z ou em Σ (Figura 12.8b), montada horizontalmente (14 a 60 rpm).

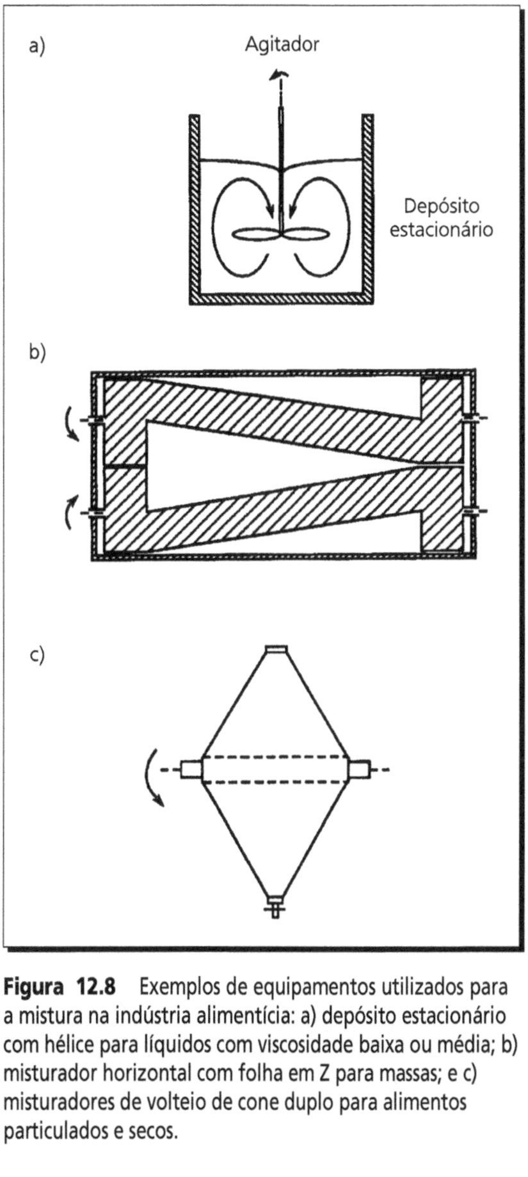

Figura 12.8 Exemplos de equipamentos utilizados para a mistura na indústria alimentícia: a) depósito estacionário com hélice para líquidos com viscosidade baixa ou média; b) misturador horizontal com folha em Z para massas; e c) misturadores de volteio de cone duplo para alimentos particulados e secos.

c) Os *misturadores contínuos*, que constam de parafuso transportador simples ou duplo, o qual gira em um barril cilíndrico e força a passagem da massa viscosa através de placas perfuradas, grades ou redes de fio.

Em algumas situações, também se utilizam moinhos coloidais e misturadores estáticos de funcionamento contínuo. Nestes últimos, a mistura é facilitada tanto pelo movimento dos próprios produtos durante seu fluxo pelos condutores como pelos diversos elementos defletores dispostos ao longo do percurso.

Entre as aplicações mais importantes, incluem-se a preparação de pastas de carne e de peixe, de queijos fundidos, e de massa de panificação e a mistura de queijos.

Produtos sólidos e secos

Com esse tipo de produtos, a obtenção de misturas de composição uniforme é muito difícil, em função da tendência à segregação que apresentam os diversos componentes durante a operação. A melhor situação que se pode conseguir é a distribuição dos componentes ao acaso. A posterior manipulação dessas misturas deve ser cuidadosa para evitar, na medida do possível, sua segregação. Os misturadores mais utilizados nesse caso são:

a) Os *misturadores de volteio*, adequados para a mistura de pós com características similares. Consistem de um depósito giratório (20 a 100 rpm) de múltiplas formas (cilindro horizontal, cone duplo, cone oblíquo, cone em V e cone em Y), no qual o produto ocupa aproximadamente 50% de seu volume (Figura 12.8c). A eficiência da mistura melhora com defletores e mecanismos giratórios internos.
b) Os *misturadores de esteiras*, aplicáveis a produtos com tendência à segregação. O movimento de duas esteiras metálicas, situadas em um recipiente horizontal estacionário, que giram em sentido inverso e em velocidade diferente, produz a mistura ao mesmo tempo em que a impulsiona. Permitem a operação contínua.
c) Os *misturadores de parafuso vertical*, de muita utilidade para incorporar pequenas quantidades de ingredientes a uma grande quantidade de produto. O parafuso pode estar em recipiente cilíndrico ou cônico e girar centralmente ou descrevendo órbitas.
d) Os *misturadores de base fluidizada* são utilizados para a mistura de partículas com características de fluidificação similares (tamanho, densidade, etc.).

A preparação de sopas secas ou de misturas de ingredientes para a elaboração de tortas e a incorporação de aditivos a produtos secos são exemplos da mistura de sólidos particulados.

Efeito nos alimentos

As operações de mistura melhoram a qualidade sensorial e as propriedades funcionais dos alimentos, pois aumentam a uniformidade destes ao tornar mais homogênea a distribuição dos componentes. Isso é interessante não apenas para o consumidor, mas também para o posterior processamento dos alimentos, sendo desejável que os produtos tratados sejam homogêneos.

Uma mistura adequada também é necessária para assegurar que os produtos cumpram a legislação correspondente e contenham os ingredientes na quantidade especificada (p. ex., os produtos cárneos ou as misturas de vegetais).

Embora a mistura não tenha efeito direto na qualidade nutritiva nem na vida útil dos alimentos, pode alterá-las indiretamente, ao permitir que os diversos componentes reajam entre si, especialmente quando se gera calor durante a operação.

MOLDAGEM

A *moldagem*, ou *formato*, aplica-se a alimentos muito viscosos e pastosos para dar-lhes formas e tamanhos distintos, sendo seu principal objetivo aumentar a diversidade e oferecer ao consumidor um produto atrativo. Além da forma, também é importante obter o tamanho homogêneo, devido a sua repercussão em operações posteriores (transmissão de calor, controle da quantidade de recheio que se vai introduzir, acondicionamento, etc.).

Os equipamentos utilizados são muito variados e específicos de cada produto; por isso, não é possível tratá-los aqui de forma muito detalhada. Podem consistir de rolos com moldes que pressionam uma lâmina contínua de massa, esteiras contínuas com moldes individuais onde se introduz o volume adequado ou moldes individuais (tripa natural, recipientes metálicos ou plásticos). Em alguns casos, é necessária a aplicação de calor para fundir pequena proporção de um componente termoplástico ou para a geleificação das proteínas, enquanto, em outros, para fixar a forma adequada, requer-se o oposto, isto é, o resfriamento da massa.

Na elaboração de embutidos e produtos cárneos, a moldagem é uma etapa de grande importância que se realiza introduzindo a massa cárnea em tripas naturais ou de materiais celulósicos ou, ainda, em moldes metálicos. Na indústria láctea, é aplicada para dar aos grãos de coalhada a forma característica do queijo, formar os blocos de manteiga e obter muitas variedades de sorvetes. A obtenção da forma característica é fundamental na produção de aperitivos e de produtos de confeitaria.

Essa operação não tem nenhum efeito significativo nas características sensoriais, no valor nutritivo ou na vida útil dos alimentos.

MODIFICAÇÃO DA TEXTURA

A textura é uma das qualidades dos alimentos mais valorizadas e reconhecidas pelos consumidores. Embora seja difícil a definição exata de textura, pode-se analisá-la em relação à percepção associada ao sentido do tato, pelos dedos, pela mão ou pela boca. São várias as operações por meio das quais pode-se modificar a textura das matérias-primas alimentícias, podendo-se mencionar entre elas a *geleificação*, a *texturização* e a *extrusão*. As duas primeiras serão tratadas brevemente a seguir, enquanto a extrusão, devido a sua complexidade, será desenvolvida no próximo item.

Geleificação

Os principais objetivos da formação do gel na indústria alimentícia são:

a) Proporcionar consistência adequada aos alimentos para que preservem sua forma e tenham textura apropriada ao mastigar (p. ex., os flãs).
b) Dar ao produto estabilidade física, mantendo partículas em suspensão, e dificultando sua sedimentação e agregação ou evitando a sinérese e o movimento de solutos por difusão.

Os componentes dos alimentos que podem formar géis são os polissacarídeos (amido, hidrocolóides), as proteínas (actomiosina, gelatina, ovalbumina, soja) e as partículas coloidais complexas (micelas de caseína), isolados ou combinados. Cada agente geleificante requer diferentes condições para a formação do gel (Capítulos 4 e 5). A rigidez, a elasticidade e a fragilidade do gel dependem, entre outros fatores, do tipo e da concentração do agente geleificante, da concentração de sal, do pH da fase aquosa e da temperatura. Além disso, não se deve esquecer que os demais componentes do produto podem afetar o processo.

A formação dos géis protéicos costuma requerer a desnaturação e o desdobramento das cadeias polipeptídicas mediante a aplicação de calor ou a mudança do pH da solução protéica, após o que se associam gradualmente para formar uma rede tridimensional. Já em outros casos, requer-se apenas hidrólise enzimática (coalhada). Os géis de polissacarídeos formam-se a partir de soluções diluídas, pela associação de regiões estruturais regulares das cadeias, por meio de cátions divalentes ou formação de hélices. Em geral, esses géis são mais quebradiços e menos elásticos que os protéicos porque a estrutura de suas cadeias é mais rígida, e as regiões entre os pontos de união de várias cadeias costumam ser mais curtas, embora isso dependa muito do tipo de polissacarídeo.

Para a formação de géis, não são necessários aparelhos específicos, pois a operação dependerá, em grande parte, do agente geleificante. Em muitos casos, é necessário aplicar calor, o que pode ser feito quando o produto se encontra no molde (p. ex., nos produtos cárneos); em outros, a geleificação ocorre durante o repouso e o resfriamento posteriores da solução aquecida e vertida em um molde (gelatinas de confeitaria).

São muitos os alimentos cuja textura depende da formação de um gel. Entre os géis protéicos mais importantes, encontram-se o iogurte, a coalhada, os produtos cárneos picados, o kamaboko, a gelatina, o tofu e a massa de panificação. Algumas proteínas (caseinatos, proteínas do soro do leite, da clara de ovo ou da soja) são adicionadas como ingredientes durante a elaboração de diversos produtos, entre outras razões, por suas propriedades geleificantes. Os polissacarídeos (pectinas, alginatos, carragenatos) também são muito utilizados, pelo mesmo motivo, como ingredientes na elaboração de doces em pasta, sorvetes, sobremesas, produtos de confeitaria e cremes para recheio de empadas e tortas.

Atualmente, há grande interesse nas misturas de biopolímeros para a formação de géis, seja por razões econômicas ou pela possibilidade de obter novas texturas. É o caso de alguns recheios de torta, que são elaborados com uma mistura de gelatina e ágar. Cada biopolímero contribui para a formação de uma rede independente, mas entremeada com a do outro. A rede de ágar é mantida em temperaturas superiores a 30°C, enquanto a facilidade com que o gel da gelatina se dissolve na boca proporciona a sensação adequada. Outra possibilidade é formar uma única rede por combinação de dois tipos distintos de biopolímeros. Essa rede terá propriedades reológicas novas e diferentes das que possuíam os géis individuais.

Texturização

A texturização tem como objetivo a transformação de soluções de proteínas com características organolépticas deficientes em películas, fibras ou partículas que tenham textura mastigável e boa retenção de água. A texturização das proteínas e os principais métodos utilizados são descritos no Capítulo 4. Como matéria-prima, utilizam-se proteínas vegetais (soja) ou produtos ricos em proteínas animais de baixa qualidade comercial (soro lácteo, subprodutos cárneos ou pescados sem valor comercial).

Às vezes, adicionam-se os produtos texturizados aos produtos cárneos picados para melhorar seu aspecto fibroso. Também são úteis para a elaboração de *carnes fabricadas*, pois as fibras podem organizar-se de tal forma que se assemelham a fibras musculares reais. Os produtos resultantes chegam a ter inclusive a mesma aparência que o pescado, o presunto ou a carne de frango ou de vitela. Esses produtos são de interesse não apenas pelo reduzido custo da matéria-prima, mas também para a alimentação de pessoas com restrições dietéticas (níveis controlados de gordura) ou vegetarianas.

EXTRUSÃO

A extrusão, mais do que uma operação, deve ser considerada um processo completo e contínuo que combina diversas operações unitárias: transporte, mistura, amassadura, cocção e moldagem. Seu principal objetivo é diversificar os alimentos, porque permite obter, a partir dos ingredientes básicos, produtos muito variados quanto à forma e à textura.

É um dos processos mais versáteis e consolidados na indústria alimentícia atual pelos seguintes motivos:

a) Os alimentos sofrem processamento mínimo quanto ao calor e às forças de cisalhamento empregados, já que é muito rápido (segundos).
b) Versatilidade, pois serve para a elaboração de produtos tradicionais, mediante operação contínua e eficiente, e também de grande diversidade de outros novos, apenas mudando os ingredientes ou as condições de operação.
c) Muitos produtos obtidos são únicos e não podem ser elaborados por outros métodos.
d) Em relação aos métodos tradicionais equivalentes, o custo de investimento e de operação é inferior, sendo maior a produtividade.
e) Automatização elevada
f) Ausência de efluentes.

O processo implica o acondicionamento da matéria-prima (composta principalmente de proteínas e/ou polissacarídeos) até o conteúdo de umidade de 15 a 40%. Em seguida, essa mistura é introduzida no corpo do extrusor, onde o giro do parafuso força sua passagem através de um bocal ou placa perfurada. A formulação, baseada em biopolímero, sofre completa transformação físico-química, obtendo-se uma massa viscoelástica que se pode moldar. Essas transformações decorrem da energia mecânica e/ou térmica aplicada ao material durante seu transporte no extrusor.

Dependendo da aplicação de calor durante o processo, distinguem-se:

a) *Extrusão de moldagem* ou *a frio*, que transforma a mistura de ingredientes em produto extrusado coesivo e homogêneo sem que seja necessário aquecimento. Os produtos típicos elaborados com esse tipo de extrusão são as massas alimentícias, a massa de panificação e os caramelos.
b) *Extrusão com cocção ou a quente*, que, como o próprio nome indica, supõe o cozimento ou aquecimento dos

ingredientes pela ação combinada do calor aplicado ao corpo do extrusor e daquele gerado pelas forças de cisalhamento, e a elevada pressão atingida (até 250°C e 25 MPa). Nesse caso, o extrusor pode ser considerado como um reator químico contínuo, capaz de processar biopolímeros ou ingredientes de outra natureza com conteúdo bastante baixo de umidade, em temperatura, pressão e forças de cisalhamento relativamente elevadas. Nessas condições, o biopolímero plástico se funde, e sua estrutura é fixada posteriormente, ao sair pela placa perfurada. Seu estado fluido original transforma-se em gomoso e, posteriormente, ao esfriar e/ou secar, em vítreo e estável. As propriedades viscoelásticas da massa e a redução da pressão ao sair do bocal causam a evaporação instantânea de parte da água, levando a massa a inchar e a expandir-se anisotropicamente, formando um produto com estrutura porosa.

As características do produto final, em qualquer dos dois tipos de extrusão, dependem das características da matéria-prima (conteúdo de água, estrutura física e composição química) e das condições em que se realiza a extrusão (temperatura, pressão, tamanho dos orifícios do bocal e intensidade das forças de cisalhamento).

A diferença de comportamento dos materiais ricos em polissacarídeos e daqueles ricos em proteína deve ser atribuída à existência de diferentes tipos de interações moleculares. Os materiais ricos em polissacarídeos, fundamentalmente amido, são bastante homogêneos quanto à composição de seus monômeros. A principal interação entre as macromoléculas, responsáveis pela estrutura final do produto extrusado, talvez seja de natureza eletrostática (entre os resíduos de açúcar). Visto que existe apenas um tipo de interação, durante o processo há a evidente transição do pó umedecido e comprimido à fase fundida (pela redução simultânea de todas as forças cooperativas, que têm energia similar). A conduta de fluxo e a magnitude da expansão do produto podem ser previstas com relativa facilidade, pois dependem principalmente da concentração de polímero e do conteúdo de água. Como essas interações são relativamente fracas, os produtos obtidos são muito expandidos e têm a estrutura frágil, que se rompe com facilidade na presença de água. Esses produtos podem ser consumidos diretamente após sua obtenção, sem necessidade de um processamento posterior (p. ex., alguns aperitivos). A adição de proteínas a essas farinhas ricas em amido muda seu comportamento: os produtos expandem-se menos e são mais densos, mais resistentes à ruptura por água e, de maneira geral, menos apropriados para o consumo direto. Necessitam de hidratação e são reduzidos previamente a material em pó, que tem utilidade como ingrediente funcional.

Ao contrário, os materiais ricos em proteína têm grande diversidade de monômeros e de interações possíveis, tanto entre as moléculas de proteína como entre as proteínas e outras moléculas. Normalmente, não há transição tão clara a uma fase fundida, e a expansão do produto é mais imprevisível. Considera-se que as proteínas sofrem as seguintes transformações durante o processo de extrusão: a desagregação da farinha pela mistura mecânica, a formação de uma suspensão homogênea com a desnaturação simultânea das proteínas (por dissociação e separação de cadeias), o alinhamento dessas proteínas desnaturadas na direção do fluxo e, finalmente, seu entrecruzamento na saída da placa perfurada.

Apesar da pesquisa realizada nos últimos anos, a extrusão ainda é considerada uma arte em desenvolvimento, mais do que uma tecnologia plenamente desenvolvida. Só se conseguiu deduzir algumas regras empíricas e modelos matemáticos que relacionam a contribuição de cada uma das variáveis do processo e da composição dos ingredientes ao produto final.

Equipamento e aplicações na indústria alimentícia

Atualmente, dispõe-se de certa variedade de *extrusores* ou extruidores na indústria alimentícia para diferentes fins, embora seu funcionamento e seus componentes sejam similares (Figura 12.9).

A tremonha de alimentação recebe os ingredientes e os introduz no corpo do extrusor (cilíndrico ou cônico), em cujo interior encontra-se um parafuso de Arquimedes. Este parafuso pode ter configurações distintas; ele arrasta, comprime, dilacera e amassa a matéria-prima para formar uma massa semi-sólida e plástica, que é forçada a sair através dos orifícios do bocal. Na saída, uma guilhotina ou lâmina giratória permite obter produtos com tamanho adequado. O corpo do extrusor pode ser envolvido por camisas para aquecer ou resfriar a matéria tratada.

A esses componentes básicos podem-se acrescentar outros adicionais, desde pré-misturadores e pré-condicionadores de matéria-prima, para proporcionar uma mistura mais homogênea, até desidratadores, tostadeiras ou aparelhos para recobrir os produtos extrusados com aromatizantes ou outros aditivos.

O grau de compressão exercido sobre a massa depende da configuração do parafuso e do corpo do extrusor. Se for preciso gerar pressão maior, pode-se: aumentar o diâmetro do parafuso e diminuir sua passagem de rosca, combinar o parafuso de passagem homogênea (ou inclusive com diminuição progressiva) com o cilindro tronco-cônico ou acres-

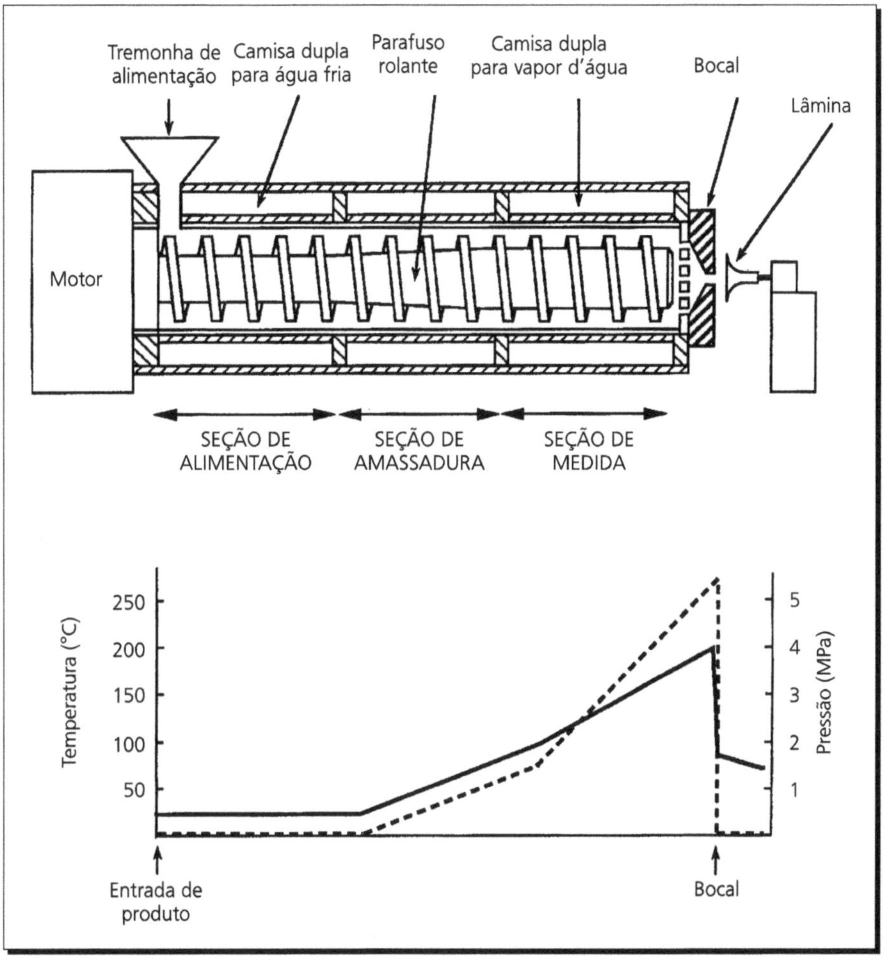

Figura 12.9 Esquema de extrusor de parafuso único. No gráfico, apresenta-se o perfil típico de temperatura (linha contínua) e de pressão do produto (linha pontilhada).

centar algum impedimento às alas do parafuso. O bocal, à saída do corpo do extrusor, também proporciona uma pressão adicional.

Existem bocais especiais que permitem combinar os materiais obtidos em dois extrusores distintos para conseguir produtos mais complexos por *co-extrusão*. Assim, elaboram-se, por exemplo, alguns aperitivos que têm mais de um componente ou as salsichas recheadas.

Como se mostrou anteriormente, distinguem-se, segundo as condições de funcionamento, extrusores a frio e a quente, que, por sua vez, podem ser, segundo sua construção, simples de um único parafuso e de parafusos gêmeos.

Extrusores a frio

Foram os primeiros extrusores desenvolvidos e eram utilizados apenas para dar forma a alguns produtos (como macarrões ou cereais prontos para o consumo). No extrusor, não se gera grande quantidade de calor e também não se aplica calor externo. Na verdade, interessa reduzir a fricção ao mínimo, e, para isso, empregam-se parafusos com alas muito profundas, que se movem em pouca velocidade no interior do tubo com paredes lisas. Esse tipo de extrusor é utilizado, basicamente, para misturar produtos em pó com água, aplicar pressão à massa e dar-lhe forma ao sair pelo bocal.

Sua principal utilidade é a elaboração de massas alimentícias, salsichas e algumas massas para confeitaria e pastelaria.

Extrusores a quente

Para o aquecimento da massa, além da fricção gerada pelo parafuso e o relevo interno do cilindro durante a passagem de água, utiliza-se a aplicação de vapor d'água. Esse vapor pode circular pelo interior do parafuso, por camisas que circundam o corpo do extrusor ou ser injetado diretamente no cilindro. Eventualmente, a camisa pode ser aquecida por indução.

Considera-se que o aquecimento nesses extrusores é do tipo HTST, com tempo de permanência de poucos segundos em alta temperatura (150°C a 200°C; Figura 12.9). Desse modo, consegue-se a mínima degradação química dos componentes do alimento.

As características do produto final variam de acordo com a pressão e com o tipo de bocal utilizado. Se a pressão é elevada e o bocal pequeno, a pressão cairá rapidamente com a saída do produto, causando a rápida expansão do vapor e dos gases contidos na massa. Com isso, obtêm-se produtos muito expandidos e pouco densos, podendo-se controlar o grau de expansão com a pressão e a temperatura do processo. Ao contrário, com pressões baixas e bocais largos, os produtos serão mais densos. Estes podem expandir-se posteriormente mediante a aplicação de calor (ar quente, microondas, fritura, tostadura, etc.), que evaporará a água residual.

Extrusores de parafuso único

O parafuso pode ser uma peça única, mas normalmente consiste de um eixo no qual se inserem seções de parafuso com diferentes configurações, aumentando assim sua versatilidade. Constam de três seções: de alimentação, de amassadura e de medida.

Na primeira seção, recebe-se, transporta-se e mistura-se a matéria-prima. Na de amassadura, a compressão do material aumenta com o diâmetro do parafuso, e a maior parte da energia mecânica transforma-se em energia térmica. Isso provoca o rápido aumento da temperatura e a transformação dos ingredientes granulares em massa plástica contínua. O grau de mistura que se obtém nesses extrusores é bastante baixo, pois dentro do extrusor há condições de fluxo laminar. A seção de medida contribui para que o fluxo de saída seja homogêneo (para que o produto final tenha dimensões uniformes), para gerar a pressão suficiente no material e para forçar a passagem da massa plástica através do bocal.

Existem diferentes tipos de extrusores conforme a intensidade da força de cisalhamento: baixa, moderada e elevada. Quanto mais intensa for esta (por maior compressão e velocidade do parafuso), menor será o conteúdo de umidade que deve ter a alimentação, e maior a temperatura máxima alcançada pelo produto. Os extrusores de baixa força de cisalhamento são adequados para pastas e produtos cárneos; os de força de cisalhamento moderada, para proteína vegetal texturizada ou para *alimentos IMF* para animais domésticos; já os de força de cisalhamento elevada são úteis para aperitivos e cereais matinais.

Os extrusores de parafuso único são de manejo muito simples, mas têm como inconvenientes não admitirem faixa de tamanho variada no material inicial, realizarem mistura deficiente e não serem autolimpantes.

Extrusores de parafusos gêmeos

Seu maior número de aplicações faz com que tenham mais interesse do que os anteriores.

Os parafusos podem ter várias configurações. Em primeiro lugar, pelo sentido de rotação: o mesmo ou o inverso. Dependendo de qual seja, mudam as condições de transporte e as aplicações tecnológicas, sendo o primeiro mais popular por ter maior capacidade. Além disso, os dois tipos podem apresentar diferentes disposições relativas: engrenados total ou parcialmente ou não-engrenados. Os parafusos que giram na mesma direção funcionam como bombas de deslocamento positivo e são bastante adequados para materiais muito viscosos, enquanto os que giram em direção inversa são úteis para massas de pouca viscosidade, nas quais interessa gerar pressão mais elevada.

Esses extrusores, em comparação com os de parafuso único, permitem manipular variedade maior de produtos (oleosos, pegajosos, com maior conteúdo de água e com distribuição de tamanho mais ampla), conseguem uma mistura mais eficiente (e, portanto, a transferência de calor é melhor), sofrem menos desgaste e são autolimpantes. Seu custo econômico é maior por sua complexidade.

As aplicações da extrusão na indústria alimentícia são muito diversas. A matéria-prima inicial costuma consistir de farinhas que contêm amidos e/ou proteínas, às quais adicionam-se quantidades variáveis de gordura, açúcares e água. Entre os produtos elaborados com matérias-primas cujo componente majoritário são carboidratos, encontram-se:

a) Cereais e derivados. A extrusão é útil para a preparação de massa de panificação e para a elaboração de bolachas, torradas, cereais matinais (tipo flocos), aperitivos fritos e assados e massa. No caso da massa, que é a aplicação mais antiga, realiza-se em baixa temperatura (inferior a 50°C, refrigerando se necessário) porque o principal objetivo da extrusão, nesse caso, é amassar e dar forma ao produto.

b) Produtos de confeitaria que têm como componente básico o amido, como, por exemplo, os caramelos mastigáveis, o alcaçuz e as gomas de mascar. Obtém-se por extrusão HTST a partir de uma mistura de glicose e amido, à qual se adicionam corantes e aromatizantes. Os caramelos duros são elaborados a partir de açúcar e xarope de milho, formando-se uma massa homogênea, sem cristais, com conteúdo de água muito baixo. A extrusão permite o processamento de açúcares com baixo conteúdo de água e representa grande economia energética em relação aos métodos tradicionais (evaporadores).

Os produtos protéicos, como surimi, salsichas, proteína texturizada (soja, soro de leite, caseínas), análogos de carne e alimentos para animais domésticos, normalmente requerem a aplicação de calor. Uma das áreas que apresentam grande potencial é a texturização de proteína para obter estruturas fibrosas similares à carne, utilizando como matéria-prima aquela procedente de subprodutos, de rejeitos da indústria tradicional, de novas espécies agronômicas de cereais ou de espécies subutilizadas.

Embora se tenha procurado indicar as principais aplicações da extrusão na indústria alimentícia, elas são praticamente inesgotáveis: elaboração de chocolate, produção de aromas mediante caramelização ou controle da reação de Maillard entre açúcares e aminoácidos, modificação de amidos, obtenção de xaropes de amido, etc.

Efeitos nos alimentos

Uma das conseqüências mais importantes da extrusão é a mudança acentuada de textura que ocorre em relação à matéria-prima original. Na verdade, esse é seu principal objetivo. Quando na formulação há açúcares e proteínas e se atinge temperatura elevada, pode-se desencadear a reação de Maillard. Esta é favorecida porque a massa tem conteúdo de umidade intermediário. Normalmente, observa-se perda de calor e de compostos aromáticos e sápidos, sejam naturais ou adicionados, e, por isso, no último caso, convém adicioná-los aos produtos já extrusados.

A mudança no valor nutritivo depende, em grande parte, do rigor do tratamento. De maneira geral, melhora como conseqüência da maior digestibilidade (pela gelatinização do amido e pela desnaturação protéica) e da inativação de fatores antinutricionais presentes na matéria-prima (inibidores de proteinases na proteína de soja, por exemplo). Entretanto, a quantidade de lisina disponível pode diminuir como conseqüência da reação de Maillard. Isso é particularmente importante nos cereais, nos quais esse aminoácido é limitante, tendo-se descrito perdas de até 50%. As perdas de vitaminas, do mesmo modo que em outros tratamentos nos quais se aplica calor, dependerão do tipo de produto e de seu conteúdo de umidade, bem como das variáveis tempo e temperatura do processo.

A extrusão, diferentemente da maioria das operações de transformação, aumenta a vida útil dos produtos porque tanto os extrusados a frio como os extrusados a quente têm a_w reduzida. A extrusão com calor é um processo HTST, inativando-se microrganismos e enzimas (como a urease da soja). Por essa razão, sugeriu-se que as especiarias poderiam ser esterilizadas por extrusão.

OPERAÇÕES DE SEPARAÇÃO

Em muitos processos na indústria alimentícia, é necessário eliminar ou obter certos componentes das matérias-primas, sejam materiais sólidos, líquidos ou gasosos. Os procedimentos utilizados são geralmente físicos ou químicos.

As principais operações de separação realizadas por meios físicos (gravidade, forças centrífugas ou cinéticas) são indicadas na Tabela 12.2. O tipo de separação depende, além do tipo de força, das características da fase a separar: tamanho, forma e densidade para os sólidos; viscosidade e densidade para os fluidos. A limpeza da matéria-prima alimentícia também deve ser considerada como operação de separação, pois consiste em eliminar materiais estranhos aos alimentos.

A separação por meios químicos implica a utilização de compostos que tenham elevada afinidade pelo componente a ser obtido ou eliminado.

Tabela 12.2 Principais operações de separação com base em métodos físicos ou mecânicos

Materiais a separar	Operações
Sólido de sólido	Seleção, classificação, peneiração
Sólido de líquido	Sedimentação, centrifugação, filtração
Líquido de sólido	Prensagem
Líquido de líquido	Centrifugação
Gases de sólidos ou líquidos	Evacuação de ar

Seleção e classificação

A *seleção* consiste em dividir a matéria-prima alimentar em grupos, com base em alguma propriedade física (geralmente, o tamanho, o peso, a forma e a cor), enquanto a *classificação* é feita segundo sua qualidade. O principal objetivo, nos dois casos, é assegurar a uniformidade dos produtos, seja para sua comercialização ou para o posterior processamento (tratamentos térmicos, acondicionamento, etc.). O equipamento a ser empregado depende da propriedade física em que se baseia a operação e da natureza do alimento.

A *peneiração* ou seleção por tamanho permite dividir a mistura de partículas sólidas em duas ou mais frações com tamanho médio de partícula mais uniforme. As *peneiras* ou *crivos* utilizados podem ser de abertura fixa ou variável e apresentar diversas configurações. Assim, há peneiras de superfícies perfuradas planas ou cilíndricas com disposição horizontal ou com certa inclinação. Também existem dispositivos de barras, esteiras, etc. Em geral, as peneiras têm movimento vibratório e/ou rotatório para evitar que as partículas bloqueiem as aberturas e se agreguem entre si ou grudem no crivo.

Outro critério usual na seleção é a forma do produto, pois esta influi em seu preço de mercado e na facilidade com que se realizarão outros processos posteriores (acondicionamento, descascamento, etc.). Em alguns casos (maçãs, pêras), realiza-se por inspeção visual, tendo como referência um padrão de formas, enquanto, em outros, é feita mecanicamente com aparelhos específicos. Atualmente, para a seleção por tamanho e forma, utilizam-se cada vez mais os sistemas de visão instrumental acoplados a computadores, cujo rendimento e eficácia são superiores aos dos métodos manuais.

O peso permite seleção mais exata que o tamanho e costuma ser uma das variáveis de maior interesse em matérias-primas com custo elevado (ovos, filés de carne ou de pescado, etc.). A seleção por peso pode ser feita mediante balanças ou, no caso de materiais com densidades diferentes, por aspiração ou flutuação. Atualmente, essa operação também é realizada com sistemas automáticos controlados por computadores.

A cor é outro critério utilizado para a seleção. Em alguns alimentos (frutas e hortaliças, carnes frescas ou produtos assados e fritos), o grau de maturação, os defeitos superficiais ou o tratamento adequado estão relacionados com a quantidade de luz refletida na superfície do alimento. A necessidade de maior consistência, objetividade e velocidade nesse tipo de separação determinou que a visão humana fosse substituída gradualmente por colorímetros, espectrofotômetros ou fotocélulas, que ativam sistemas de recusa dos produtos defeituosos. É possível inclusive incorporar sistemas inteligentes de visão por computador, que permitem interpretar os dados obtidos da mesma forma que faria o cérebro humano e até mesmo avaliar atributos imperceptíveis para o homem.

A *classificação* ou separação dos alimentos em função de sua qualidade, diferentemente das operações de seleção, requer a avaliação global do produto. Essa operação normalmente é realizada por operários treinados, que avaliam ao mesmo tempo diversas características do produto. É assim que se classifica a carne, o pescado ou os ovos. Em alguns casos, pode ser necessária a análise da composição química (p. ex., o conteúdo de umidade ou de proteínas). O desenvolvimento de equipamentos especializados para melhorar a reprodutibilidade e reduzir o custo de operação manual não é simples, pois normalmente a qualidade não é reflexo de uma única característica. Contudo, vem-se dispensando esforço notável nessa área, tentando correlacionar a qualidade do produto com um único indicador que se possa medir instrumentalmente. Essa é a filosofia de alguns métodos desenvolvidos recentemente, por exemplo, para determinar a qualidade da carne fresca e dos tecidos vegetais com base em parâmetros ultra-sônicos (velocidade e atenuação do som).

Sedimentação

A *sedimentação* permite a separação de um sólido presente em um fluido ou de dois fluidos imiscíveis pela mera ação da força da gravidade. A velocidade em que se produz a sedimentação depende do tamanho das partículas ou das gotas do fluido, da diferença de densidades entre a partícula (ou gota) e o fluido e da viscosidade deste último (lei de Stokes). A separação ocorrerá somente se as diversas fases diferirem quanto à sua densidade.

Essa operação costuma requerer muito tempo, sobretudo se a diferença de densidades entre as fases não é muito grande ou se há forças que mantêm associados os componentes (p. ex., nas emulsões). Para acelerar e melhorar a separação, geralmente empregam-se forças adicionais, como a centrífuga.

O equipamento mais comum consiste em simples tanques de sedimentação, cujas dimensões devem ser adequadas para permitir a separação das duas fases. Também é necessário controlar o fluxo, a fim de não perturbar a sedimentação da fase mais densa.

Uma das principais aplicações na indústria alimentícia é a recuperação de *finos* após a desidratação por atomização ou pela moagem. Em geral, isso é feito em um *ciclone* (Figura 12.10). Trata-se de uma câmara cilíndrica vertical onde o ar que contêm as partículas entra tangencialmente pela parte superior e circula em espiral. Sobre as partículas, criam-se forças centrífugas, que se somam às gravitacionais, aumentando significativamente a velocidade de sedimentação. O percurso do ar no ciclone é suficientemente longo para per-

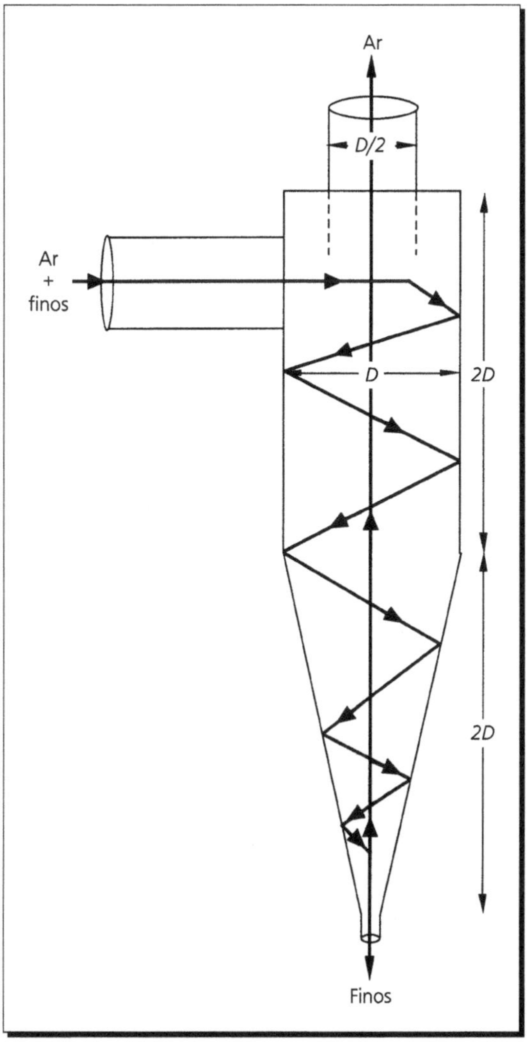

Figura 12.10 Esquema de um ciclone.

mitir a separação das partículas de diâmetro igual ou superior a 10 μm presentes na corrente de ar (ou gotas de líquidos em gases).

A sedimentação também é útil para a limpeza da matéria-prima, para a separação de sólidos em efluentes e para a eliminação de pó ou de partículas finas do ar.

Centrifugação

A *centrifugação*, assim como a sedimentação, permite separar sólidos de líquidos ou líquidos imiscíveis. A diferença consiste em que, nesse caso, a separação é feita pela ação de forças centrífugas que são geradas durante a rotação do material. Na prática, as forças centrífugas são tão grandes que se podem desprezar os efeitos devidos à força da gravidade, mesmo que estejam presentes. A intensidade da força centrífuga gerada depende do raio e da velocidade de rotação, bem como da massa da partícula a ser separada. A velocidade de separação dependerá da velocidade de rotação e das mesmas variáveis indicadas para a sedimentação.

Equipamento e aplicações na indústria alimentícia

Uma *centrífuga* consiste essencialmente de uma câmara ou um recipiente cilíndrico que gira em torno de seu eixo vertical. As formas básicas dessas câmaras, com diversos dispositivos internos para melhorar a separação, são apresentadas na Figura 12.11. Ao introduzir a solução com sólidos ou a mistura de dois líquidos imiscíveis, a fração mais leve permanecerá próxima do eixo de rotação, enquanto a mais pesada irá em direção à periferia da câmara pela ação da força centrífuga. O equipamento utilizado depende, em grande parte, da aplicação à qual se destina.

Separação de líquidos imiscíveis

A centrífuga mais simples para esse propósito é a *câmara tubular* (10 cm de diâmetro e 75 cm de altura; 15.000 a 50.000 rpm). A alimentação é feita pela base, separando-se os dois líquidos em camadas com saídas independentes pela parte superior. Embora não seja muito comum na indústria alimentícia por seu baixo rendimento, pode ser utilizada para o refinamento de óleos comestíveis (extração da goma do óleos cru, separação de sabões após a neutralização ou lavagens posteriores) e a separação de sangue animal (plasma e hemoglobina).

As *centrífugas de discos* ou *pratos* consistem de uma câmara cilíndrica (0,2 a 1,2 m de diâmetro; 2.000 a 7.000 rpm) que contém em seu interior um conjunto de superfícies metálicas cônicas, conhecidas com o nome de discos ou pratos (0,3 mm de espessura); a separação entre os discos é de 0,5 a 1,3 mm (Figura 12.12). Todos os discos têm um orifício central, por onde se juntam em um eixo oco (pelo qual se introduz a alimentação na câmara), e um conjunto de orifícios coincidentes, que formam canais por onde flui o líquido em sentido ascendente. Quando o fluido entra na câmara pela parte inferior, a fase mais densa desloca-se até a parede da câmara, enquanto a menos densa dirige-se aos discos. Já no interior destes, a fase densa circula pela parte inferior até o exterior da câmara, enquanto a fase leve circula pela parte superior em direção ao centro (Figura 12.12c). A função desses discos é dividir o líquido em camadas muito finas. Nessas camadas, a distância que as par-

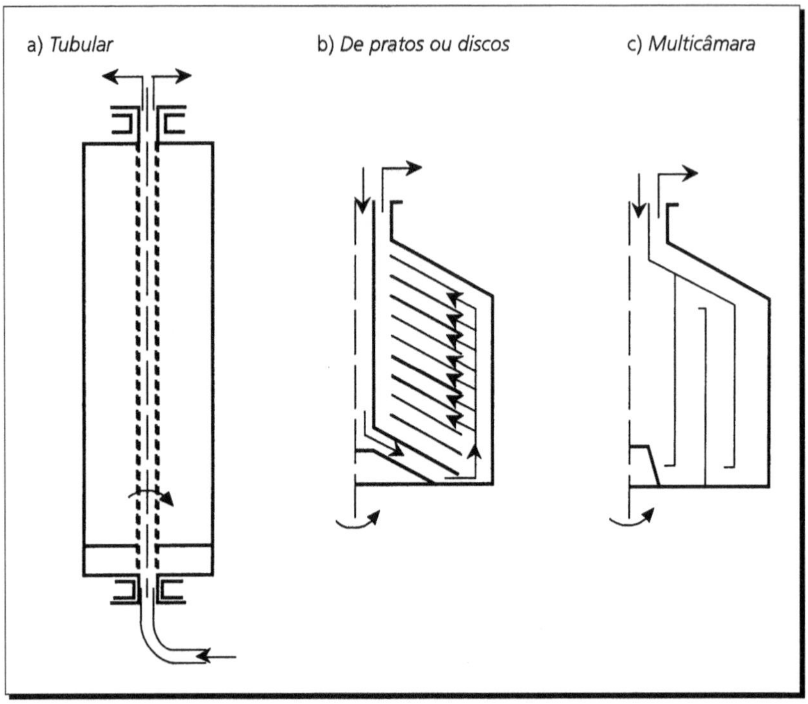

Figura 12.11 Tipos básicos de câmaras de centrífugas: a) tubular; b) de pratos ou discos; e c) multicâmara.

tículas ou as gotas de líquido imiscível devem percorrer para a separação é muito pequena, e elas alcançam rapidamente a corrente de saída apropriada.

As centrífugas de discos ou pratos têm grande difusão na indústria láctea para desnatar o leite (desnatadeiras centrífugas). Também são empregadas na indústria de carne para a obtenção de plasma e de soro sangüíneo, para a limpeza e eliminação de gordura dos caldos de cozimento ou para o clareamento de gorduras animais.

Separação de sólidos insolúveis de líquidos

Fala-se de *clarificação* quando o objetivo é eliminar por centrifugação concentrações muito pequenas de sólidos insolúveis (3% p/p máximo; p. ex., em sucos de frutas, extratos de café ou óleos). Quando a concentração de sólidos é maior (superior ou igual a 5 até 6% p/p), fala-se de *separação de lodos*, sendo necessário, nesse caso, um mecanismo que permita a descarga dos sólidos insolúveis que se acumularão na parede da câmara durante a operação.

Para a clarificação, utilizam-se tanto as centrífugas de câmara tubular como as de discos. Na verdade, é possível fazer a separação de líquidos imiscíveis e a clarificação ao mesmo tempo. Para grandes volumes de líquido que contenham pequena quantidade de sólidos de fácil sedimentação, as mais adequadas são as *centrífugas de câmara sólida*. São câmaras cilíndricas simples (0,6 a 1,0 m de diâmetro) de operação descontínua, durante a qual se forma uma torta de sólidos em sua parede. Para clarificar líquidos que tenham conteúdo maior de sólidos (até 6% p/p), há diferentes tipos de centrífugas que permitem descarga contínua ou intermitente e, portanto, são de operação contínua. São as *centrífugas de descarga por bocal* (Figura 12.13a) e *por válvula*, sendo que estas últimas contam com dispositivos de abertura automática.

A clarificação é feita com muita freqüência na indústria alimentícia: na indústria láctea, para a separação de leite, nata e soro; no refino do óleo, para extrair a goma; para a clarificação de sucos e vinhos; na cervejaria, para a recuperação de leveduras e para a clarificação da cerveja; para eliminar a água dos amidos de milho, trigo e centeio, etc.

Quando o conteúdo de sólidos é muito maior (até 50%), ou se eles sedimentam muito rapidamente, utilizam-se as *centrífugas de câmara e transportador* (Figura 12.13b), nas quais a câmara (0,15 a 1,37 m de diâmetro; 1.600 a 8.500 rpm) e a rosca sem fim giram na mesma direção. Ao girar, o parafuso arrasta os sólidos, que se descarregam pelo extremo oposto ao da saída do líquido. O uso desse tipo de cen-

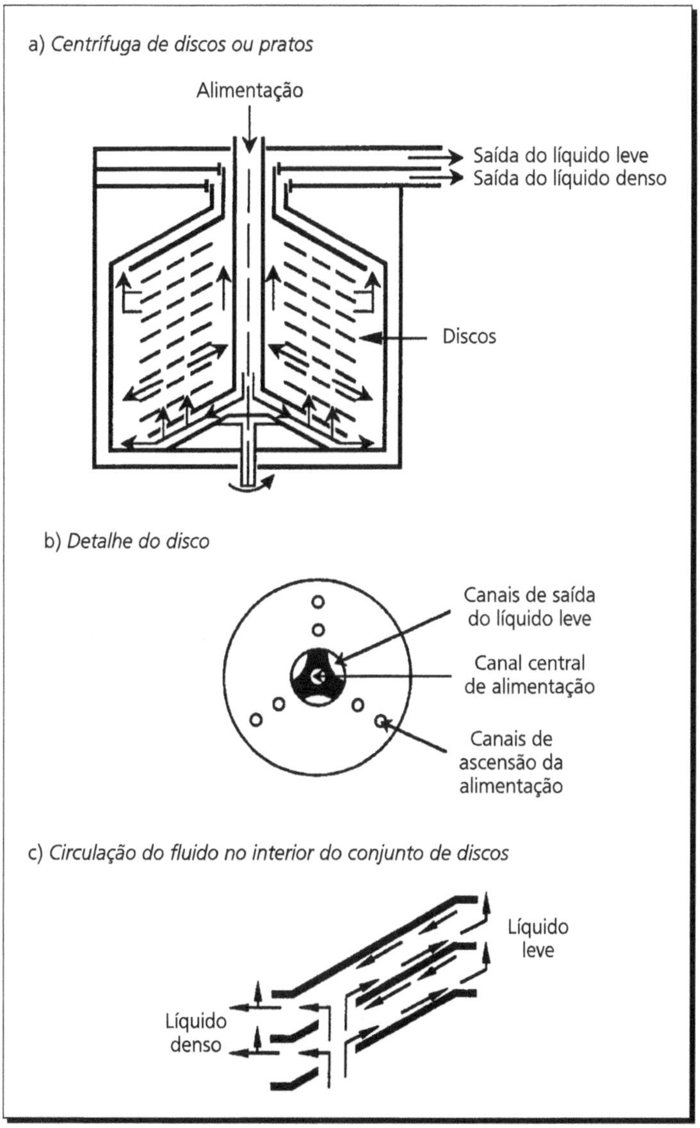

Figura 12.12 Centrífuga de discos ou pratos: a) esquema geral da centrífuga; b) detalhe do disco; e c) esquemas da circulação do fluido no interior do conjunto de discos.

trífugas aumentou muito nos últimos anos. São utilizadas para a recuperação de proteínas animais e vegetais (caseínas e proteínas de soja), a eliminação de lodos de óleos de pescado, a separação de gordura de carne picada, o desossamento de carne, a clarificação do sebo, a extração de azeite de oliva, etc.

Algumas centrífugas têm modelo especial para separar sólidos insolúveis de líquidos pela filtração. Nesses equipamentos, o fluxo da filtração é induzido por forças centrífugas. A matéria-prima consiste da suspensão de partículas sólidas relativamente grandes ou produtos cristalinos que formam tortas porosas através das quais passa o filtrado. Essas centrífugas são utilizadas para a recuperação, a lavagem e a secagem de cristais de açúcar, para a separação da polpa e do suco em frutas e para a eliminação de cristais na concentração por congelamento.

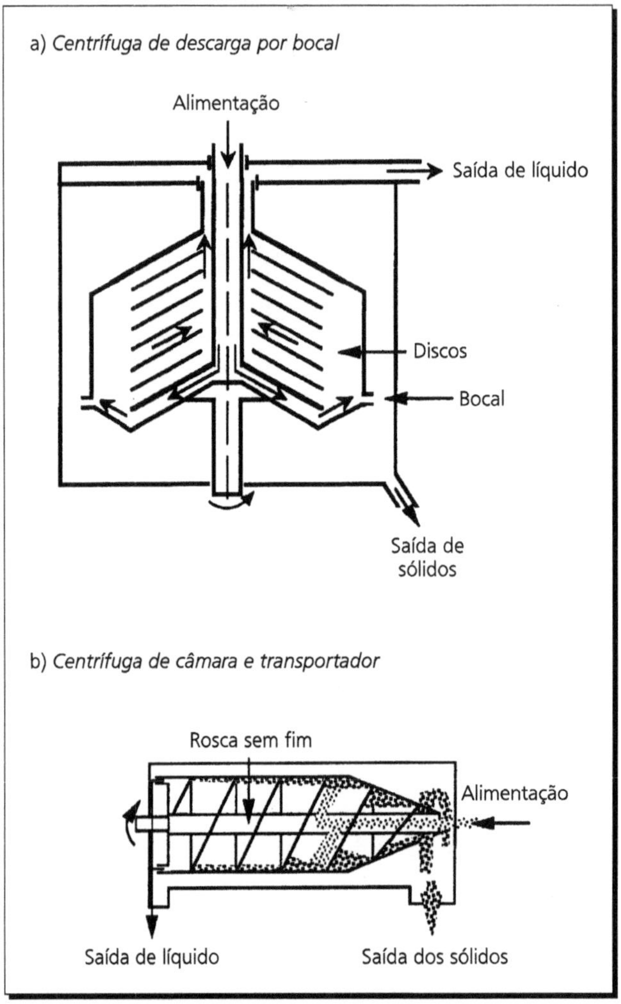

Figura 12.13 Esquema de: a) centrífuga de descarga por bocal; e b) centrífuga de câmara e transportador.

Filtração

A *filtração* separa sólidos de líquidos, fazendo passar o fluido que contém as partículas em suspensão (*papila de alimentação*) através de um meio poroso (*meio de filtração*) (Figura 12.14). O tamanho do poro do meio de filtração deve ser suficientemente pequeno para reter em seu interior ou em sua superfície as partículas sólidas (*torta de filtração*), mas suficientemente grande para permitir a passagem do líquido através dele. (*filtrado*).

Dependendo do caso, o produto pretendido pode ser o filtrado, como na clarificação de alguns sucos de frutas ou de cerveja; a torta, e nesse caso é necessário lavá-la, secá-la e separá-la do meio de filtração, como na recuperação de leveduras dos tanques de fermentação; ou ambos. A eliminação de partículas muito finas (inferiores a 1 μm), *microfiltração*, que será tratada no item seguinte, requer o uso de membranas com permeabilidade seletiva.

Na *filtração em superfície*, os sólidos suspensos ficam retidos na superfície do meio filtrante (Figura 12.14a). O fluxo chega a deter-se quando os sólidos cobrem seus poros. Se os sólidos não aderem a essa superfície, os filtros podem ser regenerados mediante lavagem na direção oposta do fluxo. Ao contrário, na *filtração em profundidade*, os sólidos penetram no interior do meio filtrante, com o qual costumam interagir por atração eletrostática (Figura 12.14b). Nesse caso,

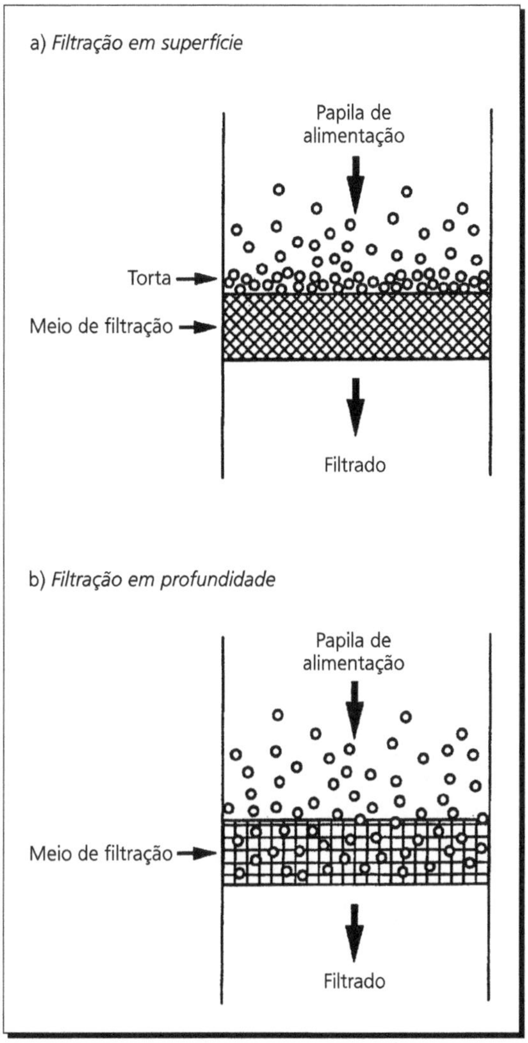

Figura 12.14 Esquema de: a) filtração em superfície; e b) filtração em profundidade.

os poros chegam a obstruir-se, e o fluxo se detém; nesse momento, é necessário trocar o filtro. Portanto, esse tipo de filtração não será adequado se a concentração de sólidos suspensos for muito elevada.

Para vencer a resistência apresentada pelo meio filtrante à passagem do fluido, como também a que decorre dos sólidos que vão se acumulando progressivamente no meio de filtração, é necessário que opere alguma força motriz. Esta poderia ser apenas a força da gravidade. Contudo, isso não seria adequado na indústria alimentícia porque só serviria para papilas de alimentação com conteúdo muito baixo de sólidos. Além disso, o fluxo da filtração poderia ser muito lento. Em compensação, é empregado no tratamento de águas para distribuição pública e para a filtração de águas residuais.

Para facilitar e aumentar a velocidade de filtração, podem-se adotar várias estratégias: exercer sobre a papila de alimentação pressão superior à atmosférica (*filtração a pressão*), criar vácuo no outro lado da membrana para facilitar a passagem do filtrado (*filtração a vácuo*) ou aplicar forças centrífugas (*filtração centrífuga*).

Na filtração de superfície, os meios de filtração têm como principal função promover a formação de uma torta de sólidos e conservá-la depois de formada. Ou seja, não devem oferecer grande resistência ao fluxo, devem ser resistentes às condições da operação (pressão ou vácuo), facilitar a extração da torta para sua limpeza, ser fabricados com materiais compatíveis com os alimentos e não conter substâncias tóxicas. Um dos parâmetros mais importantes dos meios de filtração é o tamanho de poro, que dependerá de cada caso concreto. Em geral, podem ser rígidos (carbono poroso, porcelana, placas metálicas perfuradas, redes de fio, etc., em diferentes configurações) ou flexíveis (polímeros sintéticos como náilon, polipropileno, polietileno, etc.)

Quando os sólidos são muito finos ou geram tortas de filtração muito compressíveis, utilizam-se *coadjuvantes de filtração* para evitar a obturação; são partículas sólidas grandes não-compressíveis que formam uma torta de filtração muito porosa sobre o meio filtrante, atuando realmente como o meio de filtração. Entre os mais freqüentes estão a terra de diátomas e o fonólito (um silicato cristalino).

Equipamento e aplicações na indústria alimentícia

Os *filtros* constam de um meio de filtração, de um suporte mecânico para esse meio, de dispositivos para extrair a torta, de condutos ou canais para introduzir a papila de alimentação e para a saída do filtrado, de tanques ou depósitos (para a papila de alimentação, o filtrado e o líquido de lavagem) e de meios para produzir o fluxo do filtrado. Conforme esses meios, os filtros podem ser de dois tipos básicos: filtros de pressão e filtros de vácuo.

Nos *filtros de pressão*, esta é obtida com bombas centrífugas que geram pressões entre 276 e 621 kPa. Um dos tipos mais comuns é o *filtro prensa* ou *de pressão de placa vertical* (Figura 12.15a). Esse tipo de filtro tem como elementos básicos placas sulcadas verticais, nas quais se dispõe o meio de filtração (tela ou papel), e divisórias ocas encostadas hermeticamente. A papila de alimentação passa ao centro da divisória, enquanto os sólidos ficam retidos no meio de filtração e o filtrado passa por esse meio através da placa sulcada, de onde sai para o exterior. Esse equipamento tem custo baixo, é bastante flexível e de fácil manutenção, mas requer muita

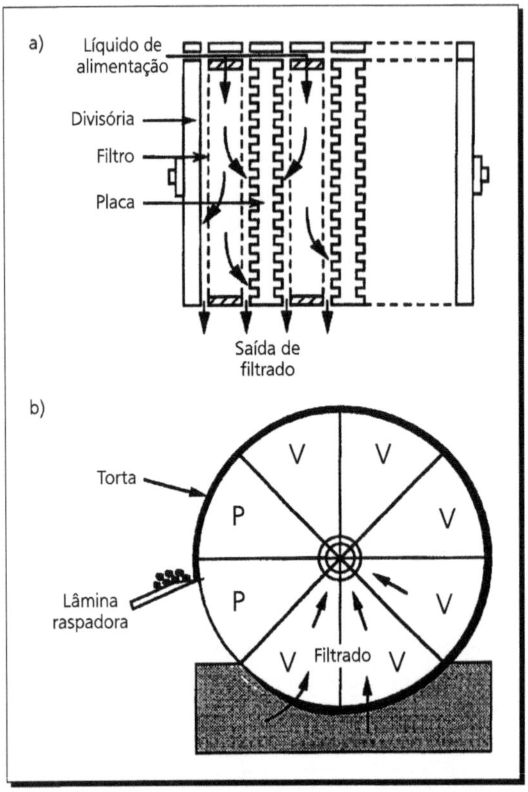

Figura 12.15 Principais equipamentos utilizados para a filtração na indústria alimentícia: a) filtro de pressão de placa vertical; e b) filtro de vácuo de tambor rotatório. V: seção com vácuo; P: seção com pressão.

mão-de-obra. É aplicado principalmente na produção de suco de maçã e de sidra.

Os *filtros de vácuo* têm custo maior e a máxima diferença de pressão que atingem é de 100 kPa. Permitem a operação continuada porque a torta encontra-se em pressão atmosférica e é eliminada com mais facilidade, diferentemente dos anteriores. Não são adequados para o processamento de materiais voláteis ou quentes. Os mais comuns são os *filtros de vácuo de tambor rotatório* (Figura 12.15b). Consistem de um cilindro giratório que é dividido internamente em seções e circundado completamente de meio de filtração. Quando uma seção está submersa no líquido de alimentação, aplica-se vácuo, e o filtrado passa através do meio de filtração até o eixo central do tambor. Ao sair do tanque e mantendo-se o vácuo, a torta fica livre de filtrado. Antes de introduzi-lo novamente no tanque, desconecta-se o compartimento da bomba de vácuo e lança-se um jato de ar comprimido para liberar a torta. Esta é separada totalmente por meio de uma lâmina raspadora antes de reiniciar o ciclo.

Os filtros de vácuo são utilizados para a recuperação dos precipitados de lactoalbumina e de caldo de cana durante sua extração, para o refinamento de óleos, para a filtração de suspensões de glútem e de amido e para a clarificação de diversos alimentos líquidos (cerveja, sucos de fruta, vinagre, extrato de carne e levedura, óleos de mesa, salmouras, etc.).

Prensagem ou espremedura

A *prensagem* ou *espremedura* consiste na separação de líquidos que estão contidos em produtos sólidos mediante forças de compressão. É empregada para a obtenção de óleos e sucos de frutas que se encontram em estruturas celulares, sendo preciso rompê-las para a liberação dos compostos que interessam. Para aumentar o rendimento, costuma-se combiná-la com uma operação de redução de tamanho ou leve aquecimento. Em alguns casos, o resíduo sólido da operação é relevante para o uso em alimentação animal ou para a obtenção de proteína que pode ser utilizada como suplemento nutritivo na alimentação humana (p. ex., proteína de soja). Neste último caso, é crítico evitar a desnaturação das proteínas; por isso, a prensagem é a alternativa adequada aos métodos tradicionais de extração de óleos com solventes. Além disso, evita-se o risco que supõe a presença desses solventes no resíduo sólido.

As *prensas* de operação descontínua, que consistem basicamente de prensas hidráulicas, são utilizadas na elaboração de queijos, para o dessoramento da coalhada nas cubas ou nos moldes e no processamento de sucos de frutas. Atualmente, em alguns casos, foram substituídas por outras de funcionamento contínuo, nas quais se reduzem consideravelmente os elevados custos associados à mão-de-obra. Entre estas últimas, cabe destacar a *prensa de rolos*, em que o produto é submetido a grandes forças de compressão ao passar entre os pesados rolos, muito freqüentes na extração de caldo da cana-de-açúcar. As *prensas de parafuso*, também conhecidas como *expulsores*, consistem de sólidos cilindros metálicos com um parafuso helicoidal de aço em seu interior. Esse parafuso tem passagem de rosca descendente, aumentando progressivamente o rendimento pela compressão sobre a torta. São úteis para a obtenção de óleos porque o calor gerado reduz sua viscosidade. Para materiais sensíveis ao calor, como os sucos de frutas, podem ser refrigerados internamente.

Separação por membranas

As operações de *separação por membranas* servem para concentrar ou fracionar o líquido, obtendo-se duas soluções de composição distinta. Baseiam-se na permeabilidade seletiva, através de membrana, de um ou mais componentes. As moléculas de tamanho inferior ao do poro da membrana passam através dela, enquanto as de tamanho superior ficam retidas pelo efeito peneira ou por forças repulsivas da superfície da membrana. A alimentação separa-se, portanto, em duas correntes: o fluido que atravessa a membrana, chamado de filtrado ou *permeado*, e o que permanece ao lado da alimentação ou *concentrado* (também chamado de *retentato* ou retido), que contém os solutos ou sólidos suspensos que foram rechaçados pela membrana (Figura 12.16a).

Inclui-se aqui um conjunto de métodos de separação relativamente novos que têm aceitação maior na indústria alimentícia porque permitem realizar, ao mesmo tempo, a concentração, o fracionamento e a purificação de diversos produtos.

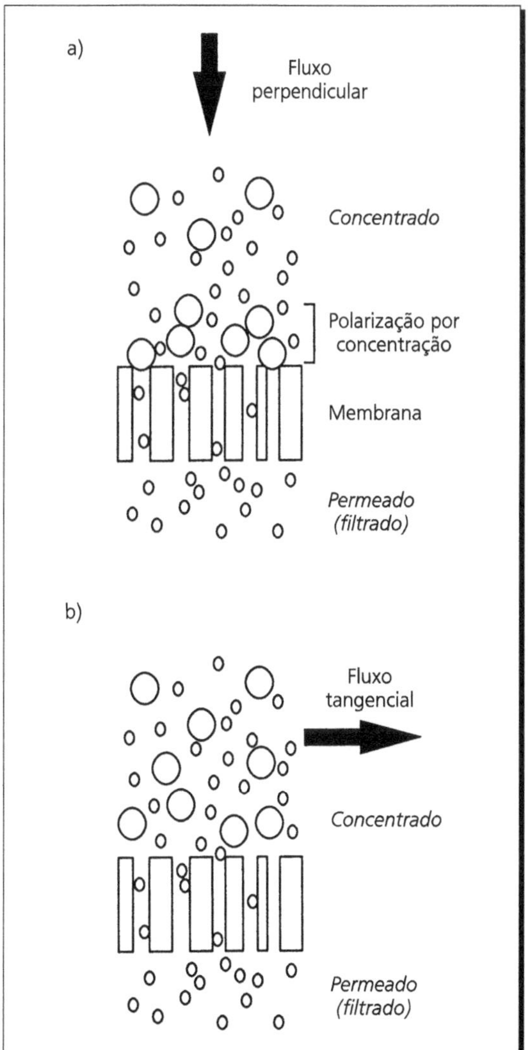

Figura 12.16 Esquema da separação por membranas: a) convencional, com fluxo perpendicular; e b) com fluxo tangencial.

As principais vantagens da separação por membranas em comparação com outros métodos convencionais são:

a) Para a concentração, não é necessária a mudança de fase da água, diferentemente da evaporação ou da concentração por congelamento. Portanto, o gasto energético de operação é menor.
b) A modificação organoléptica e nutritiva dos produtos é mínima porque não se aplica calor, o que resulta em produtos de grande qualidade.
c) É de fácil aplicação e operação.

Entre as principais desvantagens, pode-se mencionar a limitação quanto à matéria a tratar, que deve ser solução diluída com baixo conteúdo de sólidos, e quanto ao grau de concentração alcançado, já que não é possível obter produtos completamente secos. Além disso, têm custo financeiro maior e apresentam variações na velocidade do fluxo.

Os mecanismos que regem o transporte de massa nesse tipo de separação são complexos e dependem do tipo de membrana (tamanho médio e faixa de distribuição do tamanho do poro, espessura, composição e interação química com o líquido de alimentação), da pressão, da temperatura e da velocidade de fluxo da alimentação. Para estabelecer o fluxo através da membrana e, inclusive, da camada de material que se deposita sobre a membrana durante a filtração, é necessário exercer pressão. Em alguns casos, existem forças adicionais que favorecem o fluxo, derivadas dos gradientes de concentração ou gradientes de potencial elétrico.

Entre as principais operações de separação por membrana, dependendo do tamanho e do peso molecular dos componentes separados (Figura 12.17) e levando em conta que não é possível fazer divisões rígidas entre eles, pode-se mencionar:

a) A *microfiltração* (MF) implica o uso de membranas com poro de 0,2 a 10 μm. Separa seletivamente partículas com peso molecular superior a 200 kDa, isto é, bactérias, mofos, leveduras, gordura emulsificada ou amido. A pressão aplicada é relativamente baixa, e os fluxos são altos.
b) A *ultrafiltração* (UF) requer membranas com poro de tamanho inferior (1nm a 0,2 μm). Permite separar partículas e moléculas na faixa de 1 a 200 kDa (proteínas, vírus, colóides, polissacarídeos), operando com pressão inferior a 1.000 kPa (Figura 12.18a).
c) A *nanofiltração* (NF) separa partículas com pesos moleculares na faixa de 300 a 1.000 Da, permitindo eliminar íons, dependendo de sua carga e de suas características de difusão.

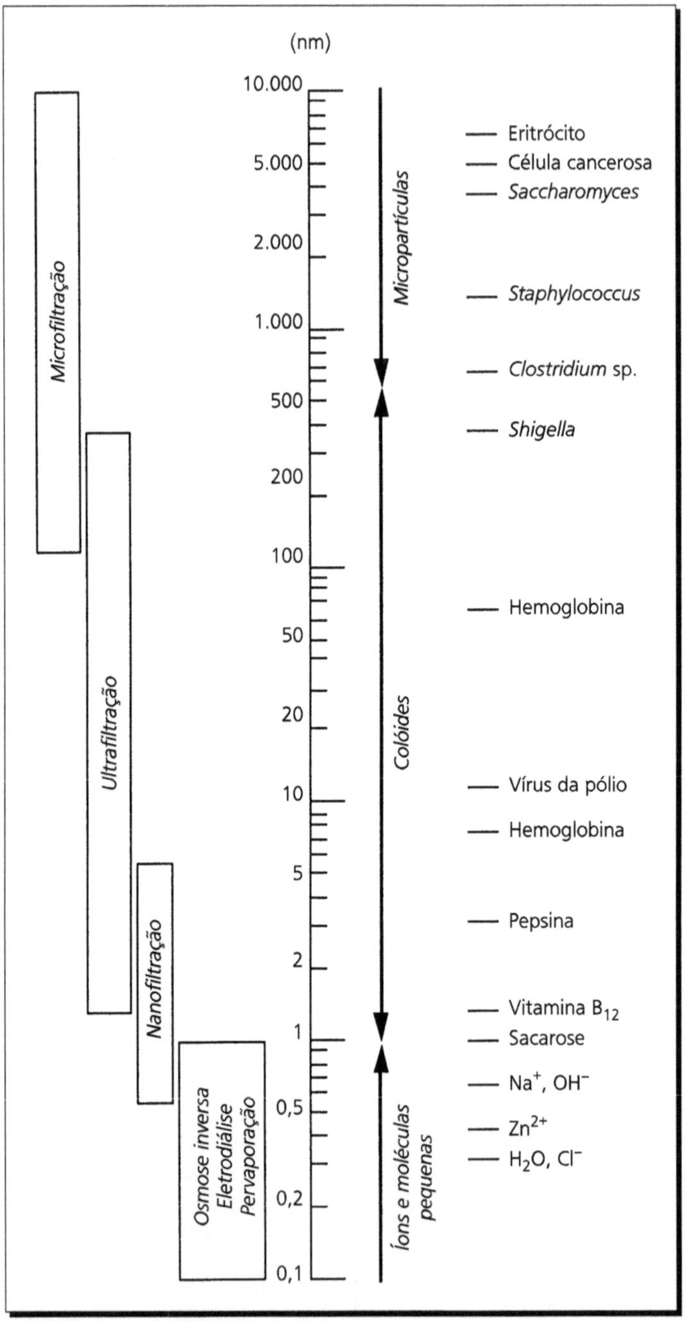

Figura 12.17 Esquema das principais operações de separação por membrana conforme o tamanho de partícula.

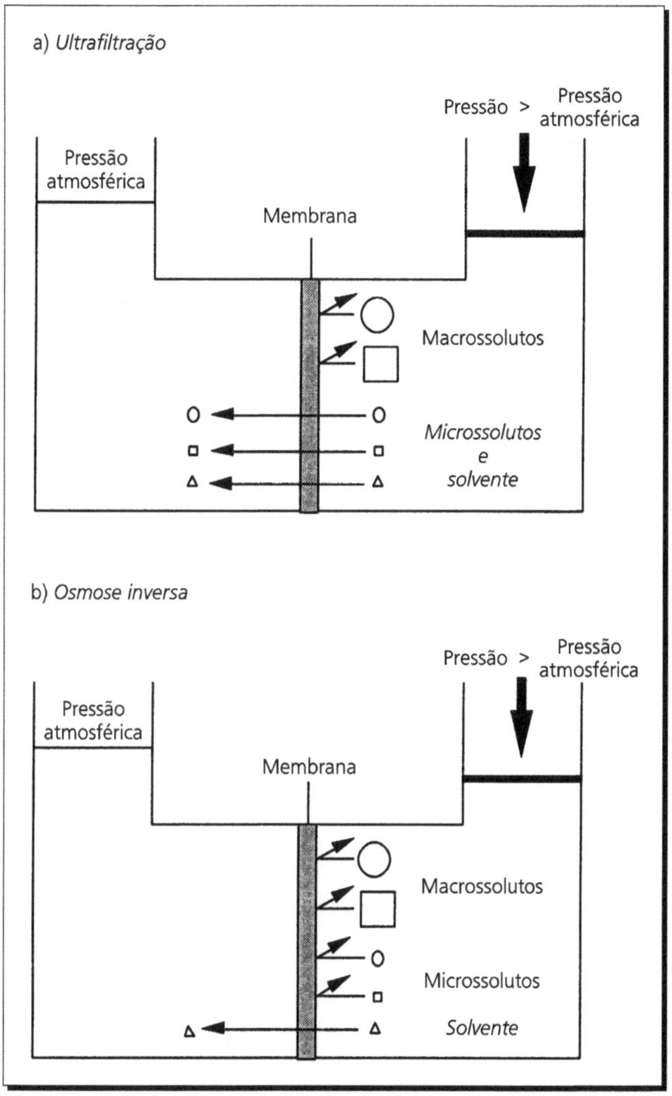

Figura 12.18 Esquema da separação por: a) ultrafiltração; e b) osmose inversa.

d) A *osmose inversa* (OI) ou *hiperfiltração* retém moléculas com tamanho inferior a 1 nm (cerca de 100 Da). As pressões empregadas, de 5 a 10 vezes superiores às da ultrafiltração, são necessárias para superar o aumento da pressão osmótica no concentrado. As moléculas de água passam de uma solução concentrada (alimentação) a uma solução diluída (permeado) (Figura 12.18b).
e) A *diafiltração* (DF) tem como propósito melhorar a recuperação de solutos permeáveis na ultrafiltração ou na microfiltração. Consiste basicamente em diluir o concentrado, geralmente com água, enquanto se realiza a separação, e continuar até obter a eliminação satisfatória do soluto.

Na microfiltração e na ultrafiltração, utilizam-se membranas que separam os diferentes solutos, baseando-se no simples mecanismo de peneira, conforme o tamanho de poro. A relação existente entre as dimensões da partícula e a distribuição do tamanho de poro da membrana determina se essa partícula a atravessa ou não.

A *osmose inversa* e a *pervaporação* podem separar espécies moleculares com tamanho comparável, como, por exemplo, água e cloreto de sódio; a separação deve-se a um mecanismo diferente da simples filtração. Em outros casos, é fundamental a afinidade entre a membrana e o soluto, sendo que a membrana atua como meio de extração do soluto: os compostos com maior afinidade pelo material da membrana dissolvem-se mais facilmente nela que outros componentes. A força condutora da separação é a diferença entre os coeficientes de difusão dos diversos solutos através da membrana.

A *diálise* consiste simplesmente na difusão do soluto através da membrana, sendo a força condutora o gradiente de concentração. Também utiliza membranas semipermeáveis, mas, diferentemente dos métodos anteriores, não requer pressão. A *eletrodiálise*, que tem relevância crescente, baseia-se no emprego de membranas com carga elétrica (de troca iônica); a migração de solutos através delas acelera-se com campo elétrico (Figura 12.19). Essas membranas de troca aniônica e catiônica para a eletrodiálise têm o tamanho de poro muito pequeno (1 a 2 nm); algumas inclusive discriminam entre íons mono e polivalentes.

A *pervaporação* é outra operação de separação com membrana, na qual a mistura líquida se separa (através de membrana permeável não-porosa) por evaporação parcial do composto, obtendo-se um concentrado líquido e um permeado em estado de vapor (Figura 12.20). A força condutora para a separação é o gradiente do potencial químico que se estabelece quando há diferença na pressão parcial do soluto através da membrana. Essa diferença na pressão parcial nos dois lados da membrana é obtida reduzindo-se a pressão total no lado do permeado mediante condensador e bomba de vácuo ou por arraste de gás inerte.

Um dos principais problemas que existem na separação por membranas é a redução do fluxo, como resultado de diversos fenômenos, entre os quais pode-se mencionar a compactação das membranas, a polarização por concentração e o embotamento.

Durante a filtração, em nível molecular, aumenta a concentração de solutos e de moléculas retidas na proximidade da membrana (camada polarizada). Isso é conhecido como *polarização por concentração* (Figura 12.16a). Tem como conseqüência a rápida redução da velocidade do fluxo porque essa camada supõe resistência adicional ao fluxo do soluto através da membrana, por aumento da viscosidade e da pressão osmótica. A concentração de solutos, especialmente de proteínas, na proximidade da membrana pode alcançar valores tão elevados que chega a se formar uma camada de gel, fenômeno conhecido como *embotamento*. Este pode decorrer também da adsorção de proteínas e do conseqüiente bloqueio dos poros. O problema pode piorar se os géis são compressíveis e se a pressão é elevada com o propósito de aumentar o fluxo. Enquanto a polarização por concentração costuma ser reversível, o embotamento é irreversível.

Embora esses fenômenos sejam inevitáveis, seus efeitos podem ser reduzidos significativamente alterando-se a configuração e o modelo das membranas, assim como a dinâmica do fluido (p. ex., quando se favorece o fluxo turbulento, diminui a espessura da camada polarizada), e introduzindo es-

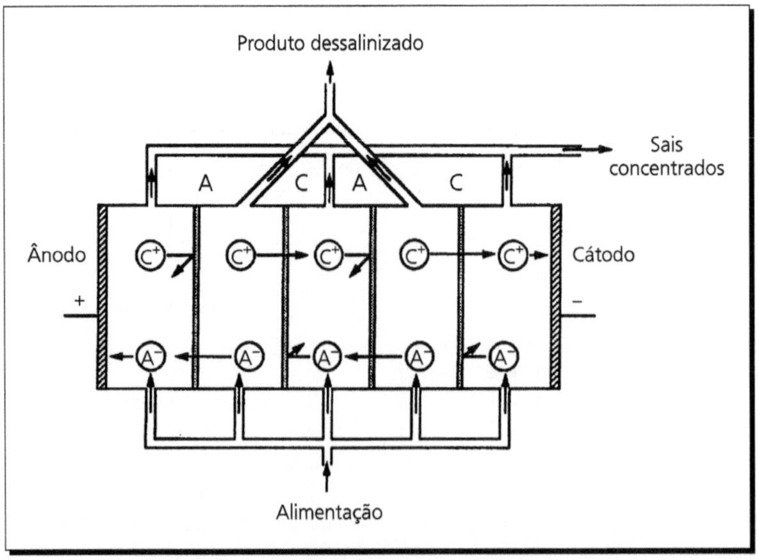

Figura 12.19 Esquema de unidade de eletrodiálise. A, membrana de troca aniônica; B, membrana de troca catiônica; A-, ânion; C+, cátion.

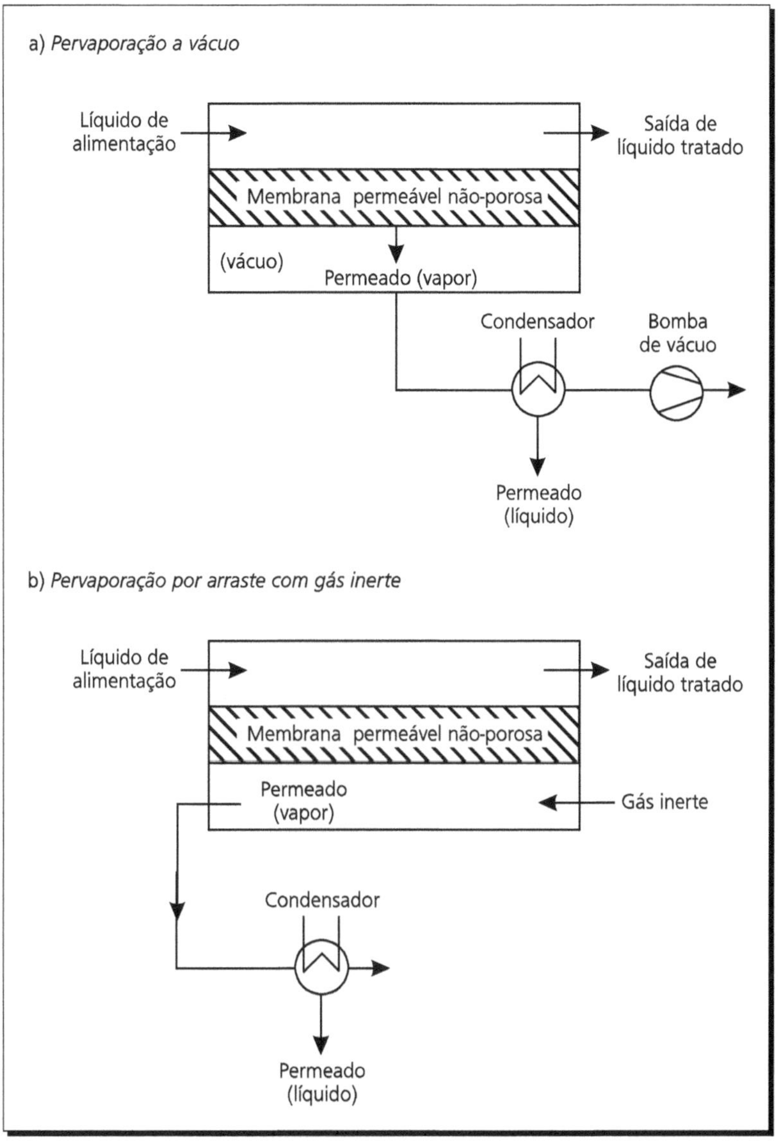

Figura 12.20 Esquema da pervaporação: a) a vácuo; e b) por arraste com gás inerte.

paçadores ou estruturas abertas que separam as membranas nos módulos. O desenvolvimento de *sistemas de fluxo tangencial* (Figura 12.16b) tornou possível a implantação industrial em grande escala dessas operações de membrana nos anos de 1970. Na filtração com fluxo tangencial, a alimentação flui com mais velocidade e paralelamente à membrana, reduzindo ou impedindo em grande parte o acúmulo de solutos ou de partículas em sua superfície. Geralmente, é combinada com lavagens periódicas, invertendo a direção do fluxo, o que faz com que as partículas mais fortemente aderidas separem-se da superfície da membrana.

As membranas podem ser consideradas como barreiras imperfeitas que controlam o transporte de matéria entre duas fases ou sistemas. As propriedades das membranas que determinam a separação que ocorrerá são: sua capacidade de transferência de massa, sua permeabilidade ou a velocidade de transporte do composto através delas e sua seletividade para discriminar diferentes partículas ou moléculas.

Quanto à sua morfologia, podem ser homogêneas e heterogêneas (Figura 12.21). As membranas *homogêneas* ou *microporosas* têm a mesma composição em toda a espessura e poros de tamanho uniforme que as atravessam completamente. As membranas *heterogêneas* ou *assimétricas* são compostas de uma fina camada (0,1 a 1,5 μm) de material polimérico denso com permeabilidade seletiva, onde realmente se realiza a separação; essa camada é fixada a um suporte mecânico muito poroso, com espessura total de 0,1 a 0,2 mm.

Com relação aos materiais, as primeiras membranas de acetato de celulose foram rapidamente substituídas pelas de polisulfona, por sua maior estabilidade química e térmica e maior resistência mecânica. Atualmente, são fabricadas a partir de polímeros orgânicos (poliamidas, poliestireno, poliésteres, policarbonato, etc.), cerâmicas ou minerais depositados em um suporte cerâmico ou inerte (carbida de silicone, óxido de alumínio, óxido de zircônio, grafite ou aço inoxidável). Esses materiais ampliam as possibilidades de aplicação da separação por membranas, por serem esterilizáveis com vapor d'água, por tolerarem amplo espectro de pH e de temperaturas e por apresentarem resistência mecânica considerável. Este último é requisito importante para as membranas que serão submetidas à elevada pressão. Também é preciso levar em conta que, na indústria alimentícia, as membranas devem suportar as operações de limpeza e de desinfecção.

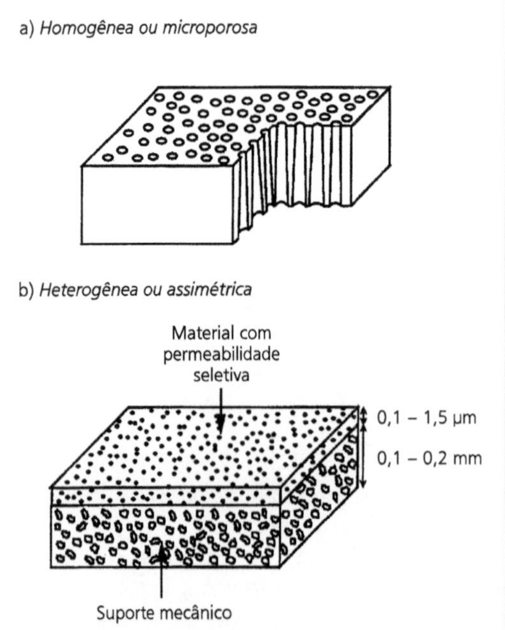

Figura 12.21 Tipos de membrana conforme sua morfologia: a) homogênea ou microporosa; e b) heterogênea ou assimétrica.

Equipamento e aplicações na indústria alimentícia

Existem diferentes configurações para conter e dar suporte às membranas (Figura 12.22).

Elementos tubulares

Consistem de cilindros metálicos perfurados (13 a 25 mm de diâmetro, 1,5 a 6 m de comprimento) recobertos internamente pela membrana e contidos, por sua vez, em uma estrutura metálica de tamanho maior (da mesma forma que o trocador de calor de tubos) (Figura 12.22a). O líquido de alimentação passa pelo interior dos tubos recobertos por membranas, de modo que o filtrado sai radialmente ao espaço entre tubos e deste ao exterior por um conduto comum.

Placas e divisórias

São compostos de membranas de lâmina plana empacotadas de forma alternada com placas porosas de suporte que proporcionam a separação de 0,5 a 1 mm (Figura 12.22b). A alimentação é dividida para fluir em série pelo espaço existente entre as membranas. O permeado flui pelos canais de drenagem aos condutores de saída das placas de suporte.

Cartuchos espirais

São uma variação dos anteriores, nos quais as folhas de membrana estão enroladas em espiral (Figura 12.22c) A configuração mais comum na indústria é a disposição de várias camadas de membrana, material de suporte e material espaçador em torno de um tubo perfurado, onde se recolhe o permeado, tudo isso estando presente no interior de uma estrutura. O líquido de alimentação entra no cartucho e flui tangencialmente ao longo da membrana. O permeado passa ao tubo central, descarregando-se no outro extremo. Os espaçadores favorecem o fluxo turbulento.

Fibra oca

Consiste de cartuchos que contêm centenas de fibras de diâmetro pequeno dispostas longitudinalmente (Figura 12.22d). Consegue-se, assim, grande superfície de membrana em pequeno volume. Para a microfiltração e a ultrafiltração, o diâmetro das fibras é de 0,5 a 1 mm; o líquido de alimentação flui pelo interior das fibras, e o permeado sai para o exterior. Para a osmose inversa, que é sua aplicação mais importante, as fibras são inclusive mais finas (40 μm), e

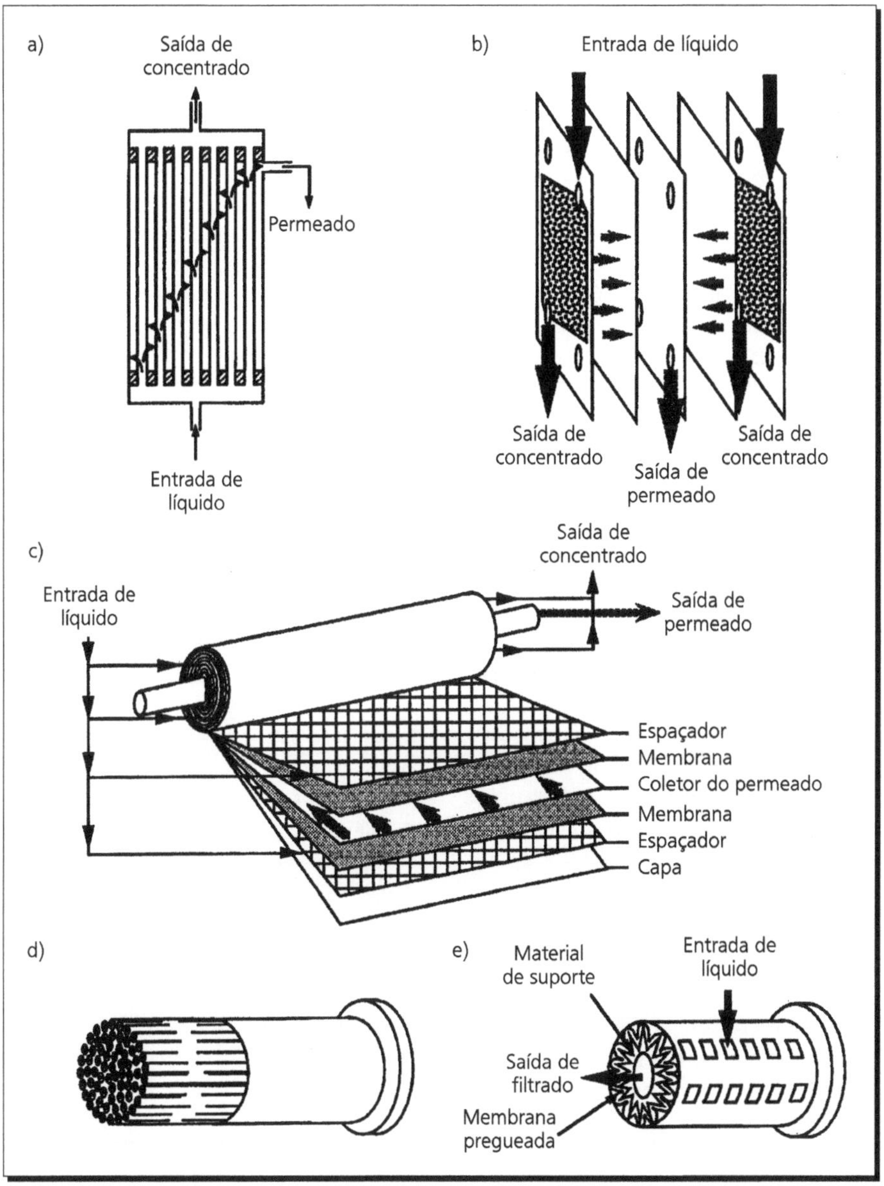

Figura 12.22 Configurações das membranas empregadas na indústria alimentícia: a) elementos tubulares; b) placas e divisórias; c) cartucho espiral; d) fibra oca; e e) cartuchos pregueados.

a alimentação flui pelo exterior das mesmas, recolhendo-se o permeado de seu interior. Esta última configuração tem alto risco de embotamento.

Cartuchos pregueados

São úteis para soluções com uma baixa concentração de solutos (Figura 12.22e). Trata-se de uma membrana plana que está simplesmente pregueada para aumentar sua área e disposta em torno de um tubo oco poroso.

Todos esses sistemas, embora com diferentes configurações, são muito similares quanto ao funcionamento. O líquido de alimentação, procedente de um tanque de armazenamento, é impulsionado por pressão, mediante uma bomba, a um número adequado de módulos de membrana para obter a separação desejada. Embora os sistemas pudessem ser de um único passo, a superfície da membrana necessária para que ocorresse a separação seria muito grande. Para reduzir a área da membrana, costuma-se implantar sistemas de recirculação até obter a concentração desejada ou, ainda, várias etapas de separação. Do mesmo modo que em todos os equipamentos de processamento de alimentos, requer-se um modelo higiênico e a possibilidade de limpeza *in situ*.

A indústria em que as operações de separação por membrana estão mais enraizadas é a láctea, visto que permitem processar e aproveitar dois subprodutos gerados em grandes quantidades: o soro de queijaria e o leite desnatado. O primeiro costumava ser descartado, apesar da contaminação que isso supõe, enquanto o segundo era utilizado para alimentação animal ou para obter leite em pó desnatado (por evaporação e desidratação) para a elaboração de sorvetes, produtos de confeitaria, etc.

A seguir, descrevem-se os principais usos da separação por membrana na indústria láctea:

a) A microfiltração permite eliminar as células somáticas e reduzir substancialmente a carga de microrganismos. Contudo, não pode ser considerada uma alternativa muito eficaz à pasteurização.
b) A ultrafiltração é empregada principalmente para: concentrar leite desnatado ou integral destinado à elaboração de queijo, o que permite incorporar à coalhada proteínas de soro, minerais e vitaminas que normalmente se perdem; fracionar e concentrar o soro de queijaria, obtendo-se concentrados de soro com 35 a 80% de proteína, cujas propriedades funcionais são adequadas para aplicações muito diversas; ou eliminar seletivamente sais e lactose.
c) A osmose inversa tem utilidade mais limitada, destacando-se a concentração de leite integral ou desnatado, antes da evaporação ou da fermentação, para obter queijo e iogurte, e de nata, assim como a desmineralização e a recuperação de lactose do soro de queijaria.
d) A nanofiltração permite a separação e a concentração simultânea de minerais e de ácidos do soro.
e) A eletrodiálise também é útil para a desmineralização do soro e representa vantagem em relação à osmose inversa porque não modifica cor, sabor e aroma.

Na Tabela 12.3, apresentam-se diversas aplicações das operações de separação por membranas em outros tipos de indústrias. Uma área em que são muito importantes é a da biotecnologia, para a purificação de enzimas extraídas de tecidos animais ou vegetais e de microrganismos, a recuperação de microrganismos, a separação e a concentração dos produtos das fermentações e das reações enzimáticas (vinagre, goma xantana, etc.). As membranas também servem como suporte para enzimas e células imobilizadas.

Vale destacar que o uso das membranas no processamento de alimentos vem se expandindo significativamente. As primeiras aplicações, relativamente simples, como a esterilização a frio e a filtração de meios de fermentação, estão abrindo caminho para outras muito mais complexas, que requerem o desenvolvimento específico de membranas e de processos em função do produto que se queira obter.

Tabela 12.3 Outras aplicações das operações de separação por membranas no processamento de alimentos

Aplicação	Produtos típicos	Tipo de separação[a]
"Esterilização a frio"	Cerveja, vinho	MF
Clarificação	Vinho, cerveja, sucos de fruta	MF, UF
Concentração	Proteínas (soro de queijaria), sucos de fruta	UF, OI (geralmente combinadas)
Redução do conteúdo de álcool	Cerveja, vinho	PV
Fracionamento	Proteínas (de ovo, de soro de queijaria, de sangue) Carboidratos	UF
Recuperação de produtos	Ácidos láctico e cítrico, vinagre, enzimas, compostos aromáticos e sápidos	UF, ED, PV, OI
Dessalinização	Águas, soro de queijaria	OI, ED, NF

[a] ED: eletrodiálise; MF: microfiltração; NF: nanofiltração; OI: osmose inversa; PV: pervaporação; UF: ultrafiltração.
Fonte: Cuperus e Nijhuis (1993).

Extração

Define-se *extração* como a operação unitária pela qual um componente do alimento é separado ou eliminado mediante o contato com outro material ou fase que tem maior afinidade com ele; os demais componentes, ao contrário, permanecem no alimento. Essa separação implica, portanto, a existência de duas fases, sendo o solvente aquela que se adiciona ao material original. As duas fases podem ser um sólido e um líquido, dois líquidos imiscíveis ou um sólido ou líquido e um gás; essa é também a base da classificação das operações de extração.

A extração requer três passos sucessivos: a mistura da matéria-prima com o solvente, a separação das duas fases depois do contato e a eliminação do soluto contido no solvente. A eficácia da recuperação do solvente, sendo seu custo elevado, determinará a viabilidade econômica da operação.

Na extração, devem ser considerados os seguintes fenômenos físicos:

a) A difusão do composto de interesse desde o interior da matéria-prima até sua superfície e daí para o grosso da fase do solvente. Para isso, é necessário que, previamente, o solvente penetre no interior da matéria-prima para arrastar esse componente. Sua velocidade de difusão determinará o tempo necessário para que se alcance o equilíbrio entre as duas fases.
b) A solubilidade do soluto que se deseja extrair no solvente utilizado. Visto que a máxima concentração possível no extrato final é a de saturação do soluto, quanto maior for esta, menor será o número de ciclos necessários para conseguir o grau de separação desejado.
c) O equilíbrio da concentração do soluto na matéria-prima e no solvente requer que ambos fiquem em contato durante um tempo adequado.

O principal fator que controla a extração é a velocidade a que o componente (soluto) se transfere da fase tratada (matéria-prima sólida ou líquida) à fase solvente. Essa velocidade depende do coeficiente de transferência de massa, que varia de acordo com as condições de operação e das propriedades da matéria-prima, do soluto em questão e do solvente.

Outros fatores que afetam a velocidade de extração são:

a) A área de exposição ou o grau de contato da matéria-prima com o solvente e a profundidade de penetração deste último. A redução do tamanho de partícula facilita a extração ao aumentar a área de exposição e diminuir a distância que o soluto deve percorrer na matéria-prima até entrar em contato com o solvente. O tamanho de partícula deve ser controlado para que o fluxo no extrator não se reduza demais.
b) O gradiente de concentração do soluto entre a matéria-prima e o solvente é a força condutora da extração.
c) A temperatura em que se realiza a operação. Em geral, quando aumenta a temperatura, facilita-se a operação.
d) A velocidade e as características do fluxo do solvente. Para melhorar a extração, convém aumentar a velocidade de fluxo do solvente, sendo que este deve ser turbulento.

Os solventes relevantes para a indústria alimentícia devem ser livres de toxicidade e ter elevado coeficiente de distribuição, elevada seletividade pelos solutos e baixa miscibilidade com a matéria-prima. Além disso, devem ser inertes e estáveis, não-inflamáveis nem explosivos, baratos e não-prejudiciais ao meio ambiente.

A extração mais simples é a que se realiza em uma *etapa* ou *contato*. A etapa é uma unidade do equipamento na qual uma ou mais fases entram em contato, mantêm-se assim durante determinado período, em que se produz a transferência de massa de uma fase a outra, até alcançarem o estado de equilíbrio (não necessariamente termodinâmico), separando-se mecanicamente (Figura 12.23a). Um exemplo de extração em contato único é a descafeinação com água dos grãos crus de café.

Para facilitar a separação de um determinado componente, pode-se utilizar *contatos múltiplos*, repetindo a operação e adicionando solvente livre de soluto em cada etapa. Contudo, isso exigiria grande volume de solvente e não seria prático em nível industrial. Um procedimento alternativo é o sistema de contatos múltiplos em *contracorrente* (Figura 12.23b). Nesse caso, necessita-se também de uma bateria de extratores, mas o solvente puro entra no sistema pelo extremo oposto ao do ponto de entrada dos solutos não-extraídos. Ou seja, ele entra em contato com esses solutos na última etapa de extração, em que sua concentração é mínima. Já o solvente enriquecido em soluto (*extrato final*) abandona o sistema na primeira fase de extração, depois de entrar em contato com a matéria-prima que acaba de entrar no sistema, na qual a concentração de solutos é máxima. O mesmo solvente passa de uma etapa a outra, com aumento progressivo da concentração do soluto desejado, ao mesmo tempo em que a matéria-prima diminui na direção oposta.

Extração sólido-líquido (lixiviação, lavagem)

Nessa extração, o componente solúvel contido no sólido separa-se mediante um solvente em estado líquido. Esse solvente, ao entrar em contato com o material sólido, enriquece-se no soluto desejado.

O produto de interesse pode ser o soluto separado, denominando-se, então, *lixiviação*; por exemplo, na extração de óleos vegetais ou do açúcar de beterraba. Quando o que interessa

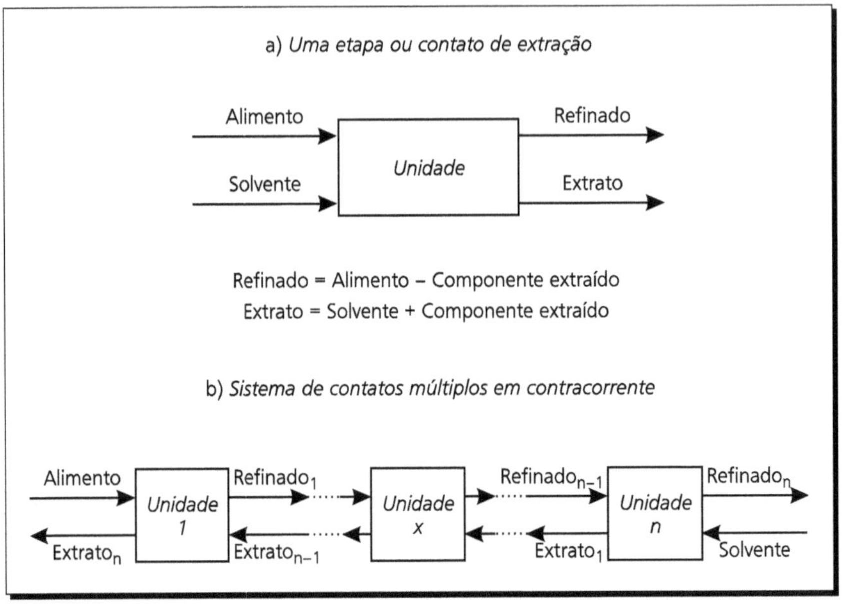

Figura 12.23 Diagramas de: a) uma etapa ou contato de extração; e b) sistema de contatos múltiplos em contracorrente.

é a matéria-prima da qual se extraíram componentes indesejados, fala-se de *lavagem*; por exemplo, na descafeinação do café. Em algumas situações, o que se busca é a obtenção de várias frações. É o caso da extração de óleos de peixe, do qual se obtêm, com solventes apolares, óleo refinado de peixe e, com soluções aquosas, concentrados protéicos.

Na lavagem, é necessário eliminar o solvente residual que permanece nos poros do produto, normalmente por evaporação. A legislação estabelece os níveis residuais máximos do solvente permitidos nos alimentos.

Entre os solventes mais usados na indústria alimentícia para esse tipo de extração, encontram-se, junto com a água e os óleos comestíveis, alguns compostos orgânicos, como hexano, heptano, diclorometano, éter, clorofórmio, benzeno e etanol.

Extração líquido-líquido

Esse tipo de extração é essencialmente idêntico à lixiviação, com a diferença de que o solvente e o soluto encontram-se em estado líquido no alimento.

Extração com fase de vapor

A principal vantagem do vapor em comparação com um solvente líquido é sua maior penetração na matéria-prima por sua baixa viscosidade. Ou seja, a área efetiva de contato é muito maior. A capacidade de solubilização de um composto em fase vapor é inferior à que apresenta na fase líquida. Contudo, a difusão de moléculas de tamanho pequeno à fase vapor é muito maior do que em fase líquida. O resultado final é a melhor extração. A extração com vapor d'água aplica-se tanto a amostras sólidas como líquidas para a eliminação completa de materiais voláteis.

Extração com fluidos supercríticos

A extração com fluidos supercríticos, de desenvolvimento relativamente recente, pode ser definida como a operação unitária que utiliza o poder solvente de determinados fluidos em temperatura e pressões superiores a seus valores críticos (Figura 12.24). É válida tanto para alimentos sólidos como líquidos. A peculiaridade desse tipo de extração é que o solvente muda de estado durante a operação.

Esses solventes, que em condições normais de pressão e temperatura são gases, transformam-se em *fluidos supercríticos* ao serem aquecidos acima de sua temperatura crítica e comprimidos além de sua pressão crítica. Nessas condições supercríticas, apresentam um estado de agregação em que não é possível distinguir se estão em fase líquida ou gasosa. Na verdade, suas características são muito peculiares e intermediárias entre as do líquido e as do gás (Tabela 12.4), como:

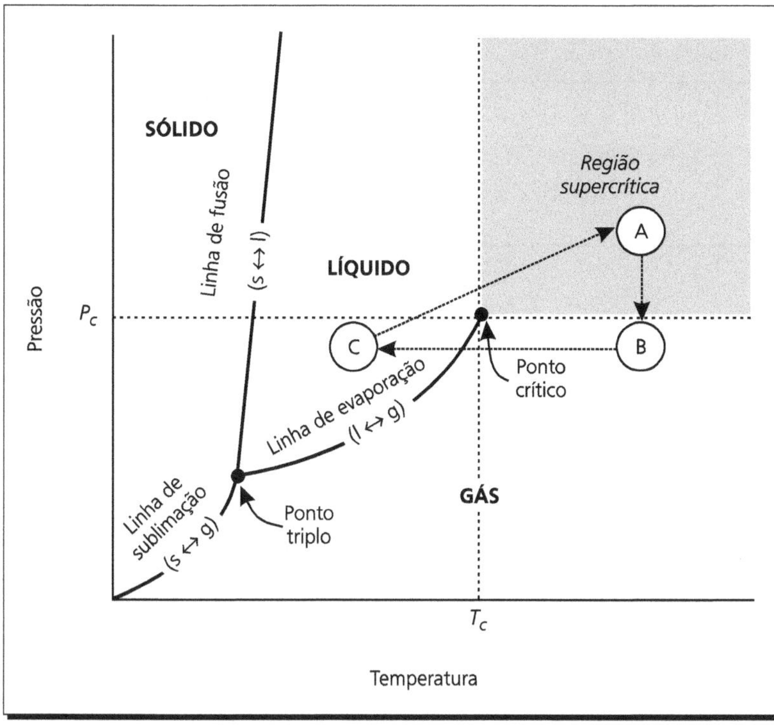

Figura 12.24 Diagrama de fases (pressão-temperatura) de uma substância pura. P_c e T_c, respectivamente, pressão e temperatura críticas. A → B → C é a sucessão das transformações do solvente durante a extração.

1. Densidade elevada (a alta pressão), similar à fase líquida. Por isso, atuam como excelentes solventes líquidos; quanto maior é a pressão, mais aumenta sua capacidade solvente.
2. Alta difusividade, viscosidade relativamente baixa e ausência de tensão superficial, semelhante às propriedades do gás. Isso lhes confere excelente poder de penetração e de mistura, bem como grande velocidade de transferência de massa.

Uma vez realizada a extração, os compostos extraídos podem ser facilmente separados do fluido supercrítico apenas diminuindo a pressão e, portanto, sua densidade. Ao diminuir a densidade, também diminui sua capacidade como solvente, e os solutos, que tinham sido solubilizados a densidades mais altas, precipitam-se.

A eficácia da extração com fluidos supercríticos decorre precisamente das grandes mudanças observadas na solubilidade de diversos compostos ao se modificar sua densidade. Esta última depende, por sua vez, da temperatura e da pressão aplicadas. Além disso, quando as condições de pressão aproximam-se da pressão crítica, aumenta sua seletividade. A solubilidade de solutos que possuem estrutura química similar varia conforme seu peso molecular.

O dióxido de carbono, que tem condições supercríticas a 31°C e 7,38 MPa, é o mais usado para a extração supercrítica na indústria alimentícia por diversos motivos:

1. Apresenta propriedades supercríticas em condições suaves de pressão e temperatura, sendo muito adequado para solutos sensíveis ao calor. Além disso, em pressão atmosférica, é um gás e escapa para a atmosfera sem deixar resíduos no alimento.
2. É inerte em relação à matéria-prima, evitando-se o risco de reações paralelas (p. ex., oxidações), e para o homem.
3. Não é tóxico.
4. Tem polaridade baixa e similar à do pentano e à do hexano, solventes comuns nas extrações líquidas. Ou seja, pode substituí-los ao extrair compostos similares.
5. Permite separação fracionada. Basta escolher as condições de pressão e de temperatura mais adequadas em diferentes extratores seqüenciais para poder fracionar separadamente compostos diversos. Além disso, pode-se adicionar pequenas quantidades de outros compostos,

Tabela 12.4 Categoria de valores de algumas propriedades físicas dos solventes empregados nas operações de extração

	Fase do solvente			
	Gás	**Supercrítica**		**Líquida**
Pressão	**101,3 kPa**	P_c^a	$4P_c$	**101,3 kPa**
Temperatura	**15°C a 30°C**	T_c^a	T_c	**15°C a 30°C**
PROPRIEDADE				
Difusividade (m^2 s^{-1})	(1-4) x 10^{-5}	7 x 10^{-8}	2 x 10^{-8}	(0,2-2) x 10^{-9}
Densidade (kg m^{-3})	(0,6-2) x 1	(2-5) x 10^2	(4-9) x 10^2	(1,6-6) x 10^3
Viscosidade (MPa s)	(1-3) x 10^{-4}	(1-3) x 10^{-4}	(3-9) x 10^{-4}	(0,2-3) x 10^{-2}

[a] P_c = Pressão crítica; T_c = Temperatura crítica.
Fonte: Adaptada de Balaban e Chen (1991).

chamados de *co-solventes* (metanol, acetona), para modificar a solubilidade e a seletividade do dióxido de carbono.

6. Não é inflamável nem corrosivo.
7. É barato e facilmente disponível.

Equipamento e aplicações na indústria alimentícia

Na extração sólido-líquido, de maneira geral, os sólidos a serem tratados estão grosseiramente fracionados, e não se costuma requerer movimento enérgico deles. Os equipamentos mais comuns são os *tanques de base estática* (de contato único ou múltiplo) e os *extratores contínuos de base móvel*.

Os extratores de contato único (ou de uma etapa) são os mais simples e têm funcionamento descontínuo. Consistem de um tanque aberto com fundo falso duplo, onde se depositam os sólidos a extrair (Figura 12.25). O solvente é distribuído por aspersão sobre a superfície da massa de sólidos e cai através dela por gravidade. O solvente com o composto extraído é retirado do fundo duplo. No caso de solventes voláteis, é possível incorporar um sistema para sua recuperação e reciclagem. O resíduo sólido é extraído manualmente ou vertido pela saída situada na lateral do tanque. Essas unidades são típicas nas plantas-piloto ou em operações comerciais em pequena escala. Não são muito difundidas porque o extrato obtido não é muito concentrado, sendo muito cara a recuperação dos solutos.

Os extratores de várias etapas com base estática combinam diversas unidades do tipo anterior conectadas em série, de tal modo que cada unidade contém uma carga de sólidos, na qual se introduz pela parte superior o solvente com soluto procedente da unidade anterior adjacente. Embora o sólido não se mova fisicamente de um tanque a outro, obtém-se um efeito em contracorrente pelo movimento do solvente de uma unidade a outra. As unidades desconectam-se ou isolam-se progressivamente do circuito para serem esvaziadas, limpas e carregadas com mais matéria-prima. O número de unidades no circuito normalmente oscila entre 3 e 14, sendo que cada uma delas pode ter capacidade de até 10 toneladas.

Há ainda muitos modelos de extratores contínuos de base móvel, dependendo de cada aplicação, mas a maioria opera em contracorrente. No *difusor* mostrado na Figura 12.26, o material é transportado por duas roscas sem fim no interior de um cilindro metálico, onde o solvente quente circula em contracorrente. O líquido extraído sai pelo mesmo extremo por onde entra o produto a ser tratado. O material sólido esgotado é prensado, enquanto o solvente recuperado é aquecido antes de entrar novamente no extrator.

Na indústria alimentícia, as principais aplicações da extração sólido-líquido são a recuperação de óleo a partir de fígado de peixe ou de subprodutos cárneos, a extração de açúcar da beterraba, a extração de óleos comestíveis de sementes ou frutos secos (soja, azeitona, girassol, amendoim, algodão, etc.), a elaboração de café e chá instantâneos e a extração de óleos essenciais de ervas aromáticas.

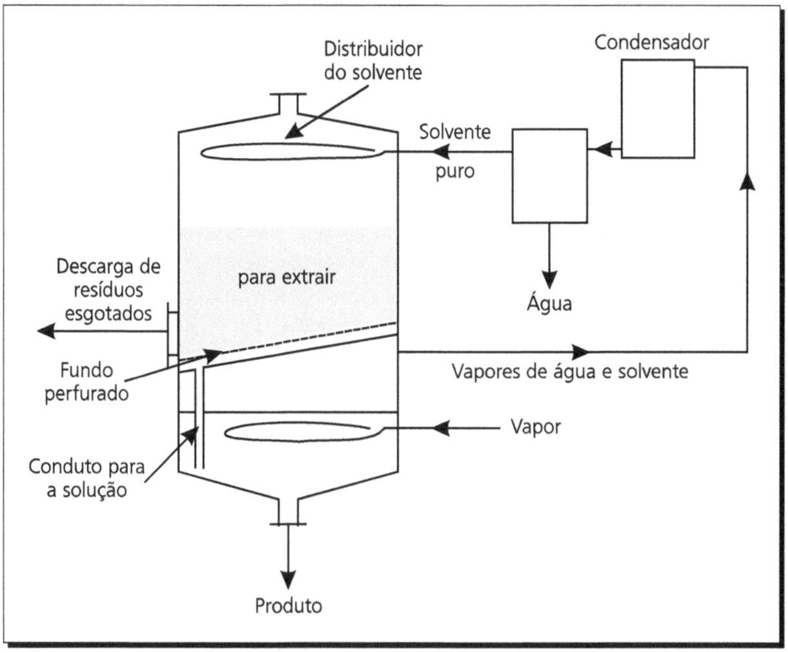

Figura 12.25 Extrator de contato único com sistema para a reciclagem do solvente.

Na obtenção dos óleos de sementes e de frutos secos, a extração com solventes permite recuperação maior de óleo que a prensagem, mas, às vezes, essas duas operações são combinadas.

Entre as aplicações da extração líquido-líquido, podem ser citadas a eliminação com água quente de componentes aromáticos e sápidos de baixo peso molecular contidos no óleo de peixe para obter óleos refinados, a separação de pro-

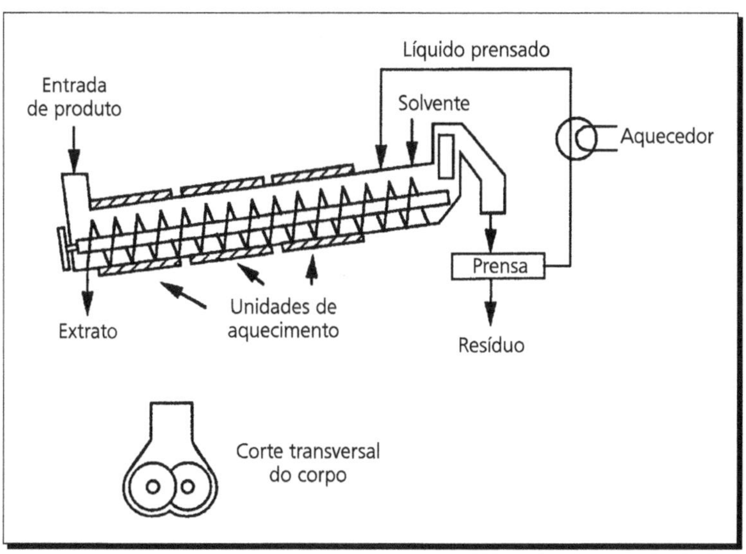

Figura 12.26 Esquema de extrator de base móvel de funcionamento contínuo.

teínas solúveis de carne e peixe com uma solução enzimática e a do ácido oléico de sementes de algodão com propano.

O tipo mais comum de extração com fase de vapor é a *destilação com vapor d'água* (Figura 12.27). O material a ser extraído é disposto sobre um suporte poroso e varrido continuamente com vapor, que arrasta os compostos orgânicos voláteis. Posteriormente, esses compostos se separam com facilidade no trocador de calor que resfria e condensa o vapor d'água, diminuindo assim a solubilidade dos solutos arrastados. A mistura separa-se na fase aquosa e na fase orgânica, entre as quais serão redistribuídos os compostos isolados conforme seus coeficientes de repartição. As principais utilidades são a redução do colesterol da gordura láctea, a obtenção de óleos essenciais de plantas aromáticas, a recuperação de antioxidantes de especiarias e o fracionamento de óleos essenciais com atividade antioxidante a partir de cravo, cominho, alecrim, sálvia e tomilho. O conteúdo de colesterol da gordura láctea pode ser reduzido mediante destilação a vácuo com vapor d'água, pois a volatilidade desse composto, embora seja baixa, é muito maior do que a de triglicerídeos majoritários desse produto.

O equipamento básico para a extração com fluidos supercríticos consta de um *tanque de extração*, onde se mantêm as condições supercríticas, e um *tanque de expansão*, com menor pressão (Figura 12.28). Esse equipamento é de operação descontínua e tem acoplados trocadores de calor para controlar a temperatura e evitar um resfriamento excessivo. O material a ser extraído é disposto no tanque de extração, em um recipiente cilíndrico com extremos perfurados. O fluido supercrítico entra em circulação através do extrator, dissolvendo os compostos orgânicos em seu interior. Na saída, após a passagem por uma válvula de expansão, a pressão diminui, e o fluido supercrítico passa à fase gasosa no separador. Os compostos orgânicos dissolvidos antes separam-se do gás, que se liquefaz por resfriamento em um condensador. Finalmente, o gás liquefeito é pressurizado em condições supercríticas mediante bomba ou compressor, antes de passar novamente ao extrator. As mudanças de temperatura e de pressão do meio de extração no extrator, no separador e no condensador são indicadas pelos pontos A, B e C na Figura 12.24.

Para a extração simples (eliminação de um único componente de matriz insolúvel) ou total (eliminação de todo o material solúvel), o fluido supercrítico deve ser submetido à temperatura e à pressão mais altas possíveis, condições que correspondem a seu máximo poder solvente (Figura 12.29). Para a *desodorização* ou extração de compostos muito solúveis, basta que haja condições próximas ao ponto crítico, nas quais o fluido tem baixo poder solvente. O *fracionamento* do extrato requer aumentar paulatinamente o poder solvente a partir do estado gasoso e próximo ao ponto crítico, aumentando a pressão e a temperatura de acordo com a solubilidade dos compostos a extrair.

Na indústria, as principais aplicações atuais da extração com fluidos supercríticos são a extração seletiva de triglicerídeos e de colesterol da gema do ovo, a descafeinação do café e do chá, assim como a preparação de extratos concentrados de lúpulo e de especiarias. O dióxido de carbono é uma boa alternativa aos solventes clássicos (água, cloreto de metileno

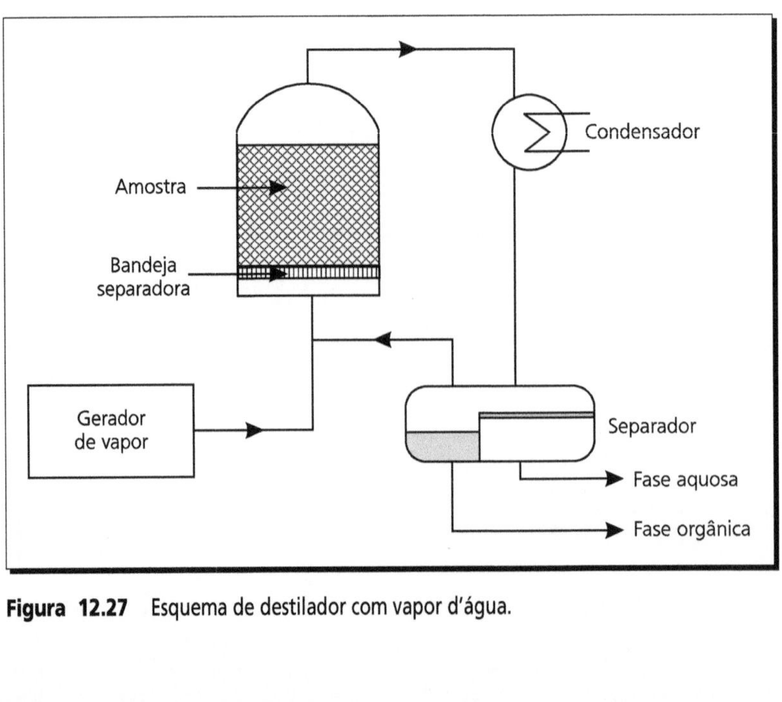

Figura 12.27 Esquema de destilador com vapor d'água.

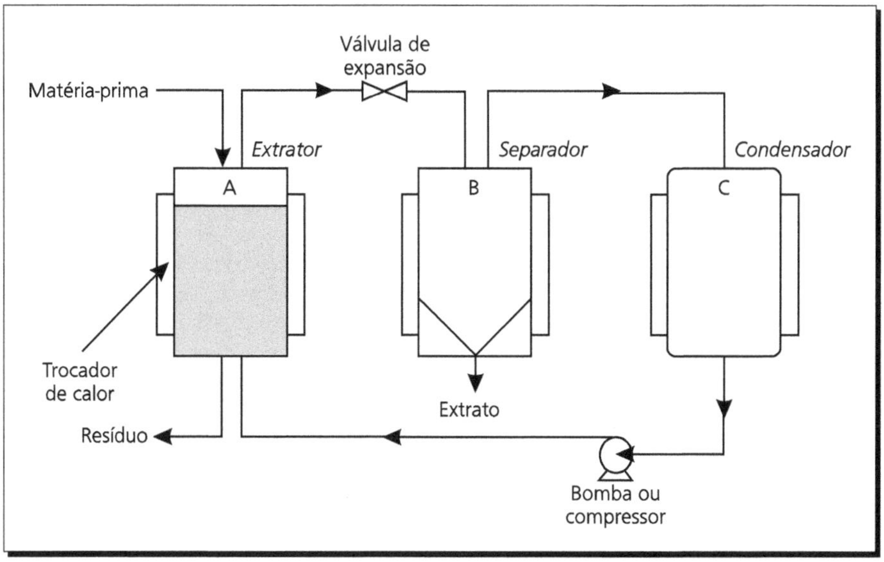

Figura 12.28 Representação simplificada de sistema de extração com fluidos supercríticos. A: tanque de extração; B: tanque de expansão ou separador; C: condensador.

ou acetato de etila) utilizados para a descafeinação do café. O produto final é de excelente qualidade, pois o dióxido de carbono tem grande seletividade pela cafeína, e os demais componentes do café não se modificam. O extrato do lúpulo contém praticamente apenas os α-ácidos responsáveis pelo sabor amargo da cerveja e pode substituir o lúpulo cru na elaboração da mesma.

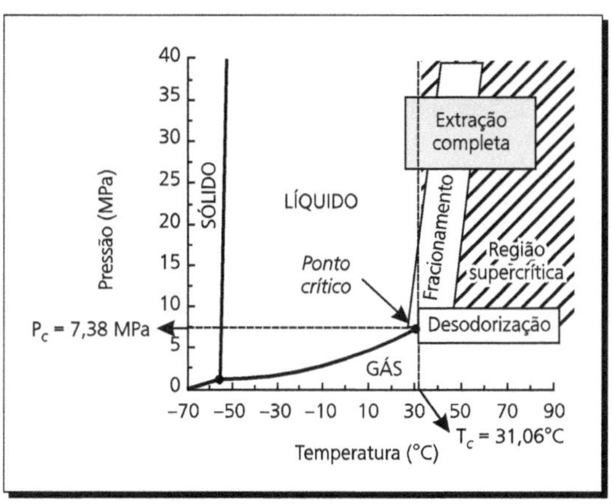

Figura 12.29 Diagrama de fases (pressão-temperatura) do dióxido de carbono, mostrando as principais aplicações em estado supercrítico para o processamento de alimentos. P_c e T_c são, respectivamente, a pressão e a temperatura críticas.

Uma área que vem experimentando grande desenvolvimento é a extração e o fracionamento de lipídeos, concretamente a redução do conteúdo de colesterol na gema de ovo e da gordura do leite. O dióxido de carbono, a 40°C e 34,5 MPa, permite eliminar mais de 95% do colesterol da gordura do leite. Outros produtos dos quais se reduziu o conteúdo em lipídeos e o colesterol por essa técnica são o óleo de peixe, a carne picada e a soja. O fracionamento da gordura láctea tem como objetivo obter diversas frações com propriedades funcionais muito concretas. Essa operação também é relevante para a extração e o fracionamento de ácidos graxos insaturados n-3 de óleos de peixe, para a extração de corantes, óleos essenciais e oleorresinas de especiarias e plantas aromáticas e para a redução do conteúdo de álcool de vinhos.

Cristalização

A cristalização permite a separação do material líquido em duas fases de composição distinta, uma sólida e outra líquida. A fração de interesse pode ser a sólida (açúcar), a líquida (sucos de fruta concentrados) ou ambas (fracionamento de óleos).

Para obter a cristalização de um dos componentes da mistura, é necessário aquecer, para evaporar a água, ou resfriar, com o objetivo, em ambos os casos, de atingir sua saturação. Contudo, nem sempre isso é suficiente para que se inicie a cristalização, mas é necessário potencializar a nucleação. A *nucleação homogênea* é obtida pela adição de cristais do soluto de interesse, que dão origem à formação de núcleos adicionais na solução. Também pode ser iniciada pela adição de outros cristais similares aos do soluto, de partículas de pó ou de bolhas de gás, bem como pela agitação da solução. Fala-se, então, de *nucleação heterogênea*, que é a mais comum na indústria alimentícia.

Uma vez iniciada a nucleação ou adicionado o material de semeadura, os cristais crescem de tamanho às expensas do material presente na solução sobressaturada. A velocidade de crescimento desses cristais dependerá da transferência de massa à superfície dos cristais e da presença de impurezas. O controle da cristalização permitirá obter cristal de tamanho homogêneo, que facilite sua separação posterior, ou mais adequado por razões comerciais.

A forma dos cristais (*hábito*) também depende das condições de crescimento. Quando o crescimento dos cristais é muito rápido, sua forma costuma ser grande, porque as diversas faces têm diferentes velocidades de crescimento. As impurezas também podem modificar o hábito de cristalização de um composto. Outras causas de mudança da forma dos cristais são seu contato e sua adesão, com a formação de agregados; para evitar isso, costuma-se pulverizá-los com substâncias inertes.

Equipamento e aplicações na indústria alimentícia

Uma das principais aplicações da separação por cristalização é o fracionamento de gorduras. O objetivo é eliminar as frações com baixo ponto de fusão nos óleos para consumo direto ou para a elaboração de maioneses. Em baixas temperaturas, essas frações podem alterar a aparência e o manejo dos óleos, como desestabilizar as emulsões. Esse fracionamento (*winterização* ou *desmargarinação*) se realiza por resfriamento, que deve ser muito compassado para favorecer o crescimento dos cristais já existentes, e não a nucleação. Os cristais de tamanho grande, durante sua separação por filtração, retêm proporção menor de óleo líquido do que os cristais pequenos. A fração líquida obtida é adequada para óleos de consumo, e a sólida, para a elaboração de margarinas.

Os substitutos da manteiga de cacau, que devem ter margem de fusão muito estreita, também são obtidos por fracionamento de gorduras e óleos.

Na concentração por congelamento de alimentos líquidos, o produto de interesse é a fração obtida após a cristalização da água. O equipamento consiste basicamente de um trocador de calor de superfície raspada, em que se obtém massa com cristais de gelo. Esses grandes cristais, depois de separados do líquido concentrado, são lavados para recuperar os restos de solução que os acompanham. Esse tipo de concentração é recomendado para os produtos sensíveis ao calor, nos quais a eliminação de água por evaporação causa profunda modificação de suas propriedades organolépticas e nutritivas. Contudo, o grau de concentração que se obtém é limitado, e seu custo é maior do que o da evaporação. As principais áreas de interesse são a concentração de sucos de frutas, de bebidas alcoólicas e de vinagre, bem como o ajuste do conteúdo alcoólico dos vinhos. Também é utilizado para a concentração preliminar de alimentos líquidos que serão liofilizados.

Para a fabricação de sal e açúcar, na qual o produto desejado é a fase sólida, é necessário o aquecimento para a evaporação da água.

TRANSFORMAÇÕES QUÍMICAS

Neste item, incluem-se as tecnologias pelas quais os alimentos e/ou seus componentes transformam-se por reações químicas decorrentes do calor, de tratamentos químicos ou da ação de microrganismos (*fermentações*).

Por tratamento térmico

Os tratamentos térmicos aplicados durante o cozimento de alimentos (ferver, fornear, assar, tostar, fritar, etc.) têm como principal objetivo modificar as características sensoriais (textura, sabor e aroma) dos alimentos e melhorar sua palatabilidade. Além disso, as temperaturas empregadas contribuem, em certa medida, para a redução da carga microbiana, para a destruição de enzimas e para a diminuição da a_W, seja na superfície do produto ou em sua totalidade, dependendo do tamanho da peça. Ou seja, essas operações têm certo efeito conservante. Em alguns produtos, a redução da a_W é tão intensa que, utilizando-se uma embalagem adequada, podem ser mantidos até um ano em temperatura ambiente (batatas fritas, aperitivos). Contudo, na maioria dos casos, a a_W final do produto não é suficientemente baixa, e para prolongar sua vida útil são necessários métodos de conservação adicionais, como a refrigeração ou o acondicionamento.

Todas essas transformações que se baseiam na transmissão de calor têm o mesmo fundamento. Os alimentos *fervidos* são obtidos mediante tratamento com água quente ou vapor. O termo *forneado* aplica-se normalmente a produtos com elevado conteúdo de farinha, e o *assado*, para carnes. Nos dois casos, utiliza-se ar quente, mas intervém também a transmissão de calor por radiação, a partir das paredes do forno, e por condução, através das superfícies onde estão depositados os alimentos. A *fritura*, por sua vez, utiliza gorduras e óleos como meio de transmissão de calor.

Em todas essas operações, junto com a transmissão de calor, ocorre a transmissão de matéria, pois parte da água contida nos alimentos evapora-se e transfere-se ao meio que os envolve. Na fritura, é preciso considerar igualmente a transmissão de matéria na direção oposta, porque certa proporção do óleo de fritura passa ao alimento.

A evaporação de água na superfície do alimento ao fornear, assar, fritar ou tostar leva à formação de crosta. Nela ocorrem mudanças químicas complexas, porque a temperatura da superfície aumenta até igualar-se à do meio de transmissão de calor (acima de 100°C), embora o interior do produto não supere 100°C enquanto existe água disponível.

O tempo e a temperatura de processamento dependem do tipo de alimento a ser tratado, em particular de sua composição química e de seu tamanho, e das mudanças que se pretende conseguir. Assim, por exemplo, na fritura é preciso alcançar temperatura alta em curto período, se a intenção é obter produtos com interior macio. As altas temperaturas promovem a rápida formação de crosta, permitindo que o produto retenha bastante água em seu interior. Ao contrário, temperaturas mais baixas e, portanto, tempos de processamento mais longos dão lugar a produtos desidratados mais intensamente; isso se deve ao fato de que a frente de evaporação desloca-se até o interior do produto antes que se chegue a formar a crosta.

Um novo método para a preparação de alimentos que despertou grande interesse é o cozimento a vácuo ou *sous vide* (Figura 12.30). Para isso, os alimentos são acondicionados a vácuo e, em seguida, cozidos e pasteurizados simultaneamente. Sua vantagem em relação aos métodos tradicionais é que os alimentos são cozidos em seu próprio suco e retêm todos os nutrientes e componentes sápidos e aromáticos. O acondicionamento a vácuo reduz a perda de umidade, tornando os produtos mais macios. Além disso, a ausência de oxigênio aumenta sua vida útil ao inibir o crescimento dos microrganismos aeróbios alterantes e diversas reações químicas, como, por exemplo, as de oxidação. A temperatura alcançada é mais baixa (menos de 100°C) que no cozimento tradicional, sendo mais longo o tempo de tratamento. Após o processamento, os alimentos requerem o armazenamento em refrigeração devido à suavidade do tratamento térmico a que são submetidos. Inicialmente, foram desenvolvidos no âmbito de supermercado, como uma diversificação dos produtos preparados tipo *gourmet*, mas sua popularidade vem crescendo pela excelente qualidade, pelo sabor caseiro e pela facilidade de preparo.

Equipamento e aplicações na indústria alimentícia

As operações de cozimento são fundamentais nas indústrias que elaboram pratos preparados e pré-cozidos, como também no *catering* ou nos restaurantes coletivos.

O forneado e o assado são realizados em *fornos*, que podem ser de aquecimento direto ou indireto, normalmente equipados com ventiladores para favorecer a convecção forçada. Quanto ao seu funcionamento, podem ser descontínuos ou contínuos, sendo que estes últimos permitem maior volume de produção. As principais aplicações são a elaboração de carnes e pescados e de produtos de padaria e confeitaria (Capítulo 9).

A *fritura por contato* é feita sobre superfícies metálicas quentes cobertas por fina camada de óleo, para o processamento de tiras de *bacon*[1], que têm grande relação superfície/volume. A *fritura por imersão* tem âmbito mais amplo e permite o processamento homogêneo dos alimentos, independentemente de sua forma. A *frigideira* consiste basicamente de um recipiente para colocar óleo em um sistema para aquecê-lo. É

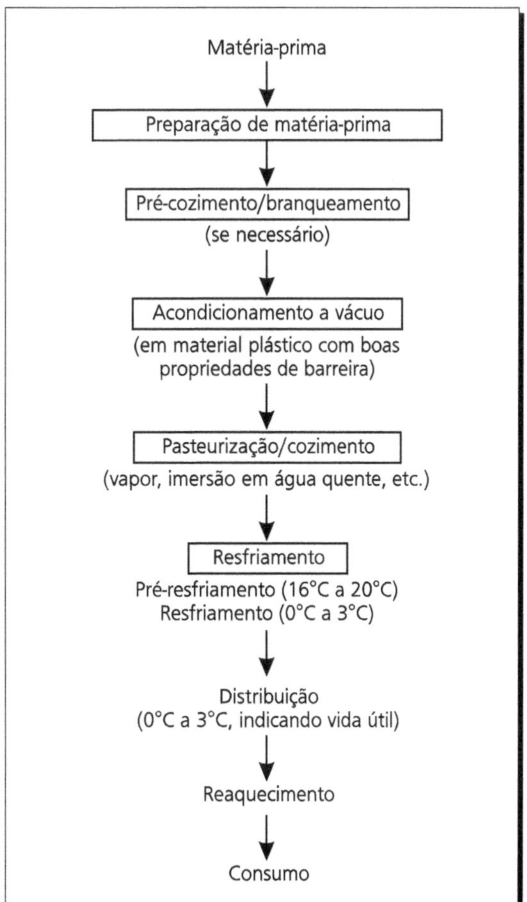

Figura 12.30 Diagrama de fluxo do cozimento *sous vide* ou a vácuo.

[1] Ovos, hambúrgueres e outros alimentos.

comum a adição de metil-silicone ao óleo para evitar a formação de espuma. Em restaurantes e em algumas indústrias de pequeno porte, costuma-se utilizar frigideiras de operação descontínua. Já para as grandes indústrias, são preferíveis as de operação contínua, com esteira rolante de malha metálica perfurada que transporta o alimento por entre um banho de óleo. A manutenção dessas frigideiras é fator crítico, que requer o acoplamento de sistemas de filtração para eliminar a matéria particulada e evitar sua carbonização.

Efeito nos alimentos

A textura dos alimentos muda substancialmente como conseqüência dessas operações, e esse é seu principal objetivo, como já foi dito. A magnitude da mudança depende da composição do alimento (quantidade de água, lipídeos proteínas e carboidratos), como também da temperatura e do tempo de aquecimento. O que mais se destaca é a formação de crosta, que permite reter grande parte de umidade na massa interior. As altas temperaturas alcançadas provocam grandes mudanças nos diversos componentes: as gorduras fundem-se e dispersam-se, contribuindo para a suculência; o amido gelatiniza-se; o colágeno solubiliza-se e transforma-se em gelatina, mais macia; e as proteínas desnaturam-se, diminuindo sua capacidade de retenção de água, e contraem-se, aumentando a expulsão de água e de gordura e, portanto, a dureza do produto.

Um grande número de reações químicas desencadeia-se e avança durante essas operações pelas altas temperaturas e pela reduzida a_w. Entre elas, vale destacar a reação de Maillard ou escurecimento não-enzimático, a reação de Strecker, a oxidação de ácidos graxos, a caramelização e, inclusive, a carbonização de açúcares, gorduras e proteínas. Fruto de todas essas reações é o desenvolvimento de cores pardas típicas na superfície dos produtos, assim como a geração de grande quantidade de compostos aromáticos e sápidos (aldeídos, cetonas, lactonas, álcoois, ésteres, etc.) que, dependendo da composição original do produto, e da temperatura e do tempo de aquecimento, contribuem para o sabor e o odor característicos dos alimentos assim tratados. Esses fenômenos são estudados nos Capítulos 3, 4 e 5. Nos alimentos fritos, deve-se levar em conta que o produto final também contém compostos voláteis procedentes do óleo de fritura.

De maneira geral, todas essas operações de cozimento melhoram a digestibilidade dos alimentos e contribuem para a destruição de alguns fatores antinutricionais presentes de forma natural em alguns deles (p. ex., os inibidores da proteinase da soja). Embora essas operações não modifiquem substancialmente o valor nutritivo dos alimentos, podem ocorrer perdas de vitaminas durante o cozimento (por lixiviação), o assado (por gotejamento) ou a fritura intensa (nesse caso, principalmente das lipossolúveis). Os alimentos fritos têm maior conteúdo de gordura, mas sua repercussão é variável e depende da quantidade retida no alimento e das características do óleo (origem e ciclos de utilização).

Por tratamento químico e enzimático

As transformações químicas a que se submete a matéria-prima alimentícia com o objetivo de modificar seu valor nutritivo ou suas propriedades funcionais são tão numerosas que é praticamente impossível estabelecer uma relação exaustiva de todas elas. Como exemplo, pode-se mencionar a modificação de gorduras e de óleos por hidrogenação, para alterar suas propriedades de cristalização e de fusão e melhorar sua estabilidade; a obtenção de hidrolisados protéicos com sabores e aromas típicos (a carne ou o pescado), utilizados na formulação de sopas ou molhos; a modificação química de proteínas, para melhorar suas propriedades funcionais; e a caramelização de açúcares, para obter compostos coloridos ou sápidos.

Embora a modificação química tenha muitas possibilidades, a indústria alimentícia mostra mais interesse pela utilização de enzimas; isso se deve à especificidade da modificação produzida, para a qual se requerem somente pequenas quantidades de catalisador biológico, à possibilidade de realizar essas operações em condições muito suaves (sobretudo de temperatura) e ao menor gasto energético. A imobilização de enzimas em suportes permite alongar seu tempo de utilização e reduz o risco de resíduos no produto final. É preciso assinalar também, nesse caso, que as aplicações das enzimas na indústria alimentícia são muito numerosas (Capítulo 6). A título de exemplo, pode-se apontar o emprego de proteases para o amaciamento da carne ou para a elaboração de queijos e de lipases para melhorar o aroma dos produtos lácteos.

Fermentações

A fermentação dos alimentos é uma prática muito antiga, muito anterior à descoberta de seu fundamento científico. Consiste, em linhas gerais, na modificação intencional dos alimentos pela atividade de certos microrganismos para obter produtos de sabor agradável, saudáveis e estáveis. Na indústria alimentícia, é a única operação em que se favorece o crescimento dos microrganismos, mas, certamente, de forma controlada.

No passado, o principal objetivo da fermentação era conservar alguns alimentos sazonais ou perecíveis graças aos produtos finais da fermentação (ácidos ou álcoois, fundamentalmente), que impedem o desenvolvimento de microrganismos patógenos e alterantes. Porém, atualmente, é muito mais importante do ponto de vista da transformação das matérias-primas, que permite diversificar os alimentos. Pelas fermentações, obtêm-se novos alimentos com textura, sabor e aroma completamente diferentes da matéria-prima inicial, modificações difíceis de conseguir por outros meios.

Entre as vantagens da fermentação como meio de processamento dos alimentos, destacam-se:

a) Condições suaves de temperatura e de pH, que contribuem para a manutenção das propriedades nutritivas dos alimentos e, às vezes, das propriedades sensoriais.
b) Obtenção de produtos únicos com novo sabor, aroma e textura.
c) Consumo energético reduzido.
d) Custo de capital e de operação relativamente baixos.
e) Tecnologia bastante simples.

Os microrganismos envolvidos são bactérias (destacando-se, sobretudo, as bactérias lácticas), alguns mofos e leveduras, individualmente ou combinados. Todos eles se destacam pela produção de quantidades substanciais de enzimas que são, em última análise, responsáveis ou catalisadores das reações de interesse. Atualmente, no âmbito industrial, é comum recorrer a *cultivos iniciadores* (*starters*), que dominam a flora microbiana presente de forma natural na matéria-prima e permitem controle maior da fermentação.

Equipamento e aplicações na indústria alimentícia

No caso de alimentos líquidos, a fermentação é realizada em tanques ou fermentadores de aço inoxidável, com modelos muito diversos, que dispõem de mecanismos de agitação e de controle automático de temperatura, pH, oxigênio, velocidade de agitação, entrada de matéria-prima e saída de produto, etc. Os materiais sólidos podem ser fermentados em bandejas ou tanques, que normalmente se situam em recintos com temperatura e umidade relativa controladas. Um caso particular são alguns embutidos, nos quais a matéria-prima é introduzida previamente em tripas naturais ou outros materiais, e cuja fermentação pode ser realizada em temperatura ambiente se o clima for adequado; o mais comum, entretanto, é que seja feita em locais com controle da temperatura e da umidade relativa do ar.

As principais fermentações e suas aplicações na indústria alimentícia são apresentadas na Tabela 12.5. Vale destacar que todas elas, embora desejáveis nos produtos indicados, podem ocorrer de forma descontrolada em outros alimentos e dar margem a defeitos ou alterações. Por exemplo, a fermentação propiônica, desejada nos queijos de massa cozida prensada, é um defeito em outras variedades de queijos. Igual-

Tabela 12.5 Principais fermentações e aplicações relevantes na indústria alimentícia

Fermentação (Substratos → Produtos finais significativos)	**Aplicações**
LÁCTICA • Homoláctica (monossacarídeos → ácido láctico) • Heteroláctica (monossacarídeos → ácido láctico + etanol + CO_2)	Embutidos (chouriço, salsichão, etc.) Produtos lácteos (iogurte, queijo, *kefir*, etc.) Molhos e pastas de pescado (a partir de pequenos peixes e crustáceos) Vegetais (pepinos, azeitonas, couves, etc.)
ALCOÓLICA (monossacarídeos → etanol + CO_2)	Pão (o CO_2 é o produto relevante) Bebidas alcoólicas (cerveja, vinho, sidra, bebidas destiladas, etc.) Leites fermentados ácido-alcoólicos (*kefir*)
MALOLÁCTICA (ácido málico → ácido láctico + CO_2)	Vinhos (redução da acidez)
PROPIÔNICA (ácido láctico → ácido propiônico + ácido acético + CO_2)	Queijos de massa cozida prensada (ácido propiônico para aroma e CO_2 para buracos)
ACÉTICA (oxidação) (etanol → ácido acético)	Vinagre
DO ACIDO CÍTRICO (ácido cítrico → diacetil + acetoína)	Manteiga (diacetil e acetoína para aroma)

mente, a fermentação do ácido cítrico, desejável para o desenvolvimento do aroma na manteiga, é prejudicial para a qualidade de outros produtos, como a cerveja.

Convém mencionar, por último, que há outras fermentações que são indesejáveis. É o caso da *fermentação butírica*, que causa profundas modificações no aroma de alguns produtos, como o queijo. Também dá margem à produção excessiva de gás, responsável por defeitos nos *buracos* de alguns queijos, inchamentos e mesmo rachaduras.

Efeito nos alimentos

A fermentação dos alimentos modifica substancialmente as características sensoriais da matéria-prima inicial. Contudo, essas mudanças não são consideradas como defeito, mas constituem um dos objetivos dessa operação. Quanto à textura, quando se degradam materiais poliméricos, os alimentos tornam-se mais macios. Em alguns casos, os produtos finais têm textura completamente diferente da matéria-prima, como, por exemplo, os queijos. Quanto ao sabor e ao aroma, de maneira geral, diminui a doçura, e aumenta a acidez. Mas destaca-se, sobretudo, a geração de grande quantidade de compostos sápidos e aromáticos (aldeídos, ésteres, cetonas, etc.), como conseqüência da transformação posterior dos ácidos orgânicos derivados da fermentação dos açúcares e de aminoácidos e ácidos graxos livres derivados, respectivamente, de proteínas e lipídeos.

Quanto à qualidade nutritiva dos produtos fermentados, as condições suaves de processamento permitem reter a maior parte dos nutrientes presentes originalmente. Além disso, sugeriu-se que o valor nutritivo desses alimentos é maior por várias razões. A hidrólise de proteínas e carboidratos de elevado peso molecular melhora sua digestibilidade. Alguns microrganismos sintetizam e podem liberar vitaminas complexas e outros fatores de crescimento no meio, contribuindo para a liberação dos nutrientes retidos em estruturas celulares ou para a eliminação de substâncias antinutricionais e tóxicas. Considerando que a oxidação de açúcares durante as fermentações não costuma ser completa, mas apenas transformam-se em compostos um pouco mais oxidados que os substratos originais, os alimentos fermentados preservam muita energia potencial suscetível de ser utilizada pelo homem.

Por último, as fermentações prolongam a vida útil dos alimentos por mecanismos muito diversos, entre os quais pode-se mencionar a produção de ácidos ou de álcool, a disputa com outros microrganismos pelos substratos presentes no alimento, a produção de substâncias bactericidas, a diminuição do potencial redox e, nos produtos maturados, a redução da a_w. Contudo, eventualmente não são suficientes para conseguir sua completa estabilidade; por isso, é comum complementá-las com outros métodos de conservação suave (refrigeração, pasteurização, etc.).

REFERÊNCIAS BIBLIOGRÁFICAS

ARÊAS, J. A. G. (1992): "Extrusion of food proteins". *Critical Reviews in Food Science and Nutrition*, 32(4): 365-392.

BALABAN, M. O. y CHEN C. S. (1991): "Supercritical fluid extraction: applications for the food industry". *Encyclopedia of Food Science and Technology*, vol. 4. Y. H. Hui (ed.). John Wiley and Sons, Inc. Nueva York.

BRENNAN, J. G.; BUTTERS, J. R.; COWELL, N. D. y LILLEY, A. E. (1990): *Food Engineering Operations*. 3.ª ed. Elsevier Applied Science. Londres.

CHURCH, I. J. y PARSONS, A. L. (1993): "Review: sous vide cook-chill technology". *International Journal of Food Science and Technology*, 28: 563-574.

CUPERUS, F. P. y NIJHUIS, H. H. (1993): "Applications of membrane technology to food processing". *Trends in Food Science and Technology*, 4: 277-282.

DZIEZAK, J. D. (1990): "Membrane separation technology offers processors unlimited potential". *Food Technology*, 44(9): 108-113.

EARLE, R. L. (1988): *Ingeniería de los alimentos*. 2.ª ed. Acribia. Zaragoza.

FELLOWS, P. (1994): *Tecnología del procesado de los alimentos: Principios y prácticas*. Acribia. Zaragoza.

PIGOTT, G. M. (1991): "Extraction". *Encyclopedia of Food Science and Technology*, vol. 2. Y. H. Hui (ed.). John Wiley and Sons, Inc. Nueva York.

PRÄNDL, O.; FISCHER, A.; SCHMIDHOFER, T. y SINELL H. J. (1994): *Tecnología e higiene de la carne*. Acribia. Zaragoza.

SINGH, P. C. y SINGH, R. K. (1996): "Choosing an appropiate bioseparation technique". *Trends in Food Science and Technology*, 7: 49-58.

SMITH, A. (1989): "Extrusion cooking. A review". *Food Science and Technology Today*, 3(3): 156-161.

WIEDMANN, W. (1991): "Improving product quality through twin-screw extrusion and closed-loop quality control". *Food Extrusion Science and Technology*. J. L. Kokini, C. T. Ho y M. V. Karwe (eds.). Marcel Dekker, Inc. Nueva York.

ZEMELMAN, V. B. y KETTUNEN, D. M. (1991): "Agglomeration and agglomerator systems". *Encyclopedia of Food Science and Technology*, vol. 1. Y. H. Hui (ed.). John Wiley and Sons, Inc. Nueva York.

RESUMO

1 As operações de transformação têm como principal objetivo modificar as matérias-primas alimentícias para obter alimentos ou ingredientes que possuam novas e/ou melhores características funcionais, sensoriais ou nutritivas.

2 A *redução de tamanho* tem como objetivo diminuir o tamanho médio das partículas de um produto, empregando forças mecânicas; para isso, utilizam-se moinhos para alimentos duros e secos e picadores para alimentos frescos. A redução de tamanho de produtos líquidos inclui a atomização, a homogeneização e a emulsificação, empregando-se misturadores, homogeneizadores ou moinhos que gerem forças de cisalhamento muito intensas.

3 A *floculação* e a *aglomeração* são operações que buscam o aumento de tamanho, sendo esta última a mais importante na indústria alimentícia porque melhora as propriedades funcionais, principalmente a reidratação, de alguns produtos em pó (p. ex., leite em pó).

4 A *mistura* ou combinação uniforme de dois ou mais componentes é uma das operações mais comuns na indústria alimentícia. O fluxo necessário para isso é normalmente gerado por meios mecânicos em uma grande variedade de equipamentos (agitadores para líquidos e diversos tipos de misturadores para líquidos viscosos, massas e produtos sólidos e secos), cuja escolha depende da natureza dos componentes a serem misturados.

5 Os alimentos pastosos ou muito viscosos podem adquirir diversas formas e tamanhos mediante as operações de *moldagem* ou formatação. Os equipamentos são muito específicos para cada produto (tripas ou moldes para produtos cárneos, rolos ou esteiras rolantes com moldes para biscoitos e caramelos, etc.).

6 A textura dos alimentos pode ser modificada mediante geleificação, texturização ou extrusão. A *geleificação* é obtida pela modificação de polissacarídeos, proteínas ou partículas coloidais dos alimentos. A *texturização* permite obter películas, fibras ou partículas com textura mastigável e boa retenção de água a partir de proteínas de baixo custo. A *extrusão* é um processo complexo e contínuo que permite elaborar produtos muito diversos quanto à forma e à textura a partir de alguns ingredientes básicos, constituídos fundamentalmente por polissacarídeos (amido) e/ou proteínas. A extrusão pode ser realizada a frio, procedimento em que os ingredientes são misturados e moldados (pastas, massa de panificação), e a quente (até 250°C e 25 MPa), em que a mistura de ingredientes transforma-se em uma massa fundida cuja estrutura se fixa ao resfriar e/ou secar na saída do extrusor; a evaporação súbita de parte da água da massa na saída do extrusor faz com que esta inche e se expanda, resultando em uma textura muito porosa (p. ex., cereais matinais).

7 As *operações de separação* podem ser realizadas mediante procedimentos físicos ou químicos. Os primeiros utilizam diversas forças (de gravidade, centrífugas ou cinéticas) e dependem das características físicas da fase a ser separada. A *separação por membranas* baseia-se na permeabilidade seletiva de um ou mais constituintes da matéria-prima em uma membrana (por tamanho e/ou interação química). As principais operações de separação por membranas são: microfiltração, ultrafiltração, osmose inversa, nanofiltração, diafiltração, eletrodiálise e pervaporação. A *extração* é a operação por meios químicos e requer a utilização de compostos que apresentem grande afinidade com o produto que se deseja obter ou eliminar da matéria-prima. O equipamento empregado para a extração sólido-líquido (p. ex., a extração de óleo de pescado) consiste em tanques de base estática ou extratores contínuos de base móvel. Para a destilação com fase de vapor (p. ex., aguardentes), utilizam-se destiladores. A separação com *fluidos supercríticos* baseia-se no elevado poder solvente de alguns fluidos em condições supercríticas, sendo o mais freqüente o CO_2 (a 31°C e 7,38 MPa). É uma boa alternativa aos solventes clássicos, por exemplo, para a descafeinação de café e chá. A *cristalização* permite separar uma solução em duas fases com diferentes composições: uma sólida e outra líquida. Suas principais

aplicações são o fracionamento de gorduras, a concentração de alimentos líquidos em baixas temperaturas e a fabricação de sal e açúcar.

8 A *transformação química* da matéria-prima alimentícia requer a aplicação de calor (cozimento), tratamentos químicos ou enzimáticos para melhorar seu valor nutritivo ou suas propriedades funcionais (hidrogenação de gorduras, obtenção de hidrolisados protéicos, caramelização de açúcares, etc.) ou a atividade de certos microrganismos (fermentações).